普通高等教育“十二五”规划教材

热工测量仪表

（第2版）

张　华　赵文柱　编著

北　京
冶　金　工　业　出　版　社
2023

内容提要

本书详细阐述了温度、压力、流量和物位四大热工参数的测量原理与方法、测量仪表组成与结构、仪表选型与安装、各种仪表的使用注意事项和误差分析等内容，并介绍了测量的物理基础、基本概念、主要测量仪表的应用实例和科研成果。

本书适用于高等院校仪表、自动化、机械、冶金、电力、热能、化工、电气、计算机、航天航空等相关专业，亦可供科研和工程技术人员参考。

图书在版编目(CIP)数据

热工测量仪表/张华，赵文柱编著．—2版．—北京：冶金工业出版社，2013.12（2023.3重印）

普通高等教育“十二五”规划教材

ISBN 978-7-5024-6435-6

Ⅰ.①热…　Ⅱ.①张…　②赵…　Ⅲ.①热工仪表—高等学校—教材
Ⅳ.①TH81

中国版本图书馆CIP数据核字(2013)第286333号

热工测量仪表（第2版）

出版发行　冶金工业出版社　　**电　　话**　(010)64027926
地　　址　北京市东城区嵩祝院北巷39号　　**邮　　编**　100009
网　　址　www.mip1953.com　　**电子信箱**　service@mip1953.com

责任编辑　杨　敏　宋　良　美术编辑　吕欣童　版式设计　孙跃红
责任校对　王永欣　责任印制　窦　唯
三河市双峰印刷装订有限公司印刷
2006年9月第1版，2013年12月第2版，2023年3月第8次印刷
787mm×1092mm　1/16；24.75印张；666千字；384页
定价46.00元

投稿电话　**(010)64027932**　**投稿信箱**　**tougao@cnmip.com.cn**
营销中心电话　**(010)64044283**
冶金工业出版社天猫旗舰店　**yjgycbs.tmall.com**
（本书如有印装质量问题，本社营销中心负责退换）

第2版前言

本书第1版为普通高等教育“十一五”国家级规划教材，并于2013年荣获第二届冶金优秀教材一等奖，自2006年出版以来，共印刷8次，发行25000余册，得到了广大师生和科技工作者的一致好评。

本着加强基础、拓宽专业、培养学生的自学能力和知识更新能力的原则，在基本保持第1版体系结构的基础上，结合学科最新进展、读者反馈信息和生产实际需求等，我们对第1版进行了修订。主要修订内容包括：

(1) 为保持教材的高水平特色，根据国内外热工测量仪表的最新研究成果，新增以下内容：动态温度测量；V锥、弯管、威力巴等新型节流式流量计；基于回波测距原理的物位测量技术和采用射频导纳技术解决电容式物位测量仪表“挂料”问题等。并按国际和国家相关标准（ISO 5167，GB/T 2624）对标准节流装置进行全方位修订。

(2) 为加强实用性和突出对应用能力的培养，不仅增加了热工测量仪表的应用实例介绍，如熔融金属的温度测量、气流温度测量等，而且还增设了根据使用条件进行仪表选型、各种仪表的使用注意事项和误差分析等内容。介绍时，不是直接给出设计方案和应用情况，而是重点说明解决问题的方法和过程。这样不仅改革了单向传授的教学方式，适应边学习、边研究、边实践的需要，而且还有利于读者在接受某些知识的同时，掌握相应的学习和分析问题的方法。

(3) 读者普遍反映，第1版中不同方法的归纳总结和分析比较，有助于将零散的、相互联系不紧密的各个测量仪表整合与区分，掌握其中有共性和有规律性的内容，了解个体的差异。为此，在修订时除对第1版内容进行提炼补充外，还新增了以下知识的相同点分析和不同点比较：热电偶各种串并联电路；金属热电阻和半导体热敏电阻；节流式、浮子式和靶式流量计；用于测量导电介质和非导电介质的电容物位计；各种弹性元件性能和在压力计中的应用；压阻式和应变式压力计；浮子式和浮筒式物位计等。

（4）根据生产实际需求和作者的科研经历，增加了以下内容：热电偶各种实用测温电路剖析；接触式测温仪表共性问题研究，如热损失和插入深度；非接触式测温仪表共性问题研究，如发射率变化产生误差和光路中的干扰；温度、压力、流量和物位仪表的选择和使用等内容。

（5）为适用不同专业读者的需求，也限于篇幅，删除了第1版中温度测量物理基础和光电器件基础等内容。在叙述上力求通俗易懂、深入浅出和突出重点，尽量避免烦琐的公式推导。

本书由东北大学张华和赵文柱编写，李新光统稿。东北大学为本书的出版提供了资助，杨为民、肖萌等同行为本书的编写工作提供了支持，我们对此深表感谢和敬意。

期望本书能更好地满足“先进性、创新性、适用性”的要求，更好地为广大读者服务。

由于水平所限，书中不足之处，恳请读者批评指正。

编　者
2013年6月
于东北大学

第1版前言

仪器仪表用于实现信息的获取，是信息工业的源头。热工测量仪表是仪器仪表的一个重要分支，对保证生产正常连续运行，确保产品质量和产量，实现安全、高效生产具有重要的意义。科学技术的迅速发展，特别是计算机、激光、红外技术以及系统分析技术、信号处理技术的应用为热工测量仪表的发展开辟了许多新的领域。

全书共分五章，第一章绪论，介绍了测量仪表的基本概念、测量误差分析与不确定度的评定、测量仪器的基本性能指标等，主要强调对概念的理解以及和实际应用的联系；第二章温度测量仪表，不仅详细介绍了接触式和非接触式测量方法和仪表，而且还增加了光导纤维测温技术、集成温度传感器测温技术和测温仪表的应用介绍；第三章压力、差压测量仪表，介绍了弹性式、负荷式、电气式等压力检测仪表，压力变送器和压力表的选择和安装；第四章流量测量仪表，主要介绍节流式差压流量计与其他9种流量计的测量原理、基本结构、仪表特点和应用等内容；第五章物位测量仪表，介绍了静压式、浮力式、电气式等10种物位测量的方法与仪表。

本着加强基础、拓宽专业、培养学生的自学能力和知识更新能力的原则，教材的内容安排突出了以下几点：

（1）既介绍各种传统的测量原理、方法与技术，使知识结构具有系统性、渐进性；又以较大篇幅介绍新技术、新方法和发展方向，如光纤、激光、超声、红外等技术在热工测量中的应用，以满足“先进性、创新性、适用性”的要求。

（2）鉴于热工测量仪表具有涉及学科面广、内容多而零散、各表面相互联系不紧密、逻辑性差的特点，因此着重提取各种测量方法、技术中有共性和有规律性的内容，并在此基础上进行归纳总结和分析比较，使读者能够具有一个系统、完整的概念。

（3）为加强实用性和突出对应用能力的培养，不仅增加了热工测量仪表的应用实例介绍和科研成果介绍，如熔融金属的温度测量、气流温度测量等，而且还增设了根据使用条件进行仪表选型、各种仪表的使用注意事项和误差分析等内容，重点说明解决问题的方法和过程，希望读者能在接受某些知识的同时掌握相应的学习方法。

(4) 为方便学生自学，在叙述上力求通俗易懂、深入浅出和突出重点，尽量避免繁琐的公式推导。在介绍概念的同时尽量说明相关知识的来龙去脉，并附有基础知识的介绍。

(5) 将整个教学内容分为五部分，每个模块相对独立，具有很强的灵活性、针对性、适应性和层次性，便于体系的更新和不同读者的取舍。

全书由张华和赵文柱编写，张华统稿。

本书的编写工作，得到了东北大学教务处和信息工程学院领导和同事的大力支持，谨表诚挚的谢意。

由于水平所限，书中不妥、错漏之处，恳请批评指正。

编　者
2006年2月
于东北大学

目　录

1 绪　论

1.1 测量的基本知识

1.1.1 测量的基本概念

测量（measurement）是以确定被测对象量值为目的的操作，是人类认识自然界中客观事物，并用数量概念描述客观事物，进而达到逐步掌握事物的本质和揭示自然界规律的一种手段，是对客观事物取得数量概念的一种认识过程。

在这一过程中，人们首先对被测对象、被测量和测量环境进行了解分析，在此基础上，采用恰当的测量方法，借助于专门的工具或测量系统，通过实验和对实验数据的分析计算，求得被测量的值，以获得对客观事物的定量概念和内在规律的认识。因此可以说，测量就是为了取得未知参数值而做的全部工作，包括测量的误差分析和数据处理等计算工作。该工作可以通过手动或自动的方式来完成。

从计量学的角度讲，测量就是利用实验手段，把待测量与已知的同性质的标准量进行直接或间接的比较，以已知量作为计量单位，确定两者的比值，从而得到被测量量值的过程。其目的是获得被测对象的确定量值，其关键是进行比较。若使测量结果有意义，用来进行比较所用的方法和仪表必须经过验证，用来进行比较的标准量应性能稳定且为国际或国家公认。

1.1.2 测量的意义

伟大的化学家、计量学家门德列耶夫曾说："科学是从测量开始的，没有测量就没有科学，至少是没有精确的科学、真正的科学。"诺贝尔奖获得者 R. R. Ernst 说过："现代科学的进步越来越依靠尖端仪器的发展。"我国"两弹一星"元勋王大珩院士也说过："仪器是认识世界的工具；科学是用斗量禾的学问。用斗去量禾就对事物有了深入的了解、精确的了解，就形成科学。"

信息产业在21世纪初已成为世界发达国家的首要产业。信息产业的要素包括信息的获取、存储、处理、传输和利用，而信息的获取正是靠仪器仪表来实现的。如果获取的信息是错误的或不准确的，那么后面的存储、处理、传输都是毫无意义的，所以仪器仪表工业是信息产业的龙头。

人类的知识许多是依靠测量得到的。测量技术是工业生产的"倍增器"，科学研究的"先行官"，军事上的"战斗力"，以及现代社会活动的"物化法官"。在生产活动中，新工艺、新设备的产生也依赖于测量技术的发展水平，而且，可靠的测量技术对于生产过程自动化、设备安全以及经济运行都是必不可少的先决条件。在科学技术领域，许多新的发现、新的发明往往是以测量技术的发展为基础的，测量技术的发展推动着科学技术的前进。无论是工业生产还是科学实验，一旦离开了测量，就必然会给工作带来巨大的盲目性。只有通过可靠的测量，然后正确地判断测量结果的意义，才有可能进一步解决自然科学和工程技术上提出的问题。因此，测量技术的发展水平在很大程度上反映了一个国家的现代化水平。

1.1.3 几个易混淆概念的区别

在实际应用中，我们常接触到测量、检测、测试和计量等类似概念，它们之间既有联系又有区别。

测量是指将被测未知量与同性质的标准量进行比较，确定被测量对标准量的倍数，并用数字表示这个倍数的过程，即是为取得被测对象某一属性的量值（未知参数值）而做的全部工作。检测主要包括检验和测量两方面的含义，其中检验是分辨出被测量的取值范围，以此来对被测量进行诸如是否合格等相关判别。测试是具有试验性质的测量，是测量和试验的综合。计量是指用准确度等级更高的标准量具、器具或标准仪器，对被测样品、样机进行考核性质的测量，通常具有离线和标定的特点。

1.2 测量的构成要素

1.2.1 测量的构成要素

一个完整的测量包含 6 个要素，他们分别是：

（1）测量对象与被测量；

（2）测量环境；

（3）测量方法；

（4）测量单位；

（5）测量资源，包括测量仪器与辅助设施、测量人员等；

（6）数据处理和测量结果。

例如，用玻璃液体温度计测量室温。在该测量中，测量对象是房间，被测量是温度，测量环境是常温常压，测量方法是直接测量，测量单位是℃，测量资源包括玻璃液体温度计和测量人员，经误差分析和数据处理后，获得测量结果并表示为 $t = (20.1 \pm 0.02)$℃。

1.2.2 测量方法

测量方法就是实现被测量与标准量比较的方法，按测量结果产生的方式，通常又分为以下 3 种。

1.2.2.1 直接、间接和组合测量

A 直接测量

将被测量直接与选用的标准量进行比较，或者用预先标定好的测量仪器进行测量，从而直接求得被测量数值的测量方法，称为直接测量法。例如，用水银温度计测量介质温度、用压力表测量容器内介质压力等，都属于直接测量法。

B 间接测量

通过直接测量与被测量有某种确定函数关系的其他各个变量，然后将所测得的数值代入该确定函数关系进行计算，从而求得被测量数值的方法，称为间接测量法。

该方法测量过程复杂费时，一般只应用在以下 3 种情况：

（1）直接测量不方便；

（2）间接测量比直接测量的结果更为准确；

（3）不能进行直接测量的场合。

例如，通过公式 $P = UI$ 测量电功率就属于间接测量，式中，P、U 和 I 分别为功率、电压和电流。

C 组合测量

在测量两个或两个以上相关的未知量时，通过改变测量条件使各个未知量以不同的组合形式出现，根据直接测量或间接测量所获得的数据，通过解联立方程组以求得未知量的数值，这类测量的方法称为组合测量法。

例如，用铂电阻温度计测量介质温度，其电阻值 R 在 0～850℃范围内与温度 t 的关系是

$$R_t = R_0(1 + At + Bt^2) \tag{1-1}$$

式中 R_t，R_0——温度分别为 t℃和0℃时铂电阻的电阻值，Ω；

A，B——常数。

为了确定常数 A 和 B，首先至少需要测得铂电阻在两个不同温度下的电阻值 R_t，然后建立联立方程，通过求解方程组确定 A 和 B 的数值。

组合测量法在实验室和其他一些特殊场合的测量中使用较多。例如，建立测压管的方向特性、总压特性和速度特性曲线的经验关系式等。

注意：间接测量法和组合测量法的区别。

间接测量法的直接测量量和被测量之间具有确定的一个函数关系，通过直接测量量即可唯一确定被测量；而组合测量法被测量和直接测量量或间接测量量之间不是单一的函数关系，需要求解根据测量结果所建立的方程组来获得被测量。

1.2.2.2 绝对测量和相对测量

绝对测量是用量具上的示值直接表示被测量大小的测量方法，其特点是简单、直观，但通常测量准确度不高。相对测量是将被测量同与它只有微小偏差的同类标准量进行比较，测出两个量值之差的测量法，其特点是仪表准确度相对较高，但通常测量系统结构复杂、测量成本较高。

1.2.2.3 偏差法、零位法和微差法

偏差法是指利用测量仪表指针相对于刻度的偏差量来直接表示测量结果的方法。零位法则利用指零机构，当其示值为零时，表示被测量和已知标准量两者达到平衡，则可根据标准量来确定被测量。微差法是偏差法和零位法的结合，用前者测量被测量的余数，用后者表示被测量和已知标准量两者达到近似平衡。

1.3 测量分类

在测量活动中，为满足对被测对象的不同测量要求，依据不同的测量条件，可以从不同角度来对测量进行分类。除按1.2节所述，根据测量结果的获得方式或测量方法对测量进行分类以外，常见的测量分类方法有以下几种。

1.3.1 静态测量和动态测量

根据被测对象在测量过程中所处的状态，可以把测量分为静态测量和动态测量。

1.3.1.1 静态测量

静态测量是指在测量过程中被测量可以认为是固定不变的，因此，不需要考虑时间因素对测量的影响。在日常测量中，所接触的绝大多数测量都是静态测量。对于这种测量，被测量和

测量误差可以当做一种随机变量来处理。

1.3.1.2 动态测量

动态测量是指被测量在测量期间随时间（或其他影响量）发生变化。如弹道轨迹的测量、环境噪声的测量等。对于这种测量，被测量和测量误差需要当做一种随机过程来处理。

相对于静态测量，动态测量更为困难。这是因为：被测量本身的变化规律复杂，测量系统的动态特性对测量的准确度有很大影响。实际上，绝对不随时间而变化的量是不存在的，通常把那些变化速度相对于测量速度十分缓慢的被测量的测量，简化为静态测量。

1.3.2 等精度测量和不等精度测量

根据测量条件是否发生变化，可以把对被测量进行的多次测量分为等精度测量与不等精度测量。

1.3.2.1 等精度测量

等精度测量是指在测量过程中，测量仪表、测量方法、测量条件和操作人员等都保持不变。因此，对同一被测量进行的多次测量结果可认为具有相同的信赖程度，应按同等原则对待。

1.3.2.2 不等精度测量

不等精度测量是指测量过程中，由于测量仪表、测量方法、测量条件或操作人员等中某一因素或某几个因素发生变化，使得对测量结果的信赖程度不同。对不等精度测量的数据应按不等精度原则进行处理。

1.3.3 电量测量和非电量测量

根据被测量的属性，可以把测量分为电量测量和非电量测量。

1.3.3.1 电量测量

电量测量是指电子学中有关量的测量，具体包括：

（1）表征电磁能的量，如电流、电压、功率、电场强度、噪声等。

（2）表征信号特征的量，如频率、相位、波形参数等。

（3）表征元件和电路参数的量，如电阻、电容、电感、介电常数等。

（4）表征网络特性的量，如带宽、增益、带内波动、带外衰减等。

1.3.3.2 非电量测量

非电量测量是指非电子学中有关量的测量，如温度、湿度、压力、气体浓度、机械力和材料光折射率等非电学参数的测量。随着科学技术的发展与学科间的相互渗透，特别是为了满足自动测量的需要，一些非电量都设法通过适当的传感器转换为属于电量的电信号来进行测量。因此，对于非电量测量的研究领域，也需要了解一些基本的电量测量知识。

1.3.4 工程测量和精密测量

根据对测量结果的不同要求，可以把测量分为工程测量和精密测量。

1.3.4.1 工程测量

工程测量是指对测量误差要求不高的测量。用于这种测量的设备或仪表的灵敏度和准确度比较低，对测量环境没有严格要求。因此，一般测量结果只需给出测量值。

1.3.4.2 精密测量

精密测量是指对测量误差要求比较高的测量。用于这种测量的设备和仪表应具有一定的灵敏度和准确度，其示值误差的大小一般需经计量检定或校准。在相同条件下对同一个被测量进行多次测量，测得的数据一般不会完全一致。因此，对于这种测量往往需要基于测量误差的理论和方法，合理地估计其测量结果，包括最佳估计值及其分散性大小。有的场合，还需要根据约定的规范对测量仪表在额定工作条件和工作范围内的准确度指标是否合格做出合理判定。精密测量一般是在符合一定测量条件的实验室内进行，其测量的环境和其他条件均比工程测量严格，所以又称为实验室测量。

1.3.5 热工测量、成分测量和机械量测量

根据被测参数的不同，可以把测量分为热工测量、成分测量和机械量测量。热工测量通常指温度、压力、流量和物位的测量，即为本书所要介绍的内容。成分测量主要指测量气体、液体和固体成分及含量，测量酸碱度、盐度、浓度、黏度、密度和相对密度等参数。机械量测量一般指位移、形状，力、应力、力矩，重量、质量，转速、线速度，振动、加速度、噪声等参数的测量。

此外，按照测量信号在测量系统中的传输方式，测量可分为开环测量和闭环测量；根据传感器的测量原理，测量可分为电磁法、光学法、超声法、微波法和电化学法等；根据敏感元件是否与被测介质接触，测量可分为接触式测量与非接触式测量。

1.4 测量误差与测量不确定度

1.4.1 测量误差分析

1.4.1.1 基本概念

A 误差的定义

测量是一个变换、放大、比较、显示、读数等环节的综合过程。由于测量原理的局限和简化、测量方法的不尽完善、测量系统存在制造安装误差、环境因素的影响和外界干扰的存在，使得测量结果不能准确地反映被测量的真值而存在一定的偏差，这个偏差就是测量误差（error）。它等于测量结果减去被测量的真值，即

$$\Delta x = x - \mu \tag{1-2}$$

式中 Δx——测量误差；

x——测量结果；

μ——真值。

误差只与测量结果有关，不论采用何种仪表，只要测量结果相同，其误差是一样的。误差有恒定的符号，非正即负，如 -1，$+2$。误差不应该写成 ± 2 的形式，因为它表示被测量值不能确定的范围，不是真正的误差值。

B 真值的理解

式(1-2)只有在真值（true value）已知的前提下才能应用，而实际上很多情况真值都是未知的，通常用以下三种方法确定真值。

a 理论真值

通常把对一个量严格定义的理论值叫做理论真值，如三角形三内角和为180°，垂直角度为90°等。如果一个被测量存在理论真值，式(1-2)中的μ应该由它来表示。由于理论真值在实际工作中难以获得，常用约定真值或相对真值来代替。

b 约定真值

约定真值是对于给定不确定度所赋予的（或约定采用的）特定量的值。获得约定真值的方法通常有以下几种：

（1）由计量基准、标准复现而赋予该特定量的值。

（2）采用权威组织推荐的值。例如，由常数委员会（CODATA）推荐的真空光速、阿伏加德罗常数等。

（3）用某量多次测量结果的算术平均值来确定该量的约定真值。

c 相对真值

对一般测量，如果高一级测量仪表的误差小于等于低一级测量仪表误差的1/3；对于精密测量，如果高一级测量仪表的误差小于等于低一级测量仪表误差的1/10，则可认为前者所测结果是后者的相对真值。

1.4.1.2 误差的分类

根据测量误差的性质和出现的特点不同，一般可将测量误差分为3类，即系统误差、随机误差和粗大误差。

A 系统误差

系统误差（systematic error）定义为在重复性条件下，对同一被测量进行无限多次测量，所得结果的平均值与被测量的真值之差。其特征是在相同条件下，多次测量同一量值时，该误差的绝对值和符号保持不变，或者在条件改变时，误差按某一确定规律变化。前者称为恒值系统误差，后者称为变值系统误差。在变值系统误差中，又可按误差变化规律的不同分为线性系统误差、周期性系统误差和按复杂规律变化的系统误差。例如，用天平计量物体质量时，砝码的质量偏差；刻线尺的温度变化引起的示值误差等都是系统误差。

在实际估计测量仪表示值的系统误差时，常常用适当次数重复测量所得的算术平均值减去约定真值来表示，又被称为测量仪表的偏移（bias）。

由于系统误差具有一定的规律性，因此可以根据其产生原因，采取一定的技术措施，设法消除或减小。可以采用在相同条件下对已知约定真值的标准仪表进行多次重复测量的办法，或者通过多次变化条件下重复测量的办法，设法找出系统误差的变化规律，之后再对测量结果进行修正。修正值 C 的表达式如下：

$$C = \mu - x \tag{1-3}$$

可见，修正值 C 与误差的数值相等，但符号相反。系统误差的补偿与修正一直是误差理论与数据处理所关注的热点问题。

B 随机误差

随机误差（random error）又称为偶然误差，定义为在重复性条件下，对同一被测量进行无限多次测量，测得值与所得结果的平均值之差。其特征是在相同测量条件下，多次测量同一量值时，绝对值和符号以不可预定的方式变化。

随机误差产生于实验条件的偶然性微小变化，如温度波动、噪声干扰、电磁场微变、电源电压的随机起伏和地面振动等。由于每个因素出现与否，以及这些因素所造成的误差大小，人们都难以预料和控制，所以，随机误差的大小和方向均随机不定、不可预见和不可修正。

虽然一次测量的随机误差没有规律，不可预见，也不能用实验的方法加以消除。但是，经过大量的重复测量可以发现，它是遵循某种统计规律的。因此，可以用概率统计的方法处理含有随机误差的数据，对随机误差的总体大小及分布做出估计，并采取适当措施减小随机误差对测量结果的影响。

C 粗大误差

粗大误差（gross error）又称为疏忽误差或过失误差，是指明显超出统计规律预期值的误差。其产生原因主要是某些偶尔突发性的异常因素或疏忽，主要表现在：（1）测量方法不当或错误，测量操作疏忽或失误，如未按规程操作、读错读数或单位、记录或计算错误等；（2）测量条件突然较大幅度的变化，如电源电压突然增高或降低、雷电干扰、机械冲击和振动等；（3）其他情况。由于该误差很大，明显歪曲了测量结果，故应按照一定的准则进行判别，将含有粗大误差的测量数据（称为坏值或异常值）予以剔除。

D 误差间的转换

注意：（1）系统误差和随机误差既有区别又有联系，二者之间并无绝对的界限，在一定条件下可以相互转化。虽然它们的定义是科学严谨，不能混淆的，但在测量实践中，由于误差划分的人为性和条件性，使得它们并不是一成不变的，在一定条件下可以相互转化。（2）对某一具体误差，在某一条件下为系统误差，而在另一条件下又可为随机误差，反之亦然。因此一个具体误差究竟属于哪一类，应根据所考察的实际问题和具体条件，经分析和实验后确定。

如按一定要求制造电压表，对一批这样的电压表，它们的制造误差是随机的，即为随机误差；对某一具体电压表，其刻度误差又是确定的，可认为是系统误差。若用一块这样的电压表测量某电源的电压，当该电压表已被单独检定，其制造误差已知时，由测量仪表而引进的误差为已定系统误差；当该电压表未被单独检定，其制造误差未知时，由测量仪表而引进的误差为未定系统误差。但如果采用很多块这样的电压表测此电压，由于每一块电压表的制造误差有大有小，有正有负，就使得这些测量误差具有随机性。

1.4.1.3 测量准确度、正确度和精密度

测量准确度（accuracy）表示测量结果与被测量真值之间的一致程度，在我国工程领域中俗称精度。测量准确度是反映测量质量好坏的重要标志之一。就误差分析而言，准确度反映了测量结果中系统误差和随机误差的综合影响程度，误差大，则准确度低；误差小，则准确度高。当只考虑系统误差的影响程度时，称为正确度（correctness）；只考虑随机误差的影响程度时，称为精密度（precision）。

注意：准确度、正确度和精密度三者之间既有区别，又有联系。对于一个具体的测量，正确度高的未必精密，精密度高的也未必正确，但准确度高的，则正确度和精密度都高。

图 1-1 以射击打靶为例来描述准确度、正确度和精密度三者之间的关系。图 1-1(a)中，弹着点全部分散地落在靶的外环上，相当于系统误差和随机误差都大，即准确度低。图 1-1(b)中，弹着点集中，但偏向一方，命中率不高，相当于系统误差大而随机误差小，即精密度高，

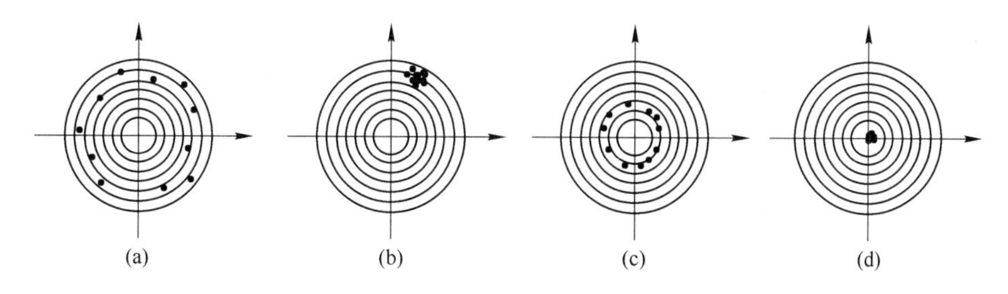

图 1-1 测量准确度、正确度和精密度示意图

（a）准确度低；（b）精密度高，正确度低；（c）精密度低，正确度高；（d）准确度高

正确度低。图 1-1(c)中，弹着点全部在靶内环上，但较分散，相当于系统误差小而随机误差大，即精密度低，正确度高。图 1-1(d)中，弹着点集中于靶心，相当于系统误差与随机误差均小，精密度和正确度都高，即准确度高。

1.4.1.4 误差的来源

为了减小测量误差，提高测量准确度，就必须了解误差来源。而误差来源是多方面的，在测量过程中，几乎所有因素都将引入测量误差。在分析和计算测量误差时，不可能也没有必要将所有因素及其引入的误差逐一计算，只需要着重分析引起测量误差的主要因素。

A 测量设备误差

测量设备误差主要包括标准器件误差、装置误差和附件误差等。

a 标准器件误差

标准器件误差是指以固定形式复现标准量值的器具，如标准电阻、标准量块和标准砝码等，他们本身体现的量值，不可避免地存在误差。任何测量均需要提供用于比较的基准器件，这些误差将直接反映到测量结果中，造成测量误差。减小该误差的方法是在选用基准器件时，应尽量使其误差值相对小些。一般要求基准器件的误差占总误差的 $\frac{1}{10} \sim \frac{1}{3}$。

b 装置误差

测量装置是指在测量过程中，实现被测的未知量与已知的标准量进行比较的仪器仪表或器具设备。他们在制造过程中由于设计、制造、装配和检定等的不完善，以及在使用过程中，由于元器件老化、机械部件磨损和疲劳等因素而使设备所产生的误差即为装置误差。

装置误差包括在设计测量装置时，由于采用近似原理所带来的工作原理误差；组成设备的主要零部件的制造误差与设备的装配误差；设备出厂时校准与分度所带来的误差；读数分辨力有限而造成的读数误差；数字式仪表所特有的量化误差；模拟指针式仪表由于刻度的随机性所引入的误差；元器件老化、磨损和疲劳所造成的误差；仪表响应滞后现象所引起的误差等。减小上述误差的主要措施是要根据具体的测量任务，正确选取测量方法，合理选择测量设备，尽量满足设备的使用条件和要求。

c 附件误差

附件误差是指测量仪表所带的附件或附属工具引进的误差。如千分尺的调整量杆引入的误差。减小该误差的办法是在购买设备时，要注意检查设备和附件的出厂合格证和检定证书。

B 测量方法误差

测量方法误差又称为理论误差，是指因使用的测量方法不完善，或采用近似的计算公式等原因所引起的误差。如在超声波流量计中，忽略流速变化的影响，将其近似为一个常数；在比色测温中，将被测对象近似为灰体，忽略发射率变化的影响等。

C 测量环境误差

测量环境误差是指各种环境因素与测量系统要求条件不一致而造成的误差。如对于电子测量，环境误差主要来源于环境温度、电源电压和电磁干扰等；激光测量中，空气的温度、湿度、尘埃和大气压力等会影响到空气折射率，进而影响激光波长，产生测量误差；高准确度的准直测量中，气流、振动也有一定的影响等等。

减小测量环境误差的主要方法是改善测量条件，对各种环境因素加以控制，使测量条件尽量符合仪表要求。

D 测量人员误差

测量人员即使在同一条件下使用同一台装置进行多次测量，也会得出不同的测量结果。这是由于测量人员的工作责任心、技术熟练程度、生理感官与心理因素和测量习惯等的不同而引起的，称为人员误差。

为了减小测量的人员误差，就要求测量人员要认真了解测量仪表的特性和测量原理，熟练掌握测量规程，精心进行测量操作，并正确处理测量结果。

总之，误差的来源是多方面的，在进行测量时，要仔细进行全面分析，既不能遗漏，也不能重复。对误差来源的分析研究既是测量准确度分析的依据，也是减小测量误差、提高测量准确度的必经之路。

1.4.1.5 误差的表示方法

按表示方法，误差可分绝对误差和相对误差两种。

A 绝对误差（absolute error）

测量系统的测量值（即示值）x 与被测量的真值 μ 之间的代数差值，称为测量系统测量值的绝对误差 Δx，简称测量误差，即

$$\Delta x = x - \mu \tag{1-4}$$

B 相对误差（relative error）

相对误差有以下 3 种表示方法：

（1）实际相对误差。其表达式为

$$\delta_{实} = \frac{\Delta x}{\mu} \times 100\% \tag{1-5}$$

这里的真值可以是理论真值、约定真值或相对真值。

（2）标称（示值）相对误差。其表达式为

$$\delta_{标} = \frac{\Delta x}{x} \times 100\% \tag{1-6}$$

式中 x——被测量的标称值（或示值）。

（3）引用相对误差。在评价测量系统的准确度时，利用实际（或标称）相对误差作为衡量标准有时也不准确。例如，用任一已知准确度等级的测量仪表测量一个靠近测量范围下限的小量，计算得到的实际（或标称）相对误差通常总比测量接近上限的大量（如 2/3 量程处）得到的相对误差大得多。因此，要引入引用相对误差 γ 的概念，其表达式为

$$\gamma = \frac{\Delta x}{x_{FS}} \times 100\% \tag{1-7}$$

式中 x_{FS}——测量仪表的满量程值。

对于多挡仪表，引用相对误差需要按每挡的量程计算。当测量值为测量系统测量范围的不同数值时，即使是同一检测系统，其引用误差也不一定相同。为此，取引用误差的最大值，既能克服上述的不足，又能更好地说明测量系统的准确度。

最大引用误差 γ_{max}（或满度最大引用误差）是指在规定的工作条件下，当被测量平稳地增加或减少时，在测量系统全量程所有测量值引用误差绝对值中的最大者，或理解为所有测量值中最大绝对误差的绝对值与量程之比的百分数，即

$$\gamma_{max} = \frac{|\Delta x|_{max}}{x_{FS}} \times 100\% \tag{1-8}$$

最大引用误差是测量系统基本误差的主要形式，是测量系统的主要质量指标。最大引用误差能很好地表征测量系统的测量准确度，其值越大，表示测量系统的准确度越低；其值越小，

表示测量系统的准确度越高。

1.4.2 测量不确定度的评定

《测量不确定度表示指南》(Guide to the Expression of Uncertainty in Measurement，简称 GUM)是目前全世界都在执行的国际标准。我国的国家计量技术规范是 JJF1059—1999《测量不确定度评定与表示》，它规定了测量中评定与表示不确定度的通用规则，适用于各种准确度等级的测量。

1.4.2.1 概述

A 不确定度概念

不确定度（uncertainty）与测量结果相关联，用于合理表征被测量值分散性的大小。它是定量评定测量结果的一个重要质量指标。在测量结果的完整表达中应包括不确定度的有关说明。

不确定度评定方法分为 A、B 两类。A 类评定采用对观测列进行统计分析的方法，以实验标准差表征。B 类评定则用不同于 A 类的其他方法，以估计的标准差表征。

B 不确定度的表示

不确定度的表示形式有绝对和相对两种，绝对形式表示的不确定度与被测量的量纲相同，相对形式无量纲。

不确定度可以是标准差或其倍数，或是标明了置信概率的置信区间半宽。以标准差表示的不确定度称为标准不确定度，以 u 表示。以标准不确定度的倍数表示的不确定度称为扩展不确定度，以 U（或 U_p）表示。扩展不确定度表明了具有较大置信概率的置信区间半宽。

对于一个实际测量工程，影响测量结果准确度的因素有很多，因此测量不确定度一般包含若干个分量，这些分量被称为不确定度分量。因为每一个不确定度分量都会对测量结果的总不确定度做出贡献，因此，测量结果需要用合成标准不确定度表示，记为 $u_c(y)$ 或 u_c。它是测量结果标准差的估计值，是各不确定度分量标准不确定度的合成。

C 基本术语

a 包含因子 k 和 k_p

包含因子指为获得扩展不确定度，而对合成标准不确定度所乘的数字因子。包含因子的计算规则完全是从扩展不确定度的定义得来的，根据其含义又可以分为两种：

（1）一般以 k 表示，即 $k = U/u_c$。

（2）置信概率为 p 时的包含因子用 k_p 表示，$k_p = U_p/u_c$，p 为置信概率。

包含因子一般在 2 ~ 3 的数值范围内。

b 自由度

在方差计算中，自由度是和的项数减去对和的限制数，记为 ν。自由度是不确定度带有的一个参数，反映了相应标准不确定度的可靠程度。自由度的计算分以下 3 种方法：

（1）在重复性条件下，对被测量作 n 次独立测量所得的样本方差为 $\sum_{i=1}^{n}\frac{\boldsymbol{v}_i^2}{n-1}$，其中 $\boldsymbol{v}_i$ 为残差，$\boldsymbol{v}_i = x_i - \bar{x}$。故在方差计算式中和的项数即为残差的个数 n，而且残差之和为零，即 $\sum_{i=1}^{n}\boldsymbol{v}_i = 0$ 是约束条件，故对和的限制数为 1，由此可得自由度为

$$\nu = n - 1 \tag{1-9}$$

（2）对于合成标准不确定度 u_c 的自由度（称为有效自由度 ν_{eff}），可以用韦尔奇-萨特思韦

特（Welch Satterthwaite）公式计算，即

$$\nu_{\text{eff}} = \frac{u_c^4(y)}{\sum_{i=1}^{n} \frac{u_{(x_i)}^4}{\nu_i}} \tag{1-10}$$

式中 ν_{eff}——有效自由度；

$u_c(y)$——合成标准不确定度；

$u_{(x_i)}$——标准不确定度分量；

ν_i——与 $u_{(x_i)}$ 相关联的分量自由度。

(3) 对于根据信息和资料来评定的不确定度，它的自由度按规定的估算方法计算。

c 置信区间与置信概率

随机变量取值的范围称为置信区间，它常用正态分布的标准偏差 σ 的倍数来表示，即 $\pm t\sigma$，t 为置信系数，σ 是置信区间的半宽。

随机变量在置信区间 $\pm t\sigma$（或统计包含区间）内取值的概率称为置信概率，用 p 表示。一般表示为 $1-\alpha$，α 为显著性水平。置信概率是介于（0，1）之间的数，常用百分数表示。在不确定度评定中置信概率又称置信水准或置信水平。

置信概率在置信区间 $\pm t\sigma$ 内的表达式为

$$p = \int_{-t\sigma}^{+t\sigma} f(x)\,\mathrm{d}x \tag{1-11}$$

式中 $f(x)$——分布密度函数。

对于正态分布，其分布密度函数的表达式为

$$f(x) = \frac{1}{\sigma\sqrt{2\pi}} \mathrm{e}^{-\frac{\delta^2}{2\sigma^2}} \tag{1-12}$$

式中 δ——测量值的误差；

σ——标准偏差即均方根误差。

对于正态分布，若置信系数分取 1、2 和 3 时，相应的置信概率 p 分别为 0.6827、0.9545 和 0.9973。

D 不确定度与测量误差的比较

误差与不确定度是完全不同的两个概念，不应该混淆或误用。测量不确定度是说明测量分散性的参数，由人们经过分析和评定得到，因而与人们的认识程度有关。测量结果可能非常接近真值（即误差很小），但由于认识不足，评定得到的不确定度可能较大；也可能测量误差实际上较大，但由于分析估计不足，给出的不确定度却偏小。因此，在进行不确定度分析时，应充分考虑各种影响因素，并对不确定度的评定加以验证。测量误差与测量不确定度的主要区别见表 1-1。

表 1-1 测量不确定度与测量误差的主要区别

	测量误差	测量不确定度
定　义	测量结果-真值	用标准差或其倍数，或置信区间的半宽表示
物理意义	表示测量结果偏离真值的程度	表征被测量的分散性
表达符号	非正即负，必有其一	无符号

续表 1-1

	测量误差	测量不确定度
分 类	按性质分为随机误差、系统误差和粗大误差	A 类不确定度评定和 B 类不确定度评定，评定时不必区分性质
自由度	不存在	存在
同测量结果的关系	有关	无关
同人的认识的关系	无关	有关

1.4.2.2 不确定度的评定

测量不确定度的评定方法分为两类，即 A 类和 B 类，它们与过去的“随机误差”与“系统误差”的分类之间不存在简单的对应关系。“随机”与“系统”表示两种不同性质的误差，而 A 类与 B 类表示两种不同的评定方法。因此，简单地把 A 类不确定度对应于随机误差导致的不确定度，把 B 类不确定度对应于系统误差导致的不确定度的做法是错误的。

无论是用 A 类还是 B 类方法评定出的标准不确定度的分量都具有同等地位，没有主次之分，它们都对合成标准不确定度做出贡献，只是评定的对象和方法不同。

A A 类不确定度评定

A 类不确定度采用对观察列进行统计分析的方法来评定标准不确定度。

a 算术平均值 $\bar{x}$

在重复性或复现性条件下对被测量进行 n 次独立重复观测，得到了一组等精度的测量值（称为测量列）为 $x_i(i=1,2,\cdots,n)$。在对测量列进行分析、计算和修正后，应不再包括系统误差和疏忽误差，则该测量列的算术平均值 $\bar{x}$ 为

$$\bar{x}=\frac{1}{n}\sum_{i=1}^{n}x_i \tag{1-13}$$

b 单次测量的实验标准差 $s(x_i)$

由贝塞尔（Bessel）公式可得单次测量的实验标准差 $s(x_i)$ 为

$$s(x_i)=\sqrt{\frac{\sum_{i=1}^{n}\boldsymbol{v}_i^2}{n-1}}=\sqrt{\frac{\sum_{i=1}^{n}(x_i-\bar{x})^2}{n-1}} \tag{1-14}$$

实验标准差 $s(x_i)$ 会随着测量次数 n 的增加而趋于稳定。$s(x_i)$ 值是对整个测量列的任意值 x_i 而言的，也就是说它表示了整个一组测量值 x_i 的重复性和复现性的好坏。

c 算术平均值标准差 $s(\bar{x})$

测量列中的每个测量值均围绕测量列的期望值波动。当取若干组测量列时，它们各自的平均值也散布在期望值附近，但比单个测量值更靠近期望值。也就是说，多次测量的平均值比一次测量值更准确。算术平均值标准差 $s(\bar{x})$ 的数学表达式为

$$s(\bar{x})=\frac{s(x_i)}{\sqrt{n}}=\sqrt{\frac{\sum_{i=1}^{n}(x_i-\bar{x})^2}{n(n-1)}} \tag{1-15}$$

$s(\bar{x})$ 值是针对测量列中的最佳值即算术平均值 $\bar{x}$ 而言的，因为 $\bar{x}$ 比测量列 x_i 中任何一个值都更加接近真值，所以 $s(\bar{x})$ 要比 $s(x_i)$ 小 $\sqrt{n}$ 倍。随着测量次数的增多，平均值收敛于期望值。因此，通常以样本的算术平均值 $\bar{x}$ 作为被测量值的估计（即测量结果），以平均值的实验标准

差 $s(\bar{x})$ 作为测量结果的标准不确定度，即 A 类标准不确定度。

如果测量结果取上面的 n 次独立重复测量列中的 m 次测量的算术平均值 $\bar{x}_m(1 \leqslant m \leqslant n)$，则其对应的 A 类不确定度 $s(\bar{x}_m)$ 为

$$s(\bar{x}_m) = \sqrt{\frac{\sum_{i=1}^{n}(x_i - \bar{x})^2}{m(n-1)}} \tag{1-16}$$

针对上述三种标准差，A 类不确定度的表达式如表 1-2 所示。

表 1-2 A 类不确定度

测量结果	A 类不确定度	自 由 度
x_i	$u(x) = s(x_i)$	$\nu = n - 1$
$\bar{x}$	$u(\bar{x}) = s(\bar{x}) = \frac{s(x_i)}{\sqrt{n}}$	
$\bar{x}_m$	$u(\bar{x}_m) = s(\bar{x}_m) = \frac{s(x_i)}{\sqrt{m}}$	

观测次数 n 越多，A 类不确定度的评定越可靠。一般认为 n 应大于 5。但也要视实际情况而定，当该 A 类不确定度分量对合成标准不确定度的贡献较大时，n 不宜太小；反之，当该 A 类不确定度分量对合成标准不确定度的贡献较小时，n 可以取小些。

B B 类不确定度的评定

如果时间充足并且实验室资源足够的话，我们就可以对不确定度分量进行详尽的统计研究。例如，采用各种不同类型的仪表、不同的测量方法等。于是，理论上所有这些不确定度分量都可用测量列的统计标准差来表征，换言之，所有不确定度分量都可以用 A 类评定得到。然而，这样的研究并非经济可行，很多不确定度分量实际上还必须用别的非统计方法来评定，这就是 B 类评定。

a B 类不确定度评定的信息来源

B 类不确定度评定的信息来源主要有以下 6 项：

（1）以前的测量数据；

（2）对有关技术资料和测量仪表特性的了解和经验；

（3）生产部门提供的技术说明文件；

（4）校准证书、检定证书或其他文件提供的数据及准确度的等别或级别，包括目前还在使用的极限误差等；

（5）手册或某些资料给出的参考数据及其不确定度；

（6）规定实验方法的国家标准或类似技术文件中给出的重复性限 r 或复现性限 R。

b B 类不确定度的评定方法

（1）已知置信区间和概率分布。

若根据经验和有关信息或资料，可分析或判断出被测量 x_i 所落入的区间 $[\bar{x} - a, \bar{x} + a]$，并估计区间内被测量值 x_i 的概率分布，则可按置信水准 p 来估计包含因子 k，这时 B 类标准不确定度 $u(x)$ 表示为

$$u(x) = \frac{a}{k} \tag{1-17}$$

式中 a——置信区间半宽；

k——对应于置信水准的包含因子。

（2）已知扩展不确定度 U 和包含因子 k。

如估计值 x 来源于制造部门的说明书、校准证书、手册或其他资料，其中同时还明确给出了其扩展不确定度 $U(x)$ 是标准差 $s(x_i)$ 的 k 倍，并指明了包含因子 k 的大小，则标准不确定度 $u(x)$ 为

$$u(x) = \frac{U(x)}{k} \tag{1-18}$$

（3）已知扩展不确定度 U_p 和置信水准 p 的正态分布。

如估计值 x 的扩展不确定度不是按标准差 $s(x_i)$ 的 k 倍给出，而是给出了置信水准 p 和置信区间的半宽 U_p，除非另有说明，一般按正态分布考虑评定其标准不确定度 $u(x)$。$u(x)$ 表示为

$$u(x) = \frac{U_p}{k_p} \tag{1-19}$$

正态分布的置信水准（置信概率）p 与包含因子 k_p 之间的关系如表 1-3 所示。

表 1-3　正态分布情况下置信概率 p 与包含因子 k_p 的关系

p/%	50	68.27	90	95	95.45	99	99.73
k_p	0.67	1	1.645	1.960	2	2.576	3

（4）已知扩展不确定度 U_p、置信水准 p 和有效自由度 ν_{eff} 的 t 分布。

如不仅给出了估计值 x 的扩展不确定度 U_p 和置信水准 p，而且还给出了有效自由度 ν_{eff} 或包含因子 k_p，这时必须按 t 分布计算标准不确定度，即

$$u(x) = \frac{U_p}{t_p(\nu_{eff})} \tag{1-20}$$

这种情况提供给不确定度评定的信息比较齐全，故常出现在标准仪表的校准证书上。

（5）其他几种常见的评定。

除了正态分布和 t 分布以外，其他常见的分布有均匀分布、反正弦分布及三角分布等。如已知信息表明被测量 x_i 所落入区间的半宽为 a，且置信水准为 100%，即全部落在此范围中，则通过对其分布的估计，可得标准不确定度 $u(x)$ 为

$$u(x) = \frac{a}{k} \tag{1-21}$$

式中各参数的取值与分布规律有关，列于表 1-4 中。分布规律的确定一般遵循以下原则：

1）尽管被测量的概率分布是任意的，但只要测量次数足够多，其算术平均值的概率分布都近似为正态分布。

2）若被测量受许多个相互独立的随机因素的影响，这些影响因素的概率分布又各不相同，则当每个因素对被测量的影响均很小时，被测量的随机变化将服从正态分布。

3）若被测量在区间内各处出现的机会都相等，则认为服从均匀分布，如数字显示仪表的分辨力误差和有效数字取舍造成的误差等。

4）若被测量既受随机影响又受系统影响，而又对影响量缺乏任何其他信息的情况下，为可靠起见，一般假设为均匀分布。

5）若被测量受到两个独立且都是均匀分布因素的影响时，可认为其服从三角分布。三角分布是均匀分布和正态分布之间的一种折中。

6）有些情况下，可采用同行的共识。

表 1-4 常用分布与 k 和 $u(x)$ 的关系

分布类型	p/%	k	$u(x)$
正　态	99.73	3	$\frac{a}{3}$
矩形（均匀）	100	$\sqrt{3}$	$a/\sqrt{3}$
三角形	100	$\sqrt{6}$	$a/\sqrt{6}$
反正弦	100	$\sqrt{2}$	$a/\sqrt{2}$
梯形 $\beta=0.71$ ①	100	2	$\frac{a}{2}$
两　点	100	1	a

① β 为梯形的上底与下底之比，对于梯形分布，有 $k=\sqrt{6/(1+\beta^2)}$。

（6）以“等”使用的仪表的不确定度计算。

当测量仪表检定证书上给出准确度等别时，可按检定系统或检定规程所规定的该等别的测量不确定度的大小，按本节方法（2）或方法（3）计算标准不确定度分量。当检定证书既给出扩展不确定度，又给出有效自由度时，按方法（4）计算。

以“等”使用的仪表的不确定度计算一般采用正态分布或 t 分布。

对于以“等”使用的仪表，上面计算所得到的不确定度分量已包含了上一个等别仪表对所使用等别仪表进行检定或校准所带来的不确定度，因此，上一等别检定或校准的不确定度不需考虑。

以“等”使用的仪表，使用时的环境条件偏离参考条件或上一级检定或校准的环境条件时，要考虑环境条件引起的不确定度分量。

（7）以“级”使用仪表的不确定度计算。

当测量仪表检定证书上给出准确度级别时，可按检定系统或检定规程所规定的该级别的最大允许误差进行评定。假定最大允许误差为 $\pm A$，一般采用均匀分布，得到示值允差引起的标准不确定度分量为

$$u(x)=\frac{A}{\sqrt{3}} \tag{1-22}$$

以“级”使用的仪表，需考虑上一级别检定或校准的不确定度。

以“级”使用的仪表，使用时环境条件只要不超出允许使用范围，仪表的示值误差始终没有超出示值允差的要求，在这种情况下，不必考虑环境条件引起的不确定度分量。

1.4.2.3 不确定度的合成

当测量结果受多种因素影响形成了若干个不确定度分量时，测量结果的标准不确定度应用各标准不确定度分量合成后所得的合成标准不确定度 $u_c(y)$ 表示。求得 $u_c(y)$ 的具体步骤如下：（1）需要分析各种影响因素与测量结果的关系，以便确定各不确定度分量；（2）采用 A 类或 B 类评定方法对每一不确定度分量进行标准不确定度评定，并确定各个不确定度分量对总的不确定度的贡献；（3）按合成公式进行合成标准不确定度计算；（4）对合成标准不确定度乘以一个系数即得到扩展不确定度值。例如，在间接测量中，被测量的估计值 y 是由 N 个其他量的测得值 $x_1,x_2,\cdots,x_N$ 的函数求得，即

$$y=f(x_1,x_2,\cdots,x_N)=f(x_i) \tag{1-23}$$

若各直接测得值 x_i 的测量标准不确定度为 $u(x_i)(i=1,2,\cdots,N)$，它对被测量估计值影响的传递系数为 $\frac{\partial f}{\partial x_i}$，则合成标准不确定度 $u_c(y)$ 为

$$u_c(y)=\sqrt{\sum_{i=1}^{N}\left(\frac{\partial f}{\partial x_i}\right)^2 u^2(x_i)+2\sum_{1\leqslant i<j}^{N}\frac{\partial f}{\partial x_i}\frac{\partial f}{\partial x_j}\rho_{ij}u(x_i)u(x_j)} \tag{1-24}$$

式中 ρ_{ij}——任意两个直接测量值 x_i 和 x_j 不确定度的相关系数。

若每个自变量都是独立和不相关的，则有 $\rho_{ij}=0$，此时，式(1-24)简化为：

$$u_c(y)=\sqrt{\sum_{i=1}^{N}\left(\frac{\partial f}{\partial x_i}\right)^2 u^2(x_i)} \tag{1-25}$$

1.5 测量系统

1.5.1 测量系统的组成

完成热工测量中某一个或几个参数测量的所有装置称为热工测量系统。测量系统的构成与生产过程的自动化水平密切相关。根据测量系统工作原理、测量准确度要求、信号传递与处理、显示方式及功能等的不同，其结构会有悬殊的差别。它可能是仅有一只测量仪表的简单测量系统，也可能是一套价格昂贵、高度自动化的复杂测量系统。例如，测量水的流量，常用标准孔板获得与流量有关的差压信号，然后将差压信号输入差压流量变送器，经过转换、运算，变成电信号，再通过连接导线将电信号传送到显示仪表，显示出被测流量值。

任何一个测量系统都可由有限个具有一定基本功能的环节组成。组成测量系统的基本环节有：传感器、变换器、传输通道（或传送元件）和显示装置，如图 1-2 所示。

图 1-2 测量系统组成

1.5.1.1 传感器

传感器是测量系统与被测对象直接发生联系的器件或装置。它的作用是感受指定被测参量的变化并按照一定规律将其转换成一个相应的便于传递的输出信号，以完成对被测对象的信息提取。例如，热电偶测温，是根据热电效应，将被测温度值转化成热电势，进而实现测温的。

传感器通常由敏感元件和转换部分组成。其中，敏感元件为传感器直接感受被测参量变化的部分，转换部分的作用通常是将敏感元件的输出转换为便于传输和后续环节处理的电信号。通常指电压、电流或电路参数（电阻、电感、电容）等电信号。

例如，半导体应变片式传感器能把被测对象受力后的微小变形感受出来，通过一定的桥路转换成相应的电压信号输出。这样，通过测量传感器输出电压便可知道被测对象的受力情况。这里应该说明，并不是所有的传感器均可清楚、明晰地区分敏感和转换两部分；有的传感器已将这两部分合二为一，也有的仅有敏感元件（如热电阻、热电偶）而无转换部分，但人们仍习惯称其为传感器。

传感器的输出信号能否准确、快速和可靠地提取被测对象信息，对测量系统的好坏起着决定性的作用。通常对传感器要求如下：

（1）传感器的输出与输入之间应具有稳定的、线性的单值函数关系。

（2）传感器的输出只对被测量的变化敏感，且灵敏度高，而对其他可能的一切输入信号（包括噪声）不敏感。

（3）在测量过程中，传感器应该不干扰或尽量少干扰被测介质的状态。

实际的传感器很难同时满足上述3个要求，常用的方法是限制测量条件，通过理论与实验的反复检验，并采用补偿、修正等技术手段，才能使传感器满足测量要求。

1.5.1.2 变换器

变换器是将来自传感器的微弱信号经某种方式的处理变换成测量显示所要求的信号。通常包括前置放大器、滤波器、A/D转换器和非线性校正器等。前置放大器通常安装于传感器部分，这是为避免微弱信号在传送过程中丢失信息而进行的预先放大，也有利于测量系统的简化。A/D转换器用于将模拟信号转换成数字信号。非线性校正器用于使输出信号正比于被测参数，以便数字信号及控制信号的产生。

对于变换器，不仅要求它的性能稳定、准确度高，而且应使信息损失最小。

1.5.1.3 显示装置

显示装置通常指显示器、指示器或记录仪等。用于实现对被测参数数值的指示、记录，有时还带有调节功能，以控制生产过程。

对于智能测量系统，常将计算机、显示和存储等功能合为一体。

1.5.1.4 传输通道

如果测量系统各环节是分离的，那么就需要把信号从一个环节送到另一个环节，实现这种功能的元器件或设备称为传送元件，又称传输通道。其作用是建立各测量环节输入、输出信号之间的联系。传送元件可以比较简单，但有时也可能相当复杂。导线、管路、光导纤维和无线电通信等，都可以作为传输通道的一种形式。

传输通道一般较为简单，容易被忽视。实际上，由于传输通道选择不当或安排不周，往往会造成信息能量损失、信号波形失真以及引入干扰，致使测量准确度下降。例如导压管过细过长，容易使信号传递受阻，产生传输迟延，影响动态压力测量准确度。再比如导线的阻抗失配，会导致电压和电流信号的畸变。

应该指出，上述测量系统组成及各组成部分的功能描述并不是唯一的，尤其是传感器和变换器的名称与定义目前还未统一，即使是同一元件，在不同场合下也可能使用不同的名称。因此，关键在于弄清它们在测量系统中的作用，而不必拘泥于名称本身。

1.5.2 测量系统的静动态特性

1.5.2.1 概述

A 基本特性分类

测量系统的性能在很大程度上决定着测量结果的质量。对于测量系统的性能认识愈全面、愈深刻，愈有可能获得有价值的测量结果。测量系统的基本特性一般分为两类：静态特性和动态特性。这是因为被测参量的变化大致可分为两种情况，一种是被测参量基本不变或变化很缓慢的情况，即所谓“准静态量”。此时，可用测量系统的一系列静态参数（静态特性）来对这类“准静态量”的测量结果进行表示、分析和处理。另一种是被测参量变化很快的情况，它必然要求测量系统的响应更为迅速，此时，应用测量系统的一系列动态参数（动态特性）来对这类“动态量”的测量结果进行表示、分析和处理。

一般情况下，测量系统的静态特性与动态特性是相互关联的，测量系统的静态特性也会影响到动态条件下的测量。但为叙述方便和使问题简化，便于分析讨论，通常把静态特性与动态特性分开讨论，把造成动态误差的非线性因素作为静态特性处理，而在列运动方程时，忽略非线性因素，简化为线性微分方程。这样可使许多复杂的非线性工程测量问题大大简化，虽然会因此而增加一定的误差，但是绝大多数情况下此项误差与测量结果中含有的其他误差相比是可以忽略的。

B 研究基本特性的目的

研究和分析测量系统的基本特性，主要有以下 3 个方面的用途：

(1) 通过测量系统的已知基本特性，由测量结果推知被测参量的准确值，这是测量系统最基本的用途。

(2) 对多环节构成的较复杂的测量系统进行测量结果及不确定度的分析，即根据该测量系统各组成环节的已知基本特性，按照已知输入信号的流向，逐级推断和分析各环节输出信号及其不确定度。

(3) 根据测量得到的输出结果和已知输入信号，推断和分析出测量系统的基本特性与主要技术指标。这主要用于该测量系统的设计、研制、改进和优化，以及对无法获得更好性能的同类测量系统和未完全达到所需测量准确度的重要测量项目进行深入分析和研究。

通常把被测参量作为测量系统的输入（亦称为激励）信号，而把测量系统的输出信号称为响应。由此，我们就可以把整个测量系统看成一个信息通道来进行分析。理想的信息通道应能不失真地传输各种激励信号。

下面介绍的测量系统基本特性不仅适用于整个系统，也适用于组成测量系统的各个环节，如传感器、信号放大、信号滤波、数据采集和显示等。

1.5.2.2 测量系统的静态特性

测量系统的基本静态特性，是指被测物理量和测量系统处于稳定状态时，系统的输出量与输入量之间的函数关系。一般情况下，如果没有迟滞等缺陷存在，测量系统的输入量 x 与输出量 y 之间的关系可以用下述代数方程来描述：

$$y = a_0 + a_1 x + a_2 x^2 + \cdots + a_n x^n \tag{1-26}$$

式中 $a_0, a_1, \cdots, a_n$——常系数项，决定着测量系统输入输出关系曲线的形状和位置，是决定测量系统基本静态特性的参数。

如果式(1-26)中，除 a_0、a_1 不为零外，其余各项常数均为零，这时测量系统就是一个线性系统。对于理想测量系统，要求其静态特性曲线应该是线性的，或者在一定的测量范围之内是线性的。

测量系统的基本静态特性可以通过静态校准来求取。在对系统校准并获得一组校准数据之后，可用最小二乘法求取一条最佳拟合曲线作为测量系统基本静态特性曲线。

任何一个测量系统，都是由若干个测量设备按照一定方式组合而成的。整个系统的基本静态特性是诸测量设备静态特性的某种组合，如串联、并联和反馈。对任何形式的测量系统，只要已知各组成部分的基本静态特性，就不难求得测量系统总的静态特性。

1.5.2.3 测量系统的动态特性

当被测参数随时间变化时，因系统总是存在着机械、电气和磁等各种惯性，而使测量系统（仪表）不能实时无失真地反映被测量值，二者之间的偏差即为动态测量误差。欲减小动态测量误差，提高系统的响应速度，就必须研究测量系统的动态特性。动态特性是指在动态测量时，测量系统输出量与输入量之间的关系。欲研究测量系统的动态特性必须建立测量系统的动态数学模型。

A 测量系统的动态数学模型

测量系统的动态数学模型主要有3种形式：时域分析用的微分方程、频域分析用的频率特性和复频域用的传递函数。测量系统动态特性由其本身各个环节的物理特性决定，因此，如果知道上述3种数学模型中的任一种，都可推导出另外两种形式的数学模型。

a 微分方程

对于线性时不变的测量系统来说，表征其动态特性的常系数线性微分方程式为

$$a_n \frac{\mathrm{d}^n y(t)}{\mathrm{d}t^n} + a_{n-1} \frac{\mathrm{d}^{n-1} y(t)}{\mathrm{d}t^{n-1}} + \cdots + a_1 \frac{\mathrm{d}y(t)}{\mathrm{d}t} + a_0 y(t)$$

$$= b_m \frac{\mathrm{d}^m x(t)}{\mathrm{d}t^m} + b_{m-1} \frac{\mathrm{d}^{m-1} x(t)}{\mathrm{d}t^{m-1}} + \cdots + b_1 \frac{\mathrm{d}x(t)}{\mathrm{d}t} + b_0 x(t) \tag{1-27}$$

式中 $y(t)$ ——输出量或响应；

$x(t)$ ——输入量或激励；

$a_0, a_1, \cdots, a_n$；$b_0, b_1, \cdots, b_m$ ——与测量系统结构和物理参数有关的系数。

理论上可由式(1-27)求出在任一输入量作用下的测量系统动态特性。但是对于复杂的测量系统和复杂的被测信号，求该方程的通解和特解较为困难，往往采用传递函数和频率响应函数的方式。

b 传递函数

若测量系统的初始条件为零，则把测量系统输出 $y(t)$ 的拉氏变换 $Y(s)$ 与测量系统输入 $x(t)$ 的拉氏变换 $X(s)$ 之比称为测量系统的传递函数 $G(s)$，其表达式为

$$G(s) = \frac{Y(s)}{X(s)} = \frac{b_m s^m + b_{m-1} s^{m-1} + \cdots + b_1 s + b_0}{a_n s^n + a_{n-1} s^{n-1} + \cdots + a_1 s + a_0} \tag{1-28}$$

上式分母中 s 的最高指数 n 即代表微分方程的阶数。相应地，当 $n = 1$ 时，称为一阶系统传递函数；当 $n = 2$ 时，称为二阶系统传递函数。由式(1-28)可得

$$Y(s) = G(s)X(s) \tag{1-29}$$

可见，知道测量系统传递函数 $G(s)$ 和输入函数 $X(s)$ 即可得到输出函数 $Y(s)$，然后利用拉氏反变换，求出 $Y(s)$ 的原函数，即瞬态输出响应 $y(t)$。

传递函数具有以下特点：

(1) 传递函数是测量系统本身各环节固有特性的反映，它不受输入信号影响，但包含瞬态和稳态的时间和频率响应的全部信息。

(2) 传递函数是通过把实际测量系统抽象成数学模型后经过拉氏变换得到的，它只反映测量系统的响应特性。

(3) 同一传递函数可能表征多个响应特性相似，但具体物理结构和形式却完全不同的设备，例如RC滤波电路与裸露热电偶的响应特性就类似，它们同为一阶系统。

c 频率（响应）特性

在初始状态为零的条件下，把测量系统的输出 $y(t)$ 的傅里叶变换 $Y(\mathrm{j}\omega)$ 与输入 $x(t)$ 的傅里叶变换 $X(\mathrm{j}\omega)$ 之比称为测量系统的频率响应特性，简称频率特性 $G(\mathrm{j}\omega)$，其表达式为

$$G(\mathrm{j}\omega) = \frac{Y(\mathrm{j}\omega)}{X(\mathrm{j}\omega)} = \frac{b_m(\mathrm{j}\omega)^m + b_{m-1}(\mathrm{j}\omega)^{m-1} + \cdots + b_1(\mathrm{j}\omega) + b_0}{a_n(\mathrm{j}\omega)^n + a_{n-1}(\mathrm{j}\omega)^{n-1} + \cdots + a_1(\mathrm{j}\omega) + a_0} \tag{1-30}$$

式(1-30)可通过将式(1-28)中的 s 用 $\mathrm{j}\omega$ 来代替而直接获得。

从物理意义上说，通过傅里叶变换可将满足一定初始条件的任意信号分解成一系列不同频率的正弦信号之和，从而将信号由时域变换至频域来分析。因此，频率响应函数是在频域中反映测量系统对正弦输入信号的稳态响应，也被称为正弦传递函数。

注意： 传递函数表达式(1-28)和频率特性表达式(1-30)形式相似，但前者是测量系统输出与输入信号的拉氏变换式之比，其输入并不限于正弦信号，所反映的系统特性不仅有稳态也包含瞬态，后者仅反映测量系统对正弦输入信号的稳态响应。

对线性测量系统，其稳态响应是与输入同频率的正弦信号。对同一正弦输入，不同测量系统稳态响应的频率虽相同，但幅度和相位角通常不同。同一测量系统当输入正弦信号的频率改变时，系统输出与输入正弦信号幅值之比随输入信号频率的变化关系称为测量系统的幅频特性，通常用 $A(\omega)$ 表示；系统输出与输入正弦信号相位差随输入信号频率变化的关系称为测量系统的相频特性，通常用 $\Phi(\omega)$ 表示。幅频特性和相频特性合起来统称为测量系统的频率（响应）特性。根据得到的频率特性可以在频域直观、形象、定量地分析和研究测量系统的动态特性。

B 典型系统的动态特性

如果知道测量系统的数学模型，经过适当的运算，通常都可以推算出该测量系统对任何输入的动态输出响应。但是测量系统的数学模型中的具体参数的确定通常需经实验测定，亦称动态标定。

工程上常用阶跃和正弦两种形式的信号作为标定信号。采用阶跃输入信号具有适用性广、实施简单和易于操作等特点。采用正弦输入信号对分析测量系统频率特性十分方便，但在压力、流量、温度和物位等测量系统的实际应用中，一般难以碰到被测参量以正弦方式变化的情况，因此通常分析它们的阶跃响应，而把被测参量随时间的变化看作是在不同时刻一系列阶跃输入的叠加。工程上常见的各类测量系统的动态响应特性大都与理想的一阶或二阶系统相近，少数复杂系统也可近似地看作两个或多个二阶系统的串并联。

a 零阶测量系统

在式(1-27)所描述的测量系统中，若除 a_0 和 b_0 外，其余的常系数项均为零，则微分方程就变成了简单的代数方程，即

$$y(t) = Kx(t) \tag{1-31}$$

式中 K——零阶测量系统的放大倍数（或稳态灵敏度），$K = b_0/a_0$。

式(1-31)所描述的测量系统称为零阶测量系统。它具有理想的动态特性，不论被测物理量 $x(t)$ 如何随时间或频率而变化，零阶测量系统的输出都不会失真，输出在时间上也没有任何滞后。

零阶测量系统的幅频特性为 $A(\omega) = K$，相频特性为 $\Phi(\omega) = 0$。

b 一阶测量系统

(a) 数学模型

若式(1-27)所描述的测量系统中，除 a_1，a_0 和 b_0 外，其余的常系数项均为零，则得

$$a_1 \frac{\mathrm{d}y(t)}{\mathrm{d}t} + a_0 y(t) = b_0 x(t) \tag{1-32}$$

式(1-32)所描述的测量系统称为一阶测量系统。对上式进行拉普拉斯变换并整理得

$$\tau sY(s) + Y(s) = KX(s) \tag{1-33}$$

式中　τ—— 一阶测量系统的时间常数，$\tau = a_1/a_0$；

K—— 一阶测量系统的放大倍数，$K = b_0/a_0$。

时间常数 T 具有时间的量纲，而稳态灵敏度 K 则具有输出量比输入量的量纲。实际上，对任意阶测量系统，K 总是定义为 $K = b_0/a_0$，并总是具有同样的物理意义。

一阶测量系统的传递函数为

$$G(s) = \frac{K}{\tau s + 1} \tag{1-34}$$

(b) 阶跃响应

当系统阶跃输入的幅值为 A 时，得一阶测量系统的阶跃响应表达式为

$$y(t) = KA\left(1 - e^{-\frac{t}{\tau}}\right) \tag{1-35}$$

一阶测量系统的阶跃响应曲线如图 1-3 所示。从式(1-35)和图 1-3 可见，一阶测量系统响应 $y(t)$ 随时间 t 增加而增大。当 $t = \infty$ 时趋于最终稳态值，即 $y(\infty) = KA$。理论上，在阶跃输入后的任何具体时刻都不能得到系统的最终稳态值，即总是 $y(t < \infty) < KA$。

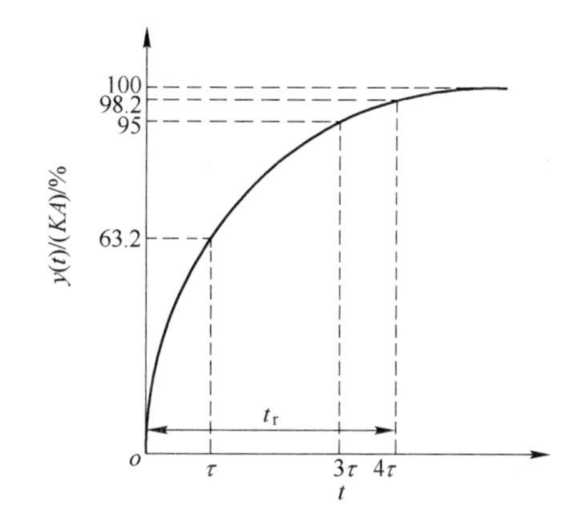

图 1-3　一阶测量系统的阶跃响应曲线

(c) 频率特性

一阶测量系统的幅频特性为 $A(\omega) = \dfrac{K}{\sqrt{(\omega\tau)^2 + 1}}$，相频特性为 $\Phi(\omega) = \arctan(-\omega\tau)$。

c　二阶测量系统

(a) 数学模型

二阶系统的数学模型可改写成如下通式：

$$\frac{1}{\omega_0^2}\frac{d^2y(t)}{dt^2} + \frac{2\zeta}{\omega_0}\frac{dy(t)}{dt} + y(t) = Kx(t) \tag{1-36}$$

式中　ω_0——二阶系统的固有角频率，$\omega_0 = \sqrt{a_0/a_2}$；

ζ——二阶系统的阻尼比，$\zeta = a_1/(2\sqrt{a_0 a_2})$；

K——二阶系统的放大倍数或称系统稳态灵敏度。

上述二阶系统的传递函数表达式为

$$G(s) = \frac{K}{\frac{1}{\omega_0^2}s^2 + \frac{2\zeta}{\omega_0}s + 1} \tag{1-37}$$

(b) 阶跃响应

二阶测量系统阶跃响应如图 1-4 所示，其具体形式取决于测量系统本身的参数 ω_0 和 ζ。

(1) 如果 $\zeta > 1$，称为过阻尼，传递函数有两个不相等的负实数极点，其暂态响应包含两个衰减的指数项，且以指数规律随时间的增大而逼近稳态输出值。当 ω_0 一定时，ζ 愈大，系统对阶跃输入的响应愈慢。当两个衰减的指数项中有一个衰减很快，尤其当 $\zeta >> 1$ 时，通常可忽

略其影响，此时整个系统的阶跃响应与一阶相近，可简化为一阶测量系统对待。

（2）如果$\zeta=1$，称为临界阻尼，测量系统传递函数有两个相等的负实数极点。此时二阶测量系统对阶跃输入的响应也以指数规律随时间的增大而逼近稳态。系统响应无振荡，但已处于临界状态，阻尼比ζ稍有减小，系统就会产生振荡而进入欠阻尼状态。

（3）如果$0<\zeta<1$，称为欠阻尼，测量系统传递函数有两个共轭复数极点。当系统阶跃输入的幅值为A时，得二阶测量系统的阶跃响应表达式为

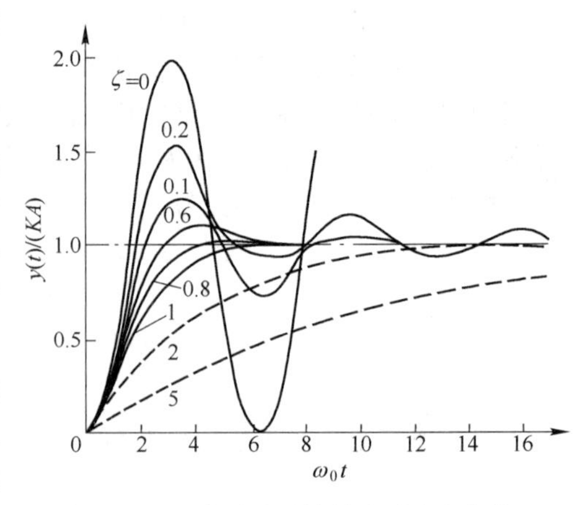

图 1-4 二阶测量系统的阶跃响应曲线

$$y(t)=KA\left[1-\frac{e^{-\omega_0\zeta t}}{\sqrt{1-\zeta^2}}\sin\left(\sqrt{1-\zeta^2}\omega_0 t+\arctan\frac{\sqrt{1-\zeta^2}}{\zeta}\right)\right] \tag{1-38}$$

上式右边括号外的系数与一阶测量系统阶跃响应相同，其全部输出由两项叠加而成。其中一项为不随时间变化的稳态响应KA，另一项为幅值随时间变化的阻尼衰减振荡（暂态响应），其幅值按指数$e^{-\omega_0\zeta t}$规律衰减。式(1-38)表明，在欠阻尼情况下，二阶测量系统对阶跃输入的响应是衰减的正弦振荡，它随时间增大而趋向稳态输出值KA。系统有阻尼自然振荡角频率ω_d，其表达式为$\omega_d=\omega_0\sqrt{1-\zeta^2}$。在$\omega_0$一定时，$\omega_d$随阻尼比$\zeta$而变化。如果$\zeta=0$，则二阶测量系统对阶跃的响应将为等幅无阻尼振荡。

二阶测量系统在不同阻尼比时无量纲阶跃响应曲线如图 1-4 所示。图中，横坐标是以ω_0与t的乘积形式给出的，因此，曲线只是ζ的函数。这表明，ω_0是系统响应速度的直接标志。对于一定的阻尼比ζ，ω_0增大一倍，将使系统的响应时间减半。另外，阻尼比ζ愈大，暂态幅值衰减愈快，将使系统振荡减小，稳定性增加，但响应曲线第一次穿越稳态输出值的时间却被延迟下来。可见，阻尼比ζ和系统固有频率ω_0是二阶测量系统最主要的动态时域特性参数。

（c）频率特性

二阶测量系统的幅频特性为$A(\omega)=\dfrac{K}{\sqrt{[1-(\omega/\omega_0)^2]^2+(2\zeta\omega/\omega_0)^2}}$，相频特性为$\Phi(\omega)=-\arctan\left(\dfrac{2\zeta\omega/\omega_0}{1-(\omega/\omega_0)^2}\right)$。

1.5.3 测量系统的性能指标

1.5.3.1 测量系统的静态性能指标

描述测量系统在静态测量条件下测量品质优劣的静态性能指标很多，常用的主要指标有准确度、正确度、精密度、量程和灵敏度等。分析时，应根据各测量系统的特点和对测量的要求而有所侧重。

A 准确度及准确度等级

测量准确度是指测量结果与被测量的真值之间的一致（或接近）程度，一般用于表示测量是否符合某个误差等级的要求，或仪表按某个技术规范要求是否合格。

注意： 准确度是一个定性的概念，它并不指误差的大小，准确度不能表示为 ±5mg、

<5mg 或 5mg 等形式。

圆整仪表的最大引用误差 γ_{max} 去掉%后，所得系列值即为仪表的准确度等级。准确度等级数值越小，表征该仪表的准确度等级越高，仪表的准确度越高。测量仪表（或系统）的准确度等级由生产厂商根据其最大引用误差的大小并以选大不选小的原则就近套用上述准确度等级得到。

按照国际法制计量组织（OIMI）建议书 No.34 的推荐，仪表的准确度等级采用以下数字，1×10^n、1.5×10^n、1.6×10^n、2×10^n、2.5×10^n、3×10^n、4×10^n、5×10^n 和 6×10^n，其中 $n=1$、0、-1、-2、-3 等。上述数列中禁止在一个系列中同时选用 1.5×10^n 和 1.6×10^n，3×10^n 也只有证明必要和合理时才采用。

注意：测量仪表的准确度等级是在标准测量条件下确定的，这些条件包括环境温湿度、电源电压、电磁兼容性条件以及安装方式等。如果不符合某些条件则会产生附加误差，如在高温环境下测量，则会对测量仪表产生影响而导致产生温度附加误差。

思考：如果仪表为 A 级，则说明合格仪表在正常使用时最大引用误差不会超过 A %吗？如果仪表为 A 级，它在各刻度点上的示值相对误差都小于等于 A %吗？

根据仪表准确度及其等级的概念，可进行仪表等级标定、仪表合格检验和仪表等级选择，详见例 1-1 ~ 例 1-4。

【例 1-1】 某台测温仪表的测温范围为 100 ~ 800℃，检定该仪表时得到绝对误差绝对值的最大值为 6℃，试确定该仪表的准确度等级。

解：$\gamma_{max}=\dfrac{|\Delta x|_{max}}{x_{FS}}\times100\%=\dfrac{6}{800-100}\times100\%=0.86\%<1.0\%$，所以该仪表可定为 1.0 级。

【例 1-2】 现对量程为 250℃的 2.0 级的温度计 A 和温度计 B 进行检定，发现：(1) 温度计 A 在 123℃处的示值误差绝对值最大，且为 4.6℃；(2) 温度计 B 在 200℃和 150℃处的仪表示值分别为 204.5℃和 155.8℃，问这两个温度计是否合格？

解：$\gamma_{Amax}=\dfrac{|\Delta x|_{max}}{x_{FS}}\times100\%=\dfrac{4.6}{250}\times100\%=1.84\%<2.0\%$，

$$\gamma_{Bmax}=\frac{|\Delta x|_{max}}{x_{FS}}\times100\%=\frac{155.8-150}{250}\times100\%=2.32\%>2.0\%,$$

所以，温度计 A 合格，温度计 B 不合格。

【例 1-3】 工艺上要求某电炉的测温误差绝对值不能超过 5℃，且测温范围为 200 ~ 1000℃，试确定应选仪表的准确度等级。

解：工艺上允许的最大引用误差为

$$\gamma_{max}=\frac{|\Delta x|_{max}}{x_{FS}}\times100\%=\frac{5}{1000-200}\times100\%=0.625\%$$

所以所选仪表的准确度等级应为 0.5 级。

思考：在选用仪表时，准确度等级是“越高越好”吗？

【例 1-4】 某待测的电压为 100V，现有 0.5 级 0 ~ 300V 和 1.0 级 0 ~ 120V 两个电压表，问用哪一个电压表测量较好？

解：用 0.5 级 0 ~ 300V 测量 100V 时的最大绝对误差为 1.5V，用 1.0 级 0 ~ 120V 测量 100V 时的最大绝对误差为 1.2V，所以，用 1.0 级的电压表测量更好。

注意：在选用仪表时，要纠正单纯追求准确度等级“越高越好”的倾向，而应根据被测量的大小，兼顾仪表的级别和测量上限合理地选择仪表。

B 测量仪表的误差

a 示值误差

测量仪表的示值就是测量仪表所给出的量值。测量仪表的示值误差（error of indication）是指测量仪表的示值与对应真值之差。由于真值不能确定，实际上用的是约定真值。

偏移（bias）是指测量仪表示值的系统误差。通常用适当次数重复测量的示值误差的平均值来估计。

b 最大允许误差

测量仪表的最大允许误差（maximum permissible error）有时也称为测量仪表的允许误差限，简称允许误差或容许误差，是指测量仪表在规定的使用条件下可能产生的最大误差范围，是衡量测量仪表质量的最重要的指标。允许误差的表示方法既可以用绝对误差形式，也可以用各种相对误差形式，或者将两者结合起来表示。一般，测量仪表出厂时都要规定允许误差。如将允许误差记为 γ_0，则仪表合格就必须满足 $\gamma_{max} \leqslant \gamma_0$。

注意：允许误差是指某一类测量仪表不应超出的误差范围，并不是指某一个测量仪表的实际误差。假如有几台合格的毫伏表，技术说明书给出的允许误差是 ±2%，则只能说明这几台毫伏表的误差不超过 ±2%，并不能由此判断其中每一台的误差。

一般测量仪表的允许误差有 5 种：

（1）工作误差。工作误差是在额定工作条件下仪表误差的极限值，即来自仪表外部的各种影响量和仪表内部的影响特性为任意可能的组合时，仪表误差的极限值。这种表示方法的优点是：对使用者非常方便，可以利用工作误差直接估计测量结果误差的最大范围。缺点是：工作误差是在最不利的组合条件下给出的，而实际使用中构成最不利组合的可能性很小。因此，用仪表的工作误差来估计测量结果的误差会偏大。

（2）固有误差。固有误差是当仪表的各种影响量和影响特性处于基准条件时，仪器所具有的误差。这些基准条件是比较严格的，所以这种误差能够更准确地反映仪表所固有的性能，便于在相同条件下，对同类仪表进行比较和校准。

（3）影响误差。影响误差是当一个影响量在其额定使用范围内（或一个影响特性在其有效范围内）取任意值，而其他影响量和影响特性均处于基准条件时所测得的误差，例如温度误差、频率误差等。只有当某一影响量在工作误差中起重要作用时才给出，它是一种误差的极限。

（4）基本误差。所谓测量系统的基本误差是指在规定的标准条件下（所有影响量在规定值及其允许的误差范围之内），用标准设备进行静态校准时，测量系统在全量程中所产生的绝对误差绝对值的最大值。基本误差实质就是固有误差，只是基准条件宽一些。

（5）附加误差。测量仪表的附加误差是指测量仪表在非标准条件时所增加的误差，如温度附加误差、压力附加误差等。

附加误差类似于影响误差，但又不完全相同。它是指规定工作条件中的一项或几项发生变化时，仪表产生的附加误差。所谓规定工作条件的变化，可以是使用条件发生变化，也可以是被测对象参数发生变化。

C 测量范围和量程

测量范围是指测量仪表的误差处在规定极限内的一组被测量的值，也就是被测量可按规定的准确度进行测量的范围。量程是指测量范围的上限值和下限值的代数差。

【例 1-5】 某温度计 A 测量的最低温度为 20℃，最高温度为 100℃，它的测量范围和量程各是多少？某温度计 B 测量的最低温度和最高温度分别为 −20℃和 100℃，它的测量范围和量程又是多少？

解： 温度计 A：测量范围为 20 ~ 100℃时，量程为 80℃；

温度计 B：测量范围为 −20 ~ 100℃时，量程为 120℃。

选择测量仪表的量程时，应最好使测量值落在量程的 2/3 ~ 3/4 处。如果量程选择太小，被测量的值超过测量系统的量程，会使系统因过载而受损。如果量程选择太大，则会使测量准确度下降。

D　灵敏度

灵敏度（sensitivity）是指测量系统在稳态下，当输入量变化很小时，测量系统输出量的变化 Δy 与引起这种变化的相应输入量的变化 Δx 的比值。灵敏度表示测量仪表对被测量变化的反应能力，用 S 表示，即

$$S = \lim_{\Delta x \to 0} \frac{\Delta y}{\Delta x} = \frac{\mathrm{d}y}{\mathrm{d}x} \tag{1-39}$$

测量系统的静态灵敏度可以通过静态校准求得。理想测量系统，静态灵敏度是常量。静态灵敏度的量纲是系统输出量量纲与输入量量纲之比。系统输出量量纲一般指实际物理输出量的量纲，而不是刻度量纲。

对于线性测量系统 $y = a + bx$，特性曲线是一条直线，如图 1-5(a)所示，其灵敏度为

$$S = \frac{\mathrm{d}y}{\mathrm{d}x} = b = \tan\theta \tag{1-40}$$

式中　θ——线性静态特性直线的斜角。

对于非线性测量系统，特性曲线为一条曲线，其灵敏度由静态特性曲线上各点的斜率来确定，如图 1-5(b)所示。可见，不同的输入量对应的灵敏度不同。

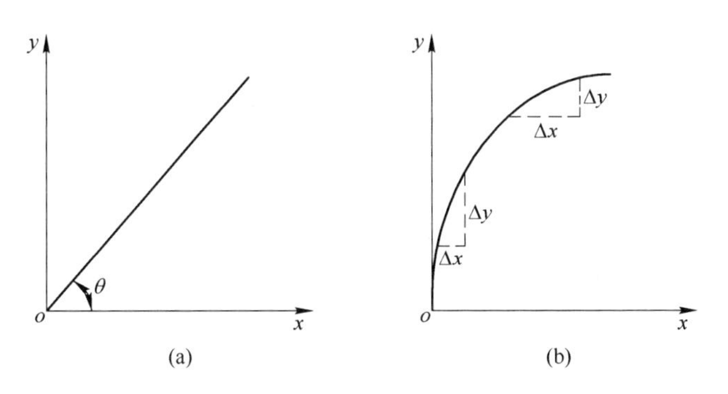

图 1-5　灵敏度示意图
（a）线性测量系统；（b）非线性测量系统

【例 1-6】 某水银温度计，若温度每升高 1℃，水银柱高度升高 2mm，则它的灵敏度是多少？

解： 水银温度计的输入量是温度，输出量是水银柱高度，灵敏度 $S = 2\mathrm{mm}/℃$。

由于灵敏度对测量品质影响很大，所以，一般测量系统或仪表都给出这一参数。原则上说，测量系统的灵敏度应尽可能高，这意味着它能检测到被测量极微小的变比，即被测量稍有变化，测量系统就有较大的输出，并显示出来。因此，在要求高灵敏度的同时，应特别注意与被测信号

无关的外界噪声的侵入。为达到既能检测微小的被测参量，又能控制噪声使之尽量最低，要求测量系统的信噪比越大越好。一般来讲，灵敏度越高，测量范围越小，稳定性也越差。

与灵敏度类似的性能指标还有以下两种，使用时应注意区分它们之间的不同。

（1）分辨力。

测量系统的分辨力是指能引起测量系统输出发生变化的输入量的最小变化量，用于表示系统能够检测出被测量最小变化量的能力，又称灵敏限。例如，线绕电位器的电刷在同一匝导线上滑动时，其输出电阻值不发生变化，因此能引起线绕电位器输出电阻值发生变化的最小位移为电位器所用的导线直径，导线直径越细，其分辨力就越高。

注意：（1）分辨力和分辨率的区别。分辨率指能检测出的最小被测量的变换量相对于满量程的百分数，是相对数值，如：0.1%，0.02%；而分辨力是绝对数值，如 0.01mm，0.1g，10ms。（2）许多测量系统在全量程范围内各测量点的分辨力并不相同。为统一表示，常用全量程中能引起输出变化的各点最小输入量中的最大值 Δx_{max} 相对满量程值的百分数来表示系统的分辨率 k，即

$$k = \frac{\Delta x_{max}}{y_{FS}} \tag{1-41}$$

式中 y_{FS}——测量系统的满量程值。

指针式仪表的分辨力一般规定为最小刻度分格值的一半。数字式仪表的分辨力就是当输出最小有效位变化 1 时其示值的变化，常称为“步进量”。在数字测量系统中，分辨力比灵敏度更为常用。例如，用显示保留小数点后两位的数字仪表测量时，输出量的步进量为 0.01，那么 0.01 的输出对应的输入量的大小即为分辨力。

（2）死区。死区又称为失灵区、钝感区或阈值等，它指测量系统在量程的零点处能引起输出量发生变化的最小输入量，其实质是在系统输入零点附近的分辨力。通常希望减小死区，对数字仪表来说，死区应小于数字仪表最低位的二分之一。

E 迟滞误差

测量系统的输入量从量程下限增至量程上限的测量过程称为正行程；输入量从量程上限减少至量程下限的测量过程称为反行程。理想测量系统的输入-输出关系应该是单值的，但实际上对于同一输入量，其正反行程输出量往往不相等，这种现象称为迟滞，又称滞环，如图 1-6 所示。

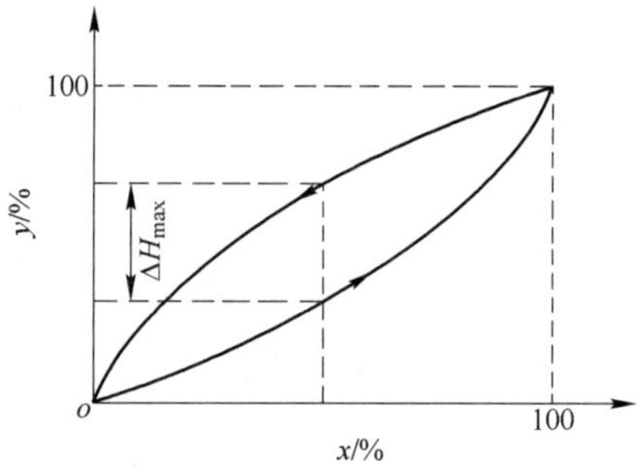

图 1-6 迟滞特性

迟滞误差（hysteresis）表明在外界条件不变的情况下，用同一测量系统对被测量在全部测量范围内进行正反行程测量时，表示被测量值正行和反行所得到的两条特性曲线不一致的程度，也称回差、变差或滞后。其产生原因是由于仪表或仪表元件吸收能量所引起的，例如机械部件的摩擦、传动机构的间隙、磁性元件的磁滞损耗和弹性元件的弹性滞后等。一般需通过具体实测才能确定。

对于同一输入量正反行程造成的输出量之间的差值称为迟滞差值，记为 ΔH。

迟滞误差 δ_H 通常用最大迟滞引用误差表示，即

$$\delta_H = \frac{\Delta H_{max}}{y_{FS}} \times 100\% \tag{1-42}$$

式中 ΔH_{max}——正反行程的最大迟滞差值。

F 线性度

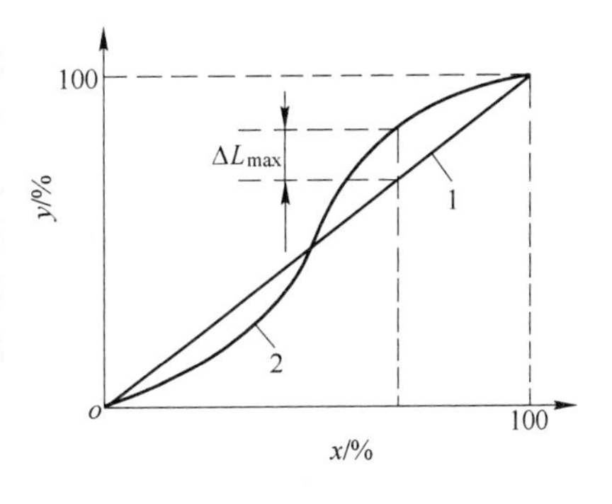

图 1-7 线性度

1—理想特性曲线；2—实际特性曲线

理想测量系统的输入-输出关系应该是线性的，而实际测量系统往往并非如此，如图 1-7 所示。测量系统的线性度（linearity）是衡量测量系统实际特性曲线与理想特性曲线之间符合程度的一项指标，用全量程范围内测量系统的实际特性曲线和其理想特性曲线之间的最大偏差值 ΔL_{max} 与满量程输出值 y_{FS} 之比来表示。线性度也称为非线性误差，记为 δ_L，其表达式为

$$\delta_L = \frac{|\Delta L_{max}|}{y_{FS}} \times 100\% \tag{1-43}$$

测量系统的实际特性曲线可以通过静态校准来求得，而理想特性曲线的确定，尚无统一的标准，一般可以采用下述几种办法确定：

（1）根据一定的要求，规定一条理论直线。例如，一条通过零点和满量程的输出线或者一条通过两个指定端点的直线。

（2）通过静态校准求得的零平均值点和满量程输出平均值点作一条直线。

（3）根据静态校准取得的数据，利用最小二乘法，求出一条最佳拟合直线。

对应于不同的理想特性曲线，同一测量系统会得到不同的线性度。严格地说，说明测量系统的线性度时，应同时指明理想特性曲线的确定方法。目前，比较常用的是上述第三种方法。以这种拟合直线作为理想特性曲线定义的线性度，称为独立线性度。

注意：任何测量系统都有一定的线性范围，在线性范围内，输入输出成比例关系，线性范围越宽，表明测量系统的有效量程越大。测量系统在线性范围内工作是保证测量准确度的基本条件。在某些情况下，也可以在近似线性的区间内工作。必要时，可进行非线性补偿，目前的自动测量系统通常都已具备非线性补偿功能。

G 稳定性

稳定性（stability）是指测量仪表在规定的工作条件保持恒定时，测量仪表的性能在规定时间内保持不变的能力，即测量仪表保持其计量特性随时间恒定的能力。稳定性可定量表示为测量特性变化某个规定的量所经过的时间，或测量特性经过规定的时间所发生的变化等。

影响稳定性的因素主要是时间、环境、干扰和测量系统的器件状况。因此，选用测量系统时应考虑其抗干扰能力和稳定性，特别是在复杂环境下工作时，更应考虑各种干扰，如磁辐射和电网干扰等的影响。

H 重复性

测量仪表的重复性（repeatability）表示在相同条件下，同一方向重复测量同一个被测量，多次测量所得测量结果之间的不一致程度。重复性是检测系统最基本的技术指标，是其他各项指标的前提和保证。

相同的测量条件也称为重复性条件，主要包括：（1）相同的测量程序；（2）相同的操作人员；（3）相同的测量仪表；（4）相同的使用条件；（5）相同的地点；（6）在短时间内重复测量。

如图 1-8 所示，全测量范围内，正、反行程各输入值所对应的输出值的最大偏差分别为 Δ_{m1} 和 Δ_{m2}，取二者中大的记为 ΔR_{max}，则仪表的重复性用 ΔR_{max} 与满量程输出值 y_{FS} 之比来表示，

记为 δ_R

$$\delta_R = \frac{|\Delta R_{max}|}{y_{FS}} \times 100\% \tag{1-44}$$

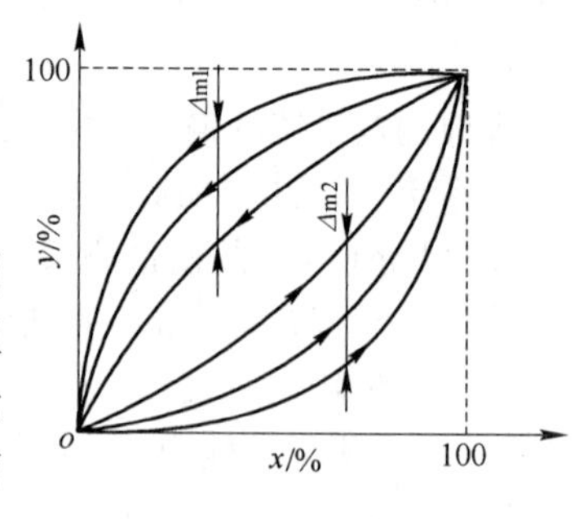

图 1-8　重复性

I　复现性

复现性（reproducibility）是指在变化条件下（即不同的测量原理、不同的测量方法、不同的操作人员、不同的测量仪表、不同的使用条件以及不同的时间、地点等），对同一个量进行多次测量所得测量结果之间的一致程度，一般用测量结果的分散性来定量表示。复现性也称为再现性。

注意：重复性和复现性的区别。

J　可靠性

可靠性（reliability）是指测量系统在规定的条件下和规定的时间内能保持正常工作的特性，用于衡量测量系统能够正常工作并发挥其功能的程度。表征可靠性的尺度有可靠度、平均寿命、有效度、故障率、重要度、修复率、维修度和平均维修时间等。

a　可靠度

可靠度是指测量系统或零部件在规定的时间内，能正常行使功能的概率。例如，有 100 台同样的仪表，工作 1000h 后约有 99 台仍能正常工作，则可以说这批仪表工作 1000h 后的可靠度是 99%。

b　平均寿命

平均寿命对不可修与可修的测量系统或零部件其含义不同。针对不可修系统是指它的平均无故障工作时间 MTTF（mean time to failure），其数学表达式为

$$\mathrm{MTTF} = \frac{1}{N}\sum_{i=1}^{N} t_i \tag{1-45}$$

式中　N——测量系统或零部件的总数；

t_i——第 i 个测量系统或零部件的无故障工作时间。

对可以修复的系统而言，平均寿命系指平均故障间隔时间 MTBF（mean time between failure），用于表示系统在相邻两次故障间隔内有效工作时的平均时间，其数学表达式为

$$\mathrm{MTBF} = \frac{\sum_{i=1}^{N}\sum_{j=1}^{n_i} t_{ij}}{\sum_{i=1}^{N} n_i} \tag{1-46}$$

式中　N——测量系统或零部件的总数；

n_i——第 i 个测量系统或零部件的故障数；

t_{ij}——第 i 个测量系统或零部件的第 j 次故障间隔时间。

结合式(1-45)和式(1-46)，平均寿命的统一表述形式为

$$平均寿命 = \frac{所有系统的总工作时间}{总的故障次数} \tag{1-47}$$

此外，平均寿命还可用平均故障修复时间 MTTR（mean time to repair）表示，它指系统出现故障到恢复工作时的平均时间。

c　有效度

有效度（availability）表示测量系统或零部件在规定的使用条件下使用时，在任意时刻正常工作的概率，是将可靠度与维修度综合起来的一个可靠性评价指标。其中，维修度是指可修的系统或零部件等在规定的条件下和规定的时间内完成维修的概率。有效度在要求平均无故障工作时间尽可能长的同时，又要求平均故障修复时间尽可能短，以此来综合评价仪表的可靠性，其数学表达式为

$$有效度 = \frac{平均无故障工作时间 + 平均故障修复时间}{平均无故障工作时间} \tag{1-48}$$

1.5.3.2 测量系统的动态性能指标

A 时域动态性能指标

a 一阶测量系统时域动态性能指标

一阶测量系统时域动态性能指标主要是时间常数及与之相关的输出响应时间，如图 1-3 所示。

（1）时间常数 τ。时间常数是一阶系统的最重要的动态性能指标。一阶测量系统为阶跃输入时，其输出量上升到稳态值的 63.2% 所需的时间，就为时间常数 τ。一阶测量系统为阶跃输入时响应曲线的初始斜率为 $1/\tau$。

（2）响应时间 t_r。工程上通常把一阶测量系统为阶跃输入时，其输出量上升到稳态值的 98.2% 所需的时间，称为响应时间 t_r，它约等于 4τ。

输出信号稳态值与响应曲线在垂直方向上的差值为测量系统的动态误差。它与时间 t 有关，当 $t\to\infty$ 时，动态误差趋于零。显然时间常数 τ 越小，在相同时刻，输出与输入之间的差异也越小，所以应尽可能采用时间常数小的测量系统。

b 二阶测量系统时域动态性能指标

表征二阶测量系统在阶跃输入作用下时域内主要性能指标如下：

（1）延迟时间 t_d。系统输出响应值达到稳态值的 50% 所需的时间，称为延迟时间。

（2）上升时间 t_r。系统输出响应值从 10% 到达 90% 稳态值所需的时间，称为上升时间。

（3）响应时间 t_s。在响应曲线上，系统输出响应达到一个允许误差范围的稳态值，并永远保持在这一允许误差范围内所需的最小时间，称为响应时间。根据不同的应用要求，允许误差范围取值不同，对应的响应时间也不同。工程中多数选系统输出响应第一次到达稳态值的 95% 或 98%（也即允许误差为 ±5% 或 ±2%）的时间为响应时间。

（4）峰值时间 t_p。输出响应曲线达到第一个峰值所需的时间，称为峰值时间。因为峰值时间与超调量相对应，所以峰值时间等于阻尼振荡周期的一半，$t_p = T/2$。

（5）超调量 σ。超调量为输出响应曲线的最大偏差与稳态值比值的百分数，即

$$\sigma = \frac{y(t_p) - y(\infty)}{y(\infty)} \times 100\% \tag{1-49}$$

式中 $y(t_p)$——输出响应曲线的峰值；

$y(\infty)$——输出响应曲线的稳态值。

（6）衰减率 d。欠阻尼（衰减振荡型）二阶测量系统过渡过程曲线上相差一个周期 T 的两个峰值之比称为衰减率。

上述欠阻尼二阶测量系统的动态性能指标、相互关系及计算公式如表 1-5 所示。

表 1-5　欠阻尼二阶测量系统的动态性能指标

名　　称	计　算　公　式	名　　称	计　算　公　式
振荡周期 T	$T = 2\pi/\omega_d$	响应时间 t_s	$t_{0.05} = 3.5/\zeta\omega_d$
振荡频率 ω_d	$\omega_d = \omega_0\sqrt{1-\zeta^2}$		$t_{0.02} = 4.5/\zeta\omega_d$
延迟时间 t_d	$t_d = (1+0.6\zeta+0.2\zeta^2)/\omega_0$	峰值时间 t_p	$t_p = T/2 = \pi/\omega_d$
上升时间 t_r	$t_r = (1+0.9\zeta+1.6\zeta^2)/\omega_0$	超调量 σ	$\sigma = \exp(-\pi\zeta/\sqrt{1-\zeta^2})\times100\%$
		衰减率 d	$d = \exp(2\pi\zeta/\sqrt{1-\zeta^2})$

B　频域动态性能指标

测量系统的频域动态性能指标由测量系统的幅频特性和相频特性来表示，主要有通频带、工作频带以及系统固有角频率。

（1）系统的通频带 ω_b 与工作频带 ω_g。

如果一个测量系统的输出与输入之间有一个数值为 A 的固定放大倍数和相移为 τ 的延时，则称这样的系统为完全不失真系统。输出 $y(t)$ 与输入 $x(t)$ 之间满足

$$y(t) = Ax(t-\tau) \tag{1-50}$$

在工程上，完全不失真系统难于实现。一些设计较好的测量系统通常也只在一定的频率范围内使幅频特性曲线保持一段较为平坦的近似水平线段，即在这一范围内，放大倍数 A 近似不变。工程上，把幅频放大倍数大于 $A/\sqrt{2}$ 的范围称为通频带。而测量系统的相频特性近似线性的范围一般比通频带小得多，为使测量系统有较高的准确度，应选测量系统相频特性近似线性或幅频特性近似水平的频率范围作为系统的工作频带。

对于测量仪表，较为实用的是幅值误差分别为 ±10% 和 ±5% 时的工作频带 ω_{g1} 和 ω_{g2}。当被测信号变化的频率小于 ω_{g1} 或 ω_{g2} 时，可近似地认为仪表示值能准确真实地反映被测信号。

（2）系统的固有频率 ω_0。当 $|G(j\omega)| = |G(j\omega)|_{max}$ 时所对应的频率称为系统固有角频率 ω_0。知道了测量系统的固有角频率 ω_0，就可以确定该系统可测信号的频率范围，以保证获得较高的测量准确度，这在设计和选用测量仪表和测量系统时是非常重要的。

1.6　测量技术的发展状况

现代测量技术的基础是信息的拾取、传输和处理，涉及多种学科领域。这些领域的新成就往往推动了新的测量方法诞生和测量系统、测量设备的改进，使测量技术从中吸取营养而得以迅速发展。测量技术的发展主要表现在以下几个方面。

1.6.1　测量原理和测量方法的重大突破

进入 21 世纪以来，网络、在线、智能、集成等高科技化已成为现代测量技术最主要的特征和发展趋势。光纤、激光、红外、超声波、雷达、纳米、超导、微电子等一大批高新技术研究成果的广泛采用，加上跨学科的综合设计，使测量技术突破了传统的光、机、电构架，发生了根本性的变革，尤其是对一些特殊参数的测量，如参数场、超低温、高温、高压、高速以及恶劣条件下的参数测量。

例如，材料科学进步，给敏感元件的发展开拓了广阔的前景。新型半导体材料的发展，造就了一大批对光、电、磁、热等敏感的元器件。功能陶瓷材料可以在精密调制化学成分的基础

上，经高精度成型烧结而制成对多种参数进行测量的敏感元件，其不仅具有半导体材料的某些特点，而且极大地提高了工作温度上限和耐腐蚀性，拓宽了应用面。光导纤维技术的发展使测量信号的传输产生了新的变革，光纤传感器可以直接用于某些物理参数的探测，如温度、压力、流量、流速、振动等。光纤传感器对于提高敏感元件的灵敏度、实现敏感元件小型化有着特殊的意义。

1.6.2 测量仪表“二十化”的全方位发展

新型的仪器仪表与元器件将朝着小型化（微型化）、集成化、成套化、电子化、数字化、多功能化、智能化、网络化、计算机化、综合自动化、光机电一体化；在服务上专门化、简捷化、家庭化、个人化、无维护化，以及组装生产自动化、无尘（或超净）化、专业化、规模化的“二十化”的方向发展。在这“二十化”中，占主导地位、起核心作用的是微型化、智能化和网络化。

微型化以微电子机械系统（MEMS）技术为基础，将测量信号的拾取、变换和处理合为一体，构成智能化仪表。敏感元件是测量信号拾取和测量的工具，是测量系统的基本部件，测量技术的发展在相当大的程度上依赖于敏感元件的发展。敏感元件的性能既取决于元件材料的特性，也与加工技术有关。细微加工技术可使被加工的半导体材料尺寸达到光的波长量级，并可以大量生产，从而可制造出超小型、高稳定性、价格便宜的敏感元件。例如，美国 DALLAS 公司推出的数字温度传感器 DS18D20，可测温度范围为 -55 ~ 150℃，测温误差为 0.5℃，封装和形状与普通小功率三极管十分相似。

随着信息技术、微电子技术和微机械技术的发展，测量仪表内部多含有微处理器（或单片机），构成智能型仪器。它除具有常规的信号采集、放大、滤波、线性化处理、数据存储、与其他仪器的接口、与人的交互等功能外，还具有数字信号处理、复杂运算和逻辑判断的能力，能根据被测参数的变化自动选择量程，可实现自动校正、自动补偿、自寻故障，以及远距离传输数据、遥测遥控等功能，可以做一些需要人类的智慧才能完成的工作。

网络化方面，目前主要是指采用多种现场总线或以太网，这要按各行业的需求，选择其中的一种或多种，近些年最流行的有 FF、Profibus、CAN、LonWorks、AS-I、Interbus、TCP/IP 等。

此外，鉴于传感器技术的微型化、智能化和网络化程度提高，在信息获取基础上，多种功能进一步集成以至融合，是发展的必然趋势。多传感器数据融合的定义概括为：把分布在不同位置的多个同类或不同类传感器所提供的局部数据资源加以综合，采用计算机技术对其进行分析，消除多传感器信息之间可能存在的冗余和矛盾，加以互补，降低其不确定性，获得对被测对象的一致性解释与描述，从而提高系统决策、规划、反应的快速性和正确性，使系统获得更充分的信息。

1.6.3 测量系统性能指标的全面提升

测量系统将仍然朝着高准确、高速度、高灵敏、高稳定、高可靠、高环保和长寿命的“六高一长”的方向发展。已经在超高温、超低温、混相流量测量、脉动流量测量、微差压（几十个帕）测量、超高压测量等需要尽早攻克的测量难题领域有所突破。

以温度为例，为满足某些科研实验的需求，已经研制出测温下限接近绝对零度（-273.15℃），且测温量程达到 15K（约 -258℃）的高准确度超低温测量仪表。在某些需连续测量液态金属温度或长时间连续测量 2500 ~ 3000℃的高温介质温度的生产过程中，已生产出最高上限超过 2800℃的热电偶，但当测温范围一旦超过 2500℃，热电偶极易氧化从而导致准确度下降。目前，各国科技工作者正致力研究具有抗氧化性的高温特殊材料电偶，以提高其使用寿命与可靠性。

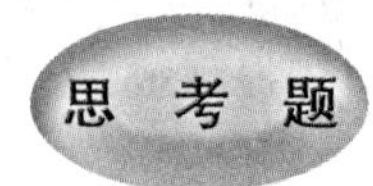

1-1 举例说明测量的构成要素有哪些？

1-2 举例说明，什么是直接测量法、间接测量法和组合测量法，它们之间有何区别？

1-3 测量准确度、正确度和精密度之间有何联系和区别？

1-4 举例说明什么是粗大误差、随机误差和系统误差，其误差来源各有哪些？

1-5 测量不确定度与测量误差相比较，有什么不同之处？

1-6 测量不确定度有哪两类评定方法，它们的内容是什么？

1-7 测量系统由哪几部分组成，各部分的作用是什么？

1-8 测量系统的静动态特性分别是什么？

1-9 测量系统的静态、动态性能指标分别有哪些，请结合测量实例具体分析。

1-10 测仪表时得到某仪表的最大引用误差为1.45%，问此仪表的准确度等级应为多少？由工艺允许的最大误差计算出某仪表的测量误差至少为1.45%才能满足工艺的要求，问应选几级表？

1-11 现有2.5级、2.0级、1.5级三块测温仪表，对应的测量范围分别为－100～500℃、－50～550℃、0～1000℃，现要测量500℃的温度，其测量值的相对误差不超过2.5%，问选用哪块表最合适？

1-12 在选用仪表时，准确度等级是“越高越好”吗？

2　温度测量仪表

温度是国际单位制中7个基本物理量之一，是工业生产和科学实验中非常普遍、非常重要的热工参数。许多产品的质量、产量、能量和过程控制等都直接与温度参数有关，在流量、压力、长度等物理量的测量中，温度也是一个十分重要的影响量，因此实现准确的温度测量具有十分重要的意义。

2.1　概　　述

2.1.1　温度和温标

2.1.1.1　温度的基本概念

温度是物质的状态函数，是表征物体冷热程度的物理量。

温度的宏观概念是建立在热平衡基础上的。任意两个温度不同的物体，只要有温度差存在，热量就会从高温物体向低温物体传递，直到两物体温度相等，即达到热平衡为止。

在微观概念中，温度是对分子平均动能大小的一种度量，其高低标志着组成物体的大量分子无规则运动的剧烈程度。温度是大量分子热运动的共同表现，具有统计意义。对于单个分子，温度是无意义的。显然，物体的物理化学特性与温度密切相关。

2.1.1.2　温度的测量

A　测温依据和数学物理基础

当两个物体同处于一个系统中而达到热平衡时，二者就具有相同的温度。因此可以从一个物体的温度得知另一物体的温度，这就是测温的依据。如果事先已知一个物体的某些性质或状态随温度变化的定量关系，就可以通过该物体的性质或状态的变化情况来获知温度，这就是设计与制作温度计的数学物理基础。

B　测温物质

自然界中的许多物质，其性质或状态（如电阻、热电势、体积、长度、辐射功率等）都与温度有关，但并不是所有的物质都可作为感温元件，测温物质的选择必须满足以下条件：

（1）物质的某一属性 G 仅与温度 T 有关，即 $G=G(T)$，其函数关系必须是单调的，且最好是线性的。

（2）随温度变化的属性应是容易测量的，且输出信号较强，以保证仪表的灵敏度和测量的准确度。

（3）应有较宽的测量范围。

（4）应有较好的复现性和稳定性。

注意： 完全满足上述条件的物质是难以找到的，一般只能在一定的范围内近似满足，因此由不同材料与结构形式制成的温度计各有其优缺点。

2.1.1.3　温标

仅仅定义了温度的概念是不够的，还要确定它的数值表示方法。温度的数值表示方法叫做温标。温标是温度数值化的标尺，它给出了温度数值化的一套规则和方法，并明确了温度的测量单位。各种测温仪表的分度值就是由温标决定的。

建立温标需要 3 个要素：

（1）选择测温物质，确定它随温度变化的属性，即测温属性；

（2）选定温度固定点；

（3）规定测温属性随温度变化的规律。

A 经验温标

借助于某一种物质的物理量与温度变化的关系，用实验方法或经验公式所确定的温标称作经验温标。它主要指摄氏温标和华氏温标。这两种温标都是根据液体受热后体积膨胀的性质建立起来的。

a 摄氏温标（℃）

原始摄氏温标的建立就是选择装在玻璃毛细管中的液体作为测温物质。随着温度的变化，毛细管中液体的长短反映了液体体积膨胀这一测温属性。选择在 1 个标准大气压下水的冰点温度作为下限（0℃），水的沸点作为上限（100℃），并且认为在两点之间液柱的长短与温度的关系是线性的，那么可在 0℃ 到 100℃ 之间均分 100 等份，每一等份为一摄氏度，单位符号为℃。摄氏温标虽不是国际统一规定的温标，但我国目前仍在继续使用。

b 华氏温标（℉）

华氏温标的建立与摄氏温标类似，所不同的是规定在标准大气压下水的冰点为 32 ℉，水的沸点为 212 ℉，中间划分为 180 等份，每一等份为一华氏度，单位符号为℉。华氏温标已被我国所淘汰，不再使用。

摄氏温标和华氏温标在测温学的发展中起过重要的作用，但它们都存在着明显的缺点：

（1）温度测量依赖于选用的测温物质，且应用范围受制作温度计的材料和测温物质的限制。

（2）温标的定义具有较大的随机性。虽然它们都选择冰点温度和沸点温度作为固定点，但基本单位不同，所确定的温度数值也就不同，不能严格地保证世界各国所采用的基本测温单位完全一致。

（3）假设温度与工作物质的关系为线性，而实际情况并非如此，从而造成中间温度的测量差异。

因此需要建立一种温标，完全不依赖于任何测温物质及其属性，能克服经验温标的局限性和随机性。

B 热力学温标

热力学温标又称绝对温标或开尔文温标，单位符号为 K，现已被国际计量大会采纳作为国际统一的基本温标。热力学温标是以热力学第二定律为基础的，由卡诺定理推导出来的一种理论温标。它有一个绝对零度，认为低于零度的温度不可能存在。其特点是：

（1）准确度高，不与某一特定的温度计相联系，且与测温物质无关。

（2）是一种纯理论的理想温标，无法直接实现。经热力学理论证明，热力学温标与理想气体温标完全一致。由于实际气体与理想气体有些差异，所以通常借助于气体温度计经示值修正后来复现热力学温标。

（3）设备复杂、价格昂贵，不适于实际应用。

C 国际实用温标

为了使用方便，国际上协商确定，建立一种既使用方便、容易实现，又能体现热力学温度

（即具有较高准确度）的温标，这就是国际实用温标，又称国际温标。

国际温标通常应具备以下3个条件：

（1）尽可能以当代科技水平接近热力学温标；

（2）复现准确度高，使各国都能够准确地复现同一国际温标，确保温度量值的统一性；

（3）用于复现温标的标准温度计，使用方便，性能稳定。

根据上述条件建立的国际温标基本内容如下：

（1）选择一些纯物质固定点（可复现的平衡态）的温度作为温标基准点；

（2）规定了不同温度范围内的基准仪器（或称内插仪器），并在温标基准点上分度；

（3）确定各固定点温度间的内插公式，这些公式建立了标准仪器示值与国际温标数值之间的关系，是反映温度计特性曲线的函数。

上述基准仪器、温标基准点和内插公式又被称为温标“三要素”。

第一个国际温标是1927年建立的，记为ITS-27。此后大约每隔20年进行一次重大修改，相继有1948年国际温标（ITS-48）、1968年国际温标（ITS-68）和1990年国际温标（ITS-90）。目前我国已广泛采用ITS-90，其主要内容如下：

（1）定义固定点。

ITS-90中定义的固定点有17个，如表2-1所示。表中两个温度的关系式如下：

$$t_{90} = T_{90} - 273.15 \tag{2-1}$$

式中　t_{90}——摄氏温度，℃；

T_{90}——热力学温标，K。

表2-1　ITS-90定义的固定点

序　号	温　度		物质及状态
	T_{90}/K	t_{90}/℃	
1	3~5	−270.15~−268.15	氦蒸气压，He(vp)
2	13.8033	−259.3647	平衡氢三相点，$e-H_2$(tp)
3	~17	~−256.15	平衡氢蒸气压，$e-H_2$(vp)
4	~20.3	~−252.85	平衡氢蒸气压，$e-H_2$(vp)
5	24.5561	−248.5939	氖三相点，Ne(tp)
6	54.3584	−218.7916	氧三相点，O_2(tp)
7	83.8058	−189.3442	氩三相点，Ar(tp)
8	234.3156	−38.8344	汞三相点，Hg(tp)
9	273.16	0.01	水三相点，H_2O(tp)
10	302.9146	29.7646	镓熔点，Ga(mp)
11	429.7485	156.5985	铟凝固点，In(fp)
12	505.078	231.928	锡凝固点，Sn(fp)
13	692.677	419.527	锌凝固点，Zn(fp)
14	933.473	660.323	铝凝固点，Al(fp)
15	1234.93	961.78	银凝固点，Ag(fp)
16	1337.33	1064.18	金凝固点，Au(fp)
17	1357.77	1084.62	铜凝固点，Cu(fp)

（2）基准仪器。

ITS-90 的内插用标准仪器，是将整个温标分为 4 个温区。温标的下限为 0.65K，上限为用单色辐射的普朗克辐射定律实际可测得的最高温度，具体如下：

1）^{3}He 和^{4}He 蒸气压温度计：0.65 ~ 5.0K，其中^{3}He 蒸气压温度计覆盖 0.65 ~ 3.2K，^{4}He 蒸气压温度计覆盖 1.25 ~ 5.0K。

2）^{3}He、^{4}He 定容气体温度计：3.0 ~ 24.5561K。

3）铂电阻温度计：13.8033 ~ 1234.93K。

4）光学或光电高温计：1234.93K 以上。

其中：1）和 2）为气体温度计，属低温区；3）属中温区；4）属高温区。

（3）内插公式。每种内插标准仪器在 n 个固定点温度下分度，以此求得相应温度区内插公式中的常数。有关详细资料请参阅 ITS-90。

随着科学技术的发展，固定点温度的数值和基准仪器的准确度会越来越高，内插公式的准确度也会不断提高，因此国际温标在不断更新和完善，准确度会不断提高，并尽可能接近热力学温标。

2.1.1.4 温标的传递

国际上为了统一温度测量标准，相应建立自己国家的温度标准作为本国的温度测量的最高依据——国家基准。我国的国家基准建立在中国计量科学研究院。各地区、省、市建立的为次级标准，须定期由国家基准检定。

测温仪表按其准确度可分为基准、工作基准、一等基准、二等基准以及工作用仪表。不管哪一等级的仪表都得定期到上一级计量部门进行检定，这样才能保证准确可靠。因此，对测温仪表进行检定是除了对测温仪表分度以外的另一重要任务。

2.1.2 温度测量仪表的分类

2.1.2.1 按测量方法分类

温度测量仪表根据测量方法或温度传感器的使用方式（感温元件与被测对象接触与否）可分为接触式测温仪表和非接触式测温仪表两大类。

A 接触式测温仪表

由热平衡原理可知，两个物体接触后，经过足够长的时间达到热平衡，则它们的温度必然相等。如果其中之一为温度计，就可以用它对另一个物体实现温度测量，这种测温方式称为接触法测温，以此为基础设计的温度计称为接触式测温仪表。测量时，温度计必须与被测物体直接接触，充分换热。

接触式测温仪表的优点是：

（1）测温准确度相对较高，能直接测得被测对象的真实温度，直观可靠。

（2）系统结构相对简单，测温仪表价格较低。

（3）可测量任何部位的温度。

（4）便于多点集中测量和自动控制。

接触式测温仪表的缺点是：

（1）在接触过程中易破坏被测对象的温度场分布和热平衡状态，从而造成测量误差。

（2）易受被测介质的腐蚀作用，对感温元件的结构、性能要求苛刻，恶劣环境下使用需外加保护套管等保护材料。

（3）不能测量移动的或太小的物体。

（4）测温上限受到温度计材质的限制，故所测温度不能太高。

（5）热惯性大。一是因为要进行充分的热交换，测温时有较大的滞后，响应时间约为几十秒到几分钟；二是因为外加各种保护材料。因此进行动态温度测量时，为减小动态测温误差，应注意采取动态补偿措施。

接触式测温仪表主要有：膨胀式温度计、热电阻温度计和热电偶温度计。

B 非接触式测温仪表

非接触式测温仪表是基于物体的热辐射原理设计而成的。测量时，感温元件不与被测对象直接接触。其优点是：

（1）测温范围广（理论上讲没有上限限制），适于高温测量，通常用来测定1000℃以上温度。

（2）测温过程中不破坏被测对象的温度场分布。

（3）能测移动、旋转等运动物体的温度。

（4）热惯性小。探测器的响应时间短，测温响应速度快，约2～3s，易于实现快速与动态温度测量。在一些特定的条件下，例如核子辐射场，辐射测温可以进行准确而可靠的测量。

非接触式测温仪表的缺点是：

（1）它不能直接测得被测对象的真实温度。要得到真实温度，需要进行发射率的修正。而发射率是一个影响因素相当复杂的参数，这就增加了对测量结果进行处理的难度。

（2）由于是非接触，辐射温度计的测量受中间介质的影响较大。特别是在工业现场条件下，周围环境比较恶劣，中间介质对测量结果的影响就更大。在这方面，温度计波长范围的选择是很重要的。

（3）由于辐射测温的原理复杂，导致温度计结构复杂，价格较高。

（4）只能测量物体的表面温度。

非接触式测温仪表主要有：辐射温度计、光纤辐射温度计等，其中前者又分为全辐射温度计、亮度温度计（光学高温计、光电高温计）和比色温度计。

2.1.2.2 按工作原理分类

温度测量仪表根据工作原理可分为：

（1）基于物体受热膨胀原理制成的膨胀式温度计。

（2）基于导体或半导体电阻值随温度变化关系的热电阻温度计。

（3）基于热电效应的热电偶温度计。

（4）基于普朗克定律的辐射温度计，它又可细分为：全辐射温度计、亮度温度计（光学高温计和光电高温计）、比色温度计（双比色、三比色等）。

（5）基于全反射原理的光纤温度计。

（6）其他温度计，如集成温度传感器制成的温度计、晶体管温度计等。

2.1.2.3 其他分类方法

温度测量仪表还可根据测温范围分为高温、中温和低温温度计；根据仪表准确度等级分为基准、标准和工业用温度计。

由于电子器件的发展，集成温度传感器、便携式数字温度计已逐渐得到应用。它配有各种样式的热电偶和热电阻探头，使用比较方便灵活。便携式红外辐射温度计的发展也很迅速，装有微处理器的便携式红外辐射温度计具有存储计算功能，能显示一个被测表面的多处温度，或一个点温度的多次测量的平均温度、最高温度和最低温度等。

此外，还研制出多种其他类型的温度测量仪表，如用晶体管测温元件和光导纤维测温元件构成的仪表；采用热像扫描方式的热像仪。热像仪能直接显示和拍摄被测物体温度场的热像图，目前已用于检查大型炉体、发动机等的表面温度分布，对于节能非常有益。另外，还有利用激光测量物体温度分布的温度测量仪器等。目前，各国专家都致力于有针对性地竞相开发各种特殊而实用的测温仪表。

2.2　接触式测温仪表

2.2.1　膨胀式温度计

利用物质的热膨胀（体膨胀或线膨胀）性质与温度的物理关系制作的温度计称为膨胀式温度计。

膨胀式温度计具有结构简单、使用方便、测温准确度较高、成本低廉等优点，其测温范围为 -200 ~ 600℃。因此，在石油、化工、医疗卫生、制药、农业和气象等工农业生产和科学研究的各个领域中有着广泛的应用。

膨胀式温度计种类很多，按制造温度计的材质可分为液体膨胀式（如玻璃液体温度计）、气体膨胀式（如压力式温度计）和固体膨胀式（如双金属温度计）3 大类。

2.2.1.1　玻璃液体温度计

玻璃液体温度计是利用感温液体（水银、酒精、煤油等）在透明玻璃感温泡和毛细管内的热膨胀作用来测量温度的，它广泛应用于工业、农业、科研等部门，是最常用的测温仪器。玻璃液体温度计具有结构简单、读数直观、使用方便、价格便宜等优点，其测温范围为 -100 ~ 600℃。

A　测温原理

玻璃液体温度计是根据物质的热胀冷缩原理制成的。它利用作为介质的感温液体随温度变化而体积发生变化与玻璃随温度变化而体积变化之差来测量温度。可见，温度计所显示的示值即为液体体积与玻璃毛细管体积变化的差值。

为了进一步说明玻璃液体温度计的测温原理，特引进体膨胀和视膨胀的概念。

a　体膨胀

物质受热后的热膨胀包括体积膨胀与压力膨胀，这里只考虑体积膨胀，简称体膨胀。描述体膨胀大小的量称为体膨胀系数。通常把温度变化 1℃ 所引起的物质体积的变化与它在 0℃ 时的体积之比，称为平均体膨胀系数，用 β 来表示。

当温度由 t_1 变化到 t_2 时，就有

$$\beta = \frac{V_{t_2} - V_{t_1}}{(t_2 - t_1)V_0} \tag{2-2}$$

式中　β——感温液的平均体膨胀系数，$℃^{-1}$；

V_{t_1}——温度为 t_1 时工作物质的体积，m^3；

V_{t_2}——温度为 t_2 时工作物质的体积，m^3；

V_0——温度为 0℃ 时工作物质的体积，m^3。

当 $t_1 = 0℃$ 时，令 $t = t_2$，则式（2-2）又可写成

$$\beta = \frac{V_t - V_0}{V_0 t} \tag{2-3}$$

或可写成

$$V_t = V_0(1 + \beta t) \tag{2-4}$$

b　视膨胀

当温度计受热时，感温液体受热膨胀，使感温液体在毛细管中上升。同时感温泡和毛细管也因受热膨胀而容积增大，使得感温液柱下降。但由于感温液的体膨胀系数大，而玻璃的体膨胀系数小，其结果是感温液体上升了一段距离。因此，感温液体在玻璃毛细管中随温度上升而上升，或随温度下降而下降。感温液与玻璃体膨胀系数之差被称为视膨胀系数，表示如下：

$$K = \beta - \gamma \tag{2-5}$$

式中　K——玻璃液体温度计的视膨胀系数，$℃^{-1}$；

γ——玻璃的体膨胀系数，$℃^{-1}$。

综上所述，玻璃液体温度计的示值实际上是感温液体积与玻璃体积变化的差值。

B　结构

玻璃液体温度计主要由感温泡、玻璃毛细管和刻度标尺 3 部分组成，如图 2-1 所示。图 2-1(a)为棒式温度计，它具有厚壁的毛细管，温度标尺直接刻度在毛细管表面。玻璃毛细管又分透明棒式和熔有釉带棒式两种。图 2-1(b)为内标式温度计，其标尺是一长方形薄片，一般为乳白色玻璃或白瓷板。玻璃毛细管紧贴靠在标尺板上，两者一起封装在一个玻璃外套管内。图 2-1(c)为外标式温度计，其玻璃毛细管紧贴在标尺板上。这种温度计的标尺板可用塑料、金属、木板等材料制成。当然不同用途的温度计其结构也不完全相同，如有的温度计在玻璃毛细管上装有安全泡与中间泡。

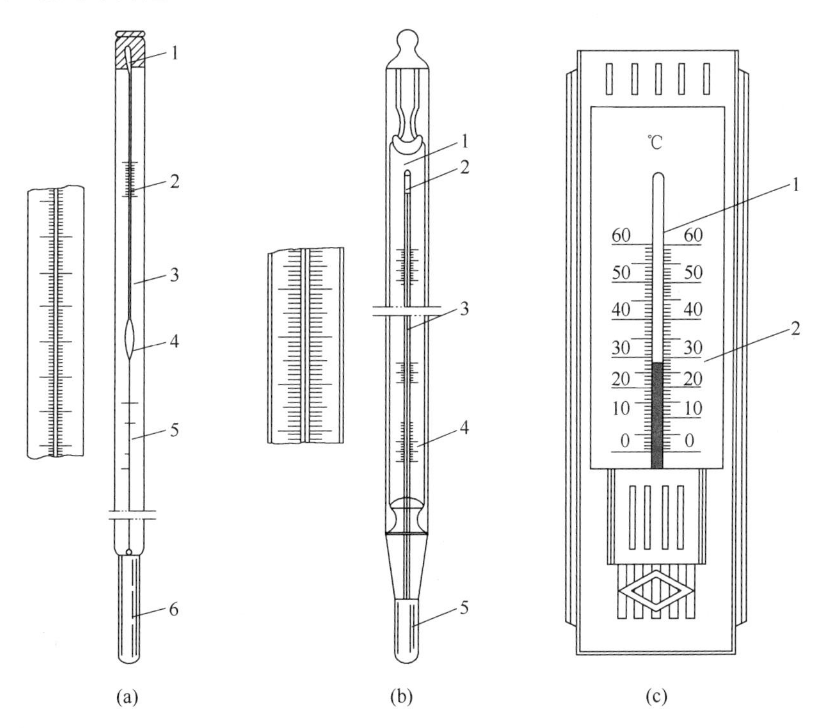

图 2-1　玻璃液体温度计

(a) 棒式温度计：1—安全泡；2—标尺；3—毛细管；4—中间泡；5—辅助标尺；6—感温泡；
(b) 内标式温度计：1—标尺板；2—安全泡；3—毛细管；4—辅助标尺；5—感温泡；
(c) 外标式温度计：1—毛细管；2—标尺

a 感温泡

感温泡位于温度计的下端，是玻璃液体温度计的感温部分，可容纳绝大部分的感温液，所以也称为贮液泡。感温泡或直接由玻璃毛细管加工制成（称拉泡）或由焊接一段薄壁玻璃管制成（称接泡）。

b 玻璃毛细管

玻璃毛细管是连接在感温泡上的中空细玻璃管，感温液体随温度变化在其内上下移动。

c 标尺

标尺用来表明所测温度的高低，其上标有数字和温度单位符号。可将表示标尺的分度线直接刻在毛细管表面，或单独刻在白瓷板上衬托在毛细管背面。

d 安全泡

安全泡是指位于玻璃毛细管顶端的扩大泡，其容积大约为毛细管容积的三分之一。安全泡的作用有两个：

（1）当被测温度超过测量上限时，防止由于温度过高而使玻璃管破裂和液体膨胀冲破温度计。

（2）便于接上中断的液柱。

e 中间泡

中间泡是为了提高示值的准确度，在感温泡和标尺下限刻度之间制作的一个贮液泡。目的是当温度计上升到下限刻度时，能容纳膨胀的液体，这样可使具有较高测量上限的温度计的标尺缩短。对于比较精密的温度计还设有辅助标尺，即在中间泡下面刻有零位线，以便检查温度计的零位变化。

f 感温液

感温液是封装在温度计感温泡内的测温物质。通常需要根据温度计的测量范围、准确度、灵敏度、稳定性、使用场所、温度计的结构和生产成本等因素选择感温液的种类。无论怎样选择感温液，均应满足以下条件：

（1）体膨胀系数大；

（2）黏度小，表面张力大；

（3）在较宽的温度范围内能保持液态；

（4）在使用温度范围内，化学性能稳定；

（5）在高温状态下蒸气压低；

（6）便于提纯，不变质，无沉淀现象。

常用的感温液有水银、甲苯、乙醇和煤油等有机液体。在玻璃液体温度计中，常用的几种感温液体的体膨胀系数列于表 2-2 中。

表 2-2 各种感温液的体膨胀系数

感温液	使用范围/℃	体膨胀系数/℃$^{-1}$	视膨胀系数/℃$^{-1}$
汞 铊	-60 ~ 0	0.000177	0.000157
水 银	-30 ~ 800	0.00018	0.00016
甲 苯	-80 ~ 100	0.00109	0.00107
乙 醇	-80 ~ 80	0.00105	0.00103
煤 油	0 ~ 300	0.00095	0.00093

续表 2-2

感温液	使用范围/℃	体膨胀系数/℃$^{-1}$	视膨胀系数/℃$^{-1}$
石油醚	-120 ~ 20	0.00142	0.00140
戊　烷	-200 ~ 20	0.00092	0.00090

C　分类

玻璃液体温度计的应用十分广泛，其种类规格繁多。通常按以下几种情况加以分类。

a　按结构分类

玻璃液体温度计按结构可分为棒式温度计、内标式温度计和外标式温度计 3 种。

(a) 棒式温度计

这种棒式结构决定了该温度计测量准确度较高，因此我国目前生产的一、二等标准水银温度计都是采用这种棒式结构，如图 2-1(a)所示。

如一等标准水银温度计是透明棒式的，读取示值时可从正反两面读数，从而可消除由于插入不垂直而带来的视差，提高了测量准确度。二等标准水银温度计是在其玻璃毛细管刻度标尺的背面熔入一条乳白色釉带。其他工作用玻璃温度计有的是熔入白色釉带，有的是熔入彩色釉带，以便读数直观、刻度清晰。

(b) 内标式温度计

图 2-1(b)为内标式温度计，其结构多用于二等标准水银温度计、实验室温度计以及工作用玻璃液体温度计。内标式温度计读取示值方便清晰，但同棒式温度计相比，具有较大的热惯性。

(c) 外标式温度计

图 2-1(c)为外标式温度计，广泛用于测量不超过 50 ~ 60℃的空气温度，如测量室温的温度计和气象测量用的最高与最低温度计等。

b　按准确度等级分类

玻璃液体温度计按准确度亦可分为：标准温度计、高精密温度计和工作用温度计。

(a) 标准温度计

标准温度计包括一等标准水银温度计、二等标准水银温度计和标准贝克曼温度计。

一等标准水银温度计目前主要作为在各级计量部门量值传递使用的标准器。为了提高读数准确度，一等水银温度计采用透明棒式结构，可从正、反两面读数。一等标准水银温度计的测量范围为 -60 ~ 500℃，最小分度值为 0.05℃或 0.1℃。

二等标准水银温度计也是目前各级计量部门量值传递使用的标准器，其最小分度值仅为 0.1℃，较一等标准水银温度计差，因此无须正、反面读数以消除视差。二等标准水银温度计有棒式和内标式两种。棒式温度计结构除有乳白色釉带外，其他方面与一等标准水银温度计相同。由于该温度计在量值传递时所使用的设备简单，操作方便，数据处理容易，所以在 -60 ~ 500℃范围内，可作为工作用玻璃液体温度计以及其他各类温度计、测温仪表的标准器使用。

贝克曼温度计属于结构特殊的玻璃液体温度计，专用于测量温差，所以又被称为差示温度计。它分为标准和工作用两大类，测量起始温度可以调节，使用范围为 -20 ~ 125℃，其示值刻度范围为 0 ~ 5℃，最小分度值是 0.01℃。贝克曼温度计与一般的玻璃液体温度计不同之处在于它有两个贮液泡和两个标尺。由于贝克曼温度计可在不同温区内测量温差，因此为得到被测对象的真实温度，就必须对温度计在各个不同的温区所显示的每个示值进行修正。

（b）高精密温度计

这是一种专门用于精密测量的玻璃液体温度计，其分度值一般为小于等于0.05℃。在检定该温度计时可用一等标准铂电阻温度计作为标准，而不能使用一、二等标准水银温度计。

（c）工作用温度计

直接用在生产和科学实验中的温度计统称为工作用温度计。工作用温度计包括实验室用和工业用温度计两种。

实验室用玻璃液体温度计常常是为一定的实验目的而设计制造的，其准确度比工业用玻璃液体温度计要高，属于精密温度计。

实验室温度计在结构上分为棒式和内标式两种。棒式温度计一般在温度计背面熔有白色或其他彩色釉带。实验室温度计的最小分度值一般为0.1℃、0.2℃或0.5℃。准确度最高的实验室温度计是量热式温度计和贝克曼温度计，它们最小分度值可达0.01℃或0.02℃，对测量微小温差的分辨率可估读到千分之一度。

工业用玻璃液体温度计，种类繁多，在生产和日常生活中被大量地使用。根据不同用途冠以不同的名称，如石油产品用玻璃液体温度计、粮食用温度计、气象用温度计等。为了满足各种场合的测温需要，工业温度计可做成各种不同形状和尾部弯成不同的角度。下面再介绍4种特殊用途的温度计。

（1）金属防护套温度计。

金属防护套温度计由玻璃内标式温度计和安装其外的一个金属防护套构成，又称为金属套温度计。其可用作一般温度测量，应用广泛、示值清楚、使用方便；也可直接安装在锅炉或机械设备上，起安全抗压保护作用。

金属套形状分为直形、90°和135°角形3种。金属保护套材质有镍铬、黄铜及不锈钢3种。充填液体有水银和有机液体两种。有机液体为红色或蓝色，可测－100～＋200℃以内的温度，水银温度计可测－30～＋500℃以内的温度。金属套温度计最长可达3m。常用的金属套温度计型号如表2-3所示。

表2-3 金属防护套温度计型号

感温液	金属套形状		
	直 形	角形90°	角形135°
有机液体	WNY-11M	WNY-12M	WNY-13M
水银（汞）	WNG-11M	WNG-12M	WNG-13M

（2）电接点玻璃液体温度计。电接点玻璃液体温度计的结构如图2-2所示。它主要用于恒温与调温设备的自控系统中，以便与电子继电器等配合使用，进行自动控温和报警。电接点温度计按用途不同，可分为固定式和可调式两种。固定式电接点玻璃液体温度计是指接点固定在某些特定的温度上，不可调节；可调式电接点温度计是通过旋转温度计顶端的磁钢调节帽，以使毛细管内的金属丝沿着丝杠上升或下降，从而将温度计调节到任意所需的温度控制点。

（3）最高温度计。最高温度计主要用于测量一定时间内的最高温度并将它保持住。这种温度计有一个特殊的缩口，当温度计受到冷却时，能阻碍水银柱下降，从而指示原来所测的最高温度。医用体温计即属于这一类温度计。

（4）最低温度计。与最高温度计相反，最低温度计主要测量一定时间内的最低温度。它是以酒精等有机液为感温介质，主要用于气象观测和海水温度测量。

c　按使用方式分类

按玻璃液体温度计使用时的浸没方式基本可分为全浸式温度计和局浸式温度计两类。

（a）全浸式温度计

全浸式温度计使用时，插入被测介质的深度应不低于液柱弯月面所指示位置的15mm。因此当用全浸式温度计测量不同温度时，其插入深度要随之改变。全浸式温度计受环境温度影响很小，故其测量准确度较高。通常在全浸式温度计的背面都标有“全浸”字样的标志。

（b）局浸式温度计

局浸式温度计使用时，插入被测介质的深度应为温度计本身所标志的固定的浸没位置。由于局浸式温度计的插入深度是固定不变的，故测温时不必随温度变化而改变浸没深度。局浸式温度计由于液柱大部分露在被测介质之上，故受周围环境温度影响较大，测量准确度低于全浸式温度计。

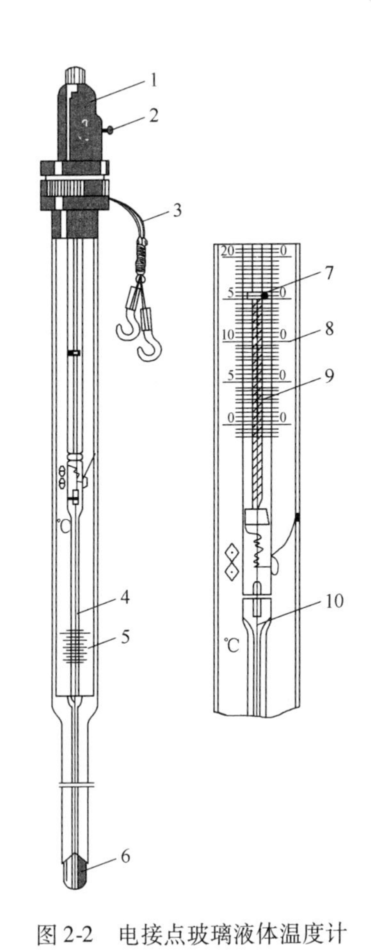

图2-2　电接点玻璃液体温度计

1—调节磁钢；2—磁钢固定螺钉；3—信号线；4—毛细管；5—指示标尺；6—感温泡；7—指示螺母；8—设定标尺；9—调节杆；10—钨丝

D　误差分析

玻璃液体温度计误差来源基本上可分为两大类：

（1）玻璃液体温度计在分度或检定时由标准器和标准设备带来的。标准器的误差是由标准器本身的不确定度引入的。标准设备的误差，包括电测设备的不确定度，恒温槽的温场不均匀性等。这类误差是可以估算的。

（2）玻璃液体温度计的特性及测试方法所引起的，又可分为：

1）零点变化对示值的影响。零点变化是由玻璃的热后效所引起的。热后效使感温泡的体积比使用前稍大了一些，进而造成此时的零值比使用前降低。热后效可以恢复，但需要相当长的时间。

2）标尺位移对示值的影响。由于温度计的玻璃受热后产生热膨胀，导致内标式温度计的标尺与毛细管的相对位置会产生微小的变化，从而影响示值准确度。一般而言，由热膨胀产生的标尺与毛细管的位移是可忽略不计的。

3）露出液柱对示值的影响。理论上讲，全浸式温度计与局浸式温度计使用的条件，应与分度的条件一致。但有时由于条件所限，全浸式温度计要做局浸使用，其露出液柱与局浸式温度计的露出液柱一样，都会同周围环境进行热交换，从而造成测量误差，对于上述两种情况，都必须通过对露出液柱温度进行修正来消除这一影响。

4）读数误差。在读取温度计示值时，如果眼睛的视线与温度计刻线不垂直，就会造成读数误差。当眼睛视线与温度计夹角大于90°时，读取的示值就会偏高；当视线与温度计夹角小于90°时，读取的示值就会偏低。因此，在读取示值前一定要将读数望远镜调整到水平位置。对于一等标准水银温度计，可通过正、反两面读数并取其平均值，以消除或减小读数误差。

5）毛细管不均匀对示值的影响。玻璃液体温度计在标尺定点分度及检定时，通常假设毛细管是均匀的，而只在几个规定的点上进行。但实际情况并非如此，对于准确度不高的温度计，该项误差可以忽略不计，但对于一、二等标准水银温度计，必须通过修正来消除由于毛细管不均匀造成的误差，常采用的方法为线性内插法。

6）时间滞后误差。一般均将其等效为一阶惯性系统来处理。玻璃液体温度计的时间常数与温度计的种类、长短、感温泡的形状及玻璃的厚薄有关，同时也与被测介质周围的情况、液体或气体的种类以及是否均匀有关。消除该项误差的最好方法是必须等温度计与被测介质达到真正热平衡时，再读数。

2.2.1.2 固体膨胀式温度计

固体膨胀式温度计具有结构简单、牢固可靠、维护方便、抗振性好、价格低廉、无汞害及读数指示明显等优点，但准确度不高，使用范围一般为：-80～600℃。其典型代表为双金属温度计。

A 工作原理

双金属温度计是利用两种线膨胀系数不同的材料制成的，其中一端固定，另一端为自由端，如图2-3所示。当温度升高时，膨胀系数较大的金属片伸长较多，必然会向膨胀系数较小的金属片一面弯曲变形。温度越高，产生的弯曲越大。通常，将膨胀系数较小的一层称为被动层，而膨胀系数较大的一层称为主动层。

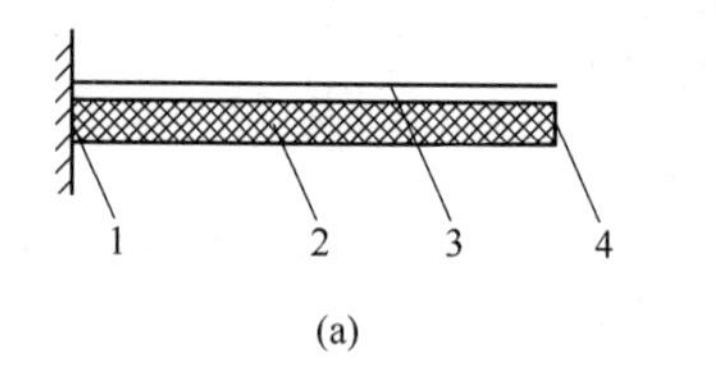

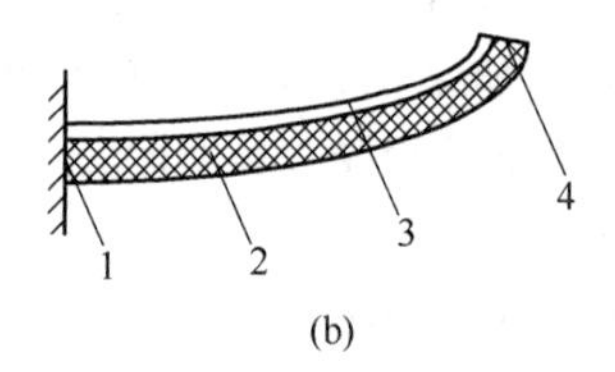

图2-3 双金属片受热变形示意图

（a）受热前；（b）受热后

1—固定端；2—主动层；3—被动层；4—自由端

双金属片作为双金属温度计的感温元件，是温度计的核心部件，其特性直接决定双金属温度计的测温性能。双金属片在一定温度范围内受热弯曲变形的规律为

$$\alpha = \frac{3}{2}\frac{l(a_2 - a_1)}{\delta_1 + \delta_2}(t - t_0) \tag{2-6}$$

式中 α——双金属片的偏转角；

l——双金属片的长度，m；

a_1——双金属片被动层的膨胀系数，$℃^{-1}$；

a_2——双金属片主动层的膨胀系数，$℃^{-1}$；

δ_1——双金属片被动层的厚度，m；

δ_2——双金属片主动层的厚度，m；

t——工作温度，℃；

t_0——初始温度，℃。

由式（2-6）可知，在双金属片的长度 l、被动层和主动层厚度 δ_1 和 δ_2 一定，而且 a_2-a_1 在规定的温度范围内保持常数时，双金属片的偏转角 α 与温度 t 的关系成线性。

思考：为提高双金属温度计的灵敏度，应采取哪些措施？

（1）在选择双金属片材料时，应使主动层材料的线膨胀系数尽量高，被动层材料的线膨胀系数尽量低。如主动层可选黄铜，被动层可选瓦合金。

（2）要使弯曲变形显著，应尽量增加双金属片的长度。

（3）双金属片要做得很薄。

注意：在选择双金属片材料时还应满足：

（1）线膨胀系数在使用范围内应保持稳定。

（2）双金属片应有较高的弹性模量，较低的弹性模量温度系数，以便制作出的感温元件有较宽的工作温度范围。

B　结构

双金属温度计有杆式、螺旋式和盒式3种，前两种如图2-4所示。

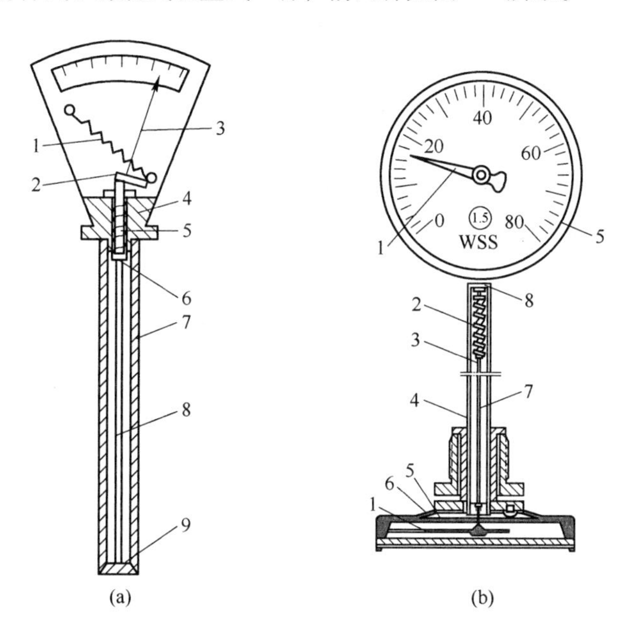

图2-4　双金属温度计

（a）杆式双金属温度计：1—拉簧；2—杠杆；3—指针；4—基座；5—弹簧；6—自由端；7—外套；8—芯杆；9—固定端；

（b）螺旋式双金属温度计：1—指针；2—双金属片；3—自由端；4—金属保护管；5—刻度盘；6—表壳；7—传动机构；8—固定端

杆式双金属温度计，由于芯杆和外套的膨胀系数不同，在温度变化时，芯杆就和外套产生相对运动。杠杆系统由拉簧、杠杆和弹簧组成，用于将自由端产生的微小位移进行放大，再带动指针直接指示温度。

对于螺旋式双金属温度计，其感温元件为两种膨胀系数不同的双金属片。双金属片可制成螺旋形或螺线形，一端固定在金属保护管上，另一端为自由端，并和指针系统相连接。在温度变化时，双金属片会产生形变，使自由端产生角位移，通过传动机构的放大，带动指针偏转，在刻度盘上显示出温度值。

双金属温度计的外壳直径一般有 60mm、100mm、150mm 三种。其保护管直径有 4mm、6mm、8mm、10mm、12mm 五种，它们长度可根据需要来确定，最长可达 2000mm。

注意：温度计的插入深度必须与待测介质的深度匹配。当待测介质的深度小于 300mm 时，温度计的插入深度应大于 80mm；当待测介质的深度大于 300mm 时，插入深度应大于 100mm：当待测介质的深度在 1m 以上时，插入深度应大于 120mm，这样才能保证测量的准确度。

2.2.1.3　压力式温度计

压力式温度计是利用封装于密闭容积内的工作介质随温度升高而压力升高的性质，通过对工作介质的压力测量来测量温度的一种机械式测温仪表。

A　结构

压力温度计由具有扁圆或椭圆截面的弹簧管、温包、金属毛细管和基座组成，其结构如图 2-5 所示。在温度计的密闭系统中，填充的工作物质可以是液体、气体和蒸汽。温包是直接与被测介质相接触的感温元件，要求具有一定的强度、较低的膨胀系数、较高的热导率和一定的抗腐蚀能力。温包内的工作物质因温度升高体积膨胀而导致压力增大。该压力变化经毛细管传给弹簧管。如果毛细管细而长，则传递压力的滞后现象很严重，致使温度计的响应速度变慢。但是，在长度相同的条件下，毛细管越细，仪表的准确度越高。弹簧管一端焊在基座上，内腔与毛细管相通，另一端封死为自由端。在温度变化时，密闭系统中的压力随之变化，使弹簧管的自由端产生角位移，通过拉杆、齿轮传动机构（3 和 4）带动指针偏移，则在刻度盘上指示出被测温度。

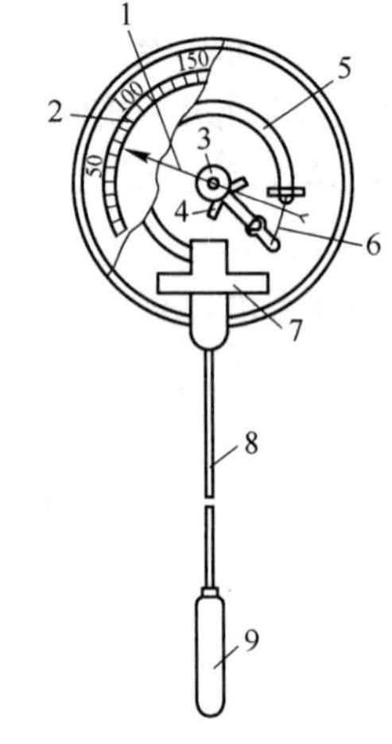

图 2-5　压力式温度计

1—指针；2—刻度盘；3—柱齿轮；4—扇齿轮；5—弹簧管；6—拉杆；7—基座；8—毛细管；9—温包

B　分类及性能指标

根据所测介质的不同，压力式温度计可分为普通型和防腐型。普通型适用于不具腐蚀作用的液体、气体和蒸汽，防腐型采用全不锈钢材料，适用于中性腐蚀的液体和气体。压力式温度计的测量范围为：－80～600℃，其主要技术参数如表 2-4 所示。

表 2-4　常用压力式温度计的技术参数

名　称	型　号	测 量 范 围	准确度等级
压力式温度计	WTZ-280	－20～＋60，0～100，0～120，20～120，60～160	1.5
	WTQ-280	－40～＋60，0～160，0～200，0～300	2.5
电接点压力式温度计	WTZ-288	－20～＋60，0～100，0～120，20～120，60～160	1.5
	WTQ-288	－40～＋60，0～160，0～200，0～300	2.5

C　特点

压力式温度计的特点如下：

（1）结构简单，价格便宜。

（2）抗震性好，防爆性好，除电接点式外，一般压力式温度计不带任何电源，故常应用在飞机、汽车、拖拉机上，也可将它作为温度控制装置。

（3）读数方便清晰，信号可以远传。

（4）热惯性较大，动态性能差，示值的滞后较大，不易测量迅速变化的温度。

（5）测量准确度不高，只适用于一般工业生产中的温度测量。

2.2.2 热电偶温度计

热电偶（thermocouple）具有结构简单、测量准确度较高、测温范围广（低温可至4K，高温可达2800℃）、裸丝热容量小、能进行多点温度测量、其输出信号能够远距离传送、便于检测和控制等优点，现已在工业生产及科学研究中得到广泛的应用。

2.2.2.1 热电偶测温原理

A 热电效应

热电偶是热电偶温度计的敏感元件，它测温的基本原理是基于热电效应。如图2-6所示，把两种不同的导体或半导体A和B连接成闭合回路，当两接点1与2的温度不同时，如 $T>T_0$，则回路中就会产生电势，这种现象称为热电效应，或称塞贝克效应（Seebeck）。产生的电势通称为热电势，记作 $E_{AB}(T,T_0)$。导体A、B称为热电极，通常，A表示热电偶的正极；B表示负极。两热电极A和B的组合称为热电偶。在两个接点中，接点1在测温时被放入被测对象中感受被测温度，故称之为测量端、热端或工作端；接点2处于环境之中，要求温度恒定，故称之为参考端、冷端或自由端。

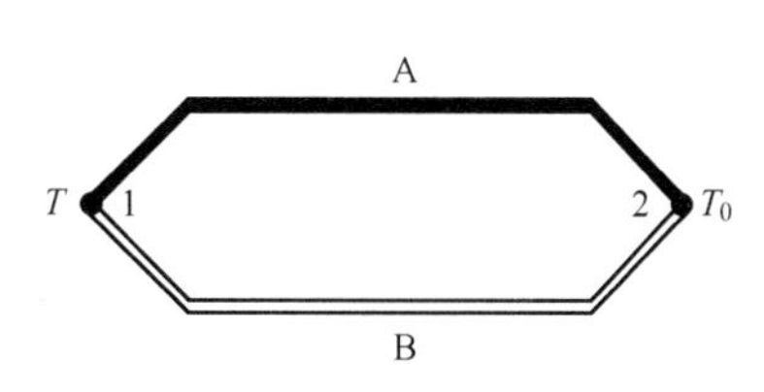

图2-6 热电偶原理图

热电偶就是通过测量热电势来实现测温的。该热电势由两部分组成：接触电势（又称珀尔帖电势）与温差电势（又称汤姆逊电势）。

B 两种导体的接触电势

接触电势是基于珀尔帖（Peltier）效应产生的，即由于两种不同的导体接触时，自由电子由密度大的导体向密度小的扩散，直至达到动态平衡为止而形成的热电势。自由电子扩散的速率与自由电子的密度和所处的温度成正比。

设导体A与B的自由电子密度分别为 N_A、N_B，并且 $N_A>N_B$，则在单位时间内，由导体A扩散到导体B的自由电子数比从B扩散到A的自由电子数多，导体A因失去电子而带正电，导体B因获得电子而带负电，因此，在A和B间形成了电势差。这个电势在A、B接触处形成一个静电场，阻碍扩散作用的继续进行。在某一温度 T 下，电子扩散能力与静电场的阻力达到动态平衡，此时在接点处形成接触电势，并表示为

$$E_{AB}(T)=\frac{kT}{e}\ln\frac{N_{AT}}{N_{BT}} \tag{2-7}$$

式中 $E_{AB}(T)$ ——导体A和B在温度 T 时的接触电势，V；

T ——接点处绝对温度，K；

k ——玻耳兹曼常数，$k=1.38\times10^{-23}$ J/K；

e ——单位电荷，$e=1.60\times10^{-19}$ C；

N_{AT} ——导体A在温度 T 时的自由电子密度，cm^{-3}；

N_{BT} ——导体B在温度 T 时的自由电子密度，cm^{-3}。

注意： 接触电势 $E_{AB}(T)$ 中下角标“AB”的顺序代表电位差的方向。如果改变下角标的顺序，电势“E”前面的符号也应随之改变，即在热电势符号“E”前加“－”号。

从式（2-7）中看出，接触电势的大小与接点温度的高低以及导体 A 和 B 的自由电子密度有关。温度越高，接触电势越大；两种导体自由电子密度的比值越大，接触电势也越大。当 A 和 B 为同一种材质时，则有 $E_{AA}(T)=0$。

C 单一导体中的温差电势

温差电势是基于汤姆逊效应（Thomson）产生的，即同一导体的两端因其温度不同而产生的一种热电势。

设导体 A 两端温度分别为 T 和 T_0，且 $T>T_0$。此时形成温度梯度，使高温端的自由电子能量大于低温端的自由电子能量，因此，从高温端扩散到低温端的自由电子数比从低温端扩散到高温端的要多，结果高温端因失去自由电子而带正电荷，低温端因获得自由电子而带负电荷。这样，在同一导体两端便产生电位差，并阻止自由电子从高温端向低温端扩散，最后使自由电子扩散达到动平衡，此时所形成的电位差称为温差电势，用下式表示

$$E_{A}(T,T_0)=\frac{k}{e}\int_{T_0}^{T}\frac{1}{N_{AT}}\mathrm{d}(N_{AT}\cdot T) \tag{2-8}$$

式中 $E_{A}(T,T_0)$——导体 A 两端温度各为 T 和 T_0（$T>T_0$）时的温差电势，V。

同理，当导体 B 两端温度分别为 T 和 T_0，且 $T>T_0$ 时，也将产生温差电势。从式（2-8）可见，温差电势的大小取决于热电极两端的温差和热电极的自由电子密度，而自由电子密度又与热电极材料成分有关。温差越大，温差电势也越大。当热电极两端温度相同时，温差电势为零，即 $E_{A}(T,T)=0$。

D 热电偶闭合回路的总电势

如图 2-7 所示的热电偶闭合回路中将产生两个温差电势 $E_{A}(T,T_0)$、$E_{B}(T,T_0)$ 及两个接触电势 $E_{AB}(T)$、$E_{AB}(T_0)$。设 $T>T_0$、$N_A>N_B$，由于温差电势比接触电势小，所以在热电偶回路总电势中，以导体 A、B 在热端的接触电势 $E_{AB}(T)$ 所占百分比最大，决定了回路总电势，即热电势的方向，这时总的热电势 $E_{AB}(T,T_0)$ 可写成

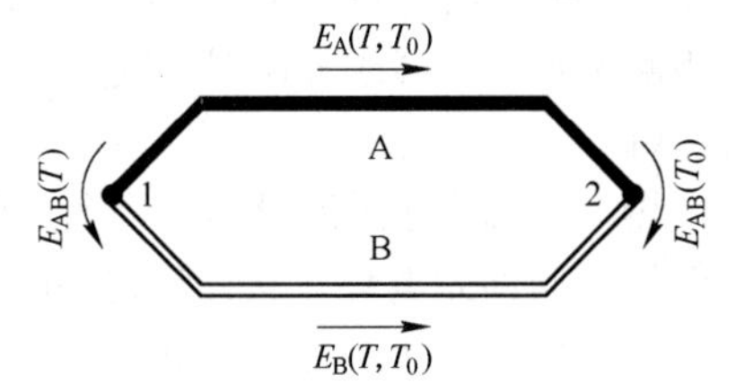

图 2-7 热电偶闭合回路的电势分布示意图

$$\begin{aligned}E_{AB}(T,T_0)&=E_{AB}(T)+E_{B}(T,T_0)-E_{AB}(T_0)-E_{A}(T,T_0)\\&=\frac{kT}{e}\ln\frac{N_{AT}}{N_{BT}}+\frac{k}{e}\int_{T_0}^{T}\frac{1}{N_{BT}}\mathrm{d}(N_{BT}\cdot T)-\frac{kT_0}{e}\ln\frac{N_{AT0}}{N_{BT0}}-\frac{k}{e}\int_{T_0}^{T}\frac{1}{N_{AT}}\mathrm{d}(N_{AT}\cdot T)\end{aligned} \tag{2-9}$$

经推导整理后可得

$$E_{AB}(T,T_0)=\frac{k}{e}\int_{T_0}^{T}\ln\frac{N_{AT}}{N_{BT}}\mathrm{d}T \tag{2-10}$$

由式（2-10）可知：

（1）热电势与温度之间的计算表达式是隐式关系，二者之间严格的数学函数关系难以准确得到，只能依据国际温标用实验的方法得到。

（2）热电偶产生的热电势与自由电子密度及两接点温度有关。自由电子密度不仅取决于热电偶材料特性，而且随温度变化而变化，它们并非常数。因此，热电势 $E_{AB}(T,T_0)$ 取值取决于热电偶材质和两接点温度。

（3）热电偶热电势与温度之间的关系是非线性的。

E 热电特性

当热电偶材料一定时，热电势 $E_{AB}(T,T_0)$ 成为温度 T 和 T_0 的函数差，即

$$E_{AB}(T,T_0)=f(T)-f(T_0) \tag{2-11}$$

如果能使冷端温度 T_0 固定，即 $f(T_0)=C$（常数），则对确定的热电偶材料，其热电势 $E_{AB}(T,T_0)$ 就只与热端温度呈单值函数关系，即

$$E_{AB}(T,T_0)=f(T)-C \tag{2-12}$$

这种特性称为热电偶的热电特性，可通过实验方法求得。由此可见，当保持热电偶冷端温度 T_0 不变时，只要用仪表测得热电势 $E_{AB}(T,T_0)$，就可求得被测温度 T。

国际温标规定：在 $T_0=0$℃时，用实验的方法测出各种不同热电极组合的热电偶在不同的工作温度下所产生的热电势值，并制成一张张表格，这就是常说的分度表。基于该表，不仅可通过正查求得任意温度所对应的热电势，还可以通过反查求得任意热电势所对应的温度。8 种标准热电偶的分度简表详见附录 A。

注意：分度表是在冷端温度 $T_0=0$℃的条件下得到的，单位为 mV。

铂铑 30-铂铑 6 热电偶（B 型偶）的分度表见附表 A-1。对于整十的温度点可直接读取表格，如 $E_B(120,0)=0.053$mV，它表示，当热端温度 $T=120$℃和冷端温度 $T_0=0$℃时，B 型偶所产生的热电势为 0.053mV；也可表示，B 型偶当冷端温度 $T_0=0$℃时，若所产生的热电势为 0.053mV 时，其对应的热端温度为 $T=120$℃。对于非整十的温度点需要通过线性内插公式进行计算，例如：（1）$E_B(258,0)=0.291+\dfrac{0.317-0.291}{260-250}\times(258-250)=0.3118$mV；（2）当冷端温度 $T_0=0$℃时，若所产生的热电势为 1.582mV，则对应的热端温度为 $T=560+\dfrac{570-560}{1.617-1.560}\times(1.582-1.560)=563.9$℃。

思考：分度表体现了温标三要素中的哪几点？

温度与热电势之间的关系也可以用函数关系表示，称为参考函数。8 种标准热电偶的参考函数详见附录 B。其中，K 型热电偶的参考函数为

$$E=\sum_{i=0}^{n}C_iT_{90}^{i}+\alpha_0 e^{\alpha_1(T_{90}^{i}-126.9686)^2} \tag{2-13}$$

新的国际温标 ITS-90 的分度表和参考函数是由国际电工委员会和国际计量委员会合作安排，国际上有权威的研究机构（包括中国在内）共同参与完成的，它是热电偶测温的主要依据。

F 结论

由以上热电偶的测温原理，可得：

（1）热电偶测温三要素，即不同材质、不同温度和闭合回路，三者缺一不可。

（2）若 $f(T_0)$ 固定，则 $E_{AB}(T,T_0)$ 是被测温度 T 的单值函数。

（3）冷端温度恒定与否，决定了测温的准确度高低。

（4）热电偶的热电特性依据国际温标通过实验获得，具有非线性。

思考：

（1）如何判断热电偶质量的好坏？

（2）热电偶的截面积或长度变化，对热电势有影响吗？

（3）沿热电偶长度方向存在温度梯度，但接点温度不变，对热电势有影响吗？

（4）可以打开热电偶的闭合回路，接入导线吗？

（5）当热电偶的冷端温度不为零度，如何使用分度表？

（6）热电特性的获得，需要逐一对各种热电偶做实验吗？

2.2.2.2　热电偶的基本定律及其应用

针对热电偶在实际应用中面临的问题，根据热电偶的测温原理研究得出以下4个基本定律。这些定律在实际测温中是非常重要的，必须着重理解和掌握。

A　均质导体定律及其应用

a　基本内容

由一种均质材料构成的热电偶，不论其截面积和长度以及各处的温度分布如何，都不能产生热电势。

注意：该定律只针对均质热电偶而言，此时自由电子密度处处相同。

b　证明与解释

由均质材料A组成的热电偶如图2-8所示。由于材料相同，则 $N_{AT} = N_{BT}$，将其代入式（2-10），可直接推导出 $E_{AB}(T,T_0) = 0$。该结论还可解释如下：

（1）由式（2-7）可知，均质材料在两接点处的接触电势为零。

（2）导体A两端温度不同，也会产生温差电势，但此回路中所产生的两温差电势大小相等，方向相反，故回路中总热电势为零。

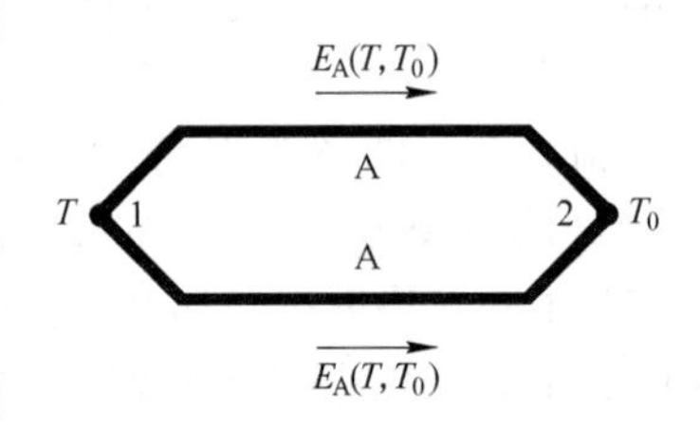

图2-8　均质导体定律

c　定律作用

（1）明确指出热电偶必须由两种不同性质的材料组成，且热电偶两接点温度不同。

（2）表明热电势仅取决于组成热电偶的材料、热端和冷端的温度，而与热电偶的几何形状、尺寸大小和沿电极温度分布无关。

（3）为检查热电极材料均匀性提供了理论依据。因为由一种材料组成的闭合回路存在温差时，回路如果产生热电势，便说明该材料是不均匀的。产生的热电势越大，热电极的材料不均匀性越严重。

同名极法检定热电偶就是根据这个定律进行的。在实际检定工作中，常采用改变热电偶插入检定炉深度的方法来判断热电偶的不均匀性。

（4）从另一方面说明，热电极的均匀性是衡量热电偶质量的重要指标之一。因为热电极材料不均匀性越大，测量时产生的误差就越大。

B　参考电极定律

a　基本内容

两种导体A、B分别与参考电极C（或称标准电极）组成热电偶，如图2-9所示。如果它们所产生的热电势为已知，那么，A与B两个热电极配对后组成热电偶的热电势可按下式求得：

$$E_{AB}(T,T_0) = E_{AC}(T,T_0) + E_{CB}(T,T_0) = E_{AC}(T,T_0) - E_{BC}(T,T_0) \tag{2-14}$$

式中　$E_{AB}(T,T_0)$——由导体A与B组成的热电偶在接点温度分别为 T 和 T_0 时的热电势，V；

$E_{AC}(T,T_0)$——由导体A与C组成的热电偶在接点温度分别为 T 和 T_0 时的热电势，V；

$E_{BC}(T,T_0)$——由导体B与C组成的热电偶在接点温度分别为 T 和 T_0 时的热电势，V。

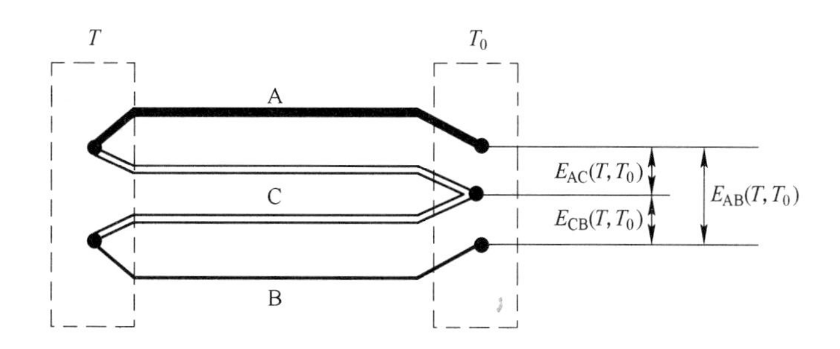

图 2-9 参考电极回路

b 证明与解释

由式（2-10）和图 2-9 可得

$$E_{AC}(T,T_0)=\frac{k}{e}\int_{T_0}^{T}\ln\frac{N_{AT}}{N_{CT}}\mathrm{d}T$$

$$E_{CB}(T,T_0)=\frac{k}{e}\int_{T_0}^{T}\ln\frac{N_{CT}}{N_{BT}}\mathrm{d}T$$

将两式相加得

$$E_{AC}(T,T_0)+E_{CB}(T,T_0)=\frac{k}{e}\int_{T_0}^{T}\ln\frac{N_{AT}}{N_{CT}}\mathrm{d}T+\frac{k}{e}\int_{T_0}^{T}\ln\frac{N_{CT}}{N_{BT}}\mathrm{d}T=\frac{k}{e}\int_{T_0}^{T}\ln\frac{N_{AT}}{N_{BT}}\mathrm{d}T=E_{AB}(T,T_0)$$

c 定律作用

参考电极定律为制造和使用不同材料的热电偶奠定了理论基础。即可采用同一参考电极与各种不同材料组成热电偶，先测试其热电特性，然后再利用这些特性组成各种配对的热电偶，这是研究、测试热电偶的通用方法。由于纯铂丝的物理化学性能稳定、熔点高、易提纯，故常用铂丝作为参考电极。

C 中间导体定律及其应用

a 基本内容

在热电偶回路中接入第三种导体，只要与第三种导体相连接的两接点温度相同，则接入第三种导体后，对热电偶回路中的总电势没有影响。

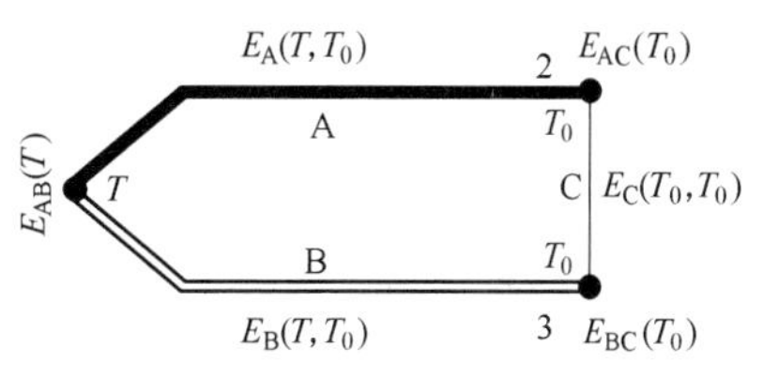

图 2-10 中间导体定律

b 证明与解释

图 2-10 是把热电偶冷端接点分开后引入第三种导体的示意图，若被分开后的两点 2、3 温度相同且都等于 T_0，设 $T>T_0$、$N_A>N_B>N_C$，那么热电偶回路的总电势为

$$E_{ABC}(T,T_0)=E_{AB}(T)+E_B(T,T_0)+E_{BC}(T_0)+E_C(T_0,T_0)+E_{CA}(T_0)-E_A(T,T_0) \tag{2-15}$$

由温差电势定义可得：$E_C(T_0,T_0)=0$，由参考电极定律可得

$$E_{BC}(T_0)+E_{CA}(T_0)=E_{BA}(T_0)=-E_{AB}(T_0)$$

则式（2-15）变为

$$E_{ABC}(T,T_0)=E_{AB}(T)+E_B(T,T_0)-E_{AB}(T_0)-E_A(T,T_0)=E_{AB}(T,T_0) \tag{2-16}$$

同理，还可加入第四、第五种导体等等。

c 定律作用

(1) 为在热电偶闭合回路中接入各种仪表、连接导线等提供理论依据。即只要保证连接导线、仪表等接入时两端温度相同，则不影响热电势，如图 2-11 所示。

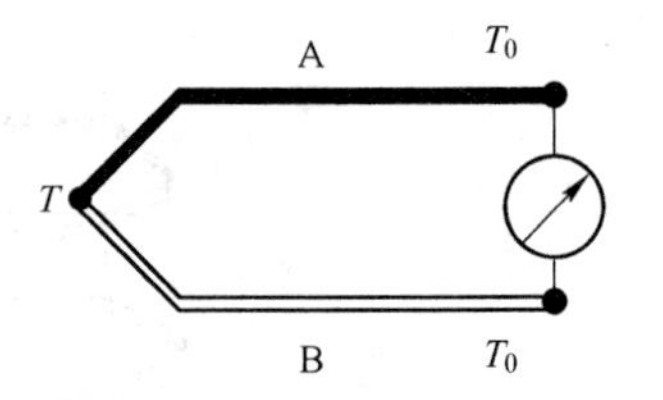

图 2-11 热电偶回路中接入仪表

(2) 可采用开路热电偶（即热电偶的热端开路），对液态金属进行温度测量，如图 2-12(a)所示。图中，被测液态金属为第三种导体 C，使用时应注意保持接点温度 T 相同。图 2-12(b)为利用开路热电偶测量金属壁面温度的示意图。图中，被测金属壁面为第三种导体 C，连接导线为第四种导体 D，显示仪表为第五种导体 E。使用时也应注意保持各接点温度 T、T_0' 和 T_0 相同。

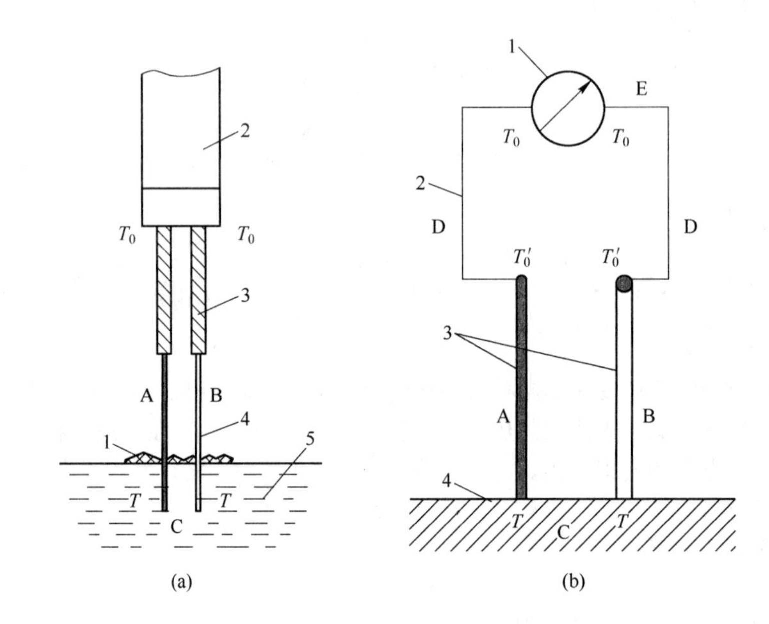

图 2-12 利用热电偶中间导体定律组成的测温回路

(a) 测量液态金属温度：1—渣；2—保护套管；3—绝缘套管；4—热电偶；5—熔融金属；
(b) 测量金属壁面温度：1—显示仪表；2—连接导线；3—热电偶；4—被测金属壁面

D 中间温度定律及其应用

a 基本内容

在热电偶回路中，两接点温度分别为 T, T_0 时的热电势，等于该热电偶在两接点温度分别为 T, T_n 和 T_n, T_0 时相应热电势的代数和，即

$$E_{AB}(T,T_0)=E_{AB}(T,T_n)+E_{AB}(T_n,T_0) \tag{2-17}$$

b 证明与解释

由式 (2-11) 可得

$$E_{AB}(T,T_n)=f(T)-f(T_n)$$

$$E_{AB}(T_n,T_0)=f(T_n)-f(T_0)$$

两式相加得

$$E_{AB}(T,T_n)+E_{AB}(T_n,T_0)=f(T)-f(T_0)=E_{AB}(T,T_0)$$

c　定律作用

（1）为在热电偶回路中应用补偿导线提供了理论依据（详见2.2.2.5节）。

（2）为制定和使用热电偶分度表奠定了基础。

各种热电偶的分度表都是在冷端温度为0℃时制成的。如果在实际应用中，热电偶冷端不是0℃而是某一中间温度 T_n，这时仪表指示的热电势值为 $E_{AB}(T,T_n)$。而 $E_{AB}(T_n,0)$ 值可从分度表查得，将二者相加，即可得 $E_{AB}(T,0)$ 值，按照该电势值再查相应的分度表便可得到被测对象的实际温度值。

【例2-1】 用镍铬-镍硅（K型）热电偶测量炉温，热电偶的冷端温度为40℃，测得的热电势为35.72mV，问被测炉温为多少？

解： 查K型热电偶分度表知 $E_K(40,0)=1.611\text{mV}$，测得 $E_K(t,40)=35.72\text{mV}$，则 $E_K(t,0)=E_K(t,40)+E_K(40,0)=35.72+1.611=37.33\text{mV}$。

据此再查上述分度表知，37.33mV所对应的温度为 $t=900.1$℃，则被测炉温为900.1℃。

2.2.2.3　热电偶的材料和结构

A　热电偶的材料选择

在实际应用中，为了工作可靠且有足够的测量准确度，并不是所有的材料均可用来作热电偶，对组成热电偶的材料要求如下：

（1）热电特性好。热电特性指的是热电势与温度的关系，它又可分为以下4个方面：

1）单值线性。热电势与温度应为单值的、线性的或者接近线性的关系。这样，可以使显示仪表的刻度线性化，以提高内插计算准确度。

2）灵敏度高。在测温中产生的热电势或热电势随温度的变化率要大，以保证有足够的测量灵敏度。

3）稳定性好。即在测量温度范围内，经过长期使用后，热电势不产生变化，或在规定的允许范围内变化。

4）互换性好。即采用同样材料和工艺制造的热电偶，其热电特性相同，这样可制定统一的分度表，便于配接温度变送器。

（2）测温范围宽。在选择热电偶材料时，最好选熔点高、饱和蒸气压低的金属或合金。这样的热电偶不仅测温上限高，而且测温范围宽。

（3）物理化学性能稳定，不易被氧化、腐蚀或沾污。

（4）良好的物理特性。如高的电导率、小的比热容、小的电阻温度系数等。如果电阻温度系数太大，则在不同的温度下，热电偶本身的电阻相差很大，当采用动圈仪表测温时，就会产生较大的附加误差。用于低温测量的热电偶，要求有较小的热导率，以减小热传导误差。

（5）材料的机械强度高，加工工艺简单，价格便宜。

B　热电偶的结构

在工业生产过程和科学实验中，根据不同的温度测量要求和被测对象，需要设计和制造各种结构的热电偶。从结构上看热电偶主要分为普通型、铠装型与薄膜型3种。

a　普通型热电偶

这种热电偶又称为装配式热电偶，如图2-13所示，其焊接端即为测量端。它主要由热电极、绝缘套管、保护管、接线盒4部分组成。

（a）热电极

它的直径由材料的价格、机械强度、电导率及用途和测温范围所决定。如是贵金属，热电极直径多为0.3～0.65mm的细丝；若是廉金属，热电极直径一般为0.5～3.2mm。热电极的长度由安装条件、热电偶的插入深度来决定，通常为350～2000mm。

（b）绝缘套管

它的作用是防止两个热电极之间或热电极与保护套管之间短路。绝缘套管的材料由使用温度范围确定：在1000℃以下多采用普通陶瓷；在1000～1300℃之间多采用高纯氧化铝；在1300～1600℃之间多采用刚玉。补偿导线的绝缘材料多采用有机材料。

（c）保护管

它的作用是使热电偶不直接与被测介质相接触，以防机械损伤或被介质腐蚀、沾污。由此可见，保护管是热电偶得以在恶劣、特殊环境下使用的关键。保护管的材质一般根据测量范围、加热区长度、环境气氛以及测温的时间常数等条件来决定，主要有金属、非金属和金属陶瓷3种。

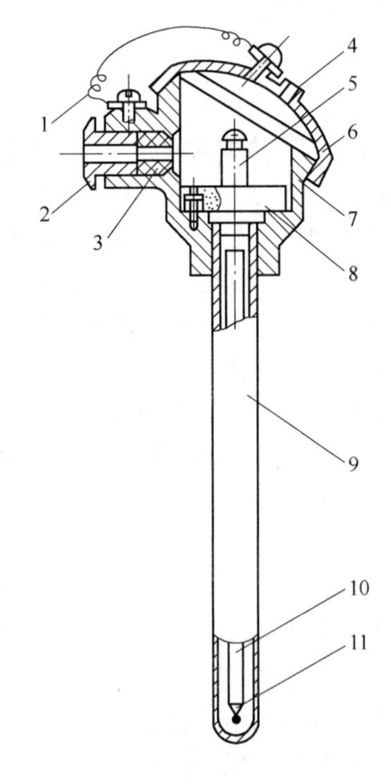

图2-13　普通型热电偶结构示意图
1—链条；2—出线孔螺母；3—出线孔密封圈；4—盖子；5—接线柱；6—盖子的密封圈；7—接线盒；8—接线座；9—保护管；10—绝缘套管；11—热电极

（1）金属材料。如钢管、无缝钢管、不锈钢管和耐热钢管等。金属保护管的特点是机械强度高、韧性好、抗熔渣腐蚀性强，因此，金属保护管多数用于要求有足够机械强度的场合。但它们在800℃以上时，气密性有所下降。

（2）非金属材料。非金属保护管主要包括高熔点氧化物及复合氧化物，如Al_2O_3、SiO_2、MgO、ZrO_2、BeO等；氮化物，如Si_3N_4、BN等；碳化物，如SiC等以及硼化物ZrB_2等。非金属保护管主要用于高温，也可在不宜用金属套管的低温中使用。其抗腐蚀性强，但是质地较脆。

（3）金属陶瓷。金属材料虽然坚韧，但往往不耐高温以及抗腐蚀性差。陶瓷材料恰好相反，它们能耐高温、抗腐蚀，但是很脆。为此，人们将金属与陶瓷结合，集两者之优点，得到了一种既耐高温、抗腐蚀，又抗热震的坚韧材料——金属陶瓷。所谓金属陶瓷，是指由一种金属或合金，同一种或几种陶瓷材料组成的非均质的复合材料。主要有Al_2O_3基金属陶瓷、ZrO_2基金属陶瓷、MgO基金属陶瓷和碳化钛系列金属陶瓷。金属陶瓷保护管常用于化工厂、熔融金属和高温炉的温度测量。

（d）接线盒

接线盒的作用是固定接线座和连接热电极与补偿导线。通常由铝合金制成，一般分为普通式和密封式两种。为了防止灰层和有害气体进入热电偶保护套管内，接线盒的出线孔和盖子均用垫片和垫圈加以密封。接线盒内用于连接热电极和补偿导线的螺钉必须紧固，以免产生较大的接触电阻而影响测量的准确性。

b　铠装型热电偶

铠装型热电偶是将热电极丝和绝缘材料一起紧压在金属保护管中，三者经组合加工成可弯曲的坚实组合体，如图 2-14 所示。一般绝缘材料选择氧化镁或氧化铝。

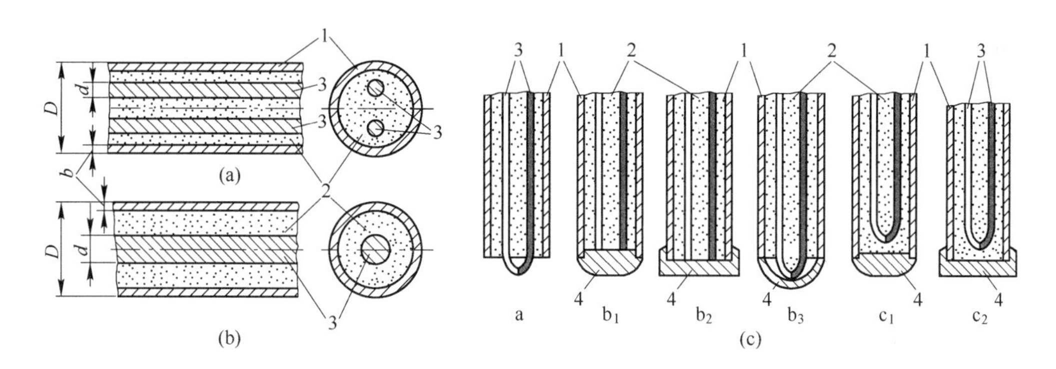

图 2-14 铠装型热电偶结构示意图

(a) 双芯；(b) 单芯；(c) 测量端形状

1—保护套管（金属）；2—绝缘材料；3—热电极；4—封帽；

a—露头型；b_1，b_2，b_3—带帽碰底型；c_1，c_2—带帽不碰底型

注意：由于氧化镁易吸水，且吸水后绝缘性能下降，必须采取密封与防潮措施。

铠装热电偶是针对热电偶的结构而命名的，保护套管内可以铠装不同分度号的热电偶丝。如保护套管内铠装 K 型热电偶丝，就通常称之为 K 型铠装热电偶，其他依此类推。若保护管内铠装一对热电偶丝，就称为单芯铠装热电偶，否则称为多芯铠装热电偶。

铠装热电偶与普通型热电偶相比，具有如下优点：

(1) 响应速度快。由于外径细（0.25～12mm），故热容量小，适于测量热容小的物体温度和进行动态测温。露头型铠装热电偶的时间常数只有 0.01s。

(2) 可挠性好。由于套管薄，并进行过退火处理，故具有很好的可挠性，可任意弯曲，曲率半径能小到套管外径的 1/2～1/5，便于安装使用在结构复杂的装置上，如狭小、弯曲的测量场合。但若过度地反复弯曲，将产生附加热电势，影响测量准确度。

(3) 使用寿命长。其原因有二：一是热电偶的长度可根据需要任意截取，若测量端损坏，将损坏部分截去并重新焊接后可继续使用；二是组合体式的结构增加了热电偶的气密性和致密度，避免了装配式热电偶易引起偶丝劣化和断线等事故发生。

(4) 机械强度高、耐压性能好。由于套管内部是填充实芯的，所以能适应强烈的冲击和振动，其最高可承受 350MPa 的压力。

(5) 测量范围宽、测量对象广，在 -200～1600℃ 内的各种测量场合均可使用。

(6) 性能稳定、规格齐全、价格便宜。

(7) 可以作为感温元件放入普通型热电偶保护套管内使用。

最近美国 Hoskins 公司开发出一种复合管型铠装热电偶，可长时间在 1260℃ 下使用。该热电偶采用特种镍基耐热合金作铠装热电偶的保护套管材料，其主要成分为 Ni-Cr 合金，并添加有 Al、Fe 等元素。它具有耐高温、抗氧化、使用寿命长等优点，其热电特性与 N 型或 K 型热电偶完全相同。在高温下热稳定性高，即使在含氢的还原性气体中也可使用。因生产工艺独特，可生产超常规的长热电偶，其结构如图 2-15 所示。

c 薄膜型热电偶

薄膜型热电偶是一种比较先进的瞬态温度传感器，对传热面与流体的影响小，反应时间仅

为数毫秒级，因此非常适用于动态测温以及测量微小面积的温度。薄膜热电偶动态特性的好坏与其热接点材料和厚度密切相关，其测温范围一般在300℃以下。

薄膜型热电偶是采用真空蒸镀或化学涂层的方法将两种热电极材料附着在绝缘基板上形成薄膜状的热电偶，如图2-16所示。其热接点很薄，厚度最薄可达0.01～0.1μm，其热电极一般为镍铬-镍硅或铜-康铜等。使用时将其粘贴在被测物体的表面上，使薄膜层成为待测面的一部分，所以可略去热接点与待测面间的传热热阻。

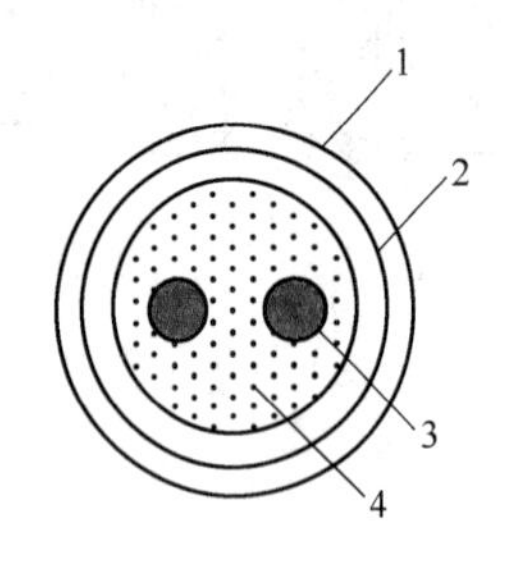

图2-15 复合管型铠装热电偶结构示意图

1—外层铠装；2—内层铠装；3—热电偶丝；4—绝缘物（MgO）

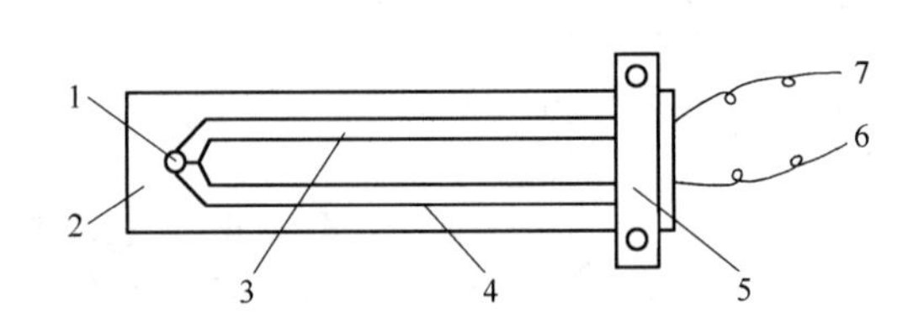

图2-16 薄膜型热电偶结构示意图

1—测量端点；2—衬架；3—铁膜；4—Ni膜；5—接头夹具；6—镍丝；7—铁丝

目前国产的有BMB-Ⅰ型便携式薄膜热电偶，它以陶瓷片作为基体材料，较好地解决了绝缘以及镀膜牢固性问题。该薄膜热电偶测温范围是0～1200℃，测温误差为0.5%，时间常数小于50μs，可广泛用于各种科研和生产行业。

2.2.2.4 热电偶的种类

热电偶的分类方法很多。按热电势-温度关系是否标准化可分为标准化热电偶和非标准化热电偶。按使用的温度范围可分为高温热电偶和低温热电偶。按热电极材料的性质可分为金属热电偶、半导体热电偶和非金属热电偶。按热电极材料的价格可分为贵金属热电偶和廉金属热电偶。贵金属热电偶指由铂族、金、银及其合金构成的热电偶，除此之外统称廉金属热电偶。

A 标准化热电偶

标准化热电偶是指生产工艺成熟、成批生产、性能优良，并已列入国家标准文件中的热电偶。它具有统一的分度表，不用单支标定，可互换，并有与之配套的二次仪表可供使用，性能稳定，应用广泛。

目前国际上已有8种标准化热电偶，其热电势与温度关系如图2-17所示。由图可见，热电偶热电势与温度之间存在非线性，使用时应进行修正。常用的热电偶非线性补偿方法有：分段线性处理与修正相结合的方法；基于最小二乘法的自动分段拟合法以及利用神经网络进行模型辨识和非线性估计等方法。

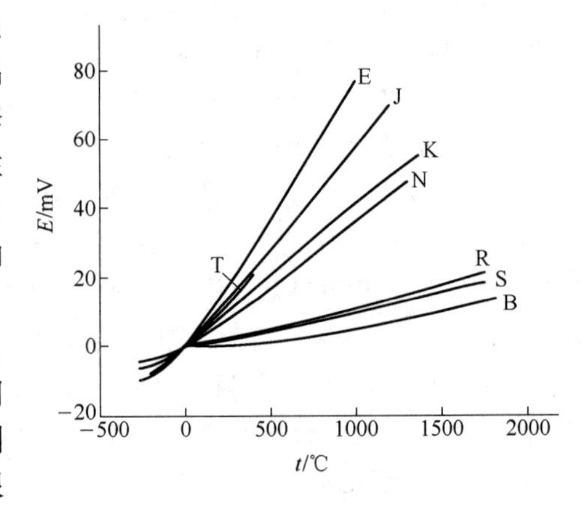

图2-17 标准化热电偶的热电特性曲线

8种标准化热电偶的性能简介如表2-5所示，其中：温度的测量范围是指热电偶在良好的使用环境下允许测量温度的极限值。实际使用，特别是长期使用时，一般允许测量的温度上限是极限值的60%～80%。选择热电偶进行温度测量时，应兼顾温度测量范围、价格和准确度三方面需求。

表 2-5 标准化热电偶性能比较

分度号	热电偶		等 级	温度范围/℃	允 许 误 差
	正 极	负 极			
S	铂铑 10[①]	铂	Ⅰ	0 ~ 1100	±1℃
				1100 ~ 1600	±[1 +0.003(t −1100)]℃
			Ⅱ	0 ~ 600 600 ~ 1600	±1.5℃ ±0.25% |t|
R	铂铑 13	铂	Ⅰ	0 ~ 1100 1100 ~ 1600	±1℃ ±[1 +0.003(t −1100)]℃
			Ⅱ	0 ~ 600 600 ~ 1600	±1.5℃ ±0.25% |t|
B	铂铑 30	铂铑 6	Ⅱ	600 ~ 1700	±0.25% |t|
			Ⅲ	600 ~ 800 800 ~ 1700	±4.0℃ ±0.5% |t|
K	镍 铬	镍 硅	Ⅰ Ⅱ Ⅲ	−40 ~ 1100 −40 ~ 1300 −200 ~ 40	±1.5℃或 ±0.4% |t| ±2.5℃或 ±0.75% |t| ±2.5℃或 ±1.5% |t|
N	镍铬硅	镍 硅	Ⅰ Ⅱ Ⅲ	−40 ~ 1100 −40 ~ 1300 −200 ~ 40	±1.5℃或 ±0.4% |t| ±2.5℃或 ±0.75% |t| ±2.5℃或 ±1.5% |t|
E	镍 铬	铜镍合金 (康铜)	Ⅰ Ⅱ Ⅲ	−40 ~ 800 −40 ~ 900 −200 ~ 40	±1.5℃或 ±0.4% |t| ±2.5℃或 ±0.75% |t| ±2.5℃或 ±1.5% |t|
J	纯 铁	铜镍合金 (康铜)	Ⅰ Ⅱ	−40 ~ 750 −40 ~ 750	±1.5℃或 ±0.4% |t| ±2.5℃或 ±0.75% |t|
T	纯 铜	铜镍合金 (康铜)	Ⅰ Ⅱ Ⅲ	−40 ~ 350 −40 ~ 350 −200 ~ 40	±1.5℃或 ±0.4% |t| ±2.5℃或 ±0.75% |t| ±2.5℃或 ±1.5% |t|

注：1. t 为被测温度，$|t|$ 为 t 的绝对值；2. 允许误差以温度偏差值或被测温度绝对值的百分数表示，二者之中采用最大值。

①铂铑 10 表示含铂 90%，铑 10%，依此类推。

a 贵金属热电偶

(a) 铂铑 10-铂热电偶（S 型）

S 型热电偶分标准和工业两大类。标准分标准组、一等标准和二等标准，主要用于实验室中 419.523 ~ 1084.62℃温区内的温度量值传递。工业用 S 型热电偶分Ⅰ级和Ⅱ级，其长期使用测温上限可达 1400℃，短期使用可达 1600℃，其优点是：

(1) 在所有标准化热电偶中，准确度等级最高，常用于科学研究和测量准确度要求比较高的生产过程中。

（2）热电特性稳定，物理、化学性能良好。

（3）测温区域宽、使用寿命长。

（4）抗氧化性强，可在氧化和惰性气氛中连续使用。

S 型热电偶的缺点是：

（1）价格昂贵，热电特性曲线非线性较大。

（2）电极丝直径通常很细，约为 0.35 ~ 0.5mm，机械强度较低。

（3）热电势偏小，热电势率也比较小，因而灵敏度低。

（4）不适于还原性气氛和含有金属或非金属蒸气的气氛中。

（b）铂铑 13-铂热电偶（R 型）

它与 S 型热电偶相比除热电势稍大（大约 15%），稳定性和复现性稍好外，其他特点相同。

（c）铂铑 30-铂铑 6 热电偶（B 型）

B 型热电偶是 20 世纪 60 年代发展起来的一种测量高温用的热电偶，又称双铂铑热电偶。由于两热电极均由合金构成，因而不仅提高了抗沾污能力和机械强度，而且提高了熔点和测温范围。它适宜于在氧化性或惰性气氛中使用，也可在真空条件下短期使用。即使在还原性气氛下使用，其寿命也是 R 型或 S 型热电偶的 10 ~ 20 倍。

B 型热电偶的稳定性不如 R 型和 S 型热电偶好，它是标准化热电偶中热电势最小的，如 $E_B(25,0) = -2.5\mu V$，$E_B(50,0) = 2.0\mu V$，故即使冷端温度不为 0℃，也不需要进行冷端处理，在现场使用时一般不用补偿导线。

B 型热电偶分标准和工业两大类。标准分一等标准和二等标准，主要用于实验室中 1100 ~ 1500℃温区内的温标传递工作。工业用 B 型热电偶分Ⅱ级和Ⅲ级，其长期使用测温范围为 600 ~ 1600℃，短期使用测温上限可达 1800℃。

b　廉金属热电偶

（a）镍铬-镍硅（镍铝）热电偶（K 型）

这是一种在工业中广泛使用的廉金属热电偶，测量范围很宽，测温下限为 -270℃，长期使用测温上限可达 1200℃，短期可测量 1300℃。其优点是灵敏度高，每变化 1℃，热电势变化 0.04mV，热电势比 S 型热电势大约 4 倍，温度特性接近线性，复现性好，抗氧化性强，受辐射影响较小，故常被用于核工业测温。其缺点是准确度低。K 型热电偶适宜在真空、含碳、含硫气氛及氧化与还原交替的气氛下裸丝使用。

我国已基本上用镍铬-镍硅热电偶取代了镍铬-镍铝热电偶。国外仍然使用镍铬-镍铝热电偶。两种热电偶的化学成分虽不同，但其热电特性相同，使用同一分度表。

（b）镍铬硅-镍硅热电偶（N 型）

N 型热电偶是一种新型镍基合金测温材料，也是国际上近 20 年来在廉金属热电偶合金材料研究方面取得的唯一重大成果。N 型热电偶的测温范围为 -200 ~ 1300℃，长期使用测温上限为 1200℃，短期为 1300℃。其优点如下：

（1）性能价格比高。在相同条件下，尤其在 1100 ~ 1300℃的高温条件下，N 型热电偶的高温稳定性及使用寿命较 K 型热电偶有成倍的提高，且与 S 型热电偶接近，但其价格仅为 S 型的 1/20；

（2）在 1300℃以下，高温抗氧化能力强，耐核辐射能力强，耐低温性能也好；

（3）可用于其他金属热电偶不能胜任或者过于勉强的场合。

因此，在 -200~1300℃整个温度范围内，有全面代替廉金属热电偶和部分取代 S 型热电偶的趋势。目前，进口设备中，尤其是 1300℃以下的高温炉窑，多采用 N 型热电偶测温。

（c）铜-康铜热电偶（T 型）

它在廉金属热电偶中准确度最高，价格最便宜。热电极丝的均匀性好，热电特性好，特别是在 -200~0℃范围内使用，稳定性更好。它的测温范围为 -200~350℃，但抗氧化性差，在氧化性气氛中使用时，一般不超过 300℃。

（d）镍铬-康铜热电偶（E 型）

这种热电偶虽不及 K 型热电偶应用广泛，但在标准化热电偶中热电势最大、灵敏度最高，可测微小变化的温度，使用中的限制条件与 K 型热电偶相同，但对于高湿度气体的腐蚀不甚灵敏。其缺点是热电极均匀性较差，不能用于还原性介质中。

（e）铁-康铜热电偶（J 型）

其优点是：价格便宜，既可用于氧化性气体中，又可用于还原性气氛。前者使用温度上限为 750℃，后者为 950℃；耐 H_2 和 CO 气体腐蚀，在含碳或铁的条件下使用也很稳定，多用于化工厂的温度检测。其缺点是不能在 540℃以上高温含硫的气氛中使用，而且铁热电极极易生锈，因此需要对电极进行防锈处理。如果使用温度超过 538℃，铁被氧化速度很快，因此在高温下连续使用时，最好选用粗的热电极丝。

B 非标准化热电偶

非标准化热电偶包括钨铼系、铂铑系和铱铑系热电偶等，其主要性能见表 2-6，其中使用较为普遍的是第一种。

注意：非标准化热电偶虽然也有热电偶分度表，但一个热电偶有一个分度表，分度表不能共用。

表 2-6 非标准化热电偶的性能

名称	热电极材料		使用温度范围/℃	过热使用温度/℃	特征
	正极	负极			
钨铼系	WRe5 WRe3	WRe26 WRe25	0~2300	3000	适用于还原性、H_2 及惰性气体，质脆
铂铑系	PtRh20 PtRh40	PtRh5 PtRh20	300~1500 1100~1600	1800 1800	在高温下使用，热电势小，其他性能与 R 型热电偶相同
铱铑系	Ir	IrRh40 IrRh50 IrRh60	1100~2000	2100	适用于真空、惰性气体及微氧化性气氛，质脆
镍钼系	Ni	NiMo18	0~1280		可用于还原性气氛，热电势大

a 钨铼热电偶（WRe）

钨铼热电偶是最成功的难熔金属热电偶，也是可测到 1800℃以上的工业热电偶中最好的热电偶。现已广泛应用在冶金、建材、航天、航空及核能等行业。其优点为：

（1）测温上限高。最高使用温度可达 2800℃，但在高于 2300℃时数据分散，故使用温度最好在 2000℃以下。

（2）在非氧化性气氛中，尤其是在还原性气氛中，化学稳定性好，灵敏度高，热电势大，它的热电势随温度变化率约为 S 型热电偶的 2 倍。

（3）价格便宜。其价格仅为 S 型热电偶的 1/6，B 型热电偶的 1/8。

（4）极易氧化。热电极丝熔点高达3300℃，蒸气压低，极易氧化，适于在惰性或干燥氢气中使用，或用致密的保护管使之与氧隔绝才能使用。钨铼热电偶的防氧化问题现已越来越引起国内外学者的关注。用涂层的方法，可使钨铼热电偶在1600℃以上的氧化性气氛下工作近50h，但仍不够理想。现场往往采用填充氧化物粉末密封形成实体的方法，简单易行，效果明显。具体做法是，将氧化铝（或氧化镁）粉末填充在绝缘管与保护管以及内保护管与外保护管之间，并尽可能填充严实，然后用磷酸二氢铝或高温粘接剂将保护管口密封。

我国列入国家标准的钨铼热电偶有两种：钨铼5-钨铼26热电偶，分度号为WRe5-WRe26；钨铼3-钨铼25热电偶，分度号为WRe3-WRe25。后者在目前国内的使用面和使用量上均大于前者。

b 非金属热电偶

传统的金属热电偶具有以下局限性：

（1）金属中钨的熔点最高，也只有3422℃，但在达3000℃时绝缘材料问题不易解决。

（2）金属热电偶在1500℃以上都与碳起反应，因而难以解决高温含碳气氛下的测温问题。

（3）铂族金属价格昂贵，资源稀少，在使用上受到一定的限制。

为此，现已普遍重视非金属热电偶的研究，如石墨-碳化钛热电偶、碳化硼-石墨热电偶等。其优点如下：

（1）热电势及其随温度的变化率大大超过了金属热电偶。

（2）熔点高，在熔点温度以下性能稳定，有可能研制出超过金属热电偶测温范围的热电偶材料。

（3）物理化学性能稳定，在石墨、碳化物及含碳气氛中也很稳定，故可在极恶劣的环境下工作。

（4）资源丰富、价格低廉、结构简单。

（5）用碳化硅（P型）、碳化硅（N型）以及$MoSi_2$等耐热材料构成的热电偶，可在氧化性气氛中使用到1700～1850℃的高温，有可能在某范围内代替贵金属热电偶材料。

非金属热电偶的主要缺点是由于制造中往往采用粉末冶金方法，从而引入了一些杂质，使其热电特性不够稳定，复现性差。到目前为止，还没有统一的分度表，另外机械强度低，在使用中受到很大限制。

C 特种热电偶

a 包覆热电偶

包覆热电偶在国外应用十分广泛，其特点是：热电偶材料直接用于测温，不需要连接任何补偿导线，结构坚实，外形小巧、柔软，使用方便，对环境的适应性强（耐腐蚀、耐磨、抗压等）。它的长期允许使用温度取决于包覆材料的种类，可为250℃或400℃。

b 隔爆热电偶

隔爆热电偶主要用于工厂或实验室内有爆炸性气体混合物的场所。该种热电偶采用特殊结构的接线盒，保护热电偶内部不受到水、灰尘及有害气体的侵入。

c 箔片型热电偶

在绝缘纸上制成铁-康铜、铜-康铜、镍铬-镍硅等箔片型热电偶，直接贴敷或压在被测物体表面上测其表面温度。其主要特点是：厚度很薄，仅为0.07mm，因此响应速度快；热容量极小，即使微小物体也可以测量其温度。

d 吹气热电偶

在热电偶和保护管之间构成一定的气路，其内通入具有一定压力的惰性气体，以排除或减小热电偶在高温、高压条件下，还原气体的渗入。主要用于在高温高压条件下，对气体浓度高于30%的氢气、甲烷等介质的温度测量。

e 高温耐磨热电偶

冶金、建材等行业所需的高温耐磨热电偶保护管，不仅要耐热冲击及高温固体颗粒磨损，而且还要具有足够的机械强度。其加工方法主要有喷涂 Ni-Cr-Si-B 合金的热喷涂法，工艺简单，成本较低。

D 消耗式热电偶

消耗式热电偶又称快速微型热电偶，是一种专为测量钢水和其他熔融金属温度而使用的热电偶，它在每次测量后都要更换。其工作原理和普通热电偶相同，具有测量结果可靠、互换性好、准确度较高等优点。

消耗式热电偶的结构如图 2-18 所示。它的热电极和 U 形石英保护管的尺寸均较小，热电极一般采用直径为 0.1mm 或 0.05mm 的铂铑 10-铂和铂铑 30-铂铑 6 等材料，长度为 25～40mm，装在外径为 3mm 的 U 形石英管内构成测温头的敏感元件，并被固定在具有较好的绝热性能的高温水泥上，外加保护钢帽。热电极用补偿导线自探头内接到塑料插座的快速接头上。为了保证测温过程中热电偶冷端与补偿导线连接处免受高温影响，一般用绝热性能好的三层纸管保护，并在热电极补偿导线中间填入棉花以增强绝热作用。

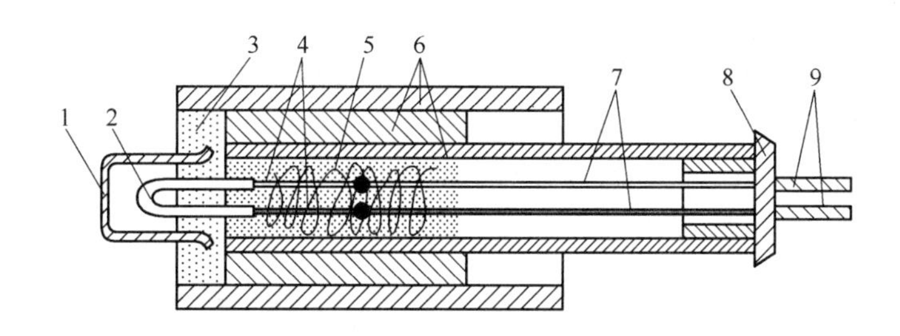

图 2-18 消耗式热电偶结构图

1—钢帽；2—石英管；3—绝热水泥；4—热电极；5—棉花；6—三层纸管；
7—补偿导线；8—塑料插座；9—快速接头

使用时，将测温探头接到专用插座上，将此热电偶插入钢液中，保护帽迅速熔化，这时 U 形石英管和热电偶即暴露在钢液中。由于它们的热容量都很小，因此能迅速反映出钢液的温度，反应时间为 4～6s。在测出温度以后热电极就被马上烧毁，即使用一次就报废，因此又被称为消耗式热电偶，但其中的铂铑丝可回收。

由于偶丝较细，故测温成本较低。国产常用消耗型热电偶列于表 2-7 中。

表 2-7 消耗型热电偶参数表

名　称	型　号	分 度 号	使用温度上限/℃
铂铑 10-铂	KS-602P（或 J）	S	1760
铂铑 30-铂铑 6	KB-602P（或 J）	B	1720
铂铑 13-铂	KR-602P（或 J）	R	1760
钨铼 3-钨铼 25		WRe3-WRe25	1760

此外还有测量气流温度的屏罩式热电偶、抽气式热电偶和采样式热电偶等。

2.2.2.5　热电偶的冷端温度处理

【例2-2】　用分度号为E的热电偶测量某化学反应室的温度。当热电偶冷端温度 $T_0=30℃$ 时，仪表指示为200℃。由于未采取有效的冷端温度处理方法，参考端温度随现场工作温度变化而上升20℃，此时仪表的指示值为多少？误差多大？

解：当参考端温度上升20℃，所测热电势实为

$$E = E_E(T,T_0) = E_E(200,50) = E_E(200,0) - E_E(50,0) = 13.419 - 3.047 = 10.372\text{mV}$$

但却误按冷端温度为30℃计算，即误认为：$E = E_E(T,30) = E_E(T,0) - E_E(30,0) = 10.372\text{mV}$，则有 $E_E(T,0) = E_E(30,0) + 10.372 = 1.801 + 10.372 = 12.173\text{mV}$，直接反查E型热电偶的分度表，得仪表示值为 $T = 180 + \dfrac{12.173 - 11.949}{12.681 - 11.949} \times 10 = 183.1℃$，误差为 $183.1 - 200 = -16.9℃$。

思考：仪表示值可否直接按 $200-20=180℃$ 计算，为什么？

由此可见，为使热电偶的热电势与被测温度间成单值函数关系和保证测温准确度，热电偶的冷端必须恒定，一般采取以下方法。

A　补偿导线法

在实际应用中，热电偶的长度一般为几十厘米至一二米，因而参考端离被测对象很近，易受热源影响，难以保持恒定。通常热电偶的输出信号要传至远离数十米的控制室里，最简单的方法是直接把热电偶电极延长。这样做，会在实际中碰到以下问题：（1）对贵金属热电偶，价格昂贵，不能拉线过长；（2）对非贵金属热电偶，有的比较粗也不适宜拉线过长；（3）特别是在工业装置上使用的热电偶一般都有固定结构，所以也不能随意延长；（4）偶丝过长，容易拉断。解决上述问题最常用的方法是采用“补偿导线”。

a　原理

在一定温度范围内，与配用热电偶的热电特性相同的一对带有绝缘层的廉价金属导线称为补偿导线。由带补偿导线的热电偶组成的测温电路如图2-19所示，其中A′B′为补偿导线。补偿导线实际上是两种不同的廉金属导体组成的热电偶，在一定温度范围内（例如0～100℃），它的热电特性与所配用热电偶AB的热电特性基本相同，即

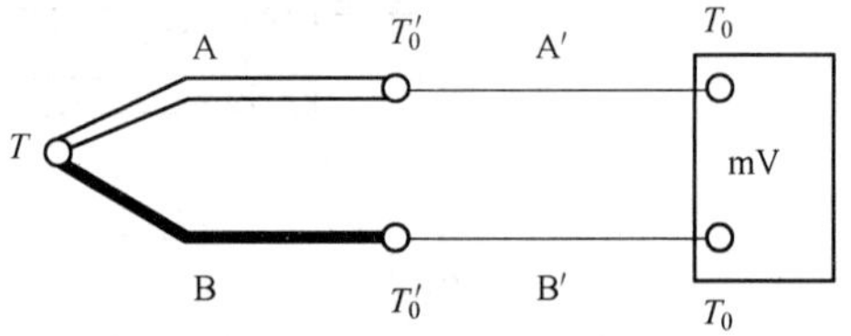

图2-19　带补偿导线的热电偶测温原理图

$$E_{A'B'}(T'_0,T_0) = E_{AB}(T'_0,T_0) \tag{2-18}$$

所以A′B′可视为A、B热电极的延长，即热电偶的冷端从 T_0' 处移到 T_0 处。带有补偿导线的热电偶回路的总热电势，即仪表测得值为

$$E = E_{AB}(T,T'_0) + E_{A'B'}(T'_0,T_0) = E_{AB}(T,T_0) \tag{2-19}$$

可见此时热电势只与 T 和 T_0 有关。原冷端 T_0' 的变化不再影响读数。若 $T_0=0$，则仪表对应着热端的实际温度值；若 $T_0\neq0$，则应再进行修正。

思考：若将补偿导线接反或换成普通铜导线，测量结果有何变化？

补偿导线的作用主要有：

（1）将热电偶的参考端延伸到远离热源或环境温度较恒定的地方，减少测量误差。这是普通连接导线所做不到的。

（2）降低成本。

（3）改善热电偶测量线路的力学与物理性能。采用多股或小直径补偿导线可提高线路的柔性，使接线方便，并可调节线路的电阻以及避免外界干扰。

b 型号和结构

随着热电偶的标准化，补偿导线也形成了标准系列。国际电工委员会 IEC 制定的标准如表 2-8 所示。

表 2-8 补偿导线一览表

补偿导线型号	配用热电偶分度号	补偿导线		绝缘层颜色	
		正 极	负 极	正 极	负 极
SC	S	SPC（铜）	SNC（铜镍）	红	绿
KC	K	KPC（铜）	KNC（铜镍）	红	蓝
KX	K	KPX（镍铬）	KNX（镍硅）	红	黑
EX	E	EPX（镍铬）	ENX（铜镍）	红	棕
JX	J	JPX（铁）	JNX（铜镍）	红	紫
TX	T	TPX（铜）	TNX（铜镍）	红	白

注：1. 型号第一个字母与配用热电偶的分度号相对应；
2. 型号第二个字母“X”表示延伸型补偿导线；字母“C”表示补偿型补偿导线。

补偿导线分普通型和带屏蔽层型两种。普通型由线芯 1、绝缘层 2 及保护套 3 组成。普通型外边再加一层金属编织的屏蔽层 4 就是带屏蔽层的补偿导线，如图 2-20 所示。

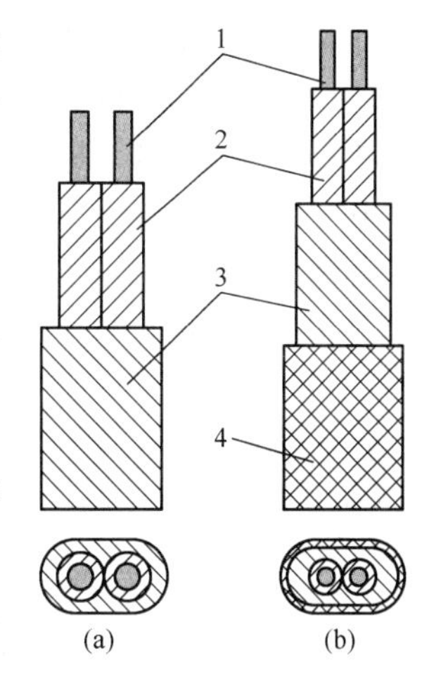

图 2-20 补偿导线的结构
（a）普通型；（b）带屏蔽层型
1—线芯；2—塑胶绝缘层；
3—塑胶保护套；4—屏蔽层

c 使用注意事项

（1）补偿导线只能与相应型号的热电偶配套使用。

（2）补偿导线有正、负极之分，应与相应热电偶的正、负极正确连接，否则，不仅起不到补偿作用，而且还会造成更大的测量误差。

（3）补偿导线不能用普通铜导线代替，否则起不到冷端补偿的作用。

【例 2-3】 按图 2-19 所示组成带补偿导线的热电偶的测温电路，其中 AB 为 K 型热电偶，A′B′为 KX 补偿导线，$T_0' = 90℃$，$T_0 = 20℃$。当电炉温度控制于 800℃时，①若将补偿导线 A′B′接反，问测量结果与实际相差多少？②若将补偿导线 A′B′换成铜导线，则结果又如何？

解：①当补偿导线 A′B′接反时，实际测得的热电势为

$$E_K(800,90) - E_K(90,20) = E_K(800,0) - 2E_K(90,0) + E_K(20,0)$$
$$= 33.277 - 2 \times 3.681 + 0.798 = 26.713\text{mV}$$

计算热端温度时，却误按正确连接计算，即误认为：$E_K(T',20) = 26.713\text{mV}$，得 $E_K(T',0) = 26.713 + 1.798 = 27.511\text{mV}$，反查 K 型热电偶分度表，得仪表示值为 661.6℃，测量结果与实际相差 -138.4℃。

②当将补偿导线 A′B′换成铜导线时，根据中间导体定律，实际测得的热电势为 $E_K(800,90) = 33.277 - 3.681 = 29.596\text{mV}$，同上，得 $E_K(T',0) = 29.596 + 0.798 = 30.394\text{mV}$，则仪表示值为 730.3℃，测量结果与实际相差 -69.7℃。

（4）补偿导线与热电偶连接处的两个接点温度应相同。

（5）由于补偿导线与所配用的热电偶的热电极化学成分不同，因此，它只能在规定的温度范围内使用。

一般在0～100℃，补偿导线与热电偶的热电势相等或相近，但其间的微小差值在精密测量中不可忽视。例如，K型热电偶和相对应的KC型补偿导线在0～100℃时的热电势如表2-9所示。由表可知：在0～40℃时，补偿导线与热电偶的测量值相等，而随着温度的升高，其误差逐渐加大，必须加以修正。

表2-9 K型热电偶和KC型补偿导线在0～100℃时的热电势表

温度/℃	K型热电偶的热电势/mV	KC型补偿导线的热电势/mV	补偿导线与热电偶的热电势差值/mV
0	0	0	0
20	0.798	0.798	0
40	1.611	1.611	0
80	3.266	3.357	0.091
100	4.095	4.277	0.182

（6）要根据所配仪表的不同要求来选用补偿导线的直径。从强度和等效内阻两方面来考虑，工程上多选择内阻小的粗线芯。对以前现场常用的动圈式仪表，由于其内阻很小，仅为200Ω左右，故补偿导线的阻值对测量准确度影响较大。现在多采用电子仪表，由于其内阻很大，可忽略补偿导线长度和截面的影响。若采用多股补偿导线，则便于安装与敷设。

B 计算修正法

当热电偶冷端温度 T_0 不等于0℃时，需对仪表的示值加以修正，因为热电偶的温度与热电势关系以及分度表都是在冷端为0℃时得到的。根据式（2-17）可得如下修正式：

$$E_{AB}(T,0) = E_{AB}(T,T_0) + E_{AB}(T_0,0) \tag{2-20}$$

C 冷端恒温法

保持冷端恒温的方法很多，常见的有冰点槽法和恒温箱法两种。

a 冰点槽法

该法是把冷端放在盛有绝缘油的试管中，然后再将其放入装满冰水混合物的冰点槽中。为了保持0℃时误差能在±0.1℃之内，实验室对水的纯度、碎冰块的大小和冰水混合状态都有要求，另外对插入速度也应加以注意。为了防止短路，两根电极丝要分别插入各自的试管中，如图2-21所示。这种方法是一种理想方法，只适用于实验室和精密测量中，而不便于在工业现场应用。

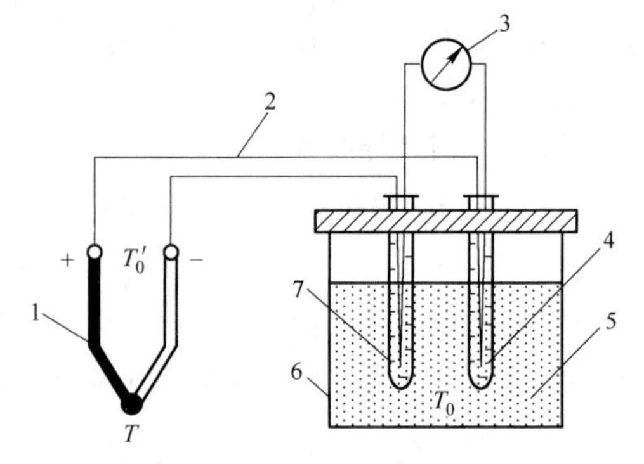

图2-21 冰点槽法

1—热电偶；2—补偿导线；3—显示仪表；4—绝缘油；5—冰水混合物；6—冰点槽；7—试管

b 恒温箱法

该法是把冷端补偿导线引至电加热的恒温器内，维持冷端为某一恒定的温度。通常一个恒温器可供许多支热电偶同时使用，此法适于工业应用。

D 模拟补偿法

a 补偿电桥法

补偿电桥法是利用不平衡电桥产生的电势来

补偿热电偶冷端温度变化而引起的热电势变化。主要有铜电阻补偿法、二极管补偿法、铂电阻补偿法等，其原理大致相同，仅以铜电阻补偿法为例加以说明。

如图 2-22 所示，电桥由 R_1、R_2、R_3（均为锰铜电阻）和 R_{Cu}（铜电阻）组成，串联在热电偶回路中，热电偶冷端与电桥中 R_{Cu}处于相同温度。当冷端 T_0 等于补偿点（机械零位）温度 T_m 时，$R_{Cu}=R_1=R_2=R_3=1\Omega$，电桥平衡，$U_{ab}=0$，回路中的电势就是热电偶产生的电势，即为 $E(T,T_0)$；当 T_0 变化时，R_{Cu}也随之改变，于是电桥两端 a、b 就会输出一个不平衡电压 U_{ab}。如适当选择 R_S，可使电桥的输出电压 $U_{ab}=E(T_0,T_m)$，从而使回路中的总电势仍为 $E(T,T_0)$，起到了冷端温度的自动补偿。

注意：补偿点温度 T_m 可根据需要设计，实际补偿电桥一般设为 $T_m=20℃$，即在此时电桥平衡，因此在使用这种补偿器时，必须把仪表的起始点调到 20℃ 处。

b 晶体三极管冷端补偿电路

图 2-23 为晶体三极管冷端补偿电路。其实质为在热电偶输出端叠加一个电压，以使热电偶输出的热电势只与测量端温度有关。经推导得

$$U_{out}=\frac{R_3}{R_1}U_{tc}-\frac{R_3}{R_2}\gamma T_0 \tag{2-21}$$

式中 U_{tc}——热电偶的热电势，V；

γ——晶体三极管的温度系数；

T_0——冷端温度，K。

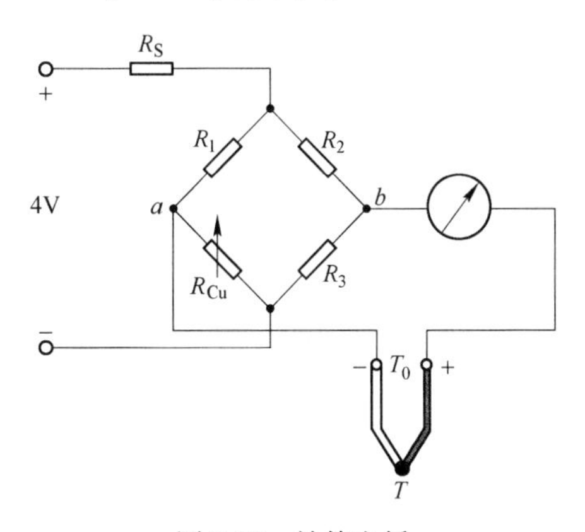

图 2-22 补偿电桥

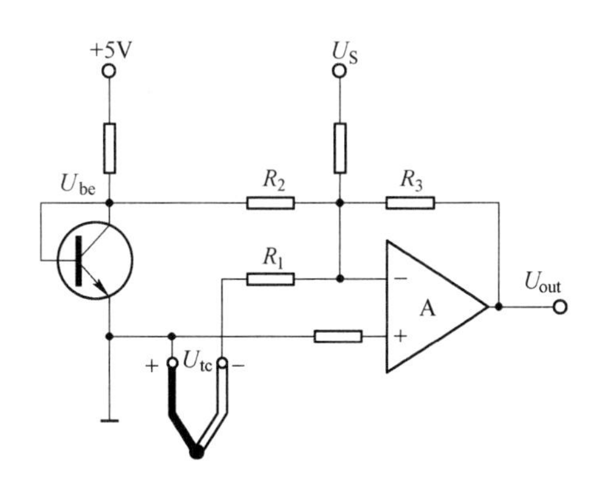

图 2-23 晶体三极管冷端补偿电路

c 集成温度传感器补偿法

为提高热电偶的测量准确度，一些厂家相继推出了集成温度传感器冷端补偿法，如美国 AD 公司生产的集成电路芯片 AC1226、带冷端补偿的单片热电偶放大器 AD594/AD595 等。

（a）AC1226 冷端补偿电路

AC1226 是专用的热电偶冷端补偿集成电路芯片，在 0～70℃补偿范围内具有很高的准确度，其补偿绝对误差小于 0.5℃。该芯片的补偿输出信号不受其电源电压变化的影响，可和各种温度测量芯片或线路组成带有准确冷端补偿的测温系统。图 2-24 为由隔离型

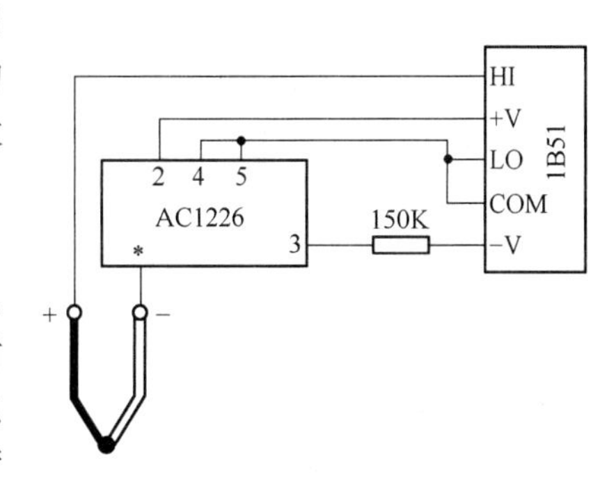

图 2-24 AC1226 冷端补偿电路

AC1226 组成的高温测量冷端补偿电路原理图。它具有信号处理功能，这是 1B51 本身所具备的。它可以和 E、J、K、S、R 或 T 型热电偶相接。图中 * 号表示所连接引脚必须和所用热电偶信号相对应。其测温范围为所连热电偶的测温范围。

（b） AD594/AD595 补偿电路

AD594/AD595 是具有热电偶信号放大和冰点补偿双重功能的集成芯片，共有两个等级：C 级和 A 级，分别具有 ±1℃ 和 ±3℃ 的基本误差。其中 AD594 适用于 T 型热电偶，AD595 适用于 K 型热电偶。其输出电势与热电偶的热电势关系如下：

$$E_{AD594} = 193.4(E_T + 0.016) \tag{2-22}$$

$$E_{AD595} = 247.3(E_K + 0.016) \tag{2-23}$$

式中　E_{AD594}，E_{AD595}——分别为 AD594 和 AD595 的输出，mV；

E_T，E_K——分别为 T 型偶和 K 型偶热电势，mV。

E　数字补偿法

目前常用的数字补偿法是采用最小二乘法，根据分度表拟合出关系矩阵，这样只要测得热电势和冷端温度，就可以由计算机自动进行冷端补偿和非线性校正，并直接求出被测温度。该方法简单、速度快、准确度高，且为实现实时控制创造了条件，详见有关文献。

各种冷端处理方法比较如表 2-10 所示。

表 2-10　常用冷端处理方法比较

冷端处理内容	冷端温度不恒定	冷端温度不为零
补偿导线法	√	依冷端温度而定
计算修正法		√
冰点槽法	√	√
恒温箱法	√	依恒温箱温度而定
补偿电桥法	√	依补偿点温度而定
晶体三极管冷端补偿电路	√	依冷端温度而定
集成温度传感器补偿法	√	依芯片功能而定
数字补偿法		√

2.2.2.6　热电偶的实用测温电路

A　工业用热电偶测温的基本线路

单支热电偶测温基本线路由热电偶、补偿导线、恒温器或补偿电桥、铜导线和显示部分（或微机）组成，如图 2-25 所示。

思考：该测量电路使用时应注意什么？

【例 2-4】　按图 2-25 组成热电偶测温系统。已知热电偶的分度号为 K，工作时的冷端温度为 30℃，但错用与 E 型热电偶配套的显示仪表，当仪表指示为 610℃ 时，请计算工作端的实际温度 T 为多少度？

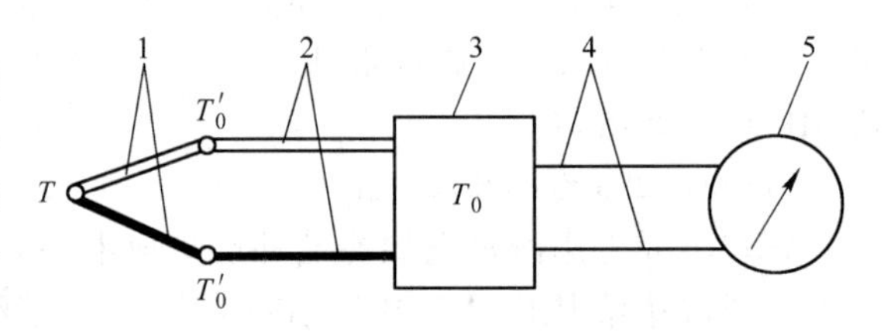

图 2-25　工业用热电偶测温的基本线路

1—热电偶；2—补偿导线；3—恒温器或补偿电桥；4—铜导线；5—显示仪表

解：由题可知，仪表指示为 610℃ 是将所测热电势按 E 型偶分度表计算的结果。查 E 型偶分度表，可得对应 610℃ 时的热电势为

$$E_E(T_示,30) = E_E(610,0) - E_E(30,0) = 45.891 - 1.801 = 44.090\text{mV}$$

这个热电势实际上是由 K 型偶产生的，即有

$$E_K(T_真,0) = E_K(T_真,30) + E_K(30,0) = 44.090 + 1.203 = 45.293\text{mV}$$

反查 K 型偶分度表可得，工作端的实际温度 $T = 1104.9$℃。

B 热电偶的串联

由此可见，热电偶在使用时，应确保接到显示仪表正确的信号端子上，否则会引进比未进行有效的冷端处理更显著的测温误差。

a 热电偶的正向串联

正向串联就是 n 支同型号热电偶异名极串联的接法，如图 2-26(a)所示。图中 n 支同型号的热电偶 A、B 的正负极依次相连接，C、D 为与热电偶相匹配的补偿导线，其余的连接线均为铜导线。

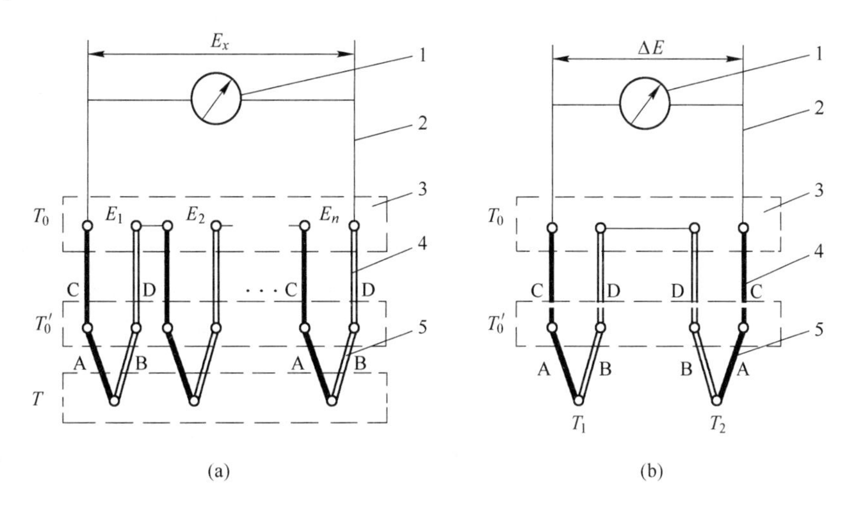

图 2-26 热电偶串联

(a) 正向串联；(b) 反向串联

1—显示仪表；2—铜导线；3—恒温器或补偿电桥；4—补偿导线；5—热电偶

热电偶正向串联电路的总热电势为

$$E_x(T,T_0) = E_1(T,T_0) + E_2(T,T_0) + \cdots + E_n(T,T_0) = \sum_{i=1}^{n} E_i(T,T_0) \tag{2-24}$$

式中 $E_i(T,T_0)$ ——各单支热电偶的热电势，mV；

$E_x(T,T_0)$ ——正向串联回路的总热电势，mV。

该电路的优点是：(1) 测量同一温度，可使输出热电势增大，进而提高仪表的灵敏度；(2) 在相同条件下，热电偶的正向串联回路可与灵敏度较低的电测仪表配合。其缺点是：当一支热电偶烧断时，整个仪表回路开路，不能正常工作。

作为辐射测温探测器的热电堆就是依据热电偶正向串联原理设计而成的，用来感受微弱的辐射信号。

思考：当一支热电偶短路时，整个电路能否正常工作，为什么？

b 热电偶反向串联

热电偶反向串联是将两支同型号热电偶的同名极相串联，这样组成的热电偶称为微差热电偶。如图 2-26(b)所示，其输出热电势 ΔE 反映了两个测量点（T_1 和 T_2）的温度之差，即

$$\Delta E = E(T_1,T_0) - E(T_2,T_0) = E(T_1,T_2) \tag{2-25}$$

C　热电偶的并联

将 n 支同型号的热电偶的正极和负极分别连接在一起的线路称为并联线路，如图 2-27 所示。如果几支热电偶的电阻值均相等，则并联测量线路的总热电势等于 n 支热电偶热电势的平均值，即

$$E = \frac{E_1 + E_2 + \cdots + E_n}{n} \tag{2-26}$$

并联线路常用来测量温场的平均温度。同串联线路相比，并联线路的热电势虽小，但其相对误差仅为单支热电偶的 $1/\sqrt{n}$，且当某支热电偶断路时，测温系统仍可照常工作。

思考：当一支热电偶短路时，整个电路能否正常工作，为什么？

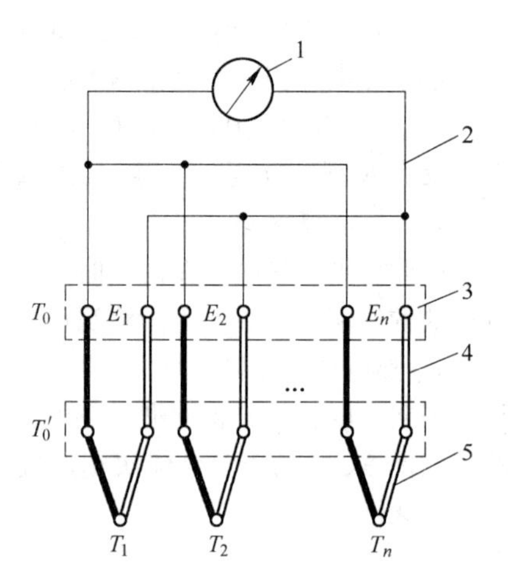

图 2-27　热电偶并联
1—显示仪表；3—铜导线；3—恒温器或补偿电桥；4—补偿导线；5—热电偶

2.2.2.7　热电偶测温误差分析

A　分度误差

分度误差是指热电偶分度时产生的误差，其值不得超过最大允许误差。它主要由标准热电偶的传递误差和测量仪表的基本误差组成。前者可通过标准热电偶的温度修正值来消除或降低；后者是由热电偶的实际热电特性与分度表的偏差造成的。因为热电偶的热电特性是随材料成分、结晶结构与应力变化而变化的，即使分度号相同的热电偶，它们的热电特性也不能完全一致。这种偏差对一般工业热电偶的测量是可以忽略不计的，但若用于精密测量，则应用校验方法进行修正。

对于有统一分度表的标准化热电偶，分度的结果就是给出与分度表相比较的偏差值；对于非标准化热电偶，分度的结果是给出温度和热电势的对应关系，即热电特性。它可用表格或曲线表示。按照规定条件使用时，热电偶分度误差的影响同其他误差相比相对较小；但若超出规定范围使用，则误差较大，所以应对热电偶进行定期检定。

B　冷端温度引进的误差

除平衡点与计算点外，在其他各点的冷端温度均不能得到完全补偿，由此产生的误差各热电偶均不相同。如铂铑-铂热电偶在正常工作条件下约为 ±0.04mV；镍铬-镍硅热电偶约为 ±0.16mV；镍铬-康铜约为 ±0.18mV。

C　补偿导线的误差

在规定的工作范围内，它是由于补偿导线的热电特性与所配热电偶的热电特性不完全相同所造成的，如表 2-9 所示。若补偿导线使用不当，如未按规定使用或正负极接错等，将使误差显著增加。

D　热交换所引起的误差

热交换所引起的误差主要由三方面组成：

（1）热平衡不充分所造成的误差。该误差是在实际测温时，热电偶热端未与被测对象充分接触，未达到热平衡而造成的。

（2）动态测温误差。当被测对象温度变化时，由于温度传感器固有的热惯性和仪表的机械惯性，使温度计示值不能迅速跟踪其变化而造成的误差称为动态测温误差。它属于动态测温中的难题，通常以前者为主。被测对象温度变化越快，动态测温误差越大，详见

2.4.2 节。

(3) 热损失。热损失指沿电极方向的导热损失和保护管向周围环境的综合散热损失。它主要取决于沿电极方向的温差、被测介质与周围环境的温差和插入深度，详见2.2.4节。

为减小动态测温误差和热损失，除采取以上措施外，还可通过对温度传感器进行传热分析，来优化设计或建立模型进行补偿修正。

E 因测量系统绝缘电阻下降而引进的误差

因测量系统绝缘电阻下降而引进的误差主要包括以下两方面：

(1) 在高温下使用的热电偶，其绝缘性能的降低，主要是由于绝缘物或填充物的绝缘电阻降低造成的。它一方面使热电势泄漏，进而引起热电势下降，另一方面还会引进对地干扰电压。

例如，用热电偶测量电炉温度时，当炉温升至800℃以上时，炉体耐火砖的绝缘电阻急剧下降，导致炉体带电。此时通过炉体耐火砖插入炉中的热电偶的保护管与上述耐火砖类似，在高温下绝缘电阻也急剧下降。于是炉体所带的电就通过此保护管而窜入热电极，使热电偶带电达几伏至几十伏，这称为对地干扰电压。此时若传输导线或仪表内也有接地点的话，就会形成回路，把干扰电流输入仪表而产生影响。可以采用以下3种方法消除对测量结果的影响：

1) 把热电偶浮空，即热电偶与炉体不接触。

2) 在热电偶瓷保护管外再加一金属套管，然后把金属套管接地，这样可以把由炉体漏至热电偶的干扰电压导向大地。

3) 采用三线热电偶，即从热电偶热端再引出一根线接地，把由炉体漏至热电偶的干扰电压，在进入仪表输入回路前短路掉。

(2) 在低温下使用的热电偶，其绝缘性能下降主要是由于空气中水分凝结造成的。因此应将保护管内充满干燥空气后加以密封，切断同外界的联系。

F 热电偶不均质引起的误差

由均质导体定律可知：均质的热电偶产生的热电势，只与热端与冷端的温度有关，而与沿偶丝长度方向的温度变化无关。但在实际应用中，热电偶总要或多或少地存在不均匀性，当它处于均匀温度场内时，即沿偶丝长度方向不存在温度梯度时，不会引起热电势的变化；当其处于有温度梯度的场合时，势必将引起热电势的变化，给测量造成影响，且温度梯度越大，热电极不均匀性的影响就越大。

G 其他误差

除上述各项误差外，热电偶测温时还会产生以下误差：

(1) 由于热电极变质而带来的误差。

(2) 由于测量线路总电阻发生变化或由于显示仪表本身准确度等级的局限所产生的误差。

(3) 高速气流引起的误差。当测量高速流动的气流温度时，热电偶因受气体的压缩和内摩擦而发热，使显示温度高于真实温度。

(4) 由于屏蔽不良而引入的干扰电压，将经过热电偶的连接导线进入仪表而产生误差。

(5) 不同的换热方式以及不同的测量对象还会产生一些其他的误差。

总之，要针对具体测量仪表及其应用情况，运用传热学和误差的基本理论，对测温过程进行分析，进而求出实际测温误差。

2.2.2.8 热电偶的检定和分度

为了保证热电偶的测量准确度，必须对其进行定期检定。热电偶的检定是指对热电偶热电势与温度的已知关系进行校验，以检查其误差的大小。分度则是指确定热电偶热电势与温度的对应关系。由于检定与分度的方法是一致的，本书仅以检定为例进行介绍。

热电偶的检定方法有两种：比较法和定点法。这里介绍工业上较为常用的比较法，即用被校热电偶和标准热电偶同时测量同一对象的温度，然后比较两者的示值，以确定被校热电偶的基本误差等质量指标。

A　检定要求

当出现以下情况之一时，需要对热电偶进行检定。

（1）热电偶在使用前应预先进行检验或检定。

（2）热电偶经过一段时间的使用后，由于氧化、腐蚀、还原、污染和高温挥发等因素的影响，使热电特性与分度时偏差较大，故必须进行定期检定。

（3）非标准热电偶必须进行个别检定。

（4）在科学实验中，有时为了提高测量的准确度，使用前往往都要对热电偶进行单独的检定。

B　检定系统

用比较法在管状炉中检定热电偶的系统如图2-28所示。其中管状电炉用电阻丝作加热元件，一般炉体长度为600mm，中部应有长度不小于100mm的恒温段。管状炉内腔长度与直径之比至少为20：1，才能确保在炉内有足够长的等温区域，即造成一个均匀的温度场。为使被检热电偶和标准热电偶的热端处于同一温度环境中，可在管状炉的恒温区放置一个镍块，在镍块上钻孔，以便把各支热电偶的热端插入其中，进行比较测量。电位差计的准确度等级应不小于0.03级。

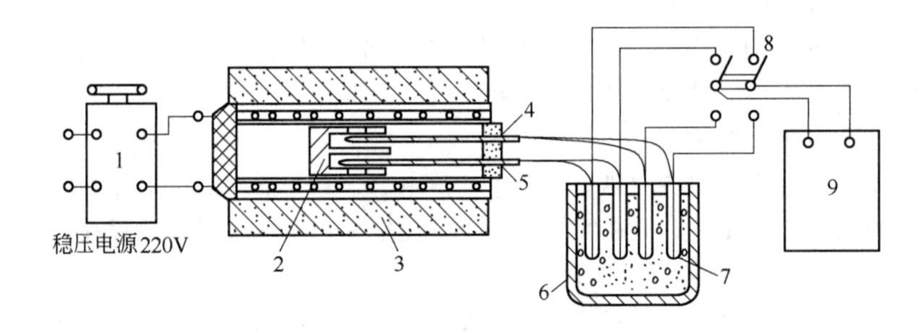

图2-28　热电偶检定系统图

1—调压变压器；2—镍块；3—管状电炉；4—标准热电偶；5—被检热电偶；6—冰点槽；7—试管；8—切换开关；9—直流电位差计

C　检定注意事项

（1）在每一检定点上，管状炉的温度应稳定在检定点温度的±10℃内，且在读取热电势的示值时炉温变化不得超过0.2℃。

（2）冰点槽必须是均匀的纯净冰水混合物，热电偶的冷端必须插入冰点槽的中部，且相互绝缘。

（3）被校热电偶若是铂铑-铂材料，则在校验前应对其进行退火和清洁处理；被校热电偶若是廉金属材料，则应将标准热电偶的测量端用套管加以保护以免被污染。

（4）每一支热电偶的每一检定点的读数不得少于4次，且按等时间间隔交替进行，即按照标准→被检1→被检2→…→被检 n→被检 n→…→被检2→被检1→标准的循环顺序读数，再进行数据处理。

（5）检定时热电偶为裸露状，不外加保护管。

2.2.2.9 热电偶的选择、安装和使用

A 热电偶的选择

在实际测温时，被测对象极其复杂，应在熟悉被测对象、掌握各种热电偶特性的基础上，根据测量要求、被测对象特点和使用环境等正确地选择热电偶，其中测量要求又可细分为测温范围、准确度和价格等。

贵金属热电偶和廉金属热电偶的特性比较如表2-11所示。

表2-11 贵金属热电偶与廉金属热电偶的特性比较

种类	优点	缺点
贵金属热电偶	（1）准确度高、热电极均匀性好，可作为标准热电偶； （2）稳定性好； （3）测温范围宽，可在1000℃以上使用； （4）抗氧化、耐腐蚀； （5）电阻小； （6）损坏后可回收再利用	（1）热电势小，灵敏度低； （2）热电势与温度成非线性关系； （3）不适于在还原气氛中应用； （4）因无高准确度补偿导线，补偿接点误差大； （5）不适宜测量0℃以下的低温； （6）热导率高； （7）价格昂贵
廉金属热电偶	（1）灵敏度高； （2）热电势与温度成线性关系； （3）可在还原气氛中应用； （4）有高准确度补偿导线，补偿接点误差小； （5）可测量0℃以下的低温； （6）价格便宜	（1）抗氧化、耐腐蚀差； （2）热电极均匀性差； （3）在高温下稳定性差，寿命短； （4）除钨钼以外，不适宜测量1300℃以上的高温； （5）电阻率高

a 按使用温度选择

当$t<1000$℃时，多选用廉金属热电偶，如K型热电偶。它的特点是使用温度范围宽，高温下性能较稳定。当$t=-200\sim300$℃时，最好选用T型热电偶，它是廉金属热电偶中准确度最高的；也可选择E型热电偶，它是廉金属中热电势变化率最大、灵敏度最高的。当$t=1000\sim1400$℃时，多选用R、S型热电偶。当$t<1300$℃时，可选用N型或者K型热电偶。当$t=1400\sim1800$℃时，多选用B型热电偶。当$t<1600$℃时，短期可用S型或R型热电偶。当$t>1800$℃时，常选用钨铼热电偶。

b 根据被测介质选择

（1）氧化性气氛。当$t<1300$℃时，多选用N型或K型热电偶，因为它们是廉金属热电偶中抗氧化性最强的；当$t>1300$℃时，选用铂铑系热电偶。

（2）真空、还原性气氛。当$t<950$℃时，可选用J型热电偶，它既可以在氧化性气氛下工作，又可以在还原性气氛下工作；当$t>1600$℃时，应选用钨铼热电偶。

c 根据冷端温度的影响选择

当$t<1000$℃时，可选用镍钴-镍铝热电偶，其冷端温度在$0\sim300$℃时，可忽略其影响，故常被用于飞机尾喷口排气温度的测量；当$t>1000$℃时，常选用B型热电偶，一般可忽略冷端温度的影响。

d 根据热电极的直径与长度选择

热电极直径和长度的选择是由热电极材料的价格、比电阻、测温范围及机械强度决定的。对于快速反应，必须选用细直径的电极丝。测量端越小，越灵敏，响应速度越快，但电阻也越大。如果热电极直径选择过细，会使测量线路的电阻值增大。若选择粗直径的热电极丝，虽然可以提高热电偶的测温范围和寿命，但要延长响应时间。热电极丝长度的选择是由安装条件，主要是由插入深度决定的。

综上，热电偶丝的直径与长度，虽不影响热电势的大小，但是它却直接与热电偶的使用寿命、动态响应特性及线路电阻有关，所以它的正确选择也是很重要的。

B 热电偶的安装

热电偶的安装应遵循如下原则：

（1）安装方向。

安装热电偶时，应尽可能保持垂直，以防保护管在高温下产生变形。若水平安装热电偶，则在高温下会因自重的影响而向下弯曲，可用耐火砖或耐热金属支架来支撑，以防止弯曲。

测流体温度时，热电偶应与被测介质形成逆流，亦即安装时热电偶应迎着被测介质的流向插入，至少须与被测介质成正交。

（2）安装位置。热电偶的测量端应处于能够真正代表被测介质温度的地方。如测量管道中流体的温度，热电偶工作端应处于管道中流速最大的地方，热电偶保护管的末端应越过管道中心线约 5 ~ 10mm。

（3）插入深度。热电偶应有足够的插入深度。在实际测温过程中，如热电偶的插入深度不够，将会受到与保护管接触的侧壁或周围环境的影响而引起测量误差。对金属保护管热电偶，插入深度应为直径的 15 ~ 20 倍；对非金属保护管热电偶，插入深度应为直径的 10 ~ 15 倍。此外，热电偶保护管露在设备外的部分应尽可能短，最好加保温层，以减少热损失。

（4）细管道内流体温度的测量。在细管道（直径小于 80mm）内测温，往往因插入深度不够而引起测量误差，安装时应接扩大管，如图 2-29(a)所示；或按图 2-29(b)所示的方法，选择适宜部位安装，以减小或消除此项误差。

（5）含大量粉尘气体的温度测量。由于气体内含大量粉尘，对保护管的磨损严重，所以应按图 2-30 所示，采用端部切开的保护筒。如采用铠装热电偶，不仅响应快，而且寿命长。

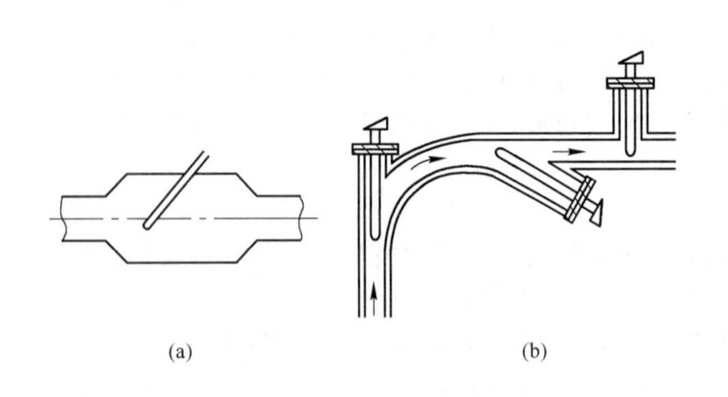

图 2-29 细管道内流体温度的测量
（a）安装扩大管；（b）选择适宜安装部位

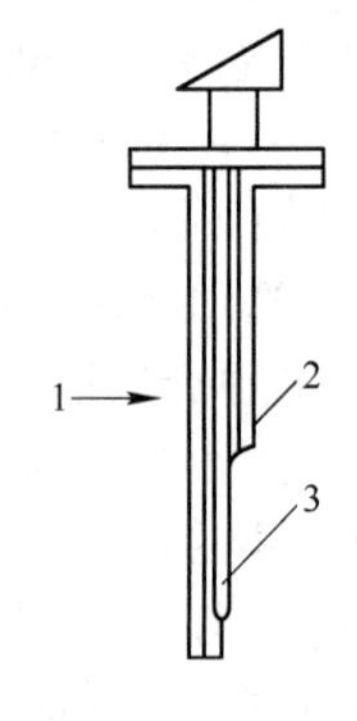

图 2-30 含大量粉尘气体的温度测量
1—流体流动方向；2—端部切开的保护筒；3—铠装热电偶

（6）负压管道中流体温度的测量。热电偶安装在负压管道中，必须保证其密封性，以防外界冷空气吸入，使测量值偏低。

（7）接线盒安装。导线及电缆等在穿管前应检查其有无断头和绝缘性能是否达到要求，管内导线不得有接头，否则应加接线盒。热电偶接线盒的盖子应朝上，以免雨水或其他液体的侵入，影响测量的准确度。

（8）如果被测物体很小，在安装时应注意不要改变原来的热传导及对流条件。

C 热电偶的使用

（1）为减小测量误差，热电偶应与被测对象充分接触，使两者处于相同温度。

（2）保护管应有足够的机械强度，并可承受被测介质的腐蚀。保护管的外径越粗，耐热、耐腐蚀性越好，但热惰性也越大。

（3）当保护管表面附着灰尘等物质时，将因热阻增加，使指示温度低于真实温度而产生误差，故应定期清洗。

（4）磁感应的影响。热电偶的信号传输线，在布线时应尽量避开强电区（如大功率的电机、变压器等），更不能与电网线近距离平行敷设。如果实在避不开，也要采用屏蔽措施或采用铠装线，并使之完全接地。若担心热电偶受影响时，可将热电极丝与保护管完全绝缘，并将保护管接地。

（5）如在最高使用温度下长期工作，应注意热电偶材质发生变化而引起误差。

（6）冷端温度的补偿与修正。热电偶的冷端必须妥善处理，保持恒定，补偿导线的种类及正、负极不要接错，补偿导线不应有中间接头，补偿导线最好与其他导线分开敷设，详见2.2.2.5节。

（7）热电偶的焊接、清洗、定期检定与退火等应严格按照有关规定进行。

2.2.3 电阻式温度计

电阻式温度计在中低温测量范围（$-200\sim850$℃）内，与热电偶相比，具有较高的性价比。

2.2.3.1 概述

A 测量原理

电阻式温度计是利用导体或半导体的温度特性，即电阻值随温度变化的性质来测量温度的。其温度特性可用电阻温度系数 α 表示如下：

$$\alpha = \frac{R_t - R_{t_0}}{R_{t_0}(t - t_0)} = \frac{1}{\Delta t}\frac{\Delta R}{R_{t_0}} \tag{2-27}$$

式中 α——电阻温度系数，℃$^{-1}$；

R_t——温度为 t 时热电阻的电阻值，Ω；

R_{t_0}——温度为 t_0 时热电阻的电阻值，Ω。

一般取 $t_0=0$℃，$t=100$℃，则式（2-27）变为

$$\alpha = \frac{R_{100} - R_0}{100R_0} \tag{2-28}$$

对于金属热电阻，$\alpha>0$，即电阻随温度升高而增加，大多数金属在温度每升高1℃时，电阻将增加0.4%～0.6%；对于半导体热敏电阻，温度系数 α 可正可负，对于常用的NTC型热敏电阻 $\alpha<0$，即电阻随温度升高而降低，半导体热敏电阻在温度每升高1℃时，电阻将变化2%～6%。

电阻温度系数 α 给出了温度每变化1℃时热电阻阻值的相对变化量，由式（2-27）可看出，

α 是在 $t_0 \sim t$ 之间的平均电阻温度系数，且假定温度特性为线性关系。实际上一般电阻的温度特性不是线性关系，若欲知任意温度下的 α 值，应按下式计算

$$\alpha = \lim_{\Delta t \to 0} \frac{1}{\Delta t} \frac{\Delta R}{R_{t_0}} = \frac{1}{R} \frac{\mathrm{d}R}{\mathrm{d}t} \tag{2-29}$$

注意：当被测介质中有温度梯度存在时，电阻式温度计所测的温度通常是感温元件所在范围介质中的平均温度。

B　测温物质

尽管导体或半导体材料的电阻值对温度的变化都有一定的依赖关系，但适用于制作温度检测元件的并不多，作为热电阻必须满足以下要求：

（1）要有尽可能大而且稳定的电阻温度系数。

（2）电阻率要大，以便在同样灵敏度下减小元件的尺寸。

（3）电阻随温度变化要有单值函数关系，最好成线性关系。

（4）在电阻的使用温度范围内，其化学和物理性能稳定，在加工时要有较好的工艺性。

（5）材料要易于提纯，要能分批复制而不改变其性能，要有良好的互换性。

（6）材料的价格便宜，有较高的性能价格比。

C　常用参数

a　热电阻的纯度

热电阻的纯度对电阻温度系数影响很大，一般用电阻比 $W = R_{100}/R_0$ 来表示。纯度越高，W 越大，α 值越大；W 越小，杂质越多，α 值越小，而且不稳定。例如，作为基准器用的铂电阻，要求 $\alpha > 3.925 \times 10^{-3}℃^{-1}$；一般工业上用的铂电阻则要求 $\alpha > 3.85 \times 10^{-3}℃^{-1}$。另外，$\alpha$ 值还与制造工艺有关，因为在电阻丝的拉伸过程中，电阻丝的内应力会引起 α 的变化，所以电阻丝在做成热电阻之前，必须进行退火处理，以消除内应力。

b　R_0 的选择

由于热电阻在温度 t 时的电阻值与 R_0 有关，所以对 R_0 的允许误差有严格的要求。另外 R_0 的大小也有相应的规定。R_0 越大，则热电阻体积越大，这不仅需要较多的材料，而且使测量的时间常数增大，同时电流通过电阻丝产生的热量也增加，但引线电阻及其变化的影响变小；R_0 越小，情况与上述相反。因此，需要综合考虑选用合适的 R_0。

D　分类

按用途可分为：标准电阻温度计和工业用电阻温度计。

按结构可分为：普通型热电阻温度计、铠装热电阻温度计和薄膜热电阻温度计。

按感温元件的材料可分为：金属热电阻温度计和半导体热敏电阻温度计。半导体热敏电阻的灵敏度比金属高，但其复现性和稳定性较差，每支须单独标定，所以半导体热敏电阻温度计的应用还受到一定的限制。

2.2.3.2　金属热电阻温度计

金属热电阻主要有铂电阻、铜电阻、镍电阻、铁电阻和铑铁合金等，主要金属热电阻的品种、代号、分度号和测温范围等如表 2-12 所示。其中，铂电阻和铜电阻最为常用，有统一的制作要求、分度表和计算公式；铂电阻测温准确度最高。图 2-31 给出了电阻比 R_t/R_0 与温度 t 的关系曲线。由图可见，铜热电阻的测温范围相对较小，其特性比较接近直线；而铂电阻的测温范围相对较大，其特性呈现出一定的非线性，且温度越高，电阻的变化率越小。

表 2-12　金属热电阻的基本参数

热电阻名称	代　号	分度号	测量范围/℃	R_0及允许误差/Ω		W 及允许误差	
				R_0名义值	允许误差	W 名义值	允许误差
铂热电阻	IEC（WZP）	Pt10	0～850	10	A 级：±(0.15+0.002)|t| B 级：±(0.30+0.005)|t|	1.3850	±0.001
		Pt100	-200～850	100			
铜热电阻	WZC	Cu50	-50～150	50	±(0.30+0.006)|t|	1.428	±0.002
		Cu100		100			
镍热电阻	WZN	Ni100	-60～180	100	±0.18	1.617	±0.003
		Ni300		300	±0.54		
		Ni500		500	±0.90		

注：热电阻感温元件实际的使用温度同它的骨架材料有关，其实际使用温度范围在产品说明书或合格证书中注明，请注意查阅。

A　铂电阻温度计

工业生产和科研试验研究中大量使用铂电阻温度计（PRT），在我国一般习惯称为铂热电阻，国外称 RTD。

铂电阻温度计按用途分有标准型和工业型两种。标准铂电阻温度计具有较高准确度，在 ITS-90 的 13.8033～1234.93K 范围内，用作内插用标准仪器。其电阻温度特性除与其纯度有关外，还要受其结构、丝材的机械变形、加工后的热处理工艺及气氛的影响。因此所用铂丝必须是无应力的，并经严格清洗和充分退火的纯铂丝。

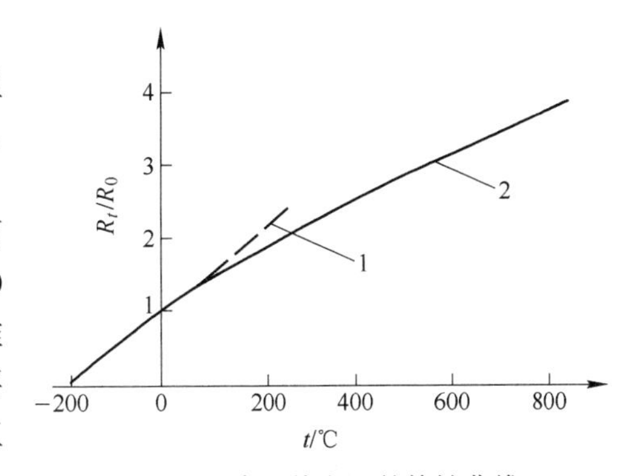

图 2-31　常用热电阻的特性曲线

1—铜热电阻；2—铂电阻

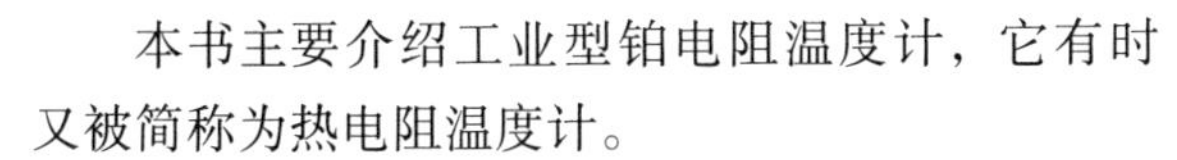

本书主要介绍工业型铂电阻温度计，它有时又被简称为热电阻温度计。

a　温度特性

作为标准用的铂电阻温度计可以用一种严密、合理的方程来表述其电阻比与温度的关系，但是该方程比较复杂。对于工业用铂电阻温度计可以用简单的分度公式来描述其电阻与温度的关系。工业用铂电阻温度计的使用范围是 -200～850℃，在如此宽的温度范围内，很难用一个数学公式准确表示，为此需要分成两个温度范围分别表示：

对于 -200～0℃的温度范围有

$$R_t = R_0[1 + At + Bt^2 + C(t - 100)t^3] \tag{2-30}$$

对于 0～850℃的温度范围有

$$R_t = R_0(1 + At + Bt^2) \tag{2-31}$$

式中　A，B，C——常数，在 ITS-90 中，它们规定如下：

$A = 3.9083 \times 10^{-3}℃^{-1}$；

$B = -5.775 \times 10^{-7}℃^{-2}$；

$C = -4.183 \times 10^{-12}℃^{-4}$。

b　结构

铂电阻温度计按结构可分为普通型、铂膜型和铠装型3种，其结构已基本定型，并有良好的性能。

（a）普通型

普通型工业用铂电阻温度计属装备式电阻温度计，尽管它们的外形差异很大，但是基本结构却大致相似。普通型铂电阻温度计主要由感温元件、引线、保护管和接线盒4部分组成，如图2-32所示。通常还具有与外部测量及控制装置、机械装置相连接的部件。

注意：它的外形结构与普通热电偶外形结构基本相同，特别是保护管和接线盒是难以区分的，可是内部结构不同，使用时应加以注意，以免不慎弄错。

（1）感温元件。

感温元件是用来感受被测对象温度的，是热电阻温度计的核心部分，由电阻丝和绝缘骨架构成，其3种典型结构如图2-33所示。

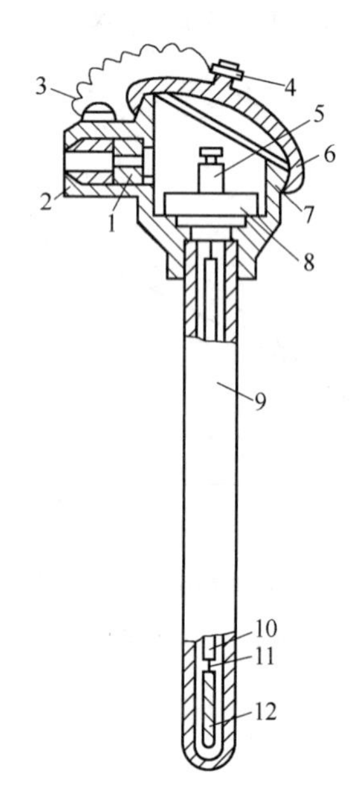

图2-32　普通型工业用铂电阻温度计结构

1—出线孔密封圈；2—出线孔螺母；3—小链；4—盖；5—接线柱；6—盖的密封圈；7—接线盒；8—接线座；9—保护管；10—绝缘管；11—引出线；12—感温元件

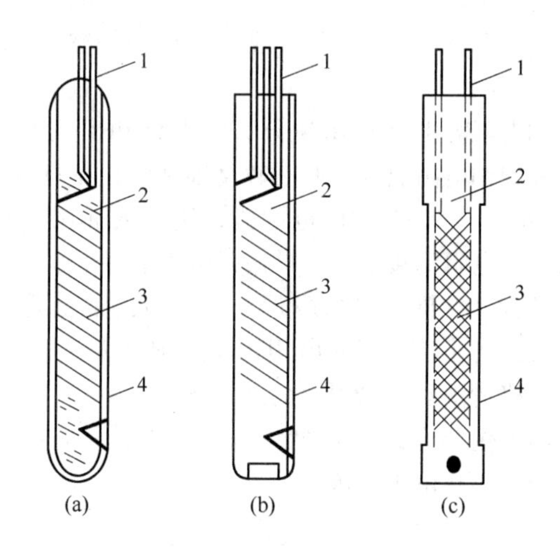

图2-33　热电阻感温元件结构

（a）玻璃骨架；（b）陶瓷骨架；（c）云母骨架

1—引出线；2—骨架；3—铂丝；4—外壳或绝缘片

1）热电阻丝。一般为直径等于0.03～0.07mm的细铂丝。由于铂的电阻率较大，而且相对机械强度较大，所以电阻丝不是太长，往往只绕一层，而且是裸丝，每匝间留有空隙以防短路。为了使感温元件没有电感，无论哪种热电阻都必须采用无感绕法，即先将电阻丝对折起来进行双绕，使两个端头都处于支架的同一端。

2）绝缘骨架。绝缘骨架是用来缠绕、支撑或固定热电阻丝的支架，它的性能将直接影响热电阻的特性，其重要性越来越受到关注。

思考：骨架材料的选择应考虑哪些因素，为什么？

作为骨架材料应满足以下要求：

①在使用温度范围内，电绝缘性能好，这也是称其为绝缘骨架的由来。

②为最大限度减小应力，膨胀系数要与热电阻丝相近。

③为加快响应速度，比热容要小，热导率要大。

④要有足够的机械强度。

⑤物理及化学性能稳定，不产生有害物质污染热电阻丝。

骨架的形状多是片状或棒型的。目前常用的骨架材料有云母、陶瓷、玻璃等材料，如表2-13所示。

表 2-13 绝缘骨架性能

结构类型	云母骨架	陶瓷骨架	玻璃骨架
测温范围/℃	-200 ~ 500	-200 ~ 850	-200 ~ 400
特　点	在550℃时，云母片就会发生脱水现象，即释放出水蒸气。这不仅破坏原有绝缘性能，还沾污铂丝	体积小、热响应快、抗振性强，绝缘性好、测量范围广	体积小、热响应快、抗振性强

（2）引线。引线是热电阻出厂时自身具备的，其功能是使感温元件能与外部测量线路相连接。引线通常位于保护管内。因保护管内温度梯度大，引线要选用纯度高、不产生热电势的材料。对于工业铂电阻，中低温用银丝作引线，高温用镍丝。对于铜和镍电阻的引线，一般都用铜、镍丝。为了减少引线电阻的影响，其直径往往比电阻丝的直径大很多。

（3）保护管。它是用来保护已经绕制好的感温元件免受环境损害的管状物，其材质有金属、非金属等多种材料。将热电阻装入保护管内，同时将其引出线和接线盒相连。

（b）铂膜型

铂膜型热电阻是改变原有的铂丝线绕工艺，将铂质膜层用特殊工艺制成的。通常根据膜层厚度可分为厚膜型和薄膜型。厚膜型是将铂粉等印制在氧化铝制成的载体上，然后再烧制，再在表面覆盖一层釉，再次焙烧以在铂元件的表面形成一层坚固的保护膜，膜层厚度约为7μm。厚膜型的使用温度不太高，约为500℃。薄膜型铂电阻是用真空溅射薄膜元件，经过光刻、镀保护膜，焊接引线而做成，膜层厚度约为2 ~ 3μm。薄膜型铂电阻的测温范围是 -50 ~ 600℃，适宜于工业化大规模生产，是现在比较常见的工业铂热电阻。

铂膜型工业用铂电阻温度计，其主要优点是：

（1）膜层取用的铂质材料少，故原材料成本低，贵金属的利用率高。

（2）元件结构牢固、耐振动、绝缘性好。

（3）体积小、阻值大、灵敏度高。

（4）铂电阻热容量小，热导率大，热响应时间快，约为0.15 ~ 0.35s。它特别适用于物体表面、狭小区域、快速及需要高阻值的测温场合。

（c）铠装型

铠装型工业用铂电阻温度计是将感温元件、金属导线装入细不锈钢管或铜制的保护套管内。其绝缘骨架多为陶瓷骨架或玻璃骨架，保护管外径为3 ~ 8mm，管内用氧化镁绝缘材料牢固填充。铂电阻的3根引线与保护管之间，以及引线相互之间要绝缘好，充分干燥后，将其端头密封再经磨具拉制，组合成坚实的整体。因此，这种温度计又被称为整体式电阻温度计，其结构如图2-34所示。

同普通装配式热电阻相比铠装热电阻具有如下优点：

（1）外径尺寸小，套管内为实体，响应速度快。当保护管外径为3mm时，其热响应时间

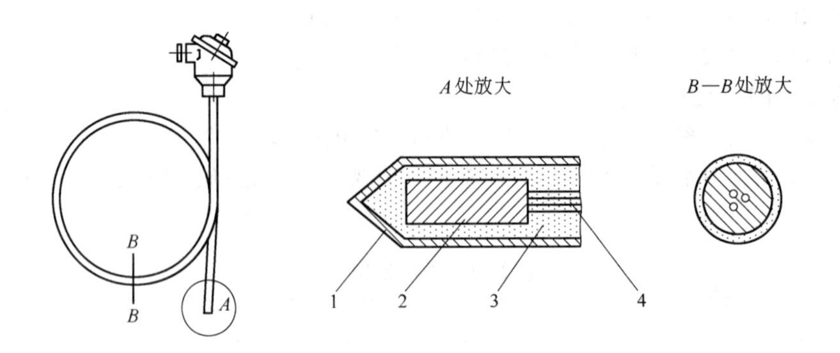

图 2-34 铠装型工业用铂电阻温度计

1—金属套管；2—感温元件；3—绝缘材料；4—引出线

约为 5s。与此相比，外径为 12mm 的装配式热电阻热响应时间约为 25s。

（2）具有良好的绝缘性能和优良的机械强度，感温元件结构牢固，密封性好，测温时不直接与有害介质接触，故其使用寿命长，适合安装在环境恶劣的场合。

（3）不仅抗震、抗冲击性能好，而且易弯曲，使用方便，适合安装在结构复杂的部位，如安装在管道狭窄和要求快速反应、微型化等特殊场合。

（4）可对 -200 ~ 600℃温度范围内的气体、液体介质和固体表面进行自动检测，并且可直接用铜导线和二次仪表相连接使用，具有良好的电输出特性。

c 特点

铂是一种贵金属，铂电阻温度计具有如下特点：

（1）准确度高、稳定性好、性能可靠以及抗氧化性很强。铂在很宽的温度范围内，约在 1200℃以下都能保证上述特征。

（2）铂很容易提纯，复现性好。

（3）与其他材料相比，铂有较高的电阻率。

（4）在 0 ~ 100℃内，铂电阻的平均电阻温度系数约为 3.925×10^{-3}℃$^{-1}$。

（5）质地柔软，易加工成型，可制成很细的铂丝（0.02mm 或更细）或极薄的铂箔。

因此，铂被普遍认为是一种较好的热电阻材料。但铂电阻的电阻与温度为非线性关系，电阻温度系数 α 比铜电阻小，在还原介质中工作时易被沾污变脆，此外价格较贵也是铂电阻的缺点之一。

B 铜电阻温度计

在一般测量准确度要求不高、温度较低的场合，普遍地使用铜电阻温度计，它属工业型热电阻温度计。

a 温度特性

铜电阻的温度特性与使用温度有关，在 0 ~ 100℃范围内，铜电阻和温度成线性关系，即

$$R_t = R_0(1 + At) \tag{2-32}$$

式中 A——常数，一般取 $A = 4.33 \times 10^{-3}$℃$^{-1}$。

当测温范围为 -50 ~ 150℃时，铜电阻温度计的温度特性为

$$R_t = R_0(1 + At + Bt^2 + Ct^3) \tag{2-33}$$

式中 A，B，C——常数，其取值分为 $A = 4.28899 \times 10^{-3}$℃$^{-1}$；$B = -2.1133 \times 10^{-7}$℃$^{-2}$；$C = 1.233 \times 10^{-9}$℃$^{-3}$。

b 结构

铜电阻温度计感温元件结构如图2-35所示。由于铜电阻的电阻率较小，要保证R_0需要很长的铜丝，因此不得不将铜丝绕成多层，这就必须用漆包铜线或丝包铜线。铜的机械强度较低，电阻丝的直径需较大，一般纯度为99.99%的漆包铜丝直径约为0.13mm。漆包铜线或丝包铜线双绕在塑料骨架上，端头与补偿绕组焊在一起，然后与引出线相连。为消除铜丝在绕制过程产生的应力，需对其进行老化处理，并在800℃中保持30min。

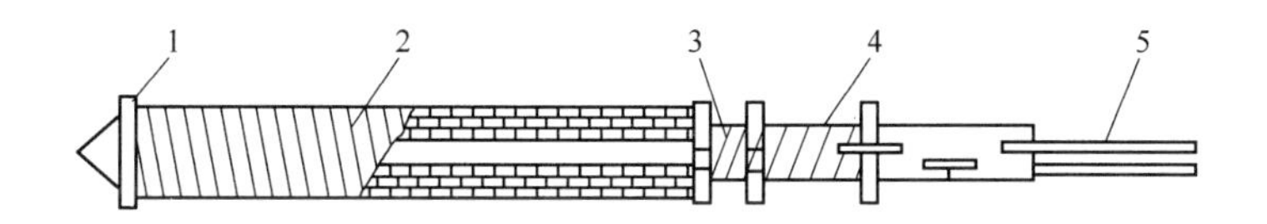

图2-35 铜电阻温度计感温元件结构
1—骨架；2—铜丝；3—扎线；4—补偿绕组；5—引出线

c 特点

铜电阻温度计的优点是：

（1）价格便宜，容易提纯，也容易加工成绝缘的细丝。

（2）具有较高的电阻温度系数α（$\alpha=(4.26\sim4.38)\times10^{-3}℃^{-1}$），且与温度成线性关系。

它的缺点是：

（1）测温范围窄。铜在150～200℃范围内长期加热时，其机械强度会显著下降；在250℃以上很容易氧化，所以铜电阻温度计只能在-50～150℃温度范围内和无水分及无腐蚀性的环境下工作。

（2）体积大，热惯性大。由于铜丝属于高导电材料，电阻率很小，因此，必须使用较长导线来绕制，才能得到给定的电阻值，从而增加了感温元件的体积和热惯性。

C 镍电阻温度计

镍电阻的电阻温度系数α约为铂的1.5倍，使用温度范围为-50～300℃。但是，温度在200℃左右时，电阻温度系数α具有特异点，故多用于150℃以下。其阻值与温度的关系式为

$$R_t = 100 + 0.5485t + 0.665\times10^{-3}t^2 + 2.805\times10^{-9}t^4 \tag{2-34}$$

我国虽已规定其为标准化的热电阻，但还未制定出相应的标准分度表，故目前多用于温度变化范围小，灵敏度要求高的场合。

上述3种热电阻均是标准化的热电阻温度计，其中铂热电阻还可用来制造精密的标准热电阻温度计，而铜和镍只能用于制造工业用热电阻温度计。

2.2.3.3 半导体电阻温度计

前面介绍的各种热电阻温度计虽然各有良好的测温性能，然而，最大的不足之处是低温时电阻值小、灵敏度低。为克服这个弱点，20世纪50年代就开始选用半导体作为测温元件，至今已获得很大进展。半导体电阻温度计有锗电阻温度计、碳电阻温度计、碳玻璃电阻温度计和热敏电阻温度计。

热敏电阻温度计是一种电阻值随温度呈指数变化的多晶半导体电阻温度计。最初仅用于测温准确度较低的常温区。近10年来发展极为迅速，技术特性和测温对象均有很大变化，其测温范围最低可达-269℃，最高可达1350℃，现已大量用于家电、汽车的温度检测和控制中。

A 温度特性

热敏电阻温度计的温度特性可近似表示如下：

$$R_t = Ae^{\frac{B}{t}} \tag{2-35}$$

式中 R_t——热敏电阻温度计在温度为 t 时的电阻值，Ω；

A——常数，Ω；

B——热敏指数，℃。

A 和 B 取决于半导体材料和结构。对上式进行微分，可得热敏电阻温度计在某一温度点的温度系数，即

$$\alpha = \frac{1}{R_t}\frac{dR_t}{dt} = -\frac{B}{t^2} \tag{2-36}$$

由式（2-36）可见，电阻温度系数并非常数，它随着温度 t 平方的倒数而变化，这样就使灵敏度随温度升高而降低，从而限制了热敏电阻在高温下的使用。

B 分类

随着 B 的取值不同，α 可正可负，由此将热敏电阻温度计分为 3 类：

（1）负温度系数热敏电阻 NTC。

通常所说的热敏电阻就是指 NTC。它的特点是，B 取正值，在 1500～6000K 之间，电阻随温度的升高而降低，具有负的温度系数。

NTC 型热敏电阻主要由锰、铁、镍、钴、钛、钼、镁等复合氧化物高温烧结而成，通过不同的材质组合，能得到不同的电阻值 R_0 及不同的温度特性。

（2）正温度系数热敏电阻 PTC。它的特点与 NTC 正好相反，电阻随温度的升高而增加，并且当达到某一温度时，阻值突然变得很大。根据这个特性，PTC 型热敏电阻可用作位式（开关型）温度检测元件，起报警作用。

（3）临界温度热敏电阻 CTR。这种温度计的热电特性与 NTC 相似，不同之处是在某一温度下，其电阻值急骤下降，必须分段研究其特性。CTR 可用于低温临界温度报警中。

C 结构

半导体热敏电阻根据需要可制成各种形状，如珠形、扁圆形、杆形、圆片形等，如图 2-36 所示，目前最小的珠形热敏电阻可达 ϕ0. 2mm，常用来测“点”温和表面温度。

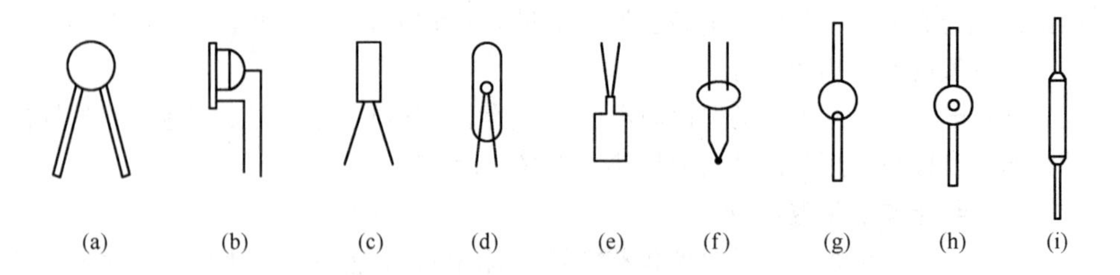

图 2-36 热敏电阻的结构形式

（a）圆片形；（b）薄膜形；（c）杆形；（d）管形；（e）平板形；（f）珠形；（g）扁圆形；（h）垫圈形；（i）杆形（金属帽引出）

D 特点

半导体热敏电阻具有以下一些优点：

（1）灵敏度高。一般来说，热敏电阻的电阻温度系数都在 -3×10^{-2} ～ -6×10^{-2}℃$^{-1}$之间，是金属电阻的 10 多倍，可不用放大器直接输出信号，因此，可大大降低对所配用显示仪

表的要求。

（2）电阻值高。半导体热敏电阻在常温下的阻值很大，通常在数千欧以上，这样引线电阻（一般最多不过10Ω）几乎对测温没有影响，所以在要求不高的场合不采用三线制或四线制，而直接用两线制，给使用带来了方便，较适宜远距离测量。

（3）响应时间快。半导体热敏电阻的重量轻，热惯性也小，时间常数通常为0.5～3s，可用于动态测温、热容量小场合的测温。

（4）体积小、结构简单，便于成型。可用于地方狭小场合的测温，如能用于人体特殊部位的测量。

（5）资源丰富，价格低廉，化学稳定性好，元件表面用玻璃等陶瓷材料封装，可用于环境较恶劣的场合。

半导体热敏电阻的主要缺点是：

（1）其阻值与温度的关系具有较大非线性。

（2）元件的稳定性、复现性及互换性差。所谓互换性是指批量供应的热敏电阻，对于已定型的仪器，可在某一测温准确度内实现每支均能取代使用。

（3）除高温热敏电阻外，不能用于350℃以上的高温检测。

2.2.3.4 热电阻温度计实用测量电路

A 引线方式和相应测量电路

热电阻引线对测量结果有较大的影响，目前常用的引线方式有两线制、三线制和四线制3种。

a 两线制

在热电阻感温元件的两端各连一根导线的引线形式为两线制，如图2-37所示。从图中可见，热电阻两引线电阻 R_A、R_B 和热电阻 R_t 一起构成电桥测量臂，这样引线电阻、引线电阻因沿线环境温度变化而引起的阻值变化量，以及因被测对象温度变化而引起的热电阻 R_t 的阻值变化量 ΔR_t 一起作为有效信号被转换成测量信号，从而造成测量误差。可见，这种引线方式结构简单，安装费用低，但是引线电阻以及引线电阻的变化会带来附加误差。因此，两线制适用

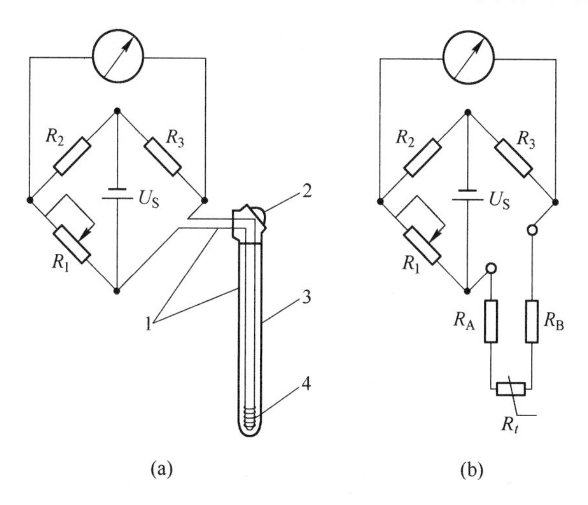

图2-37 两线制引线的热电阻温度计

（a）引线连接图；（b）等效原理示意图

1—连线；2—接线盒；3—保护套管；4—热电阻感温元件

于引线不长、测温准确度要求较低的场合。

b 三线制

在热电阻感温元件的一端连接两根引线，另一端连接一根引线，此种引线形式称为三线制，如图 2-38 所示。从图中可见，当电桥平衡时有

$$R_3(R_1 + R_A) = R_2(R_t + R_B) \tag{2-37}$$

若 $R_2 = R_3$，则有

$$R_1 + R_A = R_t + R_B \tag{2-38}$$

若两引线电阻相等，即 $R_A = R_B$，则上式变成 $R_1 = R_t$。可见，这种引线形式可以较好地消除引线电阻的影响，且引线电阻因沿线环境温度变化而引起的阻值变化量也被分别接入两个相邻的桥臂上，可相互抵消。因此三线制测量准确度高于两线制，应用较广。工业热电阻温度计通常采用三线制接法，尤其是在测温范围窄、导线长、架设铜导线途中温度发生变化等情况下，必须采用三线制接法。

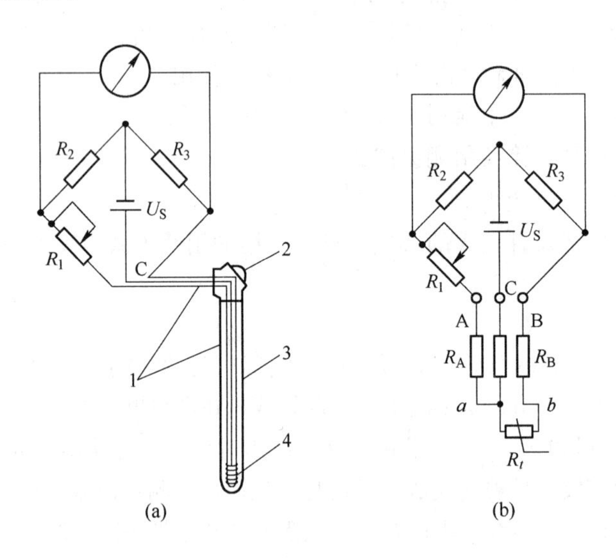

图 2-38 三线制引线的热电阻温度计

（a）引线连接图；（b）等效原理示意图

1—连线；2—接线盒；3—保护套管；4—热电阻感温元件

c 四线制

在热电阻感温元件的两端各连两根引线的方式称为四线制，如图 2-39(a)所示。其中两根引线为热电阻提供恒流源，在热电阻上产生的压降通过另两根引线引至电位差计进行测量。当按图 2-39(b)连接转换开关时，通过调节 R_1 使电桥平衡，则有

$$R_3(R_1 + R_A) = R_2(R_t + R_B) \tag{2-39}$$

再按图 2-39(c)连接转换开关，调节 R_1 使电桥再度平衡，则有

$$R_3(R'_1 + R_B) = R_2(R_t + R_A) \tag{2-40}$$

式中 R'_1——按图 2-39(c)连接并达到平衡时，R_1 的新阻值，Ω。

若 $R_2 = R_3$，则联合式（2-39）和式（2-40）可得

$$R_t = \frac{R_1 + R'_1}{2} \tag{2-41}$$

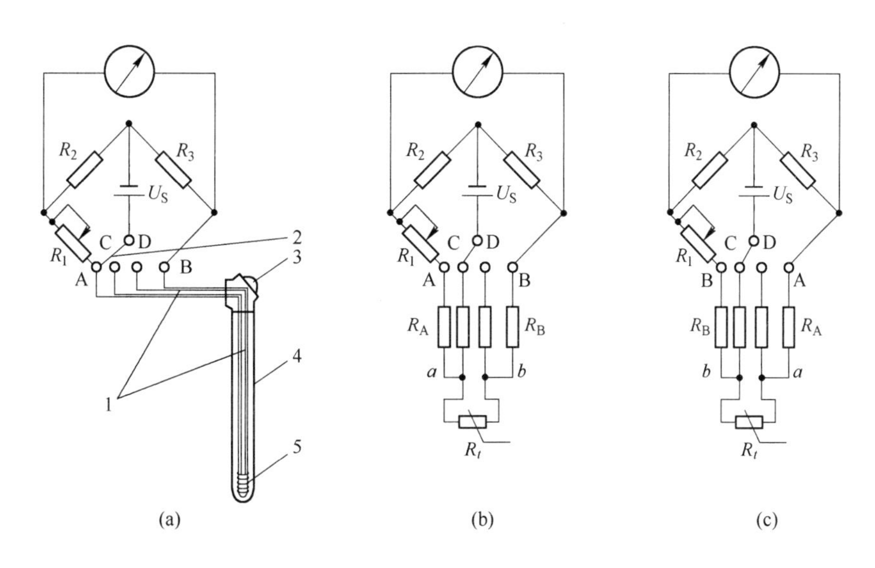

图 2-39 四线制引线的热电阻温度计

（a）引线连接图；（b），（c）等效原理示意图

1—连线；2—转换开关；3—接线盒；4—保护套管；5—热电阻感温元件

可见，四线制不管引线电阻是否相等，通过两次测量均能完全消除引线电阻对测量的影响，且在连接导线阻值相同时，还可消除连接导线的影响。这种方式主要用于高准确度温度检测。

注意：无论是三线制还是四线制，引线都必须从热电阻感温元件的根部引出，不能从热电阻的接线端子上分出。

B 铂电阻测温电路

铂热电阻测温电路传统的办法是利用不平衡电桥把电阻的变化转变为电压。该方法存在的问题是桥臂电阻和电桥输出电压之间为非线性关系，由式（2-30）和式（2-31）可知，铂热电阻的阻值和温度之间也存在非线性关系。这样，铂热电阻的非线性和不平衡电桥固有的非线性势必给温度测量带来很大的非线性误差。特别是当测温范围较宽时，其非线性更明显。解决该问题常用的方法有数字补偿法和模拟补偿法。查表法是数字补偿法中最常用的一种方法，较为简单实用。模拟补偿法又可分为简单模拟电路和集成芯片补偿法，前者如图 2-40 所示。该电路在 -100℃时输出为 0.97V，200℃时输出为 2.97V。如果增加合适的增益调节电路和偏移控制则可以增大输出信号。图中，利用电阻 R_2 的少量正反馈实现 PT100 的非线性补偿，该反馈回路当 PT100 阻值较高时输出电压略有提高，这有助于传输函数的线性化处理。图 2-40 中输出电压的表达式为

$$U_{\text{out}} = E \times \frac{\dfrac{R_2//R_t}{R_2//R_t + R_5}}{\dfrac{R_4}{R_4 + R_3} - \dfrac{R_5//R_t}{R_5//R_t + R_2}} \tag{2-42}$$

常用的集成芯片有 XTR105 和 XTR106。XTR105 是美国 BURR-BROWN 公司生产的用于温度检测系统中的温度-电流变送器，它可将铂电阻的阻值随温度的变化量转换成电流，该电流值仅与 RTD 的阻值有关，而与线路电阻，包括连接电缆的电阻和接插件的接触电阻等无关，

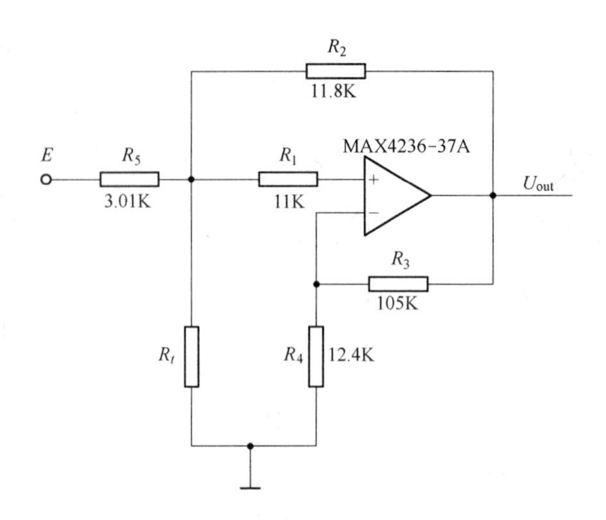

图 2-40　铂电阻测温的简单模拟电路

不仅可以消除线路电阻所产生的误差，而且可以对铂电阻中的温度二次项进行线性补偿，因此提高了温度检测系统的线性度和准确度。XTR106 是美国 BB 公司推出的高准确度、低漂移、自带两路激励电压源、可驱动电桥的 4～20mA 两线制集成单片变送器。它的最大特点是可以对不平衡电桥的固有非线性进行二次项补偿，因此可以使桥路传感器的非线性得以显著改善，改善前后非线性比最大可达 20∶1。

2.2.3.5　热电阻温度计的特点和使用

A　特点

a　优点

（1）工业上广泛用于测量 −200～850℃内的温度，其性能价格比高；在少数情况下，低温可测至 1K，高温达 1000℃。

（2）同类材料制成的热电阻不如热电偶测温上限高，但在中、低温区稳定性好，准确度高，且不需要冷端温度补偿，信号便于远传。

（3）与热电偶相比，同样温度下，灵敏度高、输出信号大，易于测量。

（4）标准铂电阻温度计的准确度最高，在 ITS-90 国际温标中，作为 13.8033～1234.93K 范围内的内插用标准温度计。

b　缺点

（1）不适于测量高温物体。

（2）不同种类的电阻式温度计个体差异较大，如铜电阻温度计感温元件结构复杂，体积较大，热惯性大，不适于测体积狭小和温度瞬变对象的温度；半导体热敏电阻的互换性差等。

思考：热电阻式温度计和热电偶相比，各有何相同点和不同点。

B　使用注意事项

关于普通热电阻温度计的使用和安装请参照热电偶的使用和安装。这里只给出它的使用注意事项如下：

（1）为了减少热电阻的时效变化，应尽可能避免处于温度急剧变化的环境。

（2）为保证测量准确度，应在经过充分接触换热，即约为时间常数的 5～7 倍以后再开始测量。

（3）在测量热电阻时，需要通以电流，虽然电流增大可以提高灵敏度，但电流过大会引起电阻发热，而造成测量误差，所以热电阻使用时电流受到限制。热电阻不应施加过电流，否则将被损坏。

（4）当热电阻采用金属保护管时，为减少由热传导引起的误差，要保证有足够的插入深度。当介质为水和气体时，其插入深度应分别为管径的15倍和25倍以上。

（5）如果引线间或者绝缘体表面上附着有水滴或灰尘时，将使测量结果不稳定并产生误差，因此，要注意使热电阻具有防水、耐湿、耐寒等性能。

（6）注意热电阻的性能劣化，其产生原因主要如下：一是因热电阻丝材的劣化而引起电阻温度特性的变化；二是由于机械作用或化学腐蚀，使保护管强度降低而引起破损。

C　误差分析

对于一般的热电阻测温系统，应从以下几方面进行误差分析：

（1）传热误差。它是由于测温时未与被测对象充分接触、具有热惯性和热损失等而造成的误差，使用时应该按照相关说明多加注意，详见热电偶相关问题介绍。

（2）分度误差。标准化的热电阻分度表是由统计分析产生的，然而具体所采用的热电阻会因为材料、制造工艺而有所不同，这就形成了分度误差，如 R_0 与标称电阻值不符而引进的误差。

（3）自热误差。这是由于测量过程中电流流经热电阻时产生温升而引起的附加误差。它与电流大小及传热介质有关。我国工业上用的热电阻限制电流不超过6mA，这样可以把温度误差限制在0.1℃以内。

（4）测量线路和显示仪表的误差。它是由显示仪表本身的准确度等级和线路电阻决定的。如用Cu50型铜电阻测温，在规定条件下铜导线的电阻为5Ω，仪表指示被测温度为40℃。若此时环境温度变化10℃，则两线制连接的导线会给测量值带来约2℃的误差，三线制连接会带来0.1℃的误差。此外，引线电阻、连接导线的阻值变化也将引起误差。

（5）其他误差。这是指除上述误差以外的，由屏蔽绝缘不良、插入深度不够、热电阻劣化等所引起的误差。

2.2.4 接触式测温仪表共性问题研究

接触式测温仪表是建立在感温元件和被测对象进行热交换，达到热平衡的基础上工作的。其中达到热平衡是测温的必备条件，充分的热交换是决定测温准确和快速的关键。因此，接触式测温仪表的共性问题是：（1）在不改变被测对象温度场分布的前提下，如何将感温元件和被测对象充分接触；（2）热交换时，如何快速准确达到热平衡，这属于动态测温问题，其内容详见2.4.2节；（3）热平衡时，如何减小各种散热损失。

A　散热损失

a　成因分析

在达到热平衡后，热损失成为影响接触式测温仪表测温准确度的主要因素。它又可分为沿长度方向的导热损失和温度计（多为传感器）向周围环境的综合散热损失。热损失主要取决于沿长度方向的温差、被测介质与周围环境的温差和接触状态。对浸入式接触测温仪表而言，后者主要指插入深度。

测温计种类、测量对象和环境等不同，散热损失成因和采取的措施也就不同，下面以热电偶垂直浸入管道测量流体温度为例进行分析。热电偶的热损失具体指沿插入方向的导热损失和露出被测介质的那部分热电偶保护管与周围环境的辐射和对流换热。当测量高温时，散热以辐射为主。

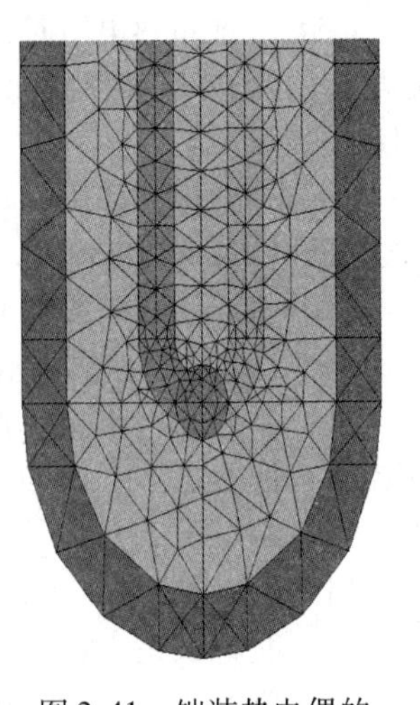

图 2-41　铠装热电偶的网格剖分图

以 HR-WRNK-2191K 型铠装热电偶为例，对其进行传热分析和有限元仿真。采用实体建模，每个单元为十节点四面体。整个热电偶模型（包括保护套管、绝缘材料、偶丝和焊接点）采用四面体进行自动智能离散剖分，共剖分节点数 266605 个，其结果如图 2-41 所示。

假设热电偶初始温度 $t_0=20℃$；空气环境温度 $t_a=25℃$；被测液体温度 $t_w=200℃$，其流速设为 $u=1\text{m/s}$；热电偶长 120mm，插入水中深度为 80mm；介质与热电偶间的对流换热系数按下式计算：

$$\alpha_1 = \frac{\lambda_f Nu}{2R} \tag{2-43}$$

式中　Nu——努塞尔准则数；

R——热电偶保护套管的特征尺度，这里取为外壁半径，m；

λ_f——流体热导率，W/(m·K)。

图 2-42 给出了热电偶在液面处的热流密度分布图，从中可见，由于被测介质温度和环境温度之差，造成沿轴线方向的热扩散在液面处最显著；在低于液面以下，温度分布较均匀，尤其在满足最低插入深度要求的前提下。

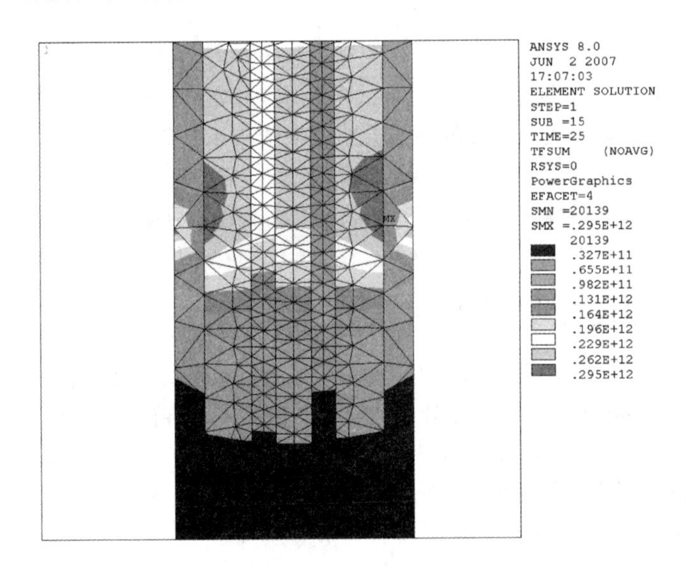

图 2-42　液面处热电偶的热流密度分布

b　采取措施

为了减小导热误差可采取以下措施：

(1) 增加插入深度，以减小露在管壁外面的长度。如改垂直安装为倾斜安装，或在弯头处安装，或将直形传感器改成“L”形，如图 2-43 所示。

(2) 减小保护管的直径和壁厚。

(3) 采用热导率小的保护管材料，以减小导热误差，但这样会增加热惯性，使动态误差增大，因此应综合考虑。

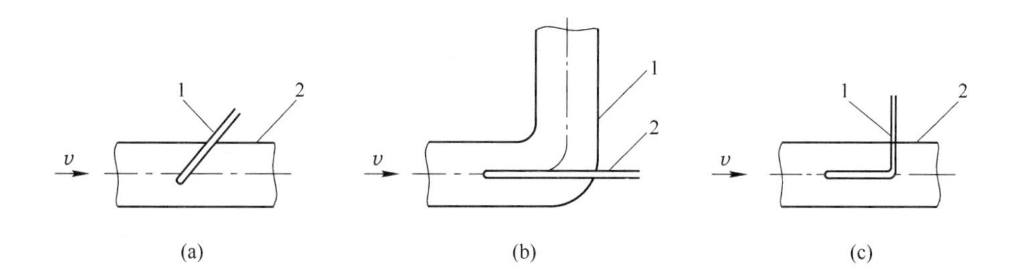

图 2-43 增加热电偶插入深度的方法

（a）倾斜安装热电偶：1—热电偶；2—管道直管段；

（b）在弯头处安装热电偶：1—管道弯头处；2—热电偶；

（c）选用“L”形热电偶：1—“L”形热电偶；2—管道直管段

（4）在管道和热电偶的支座外面包上绝热材料，以减小保护管两端的温度差。

为了减少辐射散热造成的误差，应采取以下措施：

（1）在管壁外敷设绝热层，如石棉、玻璃纤维等，以尽量减少管壁与被测介质间的温差和保护管沿长度方向的温差。

（2）尽量减少保护管的外径以及保护管、热电极的黑度系数。

（3）在热电偶和管壁间加装防辐射罩，以减小热电偶与管壁之间的直接辐射。

B 插入深度研究

a 插入深度对测温的影响

插入深度不仅影响散热损失，还决定了接触式测温三个共性问题的其他两点。测温元件与被测对象直接接触或插入被测对象中，不可避免地引起被测物体温场的变化，进而影响接触测温的准确度。理想的状况是被测物体不应因装上测温元件而改变原来的温度，而事实却与它有一定的差距。在测量热容量较大的液体或气体温度时，情况好一些；在测量热容量较小或散热极为容易的固体表面温度时，情况会比较严重。

在温度测量中，如测量容器中的液体及气体的温度，要求将测温元件插入一定的深度，一般要插入测温元件自身长度的2/3以上。如图2-44(a)所示。目的是使测温元件外露部分不影响测量端所处的温场。这样测温元件测得的温度为被测对象的真实温度或非常接近真实温度。反之，当被测对象体积较小或插入测温元件较浅时，如图2-44(b)和图2-44(c)所示，就会引起较大的测温误差。当用测温元件测量固体表面温度时，测温元件插入为零，见图2-44(d)。

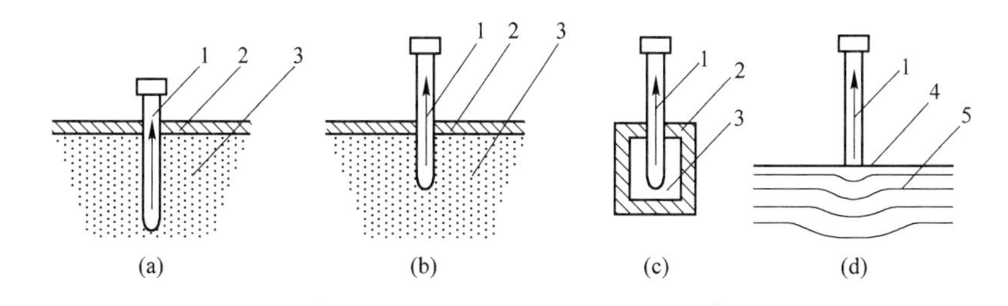

图 2-44 不同插入深度的测温元件对测温的影响

（a）测温元件较深插入大容器内测量介质温度；（b）测温元件较浅插入大容器内测量介质温度；

（c）测小容器内介质温度；（d）测量表面温度

1—测温元件；2—装被测物质的容器；3—被测物质；4—被测表面；5—等温线

如测温元件表面与被测物体表面接触良好，测温元件与被测物体热导率相同或接近，则引起误差还比较小。若被测表面较为粗糙，被测物体与测温元件不能很好地接触，此时被测表面向测温元件传热主要靠表面辐射，或周围空气对流，即传到测温元件的热量很小，则会引起很大的误差。

在接触法测温中，由于测温元件的存在，被测物体表面温度场分布受到破坏，这种破坏不仅取决于传感器的尺寸、传热特性，而且还取决于被测对象的材料、尺寸、形状及传热特性。此外，在测量动态温度时，由于表面测温元件总有一定的热惯性，要使它与被测物体热平衡总要有一定的时间，因此还会产生动态误差。此外，被测物体的热物性、周围换热系数变化、表面接触状况的随机性，也是影响测温准确度的因素，所有这些因素均应根据具体情况加以考虑。

b　实例分析

测量内径为100mm管道内高温气流的温度，工作条件为：蒸汽压力2.9×10^{6}Pa，温度386℃，流速30~35m/s。采用热电偶进行测温，按五种方案进行测量，如图2-45所示，结果如下：

（1）热电偶插入管道中较浅，与外界具有一定的热交换，测温误差为-15℃。

（2）将热电偶垂直插到管道中，且插入深度超过管道中心，热电偶外面包有保温层，但保护管直径和壁厚都较大，其测温误差为-2℃。

（3）插入深度超过管道中心，与方案2不同的是保护管直径和壁厚都较小，因此测量误差减小到-1℃。

（4）从管道弯头处迎着气流方向，向着管道中心将热电偶插得很深，且在安装部位有很厚的保温层，热电偶露在管道外面的部分很短，其测温误差接近于零。

（5）在安装处无保温层，而且保护管露出部分较长，管内部分较方案4短，致使测温误差高达-45℃。

综上所述，插入深度是接触式测温仪表影响准确和快速测温的重要参数。

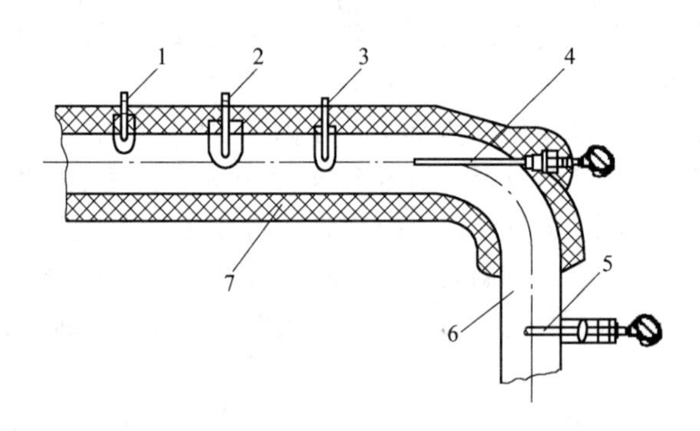

图2-45　管道内高温气流温度的不同测量方案

1—方案1；2—方案2；3—方案3；4—方案4；5—方案5；6—蒸汽管道；7—保温层

2.3　非接触测温仪表

2.3.1　概述

非接触式测温仪表，又称辐射温度计，通常用来测定1000℃以上的移动、旋转或反应迅速的高温物体的温度或表面温度，其优点为：测温范围广，原理和结构复杂；测量时，感温元件不与被测对象直接接触，不破坏被测对象的温度场；其缺点为：所测温度受物体发射率、中间介质和测量距离等因素影响，不能直接测得被测对象的真实温度。

由于辐射温度计是基于物体的热辐射特性与温度之间的对应关系设计而成的，故所涉及的概念、原理较多，且较难理解。

2.3.1.1 辐射测温的理论基础

A 热辐射的基本概念

a 辐射及辐射能

当物体温度高于绝对零度时，就会以电磁波的形式向外辐射能量，这一过程被称为辐射，所传递的能量称为辐射能。物体会因各种原因发出辐射能，物体的辐射能包括各种波长，如X光、紫外光、可见光、红外光、无线电波等。

b 热辐射

辐射测温技术最关心的是物体所能吸收的，并且在吸收时又能重新转变为热能的那些射线，它们的热效应最显著，所以又把这部分的电磁波称为热射线或热辐射。其产生原因是由于物体内部的带电粒子在原子和分子内的振动。相应的，热射线所具有的能量称为热辐射能。

热辐射只是整个电磁波的一个组成部分，由波长相差很大的红外线、可见光以及紫外线所组成，如图2-46的阴影部分所示。它们的波长范围是在$3\times10^{-7}\sim10^{-3}$m之间。其中可见光谱仅是其中的很小一部分，约在380～780nm之间。比380nm短的一段波长的辐射属紫外辐射；而比780nm长的一段波长的辐射是红外辐射。在可见光的波长范围内，不同的波长会引起人眼不同的颜色感觉，例如，波长为700nm，呈红色，580nm呈黄色，而470nm则呈蓝色。

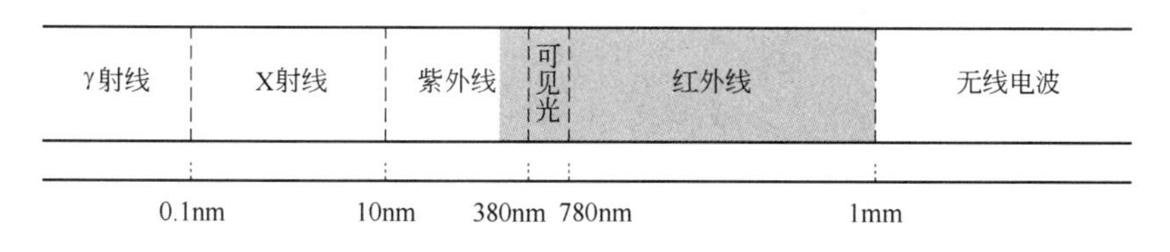

图2-46 热辐射光谱图

温度是物体内热能的标志。实际上，物体无论温度高低，只要温度高于绝对零度都有热辐射的能力，只是其辐射光谱不同罢了。低温时，物体的内热能小，则热辐射的能力弱，辐射能量非常小，而且是发射波长较长的红外线。随着温度的升高，辐射能量急剧增加，同时其相应的辐射光谱逐渐地往短波方向移动。例如，当物体的温度升至500℃时，其辐射光谱才开始包括可见光谱的红光部分，而绝大多数仍为红外辐射；到800℃，红光成分大大增加，即呈现出“红热”；而加热到3000℃时，辐射光谱就会包含着更多的短波成分，使得物体呈现出“白热”。因此，有经验的工作人员能从观察灼热物体的“颜色”来大致判断物体的温度。

c 辐射换热

热辐射是热量传递的三种基本方式之一，当物体之间存在温差时，以热辐射的形式实现热量交换的现象称为辐射换热，它具有如下特点：

（1）参与辐射换热的物体无须接触。

（2）辐射换热不必借助中间介质，热辐射在真空中同样可以进行。

（3）任何物体在不断发射热辐射的同时也在吸收热辐射。

（4）物体间以热辐射方式进行的热量传递是双向的。

高温物体向低温物体发射热辐射，同时低温物体也向高温物体发射热辐射，最终的效果是热量从高温物体传到低温物体。两个温度相等的物体间也在相互发射热辐射，但因吸收能量和辐射能量达到了动态平衡，相互之间的净热交换为零。

（5）辐射换热不仅产生能量的转移，而且还伴随着能量形式的转化，即从热能到辐射能及从辐射能转换到热能。

辐射换热与导热和对流换热有着本质的区别。热辐射可以在真空中传播，而导热和热对流都要依赖于介质，只有当存在着气体、液体或固体物质时才能进行。当两个温度不同的物体被真空隔开时，导热与对流都不会发生，只能进行辐射换热。这是辐射换热区别于导热、对流的根本特点。

B　辐射的能量分配与绝对黑体

热辐射是以电磁波的形式传播能量的，因此光波传播的一些基本规律对于热辐射也同样适用，如图 2-47 所示，热辐射到达物体表面后同样有吸收、反射与透射现象，则根据能量守恒定律得

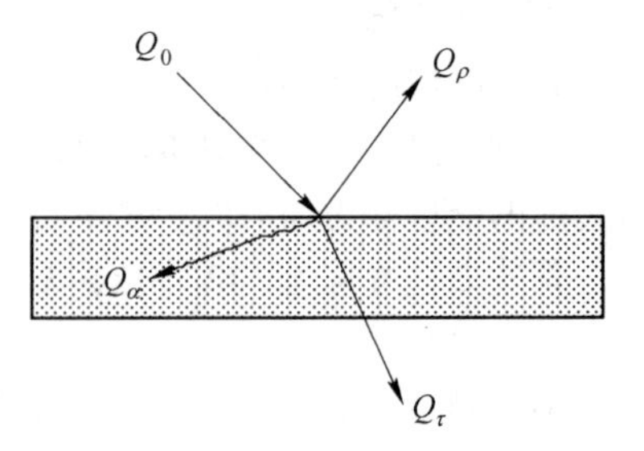

图 2-47　辐射的吸收、反射和透射

$$Q_0 = Q_\alpha + Q_\rho + Q_\tau \tag{2-44}$$

式中　Q_0——外界投射到物体表面上的总辐射能，J；

Q_α——物体吸收的能量，J；

Q_ρ——物体反射的能量，J；

Q_τ——物体透过的能量，J。

等式两边同除以 Q_0，则上式变为

$$1 = \frac{Q_\alpha}{Q_0} + \frac{Q_\rho}{Q_0} + \frac{Q_\tau}{Q_0}$$

其中，各个能量百分数 Q_α/Q_0、Q_ρ/Q_0 和 Q_τ/Q_0 分别称为该物体的吸收率、反射率和透过率，并依次用 α、ρ 和 τ 表示。因此上式可写成

$$\alpha + \rho + \tau = 1 \tag{2-45}$$

当物体全部吸收投射到其表面上的辐射能时，即 $Q_\alpha = Q_0$ 时，有 $\alpha = 1, \rho = \tau = 0$，这种物体称为绝对黑体，简称为黑体。黑体具有以下特点：

（1）在相同温度条件下，黑体的吸收本领和发射本领最大。

（2）黑体的发射、吸收性质与方向无关，各个方向上的辐射能量相同，属漫发射。

（3）黑体的辐射规律可从理论上导出，其发射的能量仅与波长及温度有关。

（4）根据基尔霍夫定律，由任意表面围成的封闭等温腔体就是黑体。

（5）辐射测温仪表均是按黑体分度的。

当物体将投到它表面上的辐射能全部漫反射出去时，即 $Q_\rho = Q_0$ 时，有 $\rho = 1, \alpha = \tau = 0$，这种物体称为绝对白体，简称为白体；若辐射能被全部镜反射出去，则称之为绝对镜体，简称镜体。

若投射到物体上的辐射能全部被透过，即 $Q_\tau = Q_0$ 时，有 $\tau = 1, \alpha = \rho = 0$，这种物体称为绝对透明体，简称为透明体。自然界中只有近似透明体，如 O_2、N_2 和空气。而有些物体只能透过一定波长范围内的辐射，如石英能透过可见光线和紫外光，而波长 $\lambda > 4\mu m$ 的热辐射就无法透过。对于大多数固体和液体，它们的透过率 $\tau = 0$，则有

$$\alpha + \rho = 1 \tag{2-46}$$

因此，这类物体的吸收能力越强，它们的反射能力越弱，反之亦然。

实际上自然界中并不存在绝对黑体、镜体、白体或透明体，它们只是实际物体热辐射性能的极限情况。实际物体的吸收率、反射率和透过率主要取决于物体本身的性质、物体的表面状况、入射波长和物体所处的温度等因素。

C 辐射测温的常用术语

对辐射测温仪表而言，探测器接收到的能量不仅与辐射源的温度、时间和面积有关，还与热辐射传播的方向、空间、波长和表面状况相关。因此，引进以下 4 个最基本的热辐射度量量。

注意：由于辐射换热与光学、传热学、光谱学、电磁学有较多的交叉，因此热辐射的术语比较混乱。本书按国家标准《光及有关电磁辐射的量和单位》给出，并适当提及相关称谓。

a 辐射能 Q

由辐射源发出的全部辐射光谱的总能量称为该辐射源的辐射能。该物理量不受时间、空间（或方向）、辐射源的表面积以及波长间隔的影响。对黑体而言，它只与本身的温度有关。

辐射能的符号为 Q，单位是焦耳（J）。

对热辐射而言，辐射能的光谱包括紫外线、可见光和红外线。

b 辐射通量 Φ

在单位时间内通过某一面积的辐射能量，称为经过该面积的辐射通量；而辐射源在单位时间内发出的辐射能量叫做该辐射源的辐射通量。辐射通量又称辐射功率、辐射热流量，其单位与功率单位相同。可见，辐射通量是辐射能量随时间的变化率，即

$$\Phi = \frac{\mathrm{d}Q}{\mathrm{d}t} \tag{2-47}$$

式中 Φ——辐射通量，W；

Q——辐射能量，J；

t——时间，s。

c 辐射出度 M 和辐射照度 E

（a）辐射出度 M

一个具有一定表面积的辐射源，如其表面上的某一面积 A 在各个方向上的总辐射通量为 Φ，则该辐射表面 A 的辐射出度为

$$M = \frac{\Phi}{A} \tag{2-48}$$

式中 M——辐射出度，W/m^2；

A——辐射源的辐射面积，m^2。

从式（2-48）可见，辐射源的辐射出度，有的书又将其称为（半球）辐射力、辐射通量密度、辐射热流密度，在数值上等于辐射源单位表面积所发出的辐射通量。由于辐射源表面各处的辐射出度通常是不相同的，所以常取辐射源某一面积元的辐射出度来研究辐射源某点的辐射出度，即

$$M = \frac{\mathrm{d}\Phi_1}{\mathrm{d}A} \tag{2-49}$$

式中 $\mathrm{d}\Phi_1$——辐射源某一面积元所发射的辐射通量，W；

$\mathrm{d}A$——辐射源某一面积元的面积，m^2。

可见，辐射源某一面积元的辐射出度是指单位时间内从单位面积向半球空间各方向发射的全部波长的总辐射能。辐射出度与物体温度及其性质有关，它包含波长 λ 从 0 ~ ∞ 所有波长的总辐射能。

（b）单色辐射出度 M_λ

在某一波长附近取一单位波长间隔（包含此波长）：$\lambda \sim \lambda + \mathrm{d}\lambda$，则在此单位波长间隔内的辐射出度为光谱辐射出度，或称为单色（光谱）辐射出度，有的书又将其称为单色（光谱）辐射力。它表示单位时间内从单位面积上，在波长 $\lambda \sim \lambda + \mathrm{d}\lambda$ 间隔内，向半球空间发射的辐射能，即

$$M_\lambda = \frac{\mathrm{d}M}{\mathrm{d}\lambda} \tag{2-50}$$

式中 M_λ——单色辐射出度，$\mathrm{W/m^3}$；

λ——波长，m。

显然，辐射出度和单色辐射出度存在如下关系：

$$M = \int_0^\infty M_\lambda \mathrm{d}\lambda \tag{2-51}$$

（c）辐射照度 E

与辐射出度相对应的物理量是辐射照度，它是指外界辐射源投射到接收物体单位面积上的辐射通量，即

$$E = \frac{\mathrm{d}\Phi_2}{\mathrm{d}A} \tag{2-52}$$

式中 E——辐射照度，$\mathrm{W/m^2}$；

$\mathrm{d}\Phi_2$——接收物体某一面积元所接收到的辐射通量，W；

$\mathrm{d}A$——接收物体某一面积元的面积，m^2。

注意：尽管辐射出度 M 和辐射照度 E 二者表达式相同，但二者的物理意义不同。辐射出度是描述离开辐射源表面的辐射通量，它包括了该辐射源向整个半球空间辐射的通量；辐射照度是指外界入射到接收面上的辐射通量，它可以包括一个或几个辐射源投射来的辐射通量，与被照面的位置、辐射源的特性和被照面与辐射源的相对位置有关。

一个能反射或散射到其他物体的辐射体，其辐射出度取决于辐射照度，且存在如下关系：

$$M = kE \tag{2-53}$$

式中 k——物体表面的反射或散射系数，无量纲，取值通常小于 1。

对于具有不同散射或反射系数的物体来说，同一辐射照度的条件下，它们的辐射出度也各不相同。

d 辐射亮度 L 和单色辐射亮度 L_λ

前面讨论的各个概念都是向整个空间的辐射，而没有指明各个方向上的能量分布。为了描述辐射能在空间不同方向上的分布规律，引入辐射亮度的概念，又称辐射强度 I。

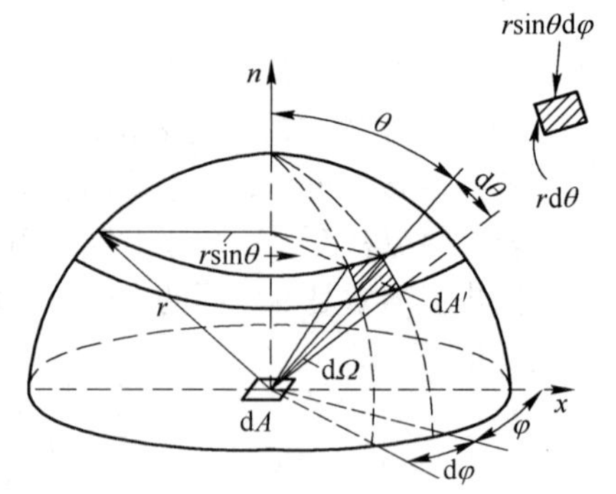

图 2-48 面积元向半球空间的辐射

如图 2-48 所示，有一辐射源的面积元 $\mathrm{d}A$，从 $\mathrm{d}A$ 发出的辐射能向该表面的上方所有方向传播出去。如以 $\mathrm{d}A$ 为中心作一半径为 r 的半球，则从 $\mathrm{d}A$ 发射到各

个方向的辐射能必定经过该半球表面。要比较某面积元在空间某些方向上单位时间发射出的辐射能的强弱，只有在相同立体角范围内比较才有意义。

(a) 立体角 Ω

立体角是以球面中心为顶点的圆锥体所张的球面角，等于圆锥体在球面上所截面积除以半径的平方，即

$$\Omega = \frac{A}{r^2} \tag{2-54}$$

式中 Ω——立体角，sr；

A——球面上所截面积，m^2；

r——球的半径，m。

对半球空间，$\Omega = \frac{A}{r^2} = \frac{2\pi r^2}{r^2} = 2\pi$。同理，对应球面积元 dA' 的立体角 $d\Omega$ 为

$$d\Omega = \frac{dA'}{r^2} \tag{2-55}$$

式中 dA'——球面积元的面积，m^2。

如图 2-48 所示，球面积元可近似为平面矩形来考虑，其两个边长分别为：$rd\theta$ 和 $r\sin\theta d\varphi$，则球面积元的面积为：$dA' = r^2\sin\theta d\theta d\varphi$，对应的立体角为

$$d\Omega = \frac{dA'}{r^2} = \frac{r^2\sin\theta d\theta d\varphi}{r^2} = \sin\theta d\theta d\varphi \tag{2-56}$$

式中 θ——球面积元 dA' 与面积元 dA 法线方向的夹角；

φ——球面积元 dA' 在水平面投影与 x 轴的夹角。

(b) 辐射亮度 $L(\varphi,\theta)$

从图 2-48 可见，辐射方向不同，θ 不同，从该方向所看到的同一辐射源面积元 dA 的有效辐射面积也不同。θ 越大，所看到的有效面积越小，它等于面积元 dA 在辐射方向上的投影，即 $dA\cos\theta$。

在某个方向上的单位有效面积和单位立体角内发出的辐射通量称为辐射亮度，即

$$L(\varphi,\theta) = \frac{d^2\Phi(\varphi,\theta)}{dA\cos\theta d\Omega} \tag{2-57}$$

式中 $L(\varphi,\theta)$——与辐射源面积元 dA 的法线成角 θ 方向上的辐射亮度，$W/(m^2 \cdot sr)$；

$d^2\Phi(\varphi,\theta)$——辐射源面积元 dA 在与其法线成角 θ 方向上，在立体角 $d\Omega$ 内发射的辐射通量，W；

$d\Omega$——辐射源面积元 dA 的立体角，sr。

(c) 朗伯特定律

在半球空间，各个方向上的辐射亮度都相等，即

$$L(\varphi_1,\theta_1) = L(\varphi_2,\theta_2) = \cdots = L(\varphi_n,\theta_n) = L \tag{2-58}$$

这种辐射亮度与方向无关的规律称为朗伯特定律。符合此定律的物体称为朗伯特辐射体，黑体是完全符合朗伯特定律的辐射体。式（2-57）还可写成

$$\frac{d^2\Phi(\varphi,\theta)}{dAd\Omega} = L(\varphi,\theta)\cos\theta \tag{2-59}$$

上式表明，黑体单位面积、单位立体角内向空间不同方向发射的辐射能并不相等，而是与

该方向和法线的夹角 θ 的余弦成正比。因此朗伯特定律又被称为余弦定律。

假设图 2-47 所示的物体为朗伯特辐射体，其面积元 dA 上的亮度为 L，则该面积元的辐射出度为

$$dM = L\cos\theta d\Omega \tag{2-60}$$

由式（2-60）可知，服从朗伯特定律的辐射体，其辐射出度和辐射亮度之间的关系，可根据式（2-56）和式（2-60）在半球范围内（$\Omega=2\pi$）的积分求得

$$\begin{aligned} M &= \int_{\Omega=0}^{2\pi} dM = \int_{\Omega=0}^{2\pi} L\cos\theta d\Omega = L\int_{\Omega=0}^{2\pi} \cos\theta\sin\theta d\theta d\varphi \\ &= L\int_0^{2\pi} d\varphi \int_0^{\pi/2} \cos\theta\sin\theta d\theta = \pi L \end{aligned} \tag{2-61}$$

可见，对朗伯特物体，其辐射出度在数值上等于任何方向上的辐射亮度的 π 倍。

（d）单色辐射亮度 L_λ

与单色辐射出度的概念类似，在某一波长附近取一单位波长间隔（包含此波长）：$\lambda \sim \lambda + d\lambda$，则在此单位波长间隔内的辐射亮度为光谱辐射亮度，或称为单色辐射亮度 L_λ。它表示辐射物体在某一特定方向上，在波长 $\lambda \sim \lambda + d\lambda$ 间隔内，单位时间内从单位有效面积上，向单位立体角内发射的辐射能，即

$$L_\lambda = \frac{dL}{d\lambda} \tag{2-62}$$

式中　L_λ——单色辐射亮度，$W/(m^3 \cdot sr)$。

在热辐射测温领域内，单色辐射亮度是一个最基本的辐射量，是亮度温度计所测得的物理量。显然，辐射亮度和单色辐射亮度存在如下关系

$$L = \int_0^{\infty} L_\lambda d\lambda \tag{2-63}$$

在 λ_1 到 λ_2 的有限波长范围内，其辐射亮度为

$$L_{\lambda_1,\lambda_2} = \int_{\lambda_1}^{\lambda_2} L_\lambda d\lambda \tag{2-64}$$

D　辐射测温的基本定律

辐射测温的基本定律均是对黑体辐射的定量描述，故又称为黑体辐射定律。它们主要包括普朗克（Planck）定律、维恩（Wein）位移定律和斯忒藩-玻耳兹曼（Stefan-Boltamann）定律，下面分别予以介绍。

a　普朗克定律

1900 年，普朗克根据量子统计理论导出了在热力学平衡状态下，黑体在不同温度下单色辐射出度 $M_{b\lambda}$ 随波长 λ 和温度 T 的变化规律，即所谓普朗克定律。之后，爱因斯坦于 1905 年用近代量子理论又对其做了证明。真空中普朗克定律的表达式如下：

$$M_{b\lambda}(\lambda,T) = \frac{c_1}{\lambda^5\left(e^{c_2/(\lambda T)} - 1\right)} \tag{2-65}$$

式中　$M_{b\lambda}(\lambda,T)$——黑体的单色辐射出度，W/m^3；

λ——辐射波长，m；

T——黑体的热力学温度，K；

c_1——普朗克第一辐射常数，$c_1 = 3.741832 \times 10^{-16} W \cdot m^2$；

c_2 ——普朗克第二辐射常数，$c_2 = 1.4388 \times 10^{-2} \mathrm{m} \cdot \mathrm{K}$。

式（2-65）是普朗克定律的一般表达式，它准确地描述了黑体的单色辐射出度与波长 λ 和热力学温度 T 的关系，是黑体辐射的理论基础。

严格地说，式（2-65）涉及的波长应该是指真空中的波长。若采用空气中的波长，应考虑空气折射率的影响，则普朗克定律的准确形式就变为

$$M_{b\lambda}(\lambda, T) = \frac{c_1}{n^2 \lambda_g^5 (e^{c_2/(n\lambda_g T)} - 1)} \tag{2-66}$$

式中 λ_g——介质中的辐射波长，m；

n——空气的折射率，等于 1.00029。

除非在非常高准确度的测量中，一般仍采用式（2-65）所表示的较为简单的函数形式。普朗克定律还可用单色辐射亮度表示，即

$$L_{b\lambda}(\lambda, T) = \frac{c_1}{\pi \lambda^5 (e^{c_2/(\lambda T)} - 1)} \tag{2-67}$$

式中 $L_{b\lambda}(\lambda, T)$ ——黑体的单色辐射亮度，$\mathrm{W}/(\mathrm{m}^3 \cdot \mathrm{sr})$。

普朗克定律在不同温度下按波长分布的曲线示于图 2-49 中。从中可见：

（1）黑体发射的光谱是连续的。

（2）所有波长下的单色辐射出度 $M_{b\lambda}(\lambda, T)$ 都随温度升高而增大。曲线下的面积表示辐射出度。温度升高，辐射出度迅速增大，且短波区增大的速度比长波区的大。

（3）在同一温度下，黑体单色辐射出度 $M_{b\lambda}(\lambda, T)$ 随波长 λ 变化很大，即有：当 $\lambda = 0$ 时，$M_{b\lambda}(\lambda, T) = 0$；接着 $M_{b\lambda}(\lambda, T)$ 随波长的增加而增加，当波长增加至某一数值 λ_m 时，单色辐射出度 $M_{b\lambda}(\lambda, T)$ 达到最大值 $M_{b\lambda m}(\lambda, T)$；过了最大值以后，$M_{b\lambda}(\lambda, T)$ 又随波长的增大而减小，直至当 $\lambda \to \infty$ 时，$M_{b\lambda}(\lambda, T)$ 又重新变为零。

（4）一定温度下，黑体单色辐射出度随波长的变化有峰值，记为 $M_{b\lambda m}(\lambda, T)$。对应的波长称为峰值波长 λ_m。温度升高时，λ_m 向短波方向移动，可见光能量占总能量的比例增大。

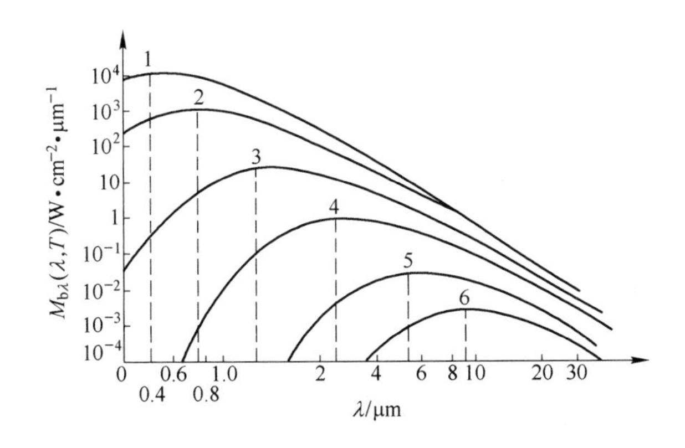

图 2-49 黑体光谱辐射出度与波长、温度的关系

1—6000K；2—4000K；3—2000K；4—1000K；5—500K；6—300K

b 维恩近似公式

1893 年维恩提出，在低温与短波（高频）的情况下，即 $c_2/(\lambda T) \gg 1$ 时，普朗克公式可用函数形式比较简单的公式所替代，即维恩近似公式，其数学表达式为

$$M_{b\lambda}(\lambda,T)=c_1\lambda^{-5}e^{-c_2/(\lambda T)} \tag{2-68}$$

在工程实际应用中，一般都工作在温度 $T\leqslant3000\text{K}$ 和波长 $\lambda\leqslant0.8\mu\text{m}$ 的范围内，且当 $\lambda T\leqslant0.22c_2$ 时，可以用维恩近似公式来替代普朗克公式，此时测温误差不超过1%。

由于维恩近似公式的实用性和简便性，它在辐射测温中得到了较为广泛的应用。即便是在其适用条件得不到满足的情况下，也可使用该公式，但对其得到的温度（亦称维恩温度）应予以修正。

维恩温度与普朗克温度之间有下列关系：

$$T_W=\frac{c_2}{\lambda\ln(e^{c_2/(\lambda T)}-1)} \tag{2-69}$$

式中　T_W——维恩温度，K；

T——普朗克温度，K。

维恩温度的修正值 ΔT 为

$$\Delta T=T-T_W \tag{2-70}$$

关于维恩温度在波长 0.66μm 下的修正值列于表2-14中。

表2-14　维恩温度的修正值（$\lambda=0.66\mu\text{m}$）

温度 T/K	3000	3500	4000	4500	5000	5500	6000
修正值 ΔT/K	-0.3	-1.1	-3.2	-7.4	-14.8	-26.7	-44.6

c　普朗克定律的推论

令普朗克公式，式（2-67）中的波长为常数 λ_c，则有

$$L_{b\lambda}(\lambda_c,T)=\frac{c_1}{\pi\lambda_c^5(e^{c_2/(\lambda_c T)}-1)} \tag{2-71}$$

式中　$L_{b\lambda}(\lambda_c,T)$——指定波长 λ_c 时黑体的单色辐射亮度，$\text{W}/(\text{m}^3\cdot\text{sr})$。

式（2-71）表明，黑体在特定波长上的单色辐射亮度仅是温度的单值函数，若测得 $L_{b\lambda}(\lambda_c,T)$，即可求得被测对象的温度 T，因此式（2-71）是亮度温度计的理论基础。

取两个不同指定波长 λ_{c1} 和 λ_{c2}，利用维恩公式，求两个特定波长下黑体的单色辐射亮度之比，得

$$\frac{L_{b\lambda}(\lambda_{c1},T)}{L_{b\lambda}(\lambda_{c2},T)}=\frac{c_1\lambda_{c1}^{-5}e^{-c_2/(\lambda_{c1}T)}}{c_1\lambda_{c2}^{-5}e^{-c_2/(\lambda_{c2}T)}}=\left(\frac{\lambda_{c1}}{\lambda_{c2}}\right)^{-5}e^{\frac{c_2}{T}\left(\frac{1}{\lambda_{c2}}-\frac{1}{\lambda_{c1}}\right)}=\Phi_b(T) \tag{2-72}$$

式中　$L_{b\lambda}(\lambda_{c1},T)$——指定波长 λ_{c1} 时黑体的单色辐射亮度，$\text{W}/(\text{m}^3\cdot\text{sr})$；

$L_{b\lambda}(\lambda_{c2},T)$——指定波长 λ_{c2} 时黑体的单色辐射亮度，$\text{W}/(\text{m}^3\cdot\text{sr})$；

$\Phi_b(T)$——两个特定波长 λ_{c1} 和 λ_{c2} 上黑体单色辐射亮度之比。

式（2-72）表明 $\Phi_b(T)$ 是温度的单值函数，若测得 $\Phi_b(T)$，即可求得被测对象的温度 T，因此式（2-72）是比色温度计的理论基础。

d　维恩位移定律

普朗克定律表明，在一定的温度下，黑体的单色辐射出度（或单色辐射亮度）是波长的单值函数。因此，必然存在着一个最大值，而它所对应的波长（即峰值波长）是一个确定值 λ_m。可通过求极值的办法，求得峰值波长 λ_m 与所对应的黑体热力学温度 T 之间的关系如下：

$$\lambda_m T=2897.79\mu\text{m}\cdot\text{K} \tag{2-73}$$

式（2-73）所表示的关系称为维恩位移定律。它在分析问题和温度计设计过程中至关重要，对辐射测温仪表工作波段选择和比色温度计的波段分配具有较大的指导作用。例如，欲测量2000K左右的物体温度，辐射测温仪表的工作波段应进行如下选择：

$$\lambda_m = \frac{2897.8}{2000} = 1.45\mu m$$

这样可使辐射测温仪表在相同温度下收集较多的辐射能。当然，在实际问题中还要考虑其他因素的影响，不过 λ_m 仍是重要因素之一。

该定律还可解释钢材加热时的颜色变化。在600℃以下，钢材发射的基本上都是红外线，因此呈原色；随着钢材温度升高，可见光能量所占比例逐渐加大并向短波方向移动，钢材相继呈暗红、红、黄色，温度超过1300℃时开始发白。

注意：一般工程中，遇到的最高温度在2000K以下，可见光能量所占比例小于1.5%，所以一般工程遇到的辐射测温，基本上都在红外辐射范围内。

e 斯忒藩-玻耳兹曼定律

这条定律首先由斯忒藩于1879年在实验中发现，随后玻耳兹曼于1884年利用经典热力学理论进行了证明。

对普朗克公式，即式（2-65）在整个波长范围内积分，即得到波长 λ 在 0 ~ ∞ 全波长范围内的黑体辐射出度 $M_b(T)$ 与温度 T 的关系式，即

$$M_b(T) = \int_0^{\infty} M_{b\lambda}(\lambda, T)\mathrm{d}\lambda = \int_0^{\infty} c_1\lambda^{-5}(e^{c_2/(\lambda T)} - 1)^{-1}\mathrm{d}\lambda = \sigma T^4 \qquad (2\text{-}74)$$

式中 $M_b(T)$ ——黑体的辐射出度，W/m^2；

σ ——斯忒藩-玻耳兹曼常数，$\sigma = 5.6697 \times 10^{-8} W/(m^2 \cdot K^4)$。

斯忒藩-玻耳兹曼定律表明：在整个波长范围内的黑体辐射出度与温度的四次方成正比，是温度的单值函数，若测得 $M_b(T)$，即可求得被测对象的温度 T，因此斯忒藩-玻耳兹曼定律是全辐射温度计的理论基础。

从斯忒藩-玻耳兹曼定律可以看出，任何物体的表面都在连续地发出辐射能量，除非该物体处于绝对零度以下。在外界不供给物体任何形式能量的条件下，其辐射能量靠消耗物体本身的内能予以实现。同时，物体的温度也逐步降低，并一直降低到绝对零度为止。然而，事实上并不会出现这种情况，这是因为该辐射物体周围的其他物体也在辐射，其中的一部分会被该物体所吸收并转变为它的内能。每一个物体对于能量的辐射与吸收总是同时进行的，归纳起来为以下3种情况：

（1）当一个物体的温度比周围物体的温度高时，此物体的辐射能量超过它所吸收的能量，因此，该物体存在净能量损失。此时，物体就会变冷，其温度就会降低。

（2）当一个物体比周围其他物体的温度低时，该物体吸收的能量会超过它所发出的能量，因而物体就会变热，其温度也会升高。

（3）当物体的温度与周围环境温度相同时，该物体发射与吸收的能量相等，即处在辐射热平衡状态。此时，物体的温度保持不变。

在实际的工程应用中，斯忒藩-玻耳兹曼定律通常写成如下形式：

$$M_b(T) = c_0\left(\frac{T}{100}\right)^4 \qquad (2\text{-}75)$$

式中 c_0 ——常数，$c_0 = 5.67 W/(m^2 \cdot K^4)$。

在 λ_1 到 λ_2 的有限波长范围内，黑体的辐射出度为

$$M_{b\lambda_1,b\lambda_2}=\int_{\lambda_1}^{\lambda_2}M_{b\lambda}d\lambda=\int_0^{\lambda_1}M_{b\lambda}d\lambda-\int_0^{\lambda_2}M_{b\lambda}d\lambda \tag{2-76}$$

为了计算 $M_{b\lambda_1,b\lambda_2}$，我们引入一个辐射函数 $\varphi(\lambda T)$，其数学表达式为

$$\varphi(\lambda T)=\frac{\int_0^{\lambda}M_{b\lambda}d\lambda}{c_0\left(\frac{T}{100}\right)^4}=\int_0^{\lambda T}\frac{c_1\times 100^4 d(\lambda T)}{c_0(e^{c_2/(\lambda T)}-1)(\lambda T)^5} \tag{2-77}$$

式中　$\varphi(\lambda T)$——黑体的辐射函数，%。

式（2-77）表明，辐射函数 $\varphi(\lambda T)$ 仅为 λT 的函数，将它代入式（2-76）中得

$$M_{b\lambda_1,b\lambda_2}=[\varphi(\lambda_2 T)-\varphi(\lambda_1 T)]c_0\left(\frac{T}{100}\right)^4 \tag{2-78}$$

由上式可知，只要计算出各个 λT 处的辐射函数 $\varphi(\lambda T)$，如附录 C 所示，就可以非常方便地求得任意波长区间的黑体辐射出度 $M_{b\lambda_1,b\lambda_2}$。

综上所述，只要测得 $M_b(T)$、$L_{b\lambda}(\lambda_c,T)$ 或 $\Phi_b(T)$ 的值（或与之成比例的值），就可求得对应的被测对象的温度 T。可见，以上诸定律是辐射测温的理论基础，在辐射测温领域中具有极其重要的地位。

E　实际物体的辐射规律和基尔霍夫定律

应该指出：前面讨论的普朗克定律和维恩定律等都是对黑体而言的。它们为研究实际物体的辐射规律打下了基础。实际上，真正的黑体是不存在的。在绝大多数工程实际问题中，辐射体均为漫发射的非黑体，它的热辐射性质与黑体不同。图 2-50 所示为三种典型辐射体在温度为 1922K 时的单色辐射出度曲线。从中可见，实际物体辐射表面单色辐射出度按波长分布是不规则的，而且在同温度下实际物体辐射表面的单色辐射出度总是小于对应波长下的黑体单色辐射出度。为了使黑体辐射定律应用于实际物体，特引入发射率的概念。

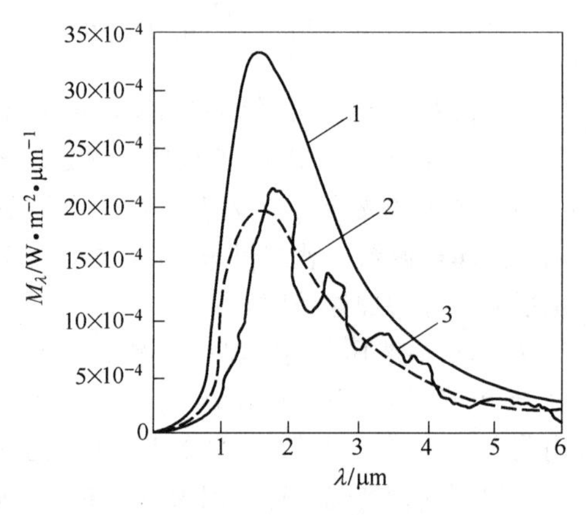

图 2-50　黑体和实际物体单色辐射出度比较

1—黑体；2—灰体；3—实际物体表面

a　发射率

描述物体发射本领的物性参数称为发射率，又称辐射系数、黑度系数、辐射率、黑度。它是以黑体作为比较标准来描述的，等于物体的辐射出度与同温度下黑体的辐射出度之比，即

$$\varepsilon=\frac{M(T)}{M_b(T)} \tag{2-79}$$

式中　ε——物体发射率，无量纲。

由发射率的定义和图 2-50 可以看出，在相同的温度下，实际物体的辐射出度总比黑体的要小，即黑体的辐射出度达到最大，发射率 $\varepsilon_b=1$。因此物体发射率 ε 表示实际物体的发射本领接近黑体的程度，因而也被称为黑度系数，其值是小于 1 的正数，最大等于 1。它与物质种类、温度及物体的表面状态，如表面粗糙度、氧化程度等有关。

同理，描述物体某波长发射本领的物性参数称为光谱发射率 ε_λ，又称光谱黑度系数，它等于物体的单色辐射出度与同温度下黑体的单色辐射出度之比，即

$$\varepsilon_\lambda = \frac{M_\lambda(\lambda,T)}{M_{b\lambda}(\lambda,T)} \tag{2-80}$$

式中 ε_λ——物体光谱发射率，无量纲。

在相同的温度和波长下，实际物体的光谱发射率也是小于 1 的正数，最大等于 1。影响物体光谱发射率的因素是非常复杂的。光谱发射率不仅与物质种类、波长和温度有关，而且还与发射方向、表面状况等因素有关。在其他条件相同的情况下，用同一种材料制成但具有不同表面状况的物体，它们的光谱发射率值很可能相去甚远。

在实际辐射测温中，发射率是一个非常重要而复杂的参数。因为，对一个具体的被测物体，人们往往并不知道它的发射率，因而往往无法测得被测物体的真实温度。这个问题尚无统一的解决方法。通常可采取在线标定发射率、人为形成黑体空腔测量条件等办法。

在波长 λ 大于 2μm 的情况下，大多数金属辐射体的光谱发射率能较好地满足以下经验公式：

$$\varepsilon_\lambda = 0.365\sqrt{\frac{\rho}{\lambda}} \tag{2-81}$$

式中 ρ——电阻率，Ω · cm。

b 实际物体的辐射规律

斯忒藩-玻耳兹曼定律对任何物体都成立，则实际物体的辐射出度可表示为

$$M(T) = \varepsilon M_b(T) = \varepsilon\sigma T^4 \tag{2-82}$$

如辐射物体的温度为 T_1，周围温度为 T_2，且 $T_1 > T_2$ 时，该物体本身的辐射出度为 $\varepsilon\sigma T_1^4$，而吸收的部分则为 $\varepsilon\sigma T_2^4$，因此辐射物体净辐射出度 M 为

$$M = \varepsilon\sigma(T_1^4 - T_2^4) \tag{2-83}$$

除非 $T_1 \gg T_2$，否则处于室温条件下的周围物体对辐射物体的辐射是不能忽略不计的。同理，实际物体的光谱辐射出度可分别表示为

$$M_\lambda(\lambda,T) = \varepsilon_\lambda M_{b\lambda}(\lambda,T) \tag{2-84}$$

目前，辐射式测温仪表都是以黑体为对象进行刻度的，所以测量一般物体时，仪表示值与物体真实温度必然存在误差。物体的真实温度必须用它的发射率予以校正。

c 基尔霍夫定律

1859 年，基尔霍夫（Kirchhoff）用热力学方法揭示了与周围环境处于热力学平衡状态下的任何物体的辐射本领与吸收本领间的关系，提出了基尔霍夫定律。

最简单的推导方法是热力学平衡方法。设有两块无限大的不透明的平行平板，其间的辐射换热系统如图 2-51所示。虽然两个平壁为不透明体，但两平壁间为透明体。设平壁 I 是黑体，它的辐射出度、吸收率和表面温度分别为 $M_b(T_1)$、α_1 和 T_1；平壁Ⅱ为任意实际物体表面，其辐射出度、吸收率和表面温度分别是 $M(T_2)$、α_2

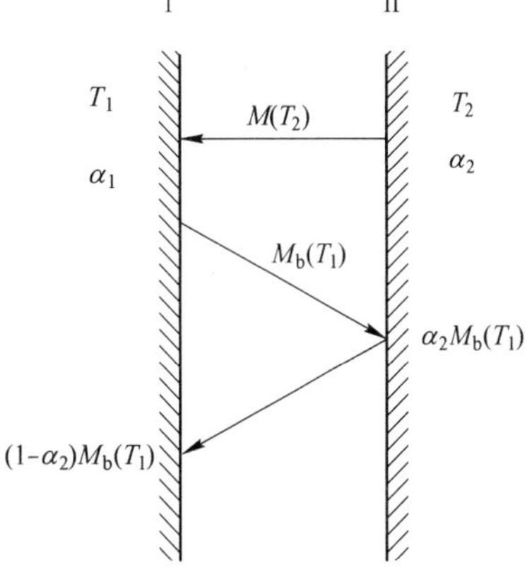

图 2-51 两个无限大平壁间的辐射

和 T_2。

实际上当两个平壁无限大，且二者之间的距离很近时，可近似看作形成密闭空腔，即满足密闭条件。这样，任一平壁发出的能量全部投射到另一个平壁上，且没有能量通过两平壁透射到外界去。具体说就是，由平壁Ⅰ发射的黑体辐射出度 $M_b(T_1)$，全部投射到实际物体的表面Ⅱ上，被吸收 $\alpha_2 M_b(T_1)$，余下 $(1-\alpha_2)M_b(T_1)$ 被反射到黑体平壁Ⅰ上并被其全部吸收。与此同时，平壁Ⅱ的辐射出度 $M(T_2)$ 投射到黑体表面Ⅰ上，且被全部吸收（$\alpha_1=1$）。两壁面辐射换热的结果是，平壁Ⅱ的吸收能量为 $\alpha_2 M_b(T_1)$，而失去的能量为 $M(T_2)$，两者的差额 ΔM 为

$$\Delta M = \alpha_2 M_b(T_1) - M(T_2) \tag{2-85}$$

如两个平壁是处于热辐射的平衡状态，则二者的温度应相等，即 $T_1 = T_2 = T$。

在这种情况下，辐射换热的差额为0，即 $\Delta M = \alpha_2 M_b(T) - M(T) = 0$，所以有

$$\frac{M(T)}{\alpha_2} = M_b(T) \tag{2-86}$$

式（2-86）具有普遍意义，也就是说，下式成立：

$$\frac{M_1(T)}{\alpha_1} = \frac{M_2(T)}{\alpha_2} = \frac{M_3(T)}{\alpha_3} = \cdots = M_b(T) \tag{2-87}$$

式（2-87）表明：在热平衡的条件下，任何物体的辐射出度与其吸收率之比值恒等于同温度下的黑体辐射出度，且只与温度有关。换句话说，物体的辐射本领越大，其吸收本领也一定越大，反之亦然。善于吸收的物体必善于辐射，所以同温度下黑体的辐射出度最大，这就是基尔霍夫定律的基本含义。

由式（2-79）和式（2-87）可得

$$\alpha = \varepsilon \tag{2-88}$$

式（2-88）是基尔霍夫定律的另一种重要表达式。它表明在热平衡的条件下，任意物体的吸收率等于同温度下该物体的发射率。

基尔霍夫定律同样适用于单色辐射，因此有

$$\alpha_\lambda = \varepsilon_\lambda \tag{2-89}$$

由上述分析可以看出，基尔霍夫定律有下列限制：

（1）整个系统必须处于热力学平衡状态。假如系统中有温差，即有辐射换热，就不符合此条件。

（2）所研究的换热系统必须是密闭腔体。

（3）如物体的吸收率和发射率与温度有关，则式（2-88）和式（2-89）中的吸收率与发射率必须是同温度下的值。

简而言之，基尔霍夫定律的适用条件是密闭等温。鉴于上面的限制条件，基尔霍夫定律的局限性很大，几乎不能用于工程实际。为了实际应用，提出了如下两个假设：

（1）局域平衡假设。它是指整个系统虽不处于热力学平衡状态，但局部地区仍符合热力学平衡状态的规律。

（2）灰体假设。它是关于物体辐射特性的假设，即提出灰体的概念。灰体是指光谱发射率不随波长变化的物体，又称为中性辐射体。它发射的光谱和黑体相似，只是光谱辐射出度在所有波长范围内都比黑体的小，并且都按同样的比例缩小，如图2-50中的虚线所示。

绝大多数物体的光谱发射率随波长变化，被称为选择性辐射体。它们的光谱发射率随波长

变化的规律各不相同。有些物体（例如大多数非金属物体）的光谱发射率随波长的增大而增大；另一些物体（如大多数金属物体）的光谱发射率却随波长的增大而减小。

灰体也是一种理想物体，自然界中并不存在，但不少工程材料在红外波段内可近似地看成灰体，其在辐射计算中不会引起太大误差。因此灰体的概念在工程上很有用，它简化了辐射计算。

局域平衡假设和灰体假设这两个概念扩大了基尔霍夫定律的应用范围。在满足局域平衡假设及漫辐射灰体的条件下，吸收率恒等于同温下的发射率，与其他因素无关。

2.3.1.2 辐射温度计的分类

从式（2-71）、式（2-72）和式（2-74）出发，辐射测温方法可分为亮度法测温、比色法测温和全辐射法测温。相对应地，辐射温度计又可分为以下3大类：亮度温度计、比色温度计和全辐射温度计。

此外还有介于亮度温度计和全辐射温度计之间的部分辐射温度计。如果辐射温度计的测量波长处于红外波段，则这类辐射温度计又被称为红外辐射温度计。如美国Raytek公司生产的红外测温仪，现已广泛用于加热炉、连铸机、轧钢机等钢铁生产和加工过程的表面温度测量。

A 亮度温度计

亮度温度计是测量被测物体在某一特定波长 λ_c（实际上是一个波长段 $\lambda_c + d\lambda$）上的单色辐射亮度 $L_{b\lambda}(\lambda_c, T)$，如式（2-71）所示，并以其光谱发射率 ε_λ 校正后确定被测对象的温度 T。它接受的辐射能量较小，但抗环境干扰的能力较强。典型仪表是各种光学高温计和光电高温计。

由于亮度温度计是按黑体刻度的，而实际被测对象为非黑体，故所测温度不是被测物体的真实温度，而是亮度温度。因为亮度温度计只取很窄一段波长的辐射能，所以有些书又称其为单波段或部分辐射温度计。

B 比色温度计

比色温度计是测量被测物体在两个指定波长 λ_{c1} 和 λ_{c2}（实际上是两个波段 $\lambda_{c1} + d\lambda_1$ 和 $\lambda_{c2} + d\lambda_2$）上单色辐射亮度的比值 $\Phi_b(T)$，如式（2-72）所示，并经其光谱发射率校正后确定被测对象的温度 T。典型仪表是两波长比色温度计、三波长比色温度计、多波长辐射温度计和减比色温度计等。所测温度为被测物体的比色温度。

C 全辐射温度计

全辐射温度计通过测出被测物体在整个波长范围内的辐射出度 $M_b(T)$，如式（2-74）所示，并以其发射率 ε 校正后确定被测对象的温度 T。它接受辐射能量大，利于提高仪表灵敏度；缺点是容易受环境的干扰。典型仪表是全辐射高温计。所测温度为被测物体的辐射温度。

2.3.1.3 辐射温度计的发展

最早的辐射测温仪表是以光学高温计为代表的亮度温度计，它解决了高温温标的传递和生产中不能用接触法测温的问题。但由于光学高温计用人眼进行亮度平衡，带有主观误差，且不能进行自动测量，所以人们又发展了光电高温计、红外测温仪、全辐射温度计等仪表。这些仪表虽然克服了光学高温计的上述缺点，但与光学高温计一样，都是测得物体的亮度温度或辐射温度。为了测得真实温度，都需要知道被测物体的发射率或光谱发射率。然而，发射率的准确测定相当困难，比色温度计在一定程度上解决了发射率测定难的问题，只要两个波长选择合适，其比色温度接近真实温度。为了进一步减少发射率影响，又发展了三色甚至多波长测温仪。当物体的发射率与波长成线性关系时，三色温度计可测得物体的真实温度，但比色温度计结构比较复杂，价格较贵。

自20世纪60年代以后，辐射测温技术发展较快，这主要是因为：

（1）钢铁、冶金、热处理等工农业、国防事业的发展，对温度的准确、快速测量和控制提出了越来越高的要求，进而推动了辐射测温的发展。如高速轧制钢材的温度测量和控制、航空发动机和火箭发动机的温度测量等。

（2）红外探测器的迅速发展，为辐射测温提供了有利条件。早期的光电元件多为光电管和光电倍增管，应用中要求几百伏至几千伏高电压，其光谱响应仅为可见光和近红外范围。从60年代开始，硅光电管、锗光电管、硫化铅光敏电阻等不需高电压，体积小、重量轻的红外探测器相继出现，不仅提高了灵敏度、稳定性，而且响应波长延伸到中红外区和远红外区，使得红外测温仪的下限延伸到-50℃。大规模集成探测器的出现，如电荷耦合器件（CCD），也为检测温度分布提供了方便条件。

（3）微处理器的应用，使得不少复杂的传统二次仪表的光电或热电信号的处理电路由软件代替。这不仅可以提高仪器测量的准确度、扩充量程（实现量程自动转换）、增加功能，如峰值、谷值、平均值、偏差值检测等，还可降低成本，使测温仪智能化、小型化。

（4）光纤红外温度计的兴起，扩展了辐射测温的应用场合。由于光纤很细小，又能弯曲，可实现物体内部或结构复杂的被测对象的接触测温或非接触测温，适合于传统方法无法解决的场合测温，如高速涡轮机叶片温度的检测等。

其他技术的发展也促进了辐射测温的发展，如镀膜技术的发展使辐射温度计可根据对象的辐射特征和环境吸收干扰等因素，选择有利的波长进行测温，以提高测温准确度。

辐射测温技术近30年取得的主要成果有：在测温范围方面，最高可达500万摄氏度，如地下核爆炸火球温度，最低可达-170℃；灵敏度方面有的基准或标准光电高温计在金点温度已达到0.0001K，工业仪表可达0.1K；反应时间方面最快可达微秒级；最小可测目标直径为0.5mm，显微测温仪则可达0.01mm。

2.3.1.4　辐射测温仪表的基本组成

辐射测温仪表的种类和形式繁多，但概括起来，都是由下列3个基本环节组成的。

A　光学系统

光学系统用于聚集辐射能量，是辐射测温仪表的感温部分。实际应用在辐射温度计内的光学系统可以分成以下3类：小孔光学系统；透镜或反射镜光学系统和纤维光学。在许多辐射温度计中，光学系统还包括单色器，如滤光片，它用于确定温度计的工作波段和降低探测器的辐射照度。

a　小孔光学系统

这是一种最简单的光学系统。在该系统中，把一个光阑置于探测器前面的固定距离处。于是，光阑的孔径和探测器的有效面积就决定了温度计的视场角，也决定了在任何工作距离处的被测目标的有效尺寸。

这种光学系统主要用在进行点测量的简单温度计上，它要求视角以及目标尺寸小。由于有此限制，故降低了探测器的辐射照度，从而降低了测量的灵敏度，尤其是在中低温条件下。

b　透镜和反射镜光学系统

为了提高聚焦的效率，同时不对目标尺寸有过分的限制，目前普遍采用的方法是使用透镜（或反射镜）光学系统。它是用一个透镜（或反射镜）来代替小孔系统中的光阑，把被测目标成像在探测器的平面上。接收目标轴向点的辐射角的大小以及探测器的辐射照度由透镜的外露直径所确定，而探测器的有效面积则决定了视野。目前使用较多的是透镜系统，尤其在中低温段，透镜和探测器分别起到了孔径光阑和视场光阑的作用。但由于它的材质使某些特定波长无法通过，所以在远红外区域采用反射镜系统较多。

c 纤维光学

许多实际情况下，透镜与反射镜可以部分或全部地用光纤元件所替代。光纤元件有两个作用：一是作为不带透镜或反射镜的小孔光学系统；二是进行从光学传感头到远距离探测器的辐射能量的传输。

B 检测系统

检测系统又被称为探测器，它主要用于将辐射能量转变为相应的信号，进而转换成温度。对于红外温度计而言，常转换为电信号。常用的探测器有硅光电池、PbS 光敏电阻、热电堆等。元件的敏感性一般可用元件的探测率来表示。

元件的探测率 D^* 是指在 1 个接收面积为 $1cm^2$ 的元件上有 1W 的入射功率时，元件的输出信号噪声比（此时规定测量噪声电路的频带宽为 1Hz）。它是表征敏感元件将辐射能转换成电信号能力的特征参数。

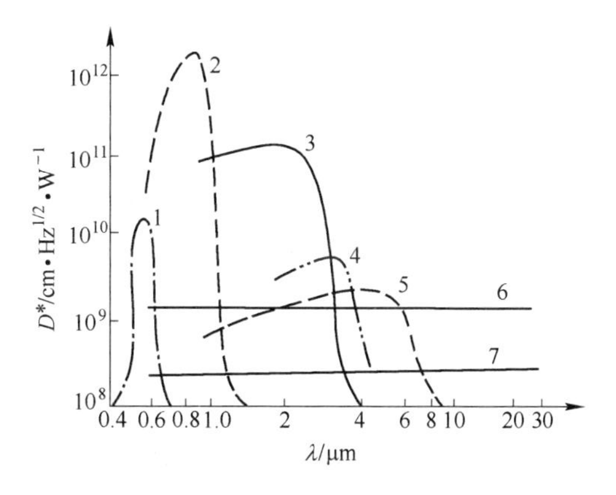

图 2-52 敏感元件的探测率和波长的关系
1—人眼；2—Si；3—PbS；4—InAs；5—InSb；6—热电堆；7—热敏电阻

图 2-52 给出了某些敏感元件的探测率 D^* 与波长 λ 的关系。由图中可见，人眼只能感受可见光，而硅光电池的光谱响应波段为 0.4 ~ 1.2μm，PbS 光敏电阻等敏感元件则主要对 $\lambda > 0.8\mu m$ 以上的红外光及远红外光敏感。

思考： 对常用的 3 种辐射温度计，应如何选择探测器？

C 信号处理系统

它用于将检测系统变换来的电信号转换成温度，并进行显示、存储、打印等。

2.3.2 亮度温度计

亮度温度计是目前高温测量中应用较广的一种测温仪器，主要用于金属的冶炼、铸造、锻造、轧钢、热处理以及玻璃、陶瓷、耐火材料等工业生产过程的高温测量。

2.3.2.1 测温原理

A 基本原理

亮度温度计又称单波段温度计，是利用各种物体在不同温度下辐射的单色辐射亮度与温度的函数关系制成的。它具有较高的准确度，可作为基准或测温标准仪表用。亮度温度计的理论基础是普朗克黑体辐射定律。它在实际测温应用中，会遇到以下两个问题：

（1）实际被测对象并不是黑体，其单色辐射亮度计算公式为

$$L_\lambda(\lambda_c,T) = \varepsilon_\lambda(\lambda_c,T)L_{b\lambda}(\lambda_c,T) = \frac{c_1\varepsilon_\lambda(\lambda_c,T)}{\pi\lambda_c^5(e^{c_2/(\lambda_c T)}-1)} \tag{2-90}$$

式中 $L_\lambda(\lambda_c,T)$——在指定波长 λ_c 和温度 T 时，实际物体的单色辐射亮度，$W/(m^3 \cdot sr)$；

$L_{b\lambda}(\lambda_c,T)$——在指定波长 λ_c 和温度 T 时，黑体的单色辐射亮度，$W/(m^3 \cdot sr)$；

$\varepsilon_\lambda(\lambda_c,T)$——在指定波长 λ_c 和温度 T 时，实际物体的光谱发射率，无量纲。

在常用温度及波长范围内，用维恩近似公式对上式进行简化得

$$L_\lambda(\lambda_c,T) = c_1\pi^{-1}\varepsilon_\lambda(\lambda_c,T)\lambda_c^{-5}e^{-c_2/(\lambda_c T)} \tag{2-91}$$

由式（2-90）和式（2-91）可见，具有单色辐射亮度 $L_\lambda(\lambda_c,T)$ 的物体决不限于某一实际

物体，即具有不同光谱发射率的实际物体都有可能在同一波长下发出相同的热辐射单色辐射亮度 $L_\lambda(\lambda_c,T)$。

可见，把普朗克黑体辐射定律直接用于实际测温会出现困难，为此引入亮度温度的概念。

（2）亮度温度计实际测得的总是在一段光谱区间 $[\lambda_c,\lambda_c+d\lambda]$ 内的辐射亮度，不能满足普朗克定律所要求的“单色”问题，为此引入有效波长的概念。

B　亮度温度

a　概念的引入

如果用一种亮度温度计来测量光谱发射率 ε_λ 不同时的物体温度，即使它们的亮度 $L_\lambda(\lambda_c,T)$ 和波长都相同，其实际温度也会因 ε_λ 不同而不同，因而必然会出现下式：

$$\begin{aligned}\varepsilon_{1\lambda_c}(\lambda_c,T_1)L_{b\lambda}(\lambda_c,T_1) &= \varepsilon_{2\lambda_c}(\lambda_c,T_2)L_{b\lambda}(\lambda_c,T_2) = \varepsilon_{3\lambda_c}(\lambda_c,T_3)L_{b\lambda}(\lambda_c,T_3)\\ &= \cdots = \varepsilon_{n\lambda_c}(\lambda_c,T_n)L_{b\lambda}(\lambda_c,T_n)\end{aligned} \tag{2-92}$$

由此可知，同一单色辐射亮度 $L_\lambda(\lambda_c,T)$ 可以对应于许多不同温度 T_1、T_2、T_3、…、T_n，即式（2-90）和式（2-91）具有无穷多个温度解。因此，确定物体的单色辐射亮度并不能唯一确定该物体的真实温度，还必须知道光谱发射率。由于被测对象的光谱发射率各不相同，且在大多数情况下是未知的，因此给亮度温度计的分度提出了难题。为了具有通用性，对这类温度计作了如下规定：亮度温度计的刻度应按黑体进行标定。用黑体（$\varepsilon_\lambda=1$）刻度的亮度温度计去测量实际物体（$\varepsilon_\lambda\neq1$）的温度，所得到的温度示值叫做被测物体的“亮度温度”，而不是被测物体的真实温度。通过以上的处理，可将发射率为未知的情况下的实际物体的温度测量同黑体辐射定律直接联系起来。该思想同样适用于全辐射温度计和比色温度计。

b　亮度温度

当实际物体（非黑体）在某一指定波长 λ_c 下，在温度 T 时的单色辐射亮度 $L_\lambda(\lambda_c,T)$ 同黑体在同一波长下，在温度 T_s 时的单色辐射亮度 $L_{b\lambda}(\lambda_c,T_s)$ 相等，则该黑体的温度 T_s 称为实际物体的亮度温度。此定义的数学表达式为

$$L_\lambda(\lambda_c,T) = \varepsilon_\lambda(\lambda_c,T)L_{b\lambda}(\lambda_c,T) = L_{b\lambda}(\lambda_c,T_s) \tag{2-93}$$

按亮度温度的定义并根据式（2-71）和式（2-91）可推导出被测物体实际温度 T 和亮度温度 T_s 之间的关系为

$$\frac{1}{T_s}-\frac{1}{T} = \frac{\lambda_c}{c_2}\ln\frac{1}{\varepsilon_\lambda(\lambda_c,T)} \tag{2-94}$$

【例 2-5】 已知被测物体的 $\varepsilon_\lambda(\lambda_c,T)=0.4$，所选用亮度温度计的 $\lambda_c=0.66\mu m$，测得被测介质的亮度温度为1000℃，求被测介质的真实温度。

解： 将已知数据代入式（2-94）得：$\frac{1}{t+273}=\frac{1}{1000+273}-\frac{0.66\times10^{-6}}{1.4388\times10^{-2}}\ln\frac{1}{0.4}$，则被测介质真实温度为 $T=1072.0$℃。

式（2-94）是辐射测温学中的一个常用基本公式，据此可以得出如下结论：

（1）由于 $\varepsilon_\lambda(\lambda_c,T)$ 总是小于1的正数，因此实际物体的亮度温度 T_s 总是小于它的真实温度 T。

（2）光谱发射率愈小，亮度温度偏离真实温度愈大；反之，光谱发射率愈接近于1，则亮度温度愈接近于真实温度。这一情况与基尔霍夫定律完全吻合，即在同一温度和波长下，非黑体的辐射能量总是小于黑体的辐射能量；在具有相同单色辐射亮度的条件下，黑体温度总比非黑体温度低。

为了描述亮度温度与真实温度的偏离程度，特引进亮度温度修正值的概念

$$\Delta T = T - T_s \tag{2-95}$$

附录 D 给出了在波长分为 0.66μm 和 0.9μm 时，亮度温度的修正值。

（3）若 $\varepsilon_\lambda(\lambda_c, T)$ 保持恒定，则物体的亮度温度对真实温度的偏离随着波长的增大而增大；若物体的真实温度保持恒定，则亮度温度随着波长的增大而减小。可见亮度温度的数值与所取的波长有关，未注明对应波长的亮度温度值是没有确切意义的。

总之，引入亮度温度的概念后，可把普朗克黑体辐射定律直接用于实际测温中，即有：

（1）只要波长一定，则同一单色辐射出度只能对应于一个亮度温度值，即存在着对应于相同单色辐射出度的温度唯一解。

（2）亮度温度计可以按着统一标准，即 $\varepsilon_\lambda = 1$ 的黑体进行分度，再根据被测对象的光谱发射率进行修正，获得被测对象的真实温度。

C　有效波长

能量的发射是一回事，能量的接收或测量则是另一回事。任何可检测到的辐射都是由一定宽度的光谱带所组成。即使是最好的单色仪，也不可能得到完全单色的热辐射。如隐丝式光学高温计的频带宽度约为 30nm，现代光电高温计的频带宽度为 1 ~ 10nm。此外，接收辐射的探测器也要求获得具有一定光谱区域的辐射能量，否则由于所接收的能量很小而无法作出响应和测量。因此，实际的温度计不能满足普朗克定律的“单色”要求，而只能测得在一段光谱区域 $[\lambda_c, \lambda_c + d\lambda]$ 内的辐射亮度。因此，为把实际的测量与所要求的单色测量联系起来，必须引入有效波长的概念，以便将普朗克定律用于实际测温中。

如在某一可以确定的波长下，对应于温度 T_2 与 T_1 的黑体的单色辐射亮度之比等于在相同温度下仪器探测元件所接收到的黑体辐射亮度之比，则此波长称为该亮度温度计在温度间隔 $[T_1, T_2]$ 内的有效波长或平均有效波长。这个定义的数学表示式为

$$\left.\frac{L_{b\lambda}(\lambda, T_2)}{L_{b\lambda}(\lambda, T_1)}\right|_{\lambda=\lambda_e} = \frac{\int_{\lambda_1}^{\lambda_2} L_{b\lambda}(\lambda, T_2)\,\tau_\lambda \mu_\lambda \mathrm{d}\lambda}{\int_{\lambda_1}^{\lambda_2} L_{b\lambda}(\lambda, T_1)\,\tau_\lambda \mu_\lambda \mathrm{d}\lambda} \tag{2-96}$$

式中　λ_e——有效波长，m；

τ_λ——亮度温度计光路测量系统各透过元件的光谱透过率的乘积；

μ_λ——测量探测器的光谱响应率，V/W。

式（2-96）在理论上是完全严格的，不带有任何近似，而且存在着数学上的唯一性，该定义式的意义在于把实际测量与理论公式科学地联系了起来。

式（2-96）用维恩近似公式简化为

$$\frac{\int_{\lambda_1}^{\lambda_2} L_{b\lambda}(\lambda, T_2)\,\tau_\lambda \mu_\lambda \mathrm{d}\lambda}{\int_{\lambda_1}^{\lambda_2} L_{b\lambda}(\lambda, T_1)\,\tau_\lambda \mu_\lambda \mathrm{d}\lambda} = \frac{e^{c_2/(\lambda_e T_1)}}{e^{c_2/(\lambda_e T_2)}} \tag{2-97}$$

将上式两边取自然对数并整理得

$$\frac{1}{T_1} - \frac{1}{T_2} = \frac{\lambda_e}{c_2} \ln \frac{\int_{\lambda_1}^{\lambda_2} L_{b\lambda}(\lambda, T_2)\,\tau_\lambda \mu_\lambda \mathrm{d}\lambda}{\int_{\lambda_1}^{\lambda_2} L_{b\lambda}(\lambda, T_1)\,\tau_\lambda \mu_\lambda \mathrm{d}\lambda} \tag{2-98}$$

由式（2-98）即可导出有效波长的计算公式：

$$\lambda_e = \frac{c_2\left(\frac{1}{T_1} - \frac{1}{T_2}\right)}{\ln \frac{\int_{\lambda_1}^{\lambda_2} L_{b\lambda}(\lambda, T_2)\ \tau_\lambda \mu_\lambda \mathrm{d}\lambda}{\int_{\lambda_1}^{\lambda_2} L_{b\lambda}(\lambda, T_1)\ \tau_\lambda \mu_\lambda \mathrm{d}\lambda}} \tag{2-99}$$

式（2-99）表明，有效波长并非单色测温仪器的特征常数。它不仅与温度计光路系统的光谱透过率以及探测器的光谱响应有关，而且还与所取的两个温度点以及它们的间隔有关。当 T_1 恒定时，有效波长 λ_e 将随着温度 T_2 的增大而减小。这是因为，随着被测辐射源温度的升高，其光谱能量分布也随之发生变化，它的峰值波长朝着短波方向移动。不过，有效波长减小的幅度将会越来越小。在2000℃以上，有效波长对温度的线性度会越来越好。这对高温下的有效波长的估计是很有帮助的。

在温度 T_2 与 T_1 确定的情况下，不同温度计的有效波长是不同的。同一台温度计对于不同的温度间隔，其有效波长也不相同。由于有效波长随温度的变化很小，可忽略其对测量所造成误差，故绝大多数温度计只在一个温度范围内近似地给出一个有效波长值。这一点，在量值传递中尤其重要。

当温度间隔 $[T_1, T_2]$ 无限小时，此温度区间的有效波长就变成在一个温度点上的极限有效波长。

2.3.2.2　典型亮度温度计

亮度温度计可分为光学高温计和光电高温计两类。前者又分为工业用隐丝式光学高温计、恒定亮度式光学高温计、用于科学实验精密测试的精密光学高温计和用于量值传递的标准光学高温计。本书主要介绍工业用隐丝式光学高温计。

A　工业用隐丝式光学高温计

工业用隐丝式光学高温计是一种典型的光谱辐射光学高温计，常用的有工业用的 WGG_2 型隐丝式光学高温计和实验室用的 WGJ-01 型精密光学高温计，下面以前者为例进行介绍。

a　结构

WGG_2 型灯丝隐灭式光学高温计主要由光学系统和信号处理系统组成，其中光学系统包括物镜和目镜、高温计灯泡、红色滤光片和吸收玻璃 4 个组成部分。灯丝隐灭式光学高温计的结构如图 2-53 所示。它们的设计必须满足两个基本条件：完全隐灭和亮度温度与测量距离无关。

（a）物镜和目镜

由物镜 1 和目镜 5 组成的光学透镜系统相当于一架望远镜，用于保证必须的测量距离。工业用光学高温计规定的测量距离通常在 700mm 以上，而标准光学高温计规定的测量距离在 1m 以上。光学透镜系统均可调整且沿轴向运动。调整目镜 5 的位置可使观测者清晰地看到灯丝，调节物镜 1 的位置能使被测目标清晰地成像在灯丝平面上。此外，为了消除色差和像差，在高温计光学系统中还采用了一些平凸透镜和双凸透镜。

（b）红色滤光片

在进行被测物体和灯丝亮度比较时，必须加入红色滤光片 6，以造成单色光（红光）。这是因为，与其他颜色的滤光片相比，红色滤光片具有如下 3 个特点：

（1）可见光谱区域较小，单色性好。人眼光谱敏感度曲线 γ_λ 和红色滤光片的光谱透过率曲线 τ_λ，如图 2-53 所示。人的眼睛只能对可见光敏感，如曲线 1 的画线部分；而红色滤光片仅能透过比红光波长长的辐射能，如曲线 2 的画线部分。因此，被测物体发出的光和灯丝发出的

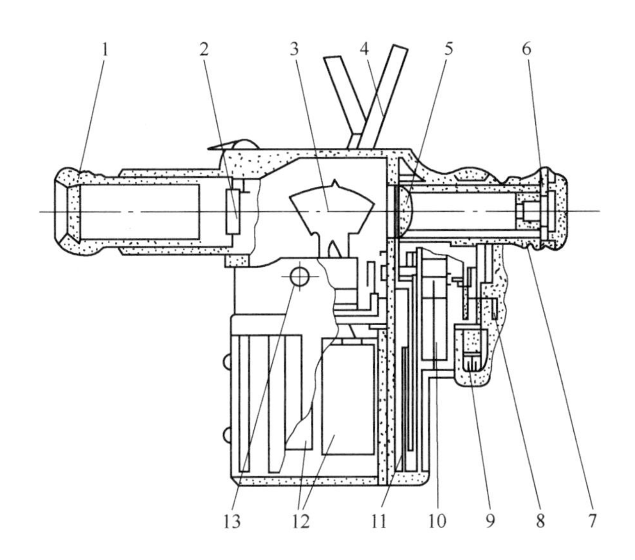

图 2-53 WGG$_2$ 型灯丝隐灭式光学高温计的结构

1—物镜；2—吸收玻璃；3—高温计灯泡；4—皮带；5—目镜；6—红色滤光片；7—目镜定位螺母；
8—零位调节器；9—可变电阻器；10—测量仪器；11—刻度盘；12—干电池；13—按钮开关

光通过红色滤光片之后，观测者的眼睛所能看到的只是曲线 1 和曲线 2 重合的一段较窄波段内的辐射亮度，波长约在 0.6～0.7μm 之间，这一波段被称为光学高温计的工作光谱段。在该工作光谱段范围内，光学高温计的有效波长约为 0.65～0.66μm。实际应用中，一般取工作光谱段重心位置的波长 $\lambda=0.66\mu m$ 作为有效波长。

（2）易于“隐灭”。

这主要是指容易进行亮度平衡。亮度平衡包括颜色平衡和能量平衡，两者缺一不可。使用红色滤光片进行亮度平衡的优点在于：

1）在红光区域，人眼辨别颜色的能力较高，利于判别亮度平衡。

2）在图 2-54 所示的较窄的波段内，人眼观测到的颜色受被测对象温度变化小。

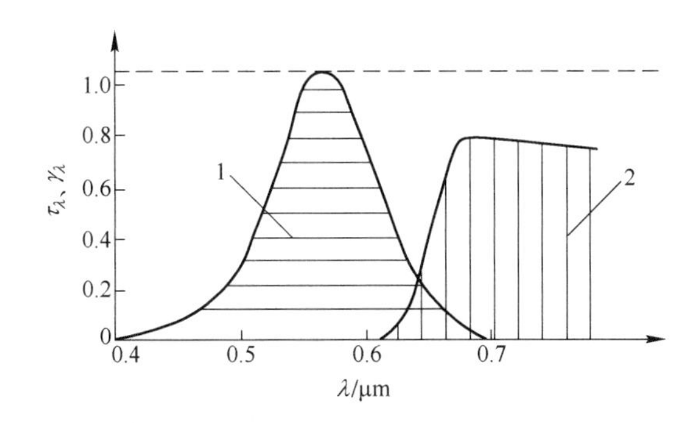

图 2-54 人眼光谱敏感度和红色滤光片的光谱透过率曲线

1—人眼光谱敏感度；2—红色滤光片的光谱透过率

国产光学高温计配置的红色滤光片都采用 HB-13 型红色玻璃。在可见光谱区域内，这种玻璃的光谱透过率曲线具有良好的截止性。

（3）测量下限较低。在被测对象处于较低温度，如 800℃时，其光谱辐射以红光和红外区域为主。它们透过非红色滤光片的辐射能量很小，甚至无法通过。而使用红色滤光片则能通过较多的辐射能量。因此使用红色滤光片可以测量较低的温度，从而使光学高温计的测温下限有所降低。

（c）光学高温计灯泡

光学高温计灯泡的灯丝位于光学系统中物镜成像的位置，是光学高温计的核心部件，又被称为标准灯。其重要性表现在以下两个方面：（1）高温计的亮度温度是以标准灯泡电流形式记录与保存的；（2）作为高温计亮度比较的测量标准。因此，高温计的准确性和复现性在很大程度上取决于标准灯本身的稳定性和复现性。

通过灯泡灯丝的电流与它的亮度温度成单值函数关系，电流越大，灯丝的温度越高，其亮度也越亮，其函数一般用级数形式表示，即

$$I = a + bt + ct^2 + dt^3 + \cdots \tag{2-100}$$

式中 I——高温计标准灯灯丝的电流，A；

t——与 I 对应的灯丝亮度温度，℃；

$a, b, c, d, \cdots$——常数，其值取决于标准灯。

为了提高标准灯的稳定性，应采取以下两个措施：

（1）对标准灯进行充分的老化或退火。其目的在于使标准灯中的灯丝（钨丝）在高温下充分地完成最后的结晶。

（2）严格控制高温计标准灯在1400℃以下的亮度温度范围内使用。当亮度温度超过1400℃时，灯丝会过热氧化或灯丝阻值发生变化，从而改变了温度和灯丝电流的关系；同时，灯丝开始升华而在玻璃泡上形成暗黑的薄膜，改变了灯丝亮度特性，造成误差。因此，在测量1400℃以上温度时，应转动物镜筒侧之旋钮，插入吸收玻璃，减弱被测物体的亮度，以确保在标准灯泡钨丝不过热的情况下增加高温计的测量范围。

（d）吸收玻璃

设被测物体的亮度温度 T_s 高于1400℃，经过吸收玻璃后亮度减弱，设减弱后的亮度温度 T_0 低于1400℃，则吸收玻璃的减弱度定义为

$$A = \frac{1}{T_0} - \frac{1}{T_s} = \frac{\lambda}{c_2}\ln\frac{1}{\tau_\lambda} \tag{2-101}$$

式中 A——吸收玻璃的减弱度，$℃^{-1}$；

T_0——被测物体经吸收玻璃减弱后的亮度温度，℃；

T_s——被测物体未经吸收玻璃的亮度温度，℃；

τ_λ——吸收玻璃的光谱透射系数，定义为透射的单色辐射亮度和入射的单色辐射亮度之比，即

$$\tau_\lambda = \frac{L_\lambda(\lambda_c, T_0)}{L_\lambda(\lambda_c, T_s)} \tag{2-102}$$

$L_\lambda(\lambda_c, T_0)$——被测物体经吸收玻璃减弱后的单色辐射亮度，$W/(m^3 \cdot sr)$；

$L_\lambda(\lambda_c, T_s)$——被测物体未经吸收玻璃的实际单色辐射亮度，$W/(m^3 \cdot sr)$。

在测量高温（1800～3200℃）时，有的仪表在物镜前再加一块吸收玻璃，其总的减弱度将是各片吸收玻璃减弱度之代数和。

减弱度同有效波长一样，也是光学高温计的特征参数之一。由式（2-101）可见，吸收玻璃的减弱度 A 与辐射源的温度无关，是一个常数。这样，就可把光学高温计的量程拓展，如表2-15所示。

表 2-15 国产常用光学高温计的量程和测温范围

型 号	量 程	测温范围/℃	型 号	量 程	测温范围/℃
WGG_2-201	Ⅰ	700 ~ 1500	WGG_3-301	Ⅰ	700 ~ 1500
	Ⅱ	1200 ~ 2000		Ⅱ	1200 ~ 2000
WGG_2-323	Ⅰ	1200 ~ 2000		Ⅲ	1600 ~ 3000
	Ⅱ	1800 ~ 3200	WGJ_4-601	Ⅰ	700 ~ 1500
WGG_2-302	Ⅰ	700 ~ 1500		Ⅱ	1200 ~ 2000
	Ⅱ	1200 ~ 3000		Ⅲ	1800 ~ 3000
				Ⅳ	2200 ~ 6000

(e) 信号处理系统

信号处理系统由电源、可变电阻器、电测仪器或显示仪表组成。它们与高温计标准灯组成了一个直流电路，其作用主要包括以下 3 点：

(1) 向高温计标准灯提供电源；

(2) 调节标准灯电流，以实现亮度平衡；

(3) 在完成亮度平衡后，测量标准灯的电流值，并显示温度。

b 工作原理

图 2-55 是灯丝隐灭式光学高温计的原理示意图。当合上按钮开关 K 时，标准灯的灯丝由电池 E 供电。灯丝的亮度取决于流过电流的大小，调节滑动电阻 R 可以改变流过灯丝的电流，从而调节灯丝亮度。毫伏计用来测量灯丝两端的电压，该电压随流过灯丝电流的变化而变化，间接地反映出灯丝亮度的变化。被测对象发出的辐射能经物镜清晰地成像在灯丝平面上，形成背景。观测者目视比较背景的光谱辐射亮度（等于被测物体的光谱辐射亮度 $L_{m\lambda}$）和灯丝的光谱辐射亮度 $L_{f\lambda}$，会出现表 2-16 所示的 3 种情况。

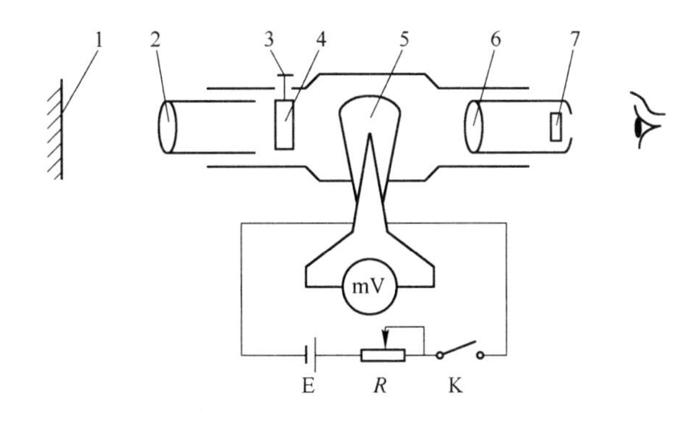

图 2-55 光学高温计原理示意图

1—被测物体；2—物镜；3—旋钮；4—吸收玻璃；5—标准灯；6—目镜；7—红色滤光片；mV—毫伏计；E—供电电源；R—滑动变阻器

表 2-16 灯丝与背景亮度比较的 3 种情况

亮度比较	$L_{f\lambda} < L_{m\lambda}$	$L_{f\lambda} > L_{m\lambda}$	$L_{f\lambda} = L_{m\lambda}$
现 象	灯丝太暗，即灯丝在相对较亮的背景上显现出较暗的弧线	灯丝太亮，即灯丝在相对较暗的背景下显现出较亮的弧线	灯丝消隐，即灯丝顶端的轮廓消隐在被测目标的影像中

续表 2-16

亮度比较	$L_{f\lambda} < L_{m\lambda}$	$L_{f\lambda} > L_{m\lambda}$	$L_{f\lambda} = L_{m\lambda}$
图 示	1 2		
原 因	供电电流过小	供电电流过大	达到亮度平衡
调 节	调小可变电阻 R	调大可变电阻 R	保持可变电阻 R 不变

注：1—被测物体的像；2—灯丝的像。

可见，通过调节滑动电阻 R 使灯丝顶端的轮廓消隐在被测对象所形成的背景中，此时灯丝亮度 $L_{f\lambda}$ 就等于被测物体亮度 $L_{m\lambda}$。在黑体炉上预先进行仪表分度，即确定灯丝在特定波长（0.66μm 左右）上的亮度、电流和温度之间的对应关系。这样，实际测温达到亮度平衡时，毫伏计的读数即反映出被测对象的亮度温度值，再用光谱发射率进行修正，即可得到被测对象的真实温度。因此，毫伏计的标尺可按温度进行刻度。

思考：灯丝隐灭式光学高温计的工作原理是如何反映负反馈思想的？高温计相当于什么控制系统？

c 性能指标

工业用隐丝式光学高温计主要用于测量物体表面亮度温度，测温范围为 800 ~ 3200℃，工作距离为 700 ~ ∞ mm。工作环境为：温度 10 ~ 50℃，相对湿度不大于 85%。工业用 WGG_2 型隐丝式光学高温计的性能指标应符合表 2-17 的规定。

表 2-17 工业用 WGG_2 型隐丝式光学高温计性能指标

准确度等级	测温范围/℃	量 程	测温范围/℃	允许基本误差/℃	允许变差/℃
1.5	800 ~ 2000	1	800 ~ 1500	±22	11
		2	1200 ~ 2000	±30	15
	1200 ~ 3200	1	1200 ~ 2000	±30	15
		2	1800 ~ 3200	±80	60
1.0	800 ~ 2000	1	800 ~ 1400	±14	9
		2	1200 ~ 2000	±20	12
	1200 ~ 3200	1	1200 ~ 2000	±20	12
		2	1800 ~ 3200	±50	30

注：1. 允许制造测量下限为 700℃的和多测量范围的高温计；2. 准确度等级是按 900 ~ 2000℃的测量范围确定的。

d 特点

光学高温计应用历史最长，具有结构简单，使用方便，测量范围广等优点，其缺点主要有：（1）必须用人眼判断亮度平衡，确定灯丝隐灭，因此容易带有主观误差；（2）无法实现自动记录、控制和调节，不能用于自动控制中；（3）受人眼限制，测量下限为 700℃。

近 30 年来迅速发展的光电高温计，以光电元件代替人眼进行测量，可以弥补以上缺点。

B 光电高温计

20 世纪 70 年代以后，开始将微处理器应用于光电高温计，使仪器智能化和小型化，进而提高仪器测量的准确度。

光电高温计按探测头结构可分成直接式、调制式、辐射平衡式、恒温式和环境温度补偿式等，这主要是由光电元件特性决定的。

光电高温计按敏感元件不同可分为：用 PbS 光敏电阻作敏感元件的 WDH 型光电高温计、用硅光电池作敏感元件的 WDL 型光电高温计、用于检定工作用辐射温度计的标准光电高温计和作为辐射高温计最高标准的直流光电比较仪等。

a 光电高温计的优点

光电高温计也是亮度法测温仪表，其理论基础和工作过程与光学高温计完全相同。所不同的是：

（1）光电高温计是用光电元件代替人眼作敏感元件，因而避免了人眼判断的主观误差，可以实现自动测量。

（2）不受人眼光谱敏感范围限制，可以扩展测温范围。

（3）与滤光片配合，可以优选测温波段，易避开水蒸气、二氧化碳等吸收带，使温度计更适合于工业恶劣环境下测温。

硅光电池或称硅光电管，是应用最广泛的光电探测器之一，尤其适合于 700℃ 以上的高温范围，本书就以此为例加以介绍。硅光电池光电高温计的优点主要有：

（1）光谱发射率变化产生的误差小。

由式（2-91）可得亮度温度计由于光谱发射率变化引起的亮度误差为

$$\frac{\mathrm{d}T_s}{T_s} = \frac{\lambda_c T_s}{c_2}\frac{\mathrm{d}\varepsilon_\lambda}{\varepsilon_\lambda} \tag{2-103}$$

令 $n = \frac{c_2}{\lambda_c T_s}$，则

$$\frac{\mathrm{d}T_s}{T_s} = \frac{1}{n}\frac{\mathrm{d}\varepsilon_\lambda}{\varepsilon_\lambda} \tag{2-104}$$

由式（2-104）可见，具有大 n 值的亮度温度计，由于发射率变化引起的亮度温度误差小。硅光电池光电温度计有效波长在 1μm 左右，其 n 值较大。n 值与仪表有效波长及测温范围之间关系如图 2-56 所示。

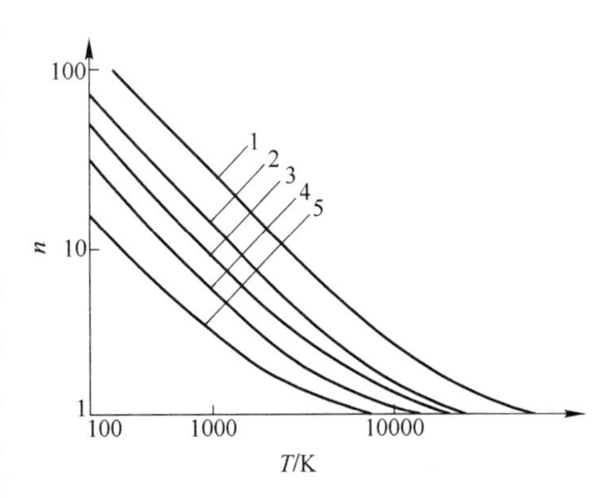

图 2-56 n 值与有效波长和测温范围的关系

1—$\lambda_e = 1\mu m$；2—$\lambda_e = 2\mu m$；3—$\lambda_e = 3\mu m$；4—$\lambda_e = 5\mu m$；5—$\lambda_e = 10\mu m$

（2）灵敏度高。硅光电池光电高温计对目标辐射取一个很窄的波段，其有效波长约为 1μm，因此透镜聚焦产生的色差小，视场光阑可以取得很小。由于硅光电池本身灵敏度高，故硅光电池光电高温计的灵敏度比同温度范围内的以热电堆为探测器的全辐射温度计高许多，如表 2-18 所示。因此可用 WDL 型光电高温计测量小目标或测量较远目标的温度。

表 2-18 硅光电池光电高温计与热电堆全辐射温度计灵敏度比较

目标温度/℃	700	1000	1500	2000
灵敏度之比	1	6	24	60

（3）使用波长范围宽。光电高温计的关键是采用尽可能理想的敏感元件来代替人眼进行工作。由图 2-52 可见，硅光电池的光谱响应波段为 0.4 ~ 1.2μm，使用敏感元件后，使用波长范围不像光学高温计受人眼睛光谱敏感度的限制，而是可见光和红外光范围均可使用，其测量下限可向低温扩展。

（4）响应速度快。硅光电池的响应时间为微秒级，变送器的响应时间可在毫秒以下，整机的响应时间取决于信号处理单元的响应时间。表 2-19 列出了由各种探测器组成的变送器的响应速度。从中可见，硅光电池比其他光敏元件的响应速度高很多倍，所以更适合于温度的动态测量，如热连轧钢板的表面温度测量。

表 2-19　由各种探测器组成的变送器的响应速度

探测器	硅光电池	热电堆	PbS	光电管	InSb
响应速度/s	0.0005 ~ 0.001	0.05 ~ 5.0	0.01 ~ 1.0	0.005 ~ 0.5	0.01 ~ 1.0

（5）受水蒸气吸收影响小。很多工业生产线上，水蒸气较多，并且有的工件上有时还存在水膜。如热轧厂轧制线上的水蒸气就较多，且带钢表面上还存在水膜。为减小水蒸气对测量的影响，应选择硅光电池，它的响应率 μ（探测器输出电压与输入辐射功率之比）和水蒸气吸收峰 α 如图 2-57 所示。由图可见，采用工作波长在 1μm 以下的硅光电池高温计，不仅可以躲过水蒸气的几个主要吸收带，而且水膜对 1μm 以下波段的辐射透过率较高，因此可减少测量误差。

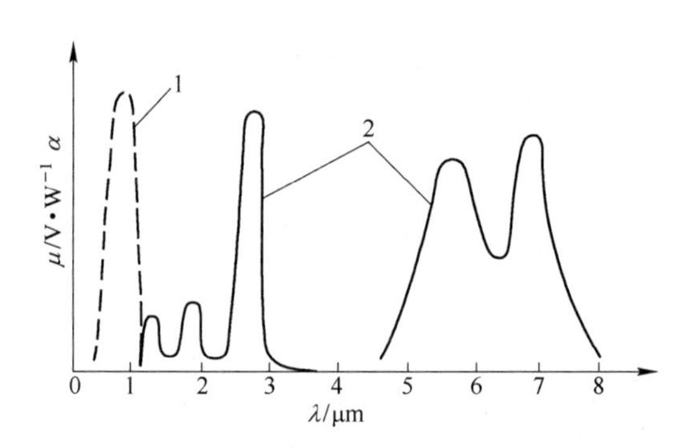

图 2-57　硅光电池响应率和水蒸气吸收峰

1—硅光电池响应率；2—水蒸气吸收率

（6）准确度高。光电高温计克服了光学高温计靠人眼判断亮度平衡，易造成主观误差的缺点，具有较高准确度。例如在测量 1400℃ 温度时，光学高温计的亮度误差为 ±5℃，而标准光电高温计在此范围内的综合误差仅为 ±1.1℃。

（7）测温范围宽。光学高温计的测温下限为 700℃，而光电高温计的测量下限可达低温段。

（8）易于形成温度的闭环控制。光电高温计不仅可实现温度的自动测量，若附加调节器，它可与被测对象一起形成闭环控制系统，实现温度的自动调节。

b　结构

WDL 型光电高温计的结构示意图见图 2-58。被测物体发射的辐射能由物镜聚焦，通过光阑和遮光板上的窗口，透过装于遮光板内的红色滤光片（图中未画出）射至光电探测器，即硅光电池上。被测物体发出的光束必须盖满孔，这可用瞄准系统进行观察和调节。瞄准系统是由瞄准透镜、反射镜和观察孔组成。从标准灯发出的辐射能通过遮光板上的窗口，透过上述的红色滤光片也投射到硅光电池上。在遮光板前面放置光调制器，如图2-58(b)所示。光调制器的激磁绕组通以50Hz的交流电，所产生的交变磁场与永久磁钢相互作用使调制片产生50Hz的机械振动，交替地打开和遮住窗口13和15，使被测物体和标准灯泡的光谱辐射亮度 $L_{\lambda1}$ 和 $L_{\lambda2}$ 交替的投射到硅光电池上，并在硅光电池上叠加。由于 $L_{\lambda1}$ 和 $L_{\lambda2}$ 呈180°的相位差，因此在硅光电池上产生一个频率与光调制器相同，幅值与 $\Delta L = L_{\lambda1} - L_{\lambda2}$ 成比例的交流信号 $\Delta\tilde{u}(\tilde{I})$，光电流 $\tilde{I}$ 再送至前置放大器和主放大器依次放大。主放大器由倒相器、差动相敏放大器和功率放大器组成，功放输出的直流电流 I 流过标准灯，标准灯的亮度取决于 I 值。电子电位差计用来自动指示和记录 I 的数值，刻度为温度值，经光谱发射率修正后即可获得被测物体的真实温度。

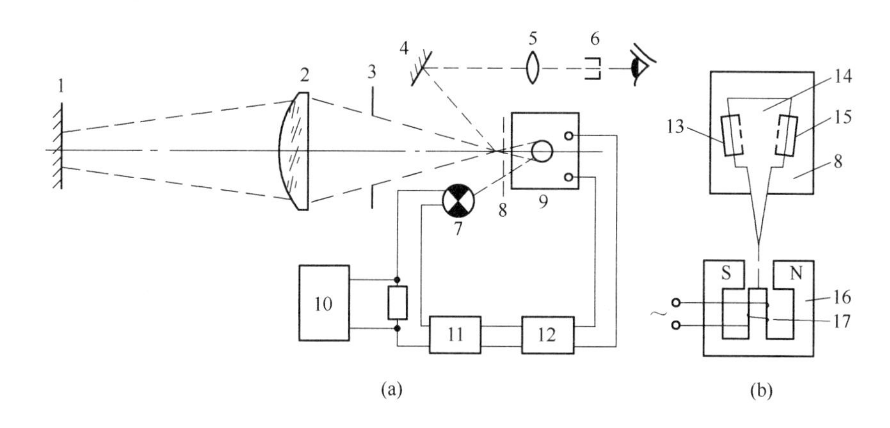

图2-58 WDL型光电高温计

(a) 结构示意图；(b) 光调制器

1—被测物体；2—物镜；3—光阑；4—反射镜；5—透镜；6—观察孔；7—标准灯；8—遮光板；9—光电器件（硅光电池）；10—电位差计；11—主放大器；12—前置放大器；13，15—小孔（窗口）；14—光调制片；16—永久磁钢；17—激磁绕组

c 工作原理

为了减少硅光电池性能参数的变化及电源电压波动对测量结果的影响，WDL型光电高温计采用负反馈原理进行工作。首先利用硅光电池将被测对象与标准灯泡的亮度分别转换为电信号，再经放大后送往检测系统进行测量和比较。当两个电信号之差等于零，即说明被测对象与标准灯泡的光谱辐射亮度 $L_{\lambda1}$ 和 $L_{\lambda2}$ 相等，则标准灯泡的亮度温度即为被测对象的亮度温度。此时 $\tilde{I}=0$ 时，I 稳定不变，且与被测物体的光谱辐射亮度 $L_{\lambda1}$ 对应。当两光谱辐射亮度 $L_{\lambda1}$ 和 $L_{\lambda2}$ 不相等时，$\tilde{I}\neq0$，I 将根据 $L_{\lambda1}$ 的变化趋势而变化，直至 $\tilde{I}$ 重新为零，I 又稳定在一个与新的 $L_{\lambda1}$ 相应的数值上。

由于采用了光电负反馈，仪表的稳定性能主要取决于标准灯的“电流-光谱辐射亮度”特性关系的稳定程度。

2.3.2.3 使用注意事项

A 工作波段的选择

对亮度温度计，工作波段的选择是很重要的。使用时，应该遵循下列准则：

（1）对于金属材料，它们的光谱发射率随着波长的增大而减小，因此选择短波是有利的。

（2）对于大多数玻璃和某些陶瓷材料来说，它们在短波下是部分透明的，从而难以测量。因此，选择较长的工作波长对于这些材料的准确温度测量是必须的。

（3）塑料材料的光谱发射率曲线表明，它们在红外区域内的一定波长下具有峰值。因此，工作波段应选择在峰值波长附近。

（4）在低温测量中，由于辐射能量很小。所以必须要考虑大气吸收。在一定光谱区域内，大气吸收为最小，因此常选择该区域作为工作波段进行测量。该区域的波长范围大约是 8 ~ 14μm，也称为“大气窗口”。

B　非黑体辐射的影响

亮度温度计是按黑体分度的，由于被测物体是非绝对黑体，所以测得物体的亮度温度总是低于真实温度。要得到真实温度，需按式（2-94）进行修正。其前提是获得光谱发射率的准确值，即亮度温度计的准确度取决于光谱发射率的准确性，有关发射率的影响因素分析和采取的措施详见 2.3.6.1 节。

C　光电器件分散性

由于标准灯和硅光电池等光电器件的特性分散性大，致使元件的互换性差，在更换它们时，必须对整个仪表进行重新刻度和调整。

D　中间介质影响

在光学高温计和被测物体之间，如果存在灰尘、烟雾、水蒸气和二氧化碳等中间介质将使测量值偏低。相反，外来反射光线（如日光、火焰、强的照明光等）可使测量值增加。因此，尽管理论上光学高温计与被测目标间没有距离上的要求，但在实际使用时，为减少外来光的干扰，可对温度计采用遮光装置；为减少中间介质的吸收，光学高温计应距被测物体不宜太远，一般在 1 ~ 2m 内比较合适，参见 2.3.6 节。

E　周围环境的影响

工业用亮度温度计通常在 10 ~ 50℃ 环境温度下使用，否则标准灯会受环境温度影响产生较大误差。仪表内部可调线圈电阻也会随温度变化产生附加误差。此外，温度计工作现场应避免有强磁场的干扰。

F　被测对象

亮度温度计不宜测量反射光很强的物体，也不能测量不发光的物体。

G　其他

流过标准灯的电流方向应与分度时保持一致，瞄准系统的调节应确保形成清晰完整的图像等。

2.3.3 比色温度计

通过测量被测物体在两个不同指定波长下的光谱辐射亮度之比来实现测温的仪表，被称为比色温度计或颜色温度计。目前，它已广泛应用于冶金、水泥、玻璃等工业部门，用来测量铁液、钢水、熔渣及回转窑中水泥等温度。

2.3.3.1 测温原理

A　基本原理

式（2-72）给出了黑体在两个指定波长 λ_{c1} 和 λ_{c2}（实际上是两个波段 $\lambda_{c1}+\mathrm{d}\lambda_1$ 和 $\lambda_{c2}+\mathrm{d}\lambda_2$）上单色辐射亮度的比值 $\Phi(T)$ 与温度的关系，对于非黑体则有

$$\frac{L_{\lambda}(\lambda_{c1},T)}{L_{\lambda}(\lambda_{c2},T)}=\frac{\varepsilon_{\lambda_{c1}}c_1\lambda_{c1}^{-5}\mathrm{e}^{-c_2/(\lambda_{c1}T)}}{\varepsilon_{\lambda_{c2}}c_1\lambda_{c2}^{-5}\mathrm{e}^{-c_2/(\lambda_{c2}T)}}=\frac{\varepsilon_{\lambda_{c1}}}{\varepsilon_{\lambda_{c2}}}\left(\frac{\lambda_{c1}}{\lambda_{c2}}\right)^{-5}\mathrm{e}^{\frac{c_2}{T}\left(\frac{1}{\lambda_{c2}}-\frac{1}{\lambda_{c1}}\right)}=\Phi(T) \tag{2-105}$$

由上式可知，只要测得被测物体在两个指定波长 λ_{c1} 和 λ_{c2} 上单色辐射亮度的比值 $\Phi(T)$，并确定对应的光谱发射率，就可求得被测物体的真实温度 T，即有

$$T=\frac{c_2\left(\frac{1}{\lambda_{c2}}-\frac{1}{\lambda_{c1}}\right)}{\ln\Phi(T)-\ln\frac{\varepsilon_{\lambda_{c1}}}{\varepsilon_{\lambda_{c2}}}-5\ln\frac{\lambda_{c2}}{\lambda_{c1}}} \tag{2-106}$$

B　颜色温度

为具有通用性，比色温度计是按黑体刻度的，用这种刻度的温度计去测量实际物体，所得到的温度示值被称为被测物体的“颜色温度”。在两个指定波长 λ_{c1} 和 λ_{c2} 下，若黑体在温度为 T_c 时单色辐射亮度之比 $\Phi_b(T_c)$ 和实际物体在温度为 T 时的单色辐射亮度之比 $\Phi(T)$ 相等，即 $\Phi_b(T_c)=\Phi(T)$，则称 T_c 为被测物体的颜色温度，两者的关系用下式表示：

$$\frac{1}{T}-\frac{1}{T_c}=\frac{\ln\frac{\varepsilon_{\lambda_1}}{\varepsilon_{\lambda_2}}}{c_2\left(\frac{1}{\lambda_{c1}}-\frac{1}{\lambda_{c2}}\right)} \tag{2-107}$$

由式（2-107）可见：根据被测物体的光谱发射率与波长的关系特性，颜色温度 T_c 可小于、等于或大于真实温度 T。

2.3.3.2　典型比色温度计

比色温度计按照它的分光形式和信号的检测方法，可分为单通道与双通道式两种。所谓通道是指在比色温度计中使用探测器（检测元件）的个数。单通道比色温度计使用一个检测元件，被测目标辐射的能量被调制轮流经两个不同的滤光片，射入同一检测元件上。双通道比色温度计使用两个检测元件，分别接受两种波长光束的能量。单通道比色温度计又分为单光路式和双光路式两种。所谓光路是指光束在进行调制前或调制后是否由一束光分成两束进行分光处理。没有分光的为单光路，分光的为双光路。双通道比色温度计又分为调制式与非调制式。无论哪种比色温度计，都要计算两个光谱辐射亮度的比值。

A　单通道单光路比色温度计

图2-59是单通道单光路比色温度计的结构示意图。被测物体的辐射能量经物镜聚焦，经过通

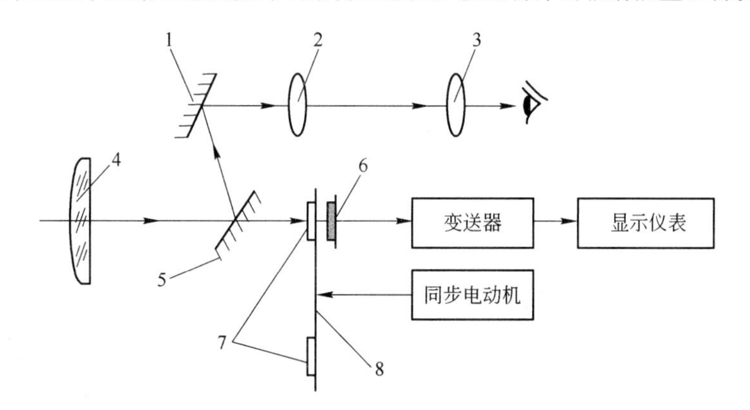

图2-59　单通道单光路比色温度计

1—反射镜；2—倒像镜；3—目镜；4—物镜；5—通孔反射镜；6—硅光电池；7—滤光片；8—光调制转盘

孔反射镜而达到光电探测器，即硅光电池上。通孔反射镜的中心开设一通光孔，其大小可根据距离系数而变，其边缘经抛光后进行真空镀铬。同步电动机带动光调制转盘转动，转盘上装有两种不同颜色的滤光片，交替通过两种波长的光。硅光电池输出两个相应的电信号送至变送器进行比值运算、线性化。图中，反射镜、倒像镜和目镜组成瞄准系统，用于调节该温度计。

该温度计的特点为：（1）由于采用一个检测元件，仪表稳定性较高；（2）结构中带有光调制转盘，使温度计的动态品质有所下降；（3）牌号相同的滤光片之间透过率（或厚度）的差异会影响测量准确度。

B　单通道双光路比色温度计

图 2-60 是单通道双光路比色温度计的结构示意图。被测物体的辐射由分光镜（干涉滤光片）分成两路不同波长的辐射光束，分别通过各自的滤光片和反射镜，经光调制转盘调制，交替投射到同一个硅光电池上，转换成相应的电信号，再经变送器处理实现比值测定后，送显示器显示。

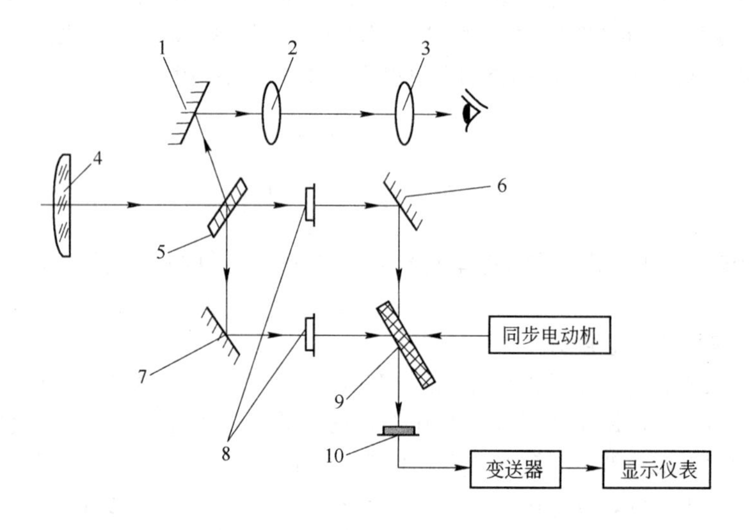

图 2-60　单通道双光路比色温度计

1，6，7—反射镜；2—倒像镜；3—目镜；4—物镜；5—分光镜；8—滤光片；9—光调制转盘；10—硅光电池

单通道双光路比色温度计具有和单通道单光路比色温度计一样的优点（稳定）和缺点（动态品质差）。此外，它还有助于克服各滤光片特性差异的影响，提高了测量准确度；但结构较复杂，光路调整困难。

单通道比色高温计的测温范围为 900 ~ 2000℃，仪表基本误差为 1%。如果采用 PbS 光电池代替硅光电池作为光电探测器，则测温下限可达 400℃。

C　双通道比色温度计

双通道非调制式比色温度计不像单通道那样采用振动圆盘进行调制，而是采用分光镜（干涉滤光片或棱镜）把被测目标的辐射分成不同波长的两束，且分别投射到两个光电探测器上，其结构示意图如图 2-61 所示。

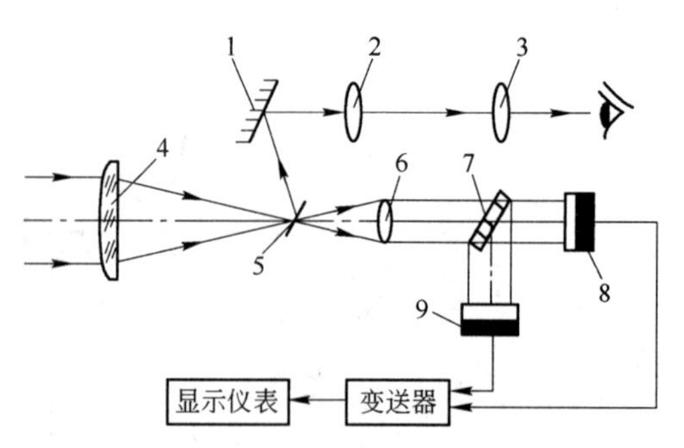

图 2-61　双通道非调制式比色高温计

1—反射镜；2—倒像镜；3—目镜；4—物镜；5—通孔反射镜；6—透镜；7—分光镜；8，9—硅光电池

被测物体的辐射能经物镜 4 聚焦于通孔反射

镜5上，再经透镜6入射到分光镜7上。红外光透过分光镜后投射到硅光电池8上；可见光则被分光镜反射到另一硅光电池9上。在8的前面有红色滤光片将少量可见光滤去，在9的前面有可见光滤光片将少量长波辐射能滤去，两个硅光电池的输出信号的比值即可模拟颜色温度。图中，反射镜1、倒像镜2和目镜3组成瞄准系统，用于调节该温度计。

双通道调制式比色温度计与双通道非调制式比色温度计较为相似，所不同的是，经分光镜分光和反射镜反射后所形成的两束辐射，要先通过带通孔的光调制转盘同步调制后，再投射到两个带不同滤光片的检测元件上。

双通道比色温度计结构简单，使用方便，动态品质较高，但两个硅光电池要保持特性一致且不发生时变是比较困难的，因此测量准确度及稳定性较差。

与此原理类似，还有三波长、四波长、六波长辐射温度计等。此外还有基于比色测温的减比测温法，即3个辐射亮度彼此相减后再求比，利用比值与温度的关系测温。该方法不仅保留了比色测温法的优点，且使测温灵敏度、抗干扰能力等有较大提高。

上述比色高温计中选用的两波长分别为可见光与红外光。如果两个波长均选在红外光波段，则该仪表称为红外比色温度计，可用来测量较低温度。

2.3.3.3 特点和使用注意事项

A 特点

比色温度计除具有亮度温度计的主要优点外，还具有以下优点：

(1) 测温准确度高。

设被测物体在对应仪表所选的两个波长 λ_{c1} 和 λ_{c2} 下，其光谱发射率为 $\varepsilon_{\lambda_{c1}}$ 和 $\varepsilon_{\lambda_{c2}}$，则由式(2-107)可见：

1) 当 $\varepsilon_{\lambda_{c1}}=\varepsilon_{\lambda_{c2}}$ 时，即被测物体为灰体时，颜色温度就等于被测物体的真实温度，而与光谱发射率无关，因此测量的准确度高。这是比色温度计的最大优点。

2) 对大多数金属材料，光谱发射率随波长的增大而减小。若 $\lambda_{c1}>\lambda_{c2}$，则 $\varepsilon_{\lambda_{c1}}<\varepsilon_{\lambda_{c2}}$，反之亦然，此时，颜色温度总是大于真实温度，即 $T_c>T$。

3) 对大多数非金属材料，光谱发射率随波长的增大而增大。若 $\lambda_{c1}>\lambda_{c2}$，则 $\varepsilon_{\lambda_{c1}}>\varepsilon_{\lambda_{c2}}$，反之亦然，此时，颜色温度总是小于真实温度，即 $T_c<T$。

(2) 发射率的变化对仪表示值的影响很小。因为实际物体的光谱发射率 ε_λ 受环境的影响较大，但同一种物体 ε_{λ_1} 与 ε_{λ_2} 比值的变化受环境影响很小，因而可以减小黑度变化对测温的影响。这也可由式(2-107)直接推出，在正确选择工作波段的前提下，$\varepsilon_{\lambda_{c1}}\approx\varepsilon_{\lambda_{c2}}$，则被测物体的颜色温度要比亮度温度和辐射温度更接近于真实温度。

(3) 可在较恶劣的环境下工作。通过比值计算，比色温度计既可减小粉尘、烟雾等非选择性吸收的稀薄介质对测量结果的影响；还可在合理选择工作波段的基础上，减小选择性吸收介质对测量结果的影响。

(4) 测温响应快，可用于测量小目标的温度。

B 使用注意事项

比色温度计除了像亮度温度计一样要考虑非黑体辐射的影响、光电器件分散性和中间介质影响之外，还应特别注意以下两点：

(1) 工作波段的选择。

由以上分析可知，工作波段是决定比色温度计准确度的重要因素。使用时，应根据以下两个原则优选 λ_{c1} 和 λ_{c2}：

1）保证对应波长的两个光谱发射率 $\varepsilon_{\lambda_{c1}} \approx \varepsilon_{\lambda_{c2}}$。例如，严重氧化的钢铁表面一般可近似看作灰体，在温度为1200K时，在 $\lambda = 0.6\mu m$ 附近的光谱发射率均为0.8。若将两个波长 λ_{c1} 和 λ_{c2} 选择在此波段，则可在比色运算中将光谱发射率抵消。这时仪表的示值即颜色温度可认为近似等于被测物体的真实温度，而不需修正。

2）应避免中间介质对仪表所选用的两个波长中任一波长有明显吸收峰或受反射光的干扰，这样会增加仪表的测量误差，其准确度可能低于全辐射温度计，严重时仪表甚至无法正常工作。

（2）注意检查元器件的稳定性与非对称性引起的测温误差。

2.3.4 全辐射温度计

全辐射温度计又称为辐射感温器，是基于斯忒藩-玻耳兹曼定律设计的。其优点是接受辐射能力大，灵敏度高，坚固耐用，结构简单，价格便宜，可测较低温度并能自动显示或记录，如与毫伏计配套使用，可不用电源。缺点是由于光谱通带宽，不能避开水蒸气、CO_2 等吸收带，因此受中间介质影响很大。

由于任何光学系统都不可能全部透光或反射全波长的辐射能，因而为确切起见，有的书将其称为辐射温度计。

2.3.4.1 测温原理

A 基本原理

全辐射高温计是根据绝对黑体在整个波长范围内的辐射出度与其温度之间的函数关系，即斯忒藩-玻耳兹曼定律设计的：

$$M(T) = \varepsilon\sigma T^4 \tag{2-108}$$

式中 $M(T)$——实际物体的辐射出度，W/m^2；

ε——实际物体的发射率；

σ——斯忒藩-玻耳兹曼常数，$\sigma = 5.6697 \times 10^{-8} W/(m^2 \cdot K^4)$。

B 辐射温度

全辐射高温计是按黑体分度的，用它测量发射率为 ε 的实际物体温度时，其示值并非真实温度，而是被测物体的“辐射温度”。

辐射温度的定义为：若物体在温度为 T 时的辐射出度 $M(T)$ 和黑体在温度为 T_p 时的辐射出度 $M_b(T_p)$ 相等，则把黑体温度 T_p 称为被测物体的辐射温度。即有

$$M(T) = \varepsilon\sigma T^4 = M_b(T_p) = \sigma T_p^4 \tag{2-109}$$

式中 T——被测物体的真实温度，K；

T_p——被测物体的辐射温度，K。

则辐射温度为

$$T = T_p \sqrt[4]{1/\varepsilon} \tag{2-110}$$

由于发射率 ε 总是小于1，所以测到的辐射温度 T_p 总是低于实际物体的真实温度 T。ε 越接近于1，物体的辐射温度越接近真实温度。在 $\varepsilon = \varepsilon_\lambda$ 的情况下，辐射温度对真实温度的偏离要比亮度温度对真实温度的偏离大得多。

为了描述辐射温度与真实温度的偏离程度，特引进辐射温度修正值的概念，即

$$\Delta T = T - T_p \tag{2-111}$$

附录F给出了辐射温度在不同发射率下的修正值。

2.3.4.2　全辐射温度计的分类

根据收集辐射能方式的不同，可分为：

（1）透镜聚焦式，如国产 WFT-201 型和 WFT-202 型；

（2）反射式，如国产 WFT-101 型；

（3）透镜-反射组合式；

（4）双反射式。

根据热探测器的不同，又可分为：

（1）热电堆式；

（2）热敏电阻式；

（3）双金属片式。

其中热电堆由 4 对、6 对、8 对、16 对或更多的热电偶正向串联组成，大部分仪器都采用热电堆式。按热电堆的结构形式不同又可分为：

（1）星形连接式，如国产 WFT-202 型；

（2）梳形连接式，如国产 WFT-201 型。

表 2-20 给出了国产常用全辐射温度计的主要技术指标，本书仅介绍工业上应用较为广泛的透镜聚焦式全辐射温度计。

表 2-20　国产常用全辐射温度计的主要技术指标

<table>
<tr><th>名　称</th><th>型　号</th><th colspan="2">测温范围/℃</th><th colspan="2">基本误差/℃</th><th>测温距离
L/mm</th><th>距离系数①
L/D</th><th>稳定时间②
/s</th></tr>
<tr><td rowspan="3">透射式全辐射温度计</td><td rowspan="3">WFT-202</td><td>分度号 F_1</td><td>400 ~ 1000
600 ~ 1200</td><td colspan="2" rowspan="3">$t \leqslant 1000$
$\Delta t = \pm 16$;
$1000 < t \leqslant 2000$
$\Delta t = \pm 20$</td><td rowspan="3">1000 ~ 2000</td><td rowspan="3">20</td><td>4
8</td></tr>
<tr><td rowspan="2">分度号 F_2</td><td>900 ~ 1400
1200 ~ 1800</td><td>4
8</td></tr>
<tr><td>700 ~ 1400
900 ~ 1800
1100 ~ 2000</td><td>4
8
20</td></tr>
<tr><td rowspan="3">反射式全辐射温度计</td><td rowspan="3">WFT-101</td><td colspan="2">100 ~ 800</td><td>Ⅰ</td><td>±8</td><td rowspan="3">50 ~ 1500</td><td rowspan="3">8</td><td rowspan="3">4 ~ 5</td></tr>
<tr><td>Ⅰ</td><td>100 ~ 400</td><td rowspan="2">Ⅱ</td><td rowspan="2">±12</td></tr>
<tr><td>Ⅱ</td><td>400 ~ 800</td></tr>
</table>

①距离系数是指全辐射温度计前端到被测对象的距离 L 与被测对象有效直径 D 之比，其值必须大于规定的最小值。

②稳定时间是指全辐射温度计输出值达到稳态值 99% 所需的时间，它反映了热电堆的热惯性。

2.3.4.3　透镜聚焦式全辐射温度计

A　工作原理

透镜聚焦式全辐射温度计的工作原理如图 2-62 所示。被测物体的辐射出度由物镜聚焦，经补偿光阑投射到热探测器的受热靶面（或受热片）上。受热靶面可将所接收的辐射能量转变为热能，而使本身的温度升高。热探测器是由许多正向串联热电偶构成的热电堆，用于产生与受热靶面温度相应的热电势，它与被测对象的温度 T 成 4 次方关系，即

$$E = KM(T) = K\varepsilon\sigma T^4 = K\sigma T_p^4 \tag{2-112}$$

式中　K——与温度计结构有关的常数。

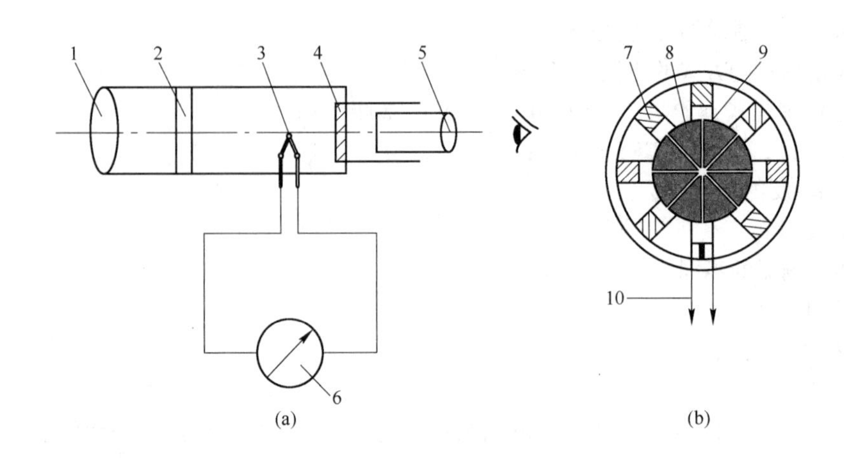

图 2-62　透镜聚焦式全辐射温度计工作原理

（a）温度计工作原理；（b）热电堆原理图

1—物镜；2—补偿光阑；3—热电堆；4—灰色滤光片；5—目镜；6—显示仪表；7—冷端；8—受热靶面；9—热端；10—输出端

B　WFT-202 型全辐射温度计结构

a　内部结构

WFT-202 型全辐射温度计的结构如图 2-63（a）所示。它的外壳采用铝合金材料，物镜是平凸形透镜，直径为 37mm，厚 68mm，装在外壳前端。根据维恩位移定律，当温度为 400℃时，峰值波长在 4.3μm 处。因此，当测温下限为 400℃时，全辐射温度计的透镜材料应选用石英玻璃，此时可透过 0.3～4.0μm 的辐射能。同理，当测温下限为 700℃时，透镜材料应选用 K9 中性光学玻璃，此时可透过 0.3～2.7μm 的辐射能。

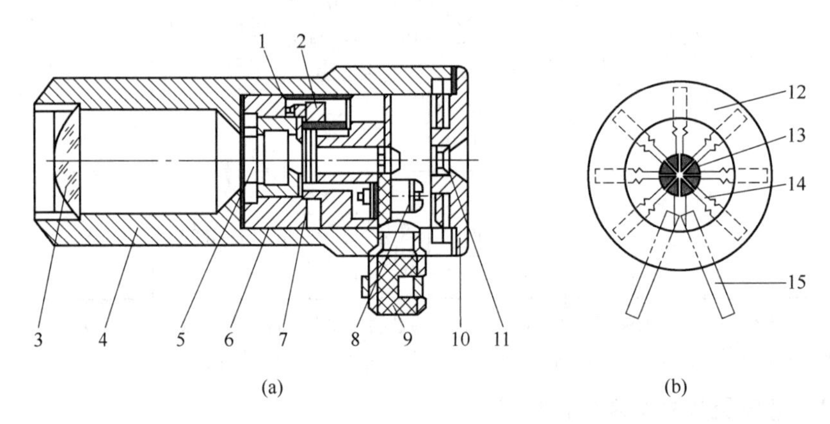

图 2-63　WFT-202 型全辐射温度计结构

（a）温度计结构；（b）热电堆结构

1—校正片；2—小齿轮；3—物镜；4—外壳；5—补偿光阑；6—座架；7—热电堆；8—接线柱；9—穿线套；10—后盖；11—目镜；12—云母基片；13—受热靶面；14—热电偶丝；15—引出线

壳体内装有一开孔的圆筒铝合金座架，座架上装有热电堆和补偿光阑，补偿光阑可实现热电偶冷端温度的自动补偿。为了统一刻度并使全辐射温度计误差在规定的允许基本误差范围内，在全辐射高温计内设计有校正器。即在贴近热电堆的视场光阑上设置校正片，安装在与小齿轮相啮合的偏心齿圈上，而齿圈套在偏心的金属架上。它的作用是调节入射到热电堆上的辐射能量，使热电堆的输出量与对应的热电势保证在规定的范围内。

目镜装在后盖上，起放大作用，用来观察被测物体。目镜前装有灰色玻璃，用来削弱光强，保护观察者的眼睛。整个高温计及壳内涂成黑色以便减少杂光的干扰。

b 热电堆结构

WFT-202 型辐射温度计的热电堆如图 2-63(b)所示。热电堆由 8 对直径为 0.07mm 的镍铬-康铜热电偶正向串联组成，以得到较大的热电势。它们的热端整齐地围成一圈，焊接在 0.01mm 的软镍箔片上，然后分 8 等份切开，使热端呈扁薄箭头状。镍片用电解方法镀上一层黑色的铂黑，以便提高其吸收率。热电堆的冷端焊在金属箔上，固定于贴夹在光电探测器周围的绝缘绝热的云母环中间，引出线接至接线柱上。这种结构的热电堆热端排列紧密、空隙小，能量损失较少，具有较小的热惯性和较高的灵敏度，稳定时间短，仅为 4s。

c 补偿光阑

由于热探测器是热电堆，其热电势由热电偶的热端和冷端的温度决定。当周围环境温度变化时，冷端温度随着变化，其输出电势也随之变化，这就给测量带来误差。因此，热电偶的冷端补偿是决定全辐射高温计准确度的重要因素。为了消除由于冷端温度变化引起的误差，在辐射温度计中采用冷端自动补偿器，即补偿光阑。这种补偿光阑是由双金属片控制的，共有 4 个补偿元件，每个补偿元件的结构和工作过程如图 2-64 所示。

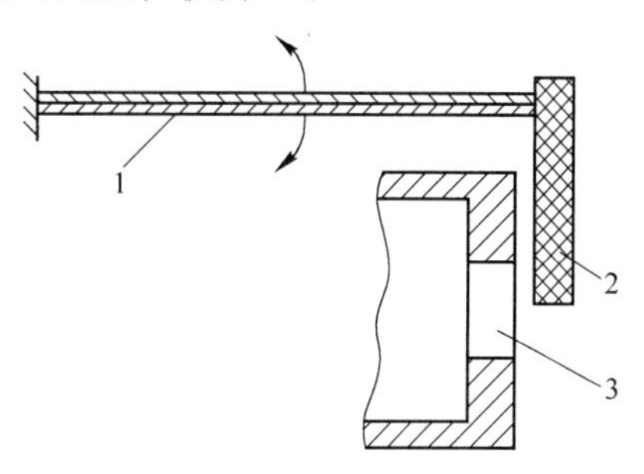

图 2-64 双金属片温度补偿

1—双金属片；2—补偿元件；3—光通道

d 校正器

打开后盖，可以看到有“校正器”字样的标牌。取下标牌，在标志着“校正器”位置的下部有一小孔，用螺丝刀伸入孔中旋动小齿轮，即可改变校正片在视场光阑的位置，进而调节照射到热电堆上的热辐射能量，使输出电势符合统一分度表的要求。具体说就是：当顺时针方向旋动时，可减小校正片的挡光面积，增加受热面的光照面，增加热电堆输出的热电势；反时针旋动，则与上述情况相反。为了防止锈蚀，校正片用 0.05mm 的不锈钢箔制成，表面涂黑。

2.3.4.4 使用注意事项

A 环境温度的影响

使用环境温度的不同，必然引起热电堆参考端温度的变化而造成测量误差。一般当环境温度高于 100℃时必须在水套中加冷水降温，否则将引起较大的误差。例如，被测物体温度为 1000℃，环境温度为 50℃时，全辐射温度计示值偏低约 5℃；环境温度为 80℃时，示值偏低约 10℃。

此外还应采取热电偶冷端温度自动补偿措施，如为了补偿因热电偶冷端温度变化而引起的仪表示值误差，可采用如图 2-64 所示的双金属片进行温度补偿。当仪表的环境温度超过设计温度时（一般取 20℃），热电堆冷端温度随之升高，热端和冷端的温差减小，热电堆输出的热电势也随之减小。与此同时，双金属片的温度随着环境温度的升高而升高。由于两种金属片的膨胀系数不同，双金属片 1 就向上弯曲带动补偿元件 2 向上移动，增加了射入的辐射能量，从而补偿了由于周围温度升高造成仪表示值偏低的误差；相反，当仪表周围环境温度低于设计温度时，双金属片 1 就向下弯曲带动补偿元件 2 向下移动，减少了射入的辐射能量，从而补偿了由于周围温度降低造成仪表示值偏高的误差。

思考： 双金属片的主动层应安在上面还是下面？

B 距离系数

辐射高温计的距离系数是指被测物体到全辐射温度计之间的距离 L 和被测物体的直径 D 之比 L/D。当距离系数较大时，被测物体在热电堆平面上成像太小，不能全部覆盖住热电堆的受热靶心，使热电堆接收到的辐射能减少，温度示值偏低。当距离系数较小时，物像过大使热电堆附近的其他零件受热，参考端温度上升，也造成示值下降。例如 WFT-202 型全辐射温度计，当 $L=1\text{m}$ 时，L/D 为 20，如果此时采用 18，在 900℃时将增加 10℃的误差。

除此之外，还有发射率的影响和环境中介质的影响，详见 2.3.6.1 节。

2.3.5 辐射温度计的性能对比和选择

2.3.5.1 辐射温度计的性能对比

三种常用辐射测温仪表的主要原理和计算公式如表 2-21 所示，其中有关各项说明如下。

表 2-21 辐射测温仪表的原理和性能指标表达式

类型		亮度温度计	比色温度计	全辐射温度计
基本原理		$L_\lambda(\lambda_c,T)=\dfrac{c_1\varepsilon_\lambda}{\pi\lambda^5(e^{c_2/(\lambda_c T)}-1)}$	$\Phi(T)=\dfrac{L_\lambda(\lambda_{c1},T)}{L_\lambda(\lambda_{c2},T)}=\dfrac{\varepsilon_{\lambda_{c1}}}{\varepsilon_{\lambda_{c2}}}\left(\dfrac{\lambda_{c1}}{\lambda_{c2}}\right)^{-5}e^{\frac{c_2}{T}\left(\frac{1}{\lambda_{c2}}-\frac{1}{\lambda_{c1}}\right)}$	$M(T)=\varepsilon\sigma T^4$
表观温度	名称	亮度温度	颜色温度	辐射温度
	数学表达式	$T_s=\left[\dfrac{1}{T}+\dfrac{\lambda_c}{c_2}\ln\dfrac{1}{\varepsilon_\lambda(\lambda_c,T)}\right]^{-1}$	$T_c=\left[\dfrac{1}{T}-\dfrac{\ln\dfrac{\varepsilon_{\lambda_{c1}}}{\varepsilon_{\lambda_{c2}}}}{c_2\left(\dfrac{1}{\lambda_{c1}}-\dfrac{1}{\lambda_{c2}}\right)}\right]^{-1}$	$T_p=T\sqrt[4]{\varepsilon}$
真实温度与表观温度相对偏差		$\dfrac{\Delta T_s}{T}=\dfrac{\lambda_c T_s}{c_2}\ln\dfrac{1}{\varepsilon_\lambda(\lambda_c,T)}$	$\dfrac{\Delta T_c}{T}=\dfrac{T_c\ln\dfrac{\varepsilon_{\lambda_{c1}}}{\varepsilon_{\lambda_{c2}}}}{c_2\left(\dfrac{1}{\lambda_{c1}}-\dfrac{1}{\lambda_{c2}}\right)}$	$\dfrac{\Delta T_p}{T}=1-\varepsilon^{1/4}$
相对灵敏度		$S_s=\dfrac{c_2}{\lambda_c T}$	$S_c=\dfrac{c_2\left(\dfrac{1}{\lambda_{c1}}-\dfrac{1}{\lambda_{c2}}\right)}{T}$	$S_p=4$
发射率误差引起的表观温度误差		$\dfrac{dT_s}{T_s}=\dfrac{\lambda T_s}{c_2}\dfrac{d\varepsilon_\lambda}{\varepsilon_\lambda}$	$\dfrac{dT_c}{T_c}=\dfrac{T_c}{c_2\left(\dfrac{1}{\lambda_{c1}}-\dfrac{1}{\lambda_{c2}}\right)}\dfrac{d\left(\dfrac{\varepsilon_{\lambda_{c1}}}{\varepsilon_{\lambda_{c2}}}\right)}{\dfrac{\varepsilon_{\lambda_{c1}}}{\varepsilon_{\lambda_{c2}}}}$	$\dfrac{dT_p}{T_p}=\dfrac{1}{4}\dfrac{d\varepsilon}{\varepsilon}$

A 表观温度 T'

表观温度指按黑体分度的各类辐射温度计所测得的，未经发射率修正的温度示值。在辐射测温学中，通过引入此概念，才能把物体发射率为未知情况下的实际物体的温度测量同黑体辐射定律直接联系起来。附录 F 列出了常用材料在不同温度下的表观温度和真实温度值。

B 真实温度与表观温度相对偏差

真实温度与表观温度相对偏差定义为真实温度与表观温度之差除以真实温度，即

$$\frac{\Delta T'}{T}=\frac{T-T'}{T} \tag{2-113}$$

如表2-21可见，当温度升高时，亮度温度计和比色温度计的相对偏差随之增加，而全辐射温度计的相对偏差却保持不变。

C 相对灵敏度

相对灵敏度指辐射温度计接受物理量相对变化率与温度相对变化率之比。以亮度温度计为例，相对灵敏度可表示为：

$$S_s=\frac{\mathrm{d}L_\lambda(\lambda_c,T)/L_\lambda(\lambda_c,T)}{\mathrm{d}T/T}=\frac{c_2}{\lambda_c T} \tag{2-114}$$

同理，可得其他辐射温度计相对灵敏度的表达式。

当亮度温度计的 λ_c 等于比色温度计的 λ_{c1} 时，二者的相对灵敏度之比为 $\frac{S_c}{S_s}=\frac{\lambda_{c2}-\lambda_{c1}}{\lambda_{c2}}$。通常情况下，亮度温度计的相对灵敏度最高，比色温度计次之，全辐射温度计较低。故国际温标中以亮度温度计作为高温段的基准仪器。

2.3.5.2 辐射温度计的选择

三种常用辐射测温仪表的选择，应根据被测对象特点、工艺条件和相关要求进行。它们的各自特点和用途列于表2-22中，供读者参考。

表2-22 辐射测温仪表的特点及用途

名称		分类	优点	缺点	用途
亮度温度计	光学高温计	工业隐丝式光学高温计；精密光学高温计；恒亮式光学高温计	结构简单、轻巧、便于携带；测量准确度高；灵敏度高；价格便宜；亮度温度与真实温度偏差小；抗干扰能力强；光路介质吸收及被测对象表面发射率变化对示值影响比一般辐射温度计小	用人眼进行亮度比较和判断时，带有主观误差；无法实现自动测量、记录和控制	广泛应用于工业生产中，可实现对金属熔炼、浇铸、热处理、锻轧等生产过程的非接触测温；标准光电高温计用于科研及作为计量标准进行量值传递
	光电高温计	工业光电高温计；标准光电高温计	可以消除光学高温计的主观误差；测量范围宽，测温下限可达 -50℃；可实现自动测量、记录和控制，其他优点同光学高温计	价格较贵；不适于测量低发射率的物体温度；所选择的波长应避开中间介质的吸收带	
全辐射温度计		简易式辐射温度计；调制放大式辐射温度计；偏差式辐射温度计；零平衡式辐射温度计	结构简单、价格较低；测量准确度比较高；稳定性较好；测温下限低；响应时间短；灵敏度高，输出信号大并可自动记录、控制、调节和远传	抗干扰能力差，光路介质吸收及被测对象表面发射率变化对示值影响大；辐射温度与真实温度偏差大	测量移动、转动、不易或不能安装热电偶、热电阻的高、中、低温对象表面温度；测量需快速自动指示和记录的静止或运动的炙热体表面温度和一般物体的表面温度

续表 2-22

名 称	分 类	优 点	缺 点	用 途
比色温度计	单通道单光路比色温度计；单通道双光路比色温度计；双通道非调制式比色温度计；双通道调制式比色温度计	颜色温度接近真实温度；抗干扰能力强，发射率误差和粉尘、烟雾等非选择性吸收的稀薄介质对测量结果影响小；输出信号可自动记录、控制、调节和远传	结构比较复杂、价格比较昂贵；在辐射通道上若有某种介质对仪表所选用的两个波长中任一波长有明显吸收峰，则仪表无法正常工作	测量发射率较低或测量准确度要求较高场合的表面温度，如铝及其他光亮金属表面测温；适用于光路中有中性吸收介质的场所

2.3.6 非接触式测温仪表共性问题研究

任何一种辐射温度计在实际应用时，都不可避免地受到以下因素的影响：发射率变化的干扰、光路中的干扰、机械振动、温度变化和电磁干扰等。其中以前两者为主，它们是影响测温准确的主要因素，是非接触式测温亟待解决的难题。

2.3.6.1 发射率变化产生的误差

物体的发射率是影响辐射测温准确度的重要因素。如果对物体发射率确定有误或发射率在某一平均值附近无规则变化，都将造成测量误差。为此要掌握材料发射率的变化规律。

A 材料发射率的影响因素和作用规律

a 波长

材料的光谱发射率与波长的关系特性大致可以分为两种情况：金属的光谱发射率随着波长的增大而减小；而非金属材料包括某些金属氧化物的光谱发射率则随着波长的增大而增大。此外，某些半透明材料（例如塑料）的光谱发射率的变化表现出很强的不规则性，它们在很窄的光谱区域内可能会出现若干峰值与谷值。与此相反，有些材料（例如碳化物）却表现出非常有规律的特性，而且其光谱发射率与波长之间没有十分明显的依赖关系。

b 温度

金属与非金属（包括金属氧化物）材料发射率与温度之间的变化规律也是相反的。金属的发射率随着温度的升高而增大；非金属的发射率则随着温度的升高而减小。一般来说，光谱发射率与温度之间的依赖关系不是很强，但也不能忽略。相比较而言，全波长发射率的这种依赖关系通常比光谱发射率强。

c 表面条件

表面粗糙度、锈蚀和氧化程度以及表面结构上的缺陷对金属材料发射率的影响很大。通常发射率随着粗糙度和氧化程度的增加而增大。然而，薄氧化层（例如它的厚度约等于波长）的影响对波长是有选择性的。也就是说，在有些波长下，这种影响较大；而在另一些波长下，该影响可能较小。当使用比色温度计时，必须考虑到这种影响，否则将会导致很大的测量误差。一般来说，非金属材料受表面条件的影响较小。

d 发射角

发射角是指发射方向与材料表面的法线之间的夹角。对于发射率与发射角之间的依赖关系，金属材料要比非金属材料强。光滑金属表面的定向发射率随着发射角的增加而增加，直到接近 90°时为最大。与此相反，非金属的发射率一直到大约 70°的发射角还保持不变，之后随夹角的增大而减小。但是，当金属的发射角为 90°以及非金属的发射角大于 70°时，它们的发射率就急剧下降至零。

e 偏振状态

对于有些材料，主要是表面经抛光的金属材料，它们的辐射是部分偏振的，而且其发射率与偏振状态有关。然而，这种现象一般不会对实际测温产生很大的影响。

由于发射率受波长、物体的表面情况以及物体温度的高低等因素的影响，不可能是一个常数，因此各种材料发射率表所列数值是近似的，仅供参考，可用于一般工业测温中。对要求高准确度的场合应测量发射率或用热电偶进行现场校对。

B 采取措施

为减小发射率变化产生的误差，一般常采取以下措施：逼近黑体法、多波长辐射测温、发射率修正法等。

a 逼近黑体法

前面介绍的3种典型辐射温度计，只能分别用于测量亮度温度、辐射温度或颜色温度，而基于逼近黑体法可构成测真温的辐射温度计。

(a) 基本原理

该方法实际上是基于黑体空腔的理论，在测温时通过人造各种黑体空腔，尽可能减小被测对象发射率对真温的影响。黑体空腔在辐射测温中有着广泛的应用。不仅可提高辐射温度计的准确度，而且在建立基准、标准和检定与分度辐射温度计方面发挥着重要的作用。

人造黑体空腔辐射特性非常接近于黑体辐射。如一般均在较大的密闭空腔上开一个小孔，这样经过小孔进入容器的射线都要经过多次反射之后，才有极少数的射线能逸出。典型的黑体空腔包括：圆筒型（带盖或不带盖）、圆锥-圆筒型（带盖或不带盖）、内凸圆锥-圆筒型（带盖或不带盖）、双锥型、带盖锥型和球型。

常用的人造黑体空腔方法有：

(1) 人工制造一端封闭、一端开口的瓷质或耐热不锈钢的细长管，以形成在线黑体空腔。例如：欲测量熔化金属的温度，可将封底的陶瓷管放在熔化的金属内，在充分受热后，就可以近似认为这个管子底部的辐射是绝对黑体。要得到足够的黑度，管子的长度与管子的内径之比不得小于10，详见2.4.1节的复合测温技术。

(2) 采用半球反射镜式辐射温度计，该方法适合大平面中低温的测量，不适于测高温及有灰尘、水蒸气的场合。

(3) 在试样上钻孔，该方法在很多情况下是不允许的。

(b) 典型实例

半球反射镜式辐射温度计的典型代表是前置反射器辐射温度计，其结构如图2-65所示。将温度为T_1的半球反射器扣在发射率$\varepsilon \geqslant 0.5$、温度为$T_2$的被测物体表面上，且满足$T_1 \ll T_2$。为使反射器在近红外区域具有较高的反射率，在其表面镀上一层金膜。这样，则被测物体表面就与反射器组成密闭空腔，从被测表面辐射出的能量经反射器内表面的多次反射后，只能从反射器顶部的小孔发射出去。由于经过了两个表面的多次反射，使被测物体的表面发射率提高，几乎接近于1。该辐射经过透镜聚集在热电堆上。这样，热电堆接收到的辐射，就非常接近于被测物体同温度下

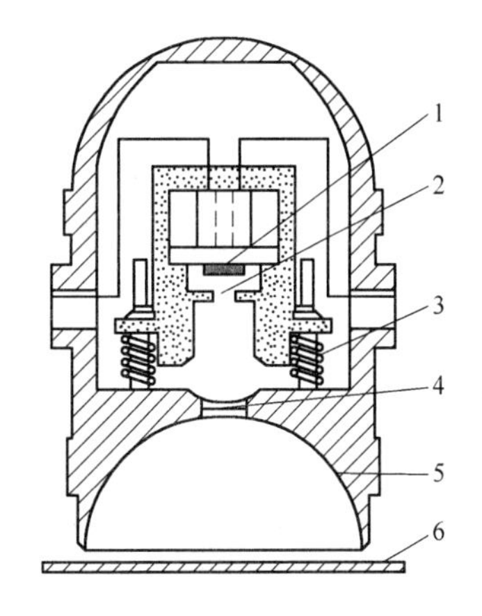

图2-65 前置反射器辐射温度计结构图
1—热电堆；2—小孔；3—零点调节器；4—透镜；5—半球反射器；6—被测物体

的黑体辐射，则按黑体刻度的仪表的示值即为被测物体的真实温度。基于这种原理工作的最常用的仪表是 Land 公司生产的表面温度计。

前置反射器辐射温度计在正常使用时，反射器必须与被测表面组成密闭腔体，其测量误差主要包括以下 5 方面：

（1）在仪表的响应时间内，被测表面发射出去的辐射将被反射器反射回去，而引起被测表面的温度升高。被测物体表面与反射器的温差 $\Delta T = T_2 - T_1$ 越大，该项误差越小。

（2）实际应用时，忽略了反射器内表面的固有辐射，该固有辐射将使被测表面的有效发射率稍微增加。

（3）由于在反射器顶部有窗口，从窗口出去的能量将不再反射回来，因而降低了反射器的有效反射率。

（4）测量移动物体表面温度时，从被测表面与反射器之间的间隙辐射出去的能量也不再参与反射，这也将减少反射器内表面的有效反射率。

（5）值得指出的是，这类温度计的最大问题是保持反射器镀金表面的清洁度。特别是在现场条件下，被测表面附近存在着许多粉尘和水气。它们依附在镀金表面上对测量的影响很大。因此，这类表面温度计被设计成结构小巧、可携带的点测量仪器。此外，由于仪器测量要贴近被测表面，故不宜测量过高温度。

b 多波长辐射测温

多波长辐射测温法是利用被测对象的多光谱辐射测量信息，经过数据处理得到被测对象的真温和材料的光谱发射率。该方法适用性强，近年来得到长足发展。

（a）原理

考虑多波长高温计有 n 个通道，其中第 i 个通道的输出信号 S_i 可表示为

$$S_i = K_i \varepsilon(\lambda_i, T) C_1 \lambda_i^{-5} \left[\exp\left(\frac{C_2}{\lambda_i T}\right) - 1 \right]^{-1}, \quad i = 1, 2, \cdots, n \tag{2-115}$$

式中 K_i——该通道的几何因子，它与该波长下探测器的光谱响应率、光学元件透过率及几何因素有关，可以通过定标得到。

这样，整个多波长辐射温度计共有 n 个方程，而未知数有 $\varepsilon_i(\lambda_i, T)(i = 1, 2, \cdots, n)$ 和 T 共 $n+1$个，无法求解，因此必须借助于另一个假定方程。人们通常假定 $\varepsilon(\lambda, T)$ 和 λ 具有某种函数关系，将其代入式（2-115）中，使其变成可解方程组。假设的形式不同，求解的方法也就不同。

（b）多波长辐射温度计的发展历史

从多波长辐射温度计的发展历史来看，典型的多波长辐射温度计主要有：

（1）Gardner 等人于 1980 年研制成功的滤光片阵列分光式多波长辐射温度计，其工作波长为 0.75 ~ 1.6μm，测温范围为 1000 ~ 1600K，准确度为 1.0 级。

（2）1982 年欧共体 Babelot 和美国 Hoch 等人研制的用于高温耐火材料热物性快速测量的多波长辐射温度计，在 5000K 时分辨率为 5K，并拟向 10000K 方向发展。

（3）1986 年欧共体及美国联合课题组的 Hiernaut 等人研制的亚毫米级 6 波长光导纤维束分光式多波长高温计，用于 2000 ~ 5000K 内的真温测量，其准确度为 0.5 级，发射率测量误差约为 1% ~5%。

（4）1991 年美国 Cezairliyan 等人研制的 6 波长辐射温度计，用于铌、钨、钼等金属凝固点辐射温度的测量。同年 Ruffino 与戴景民研制成了棱镜分光式 35 波长高温计，并用于烧蚀材料

的真温测量。

（c）滤光片阵列分光式多波长辐射温度计

滤光片阵列分光式多波长辐射温度计的结构如图2-66所示。被测目标经主物镜 L_1 成像在视场光阑FS上，经透镜 L_2 产生平行光线，再通过孔径光阑LA投射到滤光片阵列 F_1 至 F_6 上，6个相同的透镜把由滤光片透过的光束分别聚焦在6个探测器 $D_1 \sim D_6$ 上，其中3个为硅探测器，另3个为锗探测器。它们的工作波长分别为：0.75μm、0.89μm、1.0μm、1.27μm、1.55μm和1.7μm，带宽为0.07~0.09μm。探测器的工作方式都是光伏式，所产生的电压信号经前置放大后，进行电压/频率（V/F）转换，再送入各自的计数器转变成数字量，最后送入微处理器，微处理器可以通过串行口与微机通信。

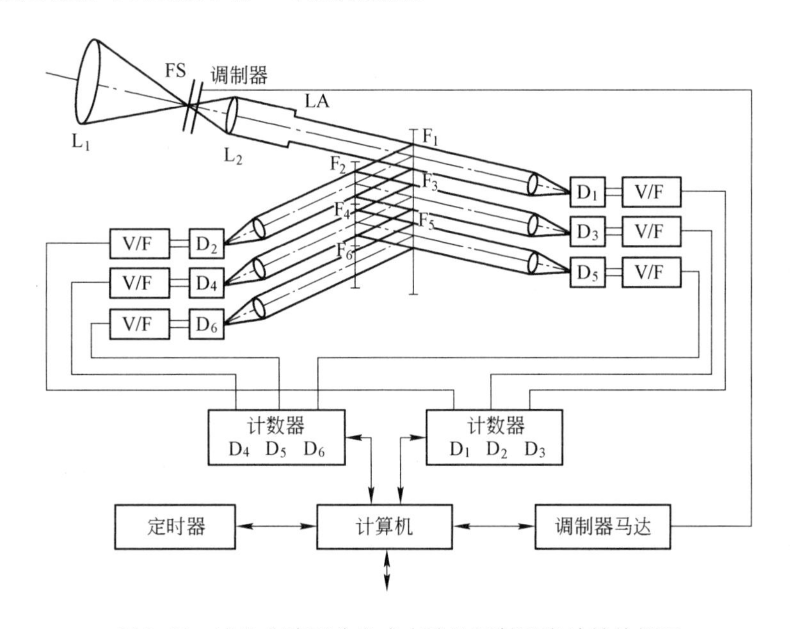

图2-66 滤光片阵列分光式多波长辐射温度计结构框图

c 发射率修正法

发射率修正法在利用辅助技术获得物体发射率或单色发射率的基础上，直接对测得的非真实温度进行修正。该方法古老，简便，被广泛采用，又可分为以下两种。

（a）发射率的理论计算

应该指出，辐射测温中所要求的黑体模型与物理学的黑体模型有所不同。后者只允许开一个很小很小的孔，以至于从小孔中逸出的能量小到可以忽略不计的程度，即黑度系数几乎等于1。而测温中的黑体模型一般都有一定大小的开口，以便由探测器进行检测，因此由小孔逸出的能量不能忽略不计，重要的是要得出实际的空腔发射率的数值来。因此，实际的黑体空腔并不要求其黑度系数非常接近于1，而往往是要求能准确地知道它的黑度系数。确定发射率是一项困难的工作，通常采用理论计算的方法。主要有：

（1）多次反射理论。多次反射理论主要有两种方法：Gouffe方法和De Vos方法。前者适用于低温球形空腔，而后者则适用于任意形状的腔体以及非等温空腔。

（2）积分方程理论。积分方程理论由Buckley-Sparrow提出，适用于各种典型等温腔体和非等温腔体的有效发射率计算。之后，Bedford和Ma提出了梯形区域的近似解法，大大简化了原有计算。我国高魁明等人提出的矩形区域近似解法，又进一步改进了积分方程理论的计算方法。

（3）Mont-Carlo 理论。Mont-Carlo 理论主要是通过对黑体空腔内大量发射点的热辐射过程的跟踪计算，来建立随机过程模型，从而运用统计方法求得腔体的发射率。这种方法不仅能计算等温腔体与非等温腔体的发射率，而且也能计算沿腔体的发射率分布。它适用于镜、漫反射体。

（b）发射率的实际测量

起初，发射率的测量是通过各种实验离线获得的，由于发射率不仅与被测物体的种类有关，还受波长、温度和表面条件等因素影响，而实验不可能遍历测量现场的各种工况，因而离线测量的发射率不可避免地存在误差。这无疑给修正带来了困难，且若修正不当，还将产生误差。

随着辐射测温技术的发展，一些高精度仪表本身就具有发射率自校正功能。该类仪表通常带有辅助光源，进行校正时，由光源产生一个已知光谱亮度或辐射出度的信号，射到被测介质表面。通过接收被测介质的热辐射和计算，在线获取被测介质的发射率。

此外，还有把一个已知温度的黑体辐射源引入装置内来进行被测表面的发射率和温度测量的热源法、偏振法和反射率法等。

2.3.6.2 光路中的干扰

一般把被测物体和辐射温度计之间在测量时所必须行经的路径叫做光路。其中存在的各种介质会对测温产生影响，因此又被称为中间介质影响。它又分为以下 3 种情况。

A 吸收性介质的影响

光路中存在的水蒸气、二氧化碳等气体介质，对辐射能的吸收是有选择性的，即对某些波长的辐射能有吸收的能力，而对另一些波长的辐射能则是透明的。这样，就减弱了入射到辐射温度计中的辐射能，造成测量误差。如在冶金生产中，为了冷却设备或产品，常常在被测表面上停留有水膜，在被测物体附近还经常存在着浓度不断变化的水蒸气等吸收性气体。在通常条件下，空气对辐射能的吸收是很小的，但该值将随空气中的水蒸气及 CO_2 含量的增加而增大。

其解决办法如下：

（1）采用亮度温度计或比色温度计，并通过优选波长，避开吸收峰；

（2）采取吹扫等措施，尽量清除水蒸气、水膜和二氧化碳；

（3）保证被测对象与辐射温度计之间的距离最好不超过 2m，尽管理论上辐射温度计与被测目标间没有距离上的要求，只要求物像能均匀布满探测器即可。

B 非吸收介质的吸收和散射

生产现场空气中还悬浮很多尘埃，它们对辐射能的吸收是没有选择性的，但常常伴随有散射。空气中的尘埃对辐射能的吸收和散射虽然物理本质不同，但其效果都是减弱入射到辐射温度计中的辐射能，从而造成测量误差。

其解决办法：一是采用比色温度计，通过比值计算减小影响；二是同样采取吹扫等措施，尽量清除尘埃。

C 外来光的干扰

外来光的干扰是指从其他光源入射到被测表面上并且被反射出来，混入到测量光中的成分。如在室外测量时的太阳光、在室内测量时的照明、附近的加热炉和火焰等都是外来光的光源。它们可使测量值增加。对于一些固定的难以避免的光源，应设置遮蔽装置，以免造成较大的测量误差。为了防止遮蔽装置的内部与被测表面之间发生多次反射，遮蔽装置的内侧应涂黑。由于被测物体辐射作用，遮蔽装置可能在较高温度下工作，这样遮蔽装置本身又成了新的外部光源。为此，应当用空气或水等对遮蔽装置进行冷却，尽量减少它的辐射。

2.4　其他测温仪表

2.4.1　复合测温方法与仪表

目前，为满足一些恶劣工况测温现场的需求，结合接触式测温和非接触式测温的优点，提出了一种复合测温方法。

2.4.1.1　基本原理

复合测温的核心部件是测温管。作为敏感元件，它用以形成在线黑体空腔，其结构为一端封闭、一端开口的细长管，其材质多为瓷质或耐热不锈钢。

复合测温原理为：将测温管插入待测对象中与被测介质直接接触感知温度，即测温管和被测介质进行热交换，经过一段时间后达到热平衡，此时测温管的温度就等于被测介质的温度。测温管内壁形成黑体空腔，黑体空腔底部（靶面）的辐射能经探测器接收转换，产生与温度成一定关系的电压信号。该复合测温传感器现已应用于高温、强浸蚀和大热振性等恶劣条件下的温度测量，如钢水的连续测温（详见2.5.1节）、重油裂化炉和各种加热炉、均热炉的温度测量等。

2.4.1.2　应用实例

当测量炉内温度时，由于炉内气氛复杂，常伴有灰尘、火焰和水蒸气等干扰，其发生率难以确定。为使测量对象趋于黑体，人为制造一个细长的测温管，并将其砌在炉膛侧壁内，如图2-67所示。测量时，探测器通常是对着管子的底部来安装的，有时也直接用普通的全辐射高温计来代替探测器。为满足黑体空腔对密闭性的要求，测温管插入被测介质中的深度 L 和它的内径 d 之比，一般不应小于10。

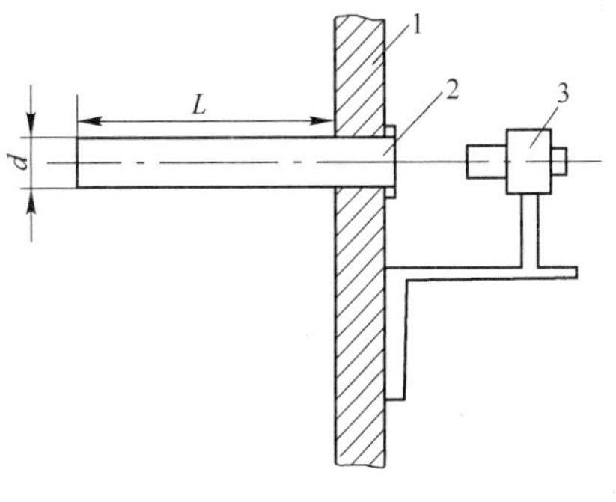

图2-67　复合测温仪表测量炉内温度的安装示意图

1—炉壁；2—测温管；3—探测器

2.4.1.3　腔体发射率计算

进行测温时，由于一部分插入被测介质中，另一部分位于测量环境中，二者所施加的换热边界条件具有较大差异，温度分布沿轴向方向必然存在梯度，则在线黑体空腔也必然具有一定的非等温性。另外，为使探测器接收到一定的单色辐射出度，满足必须的灵敏度，在线黑体空腔还必须具有一定的孔径，这就破坏了理想黑体空腔的“密闭性”条件。可见，由于测温管内壁温度分布、传感器几何结构特点和腔外环境温度等因素的影响，测温管所形成的实际黑体空腔，难以用经典黑体空腔理论的“等温性”和“密闭性”来准确评价，其积分发射率必然小于1，且具有不确定性，需要准确计算。

测温管所形成的在线黑体空腔一般为带盖半球-圆筒形腔体，如图2-68所示。图中 r、x 分别为黑体空腔靶底和圆筒侧壁的坐标轴；R_1 为圆筒半径；R_0 为开孔半径（孔径）；R_D 为探测器接收面半径；x_{c1} 为全照区和半照区分界处的轴坐标值；x_{c2} 为半照区和不可见区域分界处的轴坐标值；L 为黑体空腔的轴向长度；H_0 为探测器到腔口的距离；区域Ⅰ、Ⅱ和Ⅲ分别表示全照区、半照区和不可见区域3个部分。全照区是指图2-67中从靶底底部（坐标圆点）到 x_{c1} 范围内的区域；半照区是指图2-67中从 x_{c1} 到 x_{c2} 范围内的区域，它主要由黑体空腔的盖面或起光栏作用的圆所决定；不可见区域是指图 2-68 中从 x_{c2} 到 L 范围内的区域（包括盖面），该区域的有效辐射对积分发射率的计算无任何贡献。

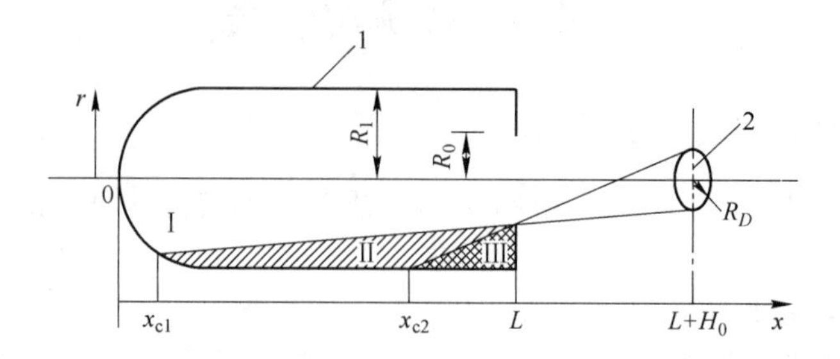

图 2-68 带盖半球-圆筒形黑体空腔的结构示意图
1—黑体空腔；2—探测器

x_{c1} 和 x_{c2} 数值的确定与腔体的几何结构（腔体的长度 L 、半径 R_1 和孔径 R_0 ）、探测器接收面半径 R_D 以及腔口与探测器之间的距离 H_0 有关，可位于半球靶底和圆筒侧壁的不同位置。相应的，其积分发射率的计算公式也不同。但不论各参数如何变化，归纳起来不外乎是下面 3 种情况，具体推导和说明见相关文献。

（1） $x_{c1} < x_{c2} \leqslant R_1$。在这种情况下，全照区和半照区都位于半球底部，其余部分为不可见区域，其积分发射率计算公式为

$$\varepsilon^{c} = \frac{\int_{0}^{R_{c1}} \varepsilon_{e}(r)\,\mathrm{d}F_{r,D}\mathrm{d}A_{r} + \int_{R_{c1}}^{R_{c2}} \varepsilon_{e}(r)\,\mathrm{d}BF_{r,D}\mathrm{d}A_{r}}{\int_{0}^{R_{c1}} \mathrm{d}F_{r,D}\mathrm{d}A_{r} + \int_{R_{c1}}^{R_{c2}} \mathrm{d}BF_{r,D}\mathrm{d}A_{r}} \tag{2-116}$$

（2） $x_{c1} \leqslant R_1 < x_{c2}$。这种情况如图 2-68 所示，全照区位于半球底部区域Ⅰ内，半照区一部分位于半球底部、一部分位于圆筒侧壁，即为图中区域Ⅱ，而不可见区域位于圆筒侧壁的区域Ⅲ内。在这种情况下，积分发射率的计算公式如下：

$$\varepsilon^{c} = \frac{\int_{0}^{R_{c1}} \varepsilon_{e}(r)\,\mathrm{d}F_{r,D}\mathrm{d}A_{r} + \int_{R_{c1}}^{R_{1}} \varepsilon_{e}(r)\,\mathrm{d}BF_{r,D}\mathrm{d}A_{r} + \int_{R_{1}}^{x_{c2}} \varepsilon_{e}(x)\,\mathrm{d}BF_{x,D}\mathrm{d}A_{x}}{\int_{0}^{R_{c1}} \mathrm{d}F_{r,D}\mathrm{d}A_{r} + \int_{R_{c1}}^{R_{1}} \mathrm{d}BF_{r,D}\mathrm{d}A_{r} + \int_{R_{1}}^{x_{c2}} \mathrm{d}BF_{x,D}\mathrm{d}A_{x}} \tag{2-117}$$

（3） $R_1 < x_{c1} < x_{c2} < L$。在这种情况下，全照区一部分位于半球底部、一部分位于圆筒侧壁，而半照区全部位于圆筒侧壁。此时，积分发射率为

$$\varepsilon^{c} = \frac{\int_{0}^{R_{1}} \varepsilon_{e}(r)\,\mathrm{d}F_{r,D}\mathrm{d}A_{r} + \int_{R_{1}}^{x_{c1}} \varepsilon_{e}(x)\,\mathrm{d}F_{x,D}\mathrm{d}A_{x} + \int_{x_{c1}}^{x_{c2}} \varepsilon_{e}(x)\,\mathrm{d}BF_{x,D}\mathrm{d}A_{x}}{\int_{0}^{R_{1}} \mathrm{d}F_{r,D}\mathrm{d}A_{r} + \int_{R_{1}}^{x_{c1}} \mathrm{d}F_{x,D}\mathrm{d}A_{x} + \int_{x_{c1}}^{x_{c2}} \mathrm{d}BF_{x,D}\mathrm{d}A_{x}} \tag{2-118}$$

2.4.2 动态温度测量

无论是接触式测温仪表还是复合式测温仪表，测量时必须经过足够长时间的热交换，达到热平衡后再读数，也正是因为如此，该类测温仪表都有较大的热惯性，测温系统所测温度信号滞后于被测对象的真实温度，产生动态测温误差。这不仅不能满足动态温度测量快速性和准确性的需求，而且也无法为以温度为控制量的自动控制系统提供准确和及时的温度信息。温度传

感器的热滞后既取决于其本身的结构尺寸和材料，还与被测流体的物理性质、流动状况以及环境条件等有关，不适于实验建模研究。

针对动态测温的上述特点，以2.2.4节所示热电偶为例，采用有限元分析方法对其进行动态仿真。热电偶在 $t=0.5s$，$t=2s$ 和 $t=4s$ 时刻的温度场变化情况如图2-69所示。从仿真结果可见，热电偶的热量传递为从保护套管向绝缘层，从插入被测流体部分向未插入流体部分。起初热电偶内各点温差较大，随着热量的传递，各点温差按从外向内、由底向上的规律依次逐渐减小，并最终达到稳态。温度达到稳态值98%所需的热响应时间为 $\tau = 3.5s$，稳态误差为0.01℃。

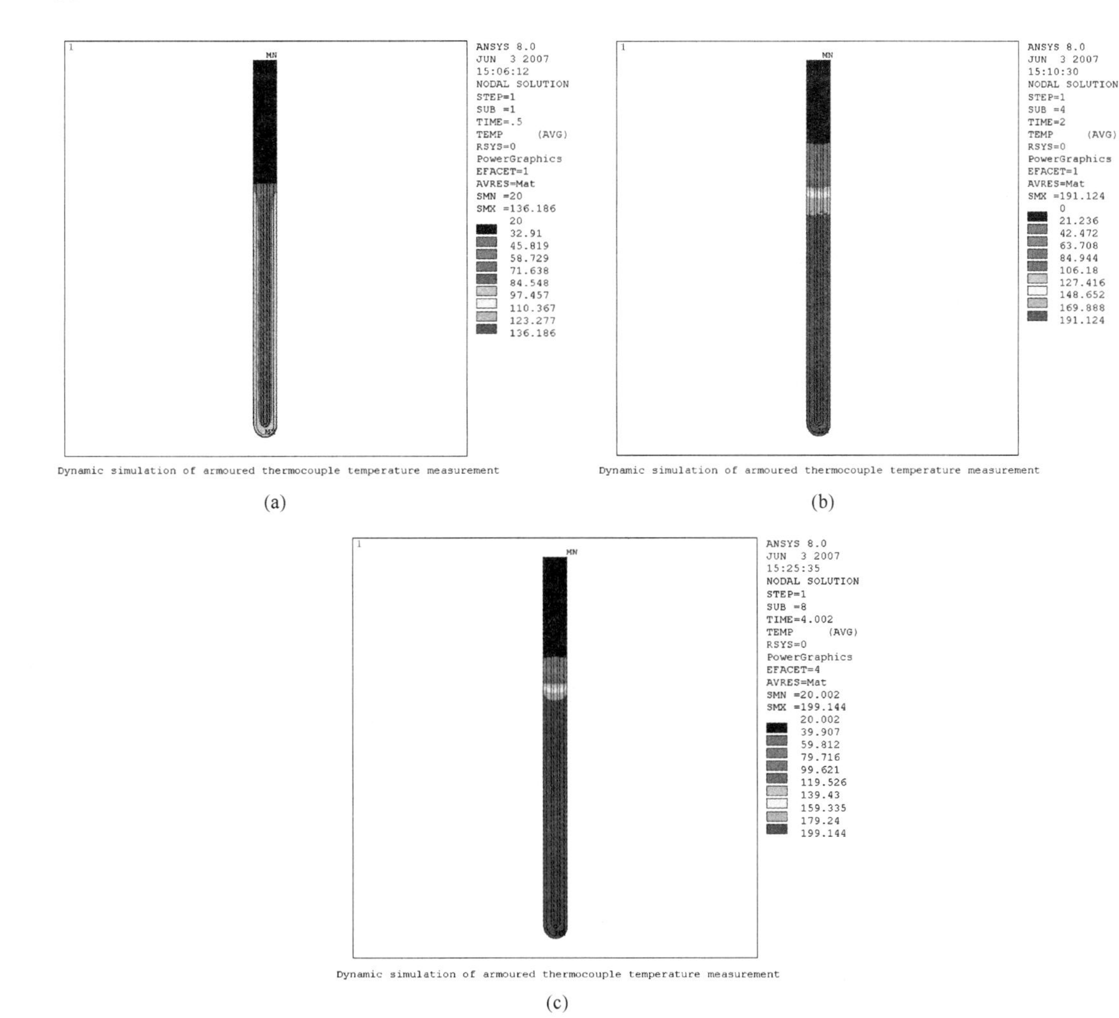

图2-69 热电偶在不同时刻的温度场分布

(a) $t=0.5s$；(b) $t=2s$；(c) $t=4s$

图2-70给出了插入深度不同，对动态测温性能指标的影响。图中，ξ 为插入深度与热电偶保护套管外径之比。从中可见：随着插入深度的增加，静态测温误差随之减小，响应速度随之增快。当 $\xi = 10$ 时，由插入深度不足所引进的误差约为1.5%，达到稳态值98%所需的响应时间为26.5s，可以满足一般工业温度测量的需求；当 $\xi = 12$ 和 $\xi = 15$ 时，由插入深度不足所引进的误差分别约为0.8%和0.3%，相应的响应时间分别为22.6s和21.0s；再增加插入深度，

测温误差的减小和响应速度的提高都比较缓慢。

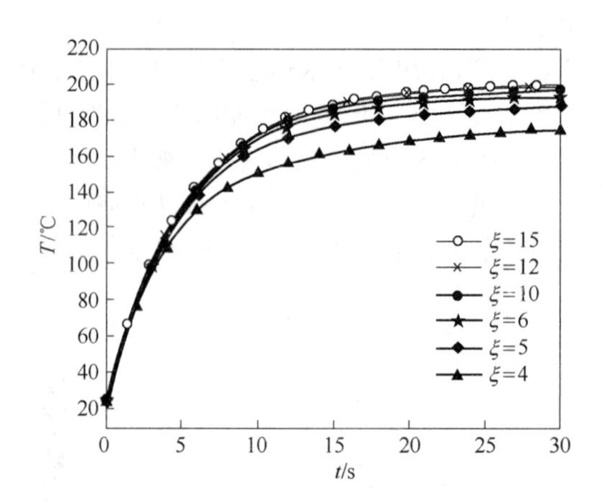

图 2-70　热电偶插入深度对动态测温的影响

常采取以下措施减小动态测温误差：

(1) 采用导热性能好的材料做保护管，并将管壁做得很薄、内径做得很小。但这样会增加导热误差和降低机械强度，设计、使用时应多方权衡。

(2) 尽量缩小热电偶测量端的尺寸，并使体积与面积之比尽可能小，以减小测量端的热容量，提高响应速度。

(3) 减小保护管与热电偶测量端之间的空气间隙或填充传热性能好的其他材料。

(4) 增加被测介质流经热电偶测量端的流速，以增加被测介质和热电偶之间的对流换热。

2.4.3　光纤温度计

光导纤维（简称光纤）自 20 世纪 70 年代问世以来，发展迅速，目前已广泛用于温度、压力、位移、应变等量的检测。光纤测温是对传统测温方法的扩展和提高。

光纤电缆的柔软性和它的长距离传输辐射的能力可以使它克服许多测量上的困难，这些困难包括：

(1) 由于存在屏障而不能直接对被测目标进行瞄准；

(2) 温度计的工作环境存在着大量的雾气、烟气和水蒸气；

(3) 测量现场存在核辐射和强电磁场，要求离开目标并隔一定的安全距离进行测量；

(4) 存在着很高的环境温度；

(5) 被测目标在一个真空容器内，通过窗口瞄准目标很困难或不可能；

(6) 在感应加热的情况下，需要小尺寸的光学传感头。

在以上情况下，应用光纤辐射温度计是最合适的。

2.4.3.1　概述

A　光纤结构

光纤是一种由透明度很高的材料制成的传输光信息的光导纤维，其结构如图 2-71 所示。光纤共分 3 层，最里层是透明度和折射率都很高的芯线，通常由石英制成；中间层为折射率低于芯线的包层，其材质有石英、玻璃或硅橡胶等，因不同用途与型号而异；最外层是保护层，它与光纤特性无

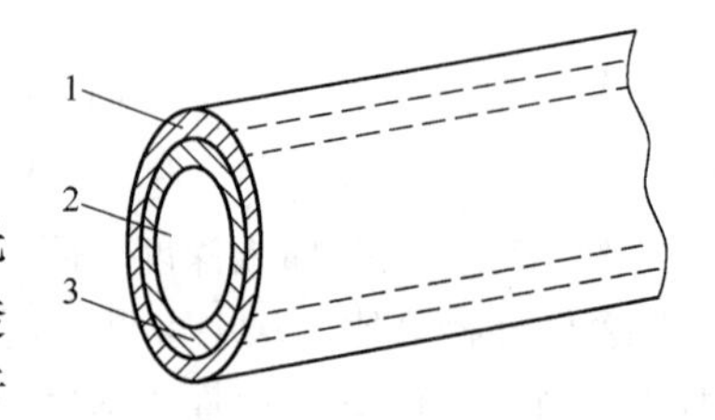

图 2-71　光纤结构
1—保护层；2—芯线；3—包层

关，通常为塑料。光纤的直径通常为几微米到几百微米。

在光纤结构中，最主要的是芯线与包层。除特殊光纤外，芯线与包层是两个同心的圆柱体，芯线居中，包层在外，各有一定的厚度，两层之间无间隙。但两者所采用的材料特性是相异的，其不同特点主要在于材料的折射率或介电常数。为了使光纤具有传输光的性能，必须满足芯线折射率 n_1 大于包层折射率 n_2 的要求，才能发生全反射。

B 工作原理

光纤的工作原理是光的全反射，如图 2-72 所示。当光线 AB 由折射率为 n_0 的空间介质入射光纤时，与芯线轴线 OO' 的交角为 θ_i，入射后以折射角 θ_j 折射至芯线与包层分界面，并交该分界面于 C 点，光线 BC 与分界面法线 NN' 成 θ_K 角，之后再由分界面折射至包层，CD 与 NN' 的夹角为 θ_T。根据斯乃尔定律可知

$$n_0\sin\theta_i = n_1\sin\theta_j \tag{2-119}$$

$$n_1\sin\theta_K = n_2\sin\theta_T \tag{2-120}$$

式中 n_0 ——入射光线 AB 所在空间介质的折射率；

n_1 ——芯线折射率，等于光在空气中的速度与光在介质中的速度之比；

n_2 ——包层折射率。

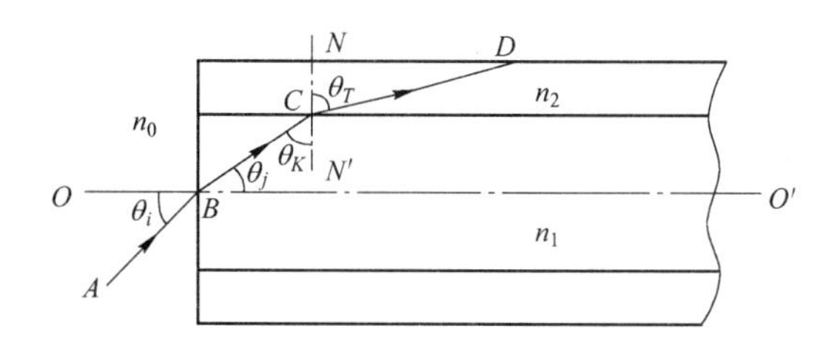

图 2-72 光纤工作原理示意图

由上式可得

$$\sin\theta_i = \frac{1}{n_0}\sqrt{n_1^2 - n_2^2\sin^2\theta_T} \tag{2-121}$$

空间介质通常为空气，即 $n_0 = 1$。此时上式变为

$$\sin\theta_i = \sqrt{n_1^2 - n_2^2\sin^2\theta_T} \tag{2-122}$$

从折射定律可知，当 $n_1 > n_2$ 时，即光线从光密物质射入光疏物质时，$\theta_K < \theta_T$。随着入射角 θ_i 的减小，θ_K、θ_T 都相应增大。当入射角减小到 $\theta_i = \theta_0$ 时，$\theta_T = 90°$，此时将无光线进入包层，这一现象称为全反射现象，θ_0 为全反射的临界入射角，此时则有

$$\sin\theta_0 = \sqrt{n_1^2 - n_2^2} = \mathrm{NA} \tag{2-123}$$

在纤维光学中将上式中的 $\sin\theta_0$ 定义为"数值孔径"，用 NA 表示。数值孔径 NA 是表示光纤波导特性的重要参数，它反映光纤与光源或探测器等元件耦合时的耦合效率。应该注意，光纤的数值孔径仅取决于光纤的折射率 n_1 和 n_2，而与光纤的几何尺寸无关。数值孔径 NA 越大，临界角 θ_0 越大，光纤可以接受的辐射能量越多，也即光纤与探测器耦合效率也越高。但实践证明，NA 的数值不能无限增大，它受全反射条件的限制，NA 值的增大将使光能在光纤中传输的衰减增大。光纤制成以后，它是一个常数。

由图2-72和式（2-123）可看出，$\theta_T=90°$时，$\theta_0 = \arcsin NA$。根据上述分析可知：凡是入射角$\theta_i > \theta_0$的光线进入芯线以后都不能传播而在包层中散失；相反，只有入射角$\theta_i < \theta_0$的光线能在芯线与包层的分界面上产生全反射，此时光线将沿光纤轴向传输，而不会泄露出去。

对石英光纤来说，NA=0.25，求得$\theta_0=15°$，$2\theta_0=30°$。$2\theta_0$又被称为光纤的接收角，它表明在30°范围内入射的光线将沿光纤传输，大于这一角度的光线将穿越包层而被吸收，不能传输到远端。式（2-123）又可表示为

$$\sin\theta_0 = \sqrt{(n_1+n_2)(n_1-n_2)} \approx n_1\sqrt{2\Delta} \tag{2-124}$$

式中　Δ——最大相对折射率差，$\Delta = \dfrac{n_1^2-n_2^2}{2n_1^2} \approx (n_1-n_2)/n_1$。

C　光纤的分类

图2-73给出了不同类型的光纤结构，图中，$n_{1\max}$为芯线折射率的最大值，r是径向半径，a为折射率分布指数。

光纤是一种光波导，因而光波在其中传播也存在模式问题。模式是指传输线横截面和纵截面的电磁场结构图形，即电磁波的分布情况。根据光纤能传输的模式数目，光纤可分为：

（1）单模光纤，它只能传输一种模式，如图2-73(a)所示。这种模式可以按两种相互正交的偏振状态出现，其特点是芯线径较细，芯线和包层间的相对折射率之差较小，频带极宽。

（2）多模光纤，它能传输多种模式，甚至几百到几千个模式，如图2-73(b)和图2-73(c)所示。其特点是芯线和包层间的折射率大，传输的能量也大；芯线径较粗，包层厚度约为芯线径的1/10。

单模光纤和多模光纤，由于它们能传输的模式数不同，其传输特性有很大区别。主要区别是在衰减和色散（或带宽）上多模光纤更复杂一些。用于温度传感器的光纤，绝大多数为多模光纤。

根据芯线径向折射率分布不同，光纤可分成：

（1）阶跃型光纤，它的折射率为阶跃变化，且固定不变。单模光纤多半是阶跃型光纤，多模光纤的折射率分布既有阶跃型的也有渐变型的。对于图2-73(b)所示的阶跃型多模光纤，由于不同模式在纤芯中传播的群速度不同，因而各个模式到达光纤输出端面的群延时不同，结果使传输的光脉冲展宽，这种现象称为模式色散。色散的存在使传输的信号脉冲发生畸变，从而限制了光纤的传输带宽。

（2）渐变型光纤，它的折射率从中心开始沿径向逐步降低，其结构如图2-73(c)所示。由于不同模式的群速度相同，故这种光纤可以显著地减小模式色散，且所含信息容量较大，处理简便。

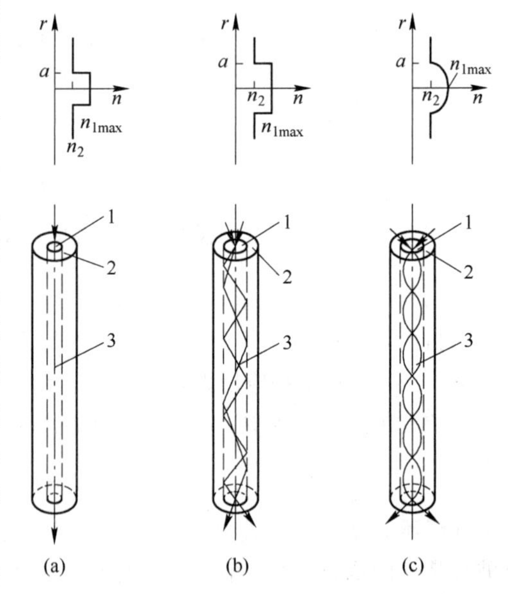

图2-73　不同类型光纤的结构及折射率分布
（a）单模光纤及折射率分布；（b）阶跃型多模光纤及折射率分布；（c）渐变型多模光纤及折射率分布
1—芯线；2—包层；3—光线

当需要从光源处收集尽可能多的光能时，应使用粗芯阶跃型多模光纤，如短距离、低数据率通信系统；在长距离、高数据率通信系统中使用单模光纤或渐变型多模光纤。在光纤传感应用中，光强度调制型或传光型光纤传感器绝大多数采用多模光纤，而相位调制型和偏振态调制型光纤传感器多采用单模光纤。

D　光纤材料的选择

作为光纤材料的基本条件是：

（1）可加工成均匀而细长的丝；

（2）透光率高，即光损耗低；

（3）具有长期稳定性；

（4）资源丰富、价格便宜。

氧化物光纤以石英光纤为主，它具有可绕性好、抗拉强度高、原料资源丰富、化学性能稳定等特点，应用最为广泛。非氧化物光纤以氟化物为主，其特点是透过率高、频带宽、容量大、重量轻，但在原料纯度及制法上均有较大的困难。

E　光纤温度计的特点

（1）电、磁绝缘性好。这是光纤的独特性能。由于光纤中传输的是光信号，即使用于高压大电流、强磁场、强辐射等恶劣环境也不易受干扰。此外还有利于克服光路中介质气氛及背景辐射的影响，因而适用于一些特殊情况下的温度测量。又因不产生火花，故不会引发爆炸或燃烧，安全可靠，能解决其他温度计无法解决的难题。

（2）灵敏度高。即使在被测对象很小的情况下，光路仍能接受较大立体角的辐射能量，因而测量灵敏度高。因为石英光纤的传输损耗低，可实现小目标近距离测量远距离传输的目的，满足现场各种使用要求。

（3）光纤传感器的结构简单，体积很小，重量轻，耗电少，不破坏被测温场。

（4）强度高，耐高温高压，抗化学腐蚀，物理和化学性能稳定。

（5）光纤柔软可挠曲，克服了光路不能转弯的缺点，可在密闭狭窄空间等特殊环境下进行测温。

（6）光纤结构灵活，可制成单根、成束、Y 形、阵列等结构形式，可以在一般温度计难以应用的场合实现测温。

F　光纤温度计的分类

光纤温度计的主要特征是有一个带光纤的测温探头，光纤长度从几米到几百米不等，统称为光纤温度传感器。根据光纤在传感器中的作用，将其分为功能型（FF）和非功能型（NFF）两大类。

（1）功能型光纤温度计。其又称为全光纤型或传感器型光纤温度计。其特点是：光纤既为感温元件，又起导光作用。这种光纤温度计性能优异，结构复杂，在制作上有一定的难度。

（2）非功能型光纤温度计。其又称为传光型光纤温度计。其特点为：感温功能由非光纤型敏感元件完成，光纤仅起导光作用。这种光纤温度计性能稳定，结构简单，容易实现。目前实用的光纤温度计多为此类，采用的光纤多为多模石英光纤。

根据使用方法不同，光纤温度计又可分为：

（1）接触式光纤温度计。使用时光纤温度传感器与被测温对象接触。如荧光光纤温度计、半导体吸收光纤温度计等。

（2）非接触式光纤温度计。使用时光纤温度传感器不与被测温对象接触，而采用热辐射原理感温，由光纤接收并传输被测物体表面的热辐射，故又称为光纤辐射温度计。

2.4.3.2　光纤辐射温度计

2.3节所介绍的辐射温度计都有一个体积较大的测温镜头，对于空间狭小或工件被加热线圈包围等场合的测温，它们便显得无能为力。如果通过直径小、可弯曲，并能够隔离强电磁场干扰的光纤，靠近被测对象，将其辐射导出，从而取代体积大的镜头，便能解决上述特殊场合的温度测量问题。

光纤辐射温度计的原理与相对应的辐射温度计相似，不同之处在于：

（1）光纤代替一般辐射温度计的空间传输光路，即透镜光路系统。

（2）耐高温光纤探头可靠近被测物体，以减小光路中的灰尘、背景光等因素对测量的影响。

（3）光纤探头尺寸小，合理的探头聚光系统设计可以测量温度场分布或点温度。

因此，光纤温度计可克服一般辐射温度计因透镜直径大而不能用于空间狭小测温或目标被遮挡难以接近等场合测温的难题。由于物体的热辐射随温度的升高呈近指数型增长，因而其在高温下具有很高的灵敏度，但无法用于低温区域。

A　测温探头结构与特点

光纤辐射温度计一般都是采用光纤束，结构形式有Y型、E型、阵列型等。与测温有关的光纤特性参数有：数值孔径、透射率、光谱透射率。按探头的结构可分为两大类：光导棒耦合式与透镜耦合式，前者又被称为直接耦合式。

a　光导棒耦合式探头

图2-74是光导棒耦合式探头的结构示意图和目标与距离关系图。探头材料为石英光纤，一般直径为3mm，长为100mm，表面有一层折射率较低的玻璃。石英既能传输辐射能又能耐高温，有的探头在600～700℃时仍能正常工作。如果直接使光纤束与对象靠近，则由于光纤束的粘结剂不耐高温而容易受到损坏。这里采用吹风，目的是保持光导棒接受端面不被灰尘和其他污物等沾污，但吹风空气本身必须清洁。

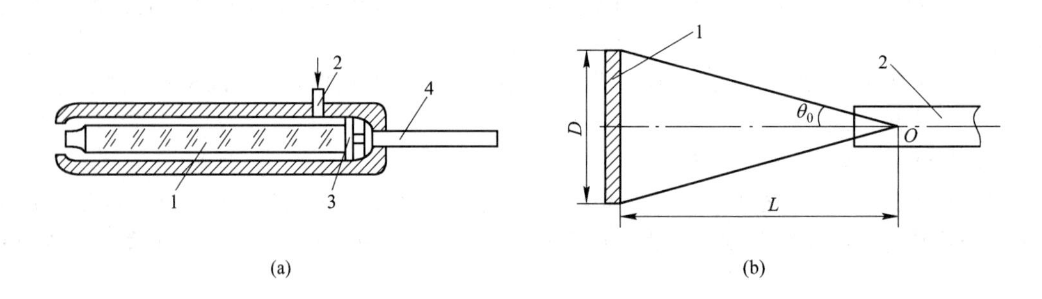

图2-74　光导棒耦合式探头

（a）结构示意图：1—光导棒；2—吹风管；3—光导棒与光纤连接器；4—光纤；

（b）目标与距离关系图：1—被测对象；2—光导棒探头

由于光导棒探头的距离系数K小，如石英光纤仅为2。因此，光导棒探头只能用于近距离测温。这并非是大缺点，在许多场合下，采用光纤测温就是为了接近目标，以减少外界影响。若想实现远距离测温，则要求被测对象的面积很大，因为光导棒的视场角很大，如图2-74（b）所示。目标与距离的关系可根据距离系数K的定义计算：

$$K = \frac{L}{D} = \frac{1}{2}\cot\theta_0 \tag{2-125}$$

式中 K——光导棒的距离系数；

L——被测对象与 O 点距离（如图 2-74(b)所示），m；

D——被测对象直径，m；

θ_0——临界入射角。

将式（2-123）代入，并整理得

$$D = \frac{2L}{\cot(\arcsin \mathrm{NA})} \tag{2-126}$$

如 NA = 0.25，L = 0.5mm，则被测对象的直径为 D = 0.258m，K = 1.94；当光纤与被测对象间距离缩短，即 L = 0.1mm 时，被测对象的直径为 D = 0.0516m。可见光导棒探头不适于测量小目标的温度。为解决该问题，必须对探头端面进行光学处理，可采用带有小透镜的透镜耦合式探头。

光导棒探头具有结构简单、空间和温度分辨率高的优点。

b 透镜耦合式探头

透镜耦合式探头的光路原理与一般辐射式温度计相同，只是以光纤端面代替辐射式温度计光电转换元件的光敏面。这样，由透镜汇聚的辐射能量射入光纤内部，再经光纤传送至光纤辐射温度计的光电转换部分。透镜耦合式探头的结构和目标与距离关系分别如图 2-75(a)和（b）所示。由距离系数可知：

$$K = \frac{L}{D} = \frac{L'}{d} \tag{2-127}$$

式中 L——透镜物距，m；

L'——透镜像距，m；

d——光纤束接受断面直径，m。

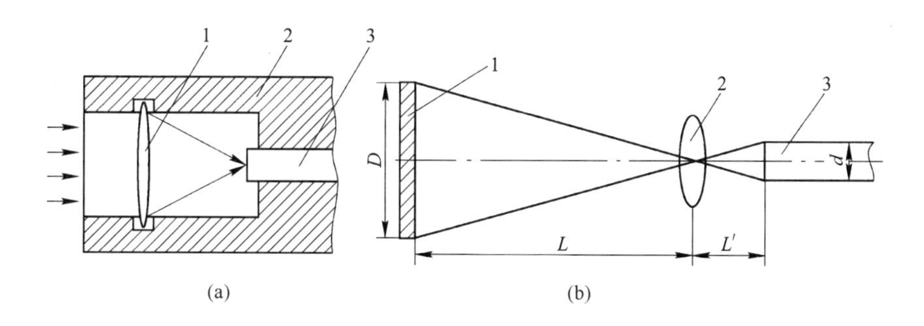

图 2-75 透镜耦合式探头

（a）结构示意图：1—透镜；2—外壳；3—光纤；

（b）目标与距离关系图：1—被测对象；2—透镜；3—光纤

如果设计透镜成像于光纤接受断面，设 d = 0.002m，L' = 0.025m，则 K = 12.5。若测量距离 L = 0.5mm，则目标直径为 D = 0.04m；当 L 减小到 0.1m，则目标直径为 D = 0.008m。可见，透镜耦合式探头可测量小目标的温度。实际应用中，常采用透镜组合，依据不同被测对象的需求，设计出不同的距离系数，以适应不同测温场合的需要。

B 典型光纤辐射温度计

a 普通型光纤辐射温度计

普通型光纤辐射温度计如图 2-76 所示，被测物体所发出的辐射能被光学系统（主要为透镜）收集后，由光纤传输给光探测器进行光电转换，再传给信息处理系统进行滤波、放大等处理，之后送显示仪表显示出被测温度。

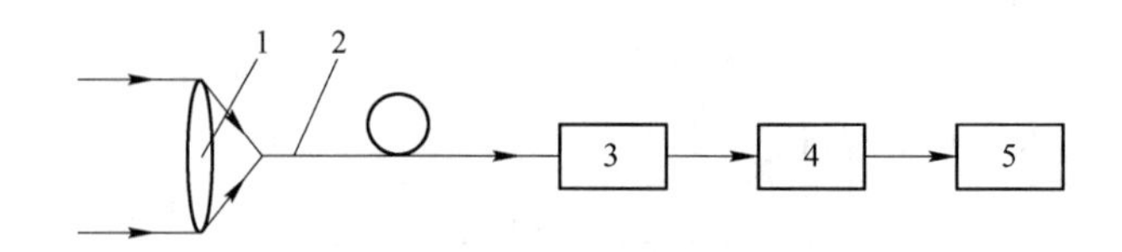

图2-76　光纤辐射温度计原理框图

1—光学系统；2—光纤；3—光探测器；4—信号处理系统；5—显示仪表

b　亮度式光纤辐射温度计

图2-77为亮度式光纤辐射温度计原理示意图。其中光纤探头采用多模石英光纤束，用于采集被测物体的辐射能。为了提高温度计的灵敏度，探头采用水平光纤的透镜耦合形式。光纤的NA一定时，可通过增加透镜的外径来提高距离系数。

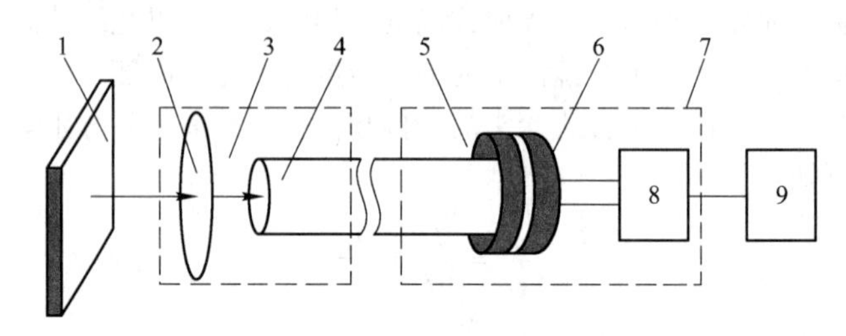

图2-77　亮度式光纤辐射温度计原理框图

1—被测物体；2—透镜；3—透镜耦合式探头；4—光纤；5—干涉滤光片；6—光电探测器；7—信号处理电路；8—前置放大器；9—二次仪表

信号处理电路包括窄带滤光片、光电探测器及前置放大器，后者又由转换电路、有源低通滤波器等组成。在光电探测器前端加入一窄带干涉滤光片，以消除其他波长的辐射和背景干扰辐射，干涉滤光片的中心波长为所选用的测量波长。二次仪表的作用是对前置放大器输出的电压进行线性化处理，并对仪表的量程、灵敏度进行调整，对发射率进行修正，然后再进行温度显示、控制及传输。

c　光纤高温计

图2-78是光纤高温计的基本工作原理框图。它由高温探头、高低温光纤耦合器、信号检测和处理系统等几部分组成。高温探头是采用镀膜技术将测量棒制成黑体辐射腔，其材质多为单晶蓝宝石棒或纯石英棒。当高温探头被放在被测温度场中时，黑体辐射腔的温度就等于被测

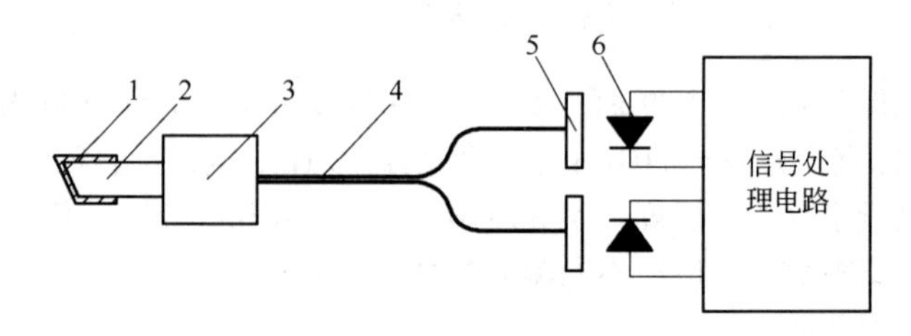

图2-78　光纤高温计原理框图

1—镀膜；2—测量棒；3—耦合器；4—光纤；5—滤光片；6—光电二极管

对象的温度。由普朗克定律可知，通过开口向外辐射的能量为温度的函数，只要测得该辐射能，即可求得被测温度。辐射能量经高低温光纤耦合器后，由低温低损耗光纤传输到光电二极管进行信号检测，再送入信号处理电路进行温度的计算、显示和存储等。信号处理电路主要由PIN-FET低噪声前置放大电路和锁相放大电路组成，此外在光电二极管前还需使用透射率大于50%的窄带滤光片。

为了提高探测灵敏度和检测信噪比，除了采用PIN-FET低噪声前置放大电路外，还应该提高黑体辐射腔发射能量耦合进入低温光纤中的耦合效率，即优化耦合器结构。

如果用一根光纤来收集来自测量棒的辐射能量，则应按如下准则设计耦合器：

$$D \geqslant d + 2L\frac{\mathrm{NA}}{\sqrt{1-\mathrm{NA}^2}} \tag{2-128}$$

式中 D——测量棒直径，m；

d——低温光纤的芯线直径，m；

L——耦合距离，m。

如果用两根紧靠在一起的同样光纤来收集测量棒射出的辐射能量，则应遵循以下准则：

$$D \geqslant d + b + 2L\frac{\mathrm{NA}}{\sqrt{1-\mathrm{NA}^2}} \tag{2-129}$$

式中 b——低温光纤直径，m。

光纤高温计的关键技术是研制性能稳定的传感器探头。探头的质量取决于镀膜技术、光学冷加工技术及探头材料的性能。在1000℃以下温区，应采用纯石英做测量棒，它具有热稳定性和传光性能良好的优点。在1000℃以上温区，则需采用单晶蓝宝石棒做测量棒。

光纤高温计具有测量准确度高、结构简单、使用方便等优点，是一种较理想而实用的高温计，有着广泛的、潜在的应用前景，可以用于航空工业中的尾焰温度或内燃机汽缸温度测量，还可实现多点温度测量。

2.4.3.3 非功能型光纤温度计

A 荧光光纤温度计

a 荧光强度式光纤温度计

(a) 原理与特点

它是利用光致发光效应制成的，即稀土荧光物质在外加光波的激励下，原子处于受激励状态，产生能级跃迁。当受激原子恢复到初始状态时，发出荧光，且出现余晖，其强度与入射光能量及荧光材料的温度有关。若入射光能量恒定，则荧光强度只是温度的单值函数，其关系如下：

$$I(t) = AI_0 e^{-t/\tau} \tag{2-130}$$

式中 $I(t)$——余晖段荧光强度，cd；

A——常数；

I_0——起始段荧光强度，cd；

t——荧光材料温度，℃；

τ——时间常数，s。

实际应用中，为克服入射光强度和光路衰减的影响，多采用测量两个荧光光谱比值的方法。在该温度计中，光纤不作为感温元件，而仅起导光作用。由于物体的荧光仅在低温区具有可检测的荧光温度特性，而在高温区则由于荧光淬灭以及辐射背景的增加而无法适用，因此它只适于低温区的测量。

（b）结构

荧光强度式光纤温度传感器的结构如图 2-79 所示。它的一端固结着稀土磷化合物，并处于被测温度的环境下。从仪表中发出恒定的紫外线，经传送光纤束投射到磷化合物上，并激励其发出荧光，此荧光强度随温度而变化，通过接收光纤束把荧光传送给光导探测器，后者的输出即可用于表示温度。

图 2-80 是荧光强度式光纤温度计的原理框图。光源 2 在脉冲电源 1 的激励下发出紫外辐射作为激励光束，经透镜 3 校直为近似平行光，再由滤光器 4 去除可见光，经分光镜（半透半反射镜）5 后，其透射部分用透镜 6 聚焦射入光纤 7，再经过光纤投射到荧光物质 12 上。从光纤返回的荧光，经透镜 6 校直为近似的平行光，再经过分光镜 5 分成两路，其反射部分通过滤光器 8 分出两路特定波长的谱线，然后通过透镜 9 聚焦到两个固体光电探测器 10 上。探测器输出的信号经放大处理电路 11 后实现相关运算。

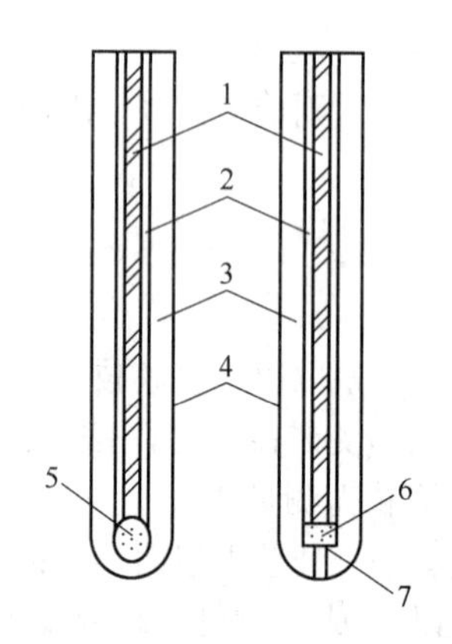

图 2-79 荧光强度式光纤温度传感器
1—光纤；2—光纤包层；3—保护套管；4—光学胶层；5—掺入荧光粉的玻璃球；6—荧光物质；7—反射镜

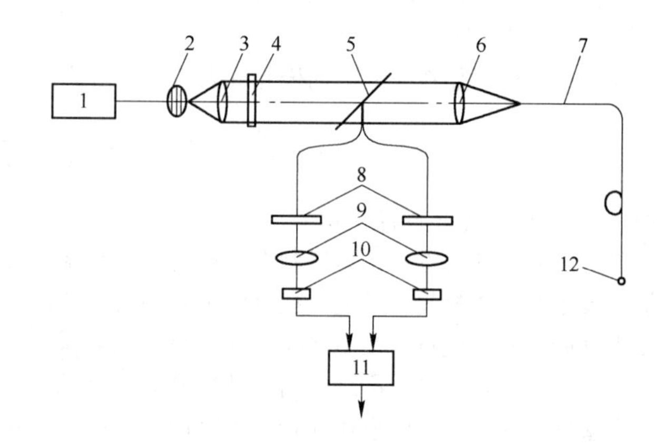

图 2-80 荧光强度式光纤温度计原理框图
1—脉冲电源；2—光源；3，6，9—透镜；4，8—滤光器；5—分光镜；7—光纤；10—光电探测器；11—放大处理电路；12—荧光物质

荧光强度式光纤温度计具有体积小、结构简单、测温范围宽、重复性好等优点，测温范围为 -30 ~ 250℃，一般测温误差为 ±0.5℃，等级高的可达 ±0.1℃，响应时间为 1/4 ~ 4s。

荧光强度式光纤温度计由于探测部分和敏感端连成一体，没有导电物质，特别适合于狭小空间温度测量，例如：变压器热点和人体组织测温等。现已广泛应用于高压设备、广播设备、医疗装置和石油化工等的温度检测中。

b 荧光衰变式光纤温度计

（a）特点

上述荧光强度式光纤温度计是基于荧光强度与温度的关系设计而成的，其在性能与成本上存在局限性：需要附加参考通道以检测另一波长处的发光强度，以便区分其他非热源因素导致的接收光强度的变化，如光纤弯曲、光源和探测器性能的蜕变等。基于荧光寿命的测温技术无需光强测量，只要荧光材料选择得当，温度仅根据“荧光寿命”这一本征参数来确定。检测一定物质的荧光寿命已经是光纤测温的一种比较成功的方案，目前在光纤测温仪中得到越来越多的应用。

荧光衰变式光纤温度计的测量范围是 0 ~ 70℃，连续测温的偏差可达 0.04℃。该荧光信号的上升和下降曲线可用一阶指数函数来描述，其时间常数是温度的函数。但在实际应用中，必须有效抑制激励光泄漏以及背景噪声等干扰信号，目前已成功地运用DSP技术实时测量荧光传感材料的衰变时间，很好地解决了上述问题。

（b）基本原理

闪烁光照射到掺杂的晶体上，可以激励出荧光来。荧光的强度衰变到初值的1/e时所需要的时间，称为荧光衰变时间τ_F。τ_F随温度的变化而变化，其关系可用下式表示：

$$\tau_F = \frac{1 + e^{-\frac{\Delta E}{kT}}}{R_E + R_T e^{-\frac{\Delta E}{kT}}} \tag{2-131}$$

式中 τ_F——荧光衰变式光纤温度计的衰变时间，s；

R_E，R_T，k，ΔE——常数；

T——绝对温度，K。

根据上述原理，可利用荧光物质的衰变时间来控制激励光源的调制频率，组成荧光衰变式光纤温度计。当温度变化时，荧光物质的衰变时间发生变化，从而改变了光源调制频率，若测出频率即测出温度。

（c）结构

典型荧光衰变式光纤温度计的结构如图2-81所示。该系统采用发光二极管（LED）2作为激励光源，其频率由荧光物质的衰变时间来控制。光源的光通过透镜3进入滤光器4，把长波部分滤去，然后经过分光镜5和透镜6注入光纤7射向荧光物质8，以便激发荧光。返回的荧光由分光镜5耦合到滤光器9上。滤光器的作用是抑制散射光。经滤光器后的荧光经透镜10聚焦进入探测器11转换成电信号。此电信号经放大器12、相移器13和幅度控制器14，最后反馈到调制器1控制LED的发光。频率系统开始工作后，在一个频率上振荡，通过计数器15测量振荡频率，即可测量出被测对象的温度。

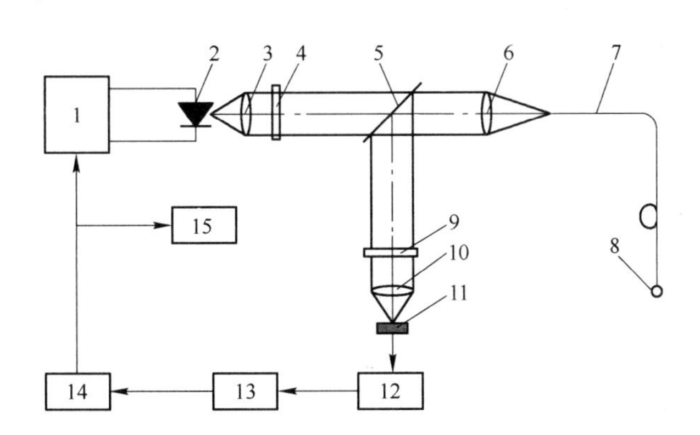

图2-81 荧光衰变式光纤温度计原理框图

1—调制器；2—发光二极管；3，6，10—透镜；4，9—滤光器；5—分光镜；7—光纤；8—荧光物质；11—探测器；12—放大器；13—相移器；14—幅度控制器；15—计数器

c 蓝宝石单晶光纤温度计

该温度计综合了光纤辐射温度计（适于测高温）和荧光光纤温度计（适于测低温）的优点，利用特殊生长的、在其端部掺杂Cr^{3+}离子的蓝宝石单晶光纤，将两者有机结合，成功实现了单一光纤从室温到1800℃大范围的温度测量。

蓝宝石单晶光纤温度计的结构如图 2-82 所示。在低温区（400℃以下），辐射信号较弱，系统开启发光二极管（LED）3 使荧光测温系统工作。发光二极管发射调制的激励光，经透镜 4 聚集到 Y 型石英光纤传导束 5（简称 Y 型光纤）的分支端，再经光纤耦合器 6 透射至红宝石（荧光发射体）13 上，并使其受激发而发生荧光。荧光信号由蓝宝石光纤 12 导出，经光纤耦合器 6 从 Y 型光纤 5 的另一分支端射出，经高通滤波器 11，被光电探测器 10 接收。光电探测器输出的光信号经放大后由荧光信号处理系统 9 处理、计算，以求得被测对象的温度值。在高温区（400℃以上），辐射信号足够强，此时辐射测温系统工作，发光二极管关闭，黑体空腔 7 发射出的辐射信号通过蓝宝石光纤 12 输出，并经 Y 型光纤 5 导出，由光电探测器 10 转换成电信号，经辐射处理系统 8 处理后，即可通过检测辐射信号的强度计算得到被测对象的温度值。

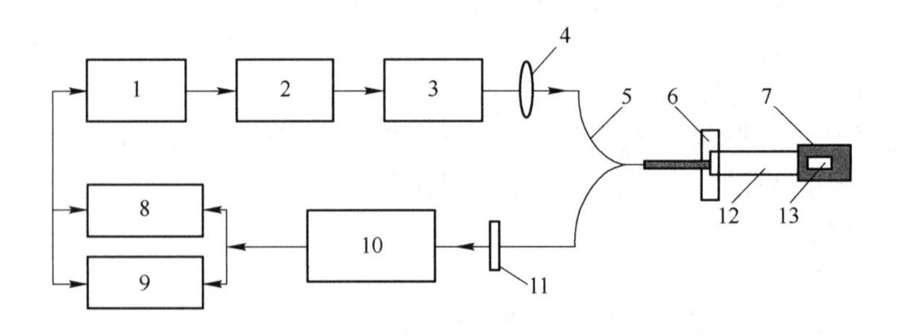

图 2-82　蓝宝石单晶光纤温度计原理框图

1—单片机；2—驱动模块；3—LED；4—透镜；5—Y 型石英光纤传导束；6—光纤耦合器；7—黑体空腔；8—辐射处理系统；9—荧光处理系统；10—光电探测器；11—高通滤波器；12—蓝宝石光纤；13—红宝石

图 2-82 中所示的光纤传感器端部由 Cr^{3+} 离子掺杂而成，用于实现光激励时的荧光发射。掺杂部分光纤长度为 8～10mm。端部光纤的外表面同时镀覆黑体腔，用于辐射测温，其光纤黑体腔长度与直径之比应大于 10，以保证黑体腔表面辐射率恒定。在系统中，还采取了相应的措施，以避免或减少荧光发射部分与热辐射部分的相互干扰。

B　半导体光纤温度计

半导体光纤（或吸收）温度计是由一个半导体吸收器、光纤、光源和包括光探测器的信号处理系统等组成。其特点是：体积小、灵敏度高、工作可靠容易制作，且没有杂散光损耗。

a　基本原理

半导体光纤温度计是利用某些半导体材料（如 GaAs）具有极陡的吸收光谱，对光的吸收随着温度的升高而明显增大的性质制成的。其计算公式如下：

$$\Phi(T) = \Phi_0(1-\rho)^2 e^{\alpha(T)l} \qquad (2\text{-}132)$$

式中　$\Phi(T)$ ——透射光辐射功率，W；

Φ_0 ——入射光辐射功率，W；

ρ ——反射率；

$\alpha(T)$ ——吸收率；

l ——半导体材料的厚度，m。

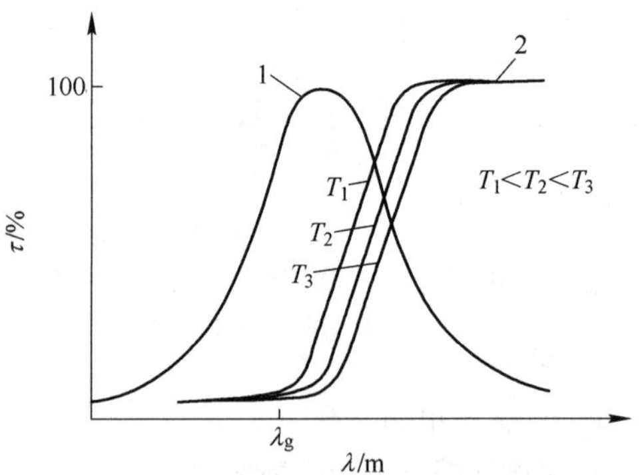

图 2-83　半导体的光透射特性曲线

1—光源光谱特性；2—半导体光谱特性

半导体的光透射特性如图 2-83 所示，图中 $T_1 < T_2 < T_3$，λ_g 为吸收边沿波长。边沿线左边的光能被半导体吸收，右边的能被透过。从中

可见，半导体的光谱特性分为 3 个区域：

（1）短波部分，入射光全部被吸收，透射为零。

（2）长波部分，吸收为零，入射光全部透过。

（3）中间部分，吸收的边沿随温度升高而向长波方向移动。

选择光源发出的光谱峰值落在吸收的边沿上，即等于 λ_g。则当温度升高时，透过半导体的辐射功率（两条曲线下的面积）将明显减少。

b　测温探头结构

半导体光纤温度计测温探头结构如图 2-84 所示。在两根光纤端面之间夹一块半导体感温薄片（吸收元件），并套入一根细的不锈钢管之中固定紧。由光源发出的光，以恒定光强从光纤一端输入，通过半导体薄片后受到强度调制，被放在光纤另一端的光探测器所接收。半导体薄片温度越高，透过的光越弱。依据接受光强的大小可以测出半导体薄片位置的温度。半导体材料多为砷化镓（GaAs）和碲化镉（CdTe），厚度分别为 0.2mm 和 0.5mm，两个断面应经过抛光。

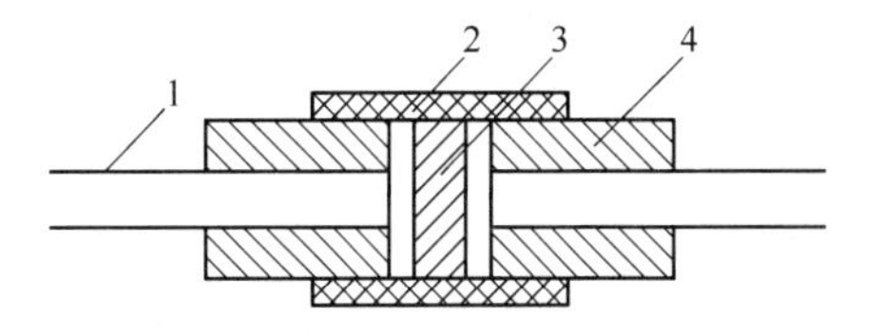

图 2-84　半导体光纤温度计测温探头结构
1—光纤；2—不锈钢套；3—半导体吸收元件；4—封结材料

c　典型半导体光纤温度计

如果对测量准确度要求不高时，半导体光纤温度计可以由上述测温探头、一个光源、一个探测器和一个对数放大器组成，其特点是结构简单、制造容易、成本低、便于推广。

如果增加一个参考光源，其辐射功率与温度无关，而与耦合效率和光纤衰减等干扰因素有关，就构成了双波长半导体光纤温度计。它是利用接收端参考光辐射功率与信号光辐射功率之比来确定温度，这样可将两者受到的干扰因素的影响相互抵消，提高了测量的准确性。

一个实用的双波长半导体光纤温度计如图 2-85 所示，它由半导体测温探头、两个光源、一个光探测器和信号处理控制电路组成。光源采用两个不同波长的发光二极管：一个是AlGaAs 发光二极管，波长为 $\lambda_1 \approx 0.88\mu m$；另一个是 InGaPAs 发光二极管，波长为 $\lambda_2 \approx 1.27\mu m$。它们由脉冲发生器激励而发出两束脉冲光，并通过一个光耦合器一起射入光纤中。两个光脉冲进入探头后，半导体吸收元件对波长为 λ_1 的光进行吸收，吸收率随温度而变化，而对波长为 λ_2 的光不吸收，即几乎是全部透过，故取 λ_1 光作为测量信号，而取 λ_2 光作为参考信号。光脉冲信号从探头出来后通过输出光纤传送到光探测器上，然后进入采样放大转换电路，最后由除法器以参考光为标准对与温度相关的测量信号进行归一化。采样放大转换电路和除法器合称为信号处理电路。显然除法器的输出只取决于半导体透射特性曲线边沿的位移，即与温度有关。该温

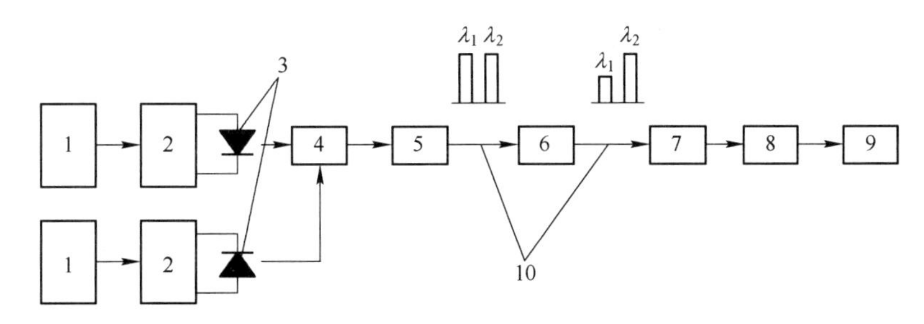

图 2-85　双波长半导体光纤温度计原理框图
1—脉冲发生器；2—LED 驱动器；3—LED；4—光耦合器；5，7—光纤连接器；6—测温探头；8—光探测器；9—信号处理电路；10—光纤

度计的测温范围是 -30~300℃，测温误差可达 1℃。

C 热色效应光纤温度计

许多无机溶液的颜色，即光吸收谱线随温度变化的特性被称为热色效应。根据热色效应设计的温度计被称为热色效应光纤温度计，又被称为液晶光纤温度计。其中热色效应最显著的是钴盐溶液，其颜色通过光纤传导出来用于测量。在该温度计中，光纤不作为感温元件，而仅起导光作用。

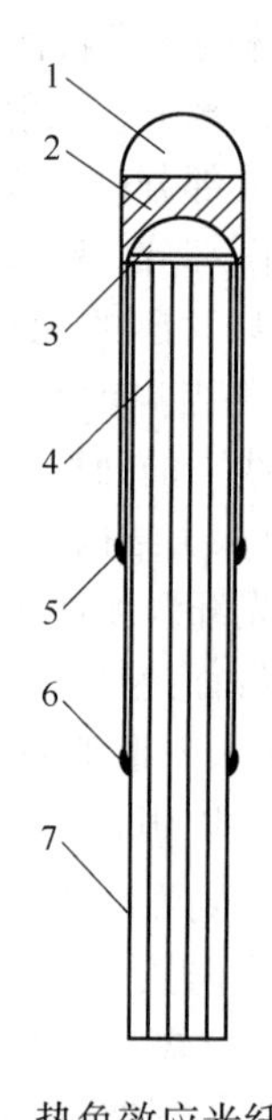

图 2-86 热色效应光纤温度计测温探头结构图

1—玻璃套管；2—无机溶液；3—内玻璃套管；4—光导纤维束；5,6—环氧树脂粘接点；7—聚乙烯套管

图 2-86 是热色效应光纤温度计测温探头的结构图。无机溶液 2 置于玻璃套管 1 的顶端，用内玻璃套管 3 封死无机溶液，然后用环氧树脂 5 和 6 粘牢内外套管。再把两束用聚乙烯套管 7 包裹起来的光导纤维 4 插入内玻璃套管 3 中，一束用来导入由光源产生的窄频带红光脉冲，另一束用以接受无机溶液的反射光。测量温度时，把测温探头插入被测介质中，无机溶液感受被测介质的温度而改变颜色，从而导致无机溶液对入射单色光（红光）反射强弱的变化。反射光再经接收光纤束导出送给光探测器加以测量。

这种温度计的结构如图 2-87 所示。采用一个 60W 的卤素灯泡作光源 1，并用一个斩波器 2 把输入光变成一个频率稳定的光脉冲信号，然后通过显微物镜 3 把光脉冲导入光纤 5，并送到测温探头 4 之中，测温探头的结构如图 2-86 所示。无机溶液的反射光经接收光纤传至光纤耦合器 6。光纤耦合器把接收到的光信号分成两路，分别经波长分为 655nm 和 800nm 的滤光器 7 进行选择。波长 655nm 的光信号的振幅是受温度调制的测量信号，波长 800nm 的光信号与温度无关，故作为参考信号。这两个光信号分别由光电探测器 8 转换成交流电信号，再经滤波放大器 9 送入微机 10 进行处理。由于温度计利用测量信号与参考信号的比值来表示测量结果，从而消除了电源的波动以及光纤中与温度无关的因素所引起的损耗对测量的影响，提高了测量准确度。该温度计的测量范围为 5~75℃，分辨率优于 0.1℃，响应时间为 2s。

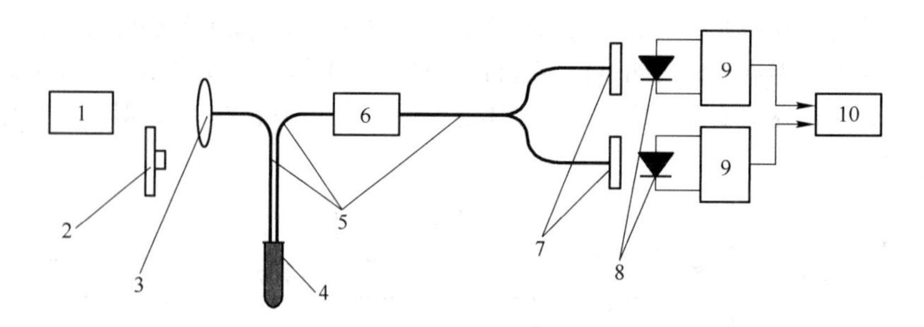

图 2-87 热色效应光纤温度计

1—光源；2—斩波器；3—透镜；4—测温探头；5—光纤；6—光纤耦合器；7—滤光器；8—光电探测器；9—滤波放大器；10—微机系统

2.4.3.4 功能型光纤温度计

当光沿单模光纤传播时，表征光特性的某些参数，如振幅、相位、偏振等，会因外界因素

（温度、压力、加速度、振动和电磁场等）的改变而改变。基于此建立起来的一类光纤温度计，称为功能型光纤温度计，光纤在其中不仅起导光作用，而且起感温作用。

A 马赫-珍德相位干涉型光纤温度计

在功能型光纤温度计中，以相位干涉型最有实用价值，其中的典型代表为马赫-珍德相位干涉型光纤温度计。

两根同样材质且长度基本相同的单模光纤，令其出射端平行，则它们的出射光就会产生干涉而在屏幕上形成明暗相间的干涉条纹。若令一根为测量用的光纤，直接感受被测量温度的变化，另一根为参考用光纤，使它置于恒定的温度场内。那么当被测温度变化时，测量光纤出射光的相位将发生变化，从而导致上述干涉条纹的移动。相位每变化 2π，干涉条纹移动一条。显然，温度变化越大，干涉条纹移动的数目就越多。通过计量屏幕上干涉条纹移动的数目，就可求出相位的变化量，也就可以推出相应的温度变化量。

图 2-88 是马赫-珍德相位干涉型光纤温度计的原理图。He-Ne 激光器 1 发射波长为 $\lambda=0.6328\mu m$的单色光，经扩束镜 2 扩束准直为平行光，再经分光镜 3 分成两路，并分别经透镜 4、5 进行光束直径聚焦。聚焦后光束大小等于测量光纤 6、参考光纤 7 的入射端面直径的大小，两出射光在屏幕 9 上产生干涉条纹，在屏幕后某一固定点上设置半导体 PIN 管 8，用以检出干涉条纹的移动。

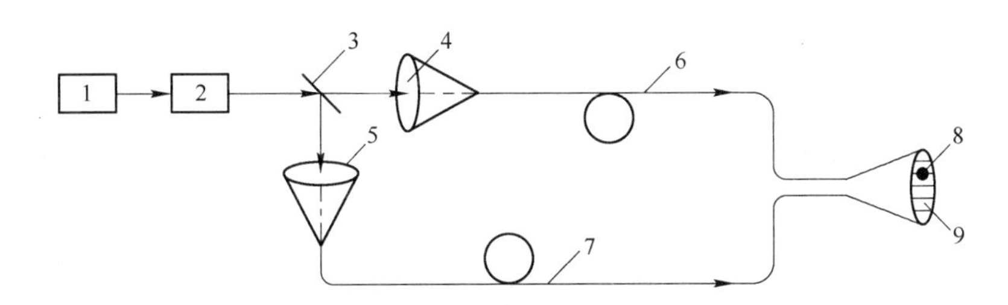

图 2-88 马赫-珍德干涉型光纤温度计的原理图

1—He－Ne 激光器；2—扩束镜；3—分光镜；4，5—透镜；6—测量光纤；7—参考光纤；8—半导体 PIN 管；9—屏幕

B 法布里-珀罗光纤温度计

该温度计的特点是利用法布里-珀罗光纤本身的多次反射所形成的光来产生干涉，同时可以采用很长的光纤来获得很高的灵敏度。此外，由于它只用一根光纤，所以干扰问题比马赫-珍德相位干涉型光纤温度计少得多。

法布里-珀罗光纤温度计的原理框图如图 2-89 所示。它包括 He-Ne 激光器 8、起偏器 7、显

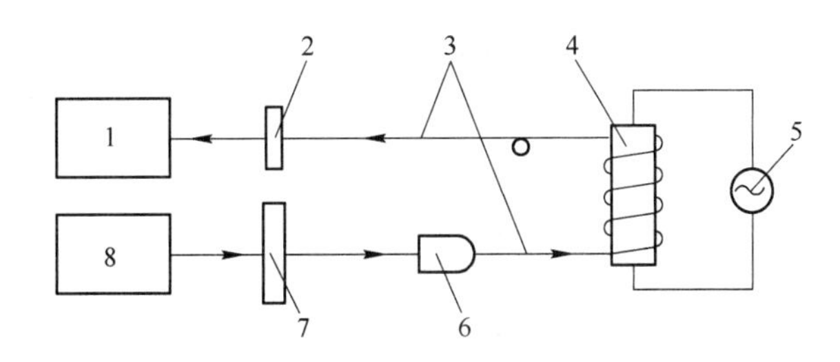

图 2-89 法布里-珀罗光纤温度计原理框图

1—记录仪；2—光探测器；3—F-P 光纤；4—压电变换器；5—调制源；6—显微物镜；7—起偏器；8—He-Ne 激光器

微物镜 6、调制源 5、压电变换器 4、光探测器 2、记录仪 1 以及一根用来形成法布里-珀罗干涉腔的单模 F-P 光纤 3。F-P 光纤是一根两端面均抛光，并镀有多层介质膜的单模光纤，是温度计的关键元件。F-P 光纤的一部分绕在加有正弦电压的压电变换器上，因而光纤的长度受到调制。只有在产生干涉的各光束通过光纤后出现的相位差 $\Delta\varphi = m\pi$（m 是整数）时，输出才最大，此时探测器获得周期性的连续脉冲信号。当外界的被测温度使光纤中的光波相位发生变化时，输出脉冲峰值的位置将发生变化。为了识别被测温度的增减方向，要求 He-Ne 激光器有两个纵模输出。这样，根据对应于两模所输出的两峰的先后顺序，即可判断外界温度的增减方向。

2.4.3.5　分布式光纤测温系统

分布式光纤测温系统是近年来发展起来的一种用于实时快速多点测温和测量空间温度场分布的传感系统。它是一种分布式的、连续的、功能型光纤温度测量系统。即在系统中，光纤不仅起感光作用，而且起导光作用。利用光纤后向拉曼散射的温度效应，可以对光纤所在的温度场进行实时的测量；利用光时域反射技术（OTDR）可以对测量点进行精确定位。如 DTS2000 分布式光纤测温系统，可在一条 2km 长的光纤上实时监测 2000 个测量点，测温范围达到 0～370℃。

A　测温的物理基础

当光在光纤中传输时，与光纤中的分子、杂质等相互作用而发生散射。发生的散射有米氏散射、瑞利散射、布里渊散射和拉曼散射等。其中拉曼散射是由于光纤中分子的热运动与光子相互作用发生能量交换而产生的。

具体地说，当光子被光纤分子吸收后会再次发射出来。如果有一部分光能转换为热能，那么将发出一个比原来波长大的光，称为 Stokes 光。相反，如果一部分热能转换为光能，那么将发出一个比原来波长小的光，称为 Anti-Stokes 光。拉曼散射光就是由这两种不同波长的 Stokes 光和 Anti-Stokes 光组成的，其波长的偏移是由光纤组成元素的固有属性决定的，因此拉曼散射光的强度与温度有关。

B　分布式光纤测温系统原理

分布式光纤测温系统的基本框图如图 2-90 所示。在同步控制单元的触发下，光发射器产生一个大电流脉冲，该脉冲驱动半导体激光器产生大功率的光脉冲，并注入激光器尾纤中。从

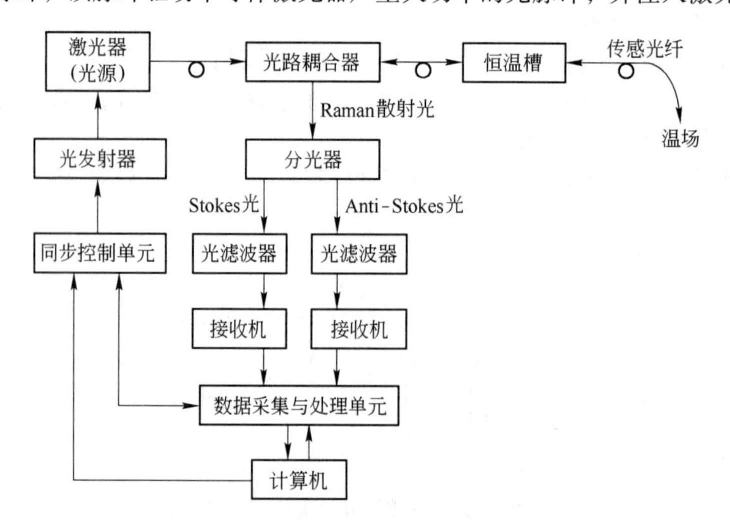

图 2-90　分布式光纤测温系统原理框图

激光器尾纤输出的光脉冲，经过光路耦合器进入放置在恒温槽中的光纤中，该光纤用于系统标定，之后再进入传感光纤，感受被测对象的温度场。当激光在光纤中发生散射后，携带有温度信息的拉曼后向散射光返回到光路耦合器中。光路耦合器不但可以将发射光直接耦合至传感光纤，而且可以将散射回来的不同与发射波长的拉曼散射光耦合至分光器。分光器分别由两个不同中心波长的光滤波器组成，分别滤出 Stokes 光和 Anti-Stokes 光，经接收机送入数据采集与处理单元，最后送入计算机进行温度的存储、显示和控制。

2.4.4 集成温度传感器测温技术

温度传感器的发展大致经历了以下 3 个阶段：

（1）传统的分立式温度传感器，含敏感元件；

（2）模拟集成温度传感器/控制器；

（3）智能温度传感器，即数字温度传感器。

目前智能温度传感器正朝着高准确度、多功能、总线标准化、高可靠性及安全性、开发虚拟传感器和网络传感器、研制单片测温系统等高科技的方向迅速发展。

2.4.4.1 模拟集成温度传感器

A 概述

模拟集成温度传感器是在 20 世纪 80 年代问世的，采用硅半导体集成工艺而制成，因此亦称硅传感器或单片集成传感器。模拟集成温度传感器是将温度传感器集成在一个芯片上，可完成温度测量及模拟信号输出功能的专用 IC，是最简单的、目前在国内外应用最普遍的一种集成传感器。其主要特点是功能单一（仅能测量温度）、测温误差小、价格低、响应速度快、传输距离远、体积小、微功耗，适合远距离测温和控温，不需要进行非线性校准，外围电路简单。

国内外生产的模拟集成温度传感器典型产品及技术指标见表 2-23。其中，周期输出式集成温度传感器、频率输出式集成温度传感器和比率输出式集成温度传感器又被称为增强型模拟集成温度传感器。需要指出的是：表中所列出的最大测量误差值，一般指在整个测温范围内的最大测量误差；当测温范围较小时，实际测量误差会明显降低。

表 2-23 模拟集成温度传感器典型产品及技术指标

种 类	型 号	温度系数	最大测量误差/℃	测量范围/℃	特 点
电流输出式	AD590	1μA/K	±0.5	-50～150	输出电流与温度成正比
	AD592	1μA/K	±0.5	-25～105	
	HTS1	1μA/℃	±1.0	-55～150	
	TMP17	1μA/℃	±2.5	-40～105	
电压输出式	LM134	10mV/K	±3.0	-55～125	输出电压与温度成正比
	LM234	10mV/K	±3.0	-25～100	
	LM334	10mV/K	±6.0	0～70	
	TMP35	10mV/℃	±2.0	10～125	
	TMP36	10mV/℃	±2.0	-40～125	
	TMP37	10mV/℃	±2.0	5～100	
	LM34A	10mV/℉	±2.0 ℉	-50～300 ℉	
	LM35A	10mV/℃	±1.0	-55～150	

续表 2-23

种 类	型 号	温度系数	最大测量误差/℃	测量范围/℃	特 点
电压输出式	LM35	10mV/℃	±1.5	-55~150	输出电压与温度成正比
	LM35C	10mV/℃	±2.0	-40~110	
	LM35D	10mV/℃	±2.0	0~100	
	LM45B	10mV/℃	±3.0	-20~100	
	LM45C	10mV/℃	±4.6	-20~100	
	LM50B	10mV/℃	±3.0	-25~100	
	LM50C	10mV/℃	±4.0	-40~125	
	LM60B	6.25mV/℃	±3.0	-25~125	
	LM61B	10mV/℃	±3.0	-25~85	
	LM62B	15mV/℃	±2.5	0~90	
	LM135A	10mV/℃	±1.0	-55~150	
	LM135	10mV/℃	±1.5	-55~150	
	LM235A	10mV/℃	±1.0	-40~125	
	LM235	10mV/℃	±1.5	-40~125	
	LM335A	10mV/℃	±1.0	-40~100	
	LM335	10mV/℃	±2.0	-40~100	
周期输出式	MAX6676	10~640μs/K	±3.0	-55~150	输出方波的周期与温度成正比
频率输出式	MAX6677	4~1/16Hz/K	±3.0	-55~150	输出方波的频率与温度成正比
比率输出式	AD22100	22.5mV/℃	±2.0	-55~150	输出电压不仅与温度有关，还与电源电压的实际值与标称值之比成正比
	AD22103	28mV/℃	±2.0	0~100	

B AD590 集成温度传感器

美国 AD 公司生产的 AD590 是一种电压输入、电流输出型两端元件，其输出电流与绝对温度成正比。AD590 的测温范围为 -55~150℃，在电路中，它既作为恒流器件，又起感温作用。因为 AD590 是恒流器件，所以适合于温度的自动检测和控制以及远距离传输。AD590 的基本测温电路为非平衡电桥法，如图 2-91 所示。图 2-92 给出了一种 AD590 的实用测温电路。其中 AD581 为精密的基准电压源，用于给 AD590 供电。R_1 和 W_1 用于将电流信号转变为电压信号，并送至由 ICL7650(A_1)和 LM358(A_2)组成的放大电路，其输出即代表被测温度。

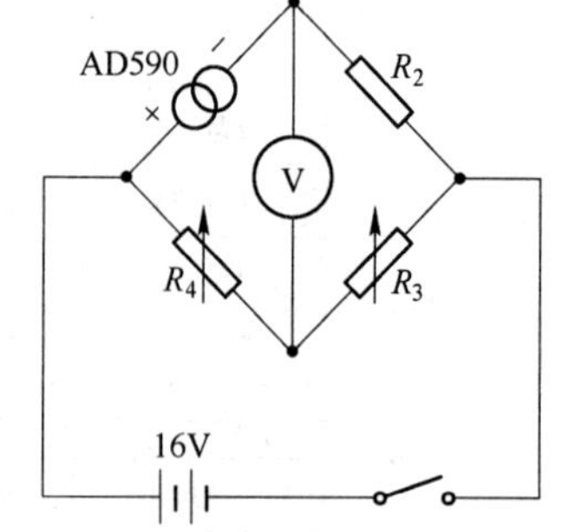

图 2-91 AD590 的基本测温电路

2.4.4.2 模拟集成温度控制器

A 概述

模拟集成温度控制器是一种带温度控制功能的集成电路。它采用可编程位式调节方式或脉宽调制（PWM）方式来实现

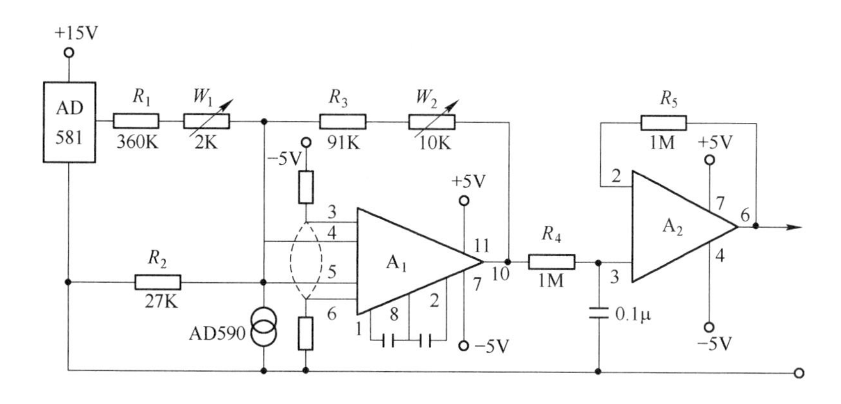

图 2-92 AD590 的实用测温电路

温度控制，能以最简方式构成温控仪或温控系统，对被测温度进行监控或越限报警。主要包括温控开关、可编程温度控制器，典型产品有 LM56、AD22105 和 MAX6509。某些增强型集成温度控制器，例如 TC652/653 中还包含了 AD 转换器以及固化好的程序，这与智能温度传感器有某些相似之处，但它自成系统，工作时并不受微处理器的控制，这是二者的主要区别。表 2-24 列出了模拟集成温度控制器的典型产品和性能指标。

表 2-24 模拟集成温度控制器的典型产品和性能指标

种 类	型 号	电压温度系数/mV·℃$^{-1}$	最大测量误差/℃	测量范围/℃
可编程温度控制器	LM56B	6.2	±3	-40~125
	LM56C	6.2	±4	-40~125
	TMP01	5	±1.5	-55~125
	TMP12	5	±3.0	-40~125
	AD22105		±2.0	-40~125
	ADT14	5	±3.0	-40~125
	MAX6509		±4.7	-40~125
	MAX6510		±4.7	-40~125
远程温度控制器	MAX6511		±3.0	45~125
	MAX6512		±3.0	-45~125
	MAX6513		±3.0	45~125
风扇控制器	TC652		±2.5	-40~125
	TC653		±2.5	-40~125

B 基于 TMP01 的温度/电流变送器

TMP01 是美国模拟器件公司生产的低功耗可编程温度控制器，其主要技术指标优于 LM56 型可编程温度控制器。TMP01 有 3 种规格：TMP01E、TMP01F 和 TMP01G，其中以 TMP01E 的准确度为最高。

在远距离传输温度信号时，可采用如图 2-93 所示的 4~20mA 温度/电流变送器电路，也称电流环电路。该电路必须保证在终端能接收到环中所传输的全部信号能量，即环路中的损耗电流必须小于 4mA。选 +5V 电源时，TMP01 和 OP90 所消耗的最大电流分别为 500μA 和 20μA，二者之和远低于4mA。该电路的设计指标为：在 -40℃时，输出电流 I_o =4mA；在 +85℃时，I_o =20mA。I_o 的电流温度系数为128μA/℃。在不同温度下所对应的值由下式确定：

$$I_o = \frac{1}{R_5}\left[\frac{U_o R_4}{R_2} - \frac{U_{REF} R_3}{R_1 + R_3}\left(1 + \frac{R_4}{R_2}\right)\right] \tag{2-133}$$

其中，$U_o = K_V T = K_V t + 1415mV$，即从热力学温度（K）变成摄氏温度（℃）时，需要给 U_o 增加一个1415mV的初始值。

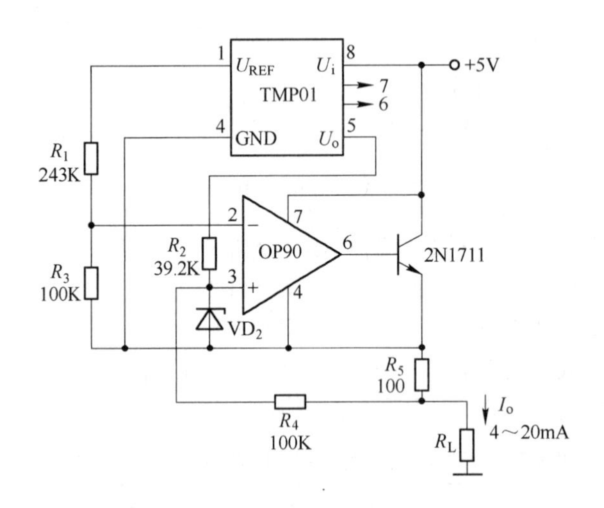

图2-93 4～20mA 温度/电流变送器

2.4.4.3 智能温度传感器

A 概述

智能温度传感器（亦称数字温度传感器）是在20世纪90年代中期问世的。智能温度传感器是微电子技术、计算机技术和自动测试技术的结晶，它也是集成温度传感器领域中最具活力和发展前途的一种新产品。目前，国际上许多著名的集成电路生产厂家已开发出上百种智能温度传感器产品。

智能温度传感器采用了数字化技术，能以数据形式输出被测温度值。智能温度传感器具有测温误差小、分辨力高、抗干扰能力强、能远程传输数据、用户可设定温度上下限、能实现越限自动报警功能、自带串行总线接口、适配各种微控制器（MCU）等优点。按照串行总线来划分有单线总线（1-Wire）、二线总线（含 SMBus、I^2C 总线）和三线总线（含 SPI 总线）几种类型。典型产品有 DS18B20（单线总线）、LM75（I^2C 总线）和 LM74（SPI 总线）。

智能温度传感器具有以下3个显著特点：

（1）能输出温度数据及相关的温度控制量，适配各种微控制器。

（2）能以最简方式构成高性价比、多功能的智能化温度测控系统。

（3）它是在硬件的基础上通过软件来实现测试功能的，其智能化程度也取决于软件的开发水平。

智能温度传感器内部都包含温度传感器、AD 转换器、存储器（或寄存器）和接口电路。有的产品还带多路选择器、中央控制器（CPU）、随机存取存储器（RAM）和只读存储器（ROM）。

智能温度控制器是在智能温度传感器的基础上发展而成的。智能温度控制器既可以适配各种微控制器，构成智能化温控系统；又可以脱离微控制器单独工作，自行构成一个温控仪。上述智能化温控系统或温控仪，既可以工作在连续转换模式，亦可选择单次转换模式。智能温度传感器/控制器可广泛用于温度测控系统、计算机及家用电器中。典型产品有 DS1620、DS1625 和 TCN75。

多通道智能温度传感器除具有内置温度传感器之外，还专门增加了若干个远程测温通道。通过在总线上接多片同种型号的芯片，很容易将通道扩展到几十路，这就为研制多路温度测控系统创造了便利条件。多通道智能温度传感器的典型产品有 MAX1688、AD7417、AD7817、MAX1805 和 LM83。表 2-25 列出了智能温度传感器/控制器典型产品和性能指标。

表 2-25　智能温度传感器/控制器典型产品和性能指标

型　号	最大测量误差/℃	测量范围/℃	特　点
DS18S20	±0.5	-55～125	单线总线
DS18B20	±0.5	-55～125	单线总线，可对分辨率进行编程
DS1821	±1.0	-55～125	单线总线，具有单线/自控两种模式
DS1822	±2.0	-55～125	单线总线
DS1824	±0.5	-55～125	单线总线
DS1829	±2.0	-55～125	单线总线
DS1620	±0.5	-55～125	适用于温度控制
DS1620R	±0.5	-55～125	适用于温度控制
DS1621	±0.5	-55～125	适用于温度控制
DS1623	±0.5	-55～125	适用于温度控制
DS1624	±0.5	-55～125	I^2C 总线，分辨率高达 0.03125℃，内含供用户使用的 256 字节的 E^2PROM
DS1625	±0.5	-55～125	适用于温度控制
DS1722	±2.0	-55～120	SPI 总线，适用于温度控制
TCN75	±2.0	-55～125	
TMP03	±1.0	-40～100	
TMP04	±0.5	-40～100	
AD7314	±3.0	-55～125	SPI 总线
AD7414	±3.0	-55～125	I^2C 总线
AD7415	±2.0	-55～125	I^2C 总线
AD7416	±2.0	-55～125	I^2C 总线
AD7417	±2.0	-55～125	I^2C 总线，5 通道智能温度传感器
AD7418	±2.0	-55～125	I^2C 总线
AD7814	±2.0	-55～125	SPI 总线
AD7816	±2.0	-55～125	SPI 总线
AD7817	±1.0	-55～125	SPI 总线，5 通道智能温度传感器
AD7818	±2.0	-55～125	SPI 总线
LM74	±3.0	-55～125	SPI 总线

续表 2-25

型　号	最大测量误差/℃	测量范围/℃	特　点
LM75	±3.0	-25~100	I^2C 总线
LM76	±2.5	-25~125	I^2C 总线
LM77	±2.0	-25~100	
LM78C	±3.0	-10~100	
LM79C	±3.0	-10~100	
LM80	±3.0	-25~125	
LM81	±3.0	-40~125	
LM83	±3.0	-40~125	SMBus 总线，4 通道智能温度传感器
MAX1668	±3.0	-55~125	SMBus 总线，5 通道智能温度传感器
MAX1805	±3.0	-55~125	SMBus 总线，3 通道智能温度传感器
MAX6625	±3.0	-55~125	I^2C 总线
MAX6626	±3.0	-55~125	I^2C 总线
MAX6654	±3.0	-55~125	SMBus 总线，2 通道智能温度传感器

B　基于 DS18S20 的温度巡回检测系统

近几年来，由于数字化测温芯片的发展，在一定的测温范围（一般为 -55~125℃）内，由数字化测温芯片所构成的多路测温系统，由于具有微型化、低功耗、高性能、抗干扰性强、易配处理器等优点，特别适合构成多路温度巡回检测系统，可取代传统的多路测温系统。

目前，国内应用较多的是美国 DALLAS 公司推出的 DS1620、DS1820、DS18B20 和 DS18S20 等，下面以 DS18S20 为例进行介绍。每片 DS18S20 都含有唯一的产品号，可把温度信号直接转换成串行数字信号供微机处理，所以从理论上讲，在一条总线上可以挂接任意多个 DS18S20 芯片，无需添加任何外围硬件即可构成多点测温系统。

DS18S20 与 89C51 单片机构成的温度巡回检测系统如图 2-94 所示。其中，MAX813L 及其外围电路构成了系统的看门狗电路，并具有电源监控和复位功能。

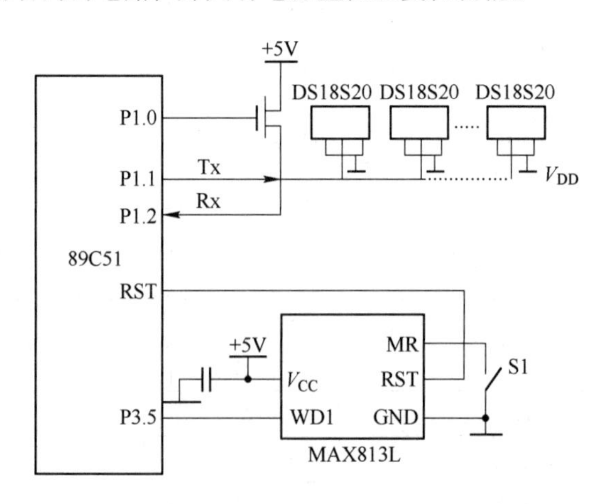

图 2-94　DS18S20 温度巡回检测系统图

DS18S20 虽然具有测温系统简单、测温准确度高、占用口线少等优点，但传输距离较短，在实际使用中还应注意：

（1）由于DS18S20与微处理器间采用串行数据传送，所以，在对DS18S20进行读写编程时，必须严格地保证读写时序。

（2）单总线上所挂DS18S20超过8个时，要注意总线驱动能力。

（3）在进行多点温度巡回检测时，在系统安装及工作之前，应将主机逐个与DS18S20挂接，读出其序列号。

C　恒温控制器

MAX6625和MAX6626是美国MAXIM公司生产的两种智能温度传感器。它们是将温度传感器、9位或12位AD转换器、可编程温度越限报警器和I^2C总线串行接口集成在同一个芯片中。其中，MAX6625内含9位A/D转换器，可代替LM75；MAX6626采用12位A/D转换器，能获得更高的温度分辨力。二者均适用于温度控制系统、温度报警装置及散热风扇控制器等。

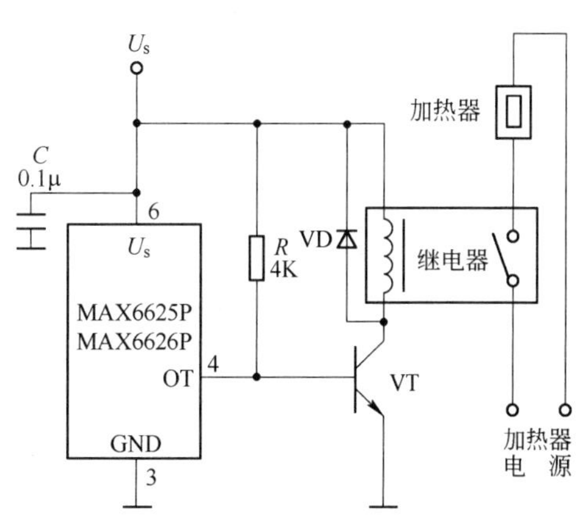

图2-95　恒温控制器电路

由MAX6625P/6626P构成的恒温控制器电路如图2-95所示。图中，VD为限流二极管，起保护作用；R为上拉电阻；U_s为3～5V；OT端经过驱动管和继电器来控制电加热器的通断，以达到恒温目的。

2.5　温度测量仪表的应用

温度是主要的热工参数之一，在工农业生产、国防和科研各部门，温度测量的重要性不言而喻。在实际生产和科学研究中既存在大量的共同性的测温问题，又有特殊的测温问题。本节将就温度测量技术中的共性问题进行剖析，并运用测温理论来解决实际的测温问题。

2.5.1　熔融金属的温度测量

2.5.1.1　钢水温度的测量

A　概述

钢水测温的环境极为恶劣，所测温度都在1500℃以上，有时达到1750℃，吹氧时甚至高达2000～2500℃，而且钢液还激烈搅动。中间罐钢水温度是决定连铸顺利与否的首要因素，它不仅影响铸坯质量及正常生产，而且对拉坯速度、正常浇注、二冷水量的调节起着重要作用。目前常用的测温方法有：

（1）快速热电偶间断测温。该方法需要每5～10min人工测量一次，具有结构简单、响应速度快、准确度较高等特点，因而可进行快速测量。由于它的使用是一次性的，从而无须维修与保养。其缺点为劳动强度大、工作环境恶劣、操作人员容易因钢水飞溅而受伤。另外，快速热电偶的插入深度不同还会影响测温的准确性和稳定性，其原理和结构等详见消耗式热电偶的有关介绍。

（2）铂铑热电偶外加保护套管连续测温。

该方法具有如下优点：

1）可实现连续准确的钢水温度测量，提高产品质量和产量；

2）减轻工人劳动强度，改善工人操作环境，保证检测人员的安全；

3）能及时采取措施避免操作失误，减少拉漏，提高生产率和成材率。

该方法的缺点是价格昂贵、测温费用过大，企业难以承受。其寿命长短主要取决于保护套管，原理同2.4.1节，这里不再赘述。

（3）黑体空腔式钢水连续测温系统。该测温系统兼有接触式和非接触式两种温度计的优点，具有测量温度准确、响应速度快、抗干扰能力强、安装使用方便等优点，最近几年已在国内冶金行业得到广泛应用。

B　黑体空腔式钢水连续测温系统

a　传感器的结构

传感器主要由黑体空腔测量管、测温探头和附件3部分组成，其结构原理框图如图2-96所示。

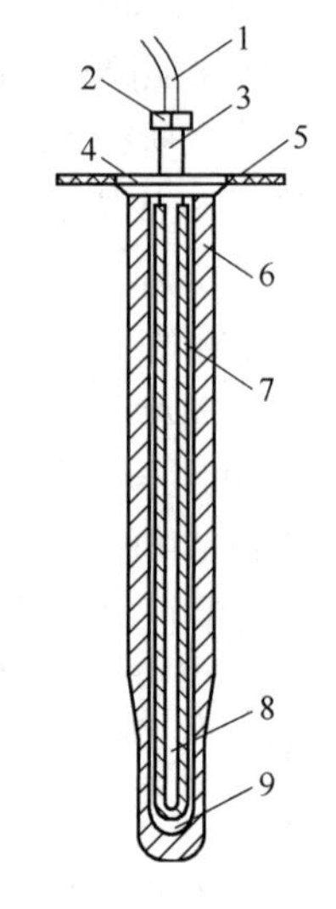

图2-96　传感器结构图

1—信号传输线；2—接管；3—测温探头；4—调整架；5—固定架；6—保护套管；7—测温管；8—黑体空腔；9—空气夹层

（1）黑体空腔测量管。测量管是由内外套管组成的一端开口一端封闭的复合腔体。内管为测温管，用某种辐射特性稳定和具有镜-漫反射特性的材质制成，具有良好的抗氧化性能、较高的热导率和材料发射率。测温管内壁形成黑体空腔，为提高腔体壁面材料发射率，应对材料进行粗糙加工，如常在其表面加工直线V形槽。外管为保护管，由耐高温、耐钢液冲刷、抗热震性好和导热性能好的材质制成，并外涂特制的防氧化涂层，以延长测量管使用寿命。测温管与保护套管之间为空气夹层。测温时将传感器插入到钢水中至少250mm，保护套管直接与钢水相接触，感知其温度，再传至测温探头。

（2）测温探头。由保护玻璃、光学透镜、光电探测器、信号传输线（光纤）、环境温度补偿电路及冷却风路等组成。光电探测器具有灵敏度高、响应速度快、由于发射率变化产生的测量误差小和受水蒸气吸收影响小等优点。测量管腔体发出的热辐射经保护玻璃和光学透镜聚焦成像在硅光电池上，发生光电效应，产生与温度成一定关系的电压信号，此电压信号经光纤传至信号处理器。

（3）保护套管。用于钢水连续测温的保护套管主要有以下几种：ZrB_2、铝碳质（AC）、BN、$MoZrO_2$、Mo-MgO和Mo-Al_2O_3等，其中，使用寿命最长的ZrB_2可达100h，但价格昂贵，目前多采用铝碳质管。该温度计保护套管的主要成分即为铝碳质，并采用涂层保护法在保护套管的表面涂敷特制的防氧化涂料，再进行适当的热处理，这样该保护套管就具有耐高温、抗钢渣腐蚀、耐钢液冲刷、抗热震性和氧化性好、导热性能好的特点。

b　工作原理

黑体空腔式钢水连续测温系统的测温原理是将传感器插入钢水中，使其与被测介质直接接触感知温度，以专门设计的测温探头接收测量管发出的红外辐射信号，所产生的与温度成一定关系的电压信号再经信号传输线送至信号处理器进行计算、补偿、显示、存储和远传。由斯忒藩-玻耳兹曼定律可得

$$M_b(T) = \varepsilon\sigma T^4 \tag{2-134}$$

式中　$M_b(T)$——黑体的辐射出度，W/m^2；

ε——在线黑体空腔的发射率；

σ——斯忒藩-玻耳兹曼常数，$\sigma = 5.6697 \times 10^{-8} \mathrm{W/(m^2 \cdot K^4)}$；

T——被测介质的温度，K。

从以上原理可知，该测温方法的准确度主要取决于积分发射率的准确计算。计算公式如下：

$$\varepsilon = \frac{\int_0^{L_1} \varepsilon_e(r)\mathrm{d}F_{r,D}\mathrm{d}A_r + \int_{L_1}^{L_1+L_2} \varepsilon_e(x)\mathrm{d}F_{x,D}\mathrm{d}A_x}{\int_0^{L_1} \mathrm{d}F_{r,D}\mathrm{d}A_r + \int_{L_1}^{L_1+L_2} \mathrm{d}F_{x,D}\mathrm{d}A_x} \tag{2-135}$$

式中 ε_e——腔体的有效发射率；

$\mathrm{d}A_r$，$\mathrm{d}A_x$——腔体靶面 r 处和壁面 x 处的微圆环面积；

$\mathrm{d}F_{r,D}$，$\mathrm{d}F_{x,D}$——$\mathrm{d}A_r$ 和 $\mathrm{d}A_x$ 对探测器接收面 A_D 的角系数；

L_1——靶底部分轴线长度，m；

L_2——圆筒部分轴线长度，m。

式（2-135）中角系数是全照区角系数还是半照区角系数以及积分限如何确定，与腔体的几何结构、探测器接收面大小以及探测器的具体位置有关。全照区角系数是指微圆环所发出的辐射能全部投射到整个探测器接收面上的角系数，半照区角系数是指微圆环所发出的辐射能只有一部分投射到探测器接收面上的角系数，它由黑体空腔的开口大小或光阑大小所决定。

c 测温系统

图2-97给出了黑体空腔式钢水连续测温系统的结构及安装示意图。虽然传感器的光学系统被相对密封在测温管内，但在使用过程中，仍免不了有灰尘、水汽等渗入，污染光学系统的保护玻璃片，造成光电探测器探测到的能量衰减，近而增大测量误差，为此应定期擦拭保护玻璃及对测温探头进行定期现场动态校准。当测温探头环境温度超过性能指标规定时，应用无油无水的压缩空气进行风冷，使其温度保持在70℃以下。无油无水的压缩空气是由外网经过滤器送入的。

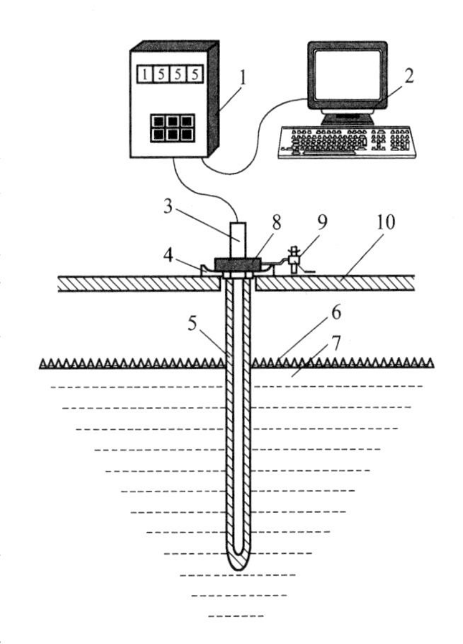

图2-97 黑体空腔式钢水连续测温系统
1—信号处理器；2—计算机；3—测温探头；4—托盘；5—测量管；6—钢渣；7—钢水；8—压铁；9—升降支架；10—中间包盖

测温点的选择即传感器的安装位置，对使用寿命和测温准确度影响很大，选择时应注意。由于中间罐内钢水温度分布不均匀，因此，测温点的选择应有代表性。此外还要求考虑安装方便，有利维护，以及避免钢渣腐蚀，这些都由中间罐的大小、钢液流动状态等决定。

由于金属陶瓷材料导热性能好，且保护套管的直径又较粗，因此热传导误差不能忽略。为了保证测量准确度，传感器的插入深度应为保护套管直径的10～15倍以上，实验和理论分析均表明该传感器插入深度最小应为250mm，此时测温误差不大于3℃，使用寿命可达24～28h。

2.5.1.2 其他熔融金属的温度测量

A 铜液温度的测量

铜液连续测温的关键仍然是保护管。根据铜液的特点，目前已研制出一种新型金属陶瓷保护管（MAC-6 型）。实验证明，这种保护管是一种抗热震、耐铜液腐蚀的保护管，适用于 0～1300℃的温度范围，使用寿命不低于 1000h，可以满足铜液的连续测量。

在铜液测温方面，还研制成功一种由热电偶、填充剂及高温粘结剂所构成的复合型实体热电偶。它具有热电性能稳定、响应速度快、耐高温、安全可靠、使用寿命长等特点。在实际应用中，为了进一步提高保护管的抗震性能，最好从炉墙侧面插入炉内并浸入铜液中。插入深度一般约为 80～100mm。

B 铝电解液温度的测量

电解铝的电解是一项耗能巨大的工艺，理论和实践都证明降低电解液的温度，可大大降低能耗。因此，在电解铝工业中，温度测量与节能有着不可分离的关系。多年来科技人员一直致力于准确测量和控制铝电解液温度的研究。目前常用的方法是采用热电偶直接测量铝电解液的温度，此法的关键同样是解决好保护管问题。现已研制出复合氧化物保护管，它采用等离子喷涂方法，将氧化物粉末直接喷涂在氧化铝保护管上。

2.5.2 气流温度测量

2.5.2.1 概述

生产实际中的气流温度测量通常指以下 3 种情况：

（1）在管道内，速度快但温度不高的气体温度测量；

（2）工业锅炉和工业窑炉中速度较慢，但温度很高的燃烧气流的温度测量；

（3）内燃机、燃气轮机等高速喷射燃烧气流温度的测量。

前两种情况，在工程测量中涉及面广，测温仍以接触法为主。应用热电偶采取一定的技术措施，能获得较为理想的测量结果。后一种情况是指对各类喷射出来的燃烧气流的测温，对这类喷焰或等离子气体喷焰的温度测量可采用非接触法。在气流测温中，会碰到一些其他测温所没有的特殊问题，具体叙述如下：

（1）用热电偶测量高速气流温度时，由于气体的热容与对流换热系数均小于液体，故气流与热电偶之间的换热能力差，两者长时间达不到热平衡状态。此外，在许多场合，气流的温度分布不均匀，因此，热电偶所产生的热电势值不能反映气流的真实温度，特别当气流产生温度波动时，将造成较大动态误差。

（2）当热电偶的温度较高时，它以辐射换热方式向周围较冷物体传递热量 Φ_ε，当热电偶的温度较低时，它以对流换热方式向周围较冷物体传递热量 Φ_α，此外热电偶还以热传导方式沿其自身由热端向冷端传递热量 Φ_c，如图 2-98 所示。由于上述这些热损失的存在，导致热电偶测得的温度总是低于实际温度值，从而引起测量误差。

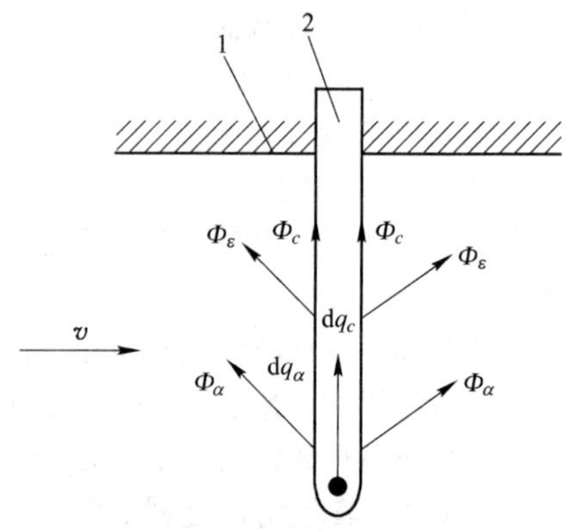

图 2-98 热电偶与周围物体的热交换
1—壁面；2—热电偶

（3）由于热电偶对气流的制动作用，将被制动的气流的动能转化为热能，使热电偶测得的温度偏高。当气流流速高于 0.2Ma 时，由此引起的误差是不容忽视的，并且气流速度越高，误差值也就越大。

（4）用来制作热电偶的铂、铱、钯等贵金属成分会对含有 H_2、CO、CH_4 等可燃气体的燃烧反应起催化作用，导致热电偶所测的温度高于实际温度。

通过上述分析得知，要提高低速高温气流或高速低温气流测温的准确度，关键是提高气流与热电偶之间的对流换热能力和设法减少热电偶对其周围较冷物体的热辐射及热传导损失。

2.5.2.2 低速气流的温度测量

A 对流换热

基于牛顿冷却定律，单位时间内气体以对流换热方式传给热电偶的热流量 Φ_α 为

$$\Phi_\alpha = \alpha A(t_g - t_t) \tag{2-136}$$

式中 Φ_α——气流通过对流换热传递给热电偶的热量，W/m^2；

α——对流换热系数，$W/(m^2 \cdot ℃)$；

A——换热面积，m^2；

t_g——气流温度，℃；

t_t——热电偶温度，℃。

从上式看出，在其他条件一定的前提下，对流换热系数 α 越大，气流与热电偶达到热平衡所需时间越短。α 是个很复杂的参数，其值与热电偶结构、尺寸、被测介质的流态及物质有关。因此，为提高低速气流的测温准确性，必须提高 α 值。

B 辐射换热

辐射换热与温度的4次方成正比，所以随着温度的升高，热电偶辐射换热损失较导热损失增加速度快得多。当温度很高时，辐射换热损失将在所有热损失中占主导地位。根据热辐射定律，单位时间内热电偶以辐射换热的形式向周围较冷物体散失的热量 Φ_ε 为

$$\Phi_\varepsilon = \varepsilon\sigma A[(t_t + 273)^4 - (t_c + 273)^4] \tag{2-137}$$

式中 Φ_ε——热电偶的辐射热损失，W；

ε——热电偶发射率；

t_c——周围物体温度，℃。

若不考虑导热，当被测对象达到稳定状况后，气流与热电偶达到热平衡，则有

$$\alpha A(t_g - t_t) = \varepsilon\sigma A[(t_t + 273)^4 - (t_c + 273)^4] \tag{2-138}$$

热电偶辐射热损失带来的示值误差 Δt_ε 为

$$\Delta t_\varepsilon = t_g - t_t = \frac{\varepsilon\sigma}{\alpha}[(t_t + 273)^4 - (t_c + 273)^4] \tag{2-139}$$

从上式可见，为减小 Δt_ε，应采取如下措施：

（1）提高对流换热系数 α，具体考虑如下：

1）采用抽气式热电偶。

2）对流换热系数 α 大小与热电偶直径有直接的关系。当气流垂直绕流直径较小的圆柱体时，气流对圆柱体的对流换热系数 α 近似与 $1/\sqrt{d}$ 成正比，d 为偶丝直径。很明显，偶丝越细，α 越大。当然，偶丝的直径不可能无限度地减小，还须兼顾到热电偶的机械强度。

3）热电偶安装在管道的转弯处，在管道转弯处气体处于紊流状态，会出现无规则的漩涡，从而改善对流换热状况，提高对流换热的能力。

（2）对管壁应采取保温措施，以减小沿自身的导热损失。

（3）增大热电偶周围物体温度。为提高 t_c，应在热电偶的结构上增加辐射屏蔽罩，这样与

热电偶测量端进行辐射换热的壁面不是温度较低的器壁，而是受到气流加热温度较高的屏蔽罩内壁，使辐射误差大为减小。

（4）采用发射率ε低的材料做保护管。普通耐热合金钢的发射率比较小，而陶瓷保护管的发射率比较大（在1500℃时，$\varepsilon=0.8\sim0.9$）。由于测量高温时，热电偶的保护管均采用陶瓷塑料，所以，带来的辐射误差也是比较大的，为此，可直接用不带保护管的铂铑-铂热电偶裸丝直接测温。

2.5.3　基于MAX1668的多通道温度巡回检测系统

MAX1668是MAXIM公司生产的基于SMBus串行接口的5通道（4路远程、1路本地）智能温度传感器。可用于电信局远程设备、局域网服务器、工业控制、PC机和笔记本电脑的温度测试系统中，其性能特点如下：

（1）可同时对5路温度进行测量及控制。内含本地温度传感器、多路转换器、8位（含符号位）AD转换器、控制逻辑、21个寄存器和5个数字比较器。能以最简方式构成多路温度巡回检测及控制系统，特别适合测量微处理器芯片的温度。

（2）带SMBus串行接口和地址译码器，总线上最多允许接9片MAX1668。

（3）测温范围是-55～125℃，分辨力为1℃，测量速率为3次/s。在60～100℃范围内，本地温度传感器的测温误差为±2℃，配远程传感器的测温误差为±3℃，所有传感器均不需校准。

（4）具有总线报警输出端，可进行温度越限报警，亦可使微处理器产生中断。

（5）采用3～5.5V电源供电，电源电流的最大值为700μA，在待机模式下电源电流可降至3μA。

多通道温度巡回检测系统的原理框图如图2-99所示。该系统的总体设计方案如下：

（1）采用MAX1688型5通道智能温度传感器，可同时对4路远程温度和一路本地温度进行巡回检测及控制。该系统还允许在总线上再接4片MAX1668，总共可以测量17路温度（包括1路本地温度，16路远程温度）。系统采用+5V稳压电源供电。

（2）采用89C51型低功耗、高性能、带4KE^{2}PROM的8位CMOS单片机，作为测温系统的中央控制器。89C51的P1.2、P1.3引脚输出的高、低电平，作为地址选通信号。

（3）为了简化电路，89C51的串行通信接口（TXD和RXD）通过6片CD4094型8级移位

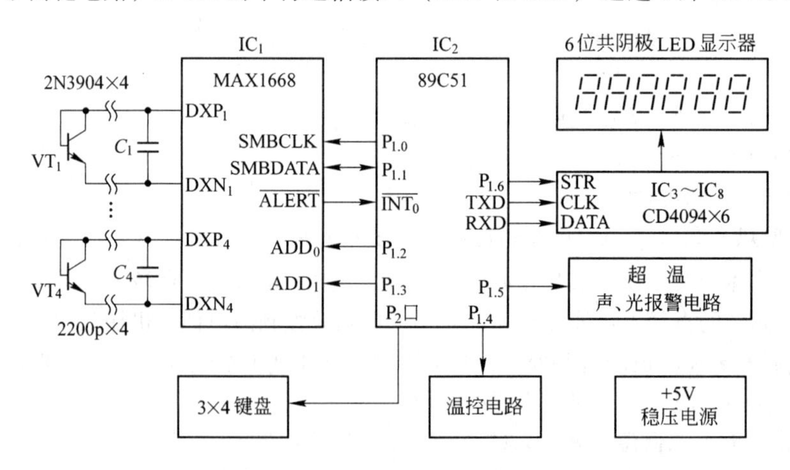

图2-99　多通道温度巡回检测系统原理图

锁存总线寄存器，静态驱动6位LED显示器（含符号位）。

（4）采取软件抗干扰措施，来提高系统的可靠性。

（5）采用声、光报警电路实现超温报警功能。

其基本工作原理是：89C51首先将操作命令写入MAX1668的寄存器中，来通知MAX1668要做什么工作（例如在使用多片MAX1688时，在某一时刻由哪个芯片中的哪个通道进行测量），然后用读命令来读取测温结果，并通过CD4094将测量结果进行显示。

显示部分使用6只共阴极LED数码管。其中，第1位～第4位用来显示温度数据，第5位显示符号（正温度或负温度），第6位显示正在进行测量的是第几个通道。该系统使用3×4的薄膜键盘。

当89C51检测到MAX1668的输出为低电平时，就使P1.5引脚以2kHz的频率连续输出高低电平，送至超温声、光报警电路，使蜂鸣器发出断续的报警声，发光二极管也闪烁发光，从而取得最佳报警效果。与此同时，P1.4引脚通过温控电路分别去控制各远程通道的温度。

2.6 测温仪表的性能对比和选择

温度计的选择应遵循以下原则：

（1）准确度或测量误差、测温范围和响应速度是否达到要求。

（2）被测对象属性，耐热、抗热震性、防腐蚀性能如何。

（3）现场环境和安装条件怎样，互换性和可靠性如何。

（4）使用寿命和性价比。

温度测量仪表的选择应首先确定是选择接触式的还是非接触式的，二者的主要区别如表2-26所示。

表2-26 接触式测温仪表和非接触式测温仪表比较

测温仪表类型	接触式测温仪表	非接触式测温仪表
特 点	结构简单、可靠，维护方便，价格低廉；仪表读数直接反映被测对象真实温度；可测量任何部位的温度；便于多点集中测量和自动控制	结构复杂，体积大，调整麻烦，价格昂贵；仪表读数不是被测对象的真实温度；不易组成测温、控温一体化的温度控制系统，且不改变被测介质温场
测量条件	感温元件要与被测对象良好接触；感温元件不应改变被测对象的温场；被测温度不能超过感温元件的上限；被测对象不对感温元件产生腐蚀	由被测对象发出的辐射能充分照射到检测元件；需准确知道被测对象的发射率
测量范围和对象	特别适合连续在线测量1200℃以下，热容大，无腐蚀性对象的温度，测量热容量小或移动的物体有困难	原理上可测超低温到极高温，但在1000℃以下测温误差相对较大；能测运动物体和热容小物体的温度
准确度	标准表可高达0.01级，工业用仪表通常为1.0、0.5、0.2和0.1级	测温误差通常为20℃左右，条件好的可达5～10℃
响应时间	通常较长，约几十秒到几分钟	较短，约2～3s

温度测量仪表的种类繁多，为方便选择，将常用的各种测温仪表的原理、测温范围和特点列于表2-27中，仅供参考。

表 2-27 常用各种测温仪表性能对比

类别		典型仪表		测温范围/℃	原理	主要特点
接触式温度计	膨胀式温度计	玻璃液体温度计		-100 ~ 600	液体的热胀冷缩	结构简单、使用方便、测量准确度较高、价格低廉；测量上限和准确度受玻璃质量的限制，易碎，不能远传
		压力式温度计	气体	-270 ~ 500	工作介质的热胀冷缩	简单、耐震、坚固、防爆、价格低廉；工业用压力式温度计准确度较低、测温距离短、动态性能差，滞后大
			蒸汽	-20 ~ 350		
			液体	-100 ~ 600		
		双金属温度计		-80 ~ 600	金属的热胀冷缩	结构紧凑、牢固、可靠；测量准确度较低、量程和使用范围有限
	电阻式温度计	金属热电阻温度计	铂热电阻	-260 ~ 850	导体或半导体电阻值随温度变化特性	测量准确度高，便于远距离、多点、集中检测和自动控制；不能测高温，需注意环境温度的影响
			铜热电阻	-50 ~ 150		
		半导体热敏电阻		-50 ~ 350		灵敏度高、体积小、结构简单、使用方便；互换性较差，测量范围有一定限制
	热电偶温度计	标准热电偶		-200 ~ 2000	热电效应	测量范围广、测量准确度高、便于远距离、多点、集中检测和自动控制；需进行冷端温度补偿，在低温段测量准确度较低，在高温或长期使用时，易受被测介质影响或气氛腐蚀作用而发生劣化，易破坏被测对象的温度场分布
		非标准热电偶				
非接触式温度计		全辐射温度计		400 ~ 2000	普朗克定律等热辐射原理	测温范围广，不破坏原温度场分布，可测运动物体的温度；易受外界环境的影响，标定和发射率确定较困难
		亮度温度计	光学高温计 光电高温计	800 ~ 3200		
		比色温度计		500 ~ 3200		
光纤温度计		非功能型光纤温度计 功能型光纤温度计		-50 ~ 400	利用光纤的温度特性或将光纤作为传光物质	电、磁绝缘性好；高灵敏度；体积很小，重量轻、强度高；不破坏被测温场；抗化学腐蚀、物理和化学性能稳定；柔软可挠曲
		光纤辐射温度计		200 ~ 4000		
集成温度传感器		模拟集成温度传感器 模拟集成温度控制器 智能温度传感器		-50 ~ 150		测温误差小、响应速度快、传输距离远、体积小、微功耗，适合远距离测温、控温

2-1　什么是温标？简述 ITS-90 温标的基本内容。

2-2　接触式测温和非接触式测温各有何特点，常用的测温方法有哪些？

2-3　膨胀式温度计有哪几种，各有何优缺点？

2-4　热电偶的测温原理是什么，使用时应注意什么问题？

2-5　可否在热电偶闭合回路中接入导线和仪表，为什么？

2-6　为什么要对热电偶进行冷端补偿，常用的方法有哪些，各有什么特点，使用补偿导线时应注意什么问题？

2-7　已知图2-19中AB为镍铬-镍硅热电偶，请选择补偿导线A′B′的材料。若图中T_0=0℃，T=100℃，求毫伏表的读数；若其他条件不变，只将补偿导线换成铜导线，结果又如何？

2-8　将一支灵敏度为0.08mV/℃的热电偶与毫伏表相连，已知接线端温度为50℃，毫伏表读数是60mV，问热电偶热端温度是多少？

2-9　已知热电偶的分度号为K，工作时的冷端温度为20℃，测得热电势以后，错用E型偶分度表查得工作端的温度为514.8℃，试求工作端的实际温度是多少？

2-10　用K型热电偶测某设备的温度，测得的热电势为30.241mV，冷端温度为15℃，求设备的温度？如果改用E型热电偶来测温时，在相同的条件下，E型热电偶测得的热电势为多少？

2-11　热电偶主要有哪几种，各有何特点？

2-12　什么叫做消耗式热电偶，这种热电偶有什么用途和特点？

2-13　热电偶测温的基本线路是什么，串、并联有何作用？

2-14　如何进行热电偶的检定，其测温误差主要有哪些？

2-15　如何进行热电偶的选择、使用和安装？

2-16　常用热电阻有哪些，各有何特点？

2-17　热电阻的引线方式主要有哪些，各自的原理和特点是什么？

2-18　为什么辐射温度计要用黑体刻度？用其测温时是否可测被测对象的真实温度，为什么？

2-19　辐射温度计可分为几大类，各自的原理和特点是什么？

2-20　光学高温计和全辐射高温计在原理和使用上有何不同？

2-21　何为亮度温度、颜色温度和辐射温度，它们和真实温度的关系如何？

2-22　以光电高温计为例说明自动调节系统的工作原理、特点、基本组成部分和作用。

2-23　辐射测温的误差源主要有哪些，如何克服？

2-24　光纤测温的基本原理是什么，有何特点？

2-25　何谓功能型光纤温度计和非功能型光纤温度计，各种常用光纤温度计的原理和特点是什么？

3　压力测量仪表

3.1　概　　述

3.1.1　基本概念

3.1.1.1　压力的定义

压力是垂直地作用在单位面积上的力，即物理学上的压强。工程上常将压强称为压力，压强差称为压差。压力的表达式为

$$p = \frac{F}{A} \tag{3-1}$$

式中　p——压力，Pa；

F——垂直作用力，N；

A——受力面积，m^2。

3.1.1.2　压力计量单位

在国际单位制中，压力的单位为帕斯卡，简称帕（Pa）。1N 的力垂直且均匀地作用在 $1m^2$ 的受力面积上所产生的压力称为 1Pa。由于帕斯卡单位较小，为方便起见，压力计量单位常采用如表 3-1 所示的表示方法。

表 3-1　压力单位常用表示方法

压力范围	真　空	气　压	中、低压	中、高压	超高压
计量单位	μPa(微帕斯卡) mPa(毫帕斯卡)	hPa (百帕斯卡)	kPa (千帕斯卡)	MPa (兆帕斯卡)	GPa (吉[咖]帕)
换算关系	$1\mu Pa = 1 \times 10^{-6} Pa$ $1mPa = 1 \times 10^{-3} Pa$	$1hPa = 1 \times 10^{2} Pa$	$1kPa = 1 \times 10^{3} Pa$	$1MPa = 1 \times 10^{6} Pa$	$1GPa = 1 \times 10^{9} Pa$

压力是工业流程中最常用的参量之一，压力的计量单位也相对较多，且应用在不同的领域。常用的压力单位主要有：工程大气压、标准大气压、巴、毫米汞柱高和毫米水柱高等，各种单位之间的换算详见表 3-2。

表 3-2　压力单位换算表

压力单位	帕/Pa	工程大气压 $/kgf \cdot cm^{-2}$	毫米水柱 $/mmH_2O$	毫米汞柱 /mmHg	毫巴/mbar	标准大气压 /atm	磅力/英寸^2 $/lbf \cdot in^{-2}$
帕/Pa	1	1.019716×10^{-5}	1.019716×10^{-1}	7.5006×10^{-3}	10^{-2}	9.869236×10^{-6}	1.450442×10^{-4}
工程大气压 $/kgf \cdot cm^{-2}$	9.80665×10^{4}	1	1×10^{4}	7.3557×10^{2}	9.80665×10^{2}	9.678×10^{-1}	1.4224×10

续表 3-2

压力单位	帕/Pa	工程大气压 /$kgf \cdot cm^{-2}$	毫米水柱 /mmH_2O	毫米汞柱 /mmHg	毫巴/mbar	标准大气压 /atm	磅力/英寸^2 /$lbf \cdot in^{-2}$
毫米水柱 /mmH_2O	9.80665	10^{-4}	1	7.3557×10^{-2}	9.80665×10^{-2}	9.678×10^{-5}	1.4224×10^{-3}
毫米汞柱 /mmHg	1.333224×10^2	1.35951×10^{-3}	1.35951×10	1	1.333	1.316×10^{-3}	1.934×10^{-2}
毫巴 /mbar	1×10^2	1.019716×10^{-3}	1.019716×10	7.5006×10^{-1}	1	9.869236×10^{-4}	1.450442×10^{-2}
标准大气压 /atm	1.01325×10^5	1.0332	1.033227×10^4	7.6×10^2	1.01325×10^3	1	1.4696×10
磅力/英寸^2 /$lbf \cdot in^{-2}$	6.8949×10^3	7.0307×10^{-2}	7.0307×10^2	5.1715×10	6.8949×10	6.800462×10^{-2}	1

3.1.2 压力测量意义

首先，在工业生产中，许多生产工艺过程经常要求在一定的压力或一定的压力变化范围内进行，如锅炉的汽包压力、炉膛压力、烟道压力、给水压力和主蒸汽压力，化工生产中的反应釜压力、加热炉压力等。因此，正确地测量和控制压力是保证生产过程良好地运行，达到优质高产、低消耗的重要环节。其次，压力测量或控制可以防止生产设备因过压而引起破坏或爆炸，这是安全生产所必需的。最后，通过测量压力和压差可间接测量其他物理量，如温度、液位、流量、密度与成分量等。综上所述，压力和差压的检测在各类工业生产中，如石油、电力、化工、冶金、航天航空、环保、轻工等领域中占有很重要的地位。

3.1.3 压力的表示方式

由于参考点不同，在工程上压力的表示方式有 3 种：绝对压力 p_a、表压 p、真空度或负压 p_v。它们和大气压 p_0 的相互关系如图 3-1 所示。

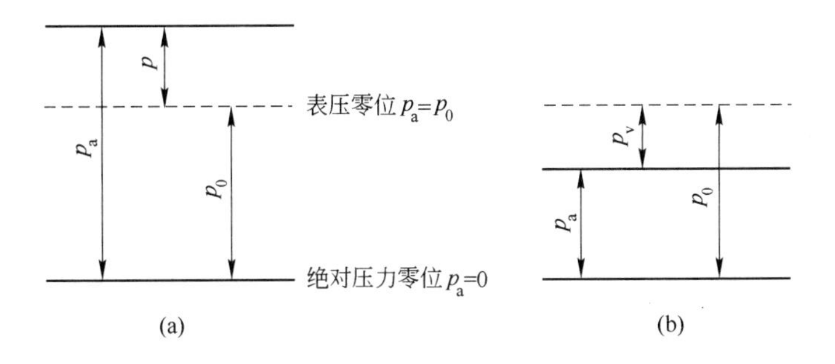

图 3-1　各种压力之间的关系

(a) $p_a \geqslant p_0$；(b) $p_a < p_0$

(1) 绝对压力 p_a 是被测介质作用于物体表面上的全部压力，以绝对压力零位作基准。用来测量绝对压力的仪表称为绝对压力表。

（2）表压 p 是指用一般压力表所测得的压力，它以大气压为基准，等于绝对压力 p_a 与当地大气压 p_0 之差，即

$$p = p_a - p_0 \tag{3-2}$$

式中，大气压 p_0 是地球表面空气柱所形成的平均压力，它随地理纬度、海拔高度及气象条件而变化。大气压是以绝对压力零位为基准得到的，可以用专门的大气压力表（简称气压表）测得。

（3）真空度 p_v 指接近真空的程度。当绝对压力低于大气压力时，表压力为负值，其绝对值称为真空度，表达式为

$$p_v = p_0 - p_a \tag{3-3}$$

用来测量真空度的仪表称为真空表。既能测量压力值又能测量真空度的仪表称为压力真空表。

（4）任意两个压力的差值称为差压，用 Δp 表示，它也是相对压力的概念，不过它不是以大气压作为参考点，而是以其中一个压力作参考点，即 $\Delta p = p_1 - p_2$。差压在各种热工量、机械量测量中用得很多。差压测量使用的是差压计。

注意： *在差压计中一般将压力高的一侧称为正压，压力低的一侧称为负压，但这个负压是相对正压而言，并不一定低于当地大气压力，与表示真空度的负压是截然不同的。*

由于各种工艺设备和检测仪表通常是处于大气之中，本身就承受着大气压力，所以工程上经常采用表压力或真空度来表示压力的大小。同样，一般的压力检测仪表所指示的压力也是表压力或真空度。因此，以后所提压力，若无特殊说明，均指表压。

此外，工程上按压力随时间的变化关系还可分为静（态）压力和动（态）压力。不随时间变化的压力称为静压力。当然绝对不变的压力是不可能的，因而规定压力随时间变化，每分钟不大于压力表分度值5%的压力称为静压力。动压力又可分为狭义的（变）动压力和脉动压力。压力随时间的变化而变动，且每分钟的变动量大于压力表分度值5%的压力称为（变）动压力。压力随时间的变化而作周期性变动的压力称为脉动压力。

3.1.4 压力测量仪表的分类

压力测量仪表，按敏感元件和工作原理的特性不同，一般分为4类：

（1）弹性式压力计。它是根据弹性元件受力变形的原理，将被测压力转换成弹性元件的位移来实现测量的仪表。常用的弹性元件有：弹簧管、膜片和波纹管等。

（2）电气式压力计。它是利用敏感元件将被测压力转换成各种电量，如电阻、电感、电容、电位差等。该方法具有较好的动态响应，量程范围大，线性好，便于进行压力的自动控制。

（3）负荷式压力计。它是基于流体静力学平衡原理和帕斯卡定律进行压力测量的，典型仪表主要有活塞式、浮球式和钟罩式3大类。它普遍被用作标准仪器来对压力检测仪表进行标定。

（4）液柱式压力计。它是根据流体静力学原理，把被测压力转换成液柱高度来实现测量的，主要有U形管压力计、单管压力计、斜管微压计、补偿微压计和自动液柱式压力计等。

此外，还有压磁式压力计、真空计、光纤压力计等。

压力测量仪表按测量范围可分为5类，如表3-3所示。压力表按其测量精确度，可分为精密压力表、一般压力表。压力表按其指示压力的基准不同，分为一般压力表、绝对压力表和差压表。

表 3-3　压力测量仪表的测量范围

仪表类型	微压表	低压表	中压表	高压表	超高压表
测量范围/MPa	≤0.01	0.01～0.6	0.6～10	10～600	≥600

3.2　弹性压力计

弹性压力计是利用各种形式的弹性元件，在被测介质的表压或真空度作用下产生的弹性变形与被测压力之间的关系制成的，广泛应用于工业生产和实验室中。

3.2.1　弹性元件

弹性元件是弹性压力计的测压敏感元件。同样压力下，不同结构、不同材料的弹性元件会产生不同的弹性变形。其材料通常使用合金结构钢，如镍铬结构钢、镍铬钼结构钢等，也有使用碳钢、铜合金和铝合金的，不同的弹性元件所适用的测压范围有所不同。工业上常用的弹性压力计所使用的弹性元件有以下 3 种：膜片、波纹管和弹簧管，结构如图 3-2 所示。

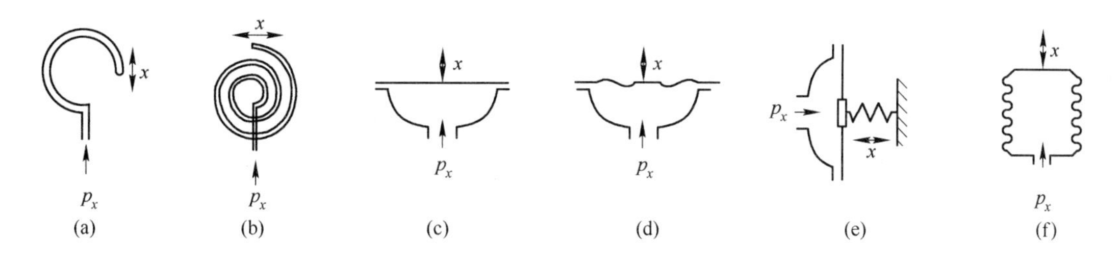

图 3-2　弹性元件示意图

（a）单圈弹簧管；（b）多圈弹簧管；（c）平面膜；（d）波纹膜；（e）挠性膜；（f）波纹管

3.2.1.1　弹簧管

弹簧管是由法国人波登发明的，所以又称为波登管。它是一根弯成270°圆弧的、具有椭圆形（或扁圆形）截面的空心金属管子，如图 3-3 所示。管子的自由端 B 封闭，管子的另一端 A 开口且固定在接头上，空心管的扁形截面长轴 $2a$ 与和图面垂直的弹簧管几何中心轴 OO 平行。弹簧管结构简单，测量范围最高可达 10^9 Pa，因而在工业上应用普遍。

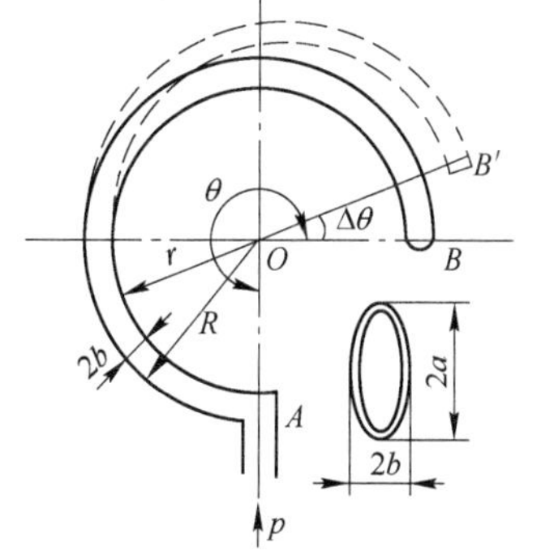

图 3-3　单圈弹簧管结构

当被测介质从开口端进入并充满弹簧管的整个内腔时，椭圆截面在被测压力 p 的作用下将趋向圆形，即长半轴 a 将减小，短半轴 b 将增加。由于弹簧管长度一定，使弹簧管随之产生向外挺直的扩张变形，结果改变弹簧管的中心角，使其自由端产生位移，由 B 移到 B'，如图 3-3 中的虚线所示。若输入压力为负压时，B 点的位移方向与 BB' 完全相反。

弹簧管既可以直接带动传动机构就地显示，又可以接转换元件将信号远传。根据弹性元件的各种不同形式，弹性压力计可分为相应的各种类型。

3.2.1.2　膜片

膜片是一种沿外缘固定的片状测压弹性元件，在外力作用下通过膜片的变形位移测取压力的大小。膜片的特性一般用中心的位移和被测压力的关系来表征。当膜片的位移较小时，它们之间具有良好的线性关系。膜片的厚度一般为0.05～0.3mm。

膜片又分为平面膜片、波纹膜片和挠性膜片。其中：

（1）平面膜可以承受较大被测压力，但变形量较小，灵敏度不高，一般在测量较大的压力而且要求变形不很大时使用。

（2）波纹膜片是一种压有环状同心波纹的圆形薄膜，其波纹的数目、形状、尺寸和分布均与压力测量范围有关。其测压灵敏度较高，常用在小量程的压力测量中。为提高灵敏度，得到较大位移量，可以把两块金属膜片沿周边对焊起来，形成一个薄膜盒子，称为膜盒。

（3）挠性膜片一般不单独作为弹性元件使用，而是与线性较好的弹簧相连，起压力隔离作用，主要是在较低压力测量时使用。

膜片可直接带动传动机构就地显示，但是由于膜片的位移较小，灵敏度低，更多的是与压力变送器配合使用。

3.2.1.3　波纹管

波纹管是一种具有等间距同轴环状波纹，能沿轴向伸缩的测压弹性元件。波纹管用金属薄管制成，形状类似于手风琴的褶皱风箱。波纹管在受到外力作用时，其膜面产生的机械位移量主要不是靠膜面的弯曲形变，而是靠波纹柱面的舒展或压屈来带动膜面中心作用点的移动。

波纹管有单波纹管和双波纹管之分，其位移 x 与作用力 F 的关系为

$$x = \frac{1-\mu^2}{Eh_0}\frac{n}{A_0 - \alpha A_1 + \alpha^2 A_2 + B_0 h_0^2/R_B^2}F \tag{3-4}$$

式中　h_0——非波纹部分的壁厚，m；

n——完全工作的波纹数；

μ——泊松比；

E——弹性模量，Pa；

α——波纹平面部分的倾斜角；

R_B——波纹管的内径，m；

A_0，A_1，A_2，B_0——与材料有关的系数。

由于波纹管的位移相对较大，一般可直接带动传动机构就地显示。其优点是灵敏度高，可以用来测取较低的压力或压差。但波纹管迟滞误差较大，准确度最高仅为1.5级。

各种弹性元件的性能指标如表3-4所示。

表3-4　弹性元件的性能指标

类　别	名　称	测量范围/MPa	动态性质	
			时间常数/s	自振频率/Hz
弹簧管	单圈弹簧管	0～981		10^2～10^3
	多圈弹簧管	0～98.1		10～10^2
膜　片	平面膜	0～98.1	10^{-5}～10^{-2}	10～10^4
	波纹膜	0～0.981	10^{-2}～10^{-1}	10～10^2
	挠性膜	0～0.0981	10^{-2}～1	1～10^2
波纹管	波纹管	0～0.981	10^{-2}～10^{-1}	10～10^2

3.2.2 基本原理

弹性元件受外部压力作用后，通过受压面表现为力的作用，其力 F 的大小为

$$F = Ap \tag{3-5}$$

式中 A——弹性元件承受压力的有效面积，m^2。

根据胡克定律，弹性元件在一定范围内弹性变形与所受外力成正比，即

$$F = Cx \tag{3-6}$$

式中 C——弹性元件的刚度系数，N/m；

x——弹性元件在外力 F 作用下所产生的位移（即形变），m。

注意： 刚度与强度不同，前者表示某种构件或结构抵抗变形的能力，是衡量材料产生弹性变形难易程度的指标，主要指引起单位变形时所需要的应力，一般用弹性模量的大小 E 来表示；后者指某种材料抵抗破坏的能力。

由以上两式得

$$x = \frac{A}{C}p \tag{3-7}$$

式(3-7)中弹性元件的有效面积 A 和刚度系数 C 与弹性元件的性能、加工过程和热处理等有较大关系。当位移量较小时，它们可视为常数，压力与位移成线性关系；否则，不为常数，应分段线性化或进行修正，使用时还应注意温度对其的影响。

注意： 比值 A/C 的大小决定了弹性元件的压力测量范围和灵敏度，比值越大，可测压力范围越小，灵敏度越高，反之亦然。

3.2.3 单圈弹簧管压力计

弹簧管压力计结构简单，使用方便，价格低廉，测压范围宽，应用十分广泛。一般弹簧管压力计的测压范围为 $-10^5 \sim 10^9$Pa，准确度最高可达0.1级。

3.2.3.1 结构

弹簧管压力计结构如图3-4所示，被测压力由接头输入，使弹簧管的自由端产生位移，通过拉杆使扇形齿轮作逆时针偏转，于是指针通过同轴的中心齿轮的带动而作顺时针的偏转，在面板的刻度标尺上显示出被测压力的数值。主要部件作用如下：

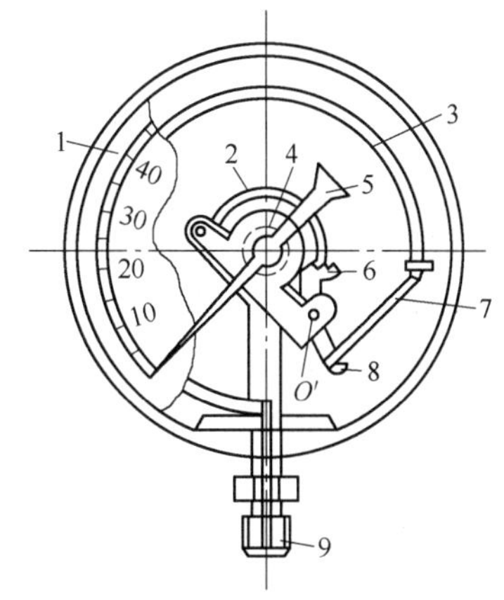

图3-4 弹簧管压力计结构图

1—面板；2—游丝；3—弹簧管；4—中心齿轮；5—指针；6—扇形齿轮；7—拉杆；8—调节螺钉；9—接头

（1）弹簧管的材质有铜、合金铜和不锈钢3种。被测压力低于10MPa时用铜材，高于10MPa时一般用钢材。弹簧管还有单圈和多圈之分，多圈弹簧管自由端的位移量较大，测量灵敏度也较单圈弹簧管高。

（2）拉杆和齿轮组成两级机械放大。第一级放大以 O' 为支点，由拉杆和扇形齿轮构成。第二级放大由扇形齿轮和中心齿轮构成。图中8处有槽，螺钉可沿槽移动。改变调节螺钉的位置（即改变机械传动的放大系数），可以实现压力表的量程调节。

（3）游丝的作用是克服因扇形齿轮和中心齿轮的间隙所产生的仪表变差。

弹簧管自由端将随压力的增大而向外伸张。反之，若管内压力小于管外压力，则自由端将随负压的增大而向内弯曲，相应的齿轮、指针的旋转方向相反。利用弹簧管不仅可以制成压力表，而且还可制成真空表或压力真空表。单圈弹簧管在受压时，由于自由端的位移和转动力矩都较小，故仅能制成指示型仪表。

3.2.3.2　工作原理

当被测介质从开口端进入并充满弹簧管的整个内腔时，椭圆截面在被测压力 p 的作用下将趋向圆形，弹簧管随之产生向外挺直的扩张变形，结果改变弹簧管的中心角，使其自由端产生位移。中心角相对变化量与被测压力的关系如下：

$$\frac{\Delta\theta}{\theta} = \frac{1-\mu^2}{E}\frac{R^2}{bh}\left(1-\frac{b^2}{a^2}\right)\frac{\alpha}{\beta+\kappa^2}p \tag{3-8}$$

式中　θ——弹簧管中心角的初始角；

$\Delta\theta$——受压后中心角的改变量；

μ——弹簧管材料的泊松比；

E——弹性模量，用来表示材料在弹性变形范围内，即在比例极限内，作用于材料上的纵向应力与纵向应变的比例常数，Pa；

R——弹簧管弯曲圆弧的外半径，m；

a，b——弹簧管椭圆形截面的长半轴和短半轴，m；

h——弹簧管椭圆形截面的管壁厚度，m；

κ——几何参数，$\kappa = \frac{Rh}{a^2}$；

α, β——与比值 a/b 和 h/b 有关的参数。

由式(3-8)可知，如 $a=b$，则 $\Delta\theta=0$，这说明具有圆形截面的弹簧管不能用作压力检测敏感元件。

注意：式(3-8)仅适用于薄壁（$h/b<0.7\sim0.8$）的弹簧管。

弹簧管位移量与中心角初始值和改变量的关系如下：

$$x = \frac{\Delta\theta}{\theta}R\sqrt{(\theta-\sin\theta)^2+(1-\cos\theta)^2} \tag{3-9}$$

对于单圈弹簧管，中心角变化量 $\Delta\theta$ 一般较小。在生产中有时需要用记录型仪表。为了能带动记录机构运动，就需要提高 $\Delta\theta$，可采用多圈弹簧管，构成多圈弹簧管压力表。

3.2.3.3　影响因素分析

式(3-8)表明，影响中心角变化量 $\Delta\theta$ 的因素很多，主要有结构、几何尺寸和材质等，且各参数之间相互影响。为此，假设弹簧管压力计受力变形前后圆弧长度不变，则有

$$R\theta = R'\theta' \tag{3-10}$$

$$r\theta = r'\theta' \tag{3-11}$$

两式相减，并代入 $R-r=2b$，$R'-r'=2b'$ 得

$$b\theta = b'\theta' \tag{3-12}$$

式中　R，r——弹簧管弯曲圆弧的外半径、内半径，m；

R'，r'，b'，θ'——弹簧管受压变形后的相应数值。

由式(3-12)可见，因弹簧管受压有变圆的趋势，即 $b'>b$，所以变形后中心角减小，弹簧

管挺直，自由端移动，这就是弹簧管能将压力转换为位移的原理。

A 弹簧管的几何尺寸

设 $b' = b + \Delta b$, $\theta' = \theta - \Delta\theta$, 代入式(3-12)并整理得

$$\Delta\theta = \frac{\Delta b}{b + \Delta b}\theta \tag{3-13}$$

由式(3-13)可见，提高弹簧管压力计的灵敏度，即增加中心角变化量 $\Delta\theta$ 的方法有：（1）增大弹簧管的中心角 θ，即将单圈弹簧管做成多圈弹簧管；（2）减小弹簧管的短半轴 b，即将弹簧管做得更扁。一般多圈弹簧管的圈数为2.5～9，此时自由端角位移可达50°左右。

B 弹簧管的管壁厚度

弹簧管的弹性变形还与管壁厚度有关。同样的材料由于管壁厚度不同，在相同压力作用下其变形也不相同：管壁厚，变形小；管壁薄，变形大。由式(3-8)还可见，当小轴比（即 a/b 小）时，壁厚 h 增加时所引起的灵敏度下降比在大轴比时要快。

注意：短半轴 b 和壁厚 h 的减小受到弹簧管材料强度的限制。

C 外圆弧半径

当外圆弧半径 R 增加时，弹簧管灵敏度也随之提高，但受到仪表外壳的限制。

D 弹簧管的刚度

刚度可以反映弹性材料弹性变形的难易程度。刚度大（即弹性模量大）的材料在受相同压力作用时弹性变形小；反之，刚度小弹性变形大。因此，根据被测压力的高低可选择不同刚度的材料，如磷青铜、不锈钢等刚度较大，往往用于测量较高的压力；而黄铜刚度较小，多用于测量低压。

工业生产中不同量程压力计的弹簧管就是选用不同材料、不同结构和几何尺寸而做成的。

3.2.4 电接点弹簧管压力计

在生产过程中，常需要把压力控制在某一范围内，否则当压力低于或高于给定范围时，就会破坏正常工艺条件，甚至可能发生危险。在这种情况下，应该采用带有报警或控制触点的压力表。

将普通弹簧管压力表稍加变化，便可成为电接点弹簧管压力计，它能在压力偏离给定范围时，及时报警或通过中间继电器实现压力的自动控制。电接点弹簧管压力计如图3-5所示。压力表指针上有动触点1，表盘上另有两根可调节指针，上面分别有静触点2和3。当压力超过上限给定数值时，1和3接触，红色信号灯5的电路被接通，红灯发亮。若压力低到下限给定数值时，1与2接触，接通了绿色信号灯4的电路。2、3的位置可根据需要灵活调节。

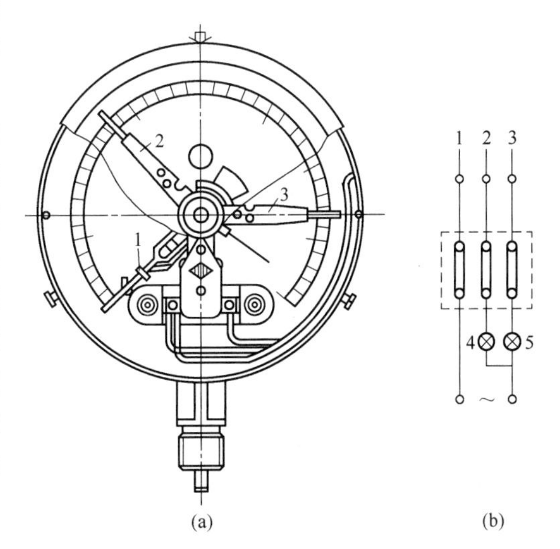

图3-5 电接点弹簧管压力计
（a）结构图；（b）电接点连接图
1—动触点；2，3—静触点；4—绿灯；5—红灯

3.2.5 弹性压力计特点

弹性压力计是工业生产和实验室中应用最广的一种压力计，具有如下特点：

（1）结构简单、坚实牢固、价格低廉。

（2）测量范围宽，可从负几十帕到吉帕的超高压。

（3）便于携带、安装、使用和维护，可以配合各种变换元件做成各种压力计。

（4）应用领域广，可以安装在各种设备上或用于露天作业场合，可以直接测量蒸汽、油、水和气体等介质的表压力、真空和绝对压力，制成特殊形式的压力表还能在恶劣的环境条件下工作，如高温、低温、振动、冲击、腐蚀、黏稠、易堵和易爆等。

（5）准确度不高，内部机件易磨损。

（6）由于存在弹性后效等缺陷，其频率响应低，不宜用于测量动态压力。

3.2.6 常见故障与处理方法

弹簧管压力表常见故障原因与处理方法列于表3-5中。

表3-5 弹簧管压力表常见故障原因及处理方法

故障现象	可能原因	处理方法
压力表无指示	导压管上的切断阀未打开	打开切断阀
	导压管堵塞	拆下导压管，用钢丝疏通，用压缩空气或蒸汽吹洗干净
	弹簧管接头内污物积淤过多而堵塞	取下指针和刻度盘，拆下机芯，将弹簧管放到清洗盘清洗，并用钢丝疏通
	弹簧管裂开	更换新的弹簧管
	中心齿轮与扇形齿轮牙齿磨损过多，以致不能啮合	更换两齿轮，如扇形齿轮的个别轮齿磨损可镶补
指针抖动大	被测介质压力波动大	关小阀门开度
	压力计的安装位置震动大	固定压力计或在许可的情况下把压力计移到震动较小的地方，也可装减震器
压力表指针有跳动或呆滞现象	指针与表面玻璃或刻度盘相碰有摩擦	矫正指针，加厚玻璃下面的垫圈或将指针轴孔铰大一些
	中心齿轮轴弯曲	取下齿轮在铁墩上用木槌矫正敲直
	两齿轮啮合处有污物	拆下两齿轮进行清洗
	连杆与扇形齿轮间的活动螺钉不灵活	用锉刀锉薄连接杆厚度
	扇形齿轮与中心轴或夹板结合面不平行	将中心轴的触碰面用小平锉或锉刀锉去
压力去掉后，指针不能恢复到零点	指针弯曲	用镊子矫直
	游丝力矩不足	脱开中心齿轮与扇形齿轮的啮合，反时针旋动中心轴以增大游丝反力矩
	指针松动	校验后敲紧
	传动齿轮有摩擦	调整传动齿轮啮合间隙
压力指示值误差不均匀	弹簧管变形失效	更换弹簧管
	弹簧管自由端与扇形齿轮间连杆传动比调整不当	重新校验调整

续表 3-5

故障现象	可 能 原 因	处 理 方 法
指示偏高	传动比失调	重新调整
指示偏低	传动比失调	重新调整
	弹簧管有渗漏	补焊或更换新的弹簧管
	指针或传动机构有摩擦	找出摩擦部位并加以消除
	导压管线有泄漏	逐段检查管线，找出泄漏之处给予排除
指针不能指示到上限刻度	传动比小	把活动螺钉向里移
	机芯固定在机座位置不当	松开螺钉将机芯向反时针方向转动一点
	弹簧管自由端与扇形齿轮的连接杆太短	调整或更换连接杆
	弹簧管焊接位置不当	重新焊接

3.3 电气式压力检测仪表

电气式压力检测仪表是利用压力敏感元件（简称压敏元件）将被测压力转换成各种电量，如电阻、频率、电荷量等来实现测量的。该方法具有较好的静态和动态性能，量程范围大、线性好，便于进行压力的自动控制，尤其适合用于压力变化快和高真空、超高压的测量。主要有压电式压力计、电阻式压力计、振频式压力计等。

3.3.1 压电式压力计

压电式压力计的测量原理是基于某些电介质的压电效应制成的，主要用于测量内燃机汽缸、进排气管的压力，航空领域的高超音速风洞中的冲击波压力，枪、炮膛中击发瞬间的膛压变化和炮口冲击波压力，以及瞬间压力峰值等。

3.3.1.1 压电效应

某些电介质在受压时发生机械变形（压缩或伸长），则在其两个相对表面上就会产生电荷分离，使一个表面带正电荷，另一个表面带负电荷，并相应地有电压输出，当作用在其上的外力消失时，形变也随之消失，其表面的电荷也随之消失，它们又重新回到不带电的状态，这种现象称为压电效应。现以石英晶体为例来说明压电效应及其性质。

图 3-6(a)是天然结构石英晶体的理想外形，它是一个正六面体。在晶体学中可以用 3 根互相垂直的轴来表示石英晶体的压电特性：纵向轴 $z-z$ 称为光轴，经过正六面体棱线并与光轴垂直的 $x-x$ 称为电轴，而垂直于正六面体棱面，同时与光轴和电轴垂直的 $y-y$ 轴称为机械轴，如图 3-6(b)所示。当外部力沿电轴 $x-x$ 方向作用于晶体时产生电荷的压电效应称为纵向压电效应，而沿机械轴 $y-y$ 方向作用于晶体产生电荷的压电效应称为横向压电效应。当外部力沿光轴 $z-z$ 方向作用于晶体时，不会有压电效应产生。

3.3.1.2 压力与电荷的关系

从晶体上沿 $y-y$ 轴方向切下一片薄片称为压电晶体切片，如图 3-6(c)所示。当晶体片在沿 x 轴的方向上受到压力 F_x 作用时，晶体切片将产生厚度变形，并在与 x 轴垂直的平面上产生电荷 Q_x，它和压力 p 的关系如下：

$$Q_x = k_x F_x = k_x A p \tag{3-14}$$

式中 Q_x ——压电效应所产生的电荷量，C；

k_x ——晶体在电轴 $x-x$ 方向受力的压电系数，C/N；

F_x ——沿晶体电轴 $x-x$ 方向所受的力，N；

A ——垂直于电轴的加压有效面积，m^2。

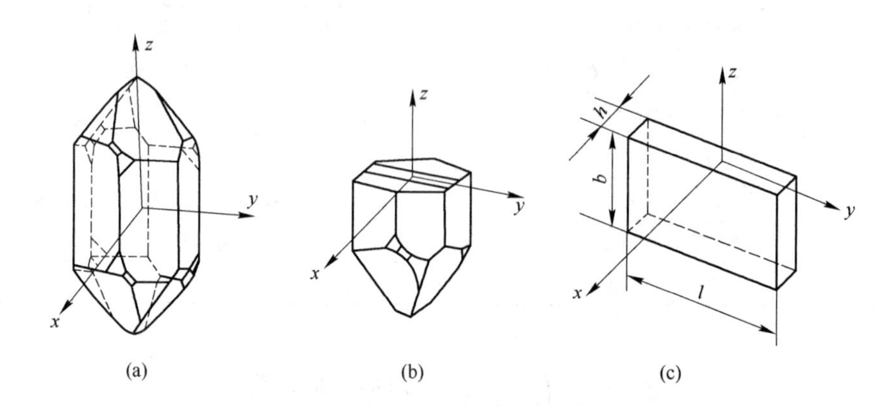

图 3-6 石英晶体

（a）石英晶体外形；（b）石英晶体坐标系；（c）石英晶体切片

从式(3-14)可以看出，当晶体切片受到 x 方向的压力作用时，Q_x 与作用力 F_x 成正比，而与晶体切片的几何尺寸无关。电荷 Q_x 的符号由 F_x 是压力还是拉力决定，如图 3-7(a)和图 3-7(b)所示。

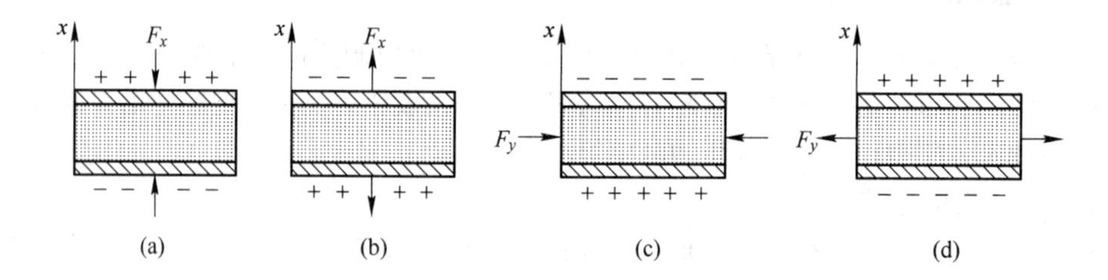

图 3-7 晶体切片上电荷符号与受力种类和方向的关系

（a）沿电轴方向受压力；（b）沿电轴方向受拉力；

（c）沿机械轴方向受压力；（d）沿机械轴方向受拉力

如果在同一晶体切片上作用力是沿着机械轴 $y-y$ 方向，其电荷仍在与 x 轴垂直平面上出现，其极性如图 3-7(c)和图 3-7(d)所示，此时电荷的大小为

$$Q_y = k_y \frac{l}{h} F_y \tag{3-15}$$

式中 l，h——晶体切片的长度和厚度，m；

k_y ——晶体在机械轴 $y-y$ 方向受力的压电系数，C/N。

由式(3-15)可见，沿机械轴方向的力作用在晶体上时产生的电荷与晶体切片的尺寸有关。根据石英晶体的轴对称条件有

$$k_x = -k_y \tag{3-16}$$

负号表示沿 y 轴施加压力产生的电荷与沿 x 轴施加压力所产生的电荷极性相反。

注意： 电荷的大小与极性不仅与压力的大小有关，还取决于力的种类和作用方向。

3.3.1.3 压电元件

具有压电效应的物体称为压电材料或压电元件，它是压电式压力计的核心部件。目前，在压电式压力计中常用的压电材料有石英晶体、铌酸锂等单压电晶体，经极化处理后的多晶体，如钛酸钡、锆钛酸铅等压电陶瓷，以及压电半导体等，它们各自有着自己的特点。

A 压电晶体

a 石英晶体

石英晶体即二氧化硅（SiO_2），有天然的和人工培育的两种。它的压电系数 $k_x=2.3\times10^{-12}$ C/N，在几百摄氏度的温度范围内，压电系数几乎不随温度而变。到575℃时，它完全失去了压电性质，这就是它的居里点。石英的密度为 $2.65\times10^3\text{kg/m}^3$，熔点为1750℃，有很大的机械强度和稳定的机械性质，可承受高达 $(6.8\sim9.8)\times10^7$ Pa 的应力，在冲击力作用下漂移较小。此外，石英晶体还具有灵敏度低、没有热释电效应（由于温度变化导致电荷释放的效应）等特性，因此石英晶体主要用来测量较高压力或用于准确度、稳定性要求高的场合和制作标准传感器。

b 水溶性压电晶体

最早发现的是酒石酸钾钠（$NaKC_4H_4O_6\cdot4H_2O$），它有很大的压电灵敏度和高的介电常数，压电系数 $k_x=3\times10^{-9}$ C/N，但是酒石酸钾钠易于受潮，其机械强度和电阻率低，因此只限于在室温（<45℃）和湿度低的环境下应用。自从酒石酸钾钠被发现以后，目前已培育一系列人工水溶性压电晶体，并且应用于实际生产中。

c 铌酸锂晶体

1965年，通过人工提拉法制成了铌酸锂（$LiNbO_2$）的大晶块。铌酸锂压电晶体和石英相似，也是一种单晶体，它的色泽为无色或浅黄色。由于它是单晶，所以时间稳定性远比多晶体的压电陶瓷好。它是一种压电性能良好的电声换能材料，它的居里温度为1200℃左右，远比石英和压电陶瓷高，所以在耐高温的压力计上有广泛的应用前景。在力学性能方面其各向异性很明显，与石英晶体相比很脆弱，而且热冲击性很差，所以在加工装配和使用中必须小心谨慎，避免用力过猛和急热急冷。

B 压电陶瓷

压电陶瓷是人工制备的压电材料，它需外加电场进行极化处理。经极化后的压电陶瓷具有高的压电系数，但力学性能和稳定性不如单压电晶体。其种类很多，目前在压力计中应用较多的是钛酸钡和锆钛酸铅，尤其是锆钛酸铅的应用更为广泛。

a 钛酸钡压电陶瓷

钛酸钡（$BaTiO_3$）的压电系数 $k_x=1.07\times10^{-10}$ C/N，介电常数较高，为1000～5000，但它的居里点较低，约为120℃，此外强度也不及石英晶体。由于它的压电系数高（约为石英的50倍），因而在压力计中得到了广泛使用。

b 锆钛酸铅压电陶瓷

锆钛酸铅（$Pb(Zr,Ti)O_3$）压电系数 k_x 高达 $(2.0\sim5.0)\times10^{-10}$ C/N，具有居里点（300℃）较高和各项机电参数随温度、时间等外界条件变化较小等优点，是目前经常采用的一种压电材料。

C 压电半导体

近年来出现了多种压电半导体如硫化锌（ZnS）、碲化镉（CdTe）、氧化锌（ZnO）、硫化镉（CdS）、碲化锌（ZnTe）和砷化镓（CaAs）等。这些材料的显著特点是，既具有压电特性，又具有半导体特性，有利于将元件和线路集成于一体，从而研制出新型的集成压电传感器测试系统。

在片状压电材料的两个电极面上，如果加以交流电压，那么压电元件就能产生机械振动，使压电材料在电极方向上有伸缩现象。压电元件的这种现象称为电致伸缩效应。因为这种效应与压电效应相反，也叫做逆压电效应。

3.3.1.4　压电式压力传感器结构

图 3-8 是一种压电式压力传感器的结构示意图。压电元件被夹在两块性能相同的弹性元件（膜片）之间，其中，压电元件的一个侧面与膜片接触并接地，另一侧面通过引线将电荷量引出。膜片的作用是把压力收集转换成与之成正比的集中力 F，再传递给压电元件。弹簧的作用是使压电元件产生一个预紧力，可用来调整传感器的灵敏度。当被测压力均匀作用在膜片上，压电元件就在其表面产生电荷。电荷量一般用电荷放大器或电压放大器放大，转换为电压或电流输出，其大小与输入压力成正比关系。

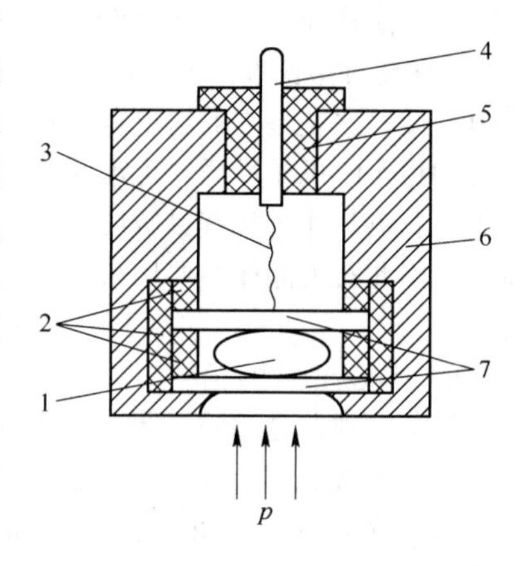

图 3-8　压电式压力传感器结构

1—压电元件；2，5—绝缘体；3—弹簧；4—引线；6—壳体；7—膜片

除在校准用的标准压力传感器或高准确度压力传感器中采用石英晶体做压电元件外，一般压电式压力传感器的压电元件材料多为压电陶瓷，也有用半导体材料的。

更换压电元件可以改变压力的测量范围。在配用电荷放大器时，可以采用将多个压电元件并联的方式来提高传感器的灵敏度。在配用电压放大器时，可以采用将多个压电元件串联的方式来提高传感器的灵敏度。

3.3.1.5　特点

（1）体积小、重量轻、结构简单、工作可靠，工作温度可在 250℃以上。

（2）灵敏度高，线性度好，测量准确度多为 0.5 级和 1.0 级。

（3）测量范围宽，可测 100MPa 以下的所有压力。

（4）动态响应频带宽，可达 30kHz，动态误差小，是动态压力检测中常用的仪表。

（5）由于压电晶体产生的电荷量很微小，一般为皮库仑级，这样，即使在绝缘非常好的情况下，电荷也会在极短的时间内消失，所以由压电晶体制成的压力计只能用于测量脉冲压力。

（6）由于压电式传感器是一种有源传感器，无需外加电源，因此可避免电源带来的噪声影响。

（7）压电元件本身的内阻非常高，因此要求二次仪表的输入阻抗也要很高，且连接时需用低电容、低噪声的电缆。

（8）由于在晶体边界上存在漏电现象，故这类压力计不适宜测量缓慢变化的压力和静态压力。

3.3.2　电阻式压力计

电阻式压力计灵敏度高，测量范围广，频率响应快，既可用于静态测量，又可用于动态测量，其结构简单，尺寸小，重量轻，易于实现小型化和集成化，能在低温、高温、高压、强烈振动、核辐射和化学腐蚀等各种恶劣环境下可靠工作，所以被广泛地应用于各种力的测量仪器和科学实验中。

3.3.2.1　测量基本原理

金属导体或半导体材料制成的电阻体，其阻值可表示为

$$R = \rho \frac{L}{A} \tag{3-17}$$

式中　ρ——电阻的电阻率，$\Omega \cdot m$；

L——电阻的轴向长度，m；

A——电阻的横向截面积，m^2。

当电阻丝在拉力 F 作用下，长度 L 增加，截面 A 减小，电阻率 ρ 也相应变化，所有这些都将引起电阻阻值的变化，其相对变化量为

$$\frac{\Delta R}{R} = \frac{\Delta L}{L} - \frac{\Delta A}{A} + \frac{\Delta \rho}{\rho} \tag{3-18}$$

对于半径为 r 的电阻丝，截面面积 $A = \pi r^2$，由材料力学可知

$$\frac{\Delta A}{A} = 2\frac{\Delta r}{r} = -2\mu \frac{\Delta L}{L} \tag{3-19}$$

式中　μ——电阻材料的泊松比。

电阻轴向长度的相对变化量称为应变，一般用 ε 表示，即 $\varepsilon = \frac{\Delta L}{L}$。则电阻的相对变化量可写成

$$\frac{\Delta R}{R} = (1 + 2\mu)\varepsilon + \frac{\Delta \rho}{\rho} \tag{3-20}$$

由式(3-20)可知，电阻的变化取决于以下两个因素：

(1) $(1 + 2\mu)\varepsilon$，它是由几何尺寸变化引起的。这种电阻丝在外力作用下发生机械变形，其电阻值随之发生变化的现象，叫做应变效应。

(2) $\frac{\Delta \rho}{\rho}$，它是由电阻率变化引起的。这种固体受到压力作用后，其晶格间距发生变化，电阻率随压力变化的现象称为压阻效应。

对于金属材料，以应变效应为主，被称为金属电阻应变片，并制成应变片式压力计；对于半导体材料，以压阻效应为主，被称为半导体应变片，并制成压阻式压力计。

3.3.2.2　电阻应变片

A　金属电阻应变片

a　结构和种类

金属电阻应变片的结构如图 3-9(a)所示，一般由敏感栅（金属丝或箔）、基底、覆盖层或保护膜、引出线等组成。敏感栅是核心元件，它把感受到的应变转换为电阻阻值的变化。基底的作用有以下 3 点：(1) 支撑敏感栅，使它保持一定的几何形状；(2) 将弹性体的表面应变准确地传送到敏感栅上；(3) 使敏感栅与弹性体之间相互绝缘。覆盖层用来保护敏感栅避免受外界的机械损伤，并防止环境温度、湿度的侵扰。引出线则用来连接敏感栅与测量仪器。常用金属电阻应变片有丝式、箔式及薄膜式 3 种结构。

丝式应变片的结构如图 3-9(b)所示。一般金属丝的直径为 0.02 ~ 0.04mm，贴在保护膜和

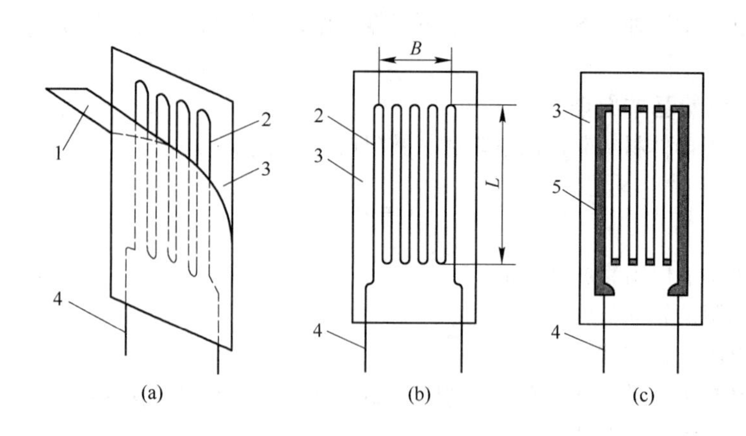

图 3-9　金属电阻应变片

（a）结构示意图；（b）丝式应变片；（c）箔式应变片

1—保护膜；2—应变丝；3—基底；4—引线；5—金属箔

基底之间，保护膜和基底的材料应相同。为了增加丝体的长度，把金属丝弯成栅状，两端焊在引出线上。引线是由直径为 0.1 ~ 0.2mm 的低阻镀锡铜线制成的，用于将敏感栅与测量电路相连。

箔式应变片的敏感栅是用厚度为 0.001 ~ 0.01mm 的金属箔先经轧制，再经化学抛光而制成的，其线栅形状用光刻工艺制成，因此形状尺寸可以做得很准确。箔式应变片很薄，表面积与截面积之比大，散热性能好，在测量中能承受较大电流和较高电压，因而提高了测量灵敏度，并可制成各种需要的形状，便于大批量生产。由于上述优点，它已逐渐取代丝式应变片。

用薄纸作为基底制造的应变片，称为纸基应变片。纸基应变片工作在 70℃以下。为了提高应变片的耐热防潮性能，也可以采用浸有酚醛树脂的纸作基底。此时使用温度可达 180℃，而且稳定性能良好。除用纸基以外，还有采用有机聚合物薄膜的，这样的应变片称为胶基应变片。

应变片的尺寸通常用有效线栅的外形尺寸表示。根据基长不同可分为 3 种：小基长 $L=2\sim7$mm；中基长 $L=10\sim30$mm 及大基长 $L>30$mm。线栅宽 B 可在 2 ~ 11mm 内变化。

b　材质

金属电阻应变片材料的选择一般应同时兼顾以下几方面的要求：

（1）应变片灵敏系数 K 值要大，且在较大范围内保持 K 值为常数。

（2）电阻温度系数要小，有较好的热稳定性。

（3）电阻率和机械强度要高，工艺性能要好，易于加工成细丝及便于焊接等。

常用的金属电阻应变片材料有：适用于 300℃以下静态测量的康铜、铜镍合金；适用于 450℃以下静态测量或 800℃以下动态测量的镍铬合金和镍铬铝合金。镍铬合金比康铜的电阻率几乎大一倍，因此用同样直径的镍铬电阻丝做成的应变片要小很多。另外，镍铬合金丝的灵敏系数也比较大。但是，康铜丝的电阻温度系数小，受温度变化影响小。

c　应变片的粘贴

应变片正常工作时需依附于弹性元件，弹性元件可以是金属膜片、膜盒、弹簧管等。应变片与弹性元件的装配可以采用粘贴式或非粘贴式，在弹性元件受压变形的同时应变片亦发生应变，其电阻值将有相应的改变。粘贴式应变片压力计可采用 1、2 或 4 个特性相同的应变元件，粘贴在弹性元件的适当位置上，并分别接入电桥的桥臂，则电桥输出信号可以反映被测压力的大小。为了提高测量灵敏度，通常采用两对应变片，并使相对桥臂的应变片分别处于接受拉应力和压应力的位置。

B 半导体应变片

用于生产半导体应变片的材料有硅、锗、锑化铟、磷化镓、砷化镓等，硅和锗由于压阻效应大，故多作为压阻式压力计的半导体材料。半导体应变片按结构可分为体型应变片、扩散型应变片和薄膜型应变片。

图 3-10 为体型半导体应变片的结构图，它由硅条、内引线、基底、电极和外引线 5 部分组成。硅条是应变片的敏感部分；内引线是连接硅条和电极的引线，材料是金丝；基底起绝缘作用，材料是胶膜；电极是内引线和外引线的连接点，一般用康铜箔制成；外引线是应变片的引出导线，材料为镀银或镀铜。

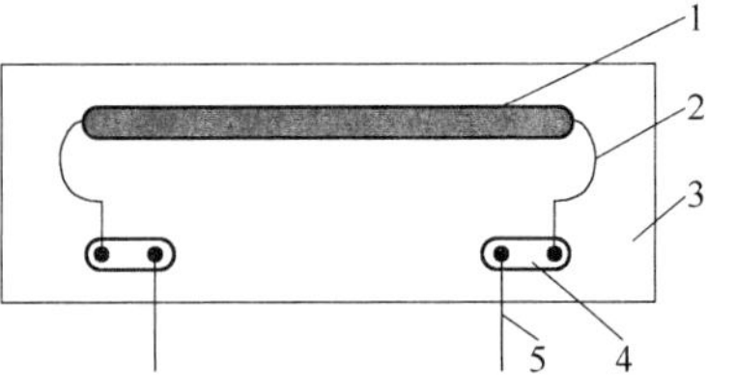

图 3-10 半导体应变片的结构
1—硅条；2—内引线；3—基底；4—电极；5—外引线

扩散型半导体应变片是将 P 型杂质扩散到 N 型硅单晶基底上，形成一层极薄的 P 型导电层，再通过超声波和热压焊法接上引出线就形成了扩散型半导体应变片。

半导体应变片的电阻很大，可达 5 ~ 50kΩ。半导体应变片的灵敏度一般随杂质的增加而减小，温度系数也是如此。值得注意的是，即使是由同一材料和几何尺寸制成的半导体应变片，其灵敏系数也不是一个常数，它会随应变片所承受的应力方向和大小不同而有所改变，所以材料灵敏度的非线性较大。此外，半导体应变片的温度稳定性较差，在使用时应采取温度补偿和非线性补偿措施。

C 薄膜应变片

传统的应变片是采用金属丝粘贴或硅扩散的办法制作敏感栅的，其价格便宜，结构简单，使用方便，因此在诸多类型的电阻应变片压力计中，仍然是应用十分广泛的力敏感元件。不过，由于粘贴式应变片的敏感层与基片之间的形变传递性能不好，存在诸如蠕变、机械滞后、零点漂移等问题，影响了它的测量精度。薄膜应变片采用溅射或蒸发的方法，将半导体或金属敏感材料直接镀制于弹性基片上。相对于粘贴式应变片而言，薄膜应变片的应变传递性能极大地得到改善，几乎无蠕变，并且具有稳定性好、可靠性高、尺寸小等优点，是一种很有发展前途的力敏传感器。

a 结构和原理

薄膜应变片的结构随制作工艺方法及所使用的敏感材料的不同而略有差异，但基本结构大致相似，如图 3-11 所示。首先，在金属弹性基片上沉积绝缘介质膜（如 Si_3N_4 薄膜或金属氧化物薄膜），在绝缘层上溅射沉积一层金属或半导体敏感膜（如 NiCr 等材料），再在敏感膜表面局部溅射一层金属内引线层（Al 薄膜），然后用光刻工艺在敏感层刻蚀敏感栅和内引线图案。内引线的作用是将敏感面上的各个敏感栅连接起来构成电桥，并将电桥的电极用外引线引出。

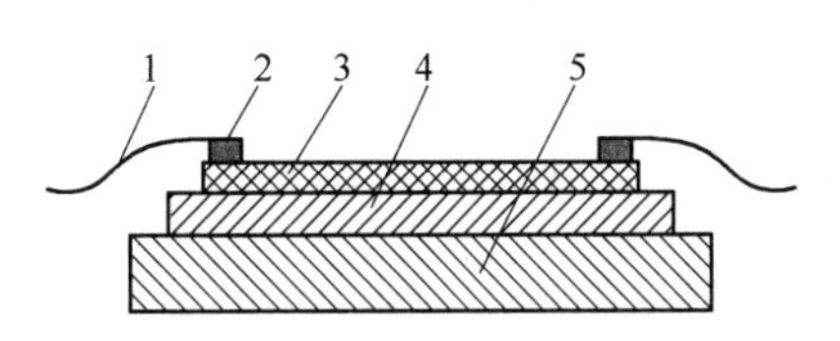

图 3-11 薄膜应变片结构
1—引线；2—电极；3—敏感膜；4—绝缘层；5—基片

薄膜应变片在外力的作用下，一方面，材料发生几何形变引起材料的电阻发生变化；另一方面，因材料晶格变形等因素引起材料的电子自由程发生变化，导致材料的电阻率变化，从而使材料的电阻发生变化。

b　特点

与传统的应变片相比，薄膜应变片具有如下优点：

（1）稳定性好。薄膜应变片的蠕变和滞后低，例如：溅射合金薄膜应变片在温度高达230℃时蠕变和滞后低于0.1%，而传统的应变片在100℃以上的温度下，由于粘结材料性能影响，使得蠕变和滞后十分严重。

（2）使用寿命长。能承受10^6次以上的重复加载，工作仍十分正常。

（3）量程大、灵敏度高。半导体Ge、Si薄膜应变片的阻值较大，灵敏系数一般在30以上。

（4）温度系数小。Ge、Si薄膜应变片的温度系数约为10^{-5}℃$^{-1}$数量级，多层结构的溅射薄膜应变片的温度系数约为0.018%℃$^{-1}$。

（5）工作温度范围宽。多层结构的溅射薄膜应变片的工作温度达－100～180℃。

（6）成本低。由于薄膜应变片的制造工艺简单、成品合格率高，所以成本低。

3.3.2.3　常用测量电路

A　转换电路

在应变片将被测压力转换成电阻的相对变化率$\Delta R/R$之后，通常采用电桥电路将其进一步转换成电压或电流信号。根据电源的不同，电桥分直流电桥和交流电桥。直流电桥的优点是准确度高、稳定性好，电路简单、调节方便，电桥与后续仪表间的连接导线不会形成分布参数，因此对导线的连接方式要求较低；其缺点是易引入工频干扰，后接的直流放大器一般都比较复杂，且易受零漂和接地电位的影响，因此直流电桥只适合于静态测量。下面以直流电桥为例进行转换电路的分析说明，交流电桥的分析方法与此类似。

a　单臂桥路

在图3-12所示的单臂工作电桥电路中，U是直流供桥电压，R_2为工作应变片，R_1、R_3和R_4为固定电阻，在假设负载$R_L=\infty$，温度对电阻无影响的前提下，电桥输出电压$U_0(U_{ab})$为

$$U_0=\frac{R_2R_3-R_1R_4}{(R_1+R_2)(R_3+R_4)}U \tag{3-21}$$

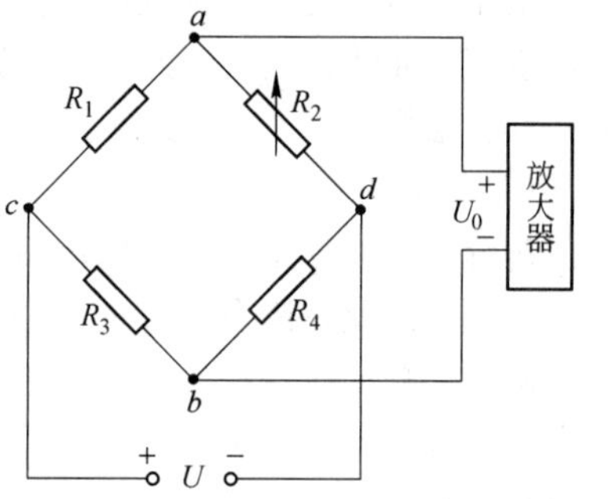

图3-12　单臂桥路

当无压力信号时，电桥处于初始平衡状态，$U_0=0$，此时有

$$R_2R_3-R_1R_4=0 \tag{3-22}$$

上式称为直流电桥平衡条件。该式说明，欲使电桥达到平衡，其相邻两臂的电阻比值应该相等。

当有压力信号时，应变片产生应变，电阻R_2变化ΔR_2，此时电桥输出电压U_0为

$$U_0=\frac{(R_2+\Delta R_2)R_3-R_1R_4}{(R_1+R_2+\Delta R_2)(R_3+R_4)}U=\frac{(R_3/R_4)(\Delta R_2/R_2)}{\left(1+\frac{R_1}{R_2}+\frac{\Delta R_2}{R_2}\right)\left(1+\frac{R_3}{R_4}\right)}U \tag{3-23}$$

设桥臂比$n=R_1/R_2$，略去分母中的$\Delta R_2/R_2$，并考虑到电桥初始平衡条件$R_1/R_2=R_3/R_4$，可得

$$U_0=\frac{n}{(1+n)^2}\frac{\Delta R_2}{R_2}U \tag{3-24}$$

定义电桥电压灵敏度 K_U 为

$$K_U = \frac{U_0}{\Delta R_2/R_2} = \frac{n}{(1+n)^2}U \tag{3-25}$$

可见，提高电源电压 U 可以提高电压灵敏度，但 U 值的选取受应变片功耗的限制。在 U 值确定后，取 $\frac{\mathrm{d}K_U}{\mathrm{d}n}=0$ 得 $\frac{1-n^2}{(1+n)^4}=0$，可知 $n=1$，即 $R_1=R_2$、$R_3=R_4$ 时，电桥电压灵敏度最高，实际上多取 $R_1=R_2=R_3=R_4$，则可得 $n=1$ 时单臂工作电桥输出电压为

$$U_0 = \frac{U}{4}\frac{\Delta R_2}{R_2} \tag{3-26}$$

此时电桥电压灵敏度 K_U 为

$$K_U = \frac{U}{4} \tag{3-27}$$

上两式说明，当电源电压 U 及应变片电阻相对变化一定时，电桥的输出电压及电压灵敏度与各桥臂的阻值无关。

在上面的分析中，都是假定应变片的参数变化很小，可忽略 $\Delta R_2/R_2$ 的影响，由此而引进的相对非线性误差为

$$\Delta = \frac{\Delta R_2}{2R_2} \tag{3-28}$$

对于一般金属电阻应变片，所受应变 $\varepsilon \leqslant 5000\mu$，若此时应变片灵敏系数 $K=2$，则非线性误差为 $\Delta \leqslant 0.5\%$，对于一般工业应用场合，可忽略不计。但当电阻相对变化较大时，就不可忽略非线性误差的影响，例如半导体应变片的 $K=150$，当所受应变 $\varepsilon=5000\mu$ 时，其非线性误差高达 37.5%，此时的测量电路必须做改进。

b　半桥差动电路

如果在电桥的相邻两臂同时接入工作应变片，使一片受拉，一片受压，则二者受到的应变符号相反，将两个应变片接入电桥的相邻臂上，就构成差动电桥，如图 3-13(a)所示。若满足 $R_1=R_2$、$\Delta R_1=\Delta R_2$、$R_3=R_4$，则可以导出，差动双臂工作电桥输出电压为

$$U_0 = \frac{U}{2}\frac{\Delta R_2}{R_2} \tag{3-29}$$

如果在电桥的相对两臂同时接入工作应变片，使两片都受拉或都受压，如图 3-13(b)所示，并使 $\Delta R_2=\Delta R_3$，也可导出与上式相同的结果。

由式(3-26)和式(3-29)可见，半桥差动电路灵敏度比单臂桥路提高一倍，而且当负载电阻 $R_L=\infty$ 时，没有非线性误差，同时还起到一定的温度补偿作用。

c　全桥差动电路

如果电桥的4个臂都为电阻应变片，使两个桥臂的应变片受到拉力，两个桥臂的应变片受到压力，将两个应变符号相同的应变片

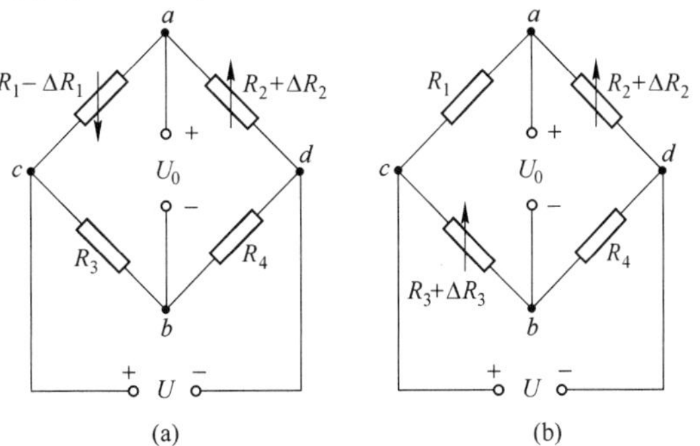

图 3-13　半桥差动电路

接入相对桥臂上，就构成全桥差动电路，如图 3-14 所示。若满足 $R_1 = R_2 = R_3 = R_4$，$\Delta R_1 = \Delta R_2 = \Delta R_3 = \Delta R_4$，则可以导出全桥电路的输出电压为

$$U_0 = U\frac{\Delta R_2}{R_2} \tag{3-30}$$

可见，全桥差动电路的电压灵敏度高，为单臂工作电桥的 4 倍，为半桥差动电路的 2 倍。电路本身具有一定的温度补偿作用，且带负载能力强。当负载电阻 $R_L = \infty$ 时，全桥差动电路没有非线性误差。

B　温度补偿

应变片的电阻受环境温度的影响很大，其原因主要有：

（1）应变片具有一定的温度系数；

（2）应变片材料与试件材料的线膨胀系数不同。

为了消除温度误差，可以采取多种补偿措施。最常用的方法是电桥补偿法和热敏电阻补偿法，前者如图 3-15 所示。工作应变片 R_1 安装在被测试件上，另选一个特性与 R_1 相同的补偿片 R_b，安装在材料与试件相同的某补偿件上，温度与试件相同但不承受应变。R_1 和 R_b 接入电桥相邻臂上，造成 ΔR_{1t} 和 ΔR_{bt} 相同。根据电桥理论可知，当相邻桥臂有等量变化时，对输出没有影响，则上述输出电压与温度变化无关。当工作应变片感受应变时，电桥将产生相应的输出电压。

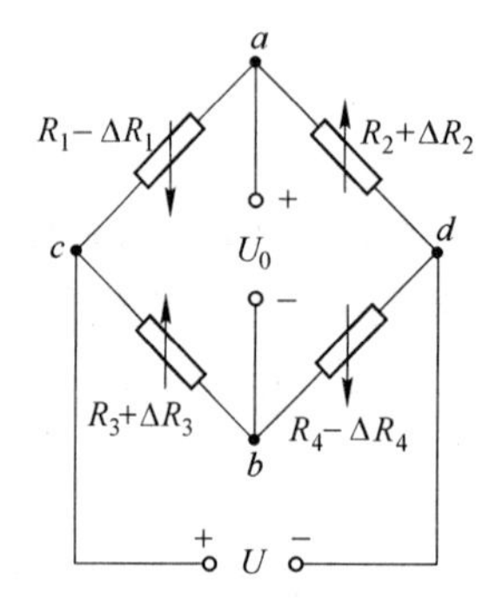

图 3-14　全桥差动电路

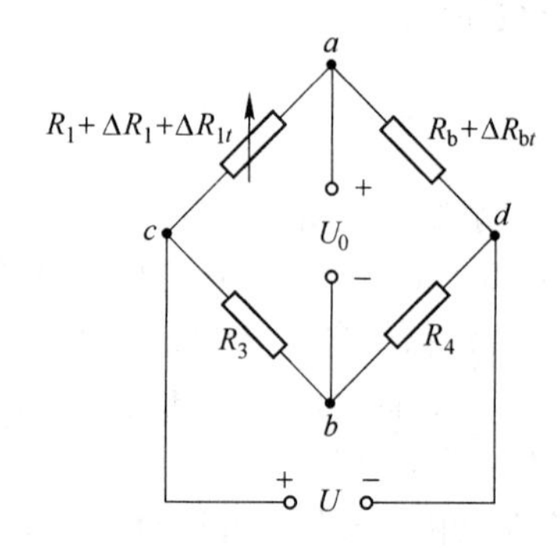

图 3-15　应变片温度补偿电路

3.3.2.4　性能指标

（1）应变片的电阻值（R_0）。它是指在室温条件下，应变片在不受外力作用时的电阻值，也称为原始阻值。应变片的标准名义电阻值通常为 60Ω、120Ω、350Ω、500Ω 和 1000Ω 五种。用得最多的为 120Ω 和 350Ω 两种。应变片在相同的工作电流下，电阻值越大，允许的工作电压亦越大，测量灵敏度也越高。

（2）灵敏系数（K）。

通常把单位应变所引起的电阻相对变化称为应变片灵敏系数。目前，各种材料的灵敏系数都是由实验获得的，其计算公式由式(3-20)可得

$$K = \frac{\Delta R/R}{\varepsilon} = 1 + 2\mu + \frac{\Delta\rho/\rho}{\varepsilon} \tag{3-31}$$

对于金属电阻应变片，$\frac{\Delta\rho/\rho}{\varepsilon}$ 项的值比 $1+2\mu$ 小很多，可以忽略，则由式(3-31)可得应变片灵敏系数 $K = 1 + 2\mu$。大量实验证明，在电阻丝拉伸比例极限内，电阻的相对变化率与应变成

正比，即 K 为常数。通常金属电阻应变片的 $K = 1.7 \sim 3.6$。

注意： 式(3-31)所表示的是单根电阻丝的灵敏系数，应与应变计的灵敏系数进行区别，后者还与敏感栅的形状、尺寸、基底和粘接剂等有关。此外，还应注意二者与应变计的灵敏度的不同之处。

(3) 机械滞后。在一定温度下，应变从零到一定值之间变化，测出应变片电阻相对变化率，绘出加载和卸载的特性曲线，则两条曲线间最大的差值称为机械滞后。此值越小，寿命越长。

注意： 机械滞后和热滞后不同，后者指在外力恒定时，由于温度变化所造成的，两条应变变化曲线间的最大差值。

(4) 蠕变和零漂。在一定温度下，粘好的应变片在一定的机械应变长时间作用下，指示应变随时间的变化称为蠕变。零点漂移是指粘好的应变片在一定温度和无机械应变时，指示应变随时间的变化。

注意： 二者都是用来衡量应变片的时间稳定性的，但各自工作条件不同。

(5) 绝缘电阻。敏感栅与基底间的绝缘电阻值应大于 $10^{10}\Omega$，若此值太小，则基片使应变片短路。

(6) 最大工作电流。允许通过应变片而不影响其工作特性的最大电流值，称为最大工作电流。该电流和外界条件有关，一般为几十毫安，箔式应变片有的可达500mA。流过应变片的电流过大，会使应变片发热引起较大的零漂，甚至将应变片烧毁。静态测量时，为提高测量准确度，流过应变片的电流要小一些；短期动态测量时，为增大输出功率，电流可大一些。

3.3.2.5 典型电阻式压力计

A 应变片式压力计

应变片式压力计发展较早，是电气式压力计中应用最广的一种。它将金属电阻应变片粘贴在测量压力的弹性元件表面上，当被测压力变化时，弹性元件内部应力变化产生变形，这个变形应力使应变片的电阻产生变化，根据所测电阻变化的大小来测量未知压力。

应变片式压力计具有以下优点：结构简单、使用方便、工艺成熟、价格便宜、性能稳定可靠、测量速度快、适合静态和动态测量等，且易于实现测量过程的自动化和多点同步测量。但是应变片电阻易受温度影响，测量时需加以补偿或修正。

应变片式压力计有很多种结构，其中 BPR-2 型传感器的结构如图 3-16(a)所示。其特点是：被测压力不直接作用在贴有应变片的弹性元件上，而是传到一个测力应变筒上。被测压力经膜片转换成相应大小的集中力，这个力再传给测力应变筒。应变筒的应变由贴在它上边的应变片测量。

应变筒的上端与外壳固定在一起，它的下端与不锈钢密封膜片紧密接触，两片康铜丝应变片 R_1 和 R_4 用特殊胶合剂贴紧在应变筒的外壁。R_1 沿应变筒的轴向贴放，作为测量片；R_4 沿径向贴放，作为温度补偿片。当被测压力 p 作用于不锈钢膜片而使应变筒作轴向受压变形时，沿轴向贴放的 R_1 随之产生轴向压缩应变，使 R_1 阻值减小；与此同时，沿径向贴放的 R_4 则产生拉伸变形，使 R_4 阻值增大，且 R_1 的减小量将大于 R_4 的增大量。应变片的测量桥路如图 3-16(b)所示。其中，$R_2 = R_3$ 为固定电阻，电阻 R_5 和滑动电阻 W 起调零作用。

注意： 应变片正常工作时需依附于弹性元件。

此外，也可采用4片应变片组成电桥，每片处在同一电桥的不同桥臂上，温度升降将使这些应变片电阻同时增减，从而不影响电桥平衡。当有压力时，相邻两臂的阻值一增一减，使电桥能有较大的输出。但尽管这样，应变片式压力计仍然有比较明显的温漂和时漂。因此，这种

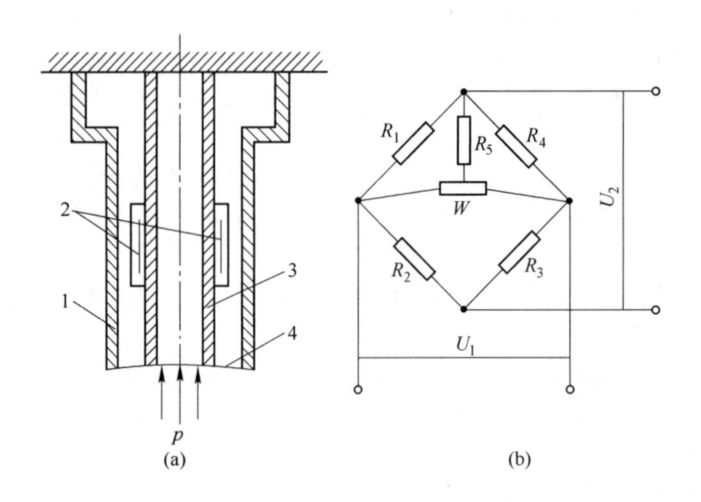

图 3-16　应变片式压力计

（a）传感器结构；（b）应变片测量桥路

1—外壳；2—应变片；3—应变筒；4—密封膜片

压力计多用于一般要求的动态压力检测中。

B　压阻式压力计

a　压阻效应

金属电阻应变片虽然有不少优点，但灵敏系数低是它的最大弱点。半导体应变片的灵敏系数比金属电阻高约50倍，它是利用半导体材料的电阻率在外加应力作用下发生改变的压阻效应，可以直接测取很微小的应变。

当外部应力作用于半导体时，压阻效应引起的电阻变化大小不仅取决于半导体的类型和载流子浓度，还取决于外部应力作用于半导体晶体的方向。如果我们沿所需的晶轴方向（压阻效应最大的方向）将半导体切成小条制成半导体应变片，让其只沿纵向受力，则作用应力与半导体电阻率的相对变化关系为

$$\frac{\Delta\rho}{\rho} = \pi\sigma \tag{3-32}$$

式中　π——半导体应变片的压阻系数，Pa^{-1}；

σ——纵向方向所受应力，Pa。

由胡克定律可知，材料受到的应力 σ 和应变 ε 之间的关系为

$$\sigma = E\varepsilon \tag{3-33}$$

将式(3-33)代入式(3-32)得

$$\frac{\Delta\rho}{\rho} = \pi E\varepsilon \tag{3-34}$$

式(3-34)说明，半导体应变片的电阻变化率 $\Delta\rho/\rho$ 正比于其所受的纵向应变 ε。

将式(3-34)代入式(3-31)得应变片灵敏系数为

$$K = 1 + 2\mu + \pi E \tag{3-35}$$

对于半导体应变片，压阻系数 π 很大，约为 50 ~ 100，故半导体应变片以压阻效应为主，

其电阻的相对变化率等于电阻率的相对变化，即 $\Delta R/R = \Delta\rho/\rho$。

b 结构

利用具有压阻效应的半导体材料可以做成粘贴式的半导体应变片进行压力检测。随着半导体集成电路制造工艺的不断发展，人们利用半导体制造工艺的扩散技术，将敏感元件和应变材料合二为一制成扩散型压阻式传感器。由于这类传感器的应变电阻和基底都是用半导体硅制成，所以又称为扩散硅压阻式传感器。它既有测量功能，又有弹性元件作用，形成了高自振频率的压力传感器。在半导体基片上还可以很方便地将一些温度补偿、信号处理和放大电路等集成制造在一起，构成集成传感器或变送器。因此，扩散硅压阻式传感器一出现就受到人们普遍重视，发展很快。

图 3-17(a)是扩散硅压阻式传感器的结构示意图。它的核心部分是一块圆形的单晶硅膜片，既是压敏元件，又是弹性元件。在硅膜片上，用半导体制造工艺中的扩散掺杂法做成四个阻值相等的电阻，构成平衡电桥，相对的桥臂电阻是对称布置的，再用压焊法与外引线相连。膜片用一个圆形硅杯固定，将两个气腔隔开。膜片的一侧是高压腔，与被测对象相连接；另一侧是低压腔，如果测表压，低压腔和大气相连通；如果测压差，则与被测对象的低压端相连。当膜片两边存在压力差时，膜片发生变形，产生应力，从而使扩散电阻的阻值发生变化，电桥失去平衡，输出相应电压。如果忽略材料几何尺寸变化对阻值的影响，则该不平衡电压大小与膜片两边的压力差成正比。为了补偿温度效应的影响，一般还可在膜片上沿对压力不敏感的径向生成一个电阻，这个电阻只感受温度变化，不承受压力，可接入桥路作为温度补偿电阻，以提高测量精度。

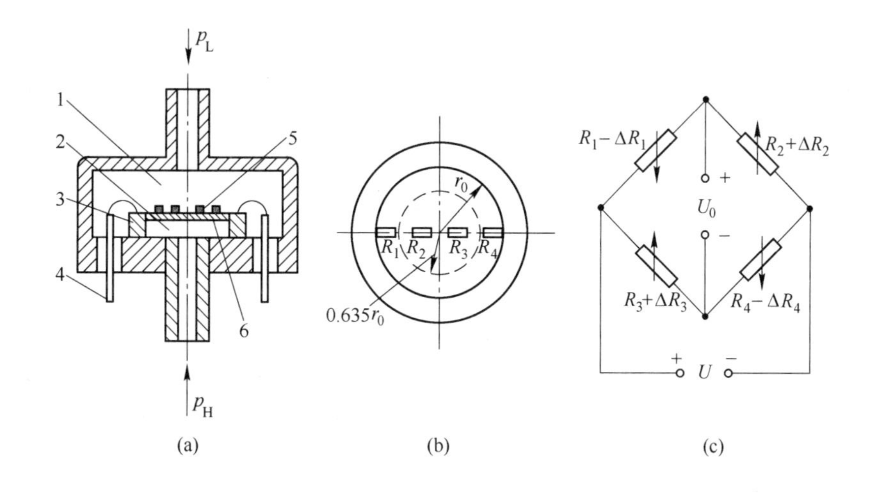

图 3-17 扩散硅压阻式压力计

(a) 传感器结构；(b) 半导体应变片布置图；(c) 测量电桥

1—低压腔；2—高压腔；3—硅杯；4—引线；5—扩散电阻；6—硅膜片

c 工作原理

由于硅膜片是各向异性材料，它的压阻效应大小与作用力方向有关，所以在硅膜片承受外力时，必须同时考虑其纵向（扩散电阻长度方向）压阻效应和横向（扩散电阻宽度方向）的压阻效应。鉴于硅膜片在受压时的形变非常微小，其弯曲的挠度远远小于硅膜片厚度，而膜片一般是圆形的，因而其压力分布，可近似为弹性力学中的小挠度圆形板。

设均匀分布在硅膜片上的压力为 p，则膜片上各点的应力与其半径 r 的关系如下：

$$\sigma_r = \frac{3p}{8h^2}[r_0^2(1+\mu) - r^2(3+\mu)] \tag{3-36}$$

$$\sigma_\tau = \frac{3p}{8h^2}[r_0^2(1+\mu) - r^2(1+3\mu)] \tag{3-37}$$

式中　σ_r，σ_τ——半导体应变片所承受的径向、切向应力，Pa；

h——硅膜片厚度，m；

r_0——膜片工作面半径，m；

r——应力作用半径，即电阻距硅膜片中心的距离，m；

μ——泊松比，硅的 $\mu = 0.35$。

由式(3-36)和式(3-37)可见，当 $r=0$ 时，应力 σ_r 和 σ_τ 达到最大值，随着 r 的增加，σ_r 和 σ_τ 逐渐减小。当 $r = 0.63r_0$ 和 $r = 0.812r_0$ 时，σ_r 和 σ_τ 分别为零。此后随着 r 的进一步增加，σ_r 和 σ_τ 进入负值区，直至 $r = r_0$ 时，σ_r 和 σ_τ 均分别达到负最大值。这说明均匀分布压力 p 产生的应力是不均匀的，且存在正应力区和负应力区。利用这一特性，在硅膜片上选择适当的位置布置电阻，如图 3-17(b)所示。使 R_1 和 R_4 布置在负应力区，R_2 和 R_3 布置在正应力区，让这些电阻在受力时其阻值有增有减，并且在接入电桥的四臂中，使阻值增加的两个电阻与阻值减小的两个电阻分别相对，如图 3-17(c)所示。这样不但提高了输出信号的灵敏度，又在一定程度上消除了阻值随温度变化带来的不良影响。

d　特点

压阻式压力计目前已广泛用于工业过程检测、汽车、微机械加工、医疗等领域。其特点如下：

(1) 体积小，结构简单，易于微小型化，目前国内生产出直径为 $\phi1.8 \sim 2.0$mm 的压阻式压力传感器。

(2) 半导体应变片的灵敏度高，是金属应变片的 50 ~ 70 倍，能直接反映出微小压力的变化。

(3) 测量范围宽，可测低至十几帕的微压，同时还可测 9.8×10^8Pa 以上的超高压。

(4) 响应时间可达 10^{-11}s 数量级，动态特性较好，虽比其他电气式压力计略差一些，但仍可用来测量高达数千赫兹乃至更高的脉动压力。

(5) 工作可靠，准确度高，最高可达 0.02 级。

(6) 重复性好，频带较宽，固有频率在 1.5 MHz 以上。

(7) 由于压阻系数和体电阻值都有较大的温度系数，压阻式压力计易产生温漂。当使用恒流源供电后，可减小温漂。一般要求，压阻式压力计在测量压力时被测介质的温度不超过 150℃。

(8) 在使用时应采取温度补偿和非线性补偿措施。

3.3.3　振频式压力计

振频式压力计是利用谐振原理，即振动物体受压后其固有振动频率发生变化这一原理制成的。测量时，将振动物体置于磁场中，物体振动时会产生感应电势，其感应电势的频率与物体的振动频率相等，则可通过测量感应电势的频率，再根据振荡频率与压力的关系确定被测压力。振频式压力计包括振弦式压力计、振筒式压力计、振膜式压力计等。

振频式压力计具有以下特点：

(1) 振频式压力计是将被测压力转换成频率信号加以输出，所以抗干扰性强、工作可靠；又因为可以忽略电线的电阻、电感、电容等的影响，所以具有较高的准确度，其级别可达 0.01

级，既可用于压力的精密测量中，又适合与计算机配套使用，组成高准确度的测量控制系统。

（2）零漂小，重复性好，性能稳定。

（3）便于传输，容易实现仪表的数字化和智能化。

（4）分辨力高，只要能提高敏感元件的固有频率，就可以提高其测量的分辨率。

（5）线性度差，需作线性处理。

3.3.3.1 振弦式压力计

振弦式压力计除具有一般振频式压力计的优点外，还具有寿命长、结构简单等优点，已广泛用于石油钻井、煤矿、大坝和路桥等场合，深受业界的关注。振弦式压力传感器的结构如图 3-18 所示。钢弦（振弦）的一端固定在支撑上，另一端固定在膜片上，膜片的下部通入被测压力。整个钢弦位于由磁钢和线圈形成的磁场中。

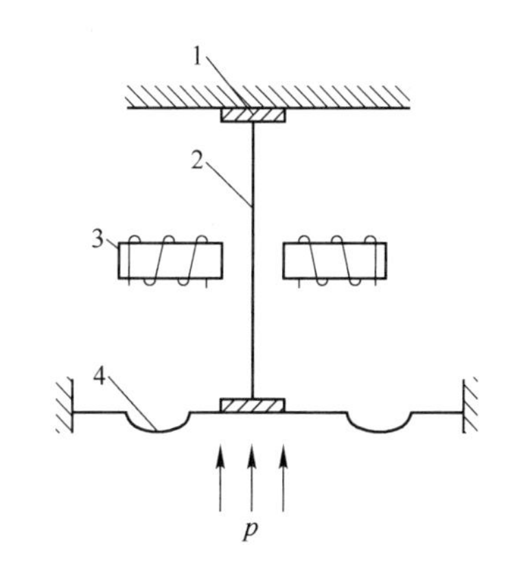

图 3-18 振弦式压力计传感器结构图
1—固定支撑；2—钢弦；
3—磁钢和线圈；4—膜片

振弦式压力计的原理如图 3-19 所示。首先由微处理器发出激振信号激振钢弦，使其按固有频率振动。振弦的激振方式有间歇激发和连续激发两种。被激振的钢弦切割它周围的磁场，从而在振弦上产生交变的感应电势。此电势的频率即为钢弦的固有频率。一般在膜片上没有施加被测压力时，振弦仅承受一定的初始张力。当膜片的下部通入被测压力时，钢弦的原始张力发生变化并引起其固有频率发生变化，随之感应电势的频率也发生变化。该信号分别经过由一级放大、高通滤波、二级放大、低通滤波和整形电路组成的变换器送入微控制器进行计算、显示和存储等。

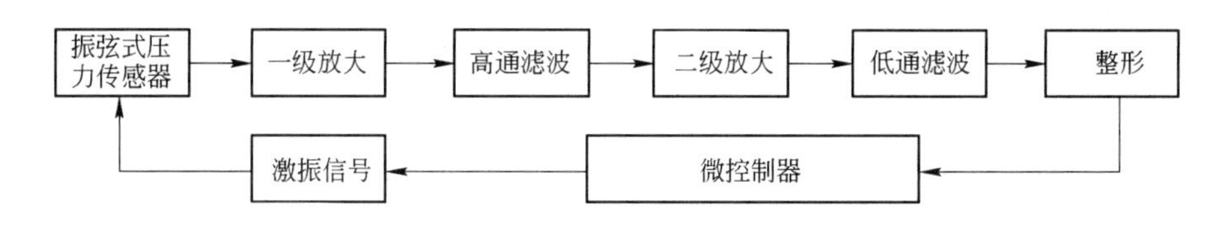

图 3-19 振弦式压力计的原理

综上所述，测量这个感应电势的频率即可测量压力，计算公式如下：

$$f=\frac{1}{2l}\sqrt{\frac{T}{\rho'}} \tag{3-38}$$

式中 f——钢弦的固有频率（振动频率），1/s；

l——钢弦的长度，m；

T——钢弦所承受的张力，N；

ρ'——钢弦的线密度，即单位弦长的质量，kg/m。

由于弦长、固定支撑和支架的尺寸、弦的密度、弦的弹性模量、膜片的弹性模量等均受温度影响，因而引起振弦式压力计测量误差的主要因素是温度，设计和使用时应采取措施进行补偿。

测量钢弦固有频率的方法是对其发送含有连续变化频率成分的扫频激励信号。如果扫频范围包含钢弦固有频率成分，则可以引起钢弦共振，反馈回来的信号就包含有钢弦固有频率成分。使用扫频信号对传感器进行激励应注意以下 3 点：

（1）扫频范围。扫频范围由传感器自身材料及其量程共同决定。根据传感器的量程、特性系数和压力计算公式可计算出传感器全量程的频率变化范围，最佳扫频范围应稍大于此频率变化范围。

（2）扫频步长。扫频步长不能过大，否则有可能导致传感器钢弦不发生共振，从而无法测得其固有频率。但扫频步长也没有必要过小，因为只要扫频信号具有接近钢弦固有频率的成分即可使其发生共振。另外如果扫频范围很宽，而扫频步长又很小，则完成一次扫频激励的时间就会较长，不利于提取其共振频率成分。因此必须选择合适的扫频步长。

（3）扫频次数。对传感器进行一次扫频激励有时不能产生有效的共振，因此一般进行多次扫频激励。但扫频次数不宜过多，以免造成钢弦疲劳，使测得的固有频率值偏低。

实验证明：扫频步长和扫频次数对固有频率测量结果的稳定性有一定影响。应通过多次试验来确定合适的扫频步长和扫频次数。一般来讲，如果扫频次数较多，则扫频步长也应相应加大；反之，扫频次数较少，则可以缩短扫频步长。

3.3.3.2　振筒式压力计

振筒式压力计由振筒组件和激振电路组成，如图 3-20 所示。感压元件是一个薄壁金属圆筒，圆柱筒本身具有一定的固有频率。振筒用低温度系数的弹性材料制成，一端封闭为自由端，另一端为开口端，固定在底座上，压力由内侧引入。绝缘支架上固定着激振线圈和检测线圈，二者空间位置互相垂直，以减小电磁耦合。激振线圈使振筒按固有的频率振动。当筒壁受压张紧后，其刚度发生变化，固有频率相应改变。在一定的压力作用下，变化后的振筒振动频率可以近似表示为

$$f = f_0\sqrt{1 + \alpha p} \tag{3-39}$$

式中　f——振筒受压后的振动频率，1/s；

f_0——振筒初始时的固有频率，1/s；

α——结构系数，Pa^{-1}；

p——被测压力，Pa。

此种仪表具有的特点是：体积小，重复性好，耐振；准确度高，可达 0.01 级；适用于气体压力测量。

3.3.3.3　振膜式压力计

振膜式压力计结构如图 3-21 所示，振膜为一个平膜片，且与环形壳体做成整体结构。该

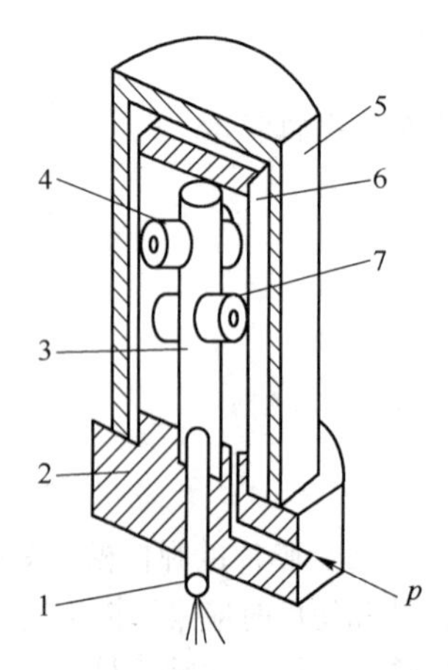

图 3-20　振筒式压力计示意图

1—引线；2—底座；3—绝缘支架；4—激振线圈；5—外壳；6—振筒；7—检测线圈

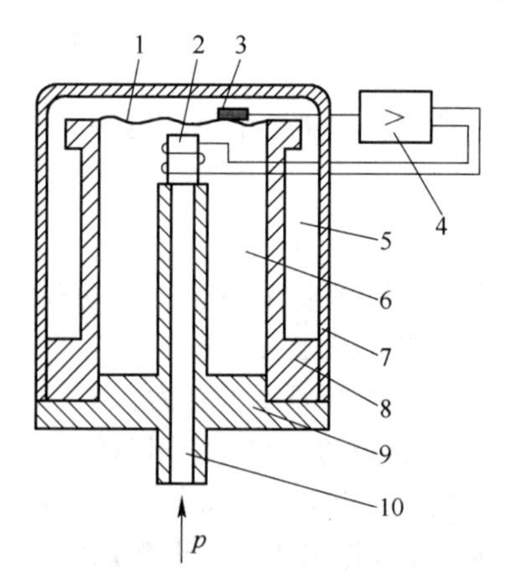

图 3-21　振膜式压力计

1—膜片；2—电磁线圈；3—应变片；4—放大器；5—参考压力室；6—压力测量室；7—外壳；8—环形壳体；9—基座；10—导压管

结构和基座构成密封的压力测量室，和外壳构成参考压力室。被测压力 p 经过导压管进入压力测量室内。参考压力室可以接通大气用于测量表压，也可以抽成真空测量负压。装于基座顶部的电磁线圈作为激振源给膜片提供激振力，当激振频率与膜片固有频率一致时，膜片产生谐振。没有压力时，膜片是平的，其谐振频率为 f_0；当有压力作用时，膜片受力变形，其张紧力增加，则相应的谐振频率也随之增加，频率随压力变化且为单值函数关系。

在膜片上粘贴有应变片，它可以输出一个与谐振频率相同的信号。此信号经放大器放大后，再反馈给激振线圈以维持膜片的连续振动，构成一个闭环正反馈自激振荡系统。

3.4 负荷式压力计

负荷式压力计应用范围广，结构简单，稳定可靠，准确度高，重复性好，可测正、负及绝对压力；既是检验、标定压力表和压力传感器的标准仪器之一，又是一种标准压力发生器，在压力基准的传递系统中占有重要地位。

3.4.1 活塞式压力计

3.4.1.1 原理和结构

活塞式压力计是根据流体静力学平衡原理和帕斯卡定律，利用压力作用在活塞上的力与砝码的重力相平衡的原理设计而成的。由于在平衡被测压力的负荷时，采用标准砝码产生的重力，所以又被称为静重活塞式压力计。其结构如图 3-22 所示，主要由压力发生部分和测量部分组成。

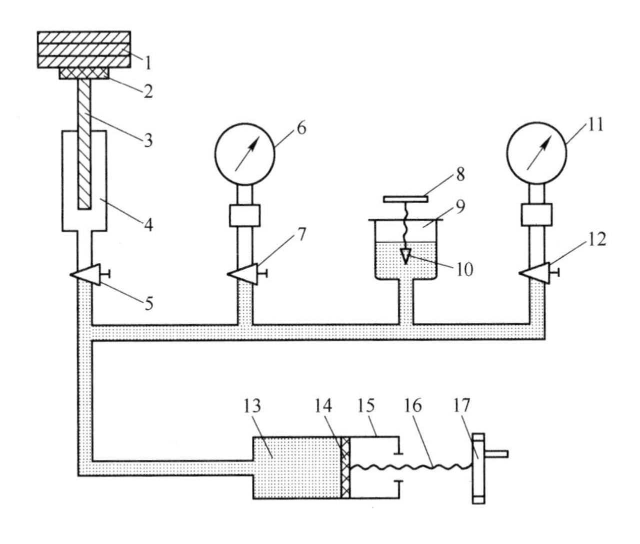

图 3-22 活塞式压力计示意图

1—砝码；2—砝码托盘；3—测量活塞；4—活塞筒；5，7，12—切断阀；6—标准压力表；8—进油阀手轮；9—油杯；10—进油阀；11—被校压力表；13—工作液；14—工作活塞；15—手摇泵；16—丝杠；17—加压手轮

（1）压力发生部分。压力发生部分主要指手摇泵，通过加压手轮旋转丝杠，推动工作活塞（手摇泵活塞）挤压工作液，将待测压力经工作液传给测量活塞。工作液一般采用洁净的变压器油或蓖麻油等。

（2）测量部分。测量活塞上端的砝码托盘上放有荷重砝码，活塞插入活塞筒内，下端承受手摇泵挤压工作液所产生的压力 p。当作用在活塞下端的油压与活塞、托盘及砝码的质量所产生的压力相平衡时，活塞就被托起并稳定在一定位置上，这时压力表的示值为

$$p = \frac{(m_1 + m_2 + m_3)g}{A} \tag{3-40}$$

式中 p——被测压力，Pa；

m_1，m_2，m_3——活塞、托盘和砝码的质量，kg；

A——活塞承受压力的有效面积，m^2；

g——活塞式压力计使用地点的重力加速度，m/s^2。

注意：式(3-40)仅适用于工作环境温度是20℃的场合。

3.4.1.2 误差分析

A 重力加速度的影响

重力加速度与所在地的海拔、纬度有关，可用下式计算：

$$g = \frac{9.80665(1 - 0.00265\cos 2\phi)}{1 + \frac{2H}{r}} \tag{3-41}$$

式中 r——地球半径，按 $r = 6371 \times 10^3$m 计算；

H——压力计使用地点的海拔高度，m；

ϕ——压力计使用地点的纬度。

B 空气浮力的影响

若考虑空气对砝码产生浮力的影响，则应在式(3-40)中引进空气浮力修正因子如下：

$$K_1 = 1 - \frac{\rho_1}{\rho_2} \tag{3-42}$$

式中 ρ_1，ρ_2——当地空气和砝码的密度，kg/m^3。

可见，若忽略空气浮力的影响，将使所测压力值偏大。

C 温度变化的影响

当环境温度不是20℃时，应在式(3-40)中引进如下温度修正因子：

$$K_2 = \frac{1}{[1 + (\alpha_1 + \alpha_2)(t - 20)]\left(1 + \beta g \frac{m_1 + m_2}{A_0}\right)} \tag{3-43}$$

式中 α_1，α_2——分别为活塞与活塞缸材料的线膨胀系数，$℃^{-1}$；

t——工作时的环境温度，℃；

A_0——为20℃时活塞的有效面积，m^2；

β——压力每变化9.80665Pa时活塞有效面积的变化率，Pa^{-1}。

当活塞与活塞缸材料相同时

$$\beta = \frac{1}{E}\left(2\mu + \frac{r^2}{R^2 + r^2}\right) \tag{3-44}$$

式中 E——活塞与活塞缸材料的弹性模量，Pa；

μ——活塞与活塞缸材料的泊松比；

r，R——活塞、活塞缸半径，m。

3.4.1.3 使用注意事项

（1）使用前应检查各油路是否畅通，密封处应紧固，不得存在堵塞或漏油现象。

（2）活塞进入活塞筒中的部分应等于活塞全长的2/3～3/4。

（3）活塞压力计的编号要和专用砝码编号一致，严禁多台压力计的专用砝码互换。在加减砝码时应避免活塞突升突降。正确的做法是在加减砝码之前应先关闭通往活塞的阀门，当确认所加减砝码无误后，再打开阀门。

（4）活塞和活塞筒之间配合间隙非常小，因而两者之间沿轴向黏滞的油液所产生的剪力将对准确测量有影响。为了减小这类静摩擦，测量时可轻轻地转动活塞。

（5）活塞应处于铅直位置，即活塞压力计底盘应利用其上的水泡，将其调成水平。

（6）当用作检定压力仪表的标准仪器时，压力计的综合误差应不大于被检仪表基本误差绝对值的1/3。压力计量程使用的最佳范围应为测量上限的10%～100%，当低于10%时，应更换压力计。

（7）校验或检定其他压力表时的操作步骤，应详见相关指导手册；当校验真空表时，操作步骤略有不同，应加以注意。

3.4.2 浮球式压力计

浮球式压力计由于介质是压缩空气，故克服了活塞式压力计中因油的表面张力、黏度等产生的摩擦力，也没有漏油问题，相对于禁油类压力计和传感器的标定更为方便。

浮球式压力计通常由浮球、喷嘴、砝码支架、专用砝码（组）、流量调节器、气体过滤器、底座等组成，其结构如图3-23所示。其工作原理如下：从气源来的压缩空气经气体过滤器减压，再经流量调节器调节，达到所需流量（由流量计读出）后，进入内腔为锥形的喷嘴，并喷向浮球。这样，气体向上的压力就使浮球在喷嘴内飘浮起来。浮球上挂有砝码（组）和砝码架。当浮球所受的向下的重力和向上的浮力相平衡时，就输出一个稳定而准确的压力p，其关系如下：

$$p = \frac{(m_1 + m_2 + m_3)g}{A} \tag{3-45}$$

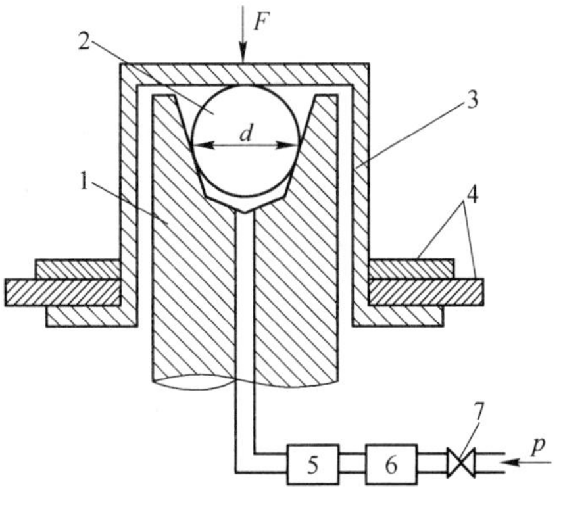

图3-23 浮球压力计结构原理图
1—喷嘴组件；2—浮球；3—砝码支架；4—砝码（组）；5—流量调节器；6—气体过滤器；7—阀门

式中 m_1，m_2，m_3——浮球、砝码和砝码架的质量，kg；

A——浮球的最大截面积，m^2，$A = \frac{\pi d^2}{4}$，d为浮球的最大直径，m。

3.5 液柱式压力计

液柱式压力计是以液体静力学原理为基础的。它们一般采用水银、水、酒精作为工作液，用U形管、单管等进行测量，且要求工作液不能与被测介质起化学作用，并应保证分界面具有清晰的分界线。该方法常用于实验室或科学研究的低压、负压或压力差的测量，具有结构简单、使用方便、准确度较高等优点。其缺点是量程受液柱高低的限制，玻璃管易损坏，只能就地指示，不能进行远传。

3.5.1　U形管压力计

3.5.1.1　工作原理

图3-24是U形管压力计的示意图。其中，玻璃管内径一般为5～8mm，截面积要保持一致。应用在酸或腐蚀性环境中，最好采用搪瓷做标尺。

它的两个管口分别接压力p_1和p_2。当$p_1 = p_2$时，左右两管的液体高度相等；当$p_1 > p_2$时，U形管两管内的液面便会产生高度差，如图3-24所示。根据流体静力学原理有

$$\Delta p = p_1 - p_2 = \rho g h \tag{3-46}$$

式中　ρ——U形管压力计工作液的密度，kg/m³；

g——U形管压力计所在地的重力加速度，m/s²；

h——U形管左右两管的液面高度差，m。

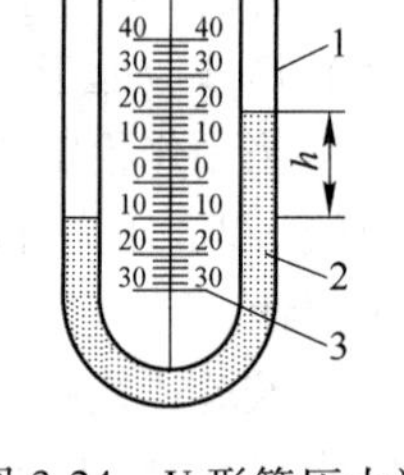

图3-24　U形管压力计
1—U形玻璃管；2—工作液；3—标尺

如果将p_2管通大气压，即$p_2 = p_0$，则所测为表压。由此可见，U形管压力计可以检测两个被测压力之间的差值（即差压），或检测某个表压。

注意：*若提高U形管内工作液的密度ρ，则可扩大仪表量程，但灵敏度降低，即在相同压力的作用下，h值变小。*

3.5.1.2　误差分析

用U形管压力计进行压力测量，其误差主要有：

（1）温度误差。这是指由于环境温度的变化，而引起刻度标尺长度和工作介质密度的变化，一般前者可忽略，后者应进行适当修正。例如，当水从10℃变化到20℃时，其密度从999.8kg/m³减小到998.3kg/m³，相对变化量为0.15%。对工作介质要求是：表面张力小和膨胀系数小、物理化学性能稳定。

（2）安装误差。安装时应保证U形管处于严格的铅垂位置，在无压力作用下两管液柱应处于标尺零位，否则将产生安装误差。例如，U形管倾斜5°时，液面高度差相对于实际值要偏大约0.38%。

（3）重力加速度误差。由原理可知，重力加速度也是影响测量准确度的因素之一。当对压力测量要求较高时，应准确测出当地的重力加速度，使用地点改变时，也应及时进行修正。

（4）传压介质误差。在实际使用时，一般传压介质就是被测压力的介质。当传压介质为气体时，如果与U形管两管连接的两个引压管的高度差相差较大，而气体的密度又较大时，必须考虑引压管内传压介质对工作液的压力作用；若温度变化较大，还需同时考虑传压介质的密度随温度变化的影响。当传压介质为液体时，除了要考虑上述各因素外，还要注意传压介质和工作液不能产生溶解和化学反应等。

（5）读数误差。读数误差主要是由于U形管内工作液的毛细作用而引起的。由于毛细现象，管内的液柱可产生附加升高或降低，其大小与工作液的种类、温度和U形管内径等因素有关。通过加大管径来减小毛细现象对测量的影响。当传压介质为水银时，一般取管内径大于等

于 8mm。当管内径大于等于 10mm 时，U 形管单管读数的最大绝对误差一般为 1mm。此误差不随液柱高度而改变，是可以修正的系统误差。

3.5.2 单管压力计

单管压力计实质上仍是 U 形管压力计，只不过两个管子的直径相差很大，可将 U 形管压力计的两边读数改为一边读数，减小读数误差，其原理如图 3-25 所示。

在两边压力作用下，一边液面下降，另一边液面上升；下降液体的体积应等于上升液体的体积，即有

$$A_0h_0 = Ah \tag{3-47}$$

式中 A_0，A——左、右两边管的截面积，m^2；

h_0——左边管中液面下降高度，m；

h——右边管中液面上升高度，m。

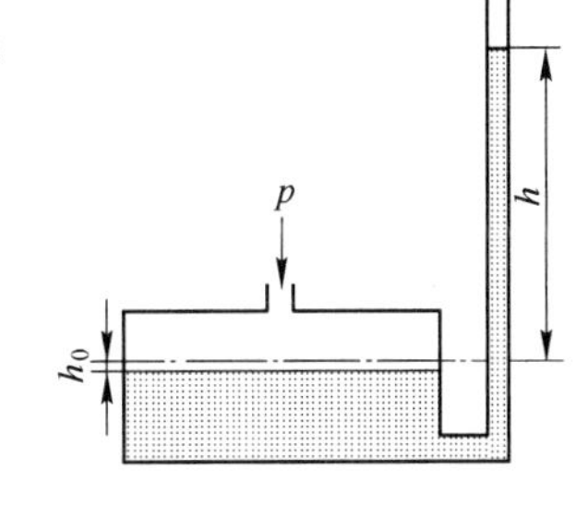

图 3-25 单管压力计

根据流体静力学原理有

$$p = p_0 + \rho g(h + h_0) \tag{3-48}$$

由式(3-47)和式(3-48)得

$$p = p_0 + \rho gh\left(1 + \frac{A}{A_0}\right) \tag{3-49}$$

一般 $A_0 >> A$，上式可简化为

$$p = p_0 + \rho gh \tag{3-50}$$

3.5.3 斜管压力计

用 U 形管或单管压力计来测量微小的压力时，因为液柱高度变化很小，读数困难。为了提高灵敏度，减小读数误差，可将单管压力计的玻璃管制成斜管，以拉长液柱，如图 3-26 所示。斜管压力计是一种变形单管压力计，主要用来测量微小压力、负压和压力差。其公式为

$$p = p_0 + \rho gL\sin\alpha\left(1 + \frac{A}{A_0}\right) \tag{3-51}$$

式中 L——斜管内液柱的长度，m；

α——斜管的倾斜角度。

由于 $L > h$，所以斜管压力计比单管压力计更灵敏，可以提高测量准确度。显然，α 越小，灵敏度越高，但不能太小，否则读数困难，反而增加读数误差。斜管的倾斜角度可以根据生产需要而改变，实验室一般要求 $\alpha \geq 15°$。使用前，须水平放置并调好零位。

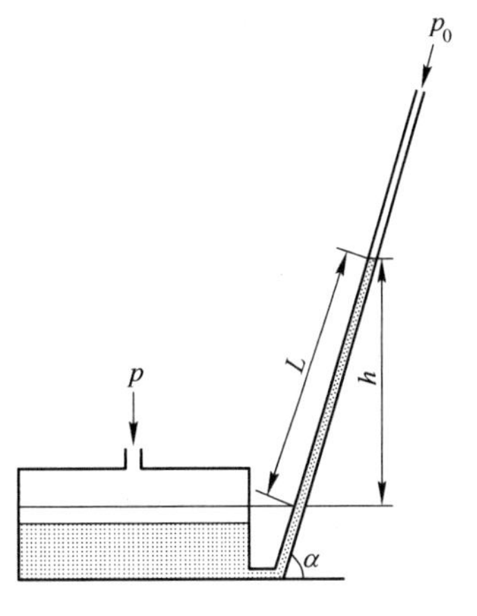

图 3-26 斜管压力计

3.5.4 各种液柱式压力计比较

各种液柱式压力计主要特征对比如表 3-6 所示。

表 3-6 液柱式压力计主要特征对比

类 型	特 点	用 途
U 形管压力计	(1) 结构有墙挂式和台式两种；(2) 读数误差较大，分两次读数；(3) 高准确度的带有读数放大镜；(4) 可进行温度和重力补偿等	工业流程和实验中测量压力、负压及压差
单管压力计	(1) 结构仅为台式一种；(2) 单侧一次读数；(3) 高准确度的须考虑温度补偿及重力补偿；(4) 游标读数，零位可调	压力基准仪器或压力测量
斜管压力计	(1) 结构分墙挂式和台式两种；(2) 一次读数；(3) 某些产品倾斜角可调；(4) 有读数放大镜	微压（小于 20kPa）测量
补偿微压计	(1) 结构仅为台式一种；(2) 由于用光学方法监视液面，用精密丝杠调整液面，故准确度高达 0.02 级	微压（小于 2.5kPa）的基准仪器

3.6 其他压力检测仪表

3.6.1 压磁式压力计

压磁式压力计是利用铁磁材料在压力作用下会改变其磁导率的物理现象而制成的，可用于测量频率高达 1000Hz 的脉动压力，其结构如图 3-27 所示。

密封在外壳中的线圈由 5 ~ 10kHz 的高频电源供电。当压力作用在底面弹性膜上时，铁芯就产生机械应力，从而改变磁导率，进而改变线圈阻抗 Z。阻抗 Z 与压力 p 的关系如下：

$$Z = \sqrt{R^2 + [2\pi fL(p)]^2} \tag{3-52}$$

式中 Z——线圈的阻抗，Ω；

R——线圈的电阻，Ω；

f——线圈的角频率，1/s；

$L(p)$——线圈电感 L 与所测压力 p 之间的函数关系。

一般情况下，$R \to 0$，所以

$$Z = 2\pi fL(p) \tag{3-53}$$

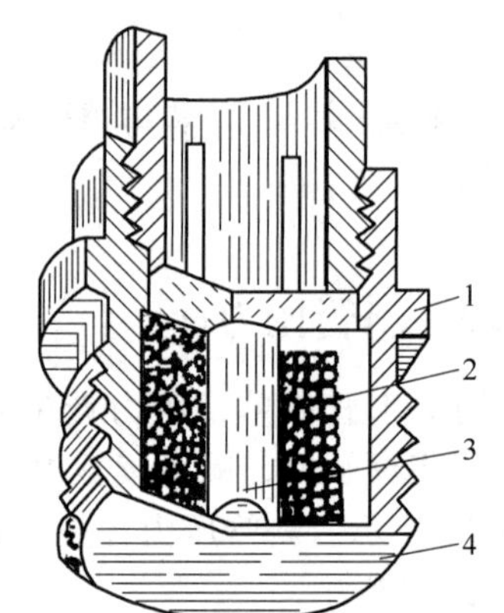

图 3-27 压磁式压力计结构示意图
1—外壳；2—线圈；3—铁芯；4—弹性膜

3.6.2 真空计

真空度一般以绝对压力来表示，真空度越高，绝对压力越小。

真空计按照测量原理可分为基于力平衡原理的力式真空计；基于压缩作用原理的麦式真空计；基于气体热传导原理的热导式真空计，包括电阻式真空计和热电偶式真空计；基于电离作用原理的热阴极式真空计、冷阴极式真空计等。下面以电阻式真空计为例加以介绍，它可测量 5×10^{-3} ~ 1 毫米汞柱的绝对压力。

在高真空下，当气体分子运动的平均自由行程与气体导热层厚度达到同一数量级时，气体的热导率 k 就与气体的绝对压力 p 有关，即 $p = p(k)$。而气体的热导率 k 又与放置于其中的金属加热丝（一般为铂丝）的温度 T 有关，即 $k = k(T)$，所以有

$$p = p[k(T)] \tag{3-54}$$

电阻式真空计就是根据该原理制成的，其结构如图 3-28 所示，测量电路采用桥路。当被测介质的压力为大气压时，铂丝被加热到一定的平衡温度，所谓平衡即指所加热量与散失热量相等，此时电桥平衡，无电压输出。当被测介质的真空度升高时，玻璃管内的气体变得稀薄。由于热量是靠气体分子传递的，故此时散失热量的能力也就下降，即气体热导率 k 下降，相应地，铂丝的平衡温度及其阻值随之上升，电桥失去平衡，其输出电压大小反映了气体真空度的高低。实用电路需要考虑温度补偿问题。

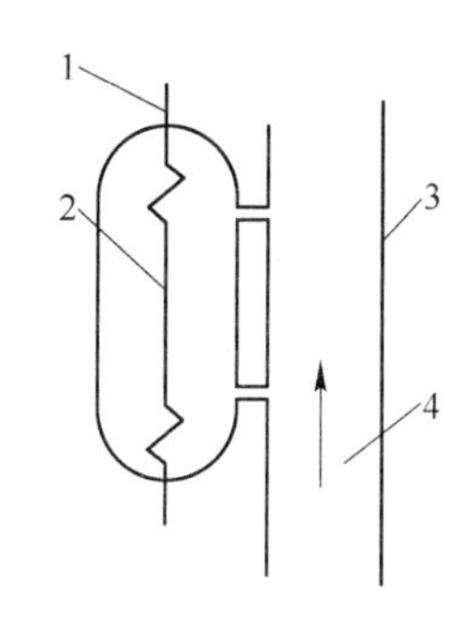

图 3-28　电阻式真空计结构示意图

1—引线；2—铂丝；3—玻璃管；4—气体

3.6.3　压力分布测量系统

对各种压力分布的测量和分析，在各行各业的研究和发展中都起着极其重要的作用。目前应用较多的是美国 Tekscan 公司生产的压力分布测量系统。该系统使用独特的柔性薄膜网络压力传感器，能够对任何接触面之间的压力分布进行动态测量，并以直观、形象的二维、三维彩色图形显示压力分布的轮廓和数值，因而是一种经济、高效、准确、快速的压力分布测量工具。

标准的 Tekscan 压力传感器是该压力分布测量系统的核心，其结构如图 3-29 所示。它由两片很薄的聚酯薄膜组成，其中一片薄膜的内表面铺设若干行的带状导体，另一片薄膜的内表面铺设若干列的带状导体。导体本身的宽度、行距和列距可以根据不同的测量需要而设计，它决定了每单位面积内所测的压力点数。导体外表涂有特殊的压敏半导体材料涂层。当两片薄膜合为一体时，大量的横向导体和纵向导体的交叉点就形成了压力测量点阵列。当外力作用到其上时，半导体的阻值就会随着外力的变化而成比例变化，即压力为零时，阻值最大，压力越大，阻值越小，从而可以反映出两接触面间的压力分布情况。

传感器有不同的形状和规格，其压力测量范围为 0 ~ 175MPa，测量误差低于 5%。

图 3-30 为压力分布测量系统简图，通过扫描传感器的行列交叉点来测量每个压力测量点的电阻，并转换为相应的压力值，同时确定每个压力测量点的位置。

此外，利用光纤测压力可用多种原理和结构，例如，利用强度调制原理的膜片反射

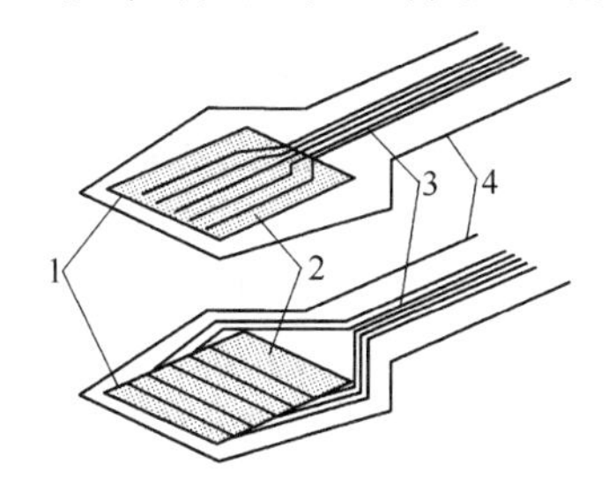

图 3-29　Tekscan 传感器结构示意图

1—压敏半导体材料涂层；2—传感区；3—导线；4—聚酯薄膜

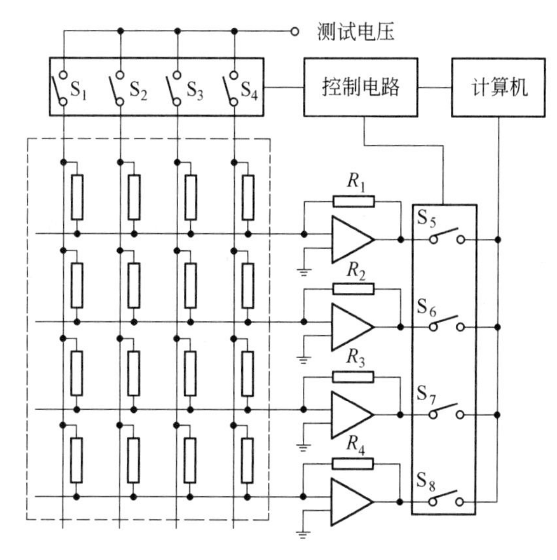

图 3-30　Tekscan 压力分布测量系统简图

式、动栅式、周期性微弯式、光弹双折射式以及利用相位调制原理的光纤双折射式和光干涉式等。其中，较为实用的是膜片反射式和周期性微弯式。前者是一种非功能型光纤传感器，光纤在传感器中不连续，利用光纤端面接收到膜片反射光的强弱来确定压力。当使用时间较长时，膜片的反射面和光纤端面都易受污染，从而影响测量准确度。后者则需要一对非常严格的锯齿板，且光纤的变形量很小，测压范围较窄。

3.7　压力变送器

一般用压力表传递压力信息的距离不能很远，若向远距离传输压力信息，往往是将弹性测压元件与电气传感器相结合构成压力变送器，工业上常称为差压变送器。它能以统一信号进行传输、显示和控制。常用的有电容式压力变送器、电感式压力变送器、霍尔式压力变送器等。

3.7.1　电容式压力变送器

3.7.1.1　基本原理

两平行板组成的电容器，如不考虑边缘效应，其电容量为

$$C = \frac{\varepsilon S}{d} \tag{3-55}$$

式中　C——平板电容器的电容，F；

ε——电容极板之间介质的等效介电常数，F/m，$\varepsilon = \varepsilon_p \varepsilon_0 = 8.84 \times 10^{-12} \varepsilon_p$；

ε_p——介质的相对介电常数；

ε_0——真空介电常数，$\varepsilon_0 = 8.84 \times 10^{-12}$F/m；

S——电容器极板面积，m^2；

d——电容器极板间距，m。

当被测量的变化使式(3-55)中的d、ε或S任一参数发生变化时，电容量C也就随之变化。因此，电容传感器有3种基本类型，即变极距（d）型、变面积（S）型和变介电常数（ε）型。变面积型和变极距型电容传感器一般采用空气作电介质。空气的介电常数在极宽的频率范围内几乎不变，温度稳定性好，介质的电导率极小，损耗极小。它们的电极形状有平板形、圆柱形和球面形3种。

3.7.1.2　变极距式电容压力变送器

A　单极板电容压力变送器

在压力变送器中，一般均采用变极距平板形结构，如图3-31所示。板2为固定极板，板3为可动极板，接弹性元件。当可动极板因被测量压力变化而向上移动Δd时，平行极板间的距离d减小Δd，则电容器的电容量增加ΔC，它代表了被测压力值，即有

$$\Delta C = \frac{\varepsilon S}{d - \Delta d} - \frac{\varepsilon S}{d} = C_0 \frac{\Delta d}{d} \times \frac{1}{1 - \frac{\Delta d}{d}} \tag{3-56}$$

式中　C_0——初始电容量，$C_0 = \frac{\varepsilon S}{d}$。

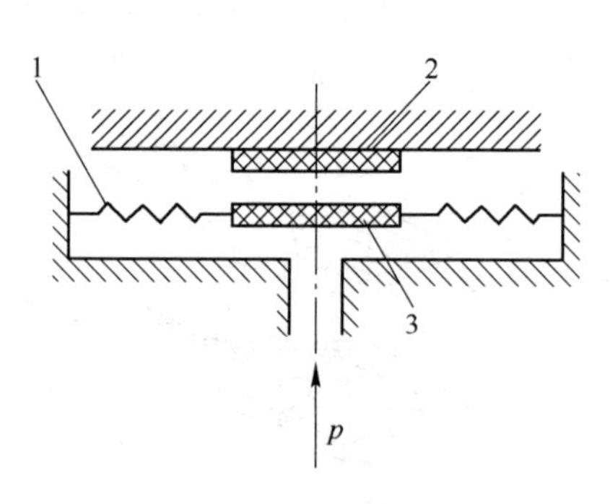

图3-31　单极板电容压力变送器
1—弹簧膜片；2—固定极板；3—可动极板

当 $\frac{\Delta d}{d} \ll 1$ 时，上式变为

$$\Delta C = C_0 \frac{\Delta d}{d}\left(1 + \frac{\Delta d}{d} + \cdots\right) \tag{3-57}$$

由式(3-57)可见：

(1) 当 ε 和 S 一定时，可通过测定电容量的变化量 ΔC 来求得极板间距离的变化量 Δd。

(2) ΔC 与 Δd 之间是非线性的，且极板间的距离越小，灵敏度越高。为了提高灵敏度、改善非线性和减小电源电压、环境温度等外界因素的影响，一般均采用差动形式。

B 差动式电容压力变送器

差动式电容压力变送器结构如图 3-32 所示。左右对称的不锈钢基座上下两边外侧焊上了波纹密封隔离膜片，不锈钢基座内有玻璃绝缘层，不锈钢基座和玻璃绝缘层中心开有小孔。玻璃层内侧的凹形球面上除边缘部分外镀有金属膜作为固定电极，中间被夹紧的弹性膜片作为可动测量电极，上、下固定电极和测量电极组成了两个电容器，其信号经引线引出。测量电极将空间分隔成上、下两个腔室，其中充满硅油。当隔离膜片感受到两侧压力的作用时，通过具有不可压缩性和流动性的硅油将差压传递到弹性测量膜片的两侧从而使膜片产生位移 Δd，如图 3-32 中的虚线所示，此时，$p_2 > p_1$，则一个电容的极距变小，电容量增大；而另一个电容的极距变大，电容量则减小，每个电容的电容变化量分别为

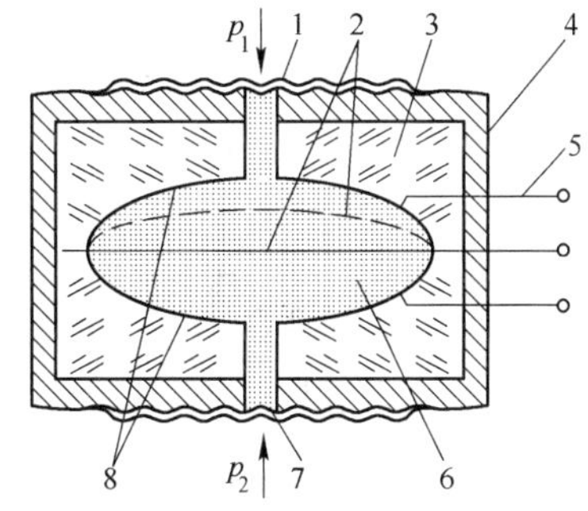

图 3-32 差动式电容压力变送器
1，7—隔离膜片；2—可动极板；3—玻璃绝缘层；4—基座；5—引线；6—硅油；8—固定极板

$$\Delta C_1 = \frac{\varepsilon S}{d - \Delta d} - \frac{\varepsilon S}{d} = C_0 \frac{\Delta d}{d - \Delta d}$$

$$\Delta C_2 = \frac{\varepsilon S}{d + \Delta d} - \frac{\varepsilon S}{d} = C_0 \frac{-\Delta d}{d + \Delta d}$$

因此，差动电容的变化量为

$$\Delta C = \Delta C_1 - \Delta C_2 = 2C_0 \frac{\Delta d}{d}\left[1 + \left(\frac{\Delta d}{d}\right)^2 + \cdots\right] \tag{3-58}$$

由式(3-58)可看出，差动式电容压力变送器与单极板电容压力变送器相比非线性得到很大改善，灵敏度也提高近一倍，并减少了由于介电常数受温度影响引起的不稳定性。该方法不仅可测量差压，而且若将一侧抽成真空，还可用于测量真空度和微小绝对压力。

3.7.1.3 变面积式电容压力变送器

图 3-33(a)为变面积式电容压力变送器的结构原理图。被测压力作用在金属膜片上，通过中心柱、支撑簧片使可动电极随膜片中心位移而动作。可动电极与固定电极均是金属同心多层圆筒，断面呈梳齿形，其电容量由两电极交错重叠部分的面积所决定。固定电极与外壳之间绝缘，可动电极则与外壳连通。压力引起的极间电容变化由中心柱引至适当的变换器电路，转换成反映被测压力的电信号输出。使用时应将变换器与上述可变电容安装在同一外壳中。

金属膜片为不锈钢材质或加镀金层，使其具有一定的防腐蚀能力，外壳为塑料或不锈钢材

质。为保护膜片在过大压力下不致损坏，在其背面有带波纹表面的挡块，压力过高时膜片与挡块贴紧可避免变形过大。

这种变送器的测量范围是固定的，不能随意迁移，而且因其膜片背面为无防腐能力的封闭空间，不可与被测介质接触，故只限于测量压力，不能测压差。膜片中心位移不超过0.3mm，其背面无硅油，可视为恒定的大气压力。准确度为0.25～0.5级。允许在－10～150℃环境中工作。

该变送器可直接利用软导线悬挂在被测介质中，如图3-33(b)所示，也可用螺纹或法兰安装在容器壁上，如图3-33(c)所示。除用于一般压力测量之外，该变送器还常用于开口容器的液位测量，即使介质有腐蚀性或黏稠不易流动，也可使用。

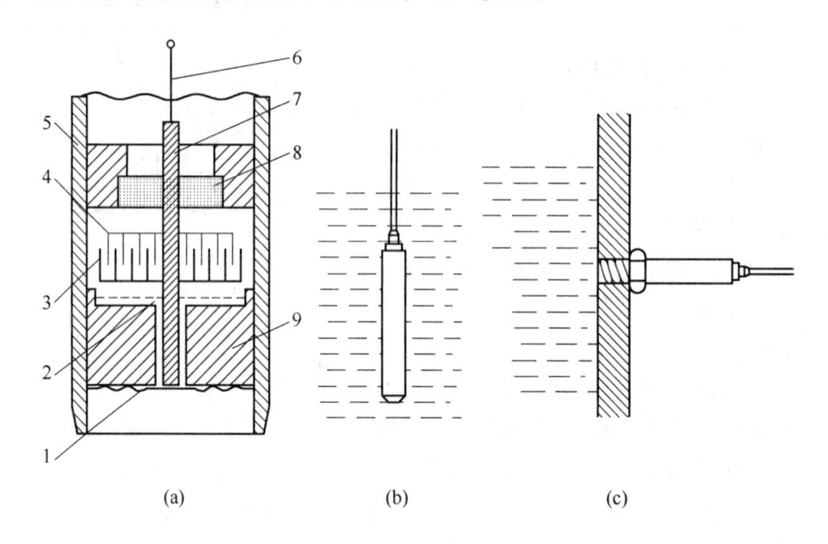

图3-33　变面积式电容压力变送器及其应用

(a) 变面积式电容压力变送器；(b) 悬挂在被测介质中；(c) 安装在容器壁上

1—膜片；2—支撑簧片；3—可动电极；4—固定电极；5—外壳；6—引线；7—中心柱；8—绝缘支架；9—挡块

3.7.1.4　电容式压力变送器的特点

电容式压力变送器的测量范围为 $-1\times10^{7}\sim5\times10^{7}$Pa，可在－46～100℃的环境温度下工作，其优点是：

(1) 需要输入的能量极低。

(2) 灵敏度高，电容的相对变化量可以很大。

(3) 结构可做得刚度大而质量小，因而固有频率高，又由于无机械活动部件，损耗小，所以可在很高的频率下工作。

(4) 稳定性好，测量准确度高，其级别可达0.25～0.05级。

(5) 结构简单、抗震、耐用，能在恶劣环境下工作。

其缺点是：分布电容影响大，必须采取措施设法减小其影响。

3.7.2　霍尔式压力变送器

霍尔式压力变送器是基于“霍尔效应”制成的。它具有结构简单、体积小、重量轻、功耗低、灵敏度高、频率响应宽、动态范围（输出电势的变化）大、可靠性高、易于微型化和集成电路化等优点。但其信号转换效率低，对外部磁场敏感，耐振性差，受温度影响大，使用时应注意进行温度补偿。

3.7.2.1 霍尔效应

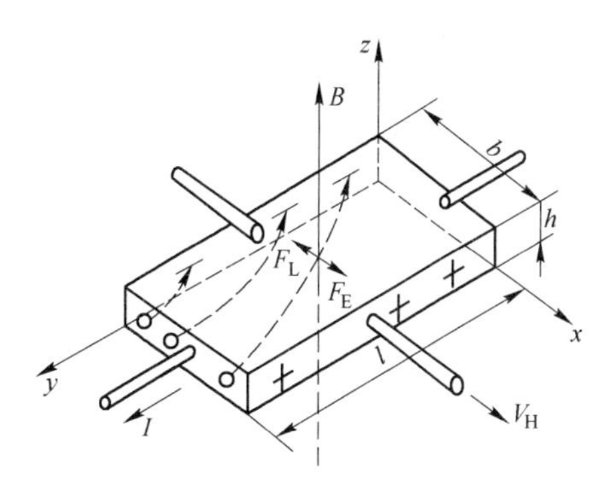

图 3-34 霍尔效应原理图

如图 3-34 所示，当电流 I（y 轴方向）垂直于外磁场 B（z 轴方向）通过导体或半导体薄片时，导体中的载流子在磁场中受到洛伦兹力的作用，其运动轨迹有所偏离，其方向由左手定则判断，如图中虚线所示。这样，薄片的左侧就因电子的累积而带负电荷，相对的右侧就带正电荷，于是在薄片的 x 轴方向的两侧表面之间就产生了电位差。这一物理现象称为霍尔效应，其形成的电势称为霍尔电势，能够产生霍尔效应的器件称为霍尔元件。当电子积累所形成的电场对载流子的作用力 F_E 与洛伦兹力 F_L 相等时，电子积累达到动态平衡，其霍尔电势 V_H 为

$$V_H = \frac{R_H BI}{h} \tag{3-59}$$

式中 V_H——霍尔电势，mV；
R_H——霍尔常数；
B——垂直作用于霍尔元件的磁感应强度，T；
I——通过霍尔元件的电流，又称控制电流，mA；
h——霍尔元件的厚度，m。

注意： 左手定则中四指指向电荷运动形成的等效电流方向，拇指所指的方向就是运动电荷（电子）所受的洛伦兹力的方向。

由式(3-59)可知，为提高灵敏度，应采取以下措施：

（1）提高控制电流 I 和磁感应强度 B，但应注意二者的提高是有一定限度的，通常控制电流为 3～20mA，磁感应强度为几千高斯。

（2）选择霍尔常数大的材料。由于半导体（尤其是 N 型半导体）的霍尔常数 R_H 要比金属的大得多，因此霍尔元件主要由硅（Si）、锗（Ge）、砷化铟（InAs）等半导体材料制成。

（3）在保证机械强度的前提下，尽量将霍尔元件加工得比较薄。

霍尔元件的特性经常用灵敏度 K_H 表示，其物理意义为霍尔元件在单位磁感应强度和单位控制电流下输出霍尔电势的大小，一般要求它越大越好。灵敏度 K_H 大小与霍尔元件材料的物理性质和几何尺寸有关，可表示为

$$K_H = \frac{R_H}{h} \tag{3-60}$$

则霍尔电势为

$$V_H = K_H BI \tag{3-61}$$

注意： 当控制电流的方向或磁场的方向改变时，输出电动势的方向也将改变。但当磁场与电流同时改变方向时，霍尔电动势并不改变原来的方向。

3.7.2.2 YSH 型霍尔压力变送器

图 3-35 为 YSH-2 型霍尔压力变送器结构图。弹簧管一端固定在接头上，另一端即自由端上装有霍尔元件。在霍尔元件的上、下方垂直安放两对磁极，一对磁极所产生的磁场方向向

上，另一对磁极所产生的磁场方向向下，这样使霍尔元件处于两对磁极所形成的一个线性不均匀差动磁场中。为得到较好的线性分布，磁极端面做成特殊形状的磁靴。从霍尔元件的4个端面分别引出4根导线，其中与磁钢相平行的两根导线和直流稳压电源相连接，另两根导线用来输出信号。

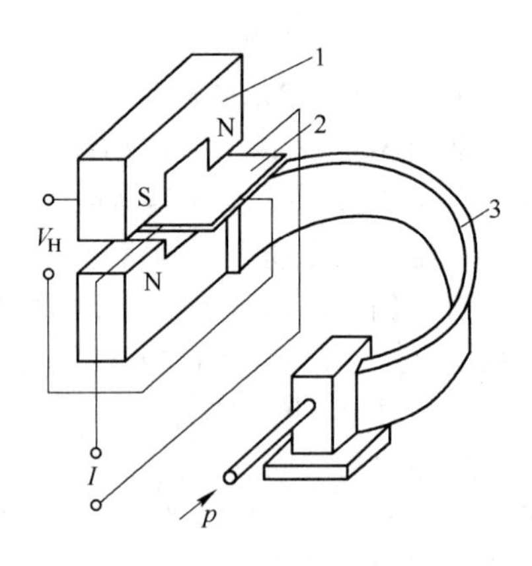

图3-35　霍尔压力变送器结构图
1—磁钢；2—霍尔元件；3—弹簧管

在无压力引入情况下，霍尔元件处于上下两磁钢中心即差动磁场的平衡位置，霍尔元件两端通过的磁通方向相反，大小相等，所产生的霍尔电势代数和为零。当被测压力p引入弹簧管固定端后，与弹簧管自由端相连接的霍尔元件由于自由端的伸展而在非均匀磁场中运动，从而改变霍尔元件在非均匀磁场中的平衡位置，也就是改变了磁感应强度B，根据霍尔效应，霍尔元件便产生相应的霍尔电势。由于沿霍尔元件偏移方向磁场强度的分布呈线性增长状态，所以霍尔元件的输出电势与弹簧管的变形伸展也为线性关系，即与被测压力p成线性关系。利用这一电势就可实现远距离显示和自动控制。

3.8　压力表的使用与校准

压力测量系统应看作是由被测对象、取压口、导压管和压力仪表等组成的。压力检测仪表的正确选择、安装和校准是保证其在生产过程中发挥应有作用及保证测量结果安全可靠的重要环节。

3.8.1　各种测压仪表性能指标和用途

通过前面章节的介绍，将各种常用测压仪表的主要性能指标和用途列于表3-7中，以便于读者的分析比较和选用。

表3-7　常用压力测量仪表主要性能指标和用途

类　别	主要性能指标				用　途
	典型压力表	测压范围/kPa	准确度等级	输出信号	
液柱式压力计	U形管	$-10\sim10$	0.2，0.5	液柱高度	实验室低、微压和负压测量
	斜管微压计	$0.15\sim20$	0.5,1.0,1.5	液柱高度	实验室微压和低压测量
	补偿式	$-2.5\sim2.5$	0.02，0.1	旋转刻度	用作微压基准仪器
	自动液柱式	$-10^2\sim10^2$	$0.005\sim0.01$	自动计数	用光、电信号自动跟踪液面，用作压力基准仪器
弹性式压力计	弹簧管	$-10^2\sim10^6$	$0.1\sim4.0$	位移、转角或力	直接安装，就地测量或校验
	膜　片	$-10^2\sim10^3$	1.5，2.5		用于腐蚀性、高黏度介质测量
	膜　盒	$-10^2\sim10^2$	$1.0\sim2.5$		用于微压的测量与控制
	波纹管	$0\sim10^2$	1.5，2.5		用于生产过程低压的测控

续表 3-7

类别	主要性能指标				用途
	典型压力表	测压范围/kPa	准确度等级	输出信号	
负荷式压力计	活塞式	$0\sim10^6$	0.01~0.1	砝码负荷	结构简单、坚实，准确度极高，广泛用作压力基准器
	浮球式	$0\sim10^4$	0.02，0.05		
电气式压力计（压力传感器）	电阻式	$-10^2\sim10^4$	1.0，1.5	电压、电流	结构简单，灵敏度高，测量范围广，频率响应快，但受环境温度影响大
	电感式	$0\sim10^5$	0.2~1.5	毫伏、毫安	环境要求低，信号处理灵活
	电容式	$0\sim10^4$	0.05~0.5	伏、毫安	动态响应快，灵敏度高，易受干扰
	压电式	$0\sim10^4$	0.1~1.0	伏	响应速度快，多用于测量脉动压力
	振频式	$0\sim10^4$	0.05~0.5	频率	性能稳定，准确度高
	霍尔式	$0\sim10^4$	0.5~1.5	毫伏	灵敏度高，易受外界干扰

3.8.2 压力表的选择

压力表的选择是一项重要的工作，如果选用不当，不仅不能正确、及时地反映被测对象压力的变化，还可能引起事故。选用时应根据生产工艺对压力检测的要求、被测介质的特性、现场使用的环境及生产过程对仪表的要求，如信号是否需要远传、控制、记录或报警等，再结合各类压力仪表的特点，本着节约的原则合理地考虑仪表的类型、量程、准确度等。

3.8.2.1 压力表种类和型号的选择

A 从被测介质压力大小来考虑

对一般介质，应按测压范围选择相应的压力表。

（1）当测压范围为 -40~40kPa 的微压时，宜选用膜盒压力表。

（2）压力在 40kPa 以上时，一般选用弹簧管压力表或波纹管压力计。

（3）如测量压力为几百至几千帕，宜采用液柱式压力计或膜盒压力计。

（4）如被测介质压力不大，在 15 kPa 以下，且不要求迅速读数的，可选 U 形管压力计或单管压力计。如要求迅速读数，可选用膜盒压力表。

（5）如测高压（>50MPa），应选用弹簧管压力表。

（6）若需测快速变化的压力，应选压阻式压力计等电气式压力计。

（7）若被测的是管道水流压力且压力脉动频率较高，应选电阻应变式压力计。

注意：高压压力表（大于 10MPa）应有泄压安全设施。

B 从被测介质的性质来考虑

（1）对稀硝酸、酸、氨及其他腐蚀性介质，应选用耐酸压力表或防腐压力表，如以不锈钢为膜片的膜片压力表。

（2）对稀盐酸、盐酸气、重油类及其类似的具有强腐蚀性、含固体颗粒、黏稠液等介质，应选用膜片压力表或隔膜压力表。其膜片及隔膜的材质，必须根据测量介质的特性选择。

（3）对结晶、结疤及高黏度等介质，应选用法兰式隔膜压力表。

（4）对氧、乙炔等介质应选用专用压力表，如表 3-8 所示。其中，氨气压力表的材料不允许采用铜或铜合金，因为氨气对铜的腐蚀性极强；氧气压力表在结构和材质上可以与普通压力表完全相同，但要禁油，因为油进入氧气系统极易引起爆炸。

表 3-8 专用压力表选用

被测介质	氧 气	氢 气	乙 炔	硫化氢
专用压力表	氧气压力表	氢气压力表	乙炔压力表	耐硫压力表
被测介质	氯 气	碱 液	气氨、液氨	
专用压力表	耐氯压力表 压力真空表	耐碱压力表 压力真空表	氨压力表、真空表、压力真空表	

C 从使用环境来考虑

(1) 在易燃、易爆的场合，如需电接点信号或使用电气压力表时，应选用防爆压力控制器或防爆电接点压力表。

(2) 在机械振动强烈的场合，应选用耐震压力表或船用压力表。

(3) 对温度特别高或特别低的环境，应选择温度系数小的敏感元件和变换元件。

D 从仪表输出信号的要求来考虑

对仪表输出信号的要求有现场指示、远传指示、自动记录、自动调节或信号报警等，使用时应做如下考虑：

(1) 若只需就地观察压力变化，应选用弹簧管压力计。

(2) 若需远传，则应选用电气式压力计或其他具有电信号输出的仪表，如霍尔式压力计等。

(3) 若需报警或位式调节，应选用带电接点的压力计。

(4) 如果要检测快速变化的压力信号，则可选用电气式压力检测仪表，如压阻式压力传感器。

(5) 如果控制系统要求能进行数字量通信，则可选用智能式压力检测仪表。

E 从外形尺寸来考虑

(1) 在管道和设备上安装的压力表，表盘直径为 100mm 或 150mm。

(2) 在仪表气动管路及其辅助设备上安装的压力表，表盘直径应小于 60mm。

(3) 安装在照度较低、位置较高或示值不易观测场合的压力表，表盘直径应大于 150mm 或 200mm。

3.8.2.2 压力表量程的选择

为了保证压力计能在安全的范围内可靠工作，并兼顾到被测对象可能发生的异常超压情况，对仪表的量程选择必须留有余地。

注意： 跟压力表量程或范围有关的几个术语的区别。(1) 额定压力范围是满足标准规定值的压力范围。也就是在最高和最低温度之间，传感器输出符合规定工作特性的压力范围。在实际应用时传感器所测压力在该范围之内。(2) 最大压力范围是指传感器能长时间承受的最大压力，且不引起输出特性永久性改变。特别是半导体压力传感器，为提高线性和温度特性，一般都大幅度减小额定压力范围。因此，即使在额定压力以上连续使用也不会被损坏。一般最大压力是额定压力最高值的 2 ~ 3 倍。(3) 损坏压力是指能够加在传感器上且不使传感器元件或传感器外壳损坏的最大压力。

石油化工自动化仪表选型设计规范（SH3005—1999）中规定：测量稳定压力时，正常操作压力应为量程的 1/3 ~ 2/3；测量脉冲压力时，正常操作压力应为量程的 1/3 ~ 1/2；测量压力大于4MPa时，正常操作压力应为量程的1/3～3/5。《仪表工手册》中对于弹性式压力表又做了特殊规定：在测稳定压力时，最大压力值不应超过满量程的3/4；测波动压力时，最大压力值不应超过满量程的2/3。为了保证测量准确度，最小工作压力一般不应低于量程的1/3。

注意：当被测压力变化范围大，最大和最小工作压力可能不能同时满足上述要求时，应首先满足最大工作压力条件。

目前，我国出厂的压力（包括差压）检测仪表有统一的量程系列，它们是：1、1.6、2.5、4.0、6.0kPa以及它们的10^n倍数（n为整数）。

3.8.2.3 压力表准确度等级的选择

压力表的准确度等级主要根据生产允许的最大误差来确定。根据我国压力表的新标准GB/T 1226—2001的规定，一般压力表的准确度等级分为：1级，1.6级，2.5级，4.0级，并应符合表3-9的规定。

表3-9 压力表外壳公称直径和准确度等级

外壳公称直径/mm	40，60	100	150，200，250
准确度等级	2.5，4	1.6，2.5	1，1.6

精密压力表的准确度等级为：0.1级，0.16级，0.25级，0.4级。它既可作为检定一般压力表的标准器，也可作为高精度压力测量之用。

【例3-1】 有一个压力容器，在正常工作时其内压力稳定，压力变化范围为0.4～0.6MPa，要求就地显示即可，且测量误差应不大于被测压力的5%，试选择压力表并确定该表的量程和准确度等级。

解：由题意可知，选弹簧管压力计即可。设弹簧管压力计的量程为A，由于被测压力比较稳定，则根据最大工作压力有

$$0.6 < \frac{3}{4}A，则 A > 0.8\text{MPa}$$

根据最小工作压力有

$$0.4 > \frac{1}{3}A，则 A < 1.2\text{MPa}$$

根据压力表的量程系列，可选测量范围为0～1.0MPa的弹簧管压力计。

该表的最大允许误差为

$$\gamma_{\max} < \frac{0.4 \times 5\%}{1.0 - 0} \times 100\% = 2.0\%$$

按照压力表的准确度等级，应选1.6级的压力表。

综上，应选1.6级、测量范围为0～1.0MPa的弹簧管压力计。

思考：计算最大允许误差时，可否用$\gamma_{\max} < \dfrac{0.6 \times 5\%}{1.0 - 0} \times 100\%$，为什么？

3.8.3 压力表的安装

要保证压力的准确测量，不仅要依赖于测压仪表的准确度，而且还与压力信号的获取、传递等中间环节有关。因此应根据具体被测介质、管路和环境条件，选取适当的取压口，并正确安装引压管路和测量仪表。下面仅介绍静态压力测量的一般方法。

3.8.3.1 取压口的选择

取压口的选择应能代表被测压力的真实情况。安装时应注意取压口的位置和形状。

A 取压口位置

(1) 取压点应选在被测介质压力稳定的地方。如测量管道流体的压力，取压点应选在被测介质流动的直管道上，远离局部阻力件，即不要选在管路的拐弯、分叉、死角或其他能形成旋涡的地方。

(2) 取压口开孔位置的选择应使压力信号走向合理，以避免发生气塞、水塞或流入污物。具体说，当测量气体时，取压口应开在设备的上方，如图 3-36(a)所示，以防止液体或污物进入压力计中，以避免凝结气体流入而造成水塞；当测量液体时，取压口应开在容器的中下部(但不是最底部)，以免气体进入而产生气塞或污物流入，如图 3-36(b)所示；当测量蒸汽时，应按图 3-36(c)所示确定取压口开孔位置，以避免发生气塞、水塞或流入污物。

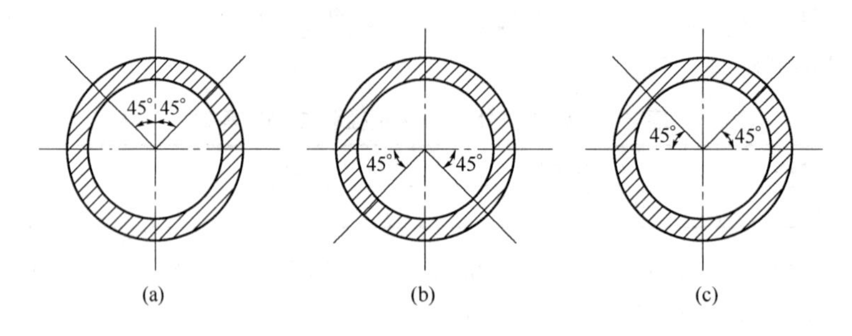

图 3-36 取压口开孔位置

(a) 测量气体；(b) 测量液体；(c) 测量蒸汽

(3) 若测压点和测温点在同一管段上时，取压口应安装在测温点的上游侧。

(4) 测量差压时，两个取压口应在同一水平面上以避免产生固定的系统误差。

(5) 导压管最好不伸入被测对象内部，而在管壁上开一形状规整的取压口，再接上导压管，如图 3-37 中的 a 所示。当一定要插入对象内部时，其管口平面应严格与流体流动方向平行，如图 3-37 中的 b 所示。图 3-37 中的 c 或 d 是错误的连接方法，会产生较大的测量误差。

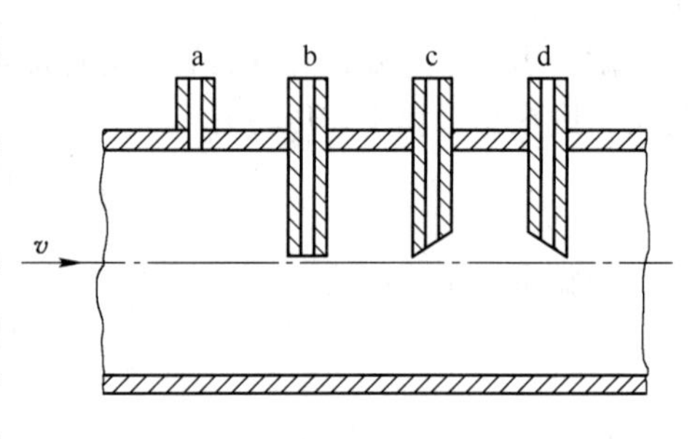

图 3-37 导压管与管道的连接

(6) 取压口与仪表（测压口）应在同一水平面上，否则应进行校正。其校正公式为

$$\Delta p = \pm \rho g h \tag{3-62}$$

式中 Δp——校正值，Pa；

ρ——密度，kg/m^3；

h——压力表与取压口的高度差，m。

如果压力表在取压口上方，校正取正值；反之取负值。

(7) 取压口应选在无机械振动或振动不至于引起测量系统损坏的地方。

(8) 当必须在调节阀门附近取压时，若取压口在其前，则与阀门距离应不小于 2 倍管径；若取压口在其后，则与阀门距离应不小于 3 倍管径。

(9) 对于宽广容器，取压口应处于流体流动平稳和无涡流的区域。

B 取压口的形状

(1) 取压口一般为垂直于容器或管道内壁面的圆形开口。

（2）取压口的轴线应尽可能地垂直于流线，偏斜不得超过5°~10°。

（3）取压口应无明显的倒角，表面应无毛刺和凹凸不平。

（4）口径在保证加工方便和不发生堵塞的情况下应尽量的小，但在压力波动比较频繁和对动态性能要求高时可适当加大口径。

3.8.3.2　导压管的敷设

导压管是传递压力、压差信号的，安装不当会造成能量损失，应满足以下技术条件。

A　管路长度与导压管直径

一般在工业测量中，管路长度不得超过90 m，测量高温介质时不得小于3 m；导压管直径一般在7~38mm之间。表3-10列出了导压管长度、直径与被测流体的关系。

B　导压管的敷设

（1）管路应垂直或倾斜敷设，不得有水平段。

（2）导压管倾斜度至少为3/100，一般为1/12。

表3-10　被测流体在不同导压管长度下的导压管直径　（mm）

被测流体	管路长度/m		
	<16	16~45	45~90
水、蒸汽、干气体	7~9	10	13
湿气体	13	13	13
低、中黏度的油品	13	19	25
脏液体、脏气体	25	25	38

（3）测量液体时下坡，且在导压管系统的最高处应安装集气瓶，如图3-38（a）所示；测量气体时上坡，且在导压管的最低处应安装水分离器，如图3-38（b）所示；当被测介质有可能产生沉淀物析出时，应安装沉淀器，如图3-38（c）所示。测量差压时，两根导压管要平行放置，并尽量靠近以使两导压管内的介质温度相等。

（4）当导压介质的黏度较大时还要加大倾斜度。

（5）在测量低压时，倾斜度还要增大到5/100~10/100。

（6）导压管在靠近取压口处应安装关断阀，以方便检修。

（7）在需要进行现场校验和经常冲洗导压管的情况下，应装三通阀。

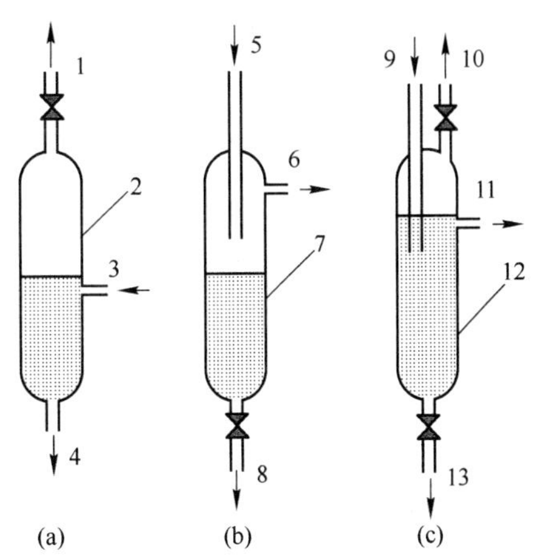

图3-38　排气、排水、排污装置示意图
（a）排气；（b）排水；（c）排污
1，10—排气；2—集气瓶；3，9—液体输入；4，11—液体输出；5—气体输入；6—气体输出；7—水分离器；8—排液；12—沉淀器；13—排沉淀物

3.8.3.3　压力表的安装

（1）安装位置应易于检修、观察和操作方便。一般就地压力表的安装高度不应高于1.5m。

（2）尽量避开振源和热源的影响，必要时加装隔热板，减小热辐射。测温度大于60℃的介质或蒸汽压力时应加装冷凝管或虹吸器。图3-39（a）所示为加装回转冷凝管。

（3）测量急剧变化和脉动压力时应加缓冲器，如压缩机出口、泵出口等，可增装阻尼装置或缓冲器，如图 3-39(b)所示。

(4) 测量易液化的气体时，若取压点高于仪表，应选用分离器。

(5) 测量腐蚀介质时，必须采取保护措施，安装隔离罐，如图 3-40 所示。

(6) 测量含粉尘的气体时，应选用除尘器。

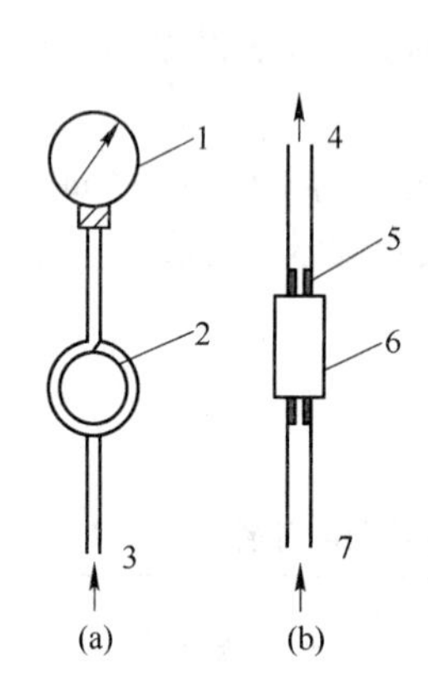

图 3-39 冷凝与阻尼装置示意图

(a) 冷凝装置；(b) 阻尼装置

1—压力表；2—回转冷凝管；3，7—被测压力；4—接压力表；5—阻尼器；6—缓冲罐

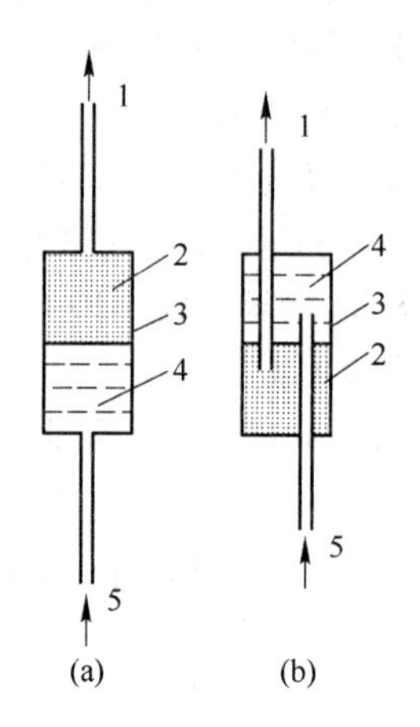

图 3-40 隔离罐示意图

(a) $\rho_1>\rho_2$；(b) $\rho_1<\rho_2$

1—接压力表；2—隔离介质；3—隔离罐；4—被测介质；5—被测压力；ρ_1 —测量介质密度；ρ_2 —隔离介质密度

3.8.4 压力检测仪表的校准

压力检测仪表在出厂前均需经过校准，使之符合准确度等级要求；使用中的仪表会因弹性元件疲劳、传动机构磨损及腐蚀、电子元器件的老化等造成误差，所以必须定期进行校准，以保证测量结果有足够的准确度；另外，新的仪表在安装使用前，为防止运输过程中由于振动或碰撞所造成的误差，也应对新仪表进行校准，以保证仪表示值的可靠性。

3.8.4.1 静态校准

压力检测仪表的静态校准是在静态标准条件下，采用一定标准等级的校准设备，对仪表重复（不少于3次）进行全量程逐级加载和卸载测试，获得各次校准数据，以确定仪表的静态基本性能指标和准确度的过程。

A 静态校准条件

温度(20±5)℃，湿度≤80%，大气压力为$(1.01\pm0.106)\times10^5$Pa，且无振动冲击的环境。

B 校准方法

校准方法通常有两种：一种是将被校表与标准表的示值在相同条件下进行比较；另一种是将被校表的示值与标准压力比较。无论是压力表还是压力传感器、变送器，均可采用上述两种方法。一般在被校表的测量范围内，均匀地选择至少5个以上的校验点，其中应包括起始点和终点。

C 标准仪表的选择原则

标准表的允许绝对误差应小于被校表的允许绝对误差的1/3～1/5，这样可忽略标准表的误差，将其示值作为真实压力。采用此种校验方法比较方便，所以实际校验中应用较多。将被校压力表示值与标准压力比较的方法主要用于校验0.2级以上的精密压力表，亦可用于校验各种工业用压力表。

常用的压力校准仪器有液柱式压力计、活塞式压力计或配有高准确度标准表的压力校验泵。

3.8.4.2　动态校准

在一些工程技术领域常会遇到压力动态变化的情况，例如，火箭发动机的燃烧室压力在启动点火后的瞬间，压力变化频率从几赫兹到数千赫兹。为了能够准确测量压力的动态变化，要求压力传感器的频率响应特性要好。实际上压力传感器的频率响应特性决定了该传感器对动态压力测量的适用范围和测量准确度。因此，对用于动态压力测量的仪表或测压系统必须进行动态校准，以确定其动态特性参数，如频率响应函数、固有频率、阻尼比等。

压力检测系统的动态校准首先需要解决标准动态压力信号源问题。产生标准动态压力信号的装置有多种形式，根据其所提供的标准动态压力信号种类可分为两类：一类是稳态周期性压力信号源，如机械正弦压力发生器、凸轮控制喷嘴、电磁谐振器等：另一类是非稳态压力信号源，如激波管、闭式爆炸器、快速卸载阀等。

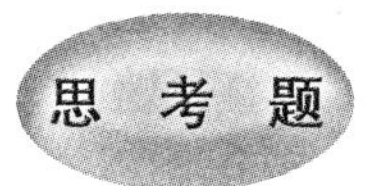

3-1　压力测量仪表的“压力”指什么？用图表示出大气压力、表压力、绝对压力和负压力之间的关系。

3-2　常用的压力计有哪些，其原理和特点各是什么？

3-3　能否用圆形截面的金属管做弹簧管测压力，为什么，弹簧管测压力时应考虑哪些因素的影响？

3-4　活塞式压力计的工作原理是什么，影响测量准确度的因素有哪些？

3-5　某台空压机的缓冲器，其工作压力范围为1.1～1.6MPa，工艺要求就地观察罐内压力，并要求测量误差不大于罐内压力的±5%，试选择一只合适的压力表。

3-6　如果某反应器最大压力为0.8MPa，允许最大绝对误差为0.01MPa。现用一只测量范围为0～1.6MPa，准确度等级为1级的压力表来进行测量，问是否符合工艺要求？若其他条件不变，测量范围改为0～1.0MPa，结果又如何？试说明其理由。

3-7　何谓压电效应，压电式压力计的特点是什么？

3-8　分析比较应变片式压力计和压阻式压力计在各方面的相同点和不同点。

3-9　简述振弦式压力计和振筒式压力计的工作原理，并比较二者的异同点。

3-10　差动式电容压力变送器的优点是什么，为什么？

3-11　测压仪表在选择时应遵循什么原则？

3-12　当测量气体、液体和蒸汽时，取压口开孔位置应如何选择，为什么？

3-13　导压管在与管道连接和敷设时应注意哪些事项？

3-14　弹性元件有哪几种，各有何特点，在不同压力计中的作用各是什么？

3-15　某一待测压力约为12MPa，能否选用一量程范围为0～16MPa的压力表来测量，为什么？

3-16　活塞式压力计是否可以同时拿来校验普通压力表和氧压表，为什么？

4　流量测量仪表

流量测量在热电厂、石油、矿山、冶金、航空、机械等领域占有重要地位，主要表现为：(1) 为流程工业保证产品质量、提高生产效率、节约能源和降低成本提供必要信息；(2) 实现流体物资贸易核算、储运管理和污水废气排放控制的总量计量。

随着过程测量、能源计量、环境保护、交通运输等高耗能领域对流量测量的需求急速增长，人们对流量测量的各方面提出了越来越高的要求，主要有：(1) 不断提高测量准确度和可靠性以满足生产需要；(2) 测量对象遍及高黏度、低黏度以及强腐蚀，且从单相流扩展为双相流、多相流；(3) 耐高温高压和低温低压；(4) 适合层流、紊流和脉动流等各种流动状态。由于流体性质、流动状态、流动条件以及测量机理的复杂性，形成了如今流量测量仪表的多样性、专用性和价格差异的悬殊性。因此，目前已出现一百多种流量计，分别适用于不同的场合，限于篇幅，本书仅介绍几种常用的流量计。

4.1　概　　述

4.1.1　流量的定义及表示方法

流量是指流体流过一定截面的量，其中流体又可分为可压缩流体（气体）和不可压缩流体（液体）。流量的大小与流过的时间长短密不可分，把流体在单位时间内通过一定截面的数量称为流体的瞬时流量，把流体在一段时间内通过一定截面的数量称为流体的累积流量、累计流量或总量。按照计量流体数量方法的不同，流量又可分为质量流量和体积流量。

4.1.1.1　瞬时流量

由于很难保证流体在流动过程中均匀流动，严格地说，只能认为在某一截面的某一微小单元面积 $\mathrm{d}A$ 上的流动是均匀的，即有：

$$\mathrm{d}q_V = \lim_{\Delta t \to 0} \frac{\Delta V}{\Delta t} = \frac{\mathrm{d}V}{\mathrm{d}t} = v\mathrm{d}A \tag{4-1}$$

$$\mathrm{d}q_m = \lim_{\Delta t \to 0} \frac{\Delta m}{\Delta t} = \frac{\mathrm{d}m}{\mathrm{d}t} = \rho v\mathrm{d}A \tag{4-2}$$

式中　$\mathrm{d}q_V$——通过截面某一微元面的流体体积流量，$\mathrm{m^3/s}$；

$\mathrm{d}q_m$——通过截面某一微元面的流体质量流量，kg/s；

V——流体的体积，$\mathrm{m^3}$；

t——时间，s；

ρ——流体的密度，$\mathrm{kg/m^3}$；

v——流体的瞬时流速，m/s；

$\mathrm{d}A$——微小单元的面积，$\mathrm{m^2}$。

通过整个截面的体积流量 q_V 为

$$q_V = \int_0^A v\mathrm{d}A = \bar{v}A \tag{4-3}$$

式中　q_V——通过整个截面的流体体积流量，m^3/s；

$\bar{v}$——整个截面上流体的平均流速，m/s；

A——管道截面的面积，m^2。

若流体在整个截面上的密度是均匀的，则质量流量 q_m 为

$$q_m = \int_0^A \rho v\mathrm{d}A = \rho \bar{v}A \tag{4-4}$$

式中　q_m——流体的质量流量，kg/s。

可见，在满足整个截面上密度是均匀的前提下，质量流量和体积流量有如下关系：

$$q_m = \rho q_V \tag{4-5}$$

注意：因为流体的密度 ρ 随压力、温度的变化而变化，故在给出体积流量的同时，必须指明流体的状态。特别是对于气体，其密度随压力、温度变化显著，由体积流量换算质量流量时，应格外注意。

4.1.1.2　累积流量

在工程应用中，除了要测量瞬时流量外，往往还需要了解在某一段时间 $[t_1, t_2]$ 内流过流体的总和，即累积流量。在数值上，累积流量等于在该时间段内瞬时流量对时间的积分，即有：

$$Q_V = \int_{t_1}^{t_2} q_V \mathrm{d}t \tag{4-6}$$

$$Q_m = \int_{t_1}^{t_2} q_m \mathrm{d}t \tag{4-7}$$

式中　Q_V——累积体积流量，m^3；

Q_m——累积质量流量，kg。

在工业生产中，瞬时流量是涉及流体工艺流程中需要控制和调节的重要参量，用以保障可靠稳定的生产和保证产品质量。累积流量则是有关流体介质的贸易、分配、交接、供应等商业性活动中必知的参数之一，它是计价、结算、收费的基础。

4.1.2　流量计分类和主要参数

流量是一个动态量，其测量过程与流体流动状态、流体的物理性质、流体的工作条件、流量计前后直管段的长度等有关。因此，确定流量测量方法和选择流量仪表，都要综合考虑上述因素的影响，才能达到测量的要求。

4.1.2.1　流量计分类

流体流动的动力学参数，如流速、动量等都直接与流量有关，因此，这些参数造成的各种物理效应，均可作为流量测量的物理基础。目前，已投入使用的流量计种类繁多，其测量原理、结构特性、适用范围以及使用方法等各不相同，所以其分类可以按不同原则划分，至今并未有统一的分类方法。

A　按测量方法分

流量测量仪表按测量方法一般可分为容积法、速度法（流速法）和质量流量法 3 种。

a　容积法

容积法是指用一个具有标准容积的容器连续不断地对被测流体进行度量，并以单位（或一段）时间内度量的标准容积数来计算流量的方法。这种测量方法受流动状态影响较小，因而适用于测量高黏度、低雷诺数的流体。但不宜测量高温高压以及脏污介质的流量，其流量测量上限较小。典型仪表有椭圆齿轮流量计、腰轮流量计、刮板流量计等。

b　速度法

速度法是指根据管道截面上的平均流速或与流速有关的各种物理量来计算流量的方法。由于这种方法是利用平均流速来计算流量的，所以受管路条件的影响很大，如雷诺数、涡流及截面速度分布不对称等都会给测量带来误差。但是这种测量方法有较宽的使用条件，可用于高温、高压流体的测量。有的仪器还可适用于测量脏污介质的流量。目前，采用速度法进行流量测量的仪表在工业上应用较广。

在速度法流量计中，有一大类是基于伯努利方程工作的，主要包括：节流式差压流量计、转子流量计、靶式流量计、皮托管和均速管流量计、弯管流量计和威力巴流量计等。有的教材将其单独归为一类，称为差压式流量计，其中节流式差压流量计历史悠久，技术最为成熟，是目前工业生产和科学实验中应用最广泛的一种流量计。此外，属于速度法测量的流量计还有叶轮流量计、电磁流量计、涡街流量计和超声波流量计等。

c　质量流量法

无论是容积法，还是速度法，都必须给出流体的密度才能得到质量流量。而流体的密度受流体状态参数（温度、压力）的影响，这就不可避免地给质量流量的测量带来误差。解决这个问题的方法是：(1) 同时测量流体的体积流量和密度或与密度有关的流体压力、温度等参数，通过组合计算，间接获得质量流量；(2) 直接测量与流体质量流量有关的能量、力和加速度等物理量，求得质量流量。第二种方法与流体的成分和参数无关，具有明显的优越性。但目前生产的这种流量计都比较复杂，价格昂贵，因而限制了它们的应用。

应当指出，无论哪一种流量计，都有一定的适用范围，对流体的特性以及管道条件都有特定的要求。目前生产的各种容积法和速度法流量计，都要求满足下列条件：

(1) 流体必须充满管道内部，并连续流动。

(2) 流体在物理上和热力学上是单相的，流经测量元件时不发生相变。

(3) 流体的速度一般在音速以下。

众所周知，两相流是工业过程中广泛存在的流动现象。两相流流量的测量正越来越引起人们的重视，目前，国内外学者对此已进行了大量的实验研究，但尚无成熟的产品问世。

B　按测量目的分

流量测量仪表按测量目的可分为瞬时流量计和累积流量计。累积流量计又称计量表、总量表。随着流量测量仪表及测量技术的发展，大多数流量计都同时具备测量流体瞬时流量和计算流体总量的功能。

C　其他分类

按测量对象，流量测量仪表可分为封闭管道流量计和明渠流量计两类。

按输出信号，流量计可分为脉冲频率信号输出和模拟电流（电压）信号输出两类。

按测量单位，流量计可分为质量流量计与体积流量计。

4.1.2.2　流量计及其主要参数

用于测量流量的计量器具称为流量计，通常由一次装置和二次仪表组成。一次装置安装于流体导管内部或外部，根据流体与一次装置相互作用的物理定律，产生一个与流量有确定关系的信号。一次装置又称流量传感器。二次仪表接受一次装置的信号，并实现流量的显示、输出或远传。流量计的主要技术参数如下所述。

A　测量范围上限值

a　流量测量范围上限值

流量测量范围上限值的数系 A 应为

$$A = a \times 10^n \tag{4-8}$$

式中　A——流量测量范围上限值的数系；

a——1.0，(1.2)，1.25，1.6，2.0，2.5，(3.0)，3.2，4.0，5.0，(6.0)，6.3，8.0 中任一值；

n——任一整数或零。

注意：括号内数值不优先选取。

b　差压测量范围上限值

差压测量范围上限值的数系 B 应为

$$B = b \times 10^n \tag{4-9}$$

式中　B——差压测量范围上限值的数系；

b——1.0，1.6，2.5，4.0，6.0 中任一值；

n——任一整数或零。

B　压力损失

安装在流通管道中的流量计实际上是一个阻力件，流体流过流量计时将造成不可恢复的能量损失，即压力损失。压力损失通常用流量计的进口和出口之间的静压差来表示，随流量的不同而变化。

压力损失的大小是流量仪表选型的一个重要技术指标。压力损失小，流体能耗小，输运流体的动力要求小，测量成本低；反之则能耗大，经济效益相应降低，故希望流量计的压力损失愈小愈好。

4.1.3　流量测量的理论基础

4.1.3.1　流体的主要物理性质

在流量测量中，必须准确地知道反映被测流体属性和状态的各种物理参数，如流体的密度、黏度、压缩系数等。对管道内的流体，还必须考虑其流动状况、流速分布等因素。

A　流体的密度

单位体积的流体所具有的质量称为流体密度，以 ρ 表示。对于均质流体，各点密度相同，即

$$\rho = \frac{m}{V} \tag{4-10}$$

式中　ρ——均质流体的密度，kg/m^3；

V——均质流体的体积，m^3；

m——均质流体的质量，kg。

对于非均质流体，因质量非均匀分布，各点密度不同。取包围空间某点 A 在内的微元体积 ΔV，设其所包含的流体质量为 Δm，则当 $\Delta V \to 0$ 时，A 点的密度为

$$\rho_A = \lim_{\Delta V \to 0} \frac{\Delta m}{\Delta V} \tag{4-11}$$

B 压缩性和膨胀性

a 压缩性

所有流体的体积都随温度和压力的变化而变化。在一定的温度下，流体体积随压力增大而缩小的特性，称为流体的压缩性；在一定的压力下，流体的体积随温度升高而增大的特性，称为流体的膨胀性。

流体的压缩性用（体积）压缩系数表示，定义为：在一定温度下，单位压力增量产生的体积相对减少量，即

$$k_T = -\frac{dV/V}{dp} = -\frac{1}{V}\frac{dV}{dp} \tag{4-12}$$

式中 k_T——流体的体积压缩系数，Pa^{-1}；

V——流体的原体积，m^3；

dV——流体体积变化量，m^3；

dp——流体压力增量，Pa。

上式中 k_T 恒为正值，负号表示压力和体积的变化成反比关系，即压力增大时体积缩小。显然，k_T 值大，表示流体的可压缩性大；反之则表示可压缩性小。

b 膨胀性

流体的膨胀性，用（体积）膨胀系数 α 表示，它表示在一定压力下，温度增加 1 个单位温度时，流体体积的相对增加量（或密度的相对减少量），即

$$\alpha = \frac{dV/V}{dT} = \frac{1}{V}\frac{dV}{dT} \tag{4-13}$$

式中 α——流体的体积膨胀系数，K^{-1}；

dT——流体温度的增量，K。

α 与流体的种类、温度和压力有关，其中，压力对 α 的影响相对较小。水的膨胀系数 α 随压力的增加而略为增大，但是对其他大多数液体来说，α 则随压力的增加而略为减小。

流体的膨胀性对流量计的测量结果具有较大影响，无论是气体还是液体均须予以考虑。

c 不可压缩流体和可压缩流体

根据流体的密度或体积随温度或压力而变化的不同程度，通常可将流体分为不可压缩流体和可压缩流体。

由于液体的可压缩性和膨胀性很小，因此，通常情况下都被作为不可压缩流体来处理，其密度近似为常数。这使液体的研究得到大大简化。气体的密度或体积随温度或压力的变化较大，因此，通常情况下都将气体作为可压缩流体来处理。当然，在一些实际问题中，若压力或温度变化很小，气体密度基本保持恒定，也可以将气体近似作为不可压缩流体来处理，如流速小于 70～100m/s 的气体。

C 黏滞性

所有流体在有相对运动时都要产生内摩擦力，并阻碍流层间的相对运动，这种性质称为流体的黏滞性。它阻碍流体间的相对运动，影响流体的流速分布，产生能量损失（压力损失），影响流量计的性能指标。

牛顿经实验研究发现，流体运动产生的内摩擦力（黏滞力）与沿接触面法线方向的速度变化（即速度梯度）成正比，与接触面的面积成正比，与流体的物理性质有关，而与接触面上的压力无关。这就是牛顿内摩擦定律，其数学表达式为

$$F = \eta A \frac{du}{dn} \tag{4-14}$$

式中 F——流体接触面上的内摩擦力，N；

A——流体间的接触面积，m^2；

$\frac{du}{dn}$——沿接触面法线方向的速度梯度，s^{-1}；

η——流体的动力黏度，或称黏性动力系数，Pa · s。

动力黏度是表示流体物理性质的一个比例系数，其物理意义为单位速度梯度下流体内摩擦应力的大小。它直接反映了流体黏性的大小，η 值愈大，流体的黏滞性愈强。

在流体力学中，还可以用运动黏度，或称黏性运动系数 ν 表示流体的黏滞性，其定义为动力黏度与流体密度的比值，即

$$\nu = \frac{\eta}{\rho} \tag{4-15}$$

式中 ν——流体的运动黏度，m^2/s。

凡遵循牛顿内摩擦定律的流体称为牛顿流体，如水、空气等低分子流体。凡不遵循牛顿内摩擦定律的流体称为非牛顿流体，如胶体溶液、泥浆、油漆等。非牛顿流体的黏度规律较为复杂，目前流量测量研究的重点是牛顿流体。

当温度升高或压力降低时，液体的黏度随之降低，而气体的黏度则随之增大。流体黏度可由黏度计测定，有些流体的黏度可查表得到。

具有黏性的流体称为实际流体，也称为黏性流体。流体都是有黏性的，但在实际应用中，为简化分析，引入理想流体的概念。所谓理想流体，又称非黏性流体，是指没有黏性的流体，即 $\eta = 0$。

4.1.3.2 流体流动的基本知识

A 雷诺数

根据流体力学中的定义，雷诺数是流体流动的惯性力与黏滞力之比，表示为

$$Re = \frac{\bar{v}L}{\nu} = \frac{\rho \bar{v}L}{\eta} \tag{4-16}$$

式中 Re——雷诺数，无量纲；

$\bar{v}$——整个截面上流体的平均流速，m/s；

L——流体的特征长度，m。

对于圆形断面管，L 就是管直径，对于非圆形断面管，可以用水力半径 R 或当量直径 d_H 来表示。

雷诺数 Re 越小，说明黏性力的作用越大，流动就越稳定；Re 越大，说明惯性力的作用越大，流动就越紊乱。雷诺数是判别流体状态的准则，在紊流时流体流速的分布更是与雷诺数有关，因此在流量测量中，雷诺数是很重要的一个参数。

B 管流类型

通常把流体充满管道截面的流动称为管流。管流分为下述几种类型。

a 层流与紊流

管内流体有两种流动状态：层流和紊流。层流中流体沿轴向做分层平行流动，各个流层质点没有垂直于主流方向的径向运动，互不混杂，流量与压力降成正比；紊流状态时，管内流体不仅有轴向运动，而且还有剧烈的无规则的径向运动，流量与压力降的平方根成正比，且两种

流动状态下管内流体流速的分布也不同。

当 $Re \leqslant Re_c$ 时，管路中的流动状态为层流，Re_c 为下临界雷诺数，一般取 $Re_c = 2300$；当 $Re \geqslant Re'_c = 4000$ 时为湍流，Re'_c 为上临界雷诺数；当 $Re_c < Re < Re'_c$ 时，流动状态可能是层流也可能是湍流，处于过渡状态。由于过渡状态极不稳定，外界稍有扰动，就转变为湍流，工程上一般把过渡状态归入到湍流来处理。即 $Re \leqslant 2300$ 为层流；$Re > 2300$ 为湍流。

实验表明，对于几何相似的断面，Re_c（或 Re'_c）是相同的常数。因此，对于具有某种断面形状（如圆形）的流动，只要确定其中任意一个流动断面形状的 Re_c（或 Re'_c），那么对于其他一切具有与之呈几何相似断面的流动，临界雷诺数是完全一样的。

注意：*具有几何相似断面的流动，临界雷诺数相同，但临界速度不同。*

根据上述原则和在相同雷诺数下流量系数相等的原则，在工程应用中，流量仪表针对某种标定介质（通常气体流量计用空气，液体流量计用水）标定得到的流量系数，可用于非标定介质的流量测量，这是许多流量计实际标定的理论基础。

b 单相流和多相流

在自然界中，物体的形态多种多样，有固态、液态和气态。热力学上将物体中每一个均匀部分叫做一个相，因此，各部分均匀的固体、液体和气体可分别称为固相、液相和气相物体或统称为单相物体。

管道中只有一种均匀状态的流体流动称为单相流，如只有单纯气态或液态流体在管道中的流动；两种不同相的流体同时在管道中流动称为两相流；两种以上不同相的流体同时在管道中流动称为多相流。

c 稳定流和不稳定流

当流体流动时，若其各处的速度和压力等流动参数仅和流体质点所处的位置有关，而与时间无关，则称流体的这种流动为稳定流或定常流；若流动参数不仅和流体质点所处的位置有关，而且与时间有关，则称流体的这种流动为不稳定流。

C 流速分布与平均流速

a 流速分布

由于实际流体都具有黏性，当它在管内流动时，即使是在同一管道截面上，流速也因其所流经的位置不同而不同。由于流体与管壁的黏滞作用，越靠近管壁，流速越小，管壁上的流速为零；相反，越靠近管道中心，流速越大，管道中心的流速达到最大值。

不可压缩流体在等径圆管内做匀速层流流动时，有效断面上的速度分布公式为

$$v_r = v_{max}\left[1 - \left(\frac{r}{R}\right)^2\right] \tag{4-17}$$

式中 v_r——距管道中心 r 处的速度，m/s；

v_{max}——管道中心的最大流速，m/s；

r——距管道中心的径向距离，m；

R——管道半径，m。

可见，不可压缩流体在等径圆管内做匀速层流流动时，流速在有效断面上沿半径按抛物线规律分布，即在管道壁面上流体速度为零，愈向中心，流体的速度愈大，在管道轴线上，即 $r = 0$ 处达到最大值，如图 4-1（a）所示。

当管内流动为紊流时，有效断面上的速度分布为

$$v_r = v_{max}\left(1 - \frac{r}{R}\right)^{\frac{1}{n}} \tag{4-18}$$

式中　n——随流体雷诺数不同而变化的系数。

可见，在紊流状态下流速呈轴对称指数分布，如图 4-1（b）所示。与层流状态相比较，其流速在近管壁处比层流时的流速大，在管中心处比层流时的流速小。此外，其流速分布规律随雷诺数不同而变化，而层流流速分布与雷诺数无关。

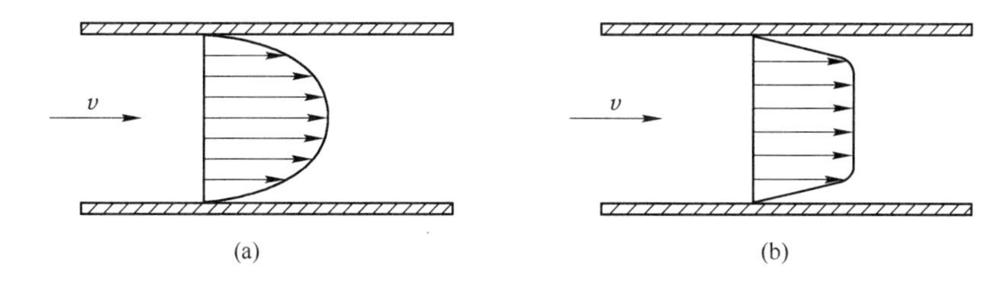

图 4-1　圆管内流速的分布
（a）层流；（b）紊流

流体需流经足够长的直管段才能形成上述充分发展了的管内流速分布，而在弯管、三通、阀门和节流元件等前后面管内流速分布会变得紊乱。因此，对于通过测量流速求流量的测量仪表，在安装时其上下游必须有一定长度的直管段。在无法保证足够的直管段长度时，应使用整流装置。

b　平均流速

通过测量流体速度来求得流量的速度式流量计，如涡轮流量计、涡街流量计、电磁流量计等，一般都是检测管道内流体的平均流速来求得流量的。

由于流体具有黏性，在流场中，各流体质点运动的速度均不相等。故引入断面平均流速$\bar{v}$的概念。根据流量相等原则，单位时间内以平均流速 $\bar{v}$ 流过有效断面的流体体积与按实际流速 v 通过同一有效断面的流体体积相等，即

$$\bar{v} = \frac{q_V}{A} = \frac{\int_A v \mathrm{d}A}{A} \tag{4-19}$$

式中　$\bar{v}$——整个截面上流体的平均流速，m/s；

v——流体的实际流速，m/s；

A——管道截面的面积，m^2。

对于圆管中的层流流动，由式（4-17）得平均流速为

$$\bar{v} = \frac{1}{2}v_{max} \tag{4-20}$$

对于圆管中的紊流流动，由式（4-18）得平均流速为

$$\bar{v} = \frac{2n^2}{(n+1)(2n+1)}v_{max} \tag{4-21}$$

4.1.3.3　流体流动的基本方程

A　连续性方程

在研究工程流体力学时，流体被认为是由无数质点连续分布而组成的连续介质，表征流体属性的密度、黏度、速度、压力等物理量是连续变化的。连续性方程实际上就是质量守恒定律在运动流体中的具体应用。常用的是总流的连续性方程，其内容为：可压缩流体做定常流动

时，总流的质量流量保持不变。其数学表达式如下：

$$\bar{\rho}_1 \bar{v}_1 A_1 = \bar{\rho}_2 \bar{v}_2 A_2 = q_m \tag{4-22}$$

式中 $\bar{\rho}_1$，$\bar{\rho}_2$——管道截面1、2处的平均密度，kg/m^3；

$\bar{v}_1$，$\bar{v}_2$——管道截面1、2处的平均速度，m/s；

A_1，A_2——管道截面1、2的面积，m^2；

q_m——流体的质量流量，kg/s。

对于不可压缩流体，$\bar{\rho}_1 = \bar{\rho}_2 = \text{Const}$，则式（4-22）可简化为

$$\bar{v}_1 A_1 = \bar{v}_2 A_2 = q_V \tag{4-23}$$

上式是以体积流量表示的不可压缩流体定常流动的总流连续性方程式。它表明在定常流动条件下，不可压缩流体沿流程体积流量保持不变，平均流速与有效断面面积成反比，即有效断面面积越大，平均流速越小；反之亦然。

B 伯努利方程

伯努利方程实际上就是能量守恒定律在运动流体中的具体应用。假定我们所研究的由无数微小流束组成的总流是在重力作用下，做定常流动的不可压缩的实际流体，则其伯努利方程为

$$gz_1 + \frac{p_1}{\rho} + \frac{c_1 \bar{v}_1^2}{2} = gz_2 + \frac{p_2}{\rho} + \frac{c_2 \bar{v}_2^2}{2} + s_w \tag{4-24}$$

或

$$z_1 + \frac{p_1}{\rho g} + \frac{c_1 \bar{v}_1^2}{2g} = z_2 + \frac{p_2}{\rho g} + \frac{c_2 \bar{v}_2^2}{2g} + h_w \tag{4-25}$$

式中 g——重力加速度，m/s^2；

z_1，z_2——管道截面1、2相对于基准面的高度，m；

p_1，p_2——管道截面1、2处的流体的静压力，Pa；

c_1，c_2——管道截面1、2处的动能修正系数；

s_w——管道截面1、2之间单位质量流体的能量损失，J/kg；

h_w——管道截面1、2之间单位重量流体以高度表示的机械能损失，通常称为水头损失，m。

伯努利方程的物理意义主要是指其能量意义。式（4-24）中，gz 为单位质量的流体对于相距为 z 的某一水平基准面的位（势）能；p/ρ 为单位质量流体所具有的压能；单位质量流体的位能和压能之和，即 $gz + p/\rho$ 称为单位质量流体的势能；而$\bar{v}^2/2$ 则为单位质量流体所具有的动能。单位质量流体势能与动能之和，即式（4-24）中等号左侧三项之和 $\left(gz + \frac{p}{\rho} + \frac{\bar{v}^2}{2}\right)$ 为单位质量流体所具有的机械能。式（4-25）中，z 是截面距离某一水平基准面的高度，称为位置水头；$p/(\rho g)$ 称为压力水头；位置水头和压力水头之和 $(z + p/(\rho g))$ 称为静力水头，或测（压）管水头；$\frac{\bar{v}^2}{2g}$ 称为流速水头；三项之和 $\left(z + \frac{p}{\rho g} + \frac{\bar{v}^2}{2g}\right)$ 称为总水头。

综上，伯努利方程表明：单位质量流体所具有的机械能是相等的。即所携带的总能量在所流经路程上的任意位置时总是保持不变的，但其位能、压能和动能是可以相互转化的。它与总流的连续性方程式一起是解决工程上流体运动问题的两个非常重要的方程式。在工程实际应用中，为简化计算，方程式中的动能修正系数 c_1 和 c_2 通常被认为是相等的，即 $c_1 = c_2 = c$；在紊流时，常取 $c = 1$。

总流伯努利方程式在使用时的限制条件如下：

（1）流体为不可压缩的实际流体；

（2）流体的运动为定常流动；

（3）流体所受质量力只有重力；

（4）所选取的两个有效断面必须处在缓变流动段中，但两个断面之间则不要求是缓变流动；

（5）所取的两个断面之间没有支流，通过两个断面的流量相等；

（6）两个有效断面间除了水头损失之外，总流没有能量的输入或输出。

4.2　节流式差压流量计

差压式流量计是根据安装在管道中的流量检测元件所产生的差压 Δp 来测量流量的仪表，其使用量一直居流量仪表的首位。差压式流量计包括节流式差压流量计、皮托管、均速管流量计、弯管流量计等。其中，节流式差压流量计是一类规格种类繁多、应用极广的流量仪表。

4.2.1　概述

节流式差压流量计是目前工业生产中用来测量液体、气体或蒸汽流量的最常用的一类流量仪表，其使用量占整个工业领域内流量计总数的一半以上。

节流式差压流量计由 3 部分组成：节流装置、差压变送器和流量显示仪，亦可由节流装置配以差压计组成。

节流装置按其标准化程度，可分为标准型和非标准型两大类。所谓标准型是指按照标准文件进行节流装置设计、制造、安装和使用，无需实流校准和单独标定即可确定输出信号（差压）与流量的关系，并估算其测量不确定度。标准文件主要指节流装置国际标准 ISO 5167：2003 和国家标准 GB/T 2624—2006《用安装在圆形管道中的差压装置测量满管流体流量》。标准节流装置由于具有结构简单并已标准化、使用寿命长和适应性广等优点，因而在流量测量仪表中占据重要地位。非标准型节流装置是指成熟程度较低、尚未标准化的节流装置。

4.2.2　标准节流装置的结构

标准节流装置是使管道中流动的流体产生压力差的装置，由标准节流（元）件、带有取压口的取压装置、节流件上游第一个阻力件和第二个阻力件，下游第一个阻力件以及它们之间符合要求的直管段组成，如图 4-2 所示。

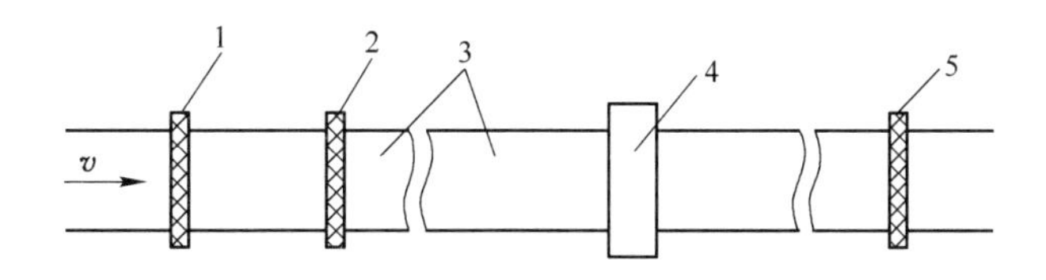

图 4-2　节流装置的组成

1—节流件上游侧第二个阻力件；2—节流件上游侧第一个阻力件；3—管道；4—节流件和取压装置；5—节流件下游侧第一个阻力件

图 4-3 所示为以标准孔板为节流件的节流装置结构图。节流件是节流装置中造成流体收缩且在其上、下游两侧产生差压信号的元件，其形式很多，有的已经标准化，如标准孔板、标准喷嘴和文丘里管；有的尚未标准化，如锥形入口孔板、1/4 圆孔板、偏心孔板、圆缺孔板等。

应用最多、技术最成熟的是国际上规定的标准节流件。

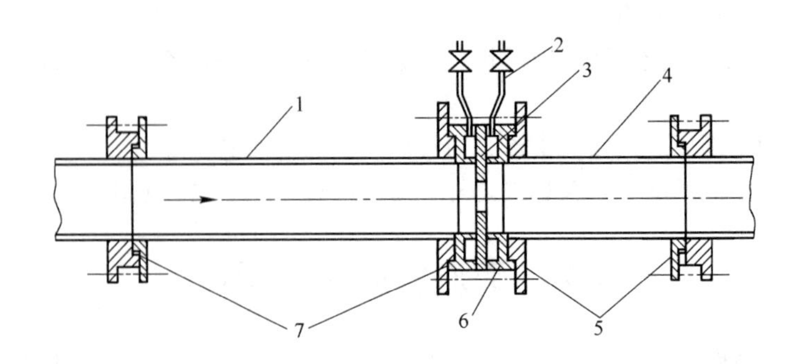

图 4-3　节流装置结构图

1—上游直管段；2—导压管；3—孔板；4—下游直管段；5，7—连接法兰；6—取压环室

4.2.2.1　标准节流元件

标准节流元件有标准孔板、标准喷嘴和文丘里管 3 种，标准文件对它们的形状、结构参数和使用范围都作了严格的规定。

A　标准孔板

标准孔板是由机械加工获得的一块与管道轴线同轴的圆形穿孔的薄板。标准孔板的形状如图 4-4 所示，具体技术要求如下：

（1）端面 A 和 B。上游端面 A 平面度（即连接孔板表面上任意两点的直线与垂直于轴线的平面之间的斜度）应小于 0.5%，其表面粗糙度 R_a 必须满足：$R_a \leqslant 10^{-4}d$。下游端面 B 应始终是平直的并和上游端面 A 平行，其表面粗糙度无需达到上游端面 R_a 的要求。

注意： 孔板上游端面的粗糙度不应影响边缘尖锐度的测量。否则，必须对直径至少 1D 的区域重新抛光或清洗。

（2）厚度 E 和 e。

节流孔厚度 e 应满足：$e=(0.005\sim0.02)D$。在各处测得的 e 值间的偏差应不大于 $0.001D$。

孔板厚度 E 应满足：$E=e\sim0.05D$，而当 $50\text{mm}\leqslant D\leqslant64\text{mm}$ 时，孔板厚度 E 只要不大于 3.2mm 即可。在各处测得的 E 值间的偏差，当 $D\geqslant200\text{mm}$，应不大于 $0.001D$；否则，应不大于 0.2mm。

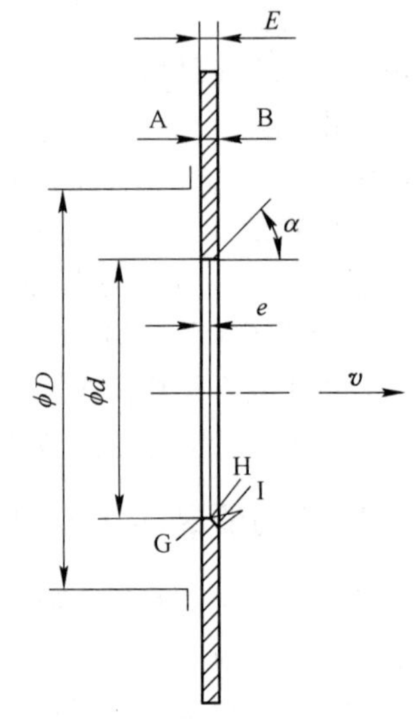

图 4-4　标准孔板

A—上游端面；B—下游端面；E—孔板厚度；α—斜角；e—节流孔厚度；v—流动速度；ϕD—管道直径；ϕd—节流孔直径；G—上游边缘；H，I—下游边缘

（3）斜角 α。孔板的下游侧应有一个扩散的圆锥表面，其斜角为 $\alpha=45°\pm15°$。

（4）边缘 G、H 和 I。

上游边缘 G 应是直角，即满足节流孔与孔板上游端面之间的角度为 $90°\pm0.3°$。上游边缘 G 应是锐边，即边缘半径不大于 $0.0004d$，应无卷口和无毛边。当 $d\geqslant25\text{mm}$ 时，可采用肉眼检测，边缘应无反射光束；否则，目测检查是不够的，应进行测量。

下游边缘 H 和 I 为开孔区，处于分离流动区域中，对其质量要求可放宽，允许有些小缺陷，如一条划痕。

（5）节流孔直径 d。标准孔板的开孔直径 d 是一个非常重要的尺寸，在任何情况都要满足 $d\geqslant 12.5\text{mm}$。直径比 $\beta=\frac{d}{D}$ 应满足：$0.10\leqslant\beta\leqslant 0.75$。对制成的孔板，应至少取4个大致相等的角度测得直径的平均值，且要求任意一个直径与直径平均值之差不超过直径平均值的0.05%。在任何情况下，节流孔圆筒形部分的粗糙度都不应该影响边缘锐度的测量。

（6）标准孔板的进口圆筒部分应与管道轴线垂直，其偏差不得超过±1°；安装时，还须保证与管道同轴。

注意：安装时，孔板的上游端面应迎着来流，如图4-4所示。如有可能，可在孔板上设置一个在安装以后仍明显可见的标志，用以表明孔板的上游端面相对于流动方向的安装是正确的。

标准孔板结构简单，加工方便，价格便宜，但对流体造成的压力损失较大，测量准确度较低，所以一般只适用于洁净流体介质的测量。此外，测量大管径高温高压介质时，孔板易变形。

B　标准喷嘴

喷嘴是轴向截面由圆弧形收缩部分与圆筒形喉部所组成的节流件。标准喷嘴是一种以管道轴线为中心线的旋转对称体，有ISA 1932喷嘴和长径喷嘴两种类型。

a　ISA 1932喷嘴

ISA 1932喷嘴的结构如图4-5所示，它包括4部分：垂直于轴线的入口平面部分A；由两段圆弧曲面B和C所构成的入口收缩部分BC；圆筒形喉部E和为防止边缘损伤所需要的保护槽F。各段型线之间相切，不得有任何不光滑部分，对其具体要求如下：

（1）平面部分A。

入口平面部分A是直径为1.5d 且与旋转轴（喷嘴轴线）同心的圆周和直径为 D 的管道内圆所限定的平面部分。

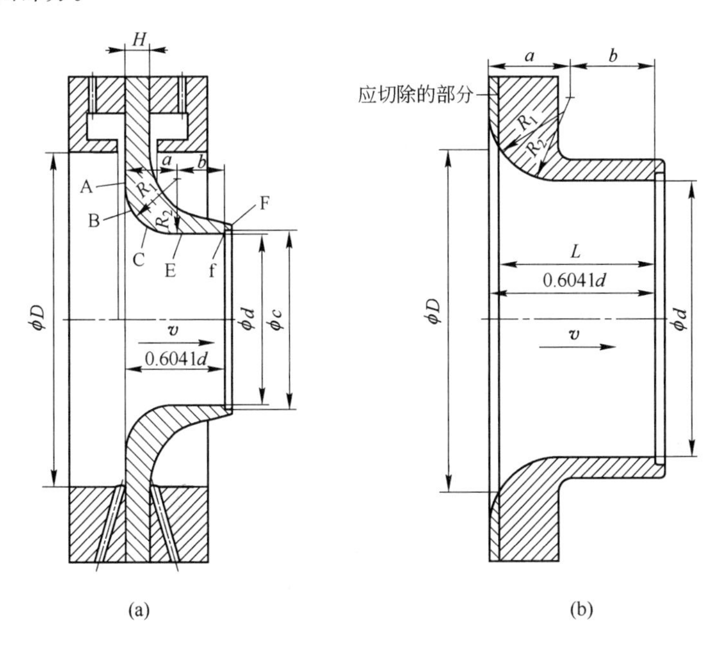

图4-5　ISA 1932喷嘴

（a）$d\leqslant\frac{2}{3}D$；（b）$d>\frac{2}{3}D$

当 $d=\frac{2}{3}D$ 时，该平面的径向宽度为零。

当 $d>\frac{2}{3}D$ 时，在管道内的喷嘴上游端面就不包括平面入口部分 A，如图 4-5（b）所示。在这种情况下，喷嘴将按照 $D>1.5d$ 那样进行加工，然后将入口平面部分切平，使收缩廓形的最大直径恰好等于 D。

（2）圆弧 B 和 C。收缩部分是由 B、C 两段圆弧组成的曲面。圆弧 B 的圆心距离平面部分 A 为 $0.2d$，距喷嘴轴线为 $0.75d$，且圆弧 B 与平面部分 A 相切。圆弧 C 的圆心与平面部分 A 的距离为 $a=0.3041d$，距喷嘴轴线为 $5/6d$，且圆弧 C 分别与 B 及喉部 E 相切。B、C 的半径 R_1、R_2 分别为：

当 $\beta<0.50$ 时，$R_1=0.2d\pm0.02d$；$R_2=d/3\pm0.33d$；

当 $\beta\geqslant0.50$ 时，$R_1=0.2d\pm0.006d$；$R_2=d/3\pm0.01d$。

（3）圆筒形喉部 E。喷嘴的特征尺寸是其圆筒形喉部 E 的内直径 d，喉部 E 的长度 $b=0.3d$。直径 d 应是在垂直于轴线的平面上至少测 4 个直径的平均值，且各被测直径之间有近似相等的角度。喉部应为圆筒形，任何截面上的任何直径与平均直径之差不得超过平均直径的 0.05%。

（4）保护槽 F。保护槽 F 的直径 c 至少应等于 $1.06d$，轴向长度等于或小于 $0.03d$。保护槽的高度为 $(c-d)/2$，并且与其轴向长度之比不大于 1.2。出口边缘 f 应是锐利的。

（5）喷嘴总长度 L。不包括保护槽 F 的喷嘴总长度 L 取决于 β，即有：

当 $0.30\leqslant\beta\leqslant2/3$ 时，$L=0.6041d$；

当 $\frac{2}{3}<\beta\leqslant0.8$ 时，$L=[0.4041+(0.75/\beta-0.25/\beta^2-0.5225)^{1/2}]d$。

（6）其他。喷嘴平面 A 及喉部 E 应抛光，其表面粗糙度满足 $R_a\leqslant10^{-4}d$。喷嘴厚度 H 不得大于 $0.1D$。

b 长径喷嘴

长径喷嘴分高比值喷嘴（$0.25\leqslant\beta\leqslant0.8$）和低比值喷嘴（$0.2\leqslant\beta\leqslant0.5$）两种类型，分别如图 4-6（a）和（b）所示。当 β 值介于 0.25 和 0.5 之间时，可采用任意一种结构形式的喷嘴。长径喷嘴由入口收缩部分 A、圆筒形喉部 B 和下游端面 C 共 3 部分组成。喷嘴在管道内的部分应为圆形，但取压口的洞孔处可能例外。具体技术要求如下：

（1）收缩段 A。

与 ISA 1932 喷嘴不同的是，进口收缩部分的形状为 1/4 个椭圆的弧段，如图 4-6 中的虚线所示。其长轴平行于喷嘴轴线。对高比值喷嘴，椭圆中心距轴线为 $D/2$，长半轴的值为 $D/2$，短半轴的值为 $(D-d)/2$。对低比值喷嘴，椭圆中心距轴线为 $7d/6$，长半轴的值为 d，短半轴的值为 $2d/3$。

收缩段的廓形应使用样板进行检验。在垂直于喷嘴轴线的同一平面上，收缩段的两个直径之差不得大于它们平均值的 0.1%。

（2）喉部 B。喉部 B 的直径为 d，长度为 $0.6d$。直径 d 应取垂直于轴线的平面上至少 4 个直径的平均值，且各被测直径之间有近似相等的角度。喉部应为圆筒形，任何截面上的任何直径与平均直径之差不得超过平均直径的 0.05%。管壁与喉部外表面的间距应大于等于 3mm。

（3）喷嘴厚度 H。喷嘴厚度 H 应满足：$3\text{mm}\leqslant H\leqslant0.15D$，喉部壁厚 F 应满足：$F\geqslant3\text{mm}$，或当 $D\leqslant65\text{mm}$ 时，$F\geqslant2\text{mm}$。厚度应足够防止因机械加工应力而变形。

喷嘴内表面的粗糙度应为 $R_a\leqslant10^{-4}d$。

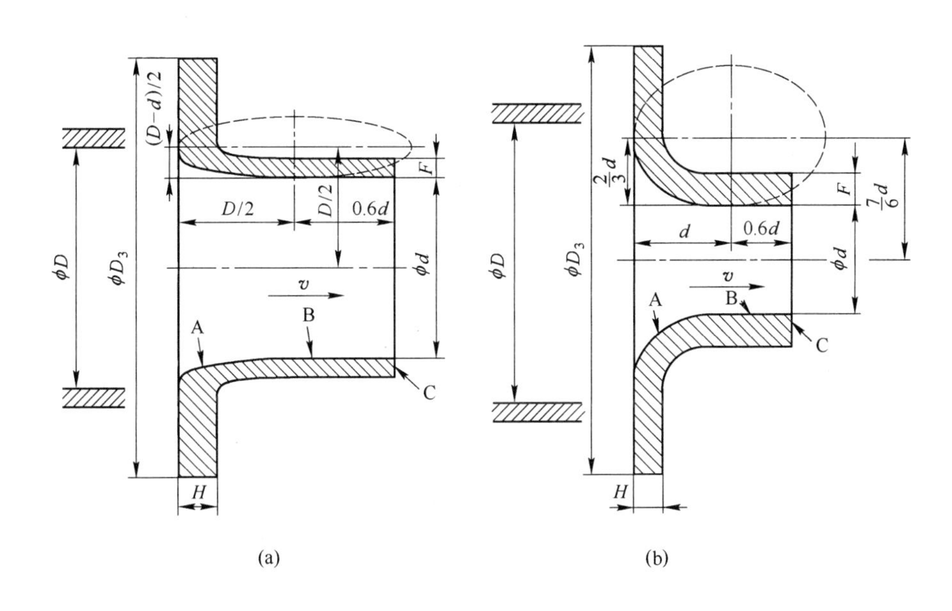

图 4-6　长径喷嘴

（a）高比值喷嘴（$0.25\leqslant\beta\leqslant0.8$）；（b）低比值喷嘴（$0.2\leqslant\beta\leqslant0.5$）

与标准孔板相比，标准喷嘴的测量准确度高，压力损失小，所需的直管段也较短。标准喷嘴不宜受被测介质腐蚀、磨损和脏污，使用寿命长。但结构较复杂、体积大，比孔板加工困难，成本较高。

C　文丘里管

文丘里管是轴向截面由入口收缩部分、圆筒形喉部和圆锥形扩散段所组成的节流件。按收缩段的形状不同，又分为经典文丘里管和文丘里喷嘴。

a　经典文丘里管

经典文丘里管是由入口圆筒段 A、圆锥形收缩段 B、圆筒形喉部 C 和圆锥形扩散段 E 所组成，其结构如图 4-7 所示。具体技术要求如下：

（1）圆筒段 A。

圆筒段 A 的直径为 D，从垂直于轴线的上游取压口所在的平面上测量，与管道直径之差不得大于 $0.01D$。直径的测量数目至少应等于取压口的数目（最少 4 个），单次测量的直径与直径平均值之差应不超过直径平均值的 0.4%。

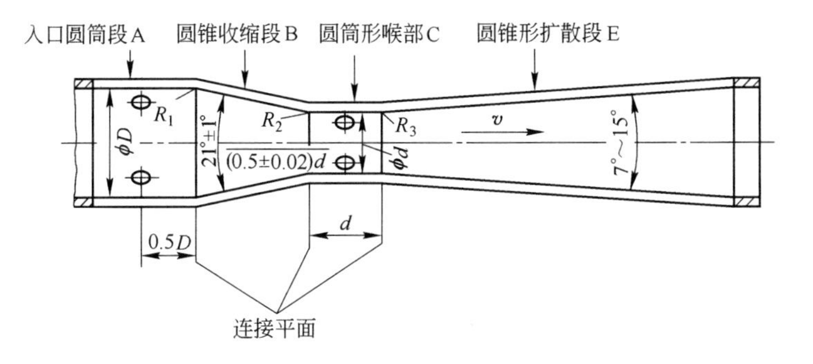

图 4-7　经典文丘里管

圆筒段 A 的长度等于 D，应从收缩段 B 与圆筒段 A 的相交线所在平面量起，按其不同形式，长度略有不同。

（2）圆锥形收缩段 B。收缩段 B 的锥面夹角为 $21° \pm 1°$，轴向长度约为 $2.7(D-d)$。收缩段 B 与圆筒段 A 的连接曲面半径 R_1 取决于经典文丘里管的形式。在收缩段 B 内垂直于轴线的同一平面上，任意测量两个直径，其值与直径平均值之差应不超过直径平均值的 0.4%，以保证内表面为旋转表面。收缩段 B 的廓形应借助模板进行检验，模板与任何截面的偏差在任何部位均为 $0.004D$。

（3）圆筒形喉部 C。喉部 C 的直径为 d，是取压口平面上测得值的平均值，测量数目至少应等于取压口的数目（最少 4 个），还应在取压口平面之外的其他面上测量。在喉部各处测得的直径与直径平均值之差应不超过直径平均值的 0.1%。喉部 C 的长度为 $d \pm 0.03d$。曲面半径 R_2 和 R_3 取决于经典文丘里管的形式，在垂直于轴线的同一平面上，任意两个直径测量值与直径平均值之差应不超过直径平均值的 0.1%，以保证内表面为旋转表面。曲面半径也应借助模板进行检验，单个曲率的最大偏差出现在样板中间附近，且最大偏差值应不超过 $0.02d$。

（4）圆锥形扩散段 E。其最小直径不小于喉部 C 的直径，扩散角为 7°～15°，推荐使用 7°～8°。经典文丘里管，当扩散段出口直径小于直径 D 时，称为“截尾的”文丘里管；当扩散段出口直径等于直径 D 时，称为“不截尾的”文丘里管。扩散段可截去其长度的 35%，这对压力损失不会有显著影响。

文丘里管喉部及其邻近曲面的粗糙度应为 $R_a \leqslant 10^{-4}d$。扩散段是浇铸的，其内表面应清洁而光滑。其他部分的粗糙度限值取决于文丘里管的形式。

按圆锥形收缩段内表面加工的方法和圆锥形收缩段与喉部圆筒相交的型线的不同，又分为“铸造”收缩段式、机械加工收缩段式和粗焊铁板收缩段式，其各自的技术要求请详见标准文件。

b　文丘里喷嘴

文丘里喷嘴的廓形是轴对称的，其结构如图 4-8 所示。它由圆弧廓形收缩段、圆筒形喉部

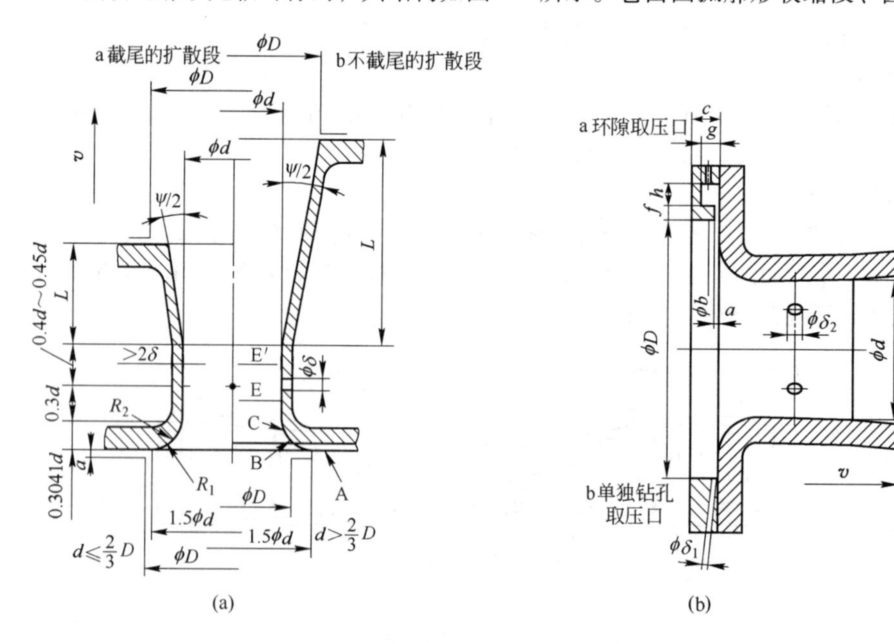

图 4-8　文丘里喷嘴

（a）文丘里喷嘴；（b）配置夹持环的文丘里喷嘴

和扩散段所组成。

（1）收缩段。收缩段由入口平面部分 A、圆弧曲面 B 和 C 所构成，与 ISA 1932 喷嘴相同。

（2）圆筒形喉部。喉部是由长度 $0.3d$ 的部分 E 和长度 $0.4d \sim 0.45d$ 的部分 E′所组成，其他要求与 ISA 1932 喷嘴相同。

（3）扩散段。扩散段与喉部 E′连接，其夹角 ψ 应小于或等于 30°。文丘里喷嘴，当扩散段出口直径小于直径 D 时，称为“截尾的”文丘里喷嘴；当扩散段出口直径等于直径 D 时，称为“不截尾的”文丘里喷嘴。

扩散段的长度对流出系数无影响，但其夹角会影响压力损失。扩散段可截去其长度的 35%，对压力损失不会有显著影响。

文丘里喷嘴内表面的粗糙度应为 $R_a \leqslant 10^{-4}d$。

文丘里管压力损失最低，有较高的测量准确度，对流体中的悬浮物不敏感，可用于脏污流体介质的流量测量，在大管径流量测量方面应用也较多。但其尺寸大，笨重，加工困难，成本高，一般用在有特殊要求的场合。

4.2.2.2 取压装置

A 取压方式

取压装置指取压的位置与取压口结构形式的总称。根据节流装置取压口位置可将取压方式分为理论取压、角接取压、法兰取压、D 和 $D/2$ 取压（又称径距取压）与损失取压（又称管接取压）5 种，如图 4-9 所示。表 4-1 列出了不同取压方式的取压位置，表中，l_1 和 l_2 分别表示上、下游取压口轴线与节流件前后端面间距离的名义值。

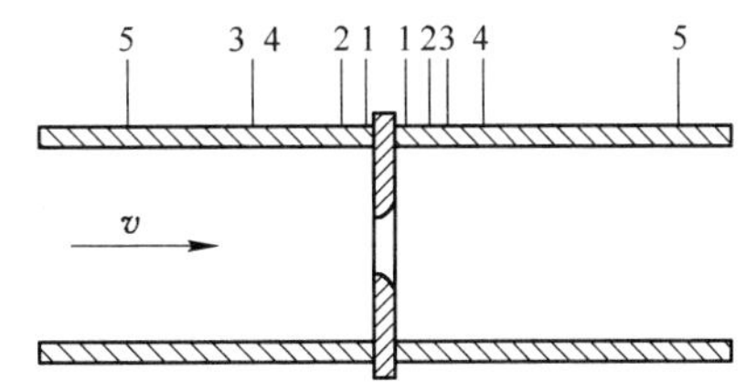

图 4-9 节流装置的取压方式

1—角接取压；2—法兰取压；3—D 和 $D/2$ 取压；4—理论取压；5—损失取压

表 4-1 节流装置不同取压方式的取压位置

取压方式	角接取压	法兰取压	D 与 $D/2$ 取压	理论取压	损失取压
l_1	均等于取压口孔径（或取压口宽度）的一半	25.4mm	D	D	$2.5D$
l_2		25.4mm	$D/2$①	$0.34 \sim 0.84D$	$8D$

①下游取压口中心与节流件上游端面间的距离 l_2'。

D 和 $D/2$ 取压法与理论取压的下游取压点均在流束的最小截面区域内，而流束的最小截面是随流量而变的，在流量测量范围内流量系数不是常数，且无均压作用，因而很少采用。但 D 和 $D/2$ 取压特别适合大管道的过热蒸汽测量。损失取压法开孔取压十分简单，但它实际测定的是流体流经节流件后的压力损失，由于压差较小，不便于检测，一般也不采用。目前广泛采用的是角接取压，其次是法兰取压法。角接取压的优点是具有均压作用，准确度和灵敏度高。法兰取压结构较简单，容易装配，计算也方便，但准确度较角接取压低。

下面以标准孔板为例，介绍 3 种典型的取压装置。

B 典型取压装置

a 角接取压装置

角接取压装置有环室取压（如图 4-10 所示的上部分）和单独钻孔取压（如图 4-10 所示的下部分）两种。它们可位于管道上、管道法兰上，或位于如图 4-10 所示的夹持环上。取压口轴线与孔板各相应端面之间的间距等于取压口本身直径或本身宽度的二分之一。这样，取压口贯穿管壁处就与孔板端面齐平。

（a）环室取压

取压口穿透处应为圆形，其直径 j 应取 4～10mm，其长度应大于或等于 $2j$，其轴线应尽可能与管道轴线垂直。

环室缝隙，即环隙通常在整个圆周上穿通管道，连续而不中断。否则，每个环室应至少由四个开孔与管道内部连通。每个开孔的中心线彼此互成等角度，且每个开孔的面积至少为 12mm^2。

上下游夹持环不必对称，但其长度 c 和 c' 应不大于 $0.5D$。夹持环的内径 b 必须满足：$D \leqslant d \leqslant 1.04D$ 和 $\frac{b-D}{D} \times \frac{c}{D} \times 100 < \frac{0.1}{0.1+2.3\beta^4}$，以保证它不致突入管道内。夹持环接触被测流体的表面应清洁，并有良好的加工粗糙度。

环隙厚度 f 大于或等于环隙宽度 a 的两倍。

为使环室起到均压作用，环室的横截面积应大于或等于环隙与管道连通的开孔面积的一半，即满足：$gh \geqslant \frac{1}{2}\pi Da$。

节流件前后的静压力，是从前、后环室和节流件前后端面之间所形成的连续环隙处取得的，其值为整个圆周上静压力的平均值。环室有均压作用，压差比较稳定，所以被广泛采用。但当管径超过 500mm 时，环室加工麻烦，一般采用单独钻孔取压。

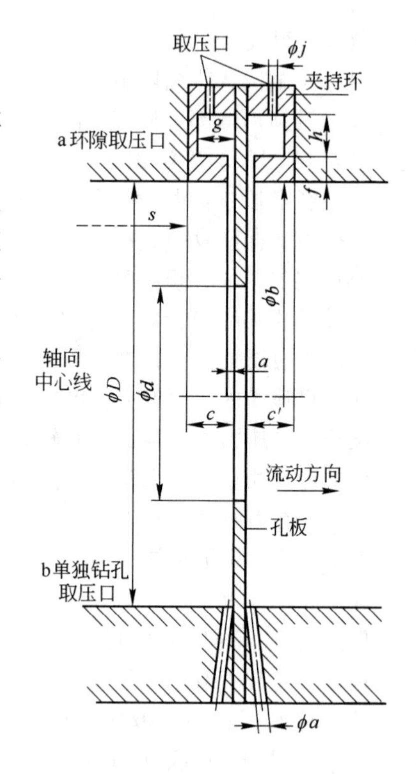

图 4-10　角接取压装置示意图

ϕj—环室取压口直径；g，h—环室的尺寸；f—环隙厚度；ϕb—夹持环直径；a—环隙宽度或单个取压口的直径；c，c'—上下游夹持环长度

（b）单独钻孔取压

如采用单独钻孔取压，则取压口的轴线应尽可能以 90°角与管道轴线相交。从管线内壁起，在至少 2.5 倍取压口内径的长度内，取压口应呈圆形和圆筒形。若在同一上游或下游平面上，有几个单独钻孔取压口，它们的轴线应彼此互成等角。

单独钻孔取压口直径 a 或环隙宽度 a 规定如下：

（1）清洁流体和蒸汽：

1）当 $\beta \leqslant 0.65$ 时，$0.005D \leqslant a \leqslant 0.03D$；

2）当 $\beta > 0.65$ 时，$0.01D \leqslant a \leqslant 0.02D$。

如果 $D < 100\text{mm}$，则 a 值达到 2mm 对应任何 β 都是可以接受的。

（2）对于任意的 β 值：

对于清洁流体：$1\text{mm} \leqslant a \leqslant 10\text{mm}$；

对于蒸汽，用环室取压时：$1\text{mm} \leqslant a \leqslant 10\text{mm}$；

对蒸汽和液化气体，用单独钻孔取压时：$4\text{mm} \leqslant a \leqslant 10\text{mm}$。

b　法兰取压装置

法兰取压装置即为设有取压口的法兰，其结构如图 4-11 所示。可以在孔板上下游规定的位置上同时设有几个法兰取压口，但在同一侧的取压口最好按等角距配置。

上、下游取压口的 l_1 和 l_2 名义上都等于 25.4mm，但在下列数值之间时无需对流量系数进

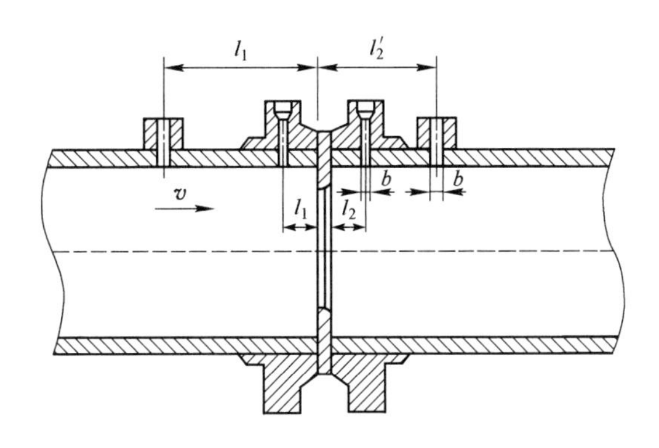

图 4-11 法兰取压、D 和 $D/2$ 取压示意图

行修正：

（1）当 $\beta>0.60$ 和 $D<150\text{mm}$ 时，l_1 和 l_2 之值均应在 25.4mm ± 0.5mm 之间；

（2）当 $\beta\leqslant0.60$ 或 $\beta>0.60$ 但 $150\text{mm}\leqslant D\leqslant1000\text{mm}$ 时，l_1 和 l_2 之值均应在 25.4mm ± 1.0mm 之间。

上、下游取压口其他技术要求如表 4-2 所示。

表 4-2 部分法兰取压装置技术要求

项目名称	技 术 要 求
取压口安装垂直度	取压口的中心线应尽可能以 90°与管道中心线相交，但在任何情况下都应在垂直线的 3°之内
穿透处形状	穿透处为圆形，其边缘应与管壁内表面平齐，并尽可能锐利。允许倒圆，但倒圆半径应小于取压口直径的 1/10
取压口直径	上下游取压口的直径 b 相同，b 值应满足小于 $0.13D$，且小于 13mm
取压口圆度	从管线内壁起，在至少 2.5 倍取压口内径的长度内，取压口应呈圆形和圆筒形

c D 和 $D/2$ 取压装置

此取压装置的特点是：

（1）上游取压口的 l_1 名义上等于 D，但 l_1 在 $0.9D$ 与 $1.1D$ 之间时，无需对流量系数进行修正。

（2）下游取压口的 l_2' 名义上等于 $D/2$，但 l_2' 在下列数值之间时无需对流量系数进行修正：

1）当 $\beta\leqslant0.60$ 时，l_2' 可在 $0.48D$ 与 $0.52D$ 之间；

2）当 $\beta>0.60$ 时，l_2' 可在 $0.49D$ 与 $0.51D$ 之间。

上、下游取压口其他技术要求同表 4-2。

各种标准节流装置取压方式概括如表 4-3 所示，供读者参考。

表 4-3 标准节流装置的取压方式

节流装置	取压方式	说　　明
标准孔板	角接取压、法兰取压、D 和 $D/2$ 取压	（1）对同一块孔板可以采用不同取压方式，但为了避免相互干扰，在孔板同一侧的几个取压口应至少偏移 30°； （2）其他说明详见 B 典型取压装置

续表 4-3

节流装置		取压方式	说　明
标准喷嘴	ISA 1932 喷嘴	角接取压	（1）上游取压口采用角接取压，同标准孔板； （2）下游取压口可按角接取压口设置，也可设置如下：当 $\beta \leqslant 0.67$ 时，取压口轴线与喷嘴上游端面之间的距离小于或等于 $0.15D$；当 $\beta > 0.67$ 时，该距离小于或等于 $0.2D$； （3）下游取压口安装垂直度、穿透处形状、取压口直径和圆度的技术要求同标准孔板的法兰取压，见表 4-2
	长径喷嘴	D 和 $D/2$ 取压	（1）上游取压口轴线应距喷嘴入口端面为：$l_1 = 1D^{+0.2D}_{-0.1D}$； （2）下游取压口轴线应距喷嘴入口端面为：$l'_2 = 0.50D \pm 0.01D$；当 $\beta < 0.3188$ 时，低比值喷嘴的下游取压口应距喷嘴入口为：$l'_2 = 1.6d^{+0}_{-0.02D}$； （3）上、下游取压口安装垂直度、穿透处形状、取压口直径和圆度的技术要求同 ISA 1932 喷嘴
标准文丘里管	经典文丘里管		（1）上游和喉部取压口应采用单个管壁取压口的形式，用环室或均压环相连；如有 4 个取压口，则用“三重 T 型”结构相连； （2）当 $d < 33.3$mm 时，喉部取压口的直径应在 $0.1d \sim 0.13d$ 之间，上游取压口的直径应在 $0.1d \sim 0.1D$ 之间；当 $d \geqslant 33.3$mm 时，取压口的直径应在 4 ~ 10mm 之间，且上游和喉部取压口的直径应分别不大于 $0.1D$ 和 $0.13d$；在与流体黏度和清洁度相适应的前提下，取压口应尽可能小； （3）上游和喉部取压口均不应少于 4 个，其轴线应彼此成等角，且位于垂直文丘里管轴线的平面上； （4）穿透处形状和取压口圆度的技术要求同 ISA 1932 喷嘴； （5）三种经典文丘里管的具体要求详见标准文件
	文丘里喷嘴		（1）上游取压口与 ISA 1932 喷嘴相同，采用角接取压； （2）喉部取压口应至少由 4 个单个取压口，连至环室、均压环或者“三重 T 型结构”，不得采用环隙或间断隙；取压口的轴线应彼此成等角，且位于垂直文丘里喷嘴轴线的平面上；单个钻孔取压孔的直径 $\delta_2 \leqslant 0.04d$，且应在 2mm ~ 10mm 之间； （3）喉部取压口安装垂直度、穿透处形状、取压口直径和圆度的技术要求同 ISA 1932 喷嘴

4.2.2.3 节流件前后直管段

节流件前后的管段，应经目测是直的。节流件计算用的管道直径，在节流件上下游侧 $2D$ 长度范围内必须实测。其方法为在上游侧 $0D$、$D/2$、$1D$ 和 $2D$ 处，与管道轴线垂直的截面上各取大致相等的等角距离的 4 个内径的单测值。此 16 个单测值的平均值为计算用的管道内径，并要求任意单测值与平均值间的偏差不得大于 0.3%。下游侧的直管段亦应如此，但要求较低，任意单测值与平均值间的偏差不得大于 2%。

在节流件上游至少 $10D$ 长度范围内，管道的内表面应清洁，应清除随时可能从管道上脱落的污物，除去所有金属起皮之类的金属瑕疵。确定管道内表面的粗糙度 R_a 至少需要测量 4 次。为满足测量准确度要求，所有仪表应选电子平均型表面粗糙度测量仪，其截止值不小于 0.75mm。

注意：粗糙度会随时间而改变，在确定清洗管道或检查 R_a 值的周期时应予以考虑。

对标准孔板，上游 $10D$ 的粗糙度廓形的算术平均偏差值 R_a 应使 $10^4R_a/D$ 大于表 4-4 所列出的最小值，小于表 4-5 所列出的最大值。下游管道粗糙度的要求没有这么严格。

表 4-4 标准孔板上游管道 $10^4R_a/D$ 的最小值

β	Re_D			
	$\leqslant 3\times10^6$	10^7	3×10^7	10^8
≤0.50	0.0	0.0	0.0	0.0
0.60	0.0	0.0	0.003	0.004
≥0.65	0.0	0.013	0.016	0.012

表 4-5 标准孔板上游管道 $10^4R_a/D$ 的最大值

β	Re_D								
	$\leqslant 10^4$	3×10^4	10^5	3×10^5	10^6	3×10^6	10^7	3×10^7	10^8
≤0.20	15	15	15	15	15	15	15	15	15
0.30	15	15	15	15	15	15	15	14	13
0.40	15	15	10	7.2	5.2	4.1	3.5	3.1	2.7
0.50	11	7.7	4.9	3.3	2.2	1.6	1.3	1.1	0.9
0.60	5.6	4.0	2.5	1.6	1.0	0.7	0.6	0.5	0.4
≥0.65	4.2	3.0	1.9	1.2	0.8	0.6	0.4	0.3	0.3

注意：(1) 表中粗糙度与节流件和上游管道配置（管壁峰谷高度、分布、尖锐度及其他因素）有关，使用时应综合分析；(2) 国家标准就是在满足相对粗糙度条件下用实验方法得到的流出系数。

ISA 1932 喷嘴上游管道内壁相对粗糙度上限值应至少满足表 4-6 的要求。长径喷嘴上游管道内壁相对粗糙度为 $R_a/D\leqslant 3.2\times10^{-4}$。文丘里喷嘴上游管道内壁相对粗糙度上限值应至少满足表 4-7 的要求。

注意：对标准喷嘴和文丘里喷嘴，(1) 它们的粗糙度要求大多是在满足 $Re_D\leqslant 10^6$ 时获得的，当雷诺数较高时，对粗糙度的要求将更为严格；(2) 如果在上游 $10D$ 长度范围内的粗糙度满足上述要求，则管道相对粗糙度可更高。

表 4-6 ISA 1932 喷嘴上游管道的相对粗糙度上限值

β	≤0.35	0.36	0.38	0.40	0.42	0.44	0.46	0.48	0.50	0.60	0.70	0.77	0.80
$10^4R_a/D$	8.0	5.9	4.3	3.4	2.8	2.4	2.1	1.9	1.8	1.4	1.3	1.2	1.2

表 4-7 文丘里喷嘴上游管道的相对粗糙度上限值

β	≤0.35	0.36	0.38	0.40	0.42	0.44	0.46	0.48	0.50	0.60	0.70	0.775
$10^4R_a/D$	8.0	5.9	4.3	3.4	2.8	2.4	2.1	1.9	1.8	1.4	1.3	1.2

4.2.3　标准节流装置的测量原理和流量公式

4.2.3.1　测量原理

在充满流体的管道内固定放置一个流通面积小于管道截面积的节流件，则管内流束在通过该节流件时就会造成局部收缩，在收缩处，流速增加，静压力降低，因此，在节流件前后将会产生与流量成一定函数关系的静压力差，这种现象即为节流效应。标准节流装置是基于节流效应工作的，即在标准节流装置、管道安装条件、流体参数一定的情况下，节流件前后的静压力差 Δp（简称差压）与流量 q_V 之间具有确定的函数关系。因此，可以通过测量节流件前后的差压来测量流量。

现以不可压缩流体流经孔板为例，来分析流体流经节流元件时的压力、速度变化情况，如图 4-12 所示。从图中可见，充满圆管的稳定流动的流体沿水平管道流动到节流件上游的截面 1 处，该处流体未受节流元件影响。之后，流束开始收缩，位于边缘处的流体向中心加速，则流体的动能增加，静压力随之减少。由于惯性的作用，流束通过孔板后还将继续收缩，直到在孔板后的某一距离处达到最小流束截面 2，此位置随流量大小而变。在截面 2，流体的平均流速 $\bar{v}_2$ 达到最大值，静压力 p_2' 达到最小值。过截面 2 后，流束又逐渐扩大。在截面 3 处，流束恢复到原来的状态，流速逐渐降低到原来的流速，即 $\bar{v}_3=\bar{v}_1$。但是流体流经节流元件时，会产生涡流、撞击，再加上沿程的摩擦阻力，所有这些均会造成能量损失，因此，压力 p_3' 不能恢复到原来的数值 p_1'，二者之差 δ_p 称为流体流经节流元件的压力损失，它是不可恢复的。

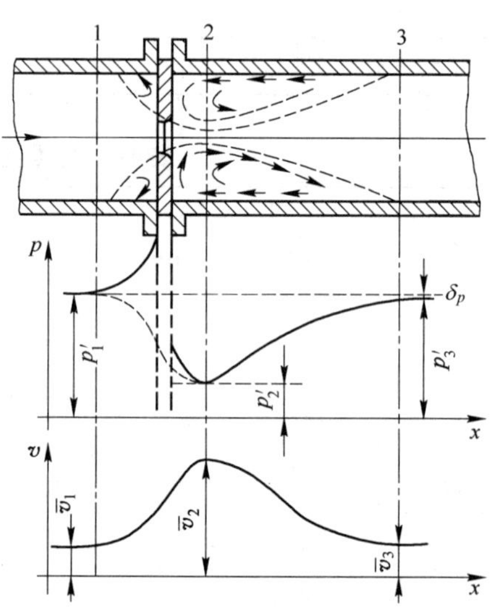

图 4-12　流体流经孔板时的压力和流速变化情况

流体压力沿管壁的变化和轴线上是不同的，在节流元件前由于节流元件对流体的阻碍，造成部分流体局部滞止，使管壁上流体静压力比上游的静压力稍有增高，如图 4-12 中实线所示。而在管的轴线上由于流速增加，静压力减少，如图 4-12 中的虚线所示。

为了减小压力损失，人们采用喷嘴、文丘里管等节流元件，它可减小节流件前后的涡流区。此外，还有一些低压损的节流件，可以节约仪表运行的能量消耗。

4.2.3.2　流量公式

流量公式用来表示流经节流装置的流量与形成的静压差之间的关系。它可以通过伯努利方程和流体的连续方程来求得。但是完全从理论上定量地推导出流量与压差的关系，目前还是不可能的，而只能通过实验来求得流量系数或流出系数。

A　不可压缩流体的流量公式

为了推导流量公式，我们在管道上选取两个截面：

（1）截面 1。该截面位于节流件上游，该处流体未受节流元件影响，其静压力为 p_1'，平均流速为 $\bar{v}_1$，流束截面的直径（即管内径）为 D，流体的密度为 ρ_1；

（2）截面 2，即流束的最小断面处。它位于标准孔板出口以后的地方，对于标准喷嘴和文丘里管则位于其喉管内。此处流体的静压力最低为 p_2'，平均流速最大为 $\bar{v}_2$，流体的密度为 ρ_2，

流束直径为 d'。

对标准孔板，$d' < d$；对标准喷嘴和文丘里管，$d' = d$。

设管道水平放置，则有 $z_1 = z_2$；对不可压缩流体有 $\rho_1 = \rho_2 = \rho$；再将能量损失记为 $s_w = \xi \frac{\bar{v}_2^2}{2}$，则对截面1和截面2，根据总流的伯努利方程式（4-24）可得

$$\frac{p_1'}{\rho} + \frac{c_1 \bar{v}_1^2}{2} = \frac{p_2'}{\rho} + \frac{c_2 \bar{v}_2^2}{2} + \xi \frac{\bar{v}_2^2}{2} \tag{4-26}$$

式中　p_1'，p_2'——管道截面1、2处流体的静压力，Pa；

c_1，c_2——管道截面1、2处的动能修正系数；

$\bar{v}_1$，$\bar{v}_2$——管道截面1、2处流体的平均速度，m/s；

ρ——不可压缩流体的平均密度，kg/m^3；

ξ——阻力系数。

流体总流的连续方程由式（4-23）可得

$$\bar{v}_1 \frac{\pi D^2}{4} = \bar{v}_2 \frac{\pi d'^2}{4} \tag{4-27}$$

式中　D，d'——管道截面1、2处的直径，m。

联立方程式（4-26）和式（4-27）求解 $\bar{v}_2$ 得

$$\bar{v}_2 = \frac{1}{\sqrt{c_2 + \xi - c_1 \left(\frac{d'}{D}\right)^4}} \sqrt{\frac{2}{\rho}(p_1' - p_2')} \tag{4-28}$$

对式（4-28）进行如下处理：

（1）引入节流装置的重要参数直径比，即 $\beta = d/D$；

（2）引入流束的收缩系数 μ，它表示流束的最小收缩面积和节流件开孔面积之比，即 $\mu = d'^2/d^2$；

（3）引入取压系数 Ψ。因为流束最小截面2的位置随流量变化而变化，而实际取压点的位置是固定的，用固定的取压点处的静压力 p_1、p_2 代替 p_1'、p_2' 时，须引入一个取压修正系数 Ψ，即

$$\Psi = \frac{p_1' - p_2'}{p_1 - p_2} \tag{4-29}$$

式中　Ψ——取压系数，取压方式不同 Ψ 值亦不同。

经过以上处理，式（4-28）变为

$$\bar{v}_2 = \frac{\sqrt{\Psi}}{\sqrt{c_2 + \xi - c_1 \mu^2 \beta^4}} \sqrt{\frac{2}{\rho}(p_1 - p_2)} \tag{4-30}$$

用节流件的开孔面积 $\frac{\pi}{4}d^2$ 替代 $\frac{\pi}{4}d'^2$，则体积流量为

$$q_V = \frac{\mu \sqrt{\Psi}}{\sqrt{c_2 + \xi - c_1 \mu^2 \beta^4}} \frac{\pi}{4} d^2 \sqrt{\frac{2}{\rho}(p_1 - p_2)} \tag{4-31}$$

注意：公式中的 d 和 D 是在工作条件下的直径值。在任何其他条件下所测得的直径，必须根据测量时实际的流体温度和压力对其进行修正。

记静压力差 $\Delta p = p_1 - p_2$，设节流元件的开孔面积为 $A_0 = \frac{\pi}{4}d^2$，并定义流量系数为

$$\alpha = \frac{\mu\sqrt{\Psi}}{\sqrt{c_2 + \xi - c_1\mu^2\beta^4}} \tag{4-32}$$

则流体的体积流量为

$$q_V = \alpha A_0\sqrt{\frac{2}{\rho}\Delta p} \tag{4-33}$$

目前，国际上多用流出系数 C 来代替流量系数 α。流出系数定义为实际流量值与理论流量值的比值。所谓理论流量值是指在理想工作情况下的流量值。理想工作情况主要包括：

（1）无能量损失，即 $\xi = 0$；

（2）用平均流速代替瞬时流速无偏差，即 $c_1 = c_2 = 1$；

（3）假定在孔板处流束收缩到最小，则有 $d' = d$，$\mu = 1$；

（4）假定截面 1 和截面 2 所在位置恰好为差压计两个固定取压点的位置，则固定点取压值 p_1、p_2 等于 p'_1、p'_2，即 $\Psi = 1$。

则理论流量值 q_{V0} 为

$$q_{V0} = \frac{A_0}{\sqrt{1-\beta^4}}\sqrt{\frac{2}{\rho}\Delta p} \tag{4-34}$$

流出系数 C 的表达式为

$$C = \frac{q_V}{q_{V0}} = \frac{\alpha}{E} \tag{4-35}$$

式中　E——渐近速度系数，$E = \dfrac{1}{\sqrt{1-\beta^4}}$。

注意：对于给定安装条件下的给定节流装置，流出系数仅与雷诺数有关。

用流出系数 C 表示的（体积）流量公式为

$$q_V = \frac{C}{\sqrt{1-\beta^4}} A_0\sqrt{\frac{2}{\rho}\Delta p} \tag{4-36}$$

用流出系数 C 表示的质量流量公式为

$$q_m = \frac{C}{\sqrt{1-\beta^4}} A_0\sqrt{2\rho\Delta p} \tag{4-37}$$

注意：以上公式建立的假设条件有：（1）质量力只有重力；（2）管道为光滑圆管，且水平安装；（3）流体为连续流动的定常流；（4）流体为不可压缩流体，密度为常数；（5）流体充满管线。

B　可压缩流体的流量公式

对于可压缩流体，由于密度随压力或温度的变化而变化，不再满足 $\rho_1 = \rho_2 = \rho$。此时，如果仍用不可压缩流体的流出系数 C，则算出的流量偏大。为方便起见，其流量方程仍取不可压缩流体流量方程式的形式，只是规定公式中的 ρ 取节流件前流体的密度 ρ_1，流量系数 α 和流出系数 C 也仍取不可压缩时的数值，而把流体可压缩性的全部影响集中用一个流束膨胀修正系数 ε 来考虑。显然，不可压缩流体的 $\varepsilon = 1$，可压缩流体的 $\varepsilon < 1$。可压缩流体的流量公式为

$$q_V = \frac{C\varepsilon}{\sqrt{1-\beta^4}} A_0\sqrt{\frac{2}{\rho_1}\Delta p} \tag{4-38}$$

$$q_m = \frac{C\varepsilon}{\sqrt{1-\beta^4}} A_0\sqrt{2\rho_1\Delta p} \tag{4-39}$$

式中　ε——可压缩流体的流束膨胀修正系数，简称（可）膨胀系数。

4.2.4　标准节流装置的适用条件

流经节流装置的流量与差压的关系，是在特定的流体与流动条件下，以及在节流件上游侧1D处已形成典型的紊流流速分布并且无旋涡的条件下通过实验获得的。任何一个因素的改变，都将影响流量与差压的确定函数关系，因此标准节流装置对流体条件、流动条件、管道条件和安装要求等都做了明确的规定。

注意：对于未经标定的标准节流装置，只要它与经过充分实验标定的标准节流装置几何相似和动力学相似，则在已知有关参数的条件下，在标准规定的测量误差范围内，可用上述已标定的标准节流装置的流量公式来确定未标定的节流装置节流件前后的静压力差与流量间的关系。达到几何相似的条件为：节流装置的结构形式和取压装置、节流件上下游的测量管道，以及直管段长度等的制造及安装符合标准的规定。动力学相似的条件为雷诺数相等。

4.2.4.1　流体条件和流动条件

（1）只适用于圆管中单相均质的牛顿流体，对于具有高分散度的胶体溶液，如牛奶也近似处理为单相流体。

（2）流体必须充满圆形管道，且其密度和黏度已知。

（3）不适用于脉动流的测量。流量应该恒定或只随时间作微小和缓慢的变化。

（4）流体在流经节流件前，应符合无旋涡且流动充分发展的要求，其流束必须与管道轴线平行。

（5）流体在流经节流装置时不发生相变。

4.2.4.2　管道条件

节流装置前后直管段 l_1 和 l_2、上游侧第一与第二个局部阻力件（又称管件和阻流件）间的直管段 l_0 以及差压信号管路，如图4-13所示。

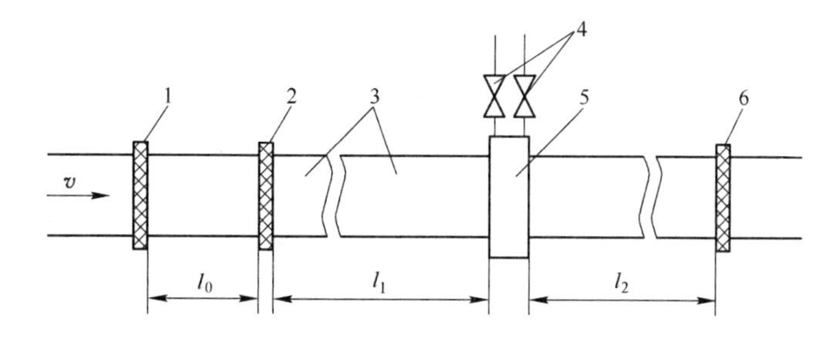

图4-13　节流装置的管段与管件

1—节流件上游侧第二个阻力件；2—节流件上游侧第一个阻力件；3—管道；4—压差信号管路；5—节流件和取压装置；6—节流件下游侧第一个阻力件；l_0—节流件上游侧第一和第二阻力件之间的直管段；l_1—节流件上游侧第一阻力件和节流件之间的直管段；l_2—节流件下游侧的直管段

节流装置应安装在两段有恒定横截面积的圆筒形直管段之间。在此直管段内应无流体的流入或流出，但可设置排泄孔和（或）放气孔。使用时应注意，在流量测量期间不得有流体通过排泄孔和放气孔。整个所需最短直管段的管孔都应是圆的。

节流件上下游侧最短直管段长度与节流件上下游侧阻力件的形式、节流件的形式和直径比β值有关。在不安装流动调整器的情况下，标准孔板与管件之间的最短直管段要求、标准喷嘴和文丘里喷嘴所需直管段要求和经典文丘里所需直管段要求分别如表4-8、表4-9和表4-10所示。使用这些表时应遵循以下原则：

表 4-8 无流动调整器情况下，标准孔板与管件之间所需的直管段（数值以管径 D 的倍数表示）

直径比 β	孔板的上游侧 l_1																										孔板的下游侧 l_2	
	单个90°弯头，任一平面上两个90°弯头（$S>30D$）[a]		同一平面上两个90°弯头；S型结构（$30D\geqslant S>10D$）[a]		同一平面上两个90°弯头；S型结构（$10D\geqslant S$）[a]		互成垂直平面上两个90°弯头（$30D\geqslant S\geqslant 5D$）[a]		互成垂直平面上两个90°弯头（$10D\geqslant S$）[a,b]		带或不带延伸部分的单个90°三通斜接90°弯头		单个45°弯头，同一平面上两个45°弯头（$S\geqslant 2D$）[a]		同心渐缩管（在 $1.5D$ ~ $3D$ 长度内由 $2D$ 变为 D）		同心渐扩管（在 D ~ $2D$ 长度内由 $0.5D$ 变为 D）		全孔球阀或闸阀全开		突然对称收缩		温度计插套或套管[c]直径 $\leqslant 0.03D$[d]		各种管件（第2栏至第11栏）和密度计套管	
1	2		3		4		5		6		7		8		9		10		11		12		13		14	
	A[e]	B[f]	A[e]	B[f]	A[e]	B[f]	A[e]	B[f]	A[e]	B[f]	A[e]	B[f]	A[e]	B[f]	A[e]	B[f]	A[e]	B[f]	A[e]	B[f]	A[e]	B[f]	A[e]	B[f]	A[e]	B[f]
≤0.20	6	3	10	[g]	10	[g]	19	18	34	17	3	[g]	7	[g]	5	[g]	6	[g]	12	6	30	15	5	3	4	2
0.40	16	3	10	[g]	10	[g]	44	18	50	25	9	3	30	9	5	[g]	12	8	12	6	30	15	5	3	6	3
0.50	22	9	18	10	22	10	44	18	75	34	19	9	30	18	8	5	20	9	12	6	30	15	5	3	6	3
0.60	42	13	30	18	42	18	44	18	65[h]	25	29	18	30	18	9	5	26	11	14	7	30	15	5	3	7	3.5
0.67	44	20	44	18	44	20	44	20	60	18	36	18	44	18	12	6	28	14	18	9	30	15	5	3	7	3.5
0.75	44	20	44	18	44	22	44	20	75	18	44	18	44	18	13	8	36	18	24	12	30	15	5	3	8	4

注：1. 所需最短直管段是孔板上游或下游各种管件与孔板之间的直管段长度。直管段应从最近的（或唯一的）弯头或三通的弯曲部分的下游端测量起，或者从渐缩管或渐扩管的弯曲或圆锥部分的下游端测量起。

2. 本表中直管段所依据的大多数弯头的曲率半径等于 $1.5D$。

a S 是上游弯头弯曲部分的下游端到下游弯头弯曲部分的上游端测得的两个弯头之间的间隔。

b 这不是一种好的上游安装，如有可能宜使用流动调整器。

c 安装温度计插套或套管将不改变其他管件所需的最短上游直管段。

d 只要 A 栏和 B 栏的值分别增大到 20 和 10，就可安装直径 $0.03D$ ~ $0.13D$ 的温度计插套或套管。但不推荐这种安装方式。

e 每种管件的 A 栏都给出了对应于“零附加不确定度”的直管段。

f 每种管件的 B 栏都给出了对应于“0.5% 附加不确定度”的直管段。

g A 栏中的直管段给出零附加不确定度；目前尚无较短直管段的数据可用于给出 B 栏的所需直管段。

h 如果 $S<2D$，$Re_D>2\times10^6$ 需要 $95D$。

表 4-9 无流动调整器情况下，标准喷嘴和文丘里喷嘴所需直管段（数值以管径 D 的倍数表示）

直径比 β[a]	一次装置上游侧 l_1																				一次装置下游侧 l_2	
	单个 90°弯头或三通（仅从一个支管流出）		同一平面上两个或多个 90°弯头		不同平面上两个或多个 90°弯头		渐缩管（在 $1.5D \sim 3D$ 长度内由 $2D$ 变为 D）		渐扩管（在 $D \sim 2D$ 长度内由 $0.5D$ 变为 D）		球形阀全开		全孔球阀或闸阀全开		突然对称收缩		直径 $\leqslant 0.03D$ 的温度计插套或套管[b]		直径在 $0.03 \sim 0.13D$ 之间的温度计插套或套管[b]		各种管件（第 2 栏至第 8 栏）	
1	2		3		4		5		6		7		8		9		10		11		12	
	A[c]	B[d]	A[c]	B[d]	A[c]	B[d]	A[c]	B[d]	A[c]	B[d]	A[c]	B[d]	A[c]	B[d]	A[c]	B[d]	A[c]	B[d]	A[c]	B[d]	A[c]	B[d]
0.20	10	6	14	7	34	17	5	[e]	16	8	18	9	12	6	30	15	5	3	20	10	4	2
0.25	10	6	14	7	34	17	5	[e]	16	8	18	9	12	6	30	15	5	3	20	10	4	2
0.30	10	6	16	8	34	17	5	[e]	16	8	18	9	12	6	30	15	5	3	20	10	5	2.5
0.35	12	6	16	8	36	18	5	[e]	16	8	18	9	12	6	30	15	5	3	20	10	5	2.5
0.40	14	7	18	9	36	18	5	[e]	16	8	20	10	12	6	30	15	5	3	20	10	6	3
0.45	14	7	18	9	38	19	5	[e]	17	9	20	10	12	6	30	15	5	3	20	10	6	3
0.50	14	7	20	10	40	20	6	5	18	9	22	11	12	6	30	15	5	3	20	10	6	3
0.55	16	8	22	11	44	22	8	5	20	10	24	12	14	7	30	15	5	3	20	10	6	3
0.60	18	9	26	13	48	24	9	5	22	11	26	13	14	7	30	15	5	3	20	10	7	3.5
0.65	22	11	32	16	54	27	11	6	25	13	28	14	16	8	30	15	5	3	20	10	7	3.5
0.70	28	14	36	18	62	31	14	7	30	15	32	16	20	10	30	15	5	3	20	10	7	3.5
0.75	36	18	42	21	70	35	22	11	38	19	36	18	24	12	30	15	5	3	20	10	8	4
0.80	46	23	50	25	80	40	30	15	54	27	44	22	30	15	30	15	5	3	20	10	8	4

注：1. 所需最短直管段是位于一次装置上游或下游各种管件与一次装置之间的管段。所有直管段都应从一次装置的上游端面测量起。

2. 这些直管段长度并非建立在最新数据基础上。

a 对于某些形式的一次装置，并非所有 β 值都是允许的。

b 安装温度计插套或插孔不改变其他管件所需的最短上游直管段。

c 各种管件的 A 栏给出相当于“零附加不确定度”的值。

d 各种管件的 B 栏给出相当于“0.5% 附加不确定度”的值。

e A 栏中的直管段给出零附加不确定度；目前尚无可用于给出 B 栏所需短直管段的较短直管段数据。

表 4-10　无流动调整器情况下，经典文丘里管所需直管段（数值以管径 D 的倍数表示）

直径比 β	单个 90°弯头[a]		同一平面或不同平面上的两个或多个 90°弯头[a]		渐缩管（在 2.3D 长度内由 1.33D 变为 D）		渐扩管（在 2.5D 长度内由 0.67D 变为 D）		渐缩管（在 3.5D 长度内由 3D 变为 D）		渐扩管（在 D 长度内由 0.75D 变为 D）		全孔球阀或闸阀全开	
1	2		3		4		5		6		7		8	
	A[b]	B[c]	A[b]	B[c]	A[b]	B[c]	A[b]	B[c]	A[b]	B[c]	A[b]	B[c]	A[b]	B[c]
0.30	8	3	8	3	4	[d]	4	[d]	2.5	[d]	2.5	[d]	2.5	[d]
0.40	8	3	8	3	4	[d]	4	[d]	2.5	[d]	2.5	[d]	2.5	[d]
0.50	9	3	10	3	4	[d]	5	4	5.5	2.5	2.5	[d]	3.5	2.5
0.60	10	3	10	3	4	[d]	6	4	8.5	2.5	3.5	2.5	4.5	2.5
0.70	14	3	18	3	4	[d]	7	5	10.5	2.5	5.5	3.5	5.5	3.5
0.75	16	8	22	3	4	[d]	7	6	11.5	3.5	6.5	4.5	5.5	3.5

注：1. 所需最短直管段是经典文丘里管上游的各种管件与经典文丘里管之间的直管段。直管段应从最近（或仅有）的弯头弯曲部分的下游端或是从渐缩管或渐扩管的弯曲或圆锥部分的下游端测量到经典文丘里管的上游取压口平面。

2. 如果经典文丘里管上游有温度计插套或套管，其直径应不超过 0.13D，且应位于文丘里管上游取压口平面的上游至少 4D 处。

3. 对于下游直管段，喉部取压口平面下游至少 4 倍喉部直径处的管件或其他阻流件（如本表所示）或密度计插套不影响测量的精确度。

a　弯头的曲率半径应大于或等于管道直径。

b　各种管件的 A 栏给出对应于“零附加不确定度”的值。

c　各种管件的 B 栏给出对应于“0.5% 附加不确定度”的值。

d　A 栏中的直管段给出零附加不确定度；目前尚无可用于给出 B 栏所需直管段的较短直管段数据。

（1）l_0 的确定。在上游侧第一个阻力件与第二个阻力件之间的直管段长度 l_0，对标准孔板，按第二个阻力件的形式和 $\beta=0.67$（不论实际的 β 值是多少）取表 4-8 所列数值的一半；对其他节流装置按第二个阻力件的形式和 $\beta=0.7$ 取表 4-9 或表 4-10 所列数值的一半。

（2）表中所列阀门应全开。建议调节流量的阀门应安装在节流装置的下游，位于节流装置上游的隔断阀应为全孔型阀，且全开。阀最好配备定位杆，使阀芯对准全开位置。

（3）附加不确定度确定：

1）当直管段长度等于或大于 3 个表中 A 栏规定的“零附加不确定度”的值时，就不必在流出系数不确定度上加上任何附加不确定度。

2）对标准孔板、标准喷嘴和文丘里喷嘴，当上游或下游侧直管段长度小于 A 栏的“零附加不确定度”的值，且等于或大于 B 栏的“0.5% 零附加不确定度”的值时，应在流出系数的不确定度上算术相加 ±0.5% 的附加不确定度。

3）对经典文丘里管，仅当上游侧直管段长度小于 A 栏值，且等于或大于 B 栏值时，算术相加 ±0.5% 的附加不确定度。

4）其他情况国家标准均未给出附加不确定度值。

注意：（1）附加不确定度是在流出系数的不确定度上算术相加。（2）当上游无法设置足够长的直管段时，应在节流装置上游安装流动调整器。

（4）温度计的使用。流体温度最好在节流件下游测量，且测量时需要特别小心。温度计插孔或套管应占有尽可能小的空间。如果温度计插孔或套管位于下游，它与节流件之间的距离

应等于或大于 $5D$（当流体是气体时，不得超过 $15D$）；如果温度计插孔或套管位于上游，它与节流件之间距离应满足 3 个表中的管道安装规定。

注意：在满足标准节流装置适用条件时，一般假设取压口上游和下游处的流体温度是相同的。当出现以下情况时，需要根据下游测得的温度计算上游温度：（1）流体是非理想气体；（2）需要最高的准确度；（3）上游取压口和下游测温处存在较大的压力损失。

（5）直管段的选用。3 个表给出的是在不安装流动调整器情况下，所需的最短直管段。实际应用时建议采用比所规定的长度更长的直管段。在研究和校验工作中，为了不引入附加不确定度，推荐采用的直管段长度至少为 3 个表中对于"零附加不确定度"所规定值的 2 倍。

3 个表中所给出的值是在所研究管件的上游采用很长的直管段通过实验确定的，所以紧靠管件上游的流动就可被认为是充分发展的且无旋涡。

（6）流动调整器的使用。当现场难以满足直管段的最小长度要求或有扰动源存在时，可考虑在节流元件前安装调整流速分布的调整器，以消除流动的不对称分布和旋转流等情况。安装位置和使用的调整器形式在标准中有具体规定。但应注意，安装了调整器后会产生相应的压力损失。

（7）各种标准节流装置还分别有一些特殊的规定，请参考相关标准文件和行业规范。例如，对喷嘴和文丘里喷嘴，若将其安装在从上游敞开空间引出的管道中，无论是直接引出还是通过表 4-9 涉及的任何管件引出，敞开空间与喷嘴或文丘里喷嘴之间的管道总长度绝不应小于 $30D$。

（8）不适用本标准情况：

1）对标准孔板、标准喷嘴和文丘里喷嘴，所要求的三个直管段长度（l_0、l_1、l_2）有一个小于 B 栏内的数值，或者有两个都在 A 栏和 B 栏数值之间。

2）对经典文丘里管，上游直管段 l_0 和 l_1 有一个小于 B 栏内的数值，或者下游直管段 l_2 短于表 4-10 中的文字规定值。

3）实际使用的阻力件形式没有包括在 3 个表内。

由 3 个表的对比可知，对于相同的直径比 β 和阻力件形式，经典文丘里管所需直管段长度要短于其他节流装置的长度。这是由于在经典文丘里管的收缩段内发生流动不一致性衰减所致。但在考虑经典文丘里管安装管道总长度时，应充分考虑其本身的长度对管道的要求。

注意：（1）节流装置在使用一段时间后，应进行定期的检定。因为即使是中性流体也可能在节流装置上形成沉淀或结壳，而使流出系数发生变化，超出不确定度要求。（2）管道内表面应始终保持清洁，应随时清除各种污物和瑕疵。（3）若流体和环境之间的温度差能显著影响所要求的测量不确定度，应对仪表采取隔热措施。

流量系数 α、流出系数 C 与很多因素有关，从理论上很难进行准确的计算，只能用实验的方法确定。实验表明，C 与节流件的形式、取压方式、直径比 β 及雷诺数 Re 等因素有关。对于一定类型的节流件，一定的取压方式，在满足表 4-11 和管道安装等条件下，标准节流装置的流出系数 C 是关于 β 和 Re 的函数。

表 4-11 标准节流装置的适应范围

节流装置		孔径 d/mm	管径 D/mm	直径比 β	雷诺数 Re
节流元件	取压方式				
标准孔板	角接取压	$d\geqslant 12.5$	50～1000	0.10～0.75	$0.10\leqslant\beta\leqslant 0.56$ 时，$Re_D\geqslant 5000$ $\beta>0.56$ 时，$Re_D\geqslant 16000\beta^2$
	D 和 $D/2$ 取压				
	法兰取压				$Re_D\geqslant 5000$ 且 $Re_D\geqslant 170\beta^2 D$

续表 4-11

节流装置				孔径 d/mm	管径 D/mm	直径比 β	雷诺数 Re
节流元件			取压方式				
标准喷嘴	ISA 1932 喷嘴		角接取压		50～500	0.30～0.80	$0.30 \leqslant \beta < 0.44$ 时，$7 \times 10^4 \leqslant Re_D \leqslant 10^7$ $0.44 \leqslant \beta \leqslant 0.80$ 时，$2 \times 10^4 \leqslant Re_D \leqslant 10^7$
	长径喷嘴		D 和 $D/2$ 取压		50～630	0.20～0.80	$10^4 \leqslant Re_D \leqslant 10^7$
文丘里管	经典文丘里管	“铸造”收缩段式			100～800	0.30～0.75	$2 \times 10^5 \leqslant Re_D \leqslant 2 \times 10^6$
		机械加工收缩段式			50～250	0.40～0.75	$2 \times 10^5 \leqslant Re_D \leqslant 1 \times 10^6$
		粗焊铁板收缩段式			200～1200	0.40～0.70	$2 \times 10^5 \leqslant Re_D \leqslant 2 \times 10^6$
	文丘里喷嘴			$d \geqslant 50$	65～500	0.316～0.775	$1.5 \times 10^5 \leqslant Re_D \leqslant 2 \times 10^6$

注：D 以毫米（mm）表示。

4.2.5　流量公式有关参数的确定

4.2.5.1　标准节流装置的流出系数 C

标准节流装置的流出系数 C，是通过实验测得流量与相对应的差压 Δp，然后用上述的流量公式计算得到。实验确定 C 值的过程如下：（1）在流量标准装置上求得各种实验流体（一般为水、空气、油、天然气等）的流出系数 C 的试验数据；（2）在建立回归数据库，即积累大量试验数据的基础上，用数理统计的回归分析方法求得 C 的函数关系式。

在一定的安装条件下，给定的节流装置（包含一定的取压方式）的流出系数 C 仅与雷诺数 Re_D 有关。对于不同节流装置，只要这些节流装置满足几何相似和动力学相似，则 C 是相同的，即 $C = f$（Re_D，节流件类型，D，β）。只要节流装置符合标准节流装置的要求，就可以直接引用标准所规定的 C 值，并可确定其误差范围。

A　标准孔板的流出系数

1998 年 4 月 1 日，ISO 宣布 ISO 5167：1—1991 Amendment 1 标准孔板流量计的流出系数公式正式修改为新的流出系数公式，即里德-哈利斯/加拉赫（Reader-Harris/Gallagher）公式，其数学表达式为

$$C = 0.5961 + 0.0261\beta^2 - 0.216\beta^8 + 0.000521\left(\frac{10^6\beta}{Re_D}\right)^{0.7} + \left[0.0188 + 0.0063\left(\frac{19000\beta}{Re_D}\right)^{0.8}\right]\beta^{3.5}\left(\frac{10^6}{Re_D}\right)^{0.3} + (0.043 + 0.080e^{-10L_1} - 0.123e^{-7L_1}) \left[1 - 0.11\left(\frac{19000\beta}{Re_D}\right)^{0.8}\right]\frac{\beta^4}{1-\beta^4} - 0.031\left[\frac{2L'_2}{1-\beta_2} - 0.8\left(\frac{2L'_2}{1-\beta_2}\right)^{1.1}\right]\beta^{1.3} \tag{4-40}$$

当 $D < 71.12$mm 时，式（4-40）应加入下项：

$$0.011(0.75 - \beta)\left(2.8 - \frac{D}{25.4}\right) \tag{4-41}$$

式中　β——直径比，$\beta = d/D$；

Re_D——与 D 有关的管道雷诺数；

L_1——孔板上游端面到上游取压口的距离除以管道直径得出的商，$L_1 = l_1/D$；

L_2'——孔板下游端面到上游取压口的距离除以管道直径得出的商，$L'_2 = l_2'/D$。

对于角接取压法：$L_1 = L_2' = 0$；

对于 D 和 $D/2$ 取压法：$L_1 = 1$，$L'_2 = 0.47$；

对于法兰取压法：$L_1 = L'_2 = 25.4/D$，D 以毫米（mm）表示。

B　标准喷嘴的流出系数

ISA 1932 喷嘴的流出系数为

$$C = 0.9900 - 0.2262\beta^{4.1} - (0.00175\beta^2 - 0.0033\beta^{4.15})\left(\frac{10^6}{Re_D}\right)^{1.15} \tag{4-42}$$

当涉及上游管道雷诺数 Re_D 时，长径喷嘴的流出系数为

$$C = 0.9965 - 0.00653\left(\frac{10^6\beta}{Re_D}\right)^{0.5} \tag{4-43}$$

当涉及喉部雷诺数 Re_d 时，公式（4-43）变为

$$C = 0.9965 - 0.00653\left(\frac{10^6}{Re_d}\right)^{0.5} \tag{4-44}$$

式中　Re_d——与 d 有关的雷诺数，且 $Re_d = Re_D/\beta$。

此时，流出系数 C 与直径比 β 无关。

C　文丘里管的流出系数

文丘里喷嘴的流出系数为

$$C = 0.9858 - 0.196\beta^{4.5} \tag{4-45}$$

注意：式（4-42）和式（4-45）是在相对粗糙度 $R_a/D \leqslant 1.2\times10^{-4}$ 的管道中实验获得的。

经典文丘里管的流出系数又分为：

（1）“铸造”收缩段式流出系数为

$$C = 0.984 \tag{4-46}$$

（2）机械加工收缩段式流出系数为

$$C = 0.995 \tag{4-47}$$

（3）粗焊铁板收缩段式流出系数为

$$C = 0.985 \tag{4-48}$$

4.2.5.2　标准节流装置的膨胀系数 ε

膨胀系数 ε 是对流出系数在可压缩性流体中密度变化的修正，其定义式为

$$\varepsilon = \frac{4q_m\sqrt{1-\beta^4}}{C\pi d^2\sqrt{2\Delta p\rho_1}} \tag{4-49}$$

对于给定的节流装置，其值可在气体（可压缩流体）流量标准装置中进行校准得到。实验表明，对于给定的节流装置，已知直径比 β 时，膨胀系数 ε 只取决于压力比和等熵指数 κ，而与雷诺数无关。

对于标准孔板，由于流体膨胀既是轴向又是径向的，ε 不能直接利用上述公式，而是由经验公式获得。按照 ISO 5167 的规定，标准孔板的 3 种取压方式都采用同一膨胀系数公式，即

$$\varepsilon = 1 - (0.351 + 0.256\beta^4 + 0.93\beta^8)\left[1 - \left(\frac{p_2}{p_1}\right)^{1/\kappa}\right] \tag{4-50}$$

式中 ε——膨胀系数；

κ——等熵指数；

p_2——节流件下游侧压力，Pa；

p_1——节流件上游侧压力，Pa。

对于标准喷嘴、文丘里管或具有廓形的节流件，气体膨胀沿轴向进行，可以用热力过程中的绝热膨胀方程计算膨胀系数，即

$$\varepsilon = \sqrt{\left(\frac{\kappa\tau^{2/\kappa}}{\kappa - 1}\right)\left(\frac{1 - \beta^4}{1 - \beta^4\tau^{2/\kappa}}\right)\left(\frac{1 - \tau^{(\kappa-1)/\kappa}}{1 - \tau}\right)} \tag{4-51}$$

式中 τ——压力比，$\tau = p_2/p_1$。

注意：（1）式（4-50）和式（4-51）的适用范围为：$p_2/p_1 \geqslant 0.75$；（2）式（4-50）和式（4-51）一般由空气、蒸汽及天然气的试验结果求得，适用于等熵指数已知的其他气体。

4.2.5.3 标准节流装置的压力损失

流体流经节流件时，由于涡流、撞击及摩擦等原因而造成压力的损失，是不可恢复的。此压力损失是在其他压力影响可忽略不计时，邻近标准节流装置上游侧和下游侧所测得的静压之差。其中上游侧大约在标准节流装置上游 1D 处，下游侧大约在标准节流装置下游 6D 处，静压恰好完全恢复。压力损失的大小因节流件的形式而异，并随 β 值的减少而增大，随差压 Δp 的增加而增加。标准孔板、ISA 1932 喷嘴和长径喷嘴的压力损失计算公式为

$$\delta_p = \frac{\sqrt{1 - \beta^4(1 - C^2)} - C\beta^2}{\sqrt{1 - \beta^4(1 - C^2)} + C\beta^2}\Delta p \tag{4-52}$$

对于标准孔板，其压力损失也可用下式近似地计算：

$$\delta_p = (1 - \beta^{1.9})\Delta p \tag{4-53}$$

4.2.5.4 开孔直径和管径的确定

在流量公式中节流元件的开孔直径 d、管径 D 和直径比 β 都是工作状态下的数值，可是在设计和加工制造节流装置和选用管道时都是以常温的各种测量值为设计依据。因此，必须进行换算，换算公式如下：

$$d = d_{20}[1 + \lambda_d(t - 20)] \tag{4-54}$$

$$D = D_{20}[1 + \lambda_D(t - 20)] \tag{4-55}$$

式中 d，d_{20}——分别为工作状态下和20℃时节流元件的开孔直径，m；

D，D_{20}——分别为工作状态下和20℃时的管道内径，m；

λ_d，λ_D——分别为节流件材料和管道材料的膨胀系数，℃$^{-1}$；

t——工作状态下被测流体的温度，℃。

4.2.6 节流装置流量测量不确定度的估算

4.2.6.1 流量测量不确定度的合成

流量公式右边的各个参数并不是彼此无关的，例如，流出系数 C 是开孔直径 d、管径 D、粗糙度 R_a、流速 v、黏度 μ 的函数，膨胀系数 ε 是 d、D、差压 Δp、等熵指数 κ 的函数。因此严格地讲，流量公式中各个不确定度分量是相互影响的，在进行流量的不确定度合成时必须考

虑。虽然如此，在实际测量中为简便起见，仍将各因素近似为不相关。

根据节流式差压流量计流量公式（4-39）可得

$$q_m = CE\varepsilon \frac{\pi}{4} d^2 \sqrt{2\rho_1 \Delta p} \tag{4-56}$$

根据不确定度合成原理，可得

$$\frac{\delta_{q_m}}{q_m} = \pm \left[\left(\frac{\delta_C}{C}\right)^2 + \left(\frac{\delta_E}{E}\right)^2 + \left(\frac{\delta_\varepsilon}{\varepsilon}\right)^2 + 4\left(\frac{\delta_d}{d}\right)^2 + \frac{1}{4}\left(\frac{\delta_{\Delta p}}{\Delta p}\right)^2 + \frac{1}{4}\left(\frac{\delta_{\rho_1}}{\rho_1}\right)^2 \right]^{1/2} \tag{4-57}$$

式中　$\frac{\delta_{q_m}}{q_m}, \frac{\delta_C}{C}, \frac{\delta_E}{E}, \cdots$——$q_m$、$C$、$E$、…的相对不确定度，分别记为 E_{q_m}、E_C、E_ε、…。

考虑到 $E = \frac{1}{\sqrt{1-\beta^4}}$，且 $\beta = \frac{d}{D}$，则

$$\frac{\delta_E}{E} = \frac{1}{E}\left(\frac{\partial E}{\partial d}\delta_d + \frac{\partial E}{\partial D}\delta_D\right) = \frac{2\beta^4}{1-\beta^4}\left(\frac{\delta_d}{d} - \frac{\delta_D}{D}\right) \tag{4-58}$$

代入式（4-57）并整理得

$$E_{q_m} = \pm \left[E_C^2 + E_\varepsilon^2 + \left(\frac{2\beta^4}{1-\beta^4}\right)^2 E_D^2 + \left(\frac{2}{1-\beta^4}\right)^2 E_d^2 + \frac{1}{4}E_{\Delta p}^2 + \frac{1}{4}E_\rho^2 \right]^{1/2} \tag{4-59}$$

4.2.6.2　各不确定度分量的估算

A　E_C、E_ε 的估算

当满足（1）D、β、Re_D 和 R_a/D 已知且无误差；（2）节流装置的结构及安装等完全符合标准文件的要求时，流出系数相对不确定度 E_C 及膨胀系数相对不确定度 E_ε 如表4-12 所示。如节流装置用实际流体校验，则 E_C、E_ε 由实验确定。

表 4-12　流出系数和膨胀系数的相对不确定度

<table>
<tr><th colspan="4">节流装置</th><th rowspan="2">直径比 β</th><th rowspan="2">E_C/%</th><th rowspan="2">E_ε/%</th></tr>
<tr><th colspan="3">节流元件</th><th>取压方式</th></tr>
<tr><td colspan="3" rowspan="3">标准孔板</td><td>角接取压</td><td>$0.1 \leqslant \beta < 0.2$</td><td>$0.7-\beta$</td><td rowspan="3">$3.5\frac{\Delta p}{\kappa p_1}$</td></tr>
<tr><td>法兰取压</td><td>$0.2 \leqslant \beta \leqslant 0.6$</td><td>0.5</td></tr>
<tr><td>D 和 $D/2$ 取压</td><td>$0.6 < \beta \leqslant 0.75$</td><td>$1.667\beta-0.5$</td></tr>
<tr><td rowspan="2">标准喷嘴</td><td colspan="2">ISA 1932 喷嘴</td><td>角接取压</td><td>$\beta \leqslant 0.6$
$\beta > 0.6$</td><td>0.8
$2\beta-0.4$</td><td rowspan="2">$2\Delta p/p_1$</td></tr>
<tr><td colspan="2">长径喷嘴</td><td>D 和 $D/2$ 取压</td><td>0.2 ~ 0.8</td><td>2.0</td></tr>
<tr><td rowspan="4">文丘里管</td><td rowspan="3">经典
文丘里管</td><td>“铸造”收缩段式</td><td></td><td></td><td>0.7</td><td rowspan="4">$(4+100\beta^8)\Delta p/p_1$</td></tr>
<tr><td>机械加工收缩段式</td><td></td><td></td><td>1.0</td></tr>
<tr><td>粗焊铁板收缩段式</td><td></td><td></td><td>1.5</td></tr>
<tr><td colspan="2">文丘里喷嘴</td><td></td><td></td><td>$1.2+1.5\beta^4$</td></tr>
</table>

注意：表中3种取压方式标准孔板的不确定度是在不考虑直径比 β、管径 D、雷诺数 Re_D、相对粗糙度 R_a/D 不确定度的情况下得出的。

对标准孔板，若 $\beta > 0.5$ 和 $Re_D < 10000$ 时，E_C 应算术相加不确定度 0.5%；当 $D <$ 71.12mm 时，E_C 应算术相加下列不确定度：

$$0.9(0.75-\beta)\left(2.8-\frac{D}{25.4}\right)\% \tag{4-60}$$

B　E_D 和 E_d 的估算

E_D 为管径的不确定度，E_d 为节流件开孔直径的不确定度。它们既可按标准文件确定最大值，也可由用户计算给出。标准文件规定如下：对标准孔板、标准喷嘴和文丘里喷嘴，E_D 不超过 0.3%，E_d 不超过 0.05%；对文丘里管，E_D 不超过 0.4%，E_d 不超过 0.1%。

注意：无论采用哪种方式，都应满足 E_D 的最大值不超过 0.4%，E_d 的最大值不超过 0.1%。

C　$E_{\Delta p}$ 的估算

差压 Δp 的不确定度 $E_{\Delta p}$ 原则上应包括与节流装置有关的所有部件（差压信号管路、变送器、显示仪表以及它们间的连接件等）的不确定度。实际应用中，可根据差压计的准确度等级来估计，即

$$E_{\Delta p}=E_e\frac{\Delta p_{max}}{\Delta p_i}\times 100\% \tag{4-61}$$

式中　E_e——差压计的准确度等级；

Δp_{max}——差压计的量程上限值，Pa；

Δp_i——差压计某一点的差压值，Pa。

D　E_{ρ_1} 的估算

E_{ρ_1} 为节流件前被测介质密度的基本相对不确定度。ρ_1 值是根据测量的温度 t_1 和压力 p_1 值查表而得的。因此，E_{ρ_1} 值应由二者的相对不确定度 E_{p_1} 和 E_{t_1} 来衡量，其估算比较复杂。在工业测量中可按表 4-13 近似估算。

表 4-13　E_{ρ_1} 的估算

项　目	液　体			水蒸气					气　体			
E_{p_1}/%				0	±1	±5	±1	±5	0	±1	±1	±5
E_{t_1}/%	0	±1	±5	0	±1	±5	±5	±1	0	±1	±5	±1
E_{ρ_1}/%	±0.03	±0.03	±0.03	±0.02	±0.5	±3.0	±1.5	±2.5	±0.05	±1.5	±5.5	±5.5

4.2.6.3　附加不确定度

当标准节流装置完全按标准规定进行设计、制造、安装和使用时，可按前面所述的方法进行不确定度评定。但如果有一项或数项不符合标准的规定，则流量和差压间的关系将发生变化。为此应对流出系数进行逐项的修正，并将由此产生的误差定为附加不确定度。附加不确定度的成因复杂，如孔板直角入口边缘不锐利，孔板安装不同轴等。限于篇幅，仅以标准孔板安装不同轴为例简要介绍。

标准规定：在同轴度方面应保证节流件与管道同心。对于各个取压口，节流孔轴线与管道轴线之间平行于取压口的距离分量 e_{cl} 应满足

$$e_{cl}\leqslant\frac{0.0025D}{0.1+2.3\beta^4} \tag{4-62}$$

此时无附加不确定度。对于一个或多个取压口，若距离分量 e_{cl} 为

$$\frac{0.0025D}{0.1+2.3\beta^4}<e_{cl}\leqslant\frac{0.005D}{0.1+2.3\beta^4} \tag{4-63}$$

则流出系数 C 的不确定度应算术相加0.3%的附加不确定度。e_{cl}若再增大，则视为不符合要求。

4.2.7 标准节流装置的设计计算

标准节流装置的设计计算命题有两种形式：

（1）命题1：校核已有的标准节流装置（流量计算）。这类计算命题是在管道内径、节流元件开孔直径、取压方式、被测流体参数及其他必要条件已知的情况下，根据所测的差压值，计算被测流体的流量。常用在使用现场，如选用节流装置与实际管道不一致时，需要重新计算刻度，以及对流量进行验算等。

要完成已知条件下的流量计算，所依据的基本公式是流量公式。

（2）命题2：设计新的标准节流装置。这类计算命题是要根据用户提出的已知条件以及限制要求来设计标准节流装置，属于设计计算。已知条件包括：管道内径、被测流体参数、预计的流量测量范围、要求包括的最小直管段、允许的压力损失以及其他必要条件等。要设计的工作包括：选择适当的流量标尺上限和差压上限；确定节流装置的形式和开孔直径；确定最小直管段长度并验算；选配差压计；计算最大压力损失并验算；计算流量测量误差或不确定度。

在设计时，应根据现场的具体情况和标准节流装置的各项规定与要求，综合考虑以下4方面：

（1）测量的准确度尽可能高；

（2）在所要求的测量范围（最小流量~最大流量）内，流量系数具有平稳的数值，以便在测量范围内流量值和差压值之间是简单的对应关系；

（3）节流件前后所需要的直管段尽可能短；

（4）节流件的压力损失尽可能小，以降低能耗。

这类命题计算比较复杂，所求未知数多，在满足设计已知条件的情况下，设计计算结果不唯一，可以有多种结果。因此对所设计的结果，应结合技术、经济等问题进行全面综合的考虑。

有关两类命题的详细设计步骤和实例请参阅《标准节流装置设计手册》。

4.2.8 标准节流装置的特点和选用

4.2.8.1 标准节流装置的特点

（1）结构简单，使用寿命长，适应性较广，能够测量各种工况下的单相流体和高温、高压下的流体流量。

（2）发展早，应用历史长，有丰富、可靠的实验数据。

（3）标准节流装置的设计、加工、安装和使用已标准化，无需标定就可在已知不确定度范围内进行流量测量。

（4）现场安装条件要求严格，流量计前后需要有一定长度的直管段。

（5）测量范围窄，一般量程比为3∶1 ~ 4∶10。

（6）压力损失较大，准确度不够高，约为1.0~2.0级。

（7）测量的重复性、准确度在流量计中属于中等水平，由于众多因素的影响错综复杂，准确度难以提高。

（8）检测元件与差压显示仪表之间的引压管线为薄弱环节，易产生泄漏、堵塞、冻结及信号失真等故障。

4.2.8.2 选用时应考虑的因素

为了选择最适宜的标准节流装置，选型时应从以下几方面考虑：

（1）管径、直径比和雷诺数范围的限制条件；

（2）测量准确度；

（3）允许的压力损失；

（4）要求的最短直管段长度；

（5）对被测介质侵蚀、磨损和脏污的敏感性；

（6）结构的复杂程度和价格；

（7）安装的方便性；

（8）使用的长期稳定性。

具体选用时除需满足前面各章节所介绍的基本要求外，还应考虑如下因素：

（1）流体条件。测量易沉淀或有腐蚀性的流体宜采用喷嘴，这是因为，孔板流出系数或流量系数受其直角入口边缘尖锐度的变化影响较大。

（2）管道条件。在管道内壁比较粗糙的条件下，宜采用喷嘴。因为在开孔直径 d 相同的情况下，光滑管的相对粗糙度允许上限，喷嘴比孔板大。另外，标准孔板法兰取压时其光滑管的相对粗糙度允许上限较标准孔板角接取压时高。因此，较粗糙的管道采用孔板时，应考虑法兰取压方式。

（3）压力损失。在标准节流件中，孔板压力损失最大。在同样差压下，经典文丘里管和文丘里喷嘴的压力损失约为孔板与喷嘴的1/6～1/4。而在同样的流量和相同的 β 值时，喷嘴的压力损失只有孔板的30%～50%。

（4）准确度。标准节流装置各种类型节流件的准确度在同样差压、密度测量准确度下，取决于流出系数与膨胀系数的不确定度。各种节流件的流出系数的不确定度差别较大，相比之下，孔板的流出系数的不确定度最小，廓形节流件（喷嘴和文丘里管）的较大。这是因为，标准中所给出的廓形节流件流出系数计算公式所依据的数据库质量较差。但是对廓形节流件进行个别校准，也可得到高的准确度。

（5）在同一 β 值下，喷嘴较孔板开孔直径 d 大，故测量范围大。

（6）在高参数、大流量的生产管线上，通常采用喷嘴，而不是用孔板。这是因为长期运行时，标准孔板的锐角冲刷磨损严重，且易发生形变，影响准确度。

（7）在相同阻流件类型和直径比情况下，经典文丘里管所需的直管段长度远小于孔板与喷嘴。

（8）测量易使节流件沾污、磨损及变形的被测介质时，廓形节流件较孔板要优越得多。

（9）在加工制造及安装等方面，孔板最为简单，喷嘴次之，文丘里喷嘴和经典文丘里管最复杂，其造价亦依次递增。管径愈大，这种差别愈显著。

（10）孔板易取出检查节流件质量，喷嘴和文丘里管则需截断流体，拆下管道才可检查，比较麻烦。

（11）中小口径（DN50～DN100）的节流装置，取压口尺寸和取压位置的影响显著，这时采用环室取压有一定优势。

（12）采用角接取压标准孔板的优点是灵敏度高，加工简单，对管道内壁粗糙度 R_a 无要求，费用较低，使用数据、资料最全；法兰取压标准孔板的优点是加工制造容易、计算简单，但只适用光滑管的测量。D 和 $D/2$ 取压标准孔板的优点是对标准孔板与管道轴线的垂直度和同心度的安装要求较低，特别适合大管径的过热蒸汽的测量。

（13）同等条件下标准喷嘴比标准孔板性能优越。标准喷嘴在测量中，压损较小，不容易受被测介质腐蚀、磨损和脏污，寿命长，测量准确度较高以及所需要的直管段长度比较短。与喷嘴相比，孔板的最大优点是结构简单、加工方便、安装容易、价格便宜，因而在工业生产中，被广泛采用。

差压计与节流装置配套组成节流式差压流量计。差压计经导压管与节流装置相连，接收被测流体流过节流装置时所产生的差压信号，并进行适当的处理，从而实现对流量参数的显示、记录和自动控制。

差压计的种类很多，凡可测量差压的仪表均可作为节流式差压流量计中的差压计使用。目前工业生产中大多数采用差压变送器。它们可将测得的差压信号转换为0.02～0.1MPa的气压信号和4～20mA的直流电流信号。

4.2.9　节流式差压流量计的安装

流量计的安装是否正确和可靠，对能否保证将节流装置输出的差压信号准确地传送到差压计或差压变送器上，是十分重要的。流量计的安装必须符合以下要求：

（1）安装时，必须保证节流件的开孔和管道同心，节流装置端面与管道的轴线垂直，并满足式（4-62）或式（4-63）的要求。在节流件的上下游，必须配有一定长度的直管段，有关最短直管段的要求见表4-8、表4-9和表4-10。

（2）为把节流件前后的压差传送至差压计，应设两条导压管。导压管尽量按最短距离敷设在3～50m之内。管内径要根据导压管的长度来确定，一般不得小于6mm。

两根导压管应尽量保持相同的温度。两导压管里流体温度不同时，将导致流体密度变化，引起差压计的零点漂移。因此，两根导压管应尽量靠近。

为了防止在此管路中积存气体和水分，导压管应垂直安装。水平安装时，其倾斜度不应小于1∶10，其顶部应设放气阀，底部应设置放水阀。应切实保证导管内的液体不积气泡，否则就不能传递压差。

（3）测量液体流量时，应将差压计安装在低于节流装置处，如图4-14（a）所示。如一定

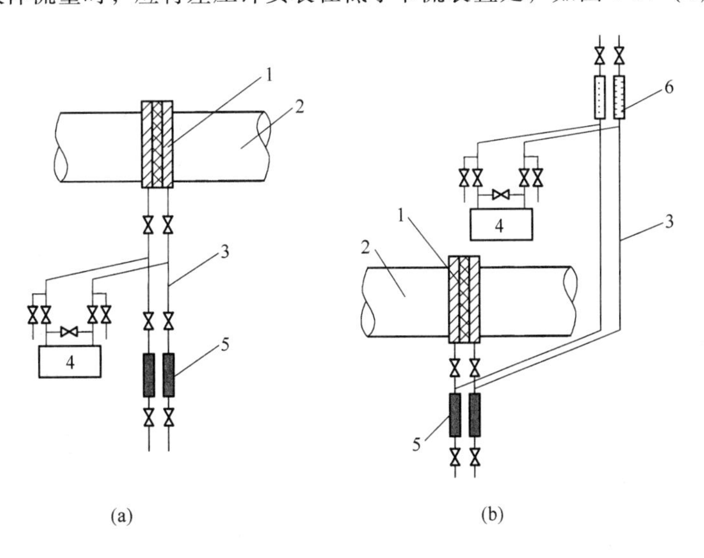

图4-14　测量液体时节流式差压流量计的安装示意图

（a）差压计在管道下方；（b）差压计在管道上方

1—节流装置；2—管道；3—导压管；4—差压计；5—沉降器；6—集气器

要装在上方时，应在连接管路的最高点处安装带阀门的集气器，在最低点处安装带阀门的沉降器，以便排出导压管内的气体和沉积物，如图 4-14（b）所示。

（4）测量气体流量，最好将差压计装在高于节流装置处，如图 4-15（a）所示。如一定要安装在下面，在连接导管的最低处应安装沉降器，以便排除冷凝液及污物，如图 4-15（b）所示。

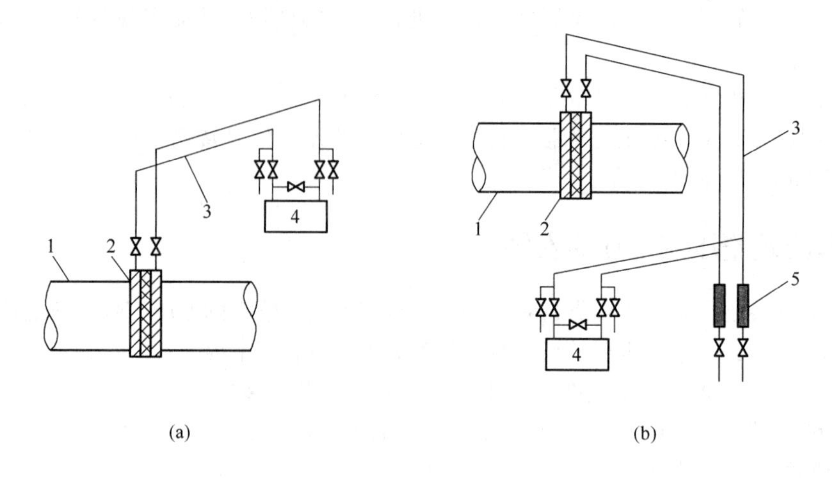

图 4-15　测量气体时节流式差压流量计的安装示意图

（a）差压计在管道上方；（b）差压计在管道下方

1—管道；2—节流装置；3—导压管；4—差压计；5—沉降器

（5）测量蒸汽流量时，差压计和节流装置之间的相对配置和测量液体流量相同。为保证两导压管中的冷凝水处于同一水平面上，在靠近节流装置处安装冷凝器，如图 4-16 所示。冷凝器是为了使差压计不受 70℃以上高温流体的影响，并能使蒸汽的冷凝液处于同一水平面上，以保证测量准确度。

（6）测量黏性的、腐蚀性的或易燃的流体的流量时，应安装隔离器，如图 4-17 所示。隔

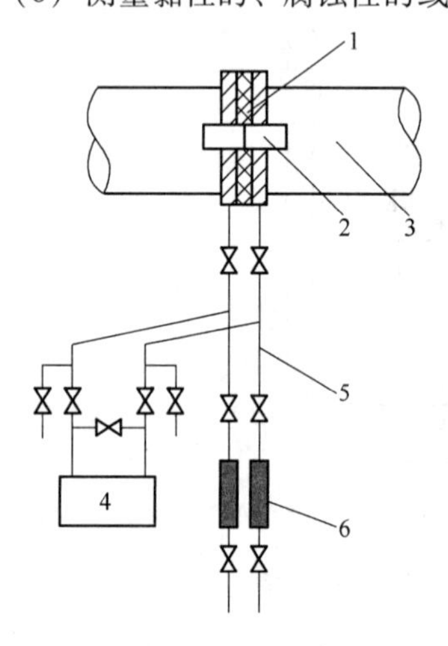

图 4-16　测量蒸汽时节流式差压流量计的安装示意图

1—节流装置；2—冷凝器；3—管道；4—差压计；5—导压管；6—沉降器

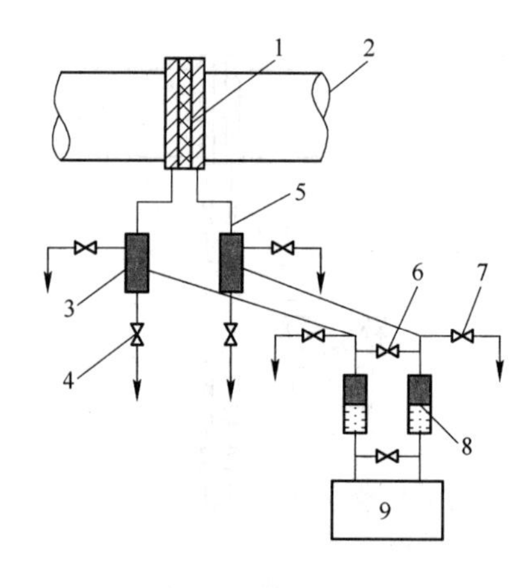

图 4-17　测量腐蚀性液体时节流式差压流量计的安装示意图

1—节流装置；2—管道；3—沉降器；4—排水阀；5—导压管；6—平衡阀；7—冲洗阀；8—隔离器；9—差压计

离器的用途是保护差压计不受被测流体的腐蚀和沾污。隔离器是两个相同的金属容器，容器内部充灌的隔离液应选择沸点高、凝固点低、化学与物理性能稳定，并与被测流体不相互作用和溶融的液体，如甘油、乙醇等。

4.2.10 非标准节流装置

在工程实际应用中，若被测液体含有固体微粒或有气泡析出，被测气体含有固体微粒或有液滴存在，则被测介质不满足“单相流”的要求；若被测介质雷诺数太低，超过规定的最小雷诺数要求，也不能使用标准节流装置实现正确测量。在这些情况下，非标准节流装置就显示出它的优越性。非标准节流装置是试验数据尚不充分，可用数据误差较大的尚未标准化的节流装置，使用前必须进行标定。非标准节流装置大致有以下一些种类：

（1）低雷诺数用节流装置。其包括1/4圆孔板、锥形入口孔板、双重孔板、双斜孔板、半圆孔板等。

（2）脏污介质用节流装置。其包括圆缺孔板、偏心孔板、环状孔板、楔形孔板、弯头节流件等。

（3）低压损用节流装置。其包括罗洛斯管、道尔管、矩形文丘里管、通用文丘里管、双重文丘里喷嘴、Vasy管等。

（4）小管径用节流装置。其包括小于50mm节流件、整体（内藏）孔板等。

（5）端头节流装置。其包括端头孔板、端头喷嘴、Borda管等。

（6）宽范围度节流装置。其包括变压头变面积孔板（线性孔板）。

（7）脉动流节流装置。

（8）临界流节流装置。

（9）混相流节流装置。

4.2.10.1 用于测量低雷诺数流体的节流装置

低雷诺数流体一般是指雷诺数 $Re_D \leqslant 10^4$ 的流体，常见于中小口径、低流速及黏性介质等。由流量测量原理可知，当雷诺数较低时，标准节流装置的流出系数不为常数，不能用它测量流量。如同心直角孔板的流出系数，当雷诺数较低时，随流量或黏度的变化而变化。而当采用弧形或锥形入口时，在层流区的流出系数基本上是常数，并有利于克服磨损和表面沉积物的影响。低雷诺数节流装置是用量仅次于标准节流装置的非标准节流装置。

A　1/4圆孔板

1/4圆孔板的形状与标准孔板的形状相似，只是其节流孔的入口边缘是半径为 r 的1/4圆弧，如图4-18所示。取压方式有角接取压和法兰取压两种，当 $D<40$mm时只能采用角接取压。

1/4圆孔板的适用范围为：$d \geqslant 15$mm；$25\text{mm} \leqslant D \leqslant 500$mm；$0.245 \leqslant \beta \leqslant 0.6$。

在适用范围内，1/4圆孔板的流出系数是恒定的，可以用下式计算：

$$C = 0.73823 + 0.3309\beta - 1.1615\beta^2 + 1.5084\beta^3 \qquad (4\text{-}64)$$

B　锥形入口孔板

锥形入口孔板是以锥形入口代替1/4圆的弧形入口，相当于一块倒装的标准孔板，其结构如图4-19所示，取压方式为角接取压。它所适用的雷诺数下限比1/4圆孔板还要低。

锥形入口孔板的适用范围为：$d \geqslant 6$mm；$25\text{mm} \leqslant D \leqslant 500$mm；$0.1 \leqslant \beta \leqslant 0.5$。

锥形入口孔板的流出系数 C 为：

当 $250\beta \leqslant Re_D < 5000\beta$ 时，$C = 0.734$；

当 $5000\beta \leqslant Re_D < 2 \times 10^5\beta$ 时，$C = 0.730$。

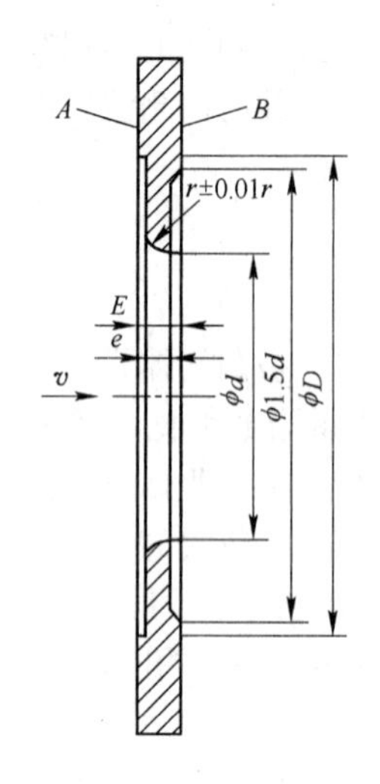

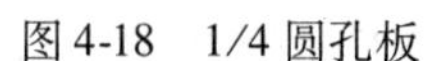

图4-18 1/4 圆孔板

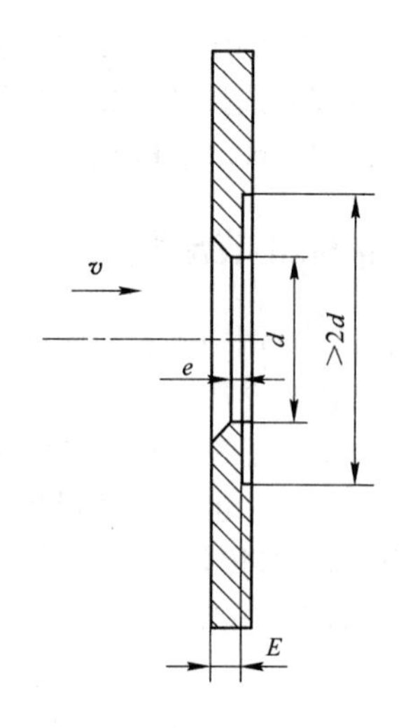

图4-19 锥形入口孔板

4.2.10.2 用于测量脏污介质的节流装置

A 偏心孔板

偏心孔板主要用于测量脏污介质和有气泡析出或含有固体微粒的液体流量，也可用于含有固体微粒或液滴的气体流量测量。偏心孔板形状和标准孔板相似，只是将节流孔的中心偏向管道的一边，直至节流孔与管道内圆相切，如图4-20所示。取压方式可以采用角接取压（只能用单独钻孔取压）、法兰取压和缩流取压，取压口应设置在远离节流孔的一侧。

偏心孔板的适用范围为：$d \geqslant 50\text{mm}$；$100\text{mm} \leqslant D \leqslant 1000\text{mm}$；$0.46 \leqslant \beta \leqslant 0.846$；$2\times10^5\beta \leqslant Re_D \leqslant 10^6\beta$。

在此范围内的流出系数计算公式为

$$C = 0.93548 - 1.68892\beta + 3.0428\beta^2 - 1.79893\beta^3 \tag{4-65}$$

测量含气泡的液体时，节流孔应向管道上方偏心；测量含固体微粒的液体和气体时，节流孔应向管道下方偏心。测量管道应水平安装。

B 圆缺孔板

圆缺孔板是一块开有圆缺通孔（而非圆孔）的孔板，如图4-21所示。h 为圆缺的高度，其

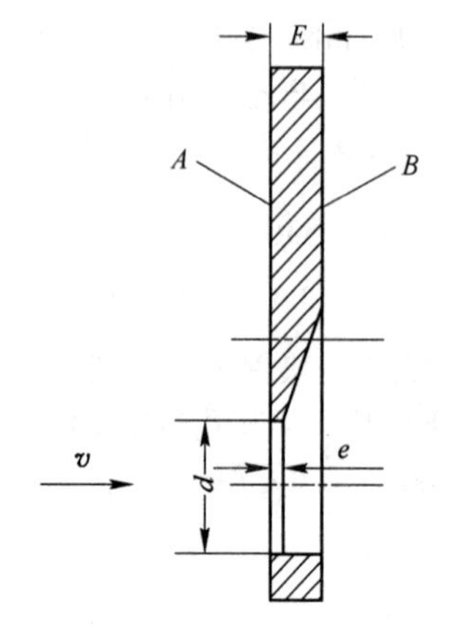

图4-20 偏心孔板

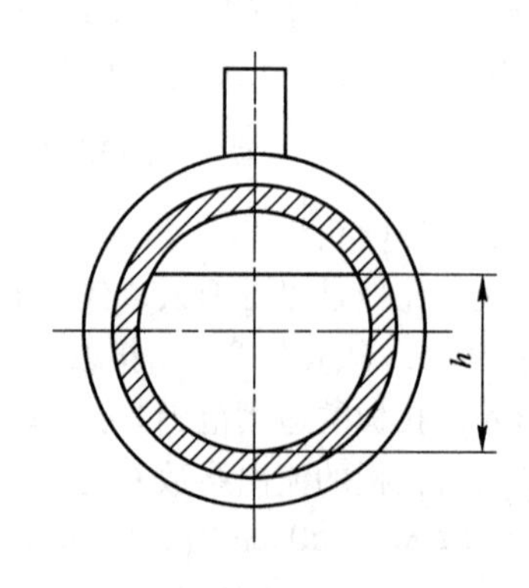

图4-21 圆缺孔板

应用场合与偏心孔板一样。取压方式采用法兰取压和缩流取压。由于圆缺孔板的试验数据较少，测量结果准确度不高，所以应尽量选用偏心孔板。

4.3 浮子流量计

在被测流体流经的管道中置入一个相应的阻力体，随着流量的变化，阻力体的位置改变或阻力体受力大小发生改变，因此，可以根据阻力体位置或受力大小来测量流量。前者是浮子流量计的测量原理，后者是靶式流量计的测量原理。有的书将浮子流量计和靶式流量计合称为流体阻力式流量计，本书根据二者原理的不同，分别进行介绍。

浮子流量计又名转子流量计（Rotermeter or Rotameter），其工作原理也是基于节流效应。与节流差压式流量计不同的是，浮子流量计在测量过程中，始终保持节流元件（浮子）前后的压降不变，而通过改变节流面积来反映流量，所以浮子流量计也称恒压降变面积流量计。

浮子流量计是用量仅次于差压式流量计的一类应用广泛的流量仪表，尤其在微小流量测量方面具有举足轻重的作用。浮子流量计与差压式流量计、容积式流量计并列为三类使用量最大的流量仪表。

4.3.1 结构原理和流量公式

4.3.1.1 结构原理

浮子流量计主要由一个向上扩张的锥形管和一个置于锥形管中可以上下自由移动、密度比被测流体稍大的浮子组成，如图4-22所示。浮子在锥形管中形成一个环形流通截面，它比浮子上、下面处的锥形管流通面积小，对流过的流体产生节流作用。流量计两端用法兰连接或螺纹连接的方式垂直地安装在测量管路上。

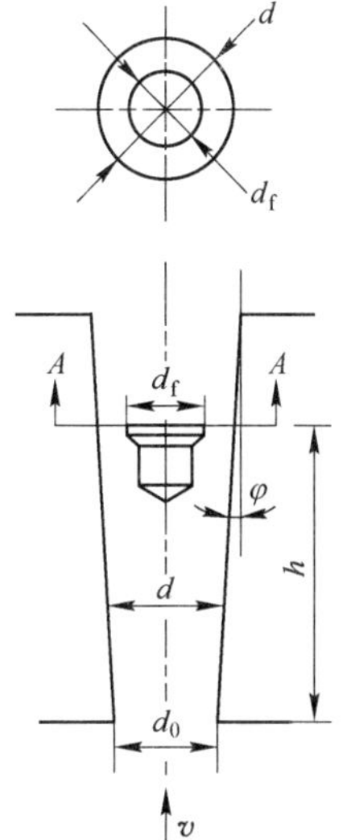

图4-22 浮子流量计结构原理图

当被测流体自下而上流经锥形管时，由于节流作用，在浮子上、下面处产生差压，进而形成作用于浮子的上升力，使浮子向上运动。此外，作用在浮子上的力还有重力、流体对浮子的浮力、流体流动时对浮子的黏性摩擦力。当上述这些力相互平衡时浮子就停留在一定的位置。如果流量增加，环形流通截面中的平均流速加大，浮子上下面的静压差增加，浮子向上升起。此时，浮子与锥形管之间的环形流通面积增大、流速降低，静压差减小，浮子重新平衡，其平衡位置的高度就代表被测介质的流量。

为了使浮子在锥形管中移动时不致碰到管壁，通常采用两种方法。一是在浮子上部圆盘形边缘上开出一条条斜槽，这样当流体自下而上地沿锥形管绕过浮子流动时，作用在斜槽上的力使浮子绕流束中心旋转，而不碰到管壁。由于这种形式的浮子工作时始终是旋转的，故得名“转子”流量计。早期生产的流量计一般采用这种方式。第二种方法在浮子上不开沟槽，而是在浮子中心加一导向杆，在基座上加导向环，或使用具有导向功能的玻璃锥形管，使浮子只能在锥形管中心线上下运动，保持浮子工作稳定。这种流量计在工作时浮子并不旋转，但习惯上还称转子流量计。现代工业用较大口径的浮子流量计一般都用这种形式。

4.3.1.2 流量公式

浮子在锥形管中主要受3个力的作用:

(1)浮子受到的上升力 F_1。流体流经浮子时,由于节流作用,使得浮子上、下面处产生差压 Δp,该差压的大小和流体在环形通道中的平均流速的平方成正比,由此产生的力与流体对浮子的摩擦力之和统称为上升力,记作

$$F_1 = \xi \frac{\rho \bar{v}^2}{2} A_f \tag{4-66}$$

式中 F_1——浮子受到的上升力,N;

ξ——比例系数;

ρ——被测介质的密度,kg/m^3;

$\bar{v}$——环形流通面积中流体的平均流速,m/s;

A_f——浮子的最大截面积,m^2。

(2)浮子受到的浮力 F_2:

$$F_2 = V_f \rho g \tag{4-67}$$

式中 F_2——浮子受到的浮力,N;

V_f——浮子的体积,m^3;

g——重力加速度,m/s^2。

(3)浮子受到的重力 G:

$$G = V_f \rho_f g \tag{4-68}$$

式中 G——浮子受到的重力,N;

ρ_f——浮子的密度,kg/m^3。

显然,当浮子处于平衡位置时有

$$F_1 + F_2 = G \tag{4-69}$$

联立式(4-66)~式(4-69),即可求得流体流过环形面积的平均流速 $\bar{v}$ 为

$$\bar{v} = \frac{1}{\sqrt{\xi}} \sqrt{\frac{2gV_f(\rho_f - \rho)}{A_f \rho}} \tag{4-70}$$

由式(4-70)可见,不管流量如何变化,浮子停留在什么位置,流体流过环形面积的平均流速 $\bar{v}$ 都是一个常数。而随着流量的变化,环形流通面积,即节流面积 A 却随着变化,进而表现为浮子位置的变化,其表达式为

$$A = \frac{\pi}{4}(d^2 - d_f^2) \tag{4-71}$$

式中 A——环形流通面积,m^2;

d——浮子所在处锥形管的内径,m;

d_f——浮子的最大直径,m。

由图4-22可知,当浮子高度为 h 时,浮子所在处锥形管的内径为

$$d = d_0 + 2h\tan\varphi \tag{4-72}$$

式中 h——浮子的高度,m;

d_0——锥形管底部的直径,m;

φ——锥形管的锥度。

通常在设计时满足 $d_0=d_f$，则有

$$A = \pi h\tan\varphi(d_f + h\tan\varphi) \tag{4-73}$$

由于锥形管的锥角 φ 很小，则可将 $h\tan\varphi$ 一项忽略不计。这样，环形流通面积 A 可以近似地表示为

$$A = \pi d_f h\tan\varphi \tag{4-74}$$

则流过环形流通面积的体积流量为

$$q_V = \alpha\pi d_f h\tan\varphi\sqrt{\frac{2gV_f(\rho_f-\rho)}{A_f\rho}} \tag{4-75}$$

式中　q_V——被测流体的体积流量，m^3/s；

α——浮子流量计的流量系数，$\alpha=\frac{1}{\sqrt{\xi}}$。它与浮子形状、流体流动状态、流量计结构和被测流体的物理性质等许多因素有关，只能由实验来确定。

对于一定的流量计和一定的流体，式（4-75）中的 d_f、φ、V_f、ρ_f、A_f 和 ρ 等均为常数，所以，只要保持流量系数为常数，则流量 q_V 与浮子高度 h 之间就存在一一对应的近似线性关系。我们可以将这种对应关系直接刻度在流量计锥形管的外壁上，根据浮子的高度直接读出流量值，这就是玻璃管转子流量计。

4.3.2　刻度换算和量程换算

4.3.2.1　刻度换算

由式（4-75）可见，对于不同的流体，由于密度 ρ 不同，所以流量 q_V 与浮子高度 h 之间的对应关系也将不同。由于受到标定设备的限制，不可能对所有的浮子流量计都根据用户的要求进行实液标定，通常只能用水和空气分别对液体和气体浮子流量计进行标定。因此，浮子流量计如果用来测量非标定介质时，应该对读数进行修正，这就是浮子流量计的刻度换算。

对于液体，由于密度为常数，只需修正被测液体和标定液体不同造成的影响即可。而对于气体，由于具有可压缩性，还要考虑标定（或刻度）状态和实际工作状态不同造成的影响，即温度和压力的影响。

如无特殊说明，标定状态默认为如下标准状态：温度 $T=293.16$K，绝对压力 $p=101325$Pa。

浮子流量计在标定状态下，测量标定流体的流量公式为

$$q_{V_0} = \alpha_0\pi d_f h\tan\varphi\sqrt{\frac{2gV_f(\rho_f-\rho_0)}{A_f\rho_0}} \tag{4-76}$$

式中　q_{V_0}——浮子流量计在标定状态下，测量标定流体时的流量示值，m^3/s；

α_0——浮子流量计在标定状态下，测量标定流体时的流量系数；

ρ_0——标定流体在标定状态下的密度，kg/m^3。

浮子流量计在工作状态下，测量被测流体的流量公式为

$$q_V = \alpha\pi d_f h\tan\varphi\sqrt{\frac{2gV_f(\rho_f-\rho)}{A_f\rho}} \tag{4-77}$$

式中 q_V——浮子流量计在工作状态下，测量被测流体时的流量示值，m^3/s；

α——浮子流量计在工作状态下，测量被测流体时的流量系数；

ρ——被测流体在工作状态下的密度，kg/m^3。

式（4-76）和式（4-77）表明，在实际工作状态下，被测流体的实际流量为 q_V，但浮子在高度 h 处，浮子流量计显示的仍然是 q_{V_0}。比较上述两式，可以得出 q_V 和 q_{V_0} 之间的关系，即刻度换算公式为

$$q_V = q_{V_0} \frac{\alpha}{\alpha_0} \sqrt{\frac{(\rho_f - \rho)\rho_0}{(\rho_f - \rho_0)\rho}} \tag{4-78}$$

实验表明，流量系数 α 与雷诺数 Re 和浮子流量计结构有关。当被测流体的黏度与标定流体的黏度相差不大，或在流量系数 α 为常数的流量范围内，可以不考虑 α 的影响，即认为 $\alpha = \alpha_0$，所以，式（4-78）又可简化为

$$q_V = q_{V_0} \sqrt{\frac{(\rho_f - \rho)\rho_0}{(\rho_f - \rho_0)\rho}} \tag{4-79}$$

由式（4-79）可知，当实际使用时，若被测流体在工作状态下的密度大于标定流体在标定状态下的密度，即 $\rho > \rho_0$，则实际被测流体的流量小于流量计的读数，即 $q_V < q_{V_0}$；相反，若 $\rho < \rho_0$，则 $q_V > q_{V_0}$。

注意：若被测流体的黏度变化太大，流量系数随雷诺数的变化也较大时，则应考虑黏度修正或进行实际标定，不能简单认为流量系数 $\alpha = \alpha_0$。

A 非水液体流量的刻度换算

液体流量计通常采用水在标定状态（默认为标准状态）下进行标定，实际测量非水液体流量时，不必考虑工作状态与标定状态不同对密度造成的影响，而只需修正被测液体和标定液体不同造成的影响，即可按式（4-79）直接进行换算。此时，ρ_0 为标定流体的密度，ρ 为被测流体的密度。

表 4-14 给出了几种液体浮子流量计常用的液体密度，供读者参考。

表 4-14 液体浮子流量计常用液体密度表（20℃）

液体名称	水	硫酸	硝酸	甲酸	乙酸	丙酸	盐酸（30%）
密度/$kg \cdot m^{-3}$	998.2	1834	1512	1220	1049	993	1149.3
液体名称	甲醇	乙醇	丙酮	甘油	水银	二氯甲烷	四氯甲烷
密度/$kg \cdot m^{-3}$	791.3	789.2	791	1261.3	13545.7	1325.5	1594

B 非空气气体流量的刻度换算

气体流量计通常采用空气在标定状态下进行标定。由于气体的密度受温度、压力变化的影响比较大，因此，不仅被测气体与标定气体不同的时候要进行刻度换算，而且在非标定状态下测量标定气体时也要进行刻度换算。为了简化气体流量刻度换算公式，一般可以忽略黏度对流量系数的影响。

对气体来说，由于 $\rho_f >> \rho_0$，$\rho_f >> \rho$，则由式（4-79）可得

$$q_V = q_{V_0} \sqrt{\frac{\rho_0}{\rho}} \tag{4-80}$$

用浮子流量计测量非标定状态下的非空气流量时，可直接使用式（4-80）计算。但要注意

ρ 为被测流体在工作状态下的密度，实际使用起来较为不便。为此，可以将流体密度和所处状态分开修正，即先在标定状态下对被测流体的密度进行修正，然后再进行状态修正。计算公式为

$$q_V = q_{V_0}\sqrt{\frac{p_0 T \rho_0}{p T_0 \rho_0'}} \tag{4-81}$$

式中 p_0，p——分别为标定状态和工作状态下的绝对压力，Pa；

T_0，T——分别为标定状态和工作状态下的绝对温度，K；

ρ_0'——被测气体在标定状态下的密度，kg/m^3。

注意：ρ_0' 与 ρ 有所不同，在学习时，加强对式（4-80）和式（4-81）的理解。

在温度 $T=293.16K$，绝对压力 $p=101325Pa$ 的标准状态下，气体浮子流量计常用气体密度表如表 4-15 所示。

表 4-15 气体浮子流量计常用气体密度表（在标准状态下）

气体名称	空气	氧气	氢气	氮气	氨气	氯气	氦气	氩气	甲烷	乙烷	丙烷	丁烷
分子式	—	O_2	H_2	N_2	NH_3	Cl_2	He	Ar	CH_4	C_2H_6	C_3H_8	C_4H_{10}
密度/$kg\cdot m^{-3}$	1.205	1.331	0.084	1.165	0.719	3.000	0.166	1.662	0.668	1.263	1.867	2.416

气体名称	乙烯	硫化氢	氯化氢	氯甲烷	一氧化碳	二氧化碳	二氧化硫
分子式	C_2H_4	H_2S	HCl	CH_3Cl	CO	CO_2	SO_2
密度/$kg\cdot m^{-3}$	1.174	1.434	1.527	2.147	1.165	1.824	2.726

【例 4-1】 一气体浮子流量计，厂家用 $p_0=101325Pa$、$t_0=20℃$ 的空气标定，现用来测量绝对压力 $p=350000Pa$、$t=27℃$ 的气体，求：

（1）若用来测量空气，则流量计显示 $4m^3/h$ 时的实际空气流量是多少？

（2）若用来测量氢气，则流量计显示 $4m^3/h$ 时的实际氢气流量是多少？

解：依题意有：

标定状态：$p_0=101325Pa$、$T_0=293K$；

工作状态：$p=350000Pa$、$T=300K$。

查气体性质表得，空气和氢气在标定状态下的密度分为 $1.205kg/m^3$ 和 $0.084kg/m^3$。则根据式（4-81）得：

（1）用浮子流量计测量不同状态下的空气流量，刻度换算为

$$q_V = q_{V_0}\sqrt{\frac{p_0 T}{p T_0}} = 4\sqrt{\frac{101325\times 300}{350000\times 293}} = 2.18m^3/h$$

（2）用浮子流量计测量不同状态下的氢气流量，刻度换算为

$$q_V = q_{V_0}\sqrt{\frac{p_0 T \rho_0}{p T_0 \rho_0'}} = 4\sqrt{\frac{101325\times 300\times 1.205}{350000\times 293\times 0.084}} = 8.25m^3/h$$

从该例题可见，通过浮子流量计的实际流量值与流量计未经修正的读数是有很大差别的，必须根据被测流体的密度或状态进行换算，这在使用中是非常重要的。

新型浮子流量计由于带有单片机，上述换算可以自动完成，只需将实际工作状态下的各参数置入，即可显示出实际流量。

4.3.2.2 量程换算

如果需要改变仪表量程，可通过改变浮子材料，即改变浮子密度来实现。量程扩大，灵敏

度降低，相反则灵敏度增大。改变前后的浮子应满足几何相似条件。

更改浮子后，浮子流量计在工作状态下，测量被测流体的流量公式为

$$q_V = \alpha \pi d_f h \tan\varphi \sqrt{\frac{2gV_f(\rho'_f - \rho)}{A_f \rho}} \tag{4-82}$$

式中 ρ'_f——更改浮子后的浮子的密度，kg/m³。

同理，按照刻度换算的推导过程，可得更改浮子后的流量换算公式为

$$q_V = q_{V_0} \sqrt{\frac{(\rho'_f - \rho)\rho_0}{(\rho_f - \rho_0)\rho}} \tag{4-83}$$

由式（4-83）可知，若浮子的密度增加，即 $\rho'_f > \rho$，则浮子流量计的量程将扩大；相反，若 $\rho'_f < \rho$，浮子流量计的量程将缩小。

【例 4-2】 一浮子流量计，浮子材料为钢，密度为 $\rho_f = 7800\text{kg/m}^3$，用 20℃的水标定（标定时水的密度为 $\rho_0 = 998\text{kg/m}^3$），流量计测量上限为 $50\text{m}^3/\text{h}$。现用户用来测量某溶液 A，其密度为 $\rho = 1527\text{kg/m}^3$。求：（1）流量计显示 $30\text{m}^3/\text{h}$ 时，实际通过流量计的溶液 A 流量为多少？（2）若浮子材料改用铅，铅密度为 $\rho'_f = 11350\text{kg/m}^3$，则测量水的最大流量为多少？测量溶液 A 的最大流量又为多少？

解：（1）实际通过流量计的溶液 A 流量为：

$$q_V = q_{V_0} \sqrt{\frac{(\rho_f - \rho)\rho_0}{(\rho_f - \rho_0)\rho}} = 30 \times \sqrt{\frac{(7800 - 1527) \times 998}{(7800 - 998) \times 1527}} = 23.3\text{m}^3/\text{h}$$

（2）浮子材料改用铅后，测量水的最大流量为：

$$q_{V_1} = q_{V_0} \sqrt{\frac{(\rho'_f - \rho_0)\rho_0}{(\rho_f - \rho_0)\rho_0}} = 50 \times \sqrt{\frac{(11350 - 998) \times 998}{(7800 - 998) \times 998}} = 61.7\text{m}^3/\text{h}$$

浮子材料改用铅后，测量溶液 A 的最大流量为：

$$q_{V_2} = q_{V_0} \sqrt{\frac{(\rho'_f - \rho)\rho_0}{(\rho_f - \rho_0)\rho}} = 50 \times \sqrt{\frac{(11350 - 1527) \times 998}{(7800 - 998) \times 1527}} = 48.6\text{m}^3/\text{h}$$

注意：若浮子材料和被测流体等都和标定时不一样，应该在计算时同时考虑刻度换算和量程换算（见例 4-2 最后一问）。

4.3.3 工作特性

4.3.3.1 流量系数与浮子形状的关系

流量系数 α 因浮子的形状不同而有所不同，图 4-23 是 4 种不同形状浮子的流量与直径比 d/d_f 的关系曲线。横坐标为锥管直径与浮子直径之比 d/d_f，它用于表示浮子的位置，曲线的斜率越小，表明流量计的灵敏度越高。

4.3.3.2 流量系数与雷诺数的关系

当浮子流量计的结构和浮子形状一定时，流量系数 α 主要受雷诺数 Re 的影响，其关系如图 4-24 所示。从图中可以看出，当雷诺数较小时，流量系数 α 随雷诺数变化，此时应特别注意被测介质黏度变化对测量的影响、刻度及量程换算时条件 $\alpha = \alpha_0$ 是否成立等；当雷诺数达到一定值 Re_{min}（临界雷诺系数）后，α 基本上保持平稳，可近似为一个常数，此时浮子流量计的流量和浮子高度就具有线性关系。

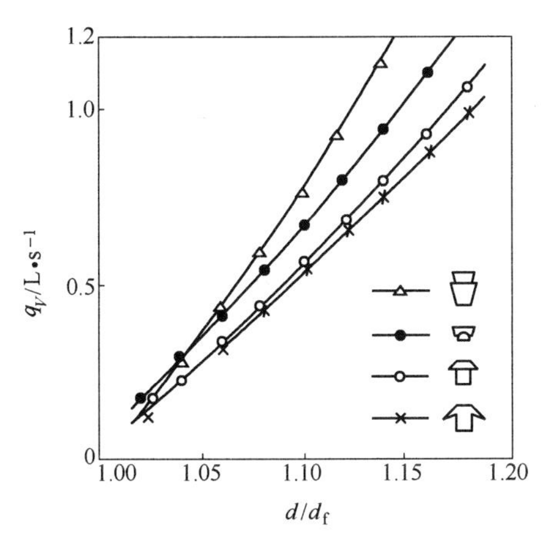

图 4-23 流量系数与浮子形状的关系

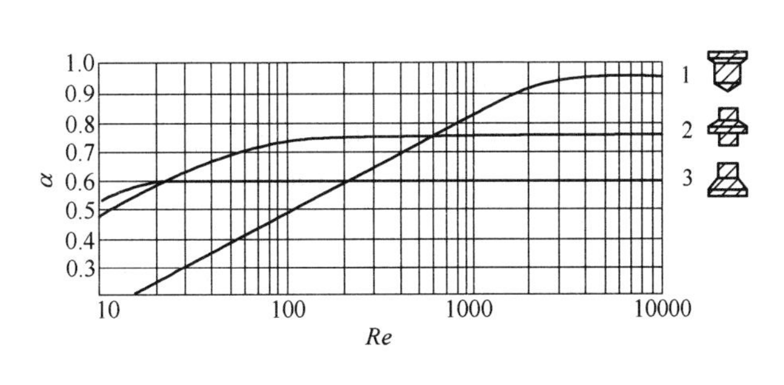

图 4-24 流量系数与雷诺数 *Re* 的关系

1—旋转式浮子；2—圆盘式浮子；3—板式浮子

浮子体积的选择原则是：测量小流量的浮子流量计应尽量减小体积，反之亦然。浮子形状的选择，主要考虑被测流量的大小和获得稳定的流量系数。测量大流量的浮子流量计，其流量系数应小些，反之亦然。3 种常用浮子的特性如表 4-16 所示。

表 4-16 不同结构浮子的性能

类 型	Re_{min}	α	特 点
旋转式浮子	≈6000	≈0.96	工作不够稳定，易受黏度影响，多用于口径、流量较小的玻璃管浮子流量计
圆盘式浮子	≈300	≈0.76	工作比较稳定，多用于流量较大的金属管浮子流量计
板式浮子	40	≈0.61	工作稳定性高，多用于大流量金属管浮子流量计

4.3.3.3 黏度影响

当出现下列两种情况时，黏度变化引起的测量误差不能忽略：

（1）当浮子沿流体流动方向的长度较长时，尤其对于小口径浮子流量计；

（2）当浮子流量计工作在雷诺数 *Re* 非常数区域时。

目前，对一些浮子流量计已提供了黏度上限值的要求，但对浮子流量计黏度修正的研究离实用要求还有较大差距。

4.3.4 浮子流量计的种类

浮子流量计按锥形管材料的不同，可分为玻璃管浮子流量计和金属管浮子流量计两大类。金属管浮子流量计又可分为就地指示型和远传型两类，远传型又可分为电远传和气远传两类。

4.3.4.1 玻璃管浮子流量计

玻璃管浮子流量计主要由玻璃锥形管、浮子和支撑结构组成。浮子根据不同的测量范围及不同介质（气体或液体）可分别采用不同材料制成不同形状。流量示值刻在锥形管上，由转子位置高度直接读出流量值。玻璃管浮子流量计结构简单，浮子的位置清晰可见，刻度直观，成本低廉，使用方便，一般只用于常温、常压（最大不超过 1MPa）下透明介质的流量测量。这种流量计只能就地指示，不能远传流量信号，多用于工业原料的配比计量。

4.3.4.2 金属管浮子流量计

金属管浮子流量计由于采用金属锥管，工作时无法直接看到浮子的位置和工作情况，需要用间接的方法给出浮子的位置。在金属管浮子流量计中，如果采用一般机械传动方式必然存在密封问题，这将限制浮子的灵活移动，故一般采用磁耦合方式将浮子位移传递出来。

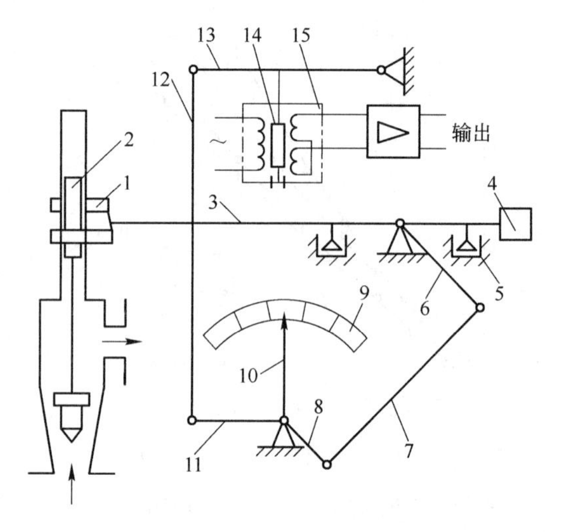

图4-25 电远传式浮子流量计工作原理图
1，2—磁钢；3—杠杆；4—平衡锤；5—阻尼器；6～8，11～13—连杆机构；9—标尺；10—指针；14—铁芯；15—差动变压器

按其传输信号的方式不同，金属管浮子流量计又可分为远传型（电远传和气远传）和就地指示型两种。这种流量计多用于高温、高压介质，不透明及腐蚀性介质的流量测量。除了能用作工业原料配比计量外，还能输出标准信号与记录仪和显示器配套使用计量累积流量。

图4-25所示为电远传式浮子流量计工作原理。采用差动变压器作为转换机构，用于测量浮子的位移。当流体流量变化引起浮子移动时，磁钢1、2通过磁耦合带动杠杆3及连杆机构6、7、8，使指针10在标尺9上就地指示流量，同时再通过连杆机构11、12、13带动差动变压器中的铁芯14做上、下运动，产生的差动电势通过放大和转换后输出电信号表示相应流量大小，以供显示和调节之用。

4.3.5 浮子流量计的特点

（1）适用于中小管径和低流速的中小流量测量，耐高温高压。

常用浮子流量计口径在40～50mm以下，最小口径能做到1.5～4mm。而节流装置在管径小于50mm时，还未实现标准化。对于管径在100mm以上的流量测量问题，不用转子流量计，因为这种口径的转子流量计比其他流量计显得太笨重。

适用于测量低流速中小流量。以液体为例，口径在10mm以下的玻璃管浮子流量计，满度流量的流速只在0.2～0.6m/s之间，甚至低于0.1m/s；金属管浮子流量计和口径大于15mm的玻璃管浮子流量计的流速稍大，在0.5～1.5m/s之间。

对于玻璃管浮子流量计，压力可高达2400kPa，温度的上限值为205℃；而对金属管浮子流量计，压力可高达5000kPa，温度的上限值为500℃。

（2）临界雷诺系数低。如果选用黏度不敏感形状的浮子，如板式浮子或圆盘式浮子，只要雷诺数大于40或300，浮子流量计的流量系数将不随雷诺数而变化，且流体黏度的变化也不影响流量系数。

（3）玻璃管浮子流量计结构简单，价格低廉，在只需就地指示的场合使用方便。缺点是玻璃强度低，易碎。金属管浮子流量计广泛应用于各种气体、液体的流量测量和自动控制中。

（4）压力损失小而且恒定，玻璃管浮子流量计的压力损失一般为2～3kPa，较高者为10kPa左右；金属管浮子流量计一般为4～9kPa，较高者为20kPa左右。

（5）对上游直管段的要求较低，刻度近似为线性。

（6）灵敏度高，量程比宽，一般为5∶1或10∶1。可测得的流量范围是0.01～

$15000cm^3/min$。

（7）当被测介质与标定物质、工作状态与标定状态不同时，应进行刻度换算。

（8）受被测介质密度、黏度、温度、压力等因素的影响，其准确度中等，一般在1.5级左右。准确度与浮子流量计的种类、结构（主要指口径尺寸）和标定分度有关。

4.3.6 浮子流量计的选用和安装

4.3.6.1 浮子流量计的选用

浮子流量计的类型和结构应按照使用目的、被测介质性质和实际工作状态等来选择。如方便使用，仅需要现场指示，则可以考虑价格便宜的带有透明防护罩的玻璃浮子流量计。若测量介质为气体，最好选用带导向杆的流量计。如果测量环境为高温高压，则可选用现场指示型的金属管浮子流量计。

除此之外，浮子流量计在使用时还应重点考虑准确度和量程。

浮子流量计为中低等准确度的流量仪表。口径小于6mm的通用型玻璃管浮子流量计的基本误差为（2.5%～4.0%）FS，口径在10～15mm的基本误差为2.5%FS，25mm以上的为1.5%FS；金属管浮子流量计就地指示型为（1.5%～2.5%）FS，远传型为（2.5%～4.0%）FS。耐腐蚀型仪表的准确度还要低一些，选用时应予注意。

通用型玻璃管浮子流量计的量程比一般为10∶1，口径大于80mm的为5∶1；金属管浮子流量计的量程比一般为5∶1～10∶1。

由于各生产厂家是针对标定状态和标定物质给出浮子流量计量程的，所以用户应将工作状态下被测介质流量范围进行刻度换算，以准确选择仪表量程。

【例4-3】 欲测量绝对压力为350kPa、温度为303.16K的氢气流量，最大流量为$2m^3/h$，问应选用多大量程的气体浮子流量计？

解： 查空气、氢气在标定状态下的密度分为$1.205kg/m^3$和$0.084kg/m^3$，则由式(4-81)得

$$q_{V_0} = q_V\sqrt{\frac{pT_0\rho_0'}{p_0T\rho_0}} = 2\times\sqrt{\frac{350000\times293.16\times0.084}{101325\times303.16\times1.205}} = 0.9651m^3/h$$

从例4-3可见，测量上述状态下的最大流量为$2m^3/h$的氢气流量，选用量程为$1m^3/h$的浮子流量计即能正常工作。此外，选用流量计量程时还应注意常用流量应选在最大流量的70%～80%之间。

4.3.6.2 浮子流量计的安装

（1）浮子流量计虽然不像标准节流装置那样有严格的前后直管段要求，但为保证流量系数恒定，进口应保证有5倍以上管道直径的直管段。

（2）浮子流量计必须垂直安装在无震动的管道上，流体自下而上流入浮子流量计。安装时，应保证倾斜角$\theta\leq5°$，对于1.5级以上的浮子流量计，一般要求$\theta\leq2°$。当浮子未碰到锥管管壁或未与导向杆发生摩擦时，可按下式修正安装倾斜引进的误差：

$$q_{V_1} = q_V\sqrt{\cos\theta} \tag{4-84}$$

式中 q_V——未修正倾斜时浮子流量计示值，m^3/s；

q_{V_1}——修正倾斜后浮子流量计的正确流量值，m^3/s。

（3）为了方便检修、更换流量计和清洗测量管道，除了安装流量计的现场要有足够的空间外，在流量计的上下游应安装必要的阀门。一般情况下，流量计的前面用全开阀，后面用流

量调节阀，并在流量计的位置设置旁路管道，安装旁通阀。

（4）在有可能产生流体倒流的管道上安装流量计时，为避免因流体倒流或水锤现象损坏流量计，应在流量计的下游安装单向阀。

（5）如用来测量脏污流体，一般都要求在上游入口处安装过滤器或定期进行清洗。带有磁性耦合的金属管浮子流量计用于测量含铁磁性杂质流体时，应在仪表前安装磁过滤器。在那些不能断路的使用场合，建议安装泄漏式旁路支管。上下游的配管对流量计的性能会有小的影响。

4.4　靶式流量计

20 世纪 60 年代以来随着工业生产的发展，迫切需要一种能够测量高黏度、低雷诺数流体流量的流量计，靶式流量计（Target Meter）的出现和发展部分地解决了这一问题。

4.4.1　工作原理

靶式流量计的工作原理如图 4-26 所示。靶式流量计的测量元件是一个放在管道中心的圆形靶，靶与管道间形成环形流通面积。流体流动时质点冲击到靶上，会使靶面受力，并产生相应的微小位移，这个力（或位移）就反映了流体流量的大小。通过传感器测得靶上的作用力（或靶子的位移），就可实现流量的测量。

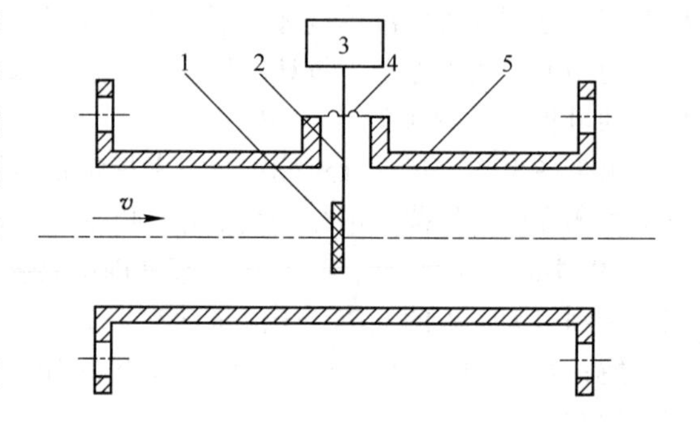

图 4-26　靶式流量计工作原理示意图

1—靶；2—杠杆；3—力平衡转换器；4—密封膜片；5—管道

流体对靶的作用力有以下 3 种：

（1）流体对靶的直接冲击力，在靶板正面中心处，其值等于流体的动压力；

（2）靶的背面由于存在旋涡而造成“抽吸效应”，使该处的压力减小，因此靶的前后存在静压差，此静压差对靶产生一个作用力；

（3）流体流经靶时，由于流体流通截面缩小，流速增加，流体与靶的周边产生黏滞摩擦力。

在流量较大时，前两种力起主要作用，而且它们是在同一流动现象中产生的，二者方向一致，可看作一个力。由于靶是薄圆盘形，摩擦力很小，其影响归入流量系数中，这样作用于靶上的力可近似表示为

$$F = \xi \frac{\rho A_b}{2} \bar{v}^2 \tag{4-85}$$

式中　F——作用于靶上的力，N；

ξ——比例系数；

ρ——被测介质的密度，kg/m^3；

$\bar{v}$——环形流通面积中流体的平均流速，m/s；

A_b——靶迎着来流方向的最大面积，即靶的受力面积，m^2，它等于

$$A_b = \frac{\pi}{4} d^2 \tag{4-86}$$

d——靶的最大直径，m。

靶式流量计的体积流量为

$$q_V = A\bar{v} \tag{4-87}$$

式中 A——靶式流量计的节流面积，即环形流通面积，m^2，由图4-26可知，它等于

$$A = \frac{\pi}{4}(D^2 - d^2) \tag{4-88}$$

D——管道内径，m。

联立式(4-85)~式(4-88)，并整理得靶式流量计的体积流量计算公式为

$$q_V = \alpha D\left(\frac{D}{d} - \frac{d}{D}\right)\sqrt{\frac{\pi}{2}}\sqrt{\frac{F}{\rho}} \tag{4-89}$$

式中 α——靶式流量计的流量系数，$\alpha = \sqrt{\frac{1}{\xi}}$。

用靶径比 $\beta = \frac{d}{D}$ 表示，则流量计算公式为

$$q_V = \alpha D\left(\frac{1}{\beta} - \beta\right)\sqrt{\frac{\pi}{2}}\sqrt{\frac{F}{\rho}} \tag{4-90}$$

若考虑靶的热胀冷缩，可再对上式乘一靶受热膨胀的修正系数 K_t。

从式（4-89）可知，在被测流体的密度 ρ、管道直径 D、靶径 d 和流量系数 α 已知的情况下，只要测出靶上受到的作用力 F，便可以求出通过流体的流量。在工业上一般是通过转换器将此力信号转换成电或气信号进行测量、显示、记录和远传。例如应变片靶式流量计就是将流体作用在靶上的力通过杠杆传给弹性圆筒，使之弯曲变形。筒壁产生的应变，通过筒壁上粘贴的应变片电桥转换成电压信号，此电压信号与流量成对应关系。显然，上述各因素有任何变化都会带来测量误差。

4.4.2 刻度换算

同浮子流量计一样，当工作状态和被测流体与标定状态和标定流体不同时，必须进行刻度换算。通常也是用水和空气分别对液体和气体靶式流量计进行标定。如无特殊说明，其标定状态默认为如下标准状态：温度 $T = 293.16\text{K}$，绝对压力 $p = 101325\text{Pa}$。

对于液体，由于密度为常数，只需修正被测流体和标定流体不同造成的影响即可，则根据式（4-89），按照浮子流量计的推导原理得刻度换算公式为

$$q_V = q_{V_0}\frac{\alpha}{\alpha_0}\sqrt{\frac{\rho_0}{\rho}} \tag{4-91}$$

式中 q_V——靶式流量计在工作状态下，测量被测流体时的流量示值，m^3/s；

q_{V_0}——靶式流量计在标定状态下，测量标定流体时的流量示值，m^3/s；

α——靶式流量计在工作状态下，测量被测流体时的流量系数；

α_0——靶式流量计在标定状态下，测量标定流体时的流量系数；

ρ_0——标定流体在标定状态下的密度，kg/m^3；

ρ——被测流体在工作状态下的密度，kg/m^3。

通常可近似认为 $\alpha = \alpha_0$，则式（4-91）变为

$$q_V = q_{V_0}\sqrt{\frac{\rho_0}{\rho}} \tag{4-92}$$

对于气体，由于具有可压缩性，还要考虑标定（或刻度）状态和实际工作状态不同造成的影响，即温度和压力的影响。可直接使用式（4-92）计算，也可按流体和状态不同分两步修正，计算公式为

$$q_V = q_{V_0}\sqrt{\frac{p_0 T \rho_0}{p T_0 \rho'_0}} \tag{4-93}$$

式中 p_0——标定状态下的绝对压力，Pa；

p——工作状态下的绝对压力，Pa；

T_0——标定状态下的绝对温度，K；

T——工作状态下的绝对温度，K；

ρ'_0——被测气体在标定状态下的密度，kg/m^3。

4.4.3 工作特性及测量误差

靶式流量计的工作特性主要是通过流体标定实验获得的。在保证重现实验条件的前提下，也可以通过挂重办法加以标定，即利用重物产生的重力代替靶在工作时所受流体的作用力进行流量计的标定，称为干式标定。此外，也可采用干式校验，定期校验仪表。

4.4.3.1 流量系数

靶式流量计的流量系数 α 与雷诺数 Re_D 有关，也与管道口径 D、靶径比 β、靶的形状、靶腔的结构、靶和靶腔的加工准确度、靶入口边缘的尖锐程度、靶和管道的同心度及粗糙度等有关，一般都是由实验求出流量系数 α 与 Re_D、D、β 之间的关系曲线，如图 4-27 所示。同浮子

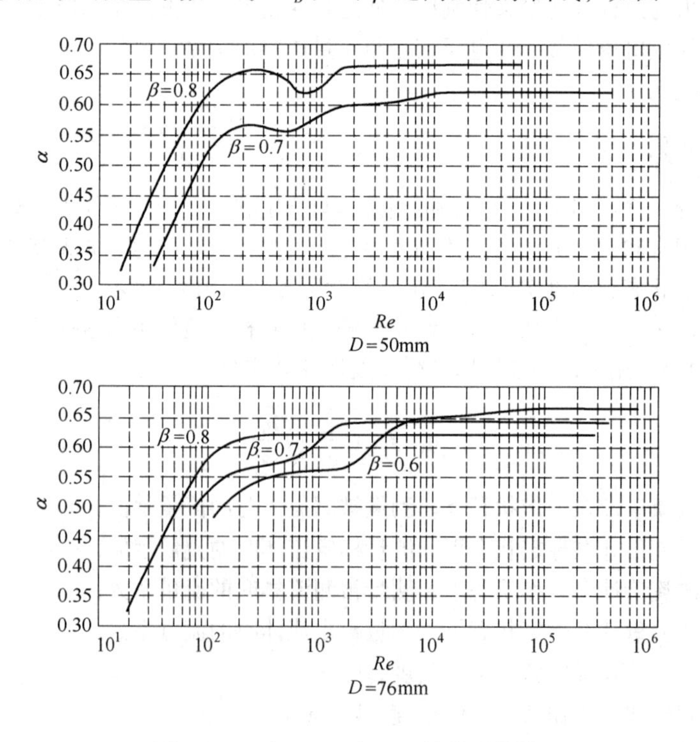

图 4-27 α 与 β、D 和 Re_D 的关系曲线

流量计一样，靶式流量计也有临界雷诺系数 Re_{min}。当 $Re_D > Re_{min}$ 时，α 值基本保持恒定，是流量计的实际测量范围；当 $Re_D < Re_{min}$ 时，作用在靶上的黏滞摩擦力影响显著，α 随 Re_D 变化而变化，难以保证测量准确度。

从图 4-27 中曲线可见，临界雷诺系数 Re_{min} 比前面介绍的差压式流量计低，所以这种测量方法对于高黏度、低雷诺数的流体更显示出其优越性。

注意：与节流装置不同的是，靶式流量计的临界雷诺系数 Re_{min} 不仅与靶径比 β 有关，还与管道口径 D 有关。即使 β 值相同，Re_{min} 也会随 D 变化而变化，使用时必须予以注意。

4.4.3.2 压力损失

实际流体通过靶时会产生黏性摩擦力，在靶后产生旋涡，这些都将消耗流体一部分能量，造成压力损失。压力损失与流量计的口径、靶径比、流量大小及流体性质有关。在相同流体、相同流量和相同口径的情况下，靶径比越小，压力损失 δ_p 也越小。不同口径、不同靶径比的压力损失曲线，如图 4-28 所示。靶式流量计的压损一般低于节流差压式流量计，分别取 $\beta=0.8$ 和 $\beta=0.5$ 的孔板进行测试比较，靶式流量计的压力损失只有孔板的 40% ~50%。

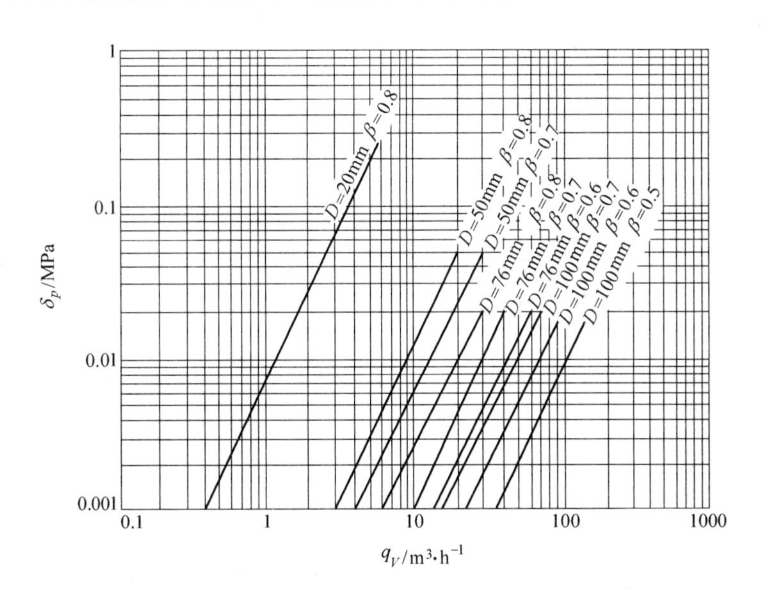

图 4-28 压力损失曲线

4.4.3.3 测量误差

靶式流量计产生测量误差的主要原因有两个：

(1) 由于在靶式流量计的流量计算时，我们忽略了流体对靶周边的黏滞摩擦力的影响，但在实际测量高黏性的流体流量时，该黏滞摩擦力将使靶的实际受力增加，从而导致仪表显示的流量偏大。

(2) 在被测流量较小时，由于黏滞力的影响，流体对靶的作用力与流体速度的平方不成线性关系。

4.4.4 靶式流量计的特点

靶式流量计的主要特点为：

(1) 无可动部件，结构牢固简单，不需安装引压管和其他辅助管件，安装维护方便，不易堵塞。

（2）压力损失小，可用于小口径（0.0015 ~ 0.2mm）、低雷诺数 $Re_D = (1 \sim 5) \times 10^3$ 的流体，弥补了标准节流装置难以应用的场合。

（3）测量下限低，量程比为3∶1，基本误差为±1%。

（4）测量对象适用范围广：

1）主要用来测量管道中的低雷诺数、高黏度流体的流量；

2）可测量含适量固体颗粒的浆液流量，如泥浆、纸浆、砂浆、矿浆等；

3）可测量脏污的流体，如污水、原油、高温油渣等；

4）也可用来测量一般液体、气体和蒸汽的流量；

5）当放在管道中的靶用耐腐蚀性材料制造时，仪表还可以测量各种腐蚀性介质的流量。

（5）仪器尚未标准化，需要个别实流标定才能保证仪器准确度。

（6）高流速冲击靶板时，在其后会产生旋涡，使输出信号发生振荡，影响信号的稳定性，因此高流速测量对象慎用。

4.4.5 靶式流量计的选用与安装

靶式流量计由测量装置和力转换器两部分组成。测量装置用来将流体作用在靶面上的力转换成为相应的位移量，力转换器有两种主要形式：力-电（电流）转换器和力-气（气压）转换器，靶式流量计也因此而分为电动靶式流量计和气动靶式流量计两种。

靶式流量计的选用同浮子流量计一样，除了考虑准确度、被测介质性质和状态外，还应重点考虑量程，即要根据工作状态下被测流体的实际流量范围要求，换算成标准系列的量程值。

靶式流量计的安装应注意以下问题：

（1）靶前应有 $8D$ 长的直管段，靶后应有 $5D$ 长的直管段。

（2）流量计是按水平位置校验和调整的，故一般将其水平安装，并加旁路管以便调整和校对仪表的零点，以及在维修仪表时不致影响生产。如果必须安装在垂直管道上，要注意流体的流动方向应由下向上；由于重力影响，会产生零点漂移，故安装后必须要重新调整零点。

（3）安装时必须保证靶的中心与管道轴线同心。

4.5 其他差压式流量计

以伯努利能量守恒为理论基础的流量测量仪表，除节流式差压流量计、浮子流量计和靶式流量计外，还有较为经典的皮托管和均速管流量计、新型的弯管流量计、V 锥流量计和威力巴流量计等，下面简要逐一介绍。

4.5.1 皮托管和均速管流量计

4.5.1.1 工作原理

从流体力学可知，在一个均匀的流场里，放置一个固定不动的障碍物，紧靠物体的前端流体被阻滞，并分为两股绕过此物体。在阻滞区域的中心形成“驻点”，在驻点处流动完全停止，流速等于零，动能全部转化为压能，静压力上升为滞止压力（总压）。图4-29 为驻点工作原理示意图，图中以一根弯成直角的

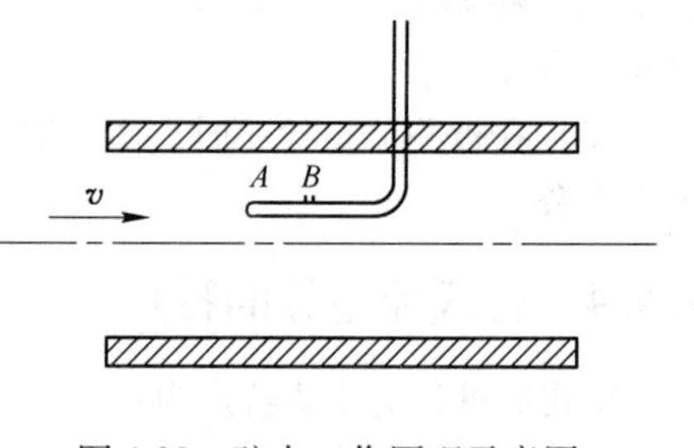

图 4-29 驻点工作原理示意图

两端开口的细管代替障碍物，则在点 A 处形成“驻点”。对不可压缩流体，驻点所在的一条流线 AB 的伯努利方程为

$$\frac{p_0}{\rho} + 0 = \frac{p}{\rho} + \frac{v^2}{2} \tag{4-94}$$

式中　p_0——驻点 A 处流体的滞止压力（总压），Pa；

ρ——不可压缩流体的密度，kg/m^3；

p——B 点的静压力，Pa；

v——B 点的流速，m/s。

用 B 点的静压力和流速来近似代替来流的静压力和流速，则根据式（4-94），即可求得来流的流速为

$$v = \sqrt{\frac{2(p_0 - p)}{\rho}} = \sqrt{\frac{2}{\rho}\Delta p} \tag{4-95}$$

上式表明的只是理想情况，实际应用中，由于被测流体黏性、总压孔和静压孔的位置不一致、流体停止过程中造成的能量损失、皮托管对流体运动的干扰以及弯管加工准确度的影响，必须引入皮托管系数，对实际流速进行修正，修正后的流速公式为

$$v = \alpha\sqrt{\frac{2}{\rho}\Delta p} \tag{4-96}$$

式中　α——皮托管系数，其值由实验确定，一般取 $\alpha = 0.98$。

如果皮托管外形尺寸很小，且弯管弯头端加工特别精细，又近似于流线型，在驻点处以后不产生流体旋涡，则修正系数 α 近似等于1。

对于可压缩流体，考虑到压缩性的影响，实际流速计算公式为

$$v = \alpha(1 - \varepsilon)\sqrt{\frac{2}{\rho}\Delta p} \tag{4-97}$$

式中，$1 - \varepsilon$ 为流体可压缩性修正系数，对不可压缩流体 $\varepsilon = 0$。

4.5.1.2　皮托管

皮托管是一根弯成直角的双层空心复合管，带有多个取压孔，能同时测量流体总压和静压力，其结构如图4-30所示。在皮托管头部迎流方向开有一个小孔A，称为总压孔，在该处形成

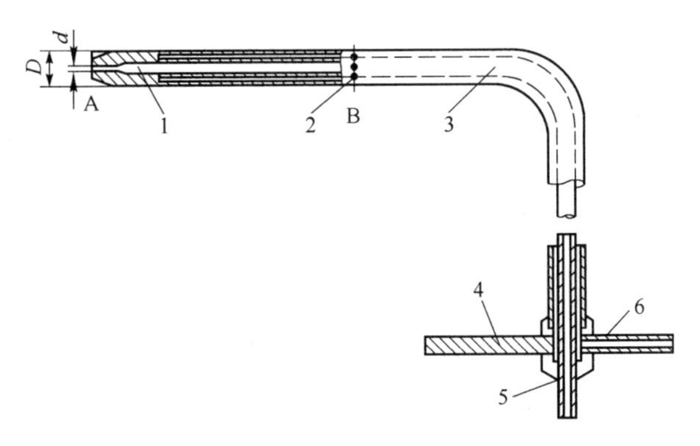

图4-30　皮托管

1—总压孔；2—静压孔；3—双层空心复合管；4—对准柄；5—总压导出管；6—静压导出管

"驻点"，在距头部一定距离处开有若干垂直于流体流向的静压孔 B，各静压孔所测静压在均压室均压后输出。由于流体的总压和静压之差与被测流体的流速有确定的数值关系，所以可以用皮托管测得流体流速从而计算出被测流量的大小。

使用皮托管时，需将其牢固固定，测头轴线应与管道轴线平行，被测流体的流动应尽可能保持稳定，否则将带来测量误差。在管路中选择插入皮托管的横截面位置，应保证其有足够长的上下游直管段。

皮托管具有压损小，价格低廉，体积小，便于携带、安装和测量等优点，适用于中、大管径管道的流量测量，以及风管、水管和矿井中任意一点的流体流速和流速分布测量。缺点是测量结果受流速分布影响严重，计算复杂，准确度也较低，测量时间长，难以实现自动测量，不适于测量流速变化很快的气流速度。

需要说明的是，用皮托管测量气体流速时，若气体流速小于 50m/s，则管道内气流的收缩性可以忽略不计；若管道内气流速度大于 50m/s，则要考虑气流的压缩性，应按可压缩流体流动的规律加以修正。测量低速气流时产生的差压很小，需要选用很精确的微压计。为了克服测量低速气流时差压信号过小的缺点，应选用动压-文丘里管式流速测量仪表。

必须指出，皮托管测得的流速，是它所在那一点的流速，而不是平均流速，若该点流速恰为管道截面上的平均流速 $\bar{v}$，则可求出流量。因此利用它来测量管道中流体的流量时必须按具体情况确定测点的位置。理论和实践均证明，在圆管内作层流流动的流体，距管中心 $0.707R$（R 为圆管的半径）处的流速，等于截面上的平均流速；如果圆管内是湍流流动，且是达到充分发展的湍流时，在直管段大于 50 倍管径的情况下，根据实验，距管中心 $0.762R$ 处的流速近似等于平均流速。但在实际应用中，由于种种因素的影响，圆管内的实际流速分布并不能简单地按上述方法确定，因而造成较大的测量误差。因此，实用中通常采取在同一截面选取多点测量，然后求出平均流速的方法。如何选取测量点是皮托管测流量的关键，目前较常用的方法有等环面法、切比雪夫积分法和对数线性法。

4.5.1.3 均速管流量计

均速管流量计又称阿纽巴（Annubar）管，是基于皮托管原理而发展起来的一种新型流量计。均速管能够直接测出管道截面上的平均流速，相比于皮托管，简化了测量过程，提高了测量准确性。

均速管是一根横跨管道的中空、多孔金属管，其结构如图 4-31 所示。由于管道中流速分

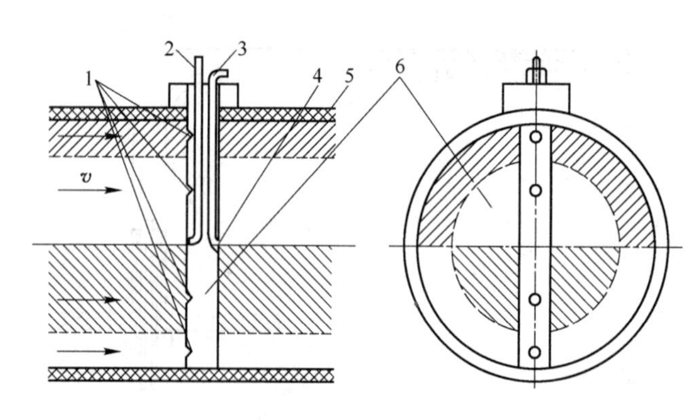

图 4-31 均速管

1—总压孔；2—总压导管；3—静压导管；4—静压孔；5—管道；6—均速管

布是不均匀的，为了提高测量准确度，将整个管道截面均分成4个面积相等的半环形和半圆形区域，又称等面积单元。在迎流方向上开有对称的两对总压取压孔（也可以是两对以上），各总压取压孔位置分别对应4个等面积单元，其所测总压即反映了各个等面积单元内的流速大小。各总压孔相通，测得的流体总压均压后由总压管引出，这可认为是反映截面平均流速的总压。在背向流体流向一侧的中央开有一个静压取压孔，测得流体静压并由静压管引出。由平均总压与静压之差即可求得管道截面的平均流速，从而实现测量流量的目的。

均速管流量计具有如下特点：

（1）结构简单、价格便宜、便于安装，如使用带截止阀的动压平均管，其安装和拆卸均不必中断工艺流程。

（2）压力损失小，能耗少，其不可恢复的压力损失仅占差压的2%～15%，而常用的孔板要占40%～80%。

（3）准确度及长期稳定性较好，准确度可达1.0级，稳定性为实测值的±0.1%。

（4）适用范围广，除不适用于污脏、有沉淀物的流体外，适用于液体、气体和蒸汽等多种流体以及高温高压介质的流量测量。

（5）适用管径范围大，约为25～9000mm，尤其适用于大口径管道的流量测量，管径越大，其优越性越突出。

（6）对直管段的要求比孔板低。

（7）产生的差压信号较低，需要配用低量程差压计。

（8）作为一种插入式流量计，安装、拆卸和维修方便。因为结构简单，又没有易磨损的转动件，安装后几乎没有多少维修工作。

4.5.2 弯管流量计

弯管流量计的研究始于1911年，距今已有90多年历史，现已广泛应用于石油、化工、电力、冶金、钢铁等行业的液体、气体和蒸汽流量测量。主要有90°弯管流量计、正方形弯管流量计、环形管流量计和焊接弯管流量计等形式，本书以第一种为例进行介绍。

4.5.2.1 弯管传感器结构

弯管流量计主要由弯管传感器和差压变送器组成。若用于测量蒸汽或其他气体流量，原则上必须配置温度和压力变送器，以进行补偿。弯管流量计是最简单的差压式流量计，其传感器是经机加工而成的几何精度很高的90°弯管。弯管是流量计的核心部件，结构如图4-32所示。弯管内部中空，没有任何节流件和插入件。弯管的两端与工艺管道直接连接，内壁应尽量保持光滑。一般采用焊接方法进行安装，取消了一般流量计所固有的连接法兰及紧固件，解决了普通流量计存在的易泄漏的难题。

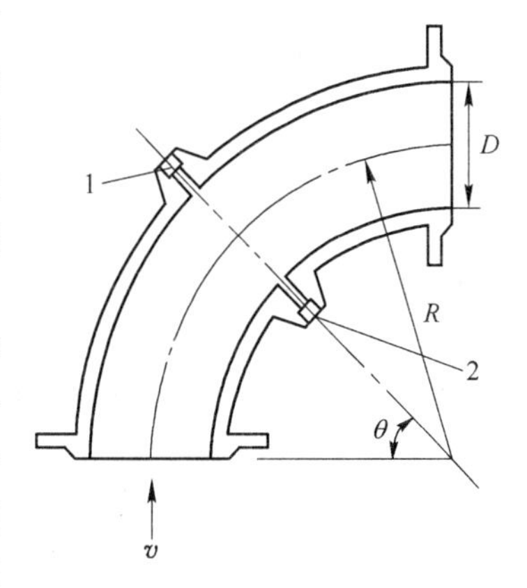

图4-32　弯管传感器结构
1—高压取压口；2—低压取压口

弯管弯径比是指弯管的中心线曲率半径 R 与弯管内径 D 的比值，即 R/D。弯径比是弯管流量传感器理论模型中唯一的几何参数，对流量的测量起着重要的作用。弯径比是一个空间量，不能用简单的方法直接准确测量出来，必须采用间接方法（等弦几何法）求得。此外，还需确定弯管弯径比的分布、90°角误差、弯管内径的同圆度等。只有全面满足各项技术指标的弯管才能作为传感器使用，才能保证流量测量的准确度和稳定性。

弯管的粗糙度对流量系数的影响，远比孔板、喷嘴流量计小。当雷诺数增大，即进入阻力平方区后，流量系数几乎不受管壁粗糙度的影响。

弯管传感器的取压位置对流量系数影响很大。目前，取压口角度 θ 主要有 22.5°和 45°两种。两种取压形式均可实现工艺管路正、反双向流量测量，是其他流量计无法实现的。

弯管流量计取压孔径大小一般按照管道的内径情况而定，一般在 $\phi3\sim30$mm 之间。两个相对取压孔应相对于 90°弯管圆心成一条直线，且内侧无毛刺。

4.5.2.2　工作原理和流量公式

弯管流量计差压值的产生与传统节流式差压流量计有着本质的区别。后者是利用流体在通过工艺管道中节流装置时产生的差压进行流量测量的；而弯管传感器没有节流件和插入件，差压产生与之不同。当流体沿着弯管的弧形通道流动时，流体由于受到角加速度的作用而产生惯性离心力，使弯管的外侧管壁压力增加，从而使弯管的内外侧管壁之间产生压力差 Δp。根据伯努利方程原理，该压力差的平方与流体流量成正比，其流量公式如下：

$$q_V = C\left(\frac{\pi}{4}D^2\right)\sqrt{\frac{2\Delta p}{\rho}} \tag{4-98}$$

式中　C——流量系数，$C=\alpha\sqrt{\dfrac{R}{2D}}$，$\alpha$ 是考虑实际流速分布与强制旋流的不同而引进的修正系数，其值一般由取压口位置决定。

弯管流量计的流量系数与弯管的几何结构尺寸（曲率半径 R 和管径 D）有关。如果 R 和 D 准确值已知，且弯头上游有足够长的直管段，则 α 取值在 0.96～1.04 之间。此时，若不考虑 α 变化的影响，则引进误差不超过 4%。国内外研究人员对弯管流量计的流出系数进行了大量的试验研究，提出了一系列经验和半经验公式，详见相关文献，使用时须注意各自适用的实验条件。

4.5.2.3　弯管流量计特点

（1）传感器结构简单，安装维修方便。

（2）准确度高。实验证明，采用数控机床加工的弯管，由于各项几何结构尺寸可以精确控制，相应地，流量计的测量准确度可达到 1.0 级。

（3）稳定性好。弯管流量计在工作中不会磨损；在高速流体冲击下不会变形和震动；对于环境中可能出现的震动、粉尘、潮湿、电磁场干扰不敏感；长期运行，性能指标不会发生明显变化。

（4）无附加压力损失，运行能耗低。对孔板流量计来说，流体在孔板上的压力损失是不可恢复的，其损失可高达孔板在该流量下产生的差压值的 60%～80%。弯管流量计由于经常利用管系安装现场现有的弯管，无需任何附加节流件或插入件，则不存在管道附加阻力损失的问题。因此更适合测量大系统、大管径、大流量、低压力的流体流量。

（5）适用范围大。既可测量液体、气体和蒸汽的流量，还可用于测量腐蚀性液体，矿浆、泥浆和纸浆等脏污、黏稠、易堵塞介质流量，在耐高温、耐高压、耐冲击、耐震动、耐潮湿、耐粉尘等方面，弯管流量计相对孔板、涡街、均速管等流量计具有明显优势。

（6）量程范围宽、直管段要求不严格。量程比可高于 10∶1，对于蒸汽或其他气体介质，流速范围为 5～70m/s；对于液体，流速范围为 0.3～5m/s。管径可从十几毫米到 1m，甚至 2m 以上。前后直管段达到上游 7D、下游 2D 即可。

（7）可以消除管道应力。其他流量计不可避免地要对管道产生不合理的、过大的应力，尤其在高温条件下。而弯管由于其独特的结构，能够吸收管道的拉和压应力，使管道运行更安全。

（8）可实现双向计量。

4.5.3　V锥流量计

4.5.3.1　传感器结构和测量原理

V锥流量计是20世纪80年代提出的一种新颖差压式流量计，由V锥传感器和差压变送器组成，其传感器结构如图4-33所示。V锥传感器由前后两个锥体构成，与管道同轴安装。测压位置分别安置在V锥前缘的高压区和V锥尖端后的低压区。

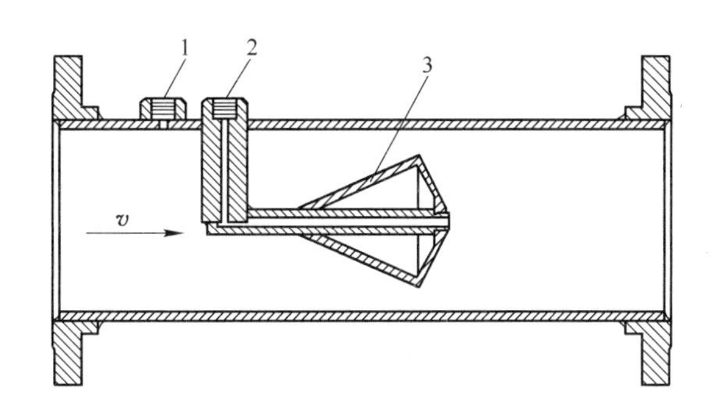

图4-33　V锥传感器

1—高压取压口；2—低压取压口；3—V锥体

当流体通过V锥体时，会造成局部收缩。在收缩处，流速增加，静压力降低，从而在V锥体前后产生差压，通过对差压的测量达到对流量的测量。可见，V锥流量计的测量原理同节流式差压流量计，二者的流量方程也相似。所不同的是，标准节流装置的最小流通截面为圆形，而V锥传感器的最小流通截面为环形。标准孔板是中心突然收缩式结构，文丘里管是中心逐渐收缩式结构，而V锥流量计通过在管道中心悬挂的锥形节流件，将流体逐渐地节流，收缩到管道内壁附近。

4.5.3.2　特点分析

由于V锥体的独特结构，使其具备了许多独特的优点，主要表现在：

（1）准确度高。由于产生差压信号的锥形体位于管道中心，流体与其分离产生的旋涡对差压信号的影响很小，使其本身的相对不确定度可以达到0.5%，重复性可达0.1%。

（2）稳定性好。标准孔板产生的旋涡紧挨着孔板，是一种很长的旋涡。该旋涡会产生高幅低频信号，对仪表的差压信号产生干扰。而V锥式流量计在流体流过锥形体时形成很短的旋涡，将产生低幅高频信号，从而减小差压信号中的噪声。同时，由于流体沿着锥体形成了边界层，使锥体的边缘不容易磨损，使开孔比保持不变，从而使流量计长期保持准确度而不必校验。

（3）压力损失小。由于V锥流量计没有采用与流向成直角的立面节流，可较好地避免流体的正向冲击损失，所以永久性压力损失就小，其前面一般无需加整流器。在同一流量下，V锥的压力损失一般也只有孔板的1/3～1/2。

（4）直管段要求小。V锥传感器的自整流功能使其直管段要求低于孔板。上游只需0～3D

的直管段，而下游只需 0～1D 的直管段即可满足要求。

（5）抗脏污能力强。V 锥体所固有的流体扫过形结构，使其非常适合脏污流体和含湿气体的流量，如焦炉煤气、含湿天然气、低压脏污沼气、瓦斯气等。

4.5.4　威力巴流量计

威力巴流量计是 20 世纪 90 年代美国 VERIS 公司推出的差压式均速流量计，以其独特的结构，一经问世就引起广泛关注。

4.5.4.1　探头结构和测量原理

威力巴流量计的探头由 316 不锈钢制成，为单片双腔结构，可避免其他探头三片式结构导致的腔室间渗漏，增加了探头的强度。探头截面采用子弹头形状，如图 4-34 所示。该结构使探头受到的牵引力最小，使流体与探头的分离点固定。在子弹头的前部表面进行了粗糙处理，使得低流速时也可以产生紊流边界层。通过面积积分所得的多对取压孔按一定准则排布，遍及整个管道的速度剖面，能较为准确地测量平均流速。高压取压孔迎向流体，用于获取高压平均信号；低压取压孔在探头的侧后两边、流体与探头的分离点之前，可避免涡流影响和防止低压孔堵塞，使获取的低压平均信号更稳定和准确。流体从探头流过后在探头后部产生杂质聚集区（部分真空），并且在探头的两侧出现旋涡。

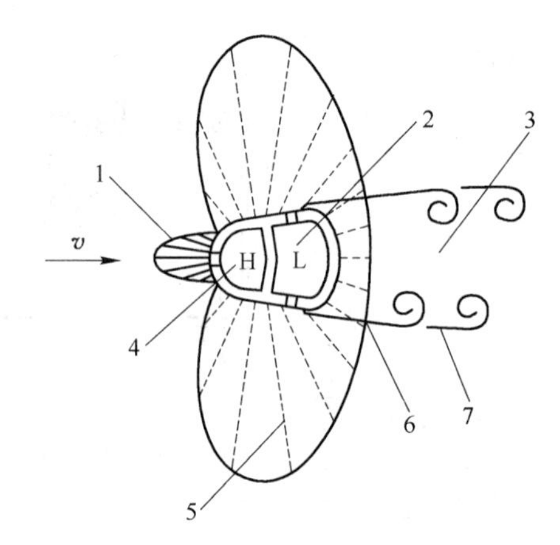

图 4-34　威力巴流量计探头截面示意图

1—高压分布区；2—低压取压口；3—杂质聚集区；4—高压取压口；5—低压分布区；6—流体分离点；7—涡流

当流体流过探头时，在其前部产生一个高压分布区，其压力略高于管道的静压。根据伯努利方程原理，流体流过探头时速度加快，在探头后部产生一个低压分布区，其压力略低于管道的静压。通过测量流体平均速度所产生的平均差压就可求出被测流量。威力巴的流量系数主要取决于探头结构和尺寸、取压孔的位置和探头截面与管道截面的面积比，而与前表面粗糙度无关。

4.5.4.2　特点分析

威力巴流量计和其他普通的均速管流量计相比，其优点主要表现在：

（1）本质防堵。一方面在传感器探头前部形成高压区，可有效阻止杂质颗粒的侵入；另一方面在传感器探头的侧后两边设计低压取压孔，由于湍流发生器的作用，流体从表面斜掠而过，使得杂质不会在此滞留，从本质上防止了低压腔被堵的情况，并且能产生一个非常稳定的低压压力信号。

（2）信号稳定、量程比大。子弹头形的设计，一方面使得其流体的分离点固定，并能有效防止端头产生旋涡，使压差信号稳定、波动小；另一方面使探头表面形成边界层，使流体在低流速时仍呈紊流状态，仍可获得稳定准确的流量信号，从而拓展了测量下限。

（3）安装方便，基本免维护。威力巴流量计大部分是传感器与测量装置为一体化的结构，因此，在安装的过程中，只需进行简单的开孔与焊接，焊接量仅为孔板的 1/15。探头结构坚固，再加上合理的防堵措施，使得其几乎没有维护量。

安装时只要保证上游直管段大于 7D，下游直管段大于 1D 即可。此外还须注意：

（1）测量气体时，若为水平管道，威力巴流量计最好安装在管道上方160°；若为垂直管道，应在威力巴流量计上方安装变送器，一体化探头安装在管道上方90°。

（2）测量液体时，若为水平管道，最好装在管道下方160°；若为垂直管道，应在威力巴流量计下方安装变送器，一体化探头安装在管道下方90°。

此外临界流流量计也属于该流量计范畴。节流装置的流动状态为亚音速流动，流量不仅与上游压力有关，还与下游压力有关，流出系数不仅与喉部雷诺数有关，还与马赫数有关。而临界流流量计，在其喉部气流速度达到音速，马赫数等于1，所以流量只与上游压力有关，而与下游压力无关，流出系数只与喉部雷诺数有关。因此，临界流流量计结构简单、性能稳定、体积小，没用可动部件，准确度较高。目前，作为气体流量标准器，临界流文丘里喷嘴可离线或在线对流量计进行检测。在实际使用时，其气源形式既可用于高压（如压缩机组），又可用于负压（如真空泵组）。有关结构和原理等请详见以下两个标准文件：（1）国际标准ISO 9300：2005E《用临界流文丘里喷嘴测量气体流量》；（2）国家标准GB/T 21188—2007《用临界流文丘里喷嘴测量气体流量》。

4.6　叶轮流量计

速度式流量计是利用测量管道内流体流动速度来测量流量的，对管道内流体的速度分布有一定的要求，流量计前后必须有足够长的直管段或加装整流器，以使流体形成稳定的速度分布。工业生产中使用的速度式流量计种类很多，目前还在不断地发展中，主要有叶轮式流量计（vane-wheel type flowmeter）、涡街流量计（vortex shedding flowmeter）、电磁流量计（electromagnetic flowmeter）和超声波流量计（ultrasonic flowmeter）。本节主要介绍叶轮式流量计的代表涡轮流量计（revolving flowmeter or turbine flowmeter）和水表。

涡轮流量计是一种典型的速度式流量计。其测量准确度很高，可与容积式流量计并列，此外还具有反应快以及耐压高等特点，因而在工业生产中应用日益广泛。

4.6.1　涡轮流量计结构

涡轮流量计一般由涡轮变送器和显示仪表组成，也可做成一体式涡轮流量计，变送器的结构如图4-35所示，主要包括壳体、导流器、轴和轴承组件、涡轮和信号转换器。

4.6.1.1　涡轮

涡轮一般由高导磁性材料制成，是流量计的核心测量元件，其作用是把流体的动能转换成机械能。涡轮由摩擦力很小的轴和轴承组件支承，与壳体同轴，其叶片数视口径大小而定，通常为2～8片。叶片有直板叶片、螺旋叶片和丁字形叶片等几种。涡轮几何形状及尺寸对传感器性能有较大影响，因此要根据流体性质、流量范围、使用要求等进行设计。涡轮的动态平衡很重要，直接影响仪表的性能和使用寿命。为提高对流速变化的响应速度，在保证强度要求的前提下，涡轮的质量要尽可能地小。

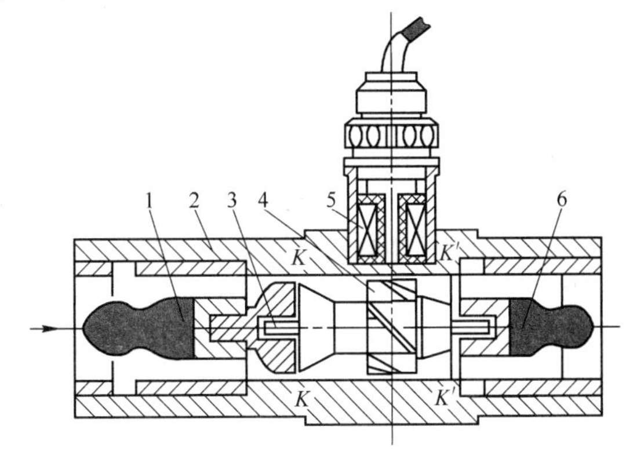

图4-35　涡轮变送器结构

1—前导流器；2—壳体支承；3—轴和轴承组件；4—涡轮；5—信号转换器；6—后导流器

4.6.1.2　导流器

导流器由导向片及导向座组成，材质多为不导磁不锈钢或硬铝材料，其作用有两点：

（1）用以导直和整流被测流体，以免因流体的旋涡而改变流体与涡轮叶片的作用角，从而保证流量计的准确度。

（2）在导流器上装有轴承，用以支承涡轮。

4.6.1.3　轴和轴承组件

轴和轴承组成一对运动副，支撑和保证涡轮自由旋转。为有足够的刚度、强度和硬度，并耐腐蚀、耐磨损等，其材质通常为不锈钢或硬质合金。变送器失效通常是由轴和轴承组件引起的，因此，它决定着传感器的可靠性和使用寿命，其结构设计、材料选用以及定期维护至关重要。在设计时应考虑轴向推力的平衡，因为流体作用于涡轮上的力使涡轮转动，同时也给涡轮一个轴向推力，使轴承的摩擦转矩增大。为了抵消这个轴向推力，在结构上采取各种轴向推力平衡措施，主要有：

（1）采用反推力方法实现轴向推力自动补偿。从涡轮轴体的几何形状可以看出，当流体流过 $K—K$ 截面积时，流速变大而静压力下降，以后随着流通面积的逐渐扩大而静压力逐渐上升，因而在收缩截面 $K—K$ 和 $K'—K'$ 之间就形成了不等静压场，并对涡轮产生相应的作用力。由于该作用力沿涡轮轴向的分力，与流体的轴向推力反向，可以抵消流体的轴向推力，减小轴承的轴向负荷，进而提高变送器的寿命和准确度。

（2）采取中心轴打孔的方式，通过流体实现轴向力自动补偿。

另外，减小轴承磨损是提高测量准确度、延长仪表寿命的重要环节。目前，常用的轴承主要有滚动轴承和滑动轴承（空心套形轴承）两种。滚动轴承虽然摩擦力矩很小，但对脏污流体及腐蚀性流体的适应性较差，寿命较短。因此，目前仍广泛应用滑动轴承，其轴和轴承间的摩擦转矩与涡轮的质量和轴的直径成正比。为了彻底解决轴承磨损问题，我国目前正在研制生产无轴承的涡轮流量变送器。

4.6.1.4　壳体

壳体是传感器的主体部件，它起到承受被测流体的压力、固定安装检测部件和连接管道的作用。壳体通常采用不导磁不锈钢或硬质合金制造，对于大口径传感器，亦可采用碳钢与不锈钢组合的镶嵌结构。

4.6.1.5　信号转换器

信号转换器的作用是把涡轮的机械转动信号转换成电脉冲信号并输出。其代表为磁电转换器。它安装在流量计壳体上，可分成磁阻式和感应式两种。

（1）磁阻式磁电转换器由线圈和磁钢组成。将磁钢放在感应线圈内，涡轮叶片由导磁材料制成。当涡轮叶片旋转通过磁钢下面时，磁路中的磁阻改变，使得通过线圈的磁通量发生周期性变化，因而在线圈中感应出电脉冲信号，其频率就是转过叶片的频率。

（2）感应式磁电转换器是在涡轮内腔放置磁钢，涡轮叶片由非导磁材料制成。磁钢随涡轮旋转，在线圈内感应出电脉冲信号。

由于磁阻式比较简单、可靠，并可以提高输出信号的频率，所以使用较多。

除磁电转换方式外，也可用光电元件、霍尔元件、同位素等方式进行转换。为提高抗干扰能力和增大信号传送距离，在磁电转换器内装有前置放大器。

4.6.2　工作原理和流量方程

4.6.2.1　工作原理

涡轮流量计是基于流体动量矩守恒原理工作的。被测流体经导直后沿平行于管道轴线的方向以平均速度 v 冲击叶片。在克服一定的阻力矩的前提下，推动涡轮转动。在一定的流量范围内，对一定的流体黏度，涡轮的转速与流体的平均流速成正比。通过磁电转换装置将涡轮转速变成电脉冲信号，经放大后送给显示记录仪表，即可以推导出被测流体的瞬时流量和累积流量。

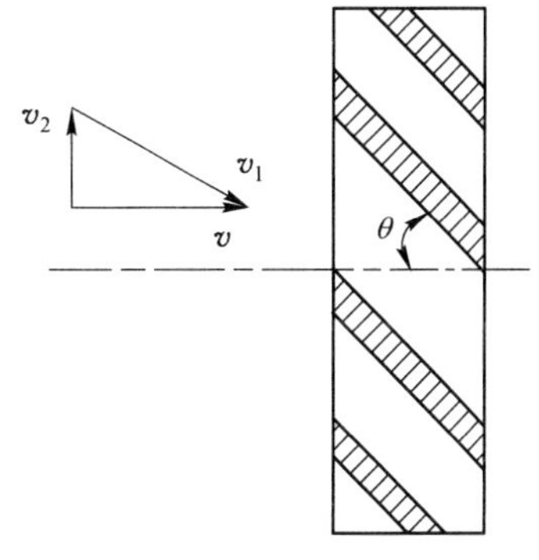

图 4-36　涡轮叶片速度分解

4.6.2.2　理想状态下的流量方程

所谓理想状态是指假定涡轮处于匀速运动的平衡状态，并且可以忽略各种阻力矩的影响。设涡轮叶片与流体流向成 θ 角，流体平均流速 v 与叶片的相对速度 v_1 和切向速度 v_2 的关系如图 4-36 所示，则切向速度 v_2 为

$$v_2 = v\tan\theta \tag{4-99}$$

式中　v_2——切向速度，m/s；

v——被测流体的平均流速，m/s；

θ——流体流向与涡轮叶片的夹角。

当涡轮稳定旋转时，叶片的切向速度为

$$v_2 = 2\pi Rn \tag{4-100}$$

式中　n——涡轮的转速，1/s；

R——涡轮叶片的平均半径，m。

磁电转换器所产生的脉冲频率 f 为

$$f = nZ \tag{4-101}$$

式中　Z——涡轮叶片的数目。

联立式(4-99)～式(4-101)，可得涡轮流量计的体积流量公式为

$$q_V = vA = \frac{2\pi RA}{Z\tan\theta}f = \frac{1}{\xi}f \tag{4-102}$$

式中　A——涡轮形成的流通截面积，m^2；

ξ——涡轮流量计的流量系数，$\xi = \dfrac{Z\tan\theta}{2\pi RA}$。

涡轮流量计流量系数 ξ 的含义是单位体积流量通过磁电转换器所输出的脉冲数，它是涡轮流量计的重要特性参数，与传感器结构和各种阻力矩有关，由实验获得。

4.6.2.3　实际工况下的流量系数

由式（4-102）可见，对于一定的涡轮结构，流量系数为常数。因此，流过涡轮的体积流量 q_V 与脉冲频率 f 成正比。但应注意，式（4-102）是在忽略各种阻力力矩的情况下导出的。实际上，作用在涡轮上的力矩，除推动涡轮旋转的主动力矩外，还包括 3 种阻力矩。根据牛顿运动定律，建立实际工况下的涡轮运动方程式如下：

$$J\frac{\mathrm{d}\omega}{\mathrm{d}t} = T_{\mathrm{r}} - T_{\mathrm{rm}} - T_{\mathrm{rf}} - T_{\mathrm{re}} \tag{4-103}$$

式中　J——涡轮的转动惯量，$kg \cdot m^2$；

ω——涡轮的旋转角速度，1/s；

T_r——流体推动涡轮旋转的主动力矩，N·m；

T_{rm}——由轴和轴承之间摩擦引起的机械摩擦阻力矩，N·m；

T_{rf}——由流体黏滞摩擦力引起的黏性摩擦阻力矩，N·m；

T_{re}——由于叶片切割磁力线而引起的电磁阻力矩，N·m。

一般情况下，电磁阻力矩 T_{re} 比较小，其影响可忽略不计。当涡轮处于平衡，即以恒定角速度 ω 旋转时，有 $\frac{d\omega}{dt}=0$。经一系列理论推导可得实际工况下流量系数的表达式为

$$\xi = \frac{Z}{2\pi}\left(\frac{\tan\theta}{RA} - \frac{T_{rm}}{\rho q_V^2 R^2} - \frac{T_{rf}}{\rho q_V^2 R^2}\right) \tag{4-104}$$

由此可见，在整个流量测量范围内流量系数不是常数，它与流量间的关系曲线如图 4-37 所示。由图中可见，在流量很小时，即使有流体通过变送器，涡轮也不转动。只有流量大于某个最小值时，才能克服轴和轴承之间的静摩擦力矩，开始转动。这个最小流量值被称为始动流量值 $q_{V_{min}}$。涡轮刚启动时，由于角速度很小，可忽略黏性摩擦阻力矩的影响。理论分析表明：

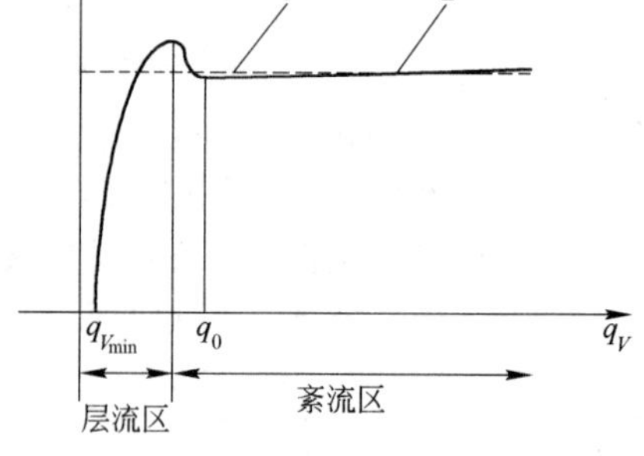

图 4-37　流量系数与流量的关系曲线

1—理想关系曲线；2—实际关系曲线

（1）$q_{V_{min}}$ 与流体的密度成平方根关系，所以变送器对密度较大的流体敏感。

（2）当测量气体时，必须注意温度和压力的影响，因为它们可能引起流量系数和流量关系曲线平移。

（3）机械摩擦阻力矩越小，$q_{V_{min}}$ 越小。

（4）电磁阻力矩通常较小，可忽略不计。

（5）在流量小时，ξ 值变化很大，这主要是由于各种阻力矩之和在主动力矩中占较大比例造成的。

（6）当流量大于 $q_{V_{min}}$ 以后，黏性摩擦阻力矩将成为影响流量计特性的主要因素。

（7）在层流区内，流量系数 ξ 与流体黏度和流量大小有关。若黏度不变，则随着流量的增加，ξ 将增大。

（8）当流量大于某一数值 q_0 后，ξ 值才近似为一个常数，这就是涡轮流量计的工作区域，即测量范围。

（9）由于摩擦阻力矩，在层流时比紊流小，所以在层流与紊流的交界点上，ξ 有一个峰值。流体黏度越大，该峰值位置越向大流量方向移动。

当然，由于轴承寿命和压损等条件的限制，涡轮也不能转得太快，所以涡轮流量计和其他流量仪表一样，也有测量范围的限制。

4.6.3　涡轮流量计的特点和使用

4.6.3.1　涡轮流量计的特点

A　优点

涡轮流量计主要用于准确度要求高、流量变化快的场合，还用作标定其他流量计的标准仪

表。涡轮流量计的优点如下：

（1）准确度高，可达到0.5级以上，在小范围内可高达0.1级；复现性和稳定性均好，短期重复性可达0.05%～0.2%，可作为流量的准确计量仪表。

（2）对流量变化反应迅速，可测脉动流量。被测介质为水时，其时间常数一般只有几毫秒到几十毫秒。可进行流量的瞬时指示和累积计算。

（3）线性好、测量范围宽，量程比可达（10～20）：1，有的大口径涡轮流量计甚至可达40：1，故适用于流量大幅度变化的场合。

（4）耐高压，承受的工作压力可达16MPa。

（5）体积小，且压力损失也很小，压力损失在最大流量时小于25kPa。

（6）输出为脉冲信号，抗干扰能力强，信号便于远传及与计算机相连。

B 缺点

（1）制造困难，成本高。

（2）被测介质的物性参数，如密度黏度等，对流量系数有较大影响。

（3）由于涡轮高速转动，轴承易损，降低了长期运行的稳定性，影响使用寿命。

（4）对被测流体清洁度要求较高，适用温度范围小，约为－20～120℃。

（5）受流场分布影响较大，所需上下游直管段较长。如安装空间受限制，可以加装流动调整器或流动整流器来缩短直管段，但在限制压损的场合是不允许的。

（6）不能长期保持校准特性，需要定期校验。

4.6.3.2 涡轮流量计的使用

通过前面的结构和原理分析可知，使用涡轮流量计时必须注意以下几点：

（1）要求被测介质洁净，黏度低，腐蚀性小，不含杂质，以减少对轴承的磨损。如果被测液体易气化或含有气体时，要在流量计前装消气器。为避免流体中杂质进入变送器损坏轴承，以及为防止涡轮被卡住，必要时加装过滤装置。

（2）流量计的安装应避免振动，避免强磁场及热辐射。

（3）介质的密度和黏度的变化对流量示值有影响，必要时应做修正。

1）密度影响。由于变送器的流量系数 ξ 一般是在常温下用水标定的，所以密度改变时应该重新标定。对于液体介质，密度受温度、压力的影响很小，所以可以忽略温度、压力变化的影响。对于气体介质，由于密度受温度、压力影响较大，除影响流量系数外，还直接影响仪表的灵敏限。图4-38是气体涡轮流量计在不同压力下变送器的流量系数特性曲线，从中可见，工作压力对流量系数具有较大的影响，使用时应时刻注意其变化。虽然涡轮流量计时间常数很小，很适于测量由于压缩机冲击引起的脉动流量。但是用涡轮流量计测量气体流量时，必须对密度进行补偿。

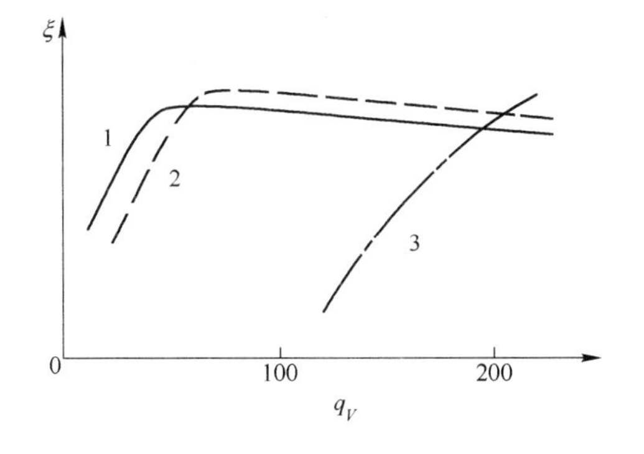

图4-38 气体涡轮流量计压力变化对流量系数的影响

1—$p=9.4\times10^2$kPa；2—$p=2.4\times10^2$kPa；3—$p=1.2\times10^2$kPa

2）黏度的影响。涡轮流量计的最大流量和线性范围一般是随着黏度的增高而减小的。对于液体涡轮流量计，流量系数通常是用常温水标定的，因此实际应用时，只适于与水具有相似黏度的流体，水的运动黏度为$10^{-6}m^2/s$，如实际流体运动黏度超过$5\times10^{-6}m^2/s$，则必须重新标定。

（4）仪表的安装方式要求与校验情况相同，一般要求水平安装。仪表受来流流速分布畸变和旋转流等影响较大，例如由于泵或管道弯曲，会引起流体的旋转，而改变了流体和涡轮叶片的作用角度，这样即使是稳定的流量，涡轮的转数也会改变。因此，除在变送器结构上装有导流器外，还必须保证变送器前后有一定的直管段。上游直管段长度 L 与管径 D 的比值应满足下式要求：

$$\beta = \frac{L}{D} = 0.35\frac{K}{f} \tag{4-105}$$

式中　K——旋涡速度比，取决于上游阻力件的类型，如表 4-17 所示；

f——管道内壁摩擦系数，流动处于紊流状态时，$f=0.0175$。

表 4-17　旋涡速度比和上游直管段长度

阻力件名称	同心渐缩管	一个直角弯头	同平面内两个直角弯头	空间两个直角弯头	全开闸阀、截止阀	半开闸阀、截止阀
旋涡速度比 K	0.75	1	1.25	2	1	2.5
直管段长度 L（数值以管径 D 的倍数表示）	15	20	25	40	20	50

4.6.4　家用自来水表简介

家用自来水表是一种典型的叶轮式流量计，其用途是提供总用水量，以便按量收费，其结构如图 4-39 所示。自进水口流入的水经筒状部件周围的斜孔，沿切线方向冲击叶轮。叶轮轴经过齿轮逐级减速，带动各个十进位指针以指示累积总流量。此后，水流再经筒状部件上排孔，汇总至出水口。为了减少磨损、避免锈蚀，叶轮及各个齿轮都采用较轻而耐磨的塑料制成。叶轮式自来水表比较简单价廉，但准确度不高，一般只有 2 级左右。同样的原理也可以用在气体流量测量上，国产 QBJ-A 型高压燃气表就是叶轮式流量计。

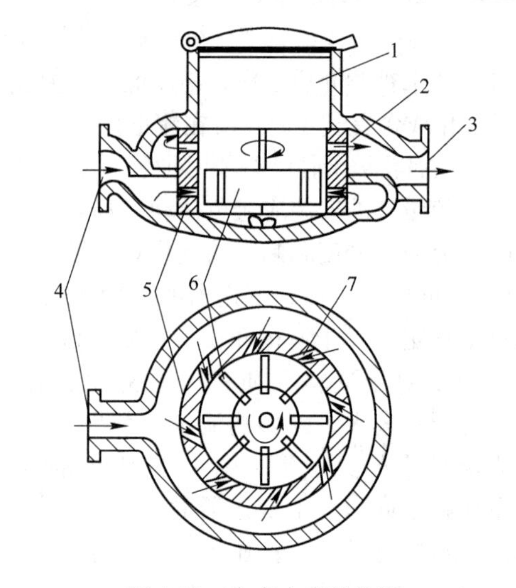

图 4-39　自来水表结构图

1—安装齿轮处；2—上排孔；3—出水口；4—进水口；5—筒状部件；6—叶轮；7—斜孔

4.7　电磁流量计

电磁流量计（electromagnetic flowmeter，简称 EMF）是基于电磁感应定律工作的流量计，它能测量具有一定电导率的液体的体积流量。由于具有压力损失小，可测量脏污、腐蚀性介质及悬浊性液-固两相流流量等独特优点，现已广泛应用于酸、碱、盐等腐蚀性介质，化工、冶金、矿山、造纸、食品、医药等工业部门的泥浆、纸浆、矿浆等脏污介质，城市自来水供应、污水排放等的流量测量。

4.7.1 工作原理

4.7.1.1 基本原理

根据法拉第电磁感应定律，当一导体在磁场中运动切割磁力线时，在导体的两端将产生感应电动势，其方向由右手定则确定，其大小与磁场的磁感应强度 B、导体在磁场内的有效长度及导体垂直于磁场的运动速度成正比。

与此相似，在磁感应强度为 B 的均匀磁场中，垂直于磁场方向设置一个直径为 D 的测量管道，又称测量导管，如图4-40所示。当导电的液体在导管中流动时，导电液体切割磁力线，于是在和磁场及液体流动方向垂直的方向上产生感应电动势，管道由不导磁材料制成，管道内表面衬挂绝缘衬里。如果在管道截面上安装一对电极，则两电极间将产生感应电势 U_{AB}，即

$$U_{AB} = BD\bar{v} \tag{4-106}$$

式中 U_{AB}——两电极间的感应电势，V；

D——管道内径，m；

B——磁场磁感应强度，T；

$\bar{v}$——液体在管道中的平均流速，m/s。

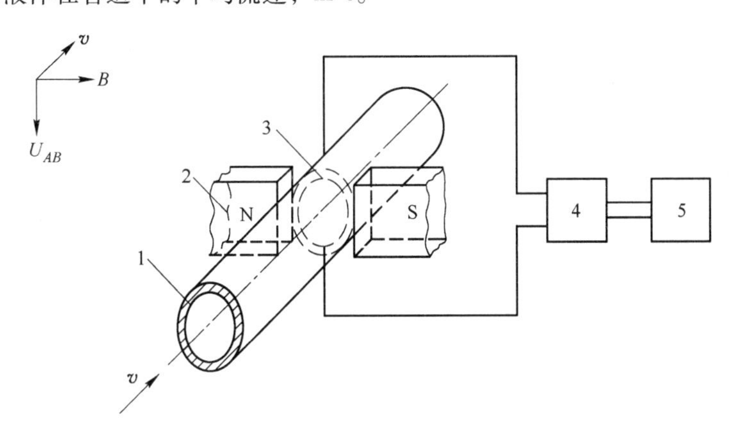

图4-40 电磁流量计工作原理图

1—测量导管；2—磁极；3—电极；4—转换器；5—显示仪表

由此可得电磁流量计的体积流量公式为

$$q_V = \frac{\pi D}{4B}U_{AB} \tag{4-107}$$

应当指出，式（4-107）必须符合以下假定条件时才成立，即：

（1）磁场是均匀分布的恒定磁场；

（2）被测流体各向同性，具有一定的电导率，且非导磁；

（3）流速以管轴为中心对称分布。

4.7.1.2 有限长磁场的修正

实际应用中，磁场虽可做成均匀的，但不能沿管道做得无限长，而有限的磁场在电极附近大致是均匀的，两端逐渐减弱为零。在电极附近产生的感应电势大，在两端小，这样在液体内

部形成不均匀电场，进而产生涡电流。涡电流产生二次磁通，它反过来改变磁场边缘部分的工作磁通，对测量结果造成影响，这就是所谓的边缘效应。为修正边缘效应的影响，引入修正系数 K，它与管道的直径和磁场的长度有关，其曲线如图4-41所示。图中磁场长度与管径之比为

$$x = \frac{l}{D} \tag{4-108}$$

式中 x——磁场长度与管径之比；

l——磁场长度，m。

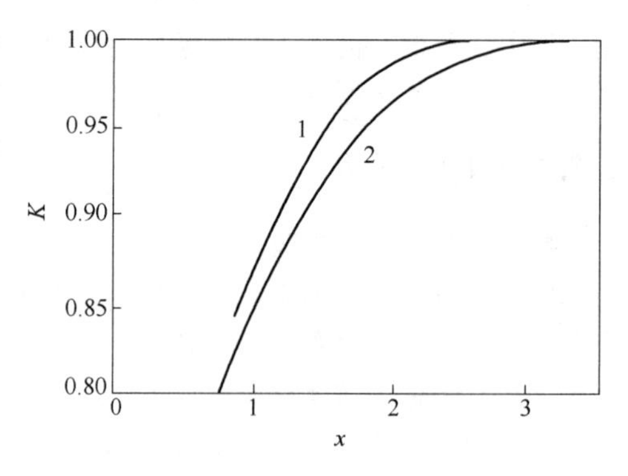

图 4-41 有限长磁场的修正系数曲线图

1—紊流；2—层流

从图4-41可见，对于紊流，只要保证横轴磁场长度与管径之比 $x \geqslant 2.5$；对于层流，只要保证 $x \geqslant 3.5$ 就可忽略有限长磁场对测量结果的影响。否则，应在电磁流量计流量公式(4-107)中引入修正系数 K，即为

$$q_V = K\frac{\pi D}{4B}U_{AB} \tag{4-109}$$

4.7.1.3 励磁方式

励磁系统用于给电磁流量传感器提供均匀且稳定的磁场。它不仅决定了电磁流量传感器工作磁场的特征，也决定了电磁流量计流量信号的处理方法，对电磁流量计的工作性能有很大的影响。其励磁方式主要有以下3种。

A 直流励磁

直流励磁方式是利用永久磁铁或者直流电源给电磁流量传感器励磁绕组供电，以形成恒定均匀的直流磁场。它具有方法简单可靠、受交流磁场干扰较小以及流体中的自感现象可以忽略不计等优点。但电极上产生的直流电势将使被测液体电解，使电极表面极化、电极间等效电阻增大，这不仅破坏了原来的测量条件，而且使电极间产生不均衡的电化学干扰电势，影响测量准确度。当管道直径很大时，永久磁铁相应也很大，笨重且不经济。因此，直流励磁方式只适用于非电解质液体，如液态金属钠或汞等的流量测量。

B 交流励磁

对电解性液体，一般采用工频交流励磁，即利用正弦波工频（50Hz）电源给电磁流量计传感器励磁绕组供电，其磁感应强度为 $B = B_m \sin\omega t$。此时，电磁流量计两个电极的感应电势为

$$U_{AB} = B_m D \bar{v} \sin\omega t \tag{4-110}$$

式中 B_m——交流励磁磁感应强度的幅值，T；

ω——励磁电流角频率，$\omega = 2\pi f$，f 为励磁电源频率，1/s。

对应的流量公式为

$$q_V = \frac{\pi D}{4B_m \sin\omega t}U_{AB} \tag{4-111}$$

交流励磁具有能够基本消除电极表面的极化现象，降低电极电化学电势的影响和传感器内阻，以及便于信号放大等优点。但会带来一系列的电磁干扰问题，主要有以下3种：

(1) 正交干扰（90°干扰）。

它是由“变压器效应”造成的。在电磁流量传感器中，由于电极、引线、被测介质和电磁流量转换器的输入电路构成的闭合回路处在同一交变的磁场中。因此，即使被测介质不流

动，处于该交变磁场中的闭合回路也会产生感生电势和感生电流，根据焦耳-楞次定律有

$$U_n = -K_n \frac{dB}{dt} = -K_n B_m \cos\omega t \tag{4-112}$$

式中 U_n——正交干扰电势，V；

K_n——系数。

比较式（4-110）和式（4-112）可以看出，两者相位差90°，故称为正交干扰。励磁电流频率越高，正交干扰也越严重，实际应用中正交干扰信号可能远大于流量信号。

（2）同相干扰（又称共模干扰）。同相干扰是指同时出现在传感器两个电极上，频率和相位都和流量信号一致的干扰信号。一般认为是静电感应、绝缘电阻分压以及传感器管道上的杂散电流所引起的。

（3）激磁电压的幅值和频率变化引起的干扰。当激磁电压的幅值发生变化时，激磁电流也将发生变化，从而造成磁感应强度 B 的变化。这时虽然被测液体的流速没有变化，但感应电势却发生了变化，造成测量误差。另外激磁电压的频率一旦发生变化，由于激磁绕组是感性负载，阻抗也随之发生变化，同样造成激磁电流的变化，引起测量误差。

C 低频方波励磁

低频方波励磁兼具直流和交流励磁的优点，既能排除极化现象，避免正交干扰；又能抑制交流磁场在流体和管壁中引起的电涡流，提高了电磁流量计的零点稳定性和测量准确度，是一种较好的励磁方式。目前正朝着三值低频方波励磁技术和双频方波励磁技术等方面发展。

4.7.2 电磁流量计的结构

电磁流量计由传感器、转换器和显示仪表3部分组成。

4.7.2.1 电磁流量计的传感器

电磁流量计的传感器主要由励磁系统、测量管道、绝缘衬里、电极、外壳和干扰调整机构等构成，其具体结构随着测量导管口径的大小而不同，如图4-42所示。

A 励磁系统

励磁系统主要包括励磁绕组和铁芯，用以产生励磁方式所规定波形的磁场。一般工业用电磁流量计的磁场大都用电磁铁产生，磁场电源由转换器提供。产生磁场的励磁绕组和铁芯、磁轭的结构形式根据测量导管口径的不同，一般有以下3种常用结构形式：

（1）变压器铁芯型。它适用于直径10mm以下的小口径的电磁流量计传感器，其结构如图4-43

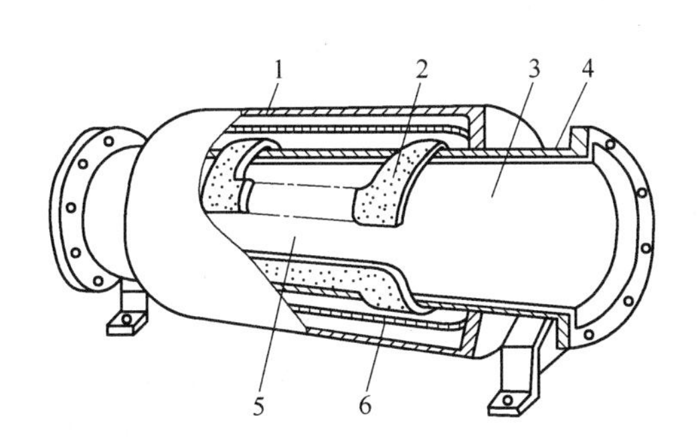

图4-42 电磁流量计传感器结构图
1—外壳；2—励磁绕组；3—绝缘衬里；
4—测量管道；5—电极；6—铁芯

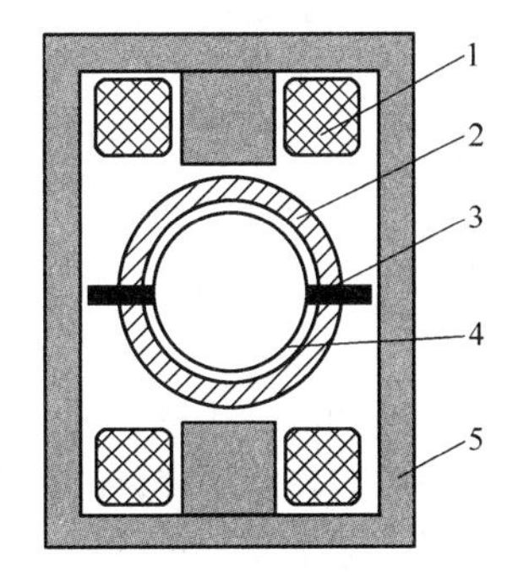

图4-43 变压器铁芯型励磁系统
1—励磁绕组；2—测量导管；3—电极；
4—绝缘衬里；5—铁芯

所示。这种结构通过测量导管的磁通较大，在同样的流速下可得到较大的感应电势。但当口径较大时，不仅增加传感器的体积和重量，造成制造和维护困难，而且，由于两电极间的距离较大，空间间隙也较大，漏磁磁通将明显增加，电干扰较严重，使仪表工作不够稳定。

（2）集中绕组型。它适用于口径在10mm到100mm内的中等口径传感器，它由两只串联或并联的无骨架马鞍形励磁绕组组成，上下各一只夹持在测量导管上。为了保证磁场均匀，一般在线圈的外面加一层用0.3～0.4mm厚的硅钢片制成的磁轭，并在励磁绕组中间加了一对极靴，如图4-44所示。

（3）分段绕制型。它适用于口径大于100mm的传感器，如图4-45所示。马鞍形的励磁线圈按余弦分布规律绕制，靠近电极部分的线圈绕得密一些，远离电极部分的线圈绕得稀一些，以得到均匀磁场。线圈外加一层磁轭，但无需极靴。按此分段绕制的鞍形励磁线圈放在测量导管上下两侧，使磁感应强度与管道横截面平行，以保证测量的准确度。

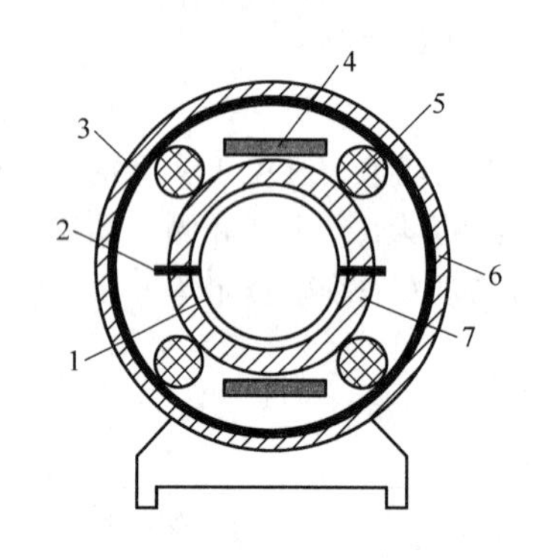

图4-44　集中绕组型励磁系统

1—绝缘衬里；2—电极；3—磁轭；4—极靴；
5—励磁绕组；6—外壳；7—测量导管

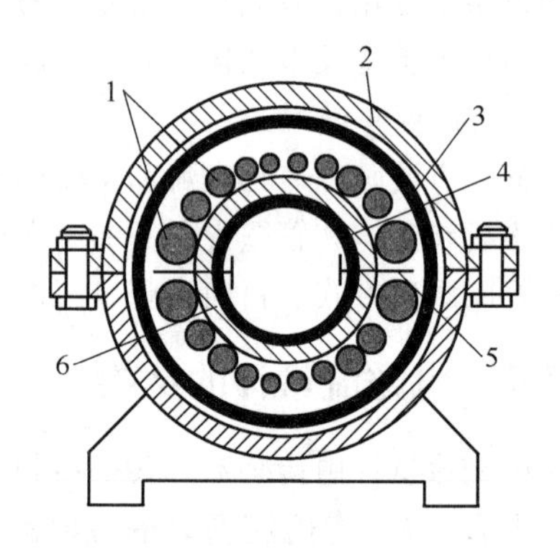

图4-45　分段绕制型励磁系统

1—励磁绕组；2—外壳；3—磁轭；
4—绝缘衬里；5—电极；6—测量导管

分段绕组式励磁系统可以减小流量计体积，保证磁场均匀，所以已被普遍采用。

B　测量管道

由于测量导管处在磁场中，为了让磁力线能顺利地穿过测量导管进入被测介质而不被分流或短路，测量导管应满足如下要求：（1）材料必须是非导磁材料；（2）为了减小电涡流，测量导管一般应选用高阻抗材料，在满足强度要求的前提下，管壁应尽量薄；（3）为了防止电极上的流量信号被金属管壁所短路，在测量导管内侧应有一完整的绝缘衬里。

中小口径电磁流量计的测量导管用不导磁的不锈钢（1Cr18Ni9Ti）或玻璃钢等制成；大口径的测量导管用离心浇铸的方法把橡胶、线圈和电极浇铸在一起，可减小因涡流引起的误差。

C　电极

电极直接与被测液体接触，因此必须耐腐蚀、耐磨，结构上防漏、不导磁。大多数电极采用不锈钢（1Cr18Ni9Ti）制成，也有用含钼不锈钢（1Cr18Ni12Mo2Ti）的；对腐蚀性较强的介质，采用钛、铂、耐酸钢涂覆黄金等。电极通常加工成矩形或圆形，其结构如图4-46所示。特殊情况下，为避免电极污染，可采用电容检测型电磁流量计，将电极置于测量导管衬里外，不与流体介质直接接触，所以有时也称其为无电极电磁流量计。它可用来测量电导率很低（5×10^{-6}S/m）的液体、浆液、渣液、泥浆等的流量。

D 绝缘衬里

绝缘衬里材料应根据被测介质，选择具有耐腐蚀、耐磨损、耐高温等性能的材料，常用材料有：(1) 聚氨酯橡胶，有较好的耐磨损性，但不耐酸和碱腐蚀，耐温度性也差，介质温度应小于65℃；(2) 氯丁橡胶，可耐一般的弱酸和碱腐蚀，具有耐磨性，耐温80℃；(3) 聚四氟乙烯，几乎能耐除热磷酸以外的强酸和碱腐蚀，介质温度可达180℃，但不耐磨损。

E 干扰调整机构

对于正弦波励磁的电磁流量计，传感器应有干扰调整机构。它实际上是一个“变压器调零”装置，可以抑制由于“变压器效应”而产生的正交干扰。

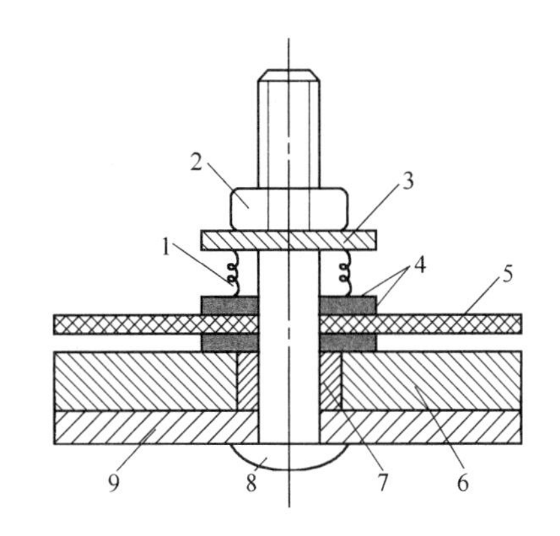

图4-46 电磁流量计电极结构
1—压簧；2—螺母；3—导电片；4—绝缘垫圈；5—印刷电路板；6—测量导管；7—密封环；8—电极；9—绝缘衬里

4.7.2.2 电磁流量计的转换器

转换器的作用是把电磁流量传感器输出的毫伏级电压信号放大，并转换成与被测介质体积流量成正比的标准电流、电压或频率信号，以便与仪表及调节器配合，实现流量的指示、记录、调节和计算。

根据电磁流量传感器的特点，要求转换器具备以下几个方面的性能：

(1) 线性放大能力。转换器是具有高稳定性能的线性放大器，能把毫伏级流量信号放大到足够高的电平，并线性地转换成标准电信号输出。

(2) 能够分辨和抑制各种干扰信号。

根据不同的励磁方式，转换器应有相应的措施抑制或消除各干扰信号的影响。

1) 正交干扰。对于正交干扰，除了传感器中的干扰调整机构调零外，转换器中应有分辨和抑制正交干扰的机构，以消除传感器中剩余的正交干扰信号。否则，这些干扰信号同样会被转换器的放大器放大，严重影响仪表工作。对正交干扰的抑制方法一般是将经过主放大器放大后的正交干扰信号通过相敏检波的方式鉴别分离出来，然后反馈到主放大器的输入端，以抵消输入端进来的正交干扰信号。

2) 同相干扰。对于同相干扰，由于产生的原因比较复杂，抑制的方法也较多。

①在传感器方面，将电极和励磁线圈在几何形状上做得结构均匀对称，在尺寸以及性能参数方面尽量匹配，并分别严格屏蔽，以减少电极与励磁线圈之间的分布电容影响。

②在转换器方面，通常是在转换器的前置放大级采用差分放大电路，以利用差分放大器的高共模抑制比，使进入转换器输入端的同相干扰信号得不到放大而被抑制。

③在转换器的前置放大级中增加恒流源电路，能更好地抑制同相干扰。

④单独、良好的接地也十分重要，减小接地电阻可以减小由于管道杂散电流产生的同相干扰电势。

(3) 应有足够高的输入阻抗。由于电磁流量计传感器的内阻很高，一般可达几十到几百千欧（与被测介质的电导率和电极直径有关）。因此，转换器必须有足够高的输入阻抗，以克服传感器内阻变化带来的影响，提高测量准确度和加长传输信号导线。

(4) 应能消除电源电压和频率波动的影响。为了消除电源电压和频率波动的影响，可采用测量比值 $U_{AB}/(B_m\sin\omega t)$，而不是仅测量 U_{AB} 的方法。这样，从流量的基本测量关系式(4-111) 可知，当管道直径 D 固定时，所测得的信号 $U_{AB}/(B_m\sin\omega t)$ 恰能反映流量 q_V，即消除了电源电压和频率的影响。

对于方波励磁的电磁流量计，由于磁感应强度 B 已基本不受电源的影响，所以不需要测量 U_{AB}/B，但在采样流量信号时应避开上升沿和下降沿处的微分干扰。

4.7.3 电磁流量计的特点和选用

4.7.3.1 电磁流量计的特点

电磁流量计的主要优点如下：

（1）压力损失非常小。由于传感器结构简单，测量导管是一段光滑直管，不易堵塞，其内部既没有可动部件，也没有任何阻碍流体流动的节流部件，所以当流体通过流量计时不会引起任何附加的压力损失，是流量计中运行能耗最低的流量仪表之一。

（2）适于测量各种特殊液体的流量。电磁流量计与被测流体接触的只是测量导管内衬和电极，其材料可根据被测流体的性质来适当选择，可用于测量脏污介质、腐蚀性介质及悬浊性液-固两相流等流体的流量。例如，用聚三氟乙烯或聚四氟乙烯做内衬，可测量各种酸、碱、盐等腐蚀性介质；采用耐磨橡胶做内衬，就特别适合于测量带有固体颗粒的、磨损较大的矿浆、水泥浆等液-固两相流，以及各种带纤维液体和纸浆等悬浊液体流量。

（3）标定简单。电磁流量计虽是一种体积流量测量仪表，但在测量过程中，它不受被测介质的温度、黏度、密度以及电导率（只要在一定范围内）的影响。因此，电磁流量计只需经水标定后，就可以用来测量其他导电性液体的流量。

（4）测量范围宽。电磁流量计的输出只与被测介质的平均流速成正比，而与对称分布下的流动状态（层流或湍流）无关，所以电磁流量计的测量范围极宽，其量程比可达100：1，有的甚至高达1000：1。

（5）电磁流量计无机械惯性，反应灵敏，可以测量脉动流量，也可测量正反两个方向的流量。

（6）工业用电磁流量计的口径范围极宽，为 $\phi 2 \sim 2400$mm，而且目前国内已有口径达3m的实流校验设备，为电磁流量计的应用和发展奠定了基础。

（7）测量准确度可达0.5级；且输出与流量成线性关系。

（8）对直管段要求不高，使用比较方便。

电磁流量计目前仍然存在的主要不足如下：

（1）只能测量具有一定电导率的液体流量，一般要求电导率在 5×10^{-4}S/m 以上，不能用来测量气体、蒸汽、含有大量气体的液体、石油制品或有机溶剂等介质。

（2）被测介质的磁导率应接近于1，这样流体磁性的影响才可以忽略不计，故不能测量铁磁介质，例如含铁的矿浆流量等。

（3）普通工业用电磁流量计由于测量导管内衬材料和电气绝缘材料等因素限制，不能用于测量高温介质，一般工作温度不超过200℃；如未经特殊处理，也不能用于低温介质的测量，因为低温时，测量导管外侧会结露或结霜，使绝缘阻抗降低。

（4）电磁流量计易受外界电磁干扰的影响。

（5）流速测量下限有一定限度，一般为0.5m/s。

（6）电磁流量计结构也比较复杂，成本较高。

（7）由于电极装在管道上，工作压力受到限制，一般不超过4MPa。

4.7.3.2 电磁流量计的选用

由4.7.2节的分析可知，电磁流量计传感器的具体结构随着测量导管口径的大小而不同，因此对电磁流量计的选用应着重口径的选择。电磁流量传感器的口径不必一定要与工艺管道的内径相等，而应根据流速、流量来合理选择。一般工业管道如果输送水等黏度不高的流体，若流速在 1.5 ~ 3m/s 之间，则可选传感器口径与管道内径相同。

电磁流量计满度流量时的液体流速可在 0.5 ~ 10m/s 范围内选用，虽然电磁流量计在原理上对上限流速并无限制，但实际使用中，液体流速通常很少超过 7m/s，超过 10m/s 的更为罕见。满度流量的流速下限一般为 0.5m/s，如果某些工程运行初期流速偏低，从测量准确度出发，仪表口径应改用小管径，用异径管连接到管道上。流速、流量和口径之间的关系如图 4-47 所示，选用时可供参考。

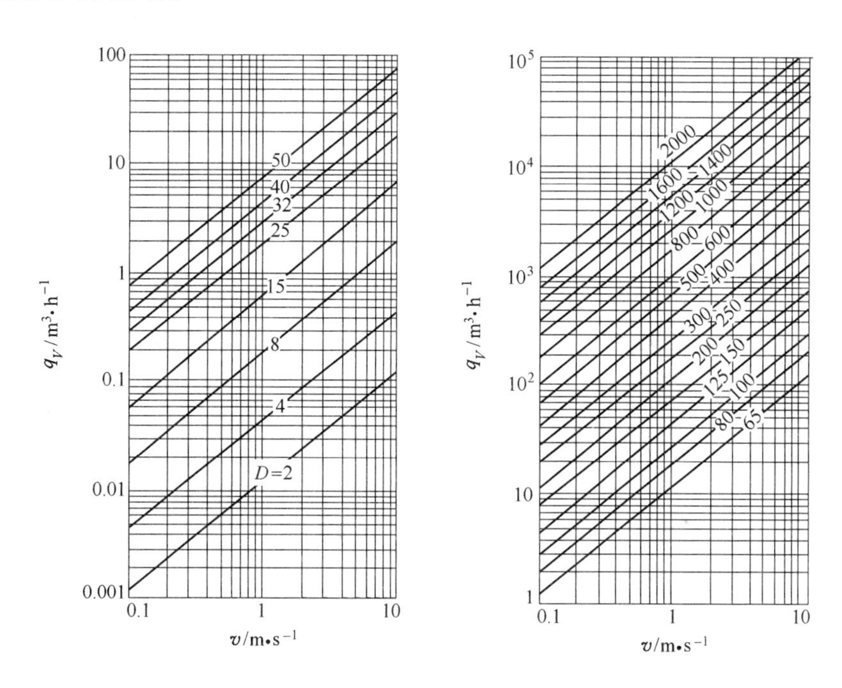

图 4-47 电磁流量计流速、流量和口径关系图

用于易粘附、沉积、结垢等流体的流量测量时，其流速应不低于 2m/s，最好提高到 3 ~ 4m/s 以上，以在一定程度上起到自清扫管道，防止粘附沉积的作用。用于磨蚀性大的流体时（如矿浆、陶土、石灰乳等），常用流速应低于 2m/s，以降低对绝缘衬里和电极的磨损。

4.7.4 电磁流量计的安装和使用

电磁流量计的正确安装对电磁流量计的正常运行极为重要，这里主要介绍电磁流量计传感器和转换器安装和使用时要注意的问题。

（1）安装场所。

普通电磁流量计传感器的外壳防护等级为 IP65，对安装场所的要求是：

1）测量混合相流体时，应选择不会引起相分离的场所。

2）选择测量导管内不会出现负压的场所。

3）应安装在没有强电场的环境，附近也不应有大的用电设备，如电动机、变压器等，以免受电磁场干扰。

4）避免安装在周围有强腐蚀性气体的场所。

5）环境温度一般应在 −25 ~ 60℃ 范围内，并尽可能避免阳光直射。

6）安装在无振动或振动小的场所。如果振动过大，则应在传感器前后的管道加固定支撑。

7）环境相对湿度一般应在10% ~90%的范围内。

8）避免安装在能被雨水直淋或被水浸没的场所。

如果传感器的外壳防护等级为IP 67或IP 68（防尘防浸水级），则最后两项可以不作要求。

（2）直管段长度。电磁流量计对表前直管段长度的要求比较低，一般对于90°弯头、T形三通、异径管、全开阀门等流动阻力件，离传感器电极轴中心线（不是传感器进口端面）应有(3 ~5)D的直管段长度；对于不同开度的阀门，则要求有10D的直管段长度；传感器后一般应有2D的直管段长度。当阀门不能全开时，如果使阀门截流方向与传感器电极轴成45°安装，可大大减小附加误差。

（3）安装位置和流动方向。

电磁流量计可以水平、垂直或倾斜安装，如图4-48所示。

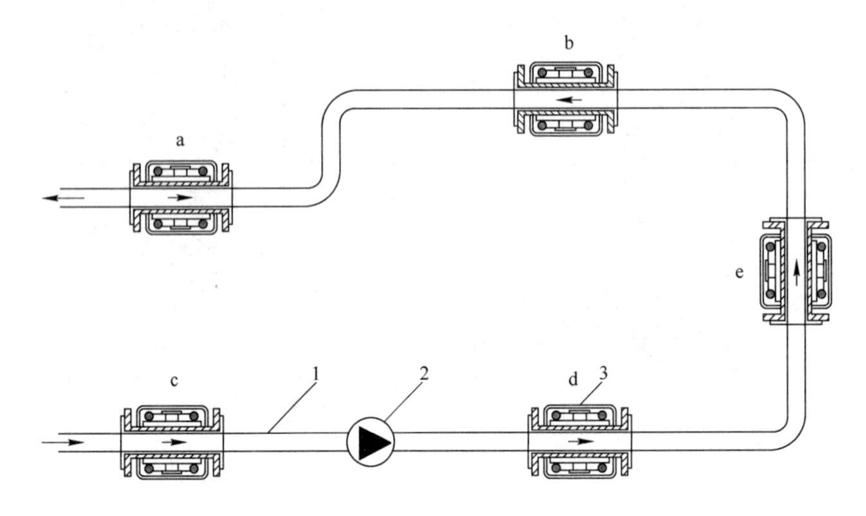

图4-48　电磁流量计安装示意图

1—管道；2—泵；3—电磁流量计

水平安装时，传感器电极轴必须水平放置，如图4-48中的d所示。这样不仅可以防止由于流体夹带的气泡所产生的电极短时间绝缘现象；也可以防止电极被流体中沉积物所覆盖。不应将流量计安装在最高点，以免有气体积存，图4-48中的b所示的电磁流量计安装在管路中的最高处，为不良的安装位置，应予以避免。

垂直安装时，应使流体自下而上流过电磁流量计，如图4-48中的e所示。这样可使无流量或流量很小时，流体中所夹带的较重的固体颗粒下沉，而较轻的脂肪类物质上升离开传感器电极区。测量泥浆、矿浆等液-固两相流时，垂直安装可以避免固相沉淀和传感器绝缘衬里不均匀磨损。

电磁流量计的安装处应具备一定背压。在图4-48中的a所示的位置，流量计出口直接排空易造成测量导管内液体非满管，为不良的安装位置，应予以避免。

为了防止电磁流量计内产生负压，电磁流量计应安装在泵的后面，如图4-48中的d所示；而不应安装在泵的前面，如图4-48中的c所示。

（4）正确接地。

电磁流量计信号比较弱，满量程时只有几毫伏，当流量很小时，只有几微伏，因此，外界稍有干扰就会影响测量准确度。电磁流量计正确接地的方法有：1）传感器必须单独接地，并将它的“地”与被测液体和转换器的“地”用一根导线接起来，再用接地线将其深埋地下；2）接地电阻应小于10Ω，接地点不应有地电流；3）要确保流体、外壳、管道间的良好接地和良好点接触，千万不要连接在电机或上、下游管道上；4）若连接仪表的管道是（相对于被测介质）绝缘性的，则要用接地环，可用一般型或PVC型，其材质应与被测介质的腐蚀性相适应；5）若被测介质是磨损性的，则宜选用带颈接地环，以保护进、出口端的衬里，延长使用寿命。

（5）安装旁路管。电磁流量计的测量准确度受测量导管的内壁，特别是电极附近结垢的影响，使用中应注意维护清洗。为便于检修和调整零点，中小管径应尽可能安装旁路管，以使电磁流量计充满不流动的被测液体。

（6）确保满管流。确保流量传感器在测量时，管道中充满被测流体，不能出现非满管状态。如管道存在非满管或是出口有放空状态，传感器应安装在一根虹吸管上或选择非满管电磁流量计。

（7）处理涡流。电磁流量计从测量原理来讲，不依赖流体的特性。如果在管路内的非测量区有弯头、切向限流，或上游有半开的截止阀，则会形成一定的湍流与旋涡，但不影响测量结果。如果在测量区内有稳态的涡流，则会影响测量的稳定性和测量的准确度，这时应采取如下措施以稳定流速分布：1）增加前后直管段的长度；2）采用一个流量稳定器；3）减少测量点的截面。

（8）信号线铺设。信号线应单独穿入接地钢管，绝不允许和电源线穿在一个钢管里。信号线一定要用屏蔽线，长度不得大于30m。若要求加长信号线，必须采用一定的措施，如采用双层屏蔽电缆、屏蔽驱动等。

（9）被测液体的流动方向应为变送器规定的方向，否则流量信号相移180°，相敏检波不能检出流量信号，仪表将没有输出。

4.8 涡街流量计

振动式流量计是利用流体在管道中特定的流动条件下，产生的流体振动和流量之间的关系来测量流量。这类仪表一般均以频率输出，便于数字测量。常见的振动式流量计有涡街流量计（vortex shedding flowmeter）和旋进式流量计（swirl flowmeter）。前者是利用自然振荡的卡门涡街原理，而后者是利用强迫振荡的旋涡旋进原理。

涡街流量计是20世纪70年代发展起来的依据流体自然振荡原理工作的流量计，具有准确度高、量程比大、流体的压力损失小、对流体性质不敏感等优点，目前应用较为广泛，下面仅以此为例进行介绍。

4.8.1 工作原理

1875年，斯特劳哈尔（Strouhal）用实验方法测量出流体振动周期与流速的关系，1912年，德国流体力学家冯·卡曼（Von Karman）找到了这种旋涡稳定的定量关系。在管道中垂直于流体流向放置一个非线性柱体（旋涡发生体），当流体流量增大到一定程度以后，流体在旋涡发生体两侧交替产生两列规则排列的旋涡，如图4-49所示。两列旋涡的旋转方向相反，且从发生体上分离出来，平行但不对称，这两列旋涡被称为卡门涡街，简称为涡街。由于旋涡之间的相互作用，它们一般是不稳定的。若两列平行旋涡相距为h，同一列里先后出现的两个旋

涡的间隔距离为 l，当满足 $\mathrm{sh}\left(\frac{\pi h}{l}\right)=1$ 时，则旋涡的形成是稳定的，即涡列稳定，其中 sh 为双曲函数。从上述稳定判据中可进一步计算出涡列稳定的条件为 $\frac{h}{l}=0.281$。稳定的单侧旋涡产生的频率 f 和旋涡发生体两侧的流体速度 v_1 之间有如下关系：

$$f = St\frac{v_1}{d} \tag{4-113}$$

式中　f——单侧旋涡产生的频率，1/s；

St——斯特劳哈尔数，无量纲数；

v_1——旋涡发生体两侧的流速，m/s；

d——旋涡发生体迎流面最大宽度，m。

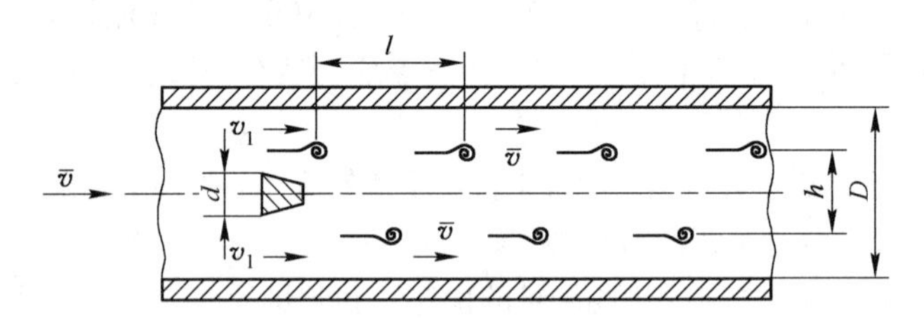

图 4-49　卡门涡街形成原理

St 又被称为流体产生旋涡的相似准则数，主要与旋涡发生体的形状和雷诺数有关。在发生体的几何形状确定后，在一定的雷诺数范围内，St 为常数。由相似定理证明得：在几何相似的涡街体系中，只要保持流体动力学相似（即雷诺数相等），则斯特劳哈尔数 St 必然相等。

根据流动的连续性可知

$$S_1v_1 = S\bar{v} \tag{4-114}$$

式中　S_1——旋涡发生体两侧的流通面积，m^2；

S——管道横截面积，m^2；

$\bar{v}$——管道内流体的平均流速，m/s。

设流通面积比 $m=\frac{S_1}{S}=\frac{\bar{v}}{v_1}$，则 $\bar{v}=mv_1$，代入式（4-113）并整理得管道内的平均流速为

$$\bar{v} = \frac{md}{St}f \tag{4-115}$$

对于直径为 D 的管道，其体积流量 q_V 为

$$q_V = \frac{\pi}{4}D^2\bar{v} = \frac{\pi}{4}D^2\frac{md}{St}f = \frac{f}{K} \tag{4-116}$$

式中　K——涡街流量计的流量系数。

式（4-116）说明，当管道内径和旋涡发生体的几何结构与尺寸都已确定，且满足雷诺数 $Re_D\geqslant 2\times10^4$，则 K 为常数，q_V 与 f 成正比。可见测出旋涡的频率就可知体积流量，而与流体的物理参数如温度、压力、黏度、密度等无关。

注意：式（4-116）推导的前提是涡街稳定，即满足 $\frac{h}{l}=0.281$，它适合于任何形状的旋涡发生体。

4.8.2 涡街流量计的结构

涡街流量计由涡街传感器和转换电路组成。其结构因各种检测器和发生体组合方式不同而各具特色。涡街传感器主要由旋涡发生体、旋涡频率检测器和安装附件组成。

4.8.2.1 旋涡发生体

用于产生涡街流动的非流线型柱体称为旋涡发生体，它是产生涡街的核心部件。虽然从理论上讲，黏性流体绕流任何非流线型柱体，只要雷诺数达到一定值，且在流动方向上存在正的压力梯度，就会产生流动分离形成涡街。但是，使用不同形状和几何尺寸的旋涡发生体，产生的涡街在强度和稳定性方面存在较大的差异。因此，旋涡发生体的形状和尺寸对涡街流量计的性能有决定性的作用，其技术要求如下：

（1）具有非流线型、对称的截面。该设计，一方面，使流体通过时，可沿柱体长度方向同时产生均匀的旋涡；另一方面，截面的边缘锋利，能使旋涡在发生体轴线方向上同时与柱体分离。这样可在较宽的雷诺数范围内，获得稳定的旋涡分离点和涡列，确保斯特劳哈尔数 St 恒定。

（2）可产生强烈的涡街信号，且信噪比高，便于检测。

（3）与旋涡频率的检测手段相适应。

（4）满足不同介质对发生体的要求，如高温、低温、耐腐蚀、耐磨蚀、耐脏污等。

（5）从便于检测的角度来看，性能优良的旋涡发生体应具有较陡的截面形状和明显的棱边，并且在轴线方向横截面形状均匀、对称。

（6）形状和结构简单，便于加工。

由于柱长有限，靠近管道轴线处流速高，靠近管壁处流速低，沿柱长方向各处的旋涡产生不容易同步，合理的几何形状有利于同步分离。

表 4-18 列出了典型旋涡发生体的形状和特点，其中，圆柱、三角柱和矩形柱是旋涡发生体的基型，其他形状皆为这些基型的变形。

表 4-18 典型旋涡发生体的形状和特点

发生体名称	横截面形状	St	特 点
三角形柱体	d	0.14 ~ 0.16	旋涡强度适中且稳定，压损小，在较宽的 Re 范围内 St 为常数；St 的线性程度几乎是理想值，使用最普遍
圆柱体	d	0.21	形状简单，易加工，阻力系数小，St 最大，旋涡强度较弱，需要采取边界控制措施才能形成稳定的旋涡
矩形柱体	d	0.17	旋涡强烈且稳定，压损大，St 较大，可在发生体内或尾部检测旋涡
梯形柱	d	0.166	是三角柱体的变形，刚度好，压损适中；适用于应力检测；旋涡强烈且稳定
T 形柱	d	0.166	是三角柱体的变形，刚度好，压损适中；适用于差压检测；旋涡强烈且稳定

1）三角柱发生体是一种综合性能比较优良的旋涡发生体，其截面形状是等腰三角形截去 3 个角后的等腰多边形。工作时三角形的底边对着来流方向，被称为迎流面。在三角形的两侧有平行于中心轴线的短棱边，它们的作用是强迫在旋涡发生体后产生稳定的旋涡分离。在三角形的顶角选择合适的情况下，可使流体在旋涡发生体附近的减速增压运动比较均匀地发生，边

界层的发展既不因倾斜度过大而太急促，也不会因倾斜度过小而太缓慢。均匀而严密的分离机制，减小了流体的其他扰动和噪声，使涡街信号既强烈又稳定，更便于检测。

2）圆柱体由于减速增压运动过于急促，其涡街形成和分离的过程是不均衡的，因此，旋涡分离的稳定性不及三角柱发生体。但圆柱体形状简单，加工容易，阻力系数小。

3）矩形柱发生体可以产生很强烈的旋涡，但是流量特性不如三角柱发生体。在矩形发生体处旋涡被强迫从两个侧面分离后，突然减速增压，减速增压的梯度过陡，不能充分利用管壁的能量反射作用来增强旋涡分离的稳定性。为了改善高流速区域的流量特性，可在矩形柱的下游增设一个突起的平台，在一定程度上起到稳定旋涡分离的作用。

由表可见，三角柱和梯形柱旋涡发生体的优点很多，应用较为广泛。

4.8.2.2　旋涡频率检测器

伴随旋涡的形成和分离，旋涡发生体周围流体会同步发生流速变化、压力变化和下游尾流周期振荡等情况，依据这些现象可以进行旋涡分离频率的检测。流体旋涡频率检测的出发点是检测器安装方便、耐高温高压。由于发生体结构的多样化，相对应地，旋涡频率检测的方法也多种多样。概括起来可分为两大类：

（1）受力检测类。检测由旋涡引起的作用在旋涡发生体上的局部压力变化，或受力频率变化，一般可用应力、应变、电容、电磁等检测技术。

（2）流速检测类。检测由旋涡引起的在旋涡发生体附近的局部流速变化，一般可用热敏、超声、光电、光纤等检测技术。

A　受力检测类

a　电磁检测法

电磁检测法如图4-50所示，它是在旋涡发生体后设置一个信号电极，信号电极又处在磁感应强度为 B 的永久磁场中，被测流体流经发生体产生旋涡，振动的旋涡序列作用于信号电极，使其产生与旋涡相同频率的振动。根据法拉第电磁感应定律，导体在磁场中运动切割磁力线，在信号电极上会产生感应电势 U，即

$$U = Bd\bar{v} \tag{4-117}$$

式中　d——信号电极的直径，m。

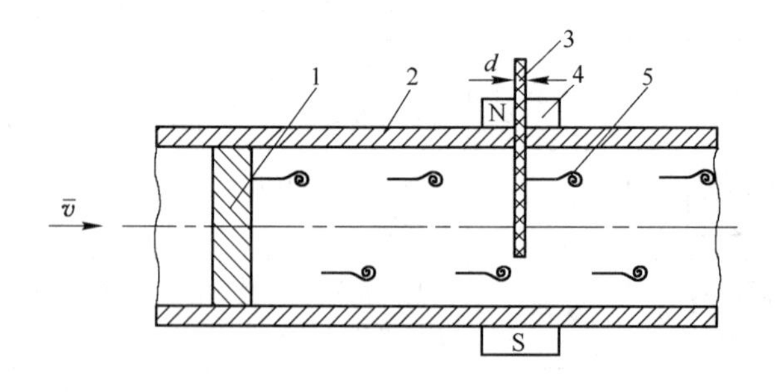

图4-50　电磁检测法的原理图

1—旋涡发生体；2—测量管道；3—信号电极；4—永久磁铁；5—旋涡

感应电势的变化频率等于旋涡频率，因此可以通过检测感应电势的频率和大小来测量流量。这种方法的优点是：耐振性和抗干扰性好。由于是自发电式传感器，可以制成微功耗流量计，这是近年来刚刚兴起的涡街频率检测法。

b 应力检测法

在旋涡发生体内，或旋涡发生体外部埋置压电晶体，利用压电晶体对应力的敏感特性，检测所受到的交变应力来反映旋涡分离频率。压电晶体所产生的交变电荷信号，经电荷放大、滤波、整形后输出与旋涡频率相应的脉冲信号或电流信号。由于压电传感器具有响应快、信号强、制造成本低、工作温度范围宽、可靠性好等优点，使应力式涡街流量传感器在国内外发展较快，已广泛用于液体、气体、蒸汽流量的测量。但它抗振性较差，选用时应充分注意现场振动情况，采取可靠抗振措施。

图4-51是旋涡发生体内封装压电检测元件的结构，应力式涡街流量计的频率检测元件，即压电元件，被封装在发生体的零弯矩断面内，如图4-52所示，中性面的一侧 p_1 为压应力，另一侧 p_2 为拉应力。两部分的压电电荷极性相反，通过差动方式输入到电荷放大器，两个信号叠加，放大器输出与旋涡频率成正比的信号。

应力检测法旋涡发生体多采用三角形、梯形，单片对分式压电元件及应力分布如图4-52所示。

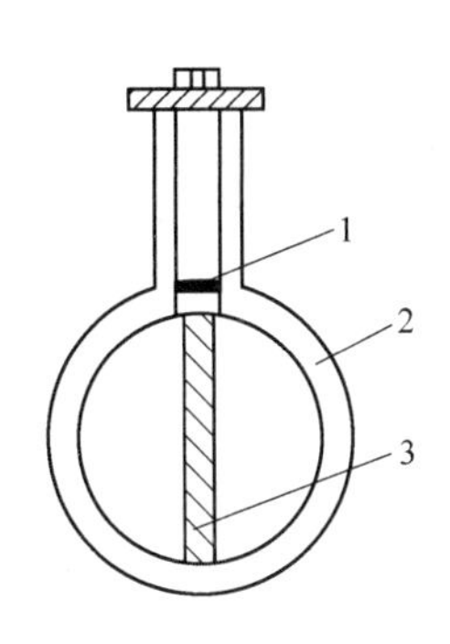

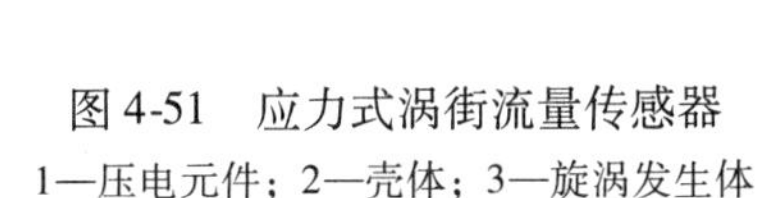

图4-51 应力式涡街流量传感器

1—压电元件；2—壳体；3—旋涡发生体

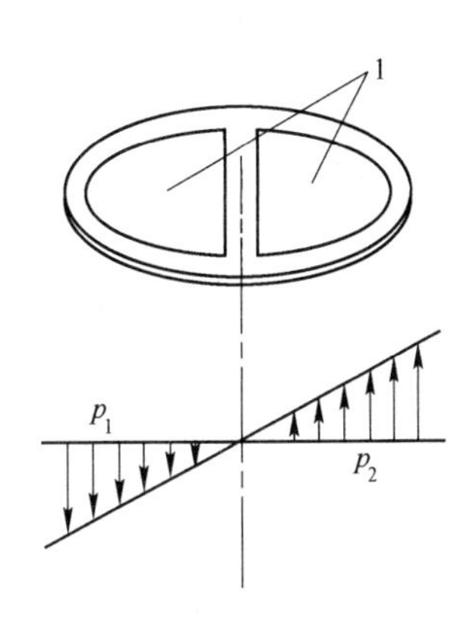

图4-52 单片对分式压电元件及应力分布图

1—镀膜电极；p_1—压应力；p_2—拉应力

图4-49所示两列平行的稳定旋涡，每个旋涡都具有相同的环量 Γ。因上下两列旋涡的旋转方向相反，设下侧涡列的环量为 $+\Gamma$，上侧的为 $-\Gamma$，沿封闭流动流线的环量不随时间而改变，所以在发生体右下方产生一个旋涡后，必须在左下方产生一个相反的环量以使环量和为零。这个环量就是旋涡发生体周围的环流。根据茹科夫斯基升力定理，由于这个环量的存在，会在这个发生体上产生一个升力，该升力垂直于轴线方向。由于旋涡在发生体两侧交替产生，且旋转方向相反，故作用在发生体上的升力亦是交替变化的。交替作用在发生体上的升力变化频率等于旋涡的分离频率，而升力变化频率又与流体振动频率相等。整个旋涡发生体所产生的横向升力 F 为

$$F = \pm \frac{1}{2} C_L \rho v_1^2 bD \tag{4-118}$$

式中 C_L——横向升力系数，无量纲，大小与旋涡发生体的形状有关；

ρ——被测流体的密度，kg/m^3；

b——旋涡发生体在流动方向上的投影宽度，m。

横向升力 F 使旋涡发生体内产生一个交变应力 δ_s，由于压电元件被直接封装在发生体内，

与发生体形成一个整体，这个应力也作用在压电元件上。当压电元件确定后，其输出信号只与应力有关。依据压电效应，压电元件上产生的电荷 q 为

$$q = \int \delta_s d_{33} \mathrm{d}A \tag{4-119}$$

式中 δ_s——压电元件所受的应力，N/mm²；

d_{33}——压电常数，C/N；

A——压电元件极板面积，mm²。

显然，压电电荷的频率就是旋涡的分离频率。由式（4-119）可得

$$q = d_{33}F = \pm \frac{1}{2} d_{33} C_L \rho v_1^2 bD \tag{4-120}$$

综上所述，在旋涡发生体的形状、尺寸确定的情况下，信号电荷的强度与被测流体的流速平方和密度成正比。测量出电荷的强度就可以知道被测流量的大小。在流体密度小和流量较小时，信号强度较弱。应力式涡街流量传感器易受振动噪声的影响，因而要采取抑制噪声的方法。

c 电容检测法

在三角柱的两侧面安装内充硅油的弹性金属膜片，两膜片与柱体构成差动电容极板。旋涡压力使差动电容发生变化，通过测量电容，即可测量旋涡压力，进而求得被测流量。该方法的优点是耐振性好，可测高温高压的气体、液体和蒸汽的流量。

B 流速检测类

a 热敏检测法

两只热敏电阻对称地嵌入梯形柱旋涡发生体迎流面中间，如图 4-53 所示。两只热敏电阻与另两只固定电阻构成电桥，电桥通以恒定电流使热敏电阻温度升高。在旋涡发生体两侧未产生旋涡时，两只热敏电阻温度一致，阻值相等，电桥无电压输出。当有旋涡产生时，在产生旋涡的一侧，因流速变低，使热敏电阻的温度升高，阻值减小。因此，电桥失去平衡，产生不平衡输出。随着发生体两侧旋涡的交替形成，电桥将输出一个与旋涡频率相等的交变电压信号，该信号经计算即可获得流过流体的流量。热敏元件表面必须保持清洁无垢，所以需要经常清洗，以保证其特性稳定。

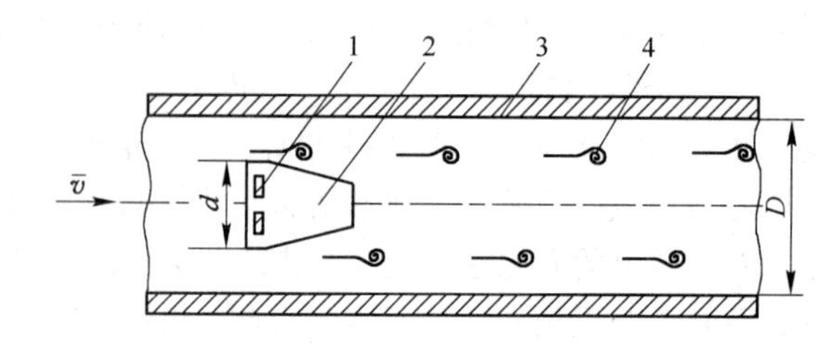

图 4-53 热敏检测原理图

1—热敏电阻；2—梯形柱旋涡发生体；3—测量管道；4—旋涡

b 超声波检测法

超声波检测法是一种非接触式的检测方法，其原理如图 4-54 所示。发射电路产生的等幅振荡电信号加到发射换能器上，激励其中的压电晶片产生连续等幅超声波，发射到流体中。流体的旋涡使超声波束产生折射和反射，引起偏转，接收换能器收到的声能减小，输出的

信号幅值也明显减小。当旋涡通过后，接收换能器的输出又恢复到原先的幅值。故旋涡的频率就是超声波信号被调制的频率。接收电路用于检出和放大此频率信号，然后再进行流量显示。

4.8.2.3 涡街信号分析及处理

基于涡街特性的流量测量本质上是流体振动型流量计。在工业现场使用时，管道及各种设备振动引起的干扰，会降低测量准确度。虽然热敏和超声波旋涡频率检测器可以在一定程度上降低振动的影响，但还不能完全满足要求。为此，近年来，国内外针对这一问题从涡街信号处理的角度展开了大量研究。

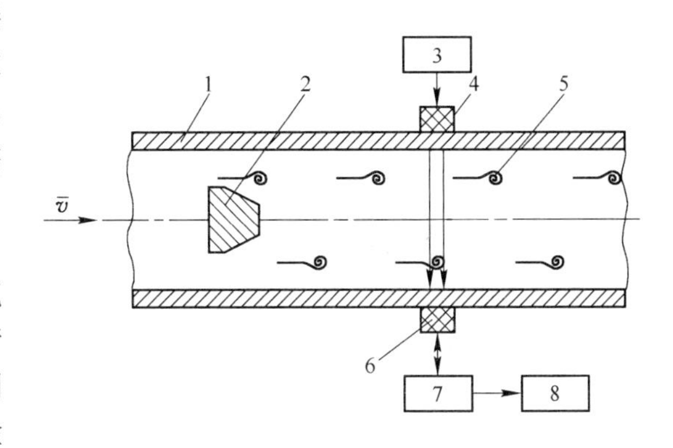

图 4-54 超声波检测法原理图

1—测量管道；2—旋涡发生体；3—发射电路；4—发射换能器；5—旋涡；6—接收换能器；7—接收电路；8—显示仪表

目前已提出用于涡街信号分析处理的方法有：经典的 FFT 方法、谱分析方法、基于自适应建模的自适应陷波方法、松弛陷波周期图法、多传感器融合、频谱信号处理、小波分析方法、Hilbert-Huang 方法、基于混沌理论的微弱信号检测方法等。

4.8.3 涡街流量计的特点

涡街流量计的优点为：

（1）量程比宽，可达 10∶1，数字涡街可达 30∶1。

（2）准确度较高，液体可达 0.5 级，气体可达 1.0 级。

（3）在一定的雷诺数范围内，测量几乎不受流体的温度、压力、成分、黏度、密度以及组分的影响，流量计系数仅与发生体及管道的结构和尺寸有关，因此用水或空气标定后的流量计无需校正即可用于其他介质的测量。

（4）输出是与流速（流量）成正比的脉冲频率信号，抗干扰能力强，易于进行流量计算和与数字仪表或计算机相连接。

（5）适用流体种类多，如液体、气体、蒸汽、部分混相流体和含固体的流体等。

（6）结构简单，装于管道内的旋涡发生体坚固耐用，可靠性高，易于维护。

（7）在管道内无可动部件，使用寿命长，压损小，约为孔板流量计的 1/4。

（8）可根据被测介质和现场情况选择相应的检测方法，仪表的适应性较强。

（9）在中等程度的雷诺数下，标定的系数对于边缘的尖锐度或尺寸的变化不像孔板和靶式流量计那样敏感。

涡街流量计的缺点主要有：

（1）由于在低雷诺数（$Re_D < 2 \times 10^4$），斯特劳哈尔数 St 不为常数，所以涡街流量计不适于测量低流速、小口径或高黏度的流体流量。

（2）流量系数低。在相同的流量下，涡街流量计的输出频率要比涡轮流量计的低。仪表口径越大，频率越低，因此一般仪表口径不超过 300mm。

（3）除热敏和超声式外，其他涡街流量计的抗振动能力差。

（4）流速分布和脉动旋转情况影响旋涡分离的稳定性，进而影响测量准确度。

（5）不适于测量脉动流。

涡街流量计在定常流动时测量准确，但管路系统中如有罗茨式鼓风机、往复式水泵等动力机械，会产生较强脉动。如脉动频率处在涡街频带内，这将是测量误差的主要来源，脉动严重时甚至不能形成卡门涡街。

4.8.4 涡街流量计的选择、安装和使用

4.8.4.1 涡街流量计的选择

在种类繁多的流量计中，涡街流量计是一种准确度中等的速度式流量计，它既可以用于贸易计量，又可以用于过程控制。读者在选择时，要结合工艺要求、介质特点、不同涡街流量计的性能指标、经济性、安装及环境等方面来综合考虑，各种涡街流量计的性能指标依据传感器的不同而不同，列于表4-19中。

表4-19 不同涡街流量计性能比较

种　类	电磁式	应力式	电容式	应变式	热敏式	超声波式	光电式
原　理	电磁感应	压电效应	电容变化	应变效应	电阻温度特性	超声调制	光电检测
测量元件	信号电极	压电元件	电容	应变片	热敏电阻	超声换能器	光电、光纤
口径/mm	50～200	15～300	15～300	50～150	25～100	25～150	15～80
雷诺数范围	$5\times10^3\sim10^6$	$10^4\sim7\times10^6$	$10^4\sim10^6$	$10^4\sim3\times10^6$	$10^4\sim10^6$	$3\times10^3\sim10^6$	$3\times10^3\sim10^5$
灵敏度	中	高	高	低	高	高	高
结　构	简单	简单	一般	一般	一般	一般	简单
抗高温	强	强	强	弱	弱	中	弱
抗振动	弱	弱	中	中	强	强	弱
耐脏污	弱	强	中	强	弱	强	弱
寿　命	短	长	长	短	长	长	短
应　用	极低温液态气体、高温蒸汽	气体、液体、蒸汽、低温介质	气体、液体、蒸汽、低温介质	液体、大管径	清洁且腐蚀性弱	气体、液体	清洁、低压、常温气体

4.8.4.2 涡街流量计的安装

涡街流量计是速度式流量计，旋涡的规律性易受上游侧的湍流、流速分布畸变等因素的影响。因此，对现场管道安装条件要求十分严格，应遵照使用说明书的要求执行。

（1）安装方向。涡街流量计在管道上可以水平、垂直或倾斜安装，测量液体和气体时应分别采取防止气泡和液滴干扰的措施。测量液体时，还必须保证待测流体充满整个管道。如果是垂直安装，应使液体自下向上流动。当把涡街流量计用于控制回路测量时，推荐把流量计装在调节阀的下游。

注意：仪表的流向标志应与管内流体的流动方向一致。

（2）安装地点。流量计的安装地点要避开高温、腐蚀、电磁辐射和振源。涡街流量计对振动很敏感，传感器的安装地点应注意避免机械振动，尤其要避免管道振动。否则应采取减振措施，如加支撑以减少振幅的影响、在传感器上下游 $2D$ 处分别设置防振座并加防振垫。

（3）安装同轴度。一般要求流量口径和配管直径一致且同心。安装旋涡发生体时，应使

其轴线与管道轴线垂直。对于三角柱、梯形或柱形发生体应使其底面与管道轴线平行，其夹角最大不应超过5°。

（4）直管段长度。上游直管段长度通常取决于阻力件形式，如缩管、扩管、弯头和阀门等。一般要求上游最短直管段长度为20*D*，下游为5*D*。当上游阻力件为阀门或截止阀时，必须保证上游直管段的长度不少于40*D*。直管段内部要求光滑。

（5）接地。接地应遵循一点接地原则，接地电阻应小于10Ω，整体型和分离型的涡街流量计都应在传感器一侧接地，转换器外壳接地点也应与传感器同地。

4.8.4.3 涡街流量计的使用

（1）特殊流体的处理：

1）含固体的流体。含固体微粒的流体对旋涡发生体和传感器的冲刷会产生与涡街信号无关的噪声，进而磨损旋涡发生体、改变仪表系数、影响测量准确度，选用时应加以考虑。不得已时应在上游安装过滤器或对仪表进行定期校定。如流体中含短纤维，纤维要短到不会缠绕旋涡发生体和传感元件。

2）易结垢或沉淀流体。旋涡发生体表面有污垢和沉积物会使发生体形状和尺寸变化，影响仪表系数，应经常清洗除垢。

3）可测量含分散、均匀的微小气泡的气-液两相流，但容积含气体率应小于7%～10%。

4）可测量含分散、均匀的固体颗粒的气-固、液-固两相流，但含量（质量分数）应不大于2%。

5）可测量互不溶解的液-液界面，如油-水界面。但必须保证流速大于0.5m/s，否则会受含量影响。

（2）温度和压力补偿。实施流体温度和压力补偿时，应合理选择温度、压力测口的位置。上游如果有插入式测温元件，会产生频率很高的旋涡，类似阀门干扰，因此一般取温点都安装在流量计后。这样安装，因为流量计前后基本不会有多大的温差，完全能满足温度测量的要求。而安装取压点时，孔不必开得很大，也不能有焊渣探入到管边中，更不允许取压管伸入到管内。

（3）涡街流量计实质是通过测量流速测流量的，流体流速分布的畸变和旋转流的脉动情况都将影响旋涡分离的稳定性，进而影响测量准确度，因此该仪表只适用于紊流流速分布变化小的情况，并应根据阻力件的形式等在流量计前后配置足够长的直管段（可参考节流差压式流量计的最短直管段要求）。当空间有限时，应加装流动整流器。

（4）满管式涡街流量计，口径大多为15～300mm；口径大于300mm的建议选用插入式涡街流量计。

4.9 超声波流量计

4.9.1 超声波检测的物理基础

4.9.1.1 超声波及其传播特性

波是振动在弹性介质中的传播。通常把振动频率在20Hz以下的机械波称为次声波；振动频率在20～20000Hz之间的机械波称为声波，它是人耳所能听到的；振动频率超过20000Hz，人耳不能听到的声波称为超声波。超声波除具有定向传播、反射、透射、共振、衰减等机械波的共有特性外，还具有如下特点：

（1）波长较短，频率较高，衍射小，能够成为射线而定向传播，声强比一般声波强。

（2）在液体、固体中衰减很小，穿透能力强，对不透明的固体能穿透几十米的厚度。

（3）当超声波从一种介质入射到另一种介质时，由于两种介质的密度不同和声波在其中的传播速度不同，在界面上会产生反射、折射和波型转换等现象，其发射和接收较容易。声波的速度越高，越与光学的某些特性如反射定律、折射定律相似。

A　超声波的波型及其转换

a　波型

根据声源在介质中的施力方向与波在介质中的传播方向，声波的波型可分为以下3种：

（1）纵波。质点振动方向与传播方向一致的波，称为纵波。它能在固体、液体和气体中传播。

（2）横波。质点振动方向与传播方向相垂直的波，称为横波。它只能在固体中传播。

（3）表面波。表面波是指质点的振动介于纵波和横波之间，质点振动的轨迹是椭圆形的波。表面波只沿着固体表面传播，振幅随深度增加而迅速衰减。其长轴垂直于传播方向，短轴平行于传播方向。

b　波型转换

当纵波以某一角度入射到第二种介质（固体）的界面上时，除有纵波的反射、折射以外，还发生横波的反射及折射。在某种情况下，还能产生表面波。各种波型都符合反射及折射定律。

c　传播速度

超声波可以在气体、液体及固体中传播，并有各自的传播速度，简称声速。纵波、横波及表面波的传播速度不仅与介质的密度、弹性模量、成分、浓度等特性有关；还与介质所处的状态，如温度、压力、流速等有关；在确定状态下，一定介质中，声波则以一定速度传播。由于气体和液体的剪切模量为零，所以超声波在气体和液体中没有横波，只能传播纵波。例如：在常温下空气中的声速约为334m/s，在水中的声速约为1440m/s，而在钢铁中的声速约为5000m/s。在固体中纵波、横波和表面波三者的声速有一定的关系，通常认为横波声速为纵波声速的一半，表面波声速约为横波声速的90%。声速不仅与介质有关，而且还与介质所处的状态有关。例如理想气体的声速与绝对温度 T 的平方根成正比，对于空气来说，影响声速 v 的主要原因是温度，与温度之间的近似关系为

$$v = 20.067\sqrt{T} \tag{4-121}$$

B　反射与折射

如图4-55所示，当声波从一种介质Ⅰ传播到另一种介质Ⅱ时，在两介质的分界面上，一部分能量反射回原介质，被称为反射波；另一部分则透过分界面，在另一介质内继续传播，被称为折射波。其反射与折射满足如下规律：

a　反射定律

入射角 α 的正弦与反射角 α' 的正弦之比，等于波速之比。当入射波和反射波的波形一样时，波速一样，入射角 α 即等于反射角 α'。

b　折射定律

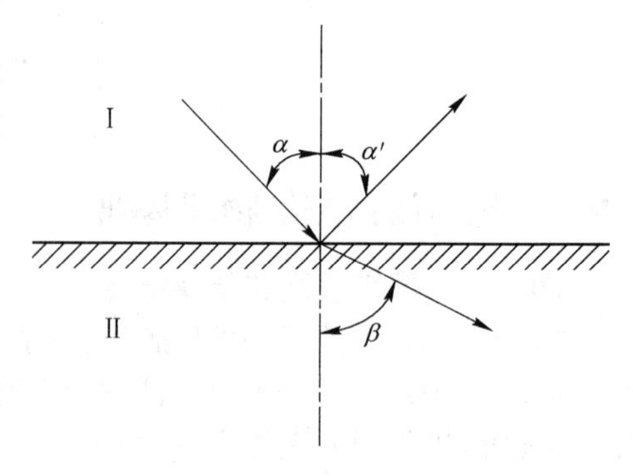

图4-55　波的反射与折射

入射角 α 的正弦与折射角 β 的正弦之比，等于入射波在介质Ⅰ中的速度 v_1 与折射波在介质Ⅱ中的速度 v_2 之比，即

$$\frac{\sin\alpha}{\sin\beta} = \frac{v_1}{v_2} \tag{4-122}$$

c 反射系数

当声波从一种介质向另一种介质传播时，在分界面上，反射声强 I_R 和入射声强 I_0 之比，称为反射系数 R，其大小为

$$R = \frac{I_R}{I_0} = \left(\frac{Z_2\cos\alpha - Z_1\cos\beta}{Z_2\cos\alpha + Z_1\cos\beta}\right)^2 \tag{4-123}$$

式中 I_R——声波的反射声强，W/m^2；

I_0——声波的入射声强，W/m^2；

Z_1，Z_2——介质Ⅰ和Ⅱ的声阻抗，$kg/(m^4 \cdot s)$。

在声波垂直入射时，$\alpha = \beta = 0$，式（4-123）可简化为

$$R = \left(\frac{Z_2 - Z_1}{Z_2 + Z_1}\right)^2 \tag{4-124}$$

若声波从水中传播到空气，在常温下它们的声阻抗约为 $Z_1 = 1.44 \times 10^6 kg/(m^4 \cdot s)$；$Z_2 = 4 \times 10^2 kg/(m^4 \cdot s)$，代入式（4-124）得 $R = 0.999$。这说明当声波从液体或固体传播到气体，或相反的情况下，由于两种介质的声阻抗相差悬殊，声波几乎全部被反射。

C 声波的衰减

声波在介质中传播时会被吸收而衰减，气体吸收最强而衰减最大，液体其次，固体吸收最小而衰减最小，因此对于一给定强度的声波，在气体中传播的距离会明显比在液体和固体中传播的距离短。声波在介质中传播时，其声压和声强的衰减规律如下：

$$p_x = p_0 e^{-\alpha x} \tag{4-125}$$

$$I_x = I_0 e^{-2\alpha x} \tag{4-126}$$

式中 p_x，p_0——平面波在 x 处和 $x = 0$ 的声压，Pa；

α——衰减系数，m^{-1}；

x——平面波的传播距离，m；

I_x，I_0——平面波在 x 处和 $x = 0$ 的声强，W/m^2。

声波能量的衰减取决于声波的扩散、散射和吸收。在理想的介质中声波的衰减仅仅来自于声波的扩散，即随着声波传播距离的增加，在单位面积内声能会减弱。散射衰减指声波在固体介质中颗粒界面上的散射，或在流体介质中有悬浮粒子的散射。而声波的吸收是介质的导热性、黏滞性及弹性滞后等因素造成的，如介质吸收声能并转换为热能，吸收随声波频率的升高而增高。另外声波在介质中传播时衰减的程度还与声波的频率有关，频率越高，声波的衰减也越大，因此，超声波比其他声波在传播时的衰减更明显。

衰减的大小用衰减系数 α 表示，工程应用时多将其单位记为 dB/cm，或 10^{-3}dB/mm 表示。衰减系数与介质特性、介质中粒子的颗粒大小等因素有关。显然晶粒越粗、频率越高，衰减越大，衰减系数往往会限制最大探测距离。

D 超声波的指向特性

声源为点时，声波从声源向四面八方辐射。如果声源的尺寸比波长大，则声源集中成一波

束，以某一扩散角从声源辐射出去，在声源的中心轴线上声压（或声强）最大，如图4-56所示。波束的半扩散角θ越小，其指向特性越好。如果声源为圆板形，则半扩散角θ可用下式表示：

$$\theta = \arcsin\left(K\frac{\lambda}{D}\right) \tag{4-127}$$

式中　K——常数，一般取$K=1.22$，即波束边缘声压为零时的K值；

D——声源的直径，m；

λ——波长，m。

由式（4-127）可见，在声源直径一定时，频率越高，即波长越短，指向特性越好。超声波能定向传播，是其应用于检测的基础。

图4-56中在L_0区内有若干副瓣波束，它是由声波的干涉现象形成的，会对主瓣波束形成干扰，希望它越小越好。

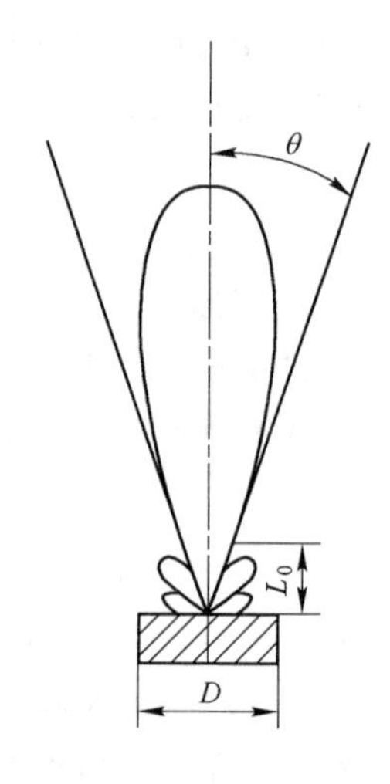

图4-56　超声波束的指向特性

4.9.1.2　超声波探头

在超声波检测技术中主要是利用它的反射、折射、衰减等物理性质。不管哪一种超声波仪器，都必须把超声波发射出去，然后再把超声波接收回来，变换成电信号，完成这一部分工作的装置，就是超声波传感器，但是在习惯上，把这个发射部分和接收部分均称为超声波换能器，或超声波探头。超声波探头有压电式、磁致伸缩式、电磁式等。在检测技术最常用的是压电式。在压电式超声波换能器中，常用的压电材料有石英（SiO_2）、钛酸钡（$BaTiO_3$）、锆钛酸铅（PZT）和偏铌铅（$PbNb_2O_6$）等。

A　压电式换能器

每台超声波流量计至少有一对换能器：发射换能器和接收换能器。换能器通常由压电元件、声楔和能产生高频交变电压/电流的电源构成。压电元件一般均为圆形，沿厚度方向振动，其厚度与超声波频率成反比，其直径与扩散角成反比。因此，为保证超声波的振动方向性，其直径与厚度之比一般应大于10∶1。声楔起到固定压电元件，使超声波以合适的角度射入流体的作用，对声楔的要求不仅是强度高、耐老化，而且要求超声波透过声楔后能量损失小，一般希望透射系数尽可能接近1。

作为发射超声波的发射换能器是利用压电材料的逆压电效应（电致伸缩现象）制成的，即在压电材料切片（压电元件）上施加交变电压，使它产生电致伸缩振动而产生超声波，如图4-57所示。发射换能器所产生的超声波以某一角度射入流体中传播，被接收换能器接收。

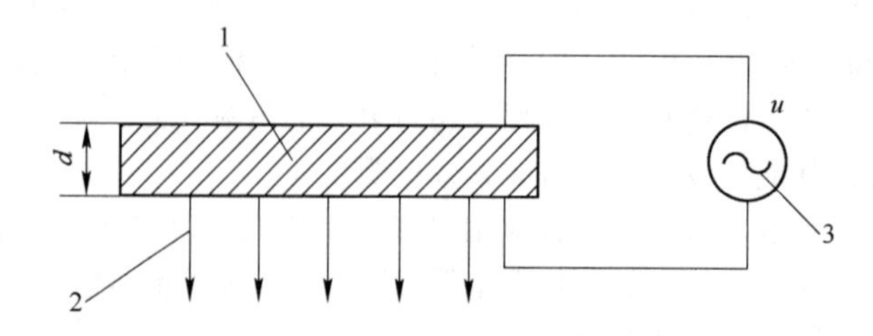

图4-57　发射超声波的压电式换能器

1—压电元件；2—超声波；3—交变电压

压电元件的固有频率f与晶体片的厚度d有关，即

$$f = \frac{nc}{2d} = \frac{n}{2d}\sqrt{\frac{E}{\rho}} \tag{4-128}$$

式中 n——谐波的级数，$n=1, 2, 3, \cdots$；
c——波在压电材料里传播的纵波速度，m/s；
E——杨氏模量，Pa；
ρ——压电元件的密度，kg/m^3。

当外加交变电压的频率等于压电元件的固有频率时产生共振，这时产生的超声波最强。压电式换能器可以产生几十千赫兹到几十兆赫兹的高频超声波，其声强可达几十瓦/厘米^2。

作为接收用的换能器则是利用压电材料的压电效应制成的，其结构和发射换能器基本相同，即当超声波作用到压电晶片上时，使晶片伸缩，在晶片上便产生交变电荷，这种电荷被转换成电压经放大后送到测量电路，最后记录或显示出来。有关压电效应的机理详见3.3.1节。

在实际使用中，由于压电效应的可逆性，有时将换能器作为“发射”与“接收”兼用，亦即将脉冲交流电压加到压电元件上，使其向介质发射超声波，同时又利用它作为接收元件，接收从介质中反射回来的超声波，并将反射波转换为电信号送到后面的放大器。因此，压电式超声波换能器实质上是压电式传感器。

换能器由于其结构不同，可分为直探头（纵波）、斜探头（横波）、表面波探头、双探头（一个探头发射，另一个接收）、聚集探头（将声波聚集成一细束）、水浸探头（可浸在液体中）等多种。其中，直探头式换能器又称直探头或平探头，它可以发射和接收纵波。

B 磁致伸缩换能器

铁磁物质在交变的磁场中沿着磁场方向产生伸缩的现象，称为磁致伸缩效应。磁致伸缩效应的强弱即伸长缩短的程度，因铁磁物质的不同而不同。镍的磁致伸缩效应最大，它在一切磁场中都是缩短的；如果先加一定的直流磁场，再通以交流电流时，它可工作在特性最好的区域。

磁致伸缩超声波发射换能器是把铁磁材料置于交变磁场中，使它产生机械尺寸的交替变化即机械振动，从而产生出超声波。它是用几个厚为0.1～0.4mm的镍片叠加而成，片间绝缘以减少涡流损失，其结构形状有矩形、窗形等。发射换能器机械振动的固有频率的表达式与压电式的相同，如式（4-128）所示。如果振动器是自由的，则$n=1, 2, 3, \cdots$，如果振动器的中间部分固定，则$n=1, 3, 5, \cdots$。磁致伸缩换能器的材料除镍外，还有铁钴钒合金和含锌、镍的铁氧体。其特点是：工作范围较窄，仅在几万赫兹范围内，但功率可达十万瓦，声强可达几千瓦/厘米^2，能耐较高的温度。

磁致伸缩超声波接收换能器是利用磁致伸缩的逆效应工作的。当超声波作用到磁致伸缩材料上时，使磁致材料伸缩，引起它的内部磁场（即导磁特性）的变化。根据电磁感应定律，磁致伸缩材料上所绕的线圈里便获得感应电动势，其结构与发射换能器差不多。

4.9.2 超声波流量计的分类和特点

利用超声波测量液体的流速很早就有人研究，但由于技术水平所限，一直没有很大进展。随着技术的进步，不仅使得超声波流量计获得了实际应用，而且发展很快。超声波流量计（ultrasonic flowmeter）的测量原理，就是通过发射换能器产生超声波，以一定的方式穿过流动的流体，通过接收换能器转换成电信号，并经信号处理反映出流体的流速。

4.9.2.1　超声波流量计分类

（1）超声波流量计对信号的发生、传播及检测有各种不同的设置方法，构成了依赖不同原理的超声波流量计，其中典型的方法有：

1）速度差法超声波流量计。

2）多普勒超声波流量计。

3）声速偏移法超声波流量计。其又称波束偏移法超声波流量计，是利用超声波束在流体中的传播方向随流体流速变化而产生偏移来反映流体流速的。低流速时，灵敏度很低，适用性不大。

4）噪声法超声波流量计。其又称听音法超声波流量计，是利用管道内流体流动时产生的噪声与流体的流速有关的原理，通过检测噪声表示流速或流量值。其结构最简单，便于测量和携带，价格便宜，但准确度低，适用于在流量测量准确度要求不高的场合使用。

5）相关法超声波流量计。该方法利用相关技术测量流量，是近年来提出的一种新方法。理论认为，此法的测量准确度与流体中的声速无关，进而与流体温度、浓度等无关，因而测量准确度高，适用范围广。但价格贵，线路比较复杂。

6）旋涡法超声波流量计。

7）流速-液面法超声波流量计。

（2）根据超声波声道结构类型可分为单声道和多声道超声波流量计。前者在被测管道或渠道上安装一对换能器构成一个超声波通道，主要有外夹式和插入式两种，其结构简单，使用方便，但是对流态分布变化适应性差，测量准确度不易控制，一般用于中小口径管道和对测量准确度要求不高的渠道。多声道超声波流量计是在被测管道或渠道上安装多对超声波换能器构成多个超声波通道，综合各声道测量结果求出流量。与单声道超声波流量计相比，多声道超声波流量计对流态分布变化适应能力强，测量准确度高，可用于大口径管道和流态分布复杂的管渠。

（3）根据超声波流量计适用的流道不同可分为管道流量计、管渠流量计和河流流量计。管道流量计一般是指用于有压管道的流量计，其中也包括有压的各种形状断面的涵洞。这种流量计一般是通过一个或多个声道测量流体中的流速，然后求得流量。用于管渠的超声波流量计一般含有多个测速换能器（由声道数决定）和一个测水位换能器，根据测得的流速和水位求得流量。多数河流超声波流量计仅测流速和水位，而河流的过水流量由用户根据河床断面进行计算。

以上几种方法各有特点，应根据被测流体性质，流速分布情况、管路安装地点以及对测量准确度的要求等因素进行选择。但用得较多的还是速度差法超声波流量计和多普勒超声波流量计。由于生产中工况的温度常不能保持恒定，故多采用速度差法。流场分布不均匀而表前直管段又较短时，也可采用多声道（例如双声道或四声道）来克服流速扰动带来的流量测量误差。多普勒法适于测量两相流，可避免常规仪表由悬浮粒或气泡造成的堵塞、磨损、附着而不能运行的弊病，因而得以迅速发展。

4.9.2.2　超声波流量计的特点

（1）超声波流量计可以做成非接触式的，即从管道外部进行测量。因在管道内部无任何插入测量部件，故没有压力损失，不改变原流体的流动状态，对原有管道不需任何加工就可以进行测量，使用方便。

（2）测量对象广。因测量结果不受被测流体的黏度、电导率的影响，故可测各种液体或气体的流量。例如可用于测量腐蚀性液体、高黏度液体和非导电液体的流量，尤其适于测量大口径管道的水流量或各种水渠、河流、海水的流速和流量，在医学上还用于测量血液流量等。

（3）超声波流量计的输出信号与被测流体的流量成线性关系。

（4）和其他流量计一样，超声波流量计前后也需要一定长度的直管段。一般要求上游侧10D以上，下游侧5D左右。

（5）准确度不太高，约为1.0级。

（6）温度对声速影响较大，一般不适于温度波动大、介质物理性质变化大的流量测量，其次也不适于小流量、小管径的流量测量，因为这时相对误差将增大。

4.9.3 速度差法超声波流量计

速度差法超声波流量计是根据超声波在流动的流体中，顺流传播的时间与逆流传播的时间之差与被测流体的流速有关这一特性制成的。按所测物理量的不同，速度差法超声波流量计可分为时差法超声波流量计、相位差法超声波流量计和频差法超声波流量计3种。

4.9.3.1 时差法超声波流量计

时差法超声波流量计就是测量超声波脉冲顺流和逆流时传播的时间差。

A 插入式时差法超声波流量计

a 测量原理

如图4-58所示，在管道上、下游相距L处分别安装两对超声波换能器T_1、R_1和T_2、R_2。设声波在静止流体中的传播速度为c，流体流动的速度为v。当超声波传播方向与流体流动方向一致，即顺流传播时，超声波的传播速度为$c+v$；而当超声波传播方向与流体流动方向相反，即逆流传播时，超声波的传播速度为$c-v$。顺流方向传播的超声波从T_1到R_1所需时间为

$$t_1 = \frac{L}{c+v} \tag{4-129}$$

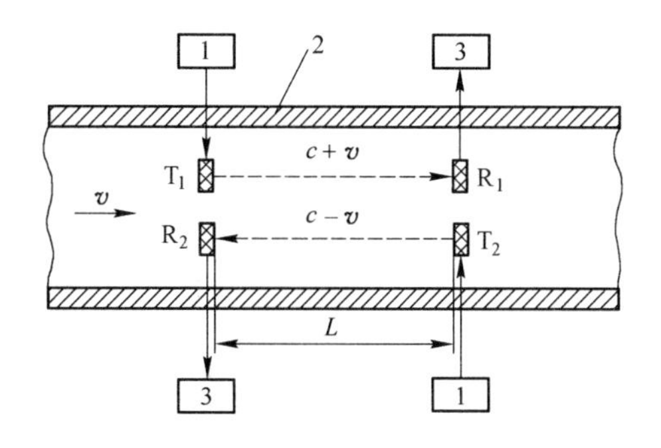

图4-58 插入式时差法超声波流量计原理图

1—发射电路；2—管道；3—接收电路；T_1，T_2—超声波发射器；R_1，R_2—超声波接收器

逆流方向传播的超声波是从T_2到R_2，则所需时间为

$$t_2 = \frac{L}{c-v} \tag{4-130}$$

用式（4-130）减去式（4-129），得逆、顺流传播超声波的时间差Δt为

$$\Delta t = t_2 - t_1 = \frac{2vL}{c^2 - v^2} \tag{4-131}$$

一般情况下，被测液体的流速为每秒数米以下，而液体中的声速每秒约 1500m，即满足 $c^2 \gg v^2$，所以

$$\Delta t = \frac{2vL}{c^2} \tag{4-132}$$

此时，流体的流速为

$$v = \frac{c^2}{2L}\Delta t \tag{4-133}$$

b 声速修正方法

由式（4-133）可见，当声速 c 为常数时，流体流速和时间差 Δt 成正比，测得时间差即可求出流速，进而求得流量。但应注意：

（1）声速是温度的函数，当被测流体温度变化时会带来流速测量误差。

（2）若实测声速，其准确度要求高。例如，若流速测量误差要达到 1.0 级的准确度，则对声速的测量准确度应达到 $10^{-5} \sim 10^{-6}$ 数量级。

因此为了消除声速变化对测量的影响，可采用如下两种处理方法：

（1）将式（4-129）加式（4-130）得

$$t_1 + t_2 = \frac{L}{c+v} + \frac{L}{c-v} = \frac{2Lc}{c^2 - v^2}$$

由于 $c^2 \gg v^2$，所以有

$$c = \frac{2L}{t_1 + t_2} \tag{4-134}$$

将式（4-134）代入式（4-133）得

$$v = \frac{2L}{(t_1 + t_2)^2}\Delta t \tag{4-135}$$

（2）将式（4-129）乘以式（4-130）得

$$t_1 t_2 = \frac{L^2}{c^2 - v^2} \tag{4-136}$$

由于 $c^2 \gg v^2$，所以有

$$c^2 = \frac{L^2}{t_1 t_2} \tag{4-137}$$

将式（4-137）代入式（4-133）得

$$v = \frac{L}{2t_1 t_2}\Delta t \tag{4-138}$$

经以上处理，式（4-135）和式（4-138）已基本消除声速变化对测量的不利影响。

B 夹装式时差法超声波流量计

a 测量原理

这种超声波流量计的工作原理也是时间差法，所不同的是换能器未直接插入到管道中去，如图 4-59 所示。顺流方向传播的超声波，从 TR_1 到 TR_2 所需时间 t_1 为

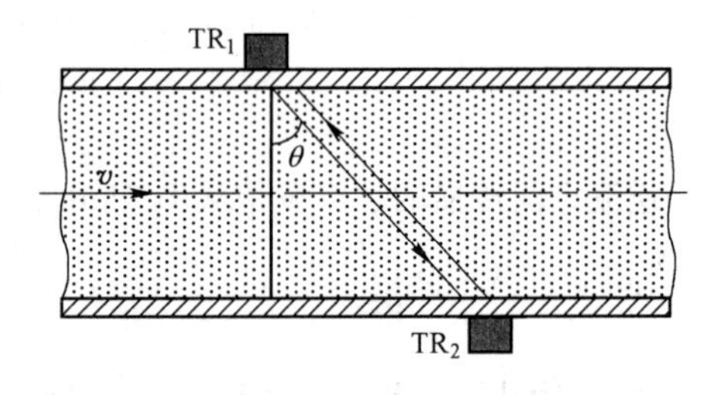

图 4-59 夹装式时差法超声波流量计
TR_1，TR_2—超声波换能器

$$t_1 = \frac{D/\cos\theta}{c + v\sin\theta} \tag{4-139}$$

式中　D——管道直径，m；

θ——超声波进入流体中的折射角。

逆流方向传播的超声波，从 TR_2 到 TR_1 所需时间 t_2 为

$$t_2 = \frac{D/\cos\theta}{c - v\sin\theta} \tag{4-140}$$

用式（4-140）减去式（4-139），得逆、顺流传播超声波的时间差 Δt 为

$$\Delta t = t_2 - t_1 = \frac{D}{\cos\theta}\frac{2v\sin\theta}{c^2 - v^2\sin^2\theta} \tag{4-141}$$

由于 $c^2 \gg v^2\sin^2\theta$，对式（4-141）整理可得

$$v = \frac{c^2}{2D\tan\theta}\Delta t \tag{4-142}$$

b　宽声束换能器与窄声束换能器的比较

夹装式时差法超声波流量计的换能器按超声波束的宽度可分为：窄声束换能器与宽声束换能器。窄声束换能器具有较好的通用性，不必严格考虑管道的材质和壁厚，但要求知道声速并保持为常数，还需精确安装窄声束换能器在声束到达的位置上，否则换能器可能接收不到超声波。这是因为流体中声速可能变化，折射角 θ 随之发生变化，如果此时声束较窄，接收换能器就可能接收不到超声波。另外窄声束超声波可能有一部分沿管壁环行到达接收换能器，而没有通过被测介质。这种沿管壁环行的超声波与通过被测介质到达的超声波可以在接收换能器上叠加造成测量误差。与此相反，宽声束换能器有许多优点，表现为：（1）对接收换能器的位置要求不严；（2）所发射的宽声束超声波沿管壁纵向传播，且在传播过程中源源不断地向对面管壁折射声波。因此其声束很宽，沿管壁环行的分量很小，与窄声束比较可小 40dB。但宽声束换能器需要根据管道的材质和壁厚决定换能器的形式和对管壁的发射角。

C　插入式和夹装式的比较

就换能器安装方式来说，夹装式较插入式有许多优点。

（1）夹装式可以便携使用，插入式是固定的。

（2）插入式换能器与被测介质直接接触，存在腐蚀、黏结和沉淀等问题；夹装式换能器装在管道外面，不与被测物体接触，不会遇到前述问题。

（3）插入式换能器可能导致管道内出现旋涡，造成误差。这种误差虽然在标定时予以一定的修正，但由于使用条件与标定时不尽相同，故误差不可能绝对避免。

（4）插入式换能器由于其发射表面与接收表面互相平行，会产生从接收器到发射器再从发射器到接收器这样多次反射的回声，因此要求下一次发射超声波脉冲必须延迟一段时间，直到回声消失以后再发射，这就降低了超声波脉冲的重复发射频率，延长了它的响应时间。夹装式换能器的声束反射是离开发射换能器的，所以没有回声效应。夹装式换能器的重复发射频率可以比插入式换能器高 10 倍。

D　灵敏度

对于插入式时差法超声波流量计，根据式（4-133）可得灵敏度为

$$S = \frac{\Delta t}{v} = \frac{2L}{c^2} \tag{4-143}$$

对于夹装式时差法超声波流量计，根据式（4-142）可得灵敏度为

$$S = \frac{\Delta t}{v} = \frac{2D}{c^2}\tan\theta \tag{4-144}$$

由上式可见，灵敏度与声速平方成反比，与管道直径成正比。现在电子技术，测时误差一般能达到0.01μs，因此，为保证测量准确度达到1.0级，测量时间差 Δt 的下限只能达到1μs。

设 $\theta = 30°$，$c = 1500\text{m/s}$，$D = 300\text{mm}$，测量误差为1.0级，则时间差最低为1μs，可测最低流速为

$$v = \frac{c^2}{2D\tan\theta}\Delta t = \frac{1500^2 \times 1 \times 10^{-6}}{2 \times 0.3 \times \tan30°} = 6.495\text{m/s}$$

这个测量下限是太高了。如果采用声波顺流逆流各发射 N 次的时间差，可提高测量准确度，降低流速测量下限。

4.9.3.2　相位差法超声波流量计

采用时差法测量流速，不仅对测量电路要求高，而且还限制了流速测量的下限。因此，为了提高测量准确度，早期采用了检测灵敏度高的相位差法。

相位差法超声波流量计是把上述时间差转换为超声波传播的相位差来测量。设超声波换能器向流体连续发射如下形式的超声波脉冲

$$s(t) = A\sin(\omega t + \varphi_0) \tag{4-145}$$

式中　$s(t)$——超声波脉冲，V；

A——超声波的幅值，V；

ω——超声波的角频率，1/s；

φ_0——超声波的初始相位。

按顺流和逆流方向发射时收到的信号相位分别为

$$\varphi_1 = \omega t_1 + \varphi_0 \tag{4-146}$$

$$\varphi_2 = \omega t_2 + \varphi_0 \tag{4-147}$$

则顺流和逆流时所接收信号之间的相位差为

$$\Delta\varphi = \varphi_2 - \varphi_1 = \omega\Delta t = 2\pi f\Delta t \tag{4-148}$$

式中　f——超声波振荡频率，1/s。

由此可见，相位差 $\Delta\varphi$ 比时间差 Δt 大 $2\pi f$ 倍，且在一定范围内，f 越大，放大倍数越大，因此，相位差 $\Delta\varphi$ 要比时间差 Δt 容易测量。但同时差法一样也存在声速修正问题。此时，流体的流速为

$$v = \frac{c^2}{4\pi fL}\Delta\varphi \tag{4-149}$$

4.9.3.3　频差法超声波流量计

A　基本测量原理

频差法超声波流量计是通过测量顺流和逆流时，超声波脉冲的循环频率之差来测量流量的。超声波发射器向被测流体发射超声波脉冲，接收器接收到超声波脉冲并将其转换成电信号，经放大后再用此电信号去触发发射电路发射下一个超声波脉冲。这样，任一个超声波脉冲都是由前一个接收信号所触发，不断重复，即形成“声循环”。其循环周期主要是由流体中

传播超声波脉冲的时间决定，其倒数称为声循环频率（即重复频率）。因此可得，顺流时超声波脉冲循环频率 f_1 和逆流时超声波脉冲循环频率 f_2 分别为：

$$f_1 = \frac{c+v}{L} \tag{4-150}$$

$$f_2 = \frac{c-v}{L} \tag{4-151}$$

顺流和逆流时的超声波脉冲循环频差为

$$\Delta f = f_1 - f_2 = \frac{2v}{L} \tag{4-152}$$

所以流体流速为

$$v = \frac{L}{2}\Delta f \tag{4-153}$$

由上式可知流体流速和频差成正比，式中不含声速 c，因此流速的测量与声速无关，不必进行声速修正，这是频差法超声波流量计的显著优点。循环频差 Δf 很小，直接进行测量的误差大，为了提高测量准确度，一般需采用倍频技术。

由于顺、逆流两个声循环回路在测循环频率时会相互干扰，工作难以稳定，而且，要保持两个声循环回路的特性一致也是非常困难的。因此，实际应用频差法测量时，仅用一对换能器按时间交替转换作为接收器和发射器使用。

B　马克森（MAXSON）流量计

马克森流量计是典型的最早依据频差法原理设计的具有实用意义的超声波流量计，如图 4-60 所示。图中，超声波发射换能器 T_1、接收器 R_1、放大器 1 和超声波发射机 1 构成顺流方向的声循环回路；超声波发射换能器 T_2、接收器 R_2、放大器 2 和超声波发射机 2 构成逆流方向的声循环回路。

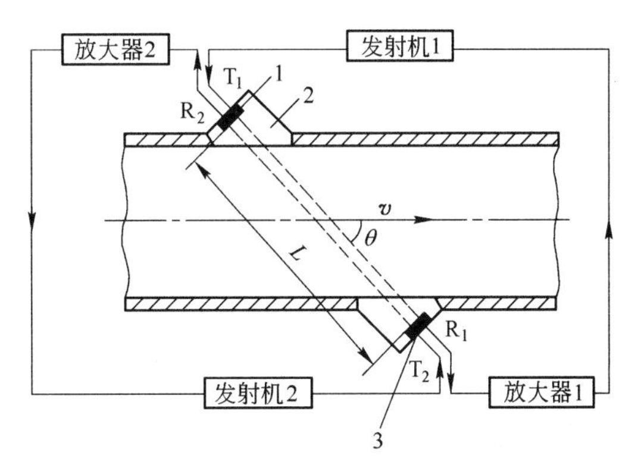

图 4-60　马克森流量计原理方框图
1—发射换能器；2—声楔；3—接收换能器

顺流声循环回路的频率 f_1 约为

$$f_1 = \frac{c + v\cos\theta}{L} \tag{4-154}$$

式中　θ——入射超声波与流体速度方向的夹角；

L——发射换能器与接收换能器之间的距离，m。

逆流声循环回路的频率 f_2 约为

$$f_2 = \frac{c - v\cos\theta}{L} \tag{4-155}$$

顺流和逆流时的声循环回路频率差约为

$$\Delta f = f_1 - f_2 = \frac{2v\cos\theta}{L} \tag{4-156}$$

这种流量计的优点是：（1）测量准确度优于 2.0 级；（2）测量范围大，最大流量约为最小流量的 20 倍；（3）当雷诺数在 $3\times10^4 \sim 10^6$ 之间时，流速分布对线性的影响为 ±1% 左右。其缺点是：当流速小时，两个回路的声循环频率相近，由于频率牵引现象，而使得流速测量不易进行。

C 锁相环路（PLL）频差法超声波流量计

锁相环路（PLL）频差法超声波流量计的原理方框图如图4-61所示。该流量计采用两个锁相环路：一个沿顺流方向发射超声波，另一个沿逆流方向发射超声波，两个换能器的收发交替转换。图中，压控振荡器VCO（1）、分频器（1）、相位差计（1）、积分器（1）、同时接至b点的同步开关、发射超声波的换能器TR_1、接收超声波的换能器TR_2构成顺流方向的声循环回路；压控振荡器VCO（2）、分频器（2）、相位差计（2）、积分器（2）、同时接至a点的同步开关、发射超声波的换能器TR_2、接收超声波的换能器TR_1构成逆流方向的声循环回路。

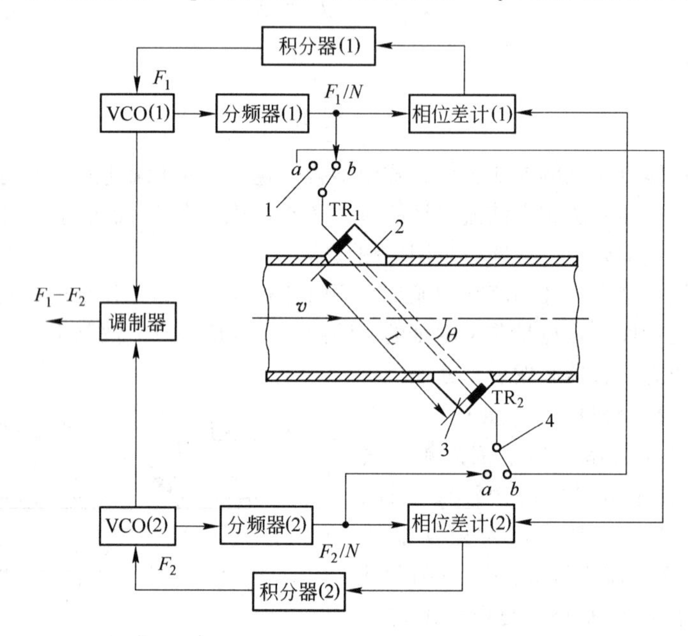

图4-61 锁相环路频差法超声波流量计原理方框图

1，4—同步转换开关；2，3—声楔；TR_1，TR_2—超声波换能器

以顺流方向的声循环回路为例分析其工作情况。压控振荡器VCO（1）产生频率为F_1的振荡频率信号，经分频器（1）进行N分频后分成两路：一路直接送入相位差计（1），另一路经同步转换开关送至换能器TR_1使之发射超声波到流体中，顺流传至另一换能器TR_2并被接收，再送入相位差计（1）检出两路信号间的相位差。此差值经积分器（1）转换成与其成比例的电压，去控制压控振荡器VCO（1）的振荡频率F_1，完成一个环路的锁相过程。压控振荡器VCO（1）的振荡频率F_1，由顺流传递时间决定的声循环频率f_1锁定，且为f_1的N倍。N为倍频数，是人为选定的常数。同理，对逆流方向的声循环回路而言，压控振荡器VCO（2）的振荡频率F_2，被由逆流传递时间决定的声循环频率f_2锁定为Nf_2。

两个压控振荡器振荡频率的差值为

$$\Delta F = F_1 - F_2 = N(f_1 - f_2) = N\Delta f \tag{4-157}$$

将式（4-157）代入式（4-156）可得锁相环路频差法超声波流量计的流速为

$$v = \frac{L}{2N\cos\theta}(F_1 - F_2) = \frac{L}{2N\cos\theta}\Delta F \tag{4-158}$$

可见，锁相环路（PLL）频差法超声波流量计的优点是：提高测量的准确度和灵敏度，降低可测最低流速的下限。

D 灵敏度

根据式（4-153）可得频差法超声波流量计的灵敏度为

$$S = \frac{\Delta f}{v} = \frac{2}{L} \tag{4-159}$$

当入射超声波与流体速度方向的夹角 θ 一定时，两换能器间的距离 L，与管道直径成正比，故灵敏度与管道直径成反比。

根据式（4-156）可得马克森流量计的灵敏度为

$$S = \frac{\Delta f}{v} = \frac{2\cos\theta}{L} \tag{4-160}$$

根据式（4-158）可得锁相环路频差法超声波流量计的灵敏度为

$$S = \frac{\Delta F}{v} = \frac{2N\cos\theta}{L} \tag{4-161}$$

4.9.3.4 流量方程的修正

时差法、相位差法、频差法测得的流速是超声波传播途径上的线平均流速 v。它和管道截面平均流速 $\bar{v}$ 是不相同的。这取决于速度分布和流动状态。为准确测量流量，必须对流速 v 进行如下修正。

$$v = k\bar{v} \tag{4-162}$$

式中 k——修正系数。

（1）当流动状态为层流（$Re < 2300$）时，圆管内的流速分布属抛物线型，面平均流速$\bar{v}$为最大流速的1/2，线平均速度可近似为最大流速的2/3，故层流时的修正系数 k 为

$$k = \frac{4}{3} \tag{4-163}$$

（2）当流动状态为紊流时，与流动截面有关的流速分布随雷诺数 Re 的变化而变，并随雷诺数增大，渐趋均匀分布。修正系数 k 是雷诺数 Re 的函数，在 $Re < 10^5$ 时，修正系数 k 为

$$k = 1.119 - 0.011\lg Re \tag{4-164}$$

当 $Re \geqslant 10^5$ 时，修正系数 k 为

$$k = 1 + 0.01\sqrt{6.25 + 431Re^{-0.237}} \tag{4-165}$$

有了测得的线平均流速 v 与管道截面平均流速$\bar{v}$之间的关系以后，即可得满管圆管流的体积流量方程为

$$q_V = \frac{\pi}{4}D^2\bar{v} = \frac{\pi}{4k}D^2 v \tag{4-166}$$

式中，修正系数 k、流速 v 用相应的式子代入，即可得到时差法、相位差法和频差法的流量方程。

4.9.3.5 速度差法超声波流量计的安装

速度差法超声波流量计是目前极具竞争力的流量测量手段之一，其测量准确度已优于1.0级。但由于早期的超声波流量计自身一般不带标准管道而工业上所用管路又十分复杂，使得超声波流量计的测量准确度大打折扣；另外，由于工业现场，特别是管路周围环境的多样性和复杂性，大大降低了超声波流量计的可靠性和稳定性。因此，如何根据特定的环境安装调试超声

波流量计，就成了超声波流量测量领域的一个重要课题。

A 换能器在管道上的布置方式

超声波流量计的换能器大致有夹装型、插入型和管道型三种结构形式。以前盛行的外夹装式超声波流量计使用方便灵活，在现场应用时，常因工作疏忽、换能器安装距离及流通面积等测量误差而使实际的测量准确度有所下降。有时不正确的安装甚至会使得仪表完全不能工作。因此，换能器的安装是超声波流量计实现准确、可靠测量的重要环节。

换能器在管道上的布置方式如图 4-62 所示。

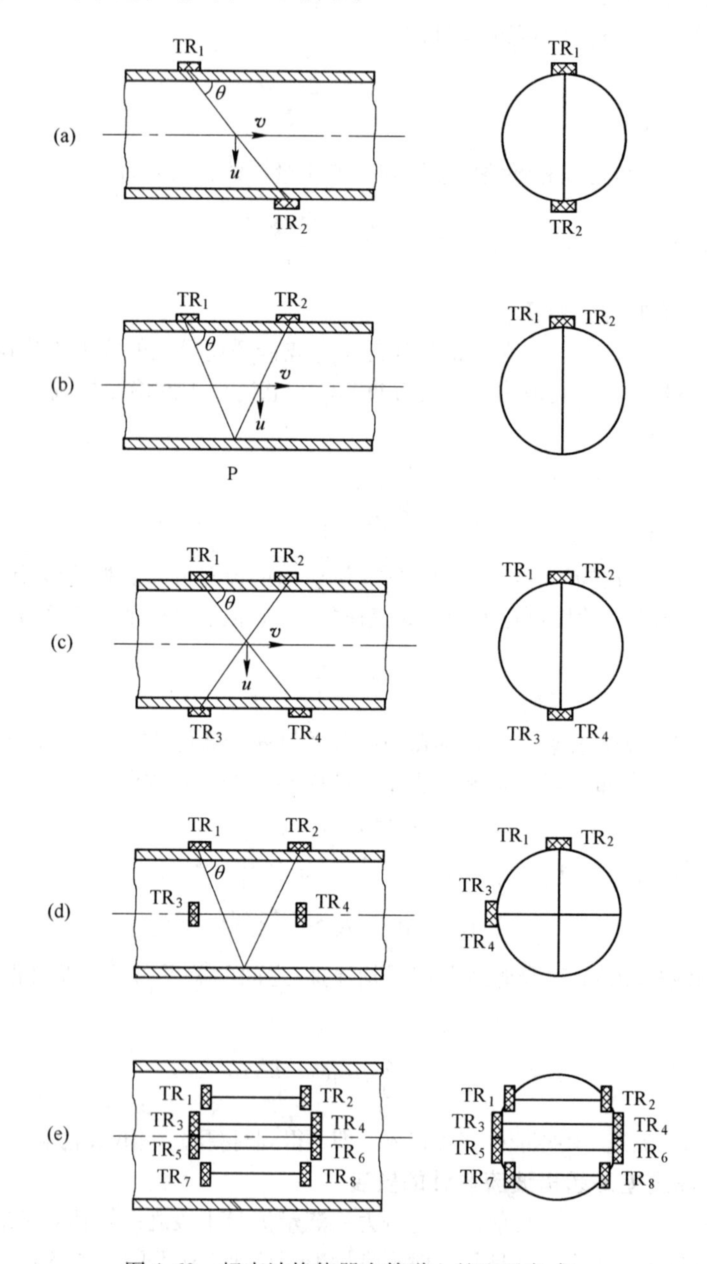

图 4-62 超声波换能器在管道上的配置方式

（a）直接透过法；（b）反射法；（c）交叉法；（d）2V 法；（e）平行法

TR—超声波换能器

（1）一般而言，流体以管道轴线为中心对称分布，且沿管道轴线平行地流动，此时应采用如图4-62（a）所示的直接透过法（简称Z法）布置换能器，该布置方法结构简单，适用于有足够长的直管段，且流速沿管道轴对称分布的场合。

（2）当流速不对称分布、流动的方向与管道轴线不平行或存在着沿半径方向流动的速度分量时，可以采用如图4-62（b）所示的反射法（V法）。若存在径向速度 u，在超声波传播方向会产生 $u\sin\theta$ 的速度分量，产生测量误差。采用V法，由于超声波的传播途径为 TR_1—P—TR_2，速度分量 $u\sin\theta$ 可抵消。

（3）在某些场合，当安装距离受到限制时，可采用如图4-62（c）所示的交叉法（X法）。换能器一般均交替转换分时作为发射器和接收器使用。

（4）图4-62（d）所示的2V法，是在垂直相交的两个平面上测量线平均速度。随着测量线数的增加，测量准确度会有所提高。一般认为四条测量线路就可满足工程需求。

（5）图4-62（e）所示的平行法，是一种配置多线路测量的方式，可在一定程度上消除流速分布不对称不均匀和旋涡对测量的影响。但是，由于声波穿透管壁很困难，使得安装换能器时较复杂。该方法在测量小口径流量时也不能获得足够的时间差。

迎流流速分布和旋涡对流量测量值影响较大，因此，要求有较长的上游直管段长度。为了克服上述缺点，近年来国外竞相开发出经实流核准的高准确度带测量管段的中小口径超声波流量计，或采用多声道化和声束多反射化方法，如将超声波的线传播发展为面传播的双声道法和多声道法、U形平面测量法、S形平面测量法和声束螺旋多折射法等，其性能和应用范围目前正在不断提高和扩大。这些方法不仅可改善单声道测量平均流速的不确定性，还能降低对迎流流速分布和旋涡的敏感度，减少前后直管段长度和现场安装换能器位置等对测量的影响，使测量准确度大大提高。

B　直管段要求

由于采用管外安装换能器的超声波流量计是通过声波传播途径上流体线平均流速来进行测量的，所以应保证换能器前的流体沿管道轴线平行流动。为此，安装地点的选择必须保证换能器前有一定长度的直管段，所需直管段长度与管道上阻力件的形式有关，可参考节流装置对直管段的要求。各个标准文件和资料给出的结果不一样，使用时应注意选择。一般来说，当管道内径为 D 时，上游直管段长度应大于 $10D$，下游直管段长度应大于 $5D$。当上游有泵、阀门等阻力件时，直管段长度至少应有 $(30\sim50)D$，有时甚至要求更高。

C　其他要求

（1）未完全充满液体的超声波流量计的测出值将高于实际流速或导致无法测量，因此应避免气体、空气和蒸汽积聚在上部。不要将流量计安装在管道的最高点或带有自由出口的流体向下流动的竖直管道上。若安在长的水平管道上，最好安装在略微上升的管道部分。

（2）由于湍降效应，无法确保管道中充满液体，还可能产生流量剖面变形，所以应避免把流量计安装在下行管道上。

（3）对敞开式供水或排放，应将流量计安装在管道的较低部分。

（4）通常将控制阀安装在流量计的下游，以避免气穴现象或流量剖面变形。

（5）为避免气穴现象或流量计中出现闪蒸现象，切勿将流量计安装在泵的吸入一侧。

（6）要保证测量点处的温度和压力在传感器可工作范围以内。

（7）充分考虑管内壁结垢状况，尽量选择无结垢的管段进行测量。实在不能满足时，需把结垢考虑为衬里以求较好的测量准确度。

此外，还应进行换能器安装距离的确定、显示仪表安装地点的选择、连线长度的计算、流量计的调整和检验等，请参阅有关手册。

4.9.4 多普勒超声波流量计

4.9.4.1 特点

时差法超声波流量计只能用来测量比较洁净的流体。如果在超声波传播路径上，存在微小固体颗粒或气泡，则超声波会被散射，此时若选用时差法超声波流量计就会造成较大测量误差。与此相反，多普勒超声波流量计由于是利用超声波被散射这一特点工作的，所以非常适合测量含固体颗粒或气泡的流体。但应注意，由于散射粒子或气泡是随机存在的，流体传声性能有较大差别。如果是测量传声性能差的流体，则在近管壁的低流速区散射较强；而测量传声性能好的流体，则在高流速区散射占优势，这就使得多普勒超声波流量计的测量准确度较低。虽然采用发射换能器与接收换能器分开的结构，只接收流速断面中间区域的散射，但与时差法超声波流量计相比，测量准确度还是低一些。

多普勒超声波流量计是基于多普勒效应测量流量的，即当声源和观察者之间有相对运动时，观察者所接收到的超声波频率将不同于声源所发出的超声波频率。二者之间的频率差，被称为多普勒频移，它与声源和观察者之间的相对速度成正比，故测量频差就可以求得被测流体的流速，进而得到流体流量。

利用多普勒效应测流量的必要条件是：被测流体中存在一定数量的具有反射声波能力的悬浮颗粒或气泡。因此，多普勒超声波流量计能用于两相流的测量，这是其他流量计难以解决的难题。

多普勒超声波流量计具有分辨率高，对流速变化响应快，对流体的压力、黏度、温度、密度和电导率等因素不敏感，没有零点漂移，重复性好，价格便宜等优点。因为多普勒超声波流量计是利用频率来测量流速的，故不易受信号接收波振幅变化的影响。与超声波时间差法相比，其最大的特点是相对于流速变化的灵敏度非常大。

4.9.4.2 基本流量方程式

多普勒超声波流量计的原理图如图4-63所示。在多普勒超声波流量测量方法中，超声波发射器和接收器的位置是固定不变的，而散射粒子是随被测流体一起运动的，它的作用是把入射到其上的超声波反射回接收器。因此，可以把上述过程看作是两次多普勒效应来考虑：

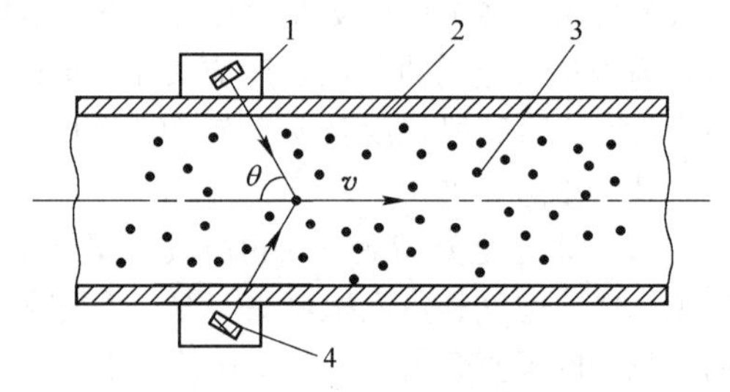

图4-63 多普勒超声波流量计原理图

1—发射换能器；2—管道；3—散射粒子；4—接收换能器

（1）超声波从发射换能器到散射粒子。

此时发射换能器为固定声源，随流体一起运动的散射粒子相当于与声源有相对运动的观察者。

设入射超声波与流体运动速度的夹角为 θ，散射粒子与被测流体一起以速度 v 沿管道运动。当频率为 f_T 的入射超声波遇到粒子时，粒子相对超声波发射器以 $v\cos\theta$ 的速度离去。因此，散射粒子接收到的超声波频率 f' 应低于 f_T，其值为

$$f' = \frac{c - v\cos\theta}{c} f_T \tag{4-167}$$

式中 f'——散射粒子接收到的超声波频率，1/s；

f_T——发射超声波的频率，1/s；

c——流体中的声速，m/s；

v——被测流体的流速，m/s；

θ——入射超声波与流体速度方向的夹角。

（2）超声波从散射粒子到接收换能器。

此时，散射粒子是声源，是运动的，接收换能器作为接收器是固定的。

忽略超声波入射方向与反射方向的夹角，由于散射粒子同样以 $v\cos\theta$ 的速度离开接收器，所以接收器接收到的声波频率 f_R 又一次降低，为

$$f_R = \frac{c}{c + v\cos\theta} f' \tag{4-168}$$

将式（4-167）代入式（4-168）得

$$f_R = \frac{c - v\cos\theta}{c + v\cos\theta} f_T = \frac{c^2 - 2cv\cos\theta + v^2\cos^2\theta}{c^2 - v^2\cos^2\theta} f_T \tag{4-169}$$

由于 $c \gg v$，故可在式（4-169）的分子和分母中略去高阶小项 $v^2\cos^2\theta$ 得

$$f_R = f_T\left(1 - \frac{2v\cos\theta}{c}\right) \tag{4-170}$$

接收器接收到的反射超声波频率与发射超声波频率之差，即多普勒频移为

$$\Delta f = f_T - f_R = \frac{2v\cos\theta}{c} f_T \tag{4-171}$$

此时，被测流体的流速为

$$v = \frac{c}{2f_T\cos\theta}\Delta f \tag{4-172}$$

被测流体的流量为

$$q_V = vA = \frac{cA}{2f_T\cos\theta}\Delta f \tag{4-173}$$

式中　A——管道截面积，m^2。

由上式可见，流速 v 与多普勒频移 Δf 成正比线性关系。式（4-173）中含有声速 c，而声速与被测流体的温度和组分有关。当被测流体温度和组分变化时，会影响流量测量的准确度。因此，在超声波多普勒流量计中一般采用声楔结构来避免这一影响。此外，在实际应用中，尚需考虑流体参数、环境、结构、流速分布等条件的变化对测量准确度造成的影响。

4.9.4.3　灵敏度

根据式（4-171），多普勒法的测量灵敏度为

$$S = \frac{\Delta f}{v} = \frac{2f_T\cos\theta}{c} \tag{4-174}$$

理论上灵敏度与声速成反比，与发射的超声波频率成正比。式（4-174）是对一个散射粒子而言，实际上超声波辐射区域内存在着许多粒子的散射，不能简单地用式（4-174）讨论，有关详细论述请参考相关文献。

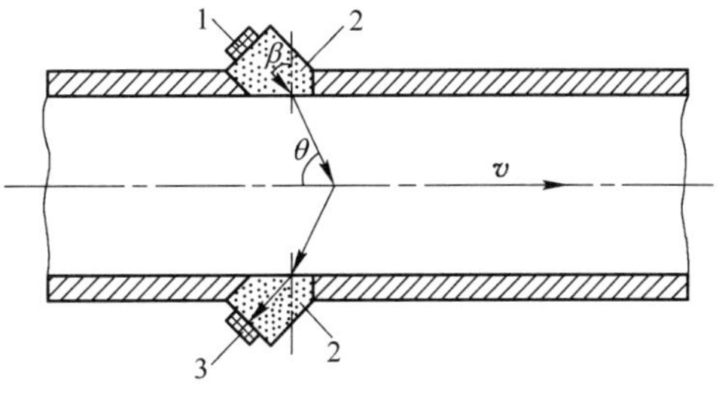

图 4-64　多普勒超声波流量计的声楔结构

1—发射晶片；2—声楔；3—接收晶片

4.9.4.4　消除温度对多普勒频移的影响

如图 4-64 所示，在多普勒超声波流量计中，一般采用声楔结构来消除温度对多普勒频移的影响。为此，需要选择合适的固体材料作为声楔，

使超声波先通过声楔及管壁再进入流体中。设声楔材料中的声速为 c_1，流体中的声速为 c，声波由声楔材料射向流体的入射角为 β，经流体折射，超声波束与流体的流速 v 的夹角为 θ，则根据折射定律可得

$$\frac{c_1}{\sin\beta} = \frac{c}{\cos\theta} \tag{4-175}$$

将式（4-175）代入式（4-173）得

$$q_V = \frac{c_1 A}{2f_T \sin\beta}\Delta f \tag{4-176}$$

由式（4-176）可知，采用声楔后流量的表达式中就没有流体中声速 c，而只有声楔材料中的声速 c_1。声楔是固体材料，其中声速 c_1 随温度的变化比液体中声速随温度的变化小一个数量级，且可以事先标定出 c_1。因此，用适当的材料做声楔可以大大减小温度对测量准确度的影响。

4.9.4.5 多普勒信息窗

由于超声波的指向特性，换能器所能接收到的反射信号只能是由发射元件和接收元件的指向特性所决定的重叠区域内的散射粒子的反射波，这个重叠区域称为多普勒信号的信息窗，如图4-65所示。

对流量测量而言，有效的多普勒信息主要取决于声场中声压最大至其功率下降一半的区域内的反射信号，所以收发元件的半功率点夹角 α 所形成的重叠区对测量至关重要，如图 4-65 中的阴影部分。信息窗内的散射粒子把入射的超声波反射至接收换能器。信息窗外的散射粒子存在以下 3 种情况：

（1）绝大部分散射粒子遇不到入射超声波；

（2）少部分散射粒子遇到入射超声波，但其反射的声信号达不到接收换能器；

（3）少部分散射粒子遇到入射超声波，但因其反射信号强度太弱，其作用可以忽略。

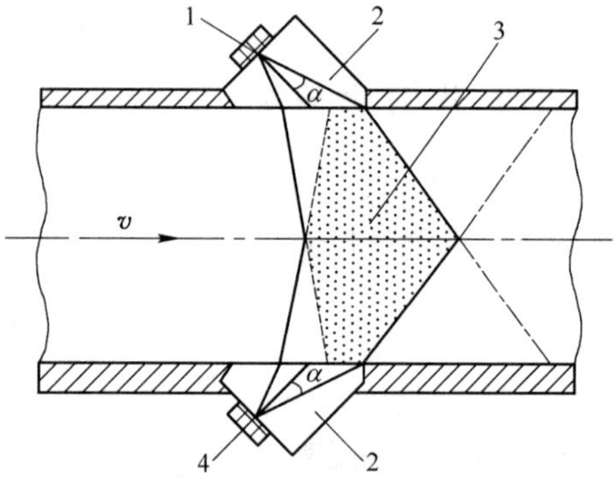

图 4-65 多普勒信息窗原理示意图
1—发射换能器；2—声楔；
3—多普勒信息窗；4—接收换能器

因此，接收换能器所接收到的反射信号可看成是由信息窗中所有流动的散射粒子反射回来的杂乱无章的反射波的叠加，那么，信息窗内多普勒频移应该是叠加的平均值，即

$$\overline{\Delta f} = \frac{\sum_{i=1}^{N} k_i \Delta f_i}{\sum_{i=1}^{N} k_i} \tag{4-177}$$

式中 $\overline{\Delta f}$——信息窗内所有散射粒子的多普勒频移的平均值，1/s；

Δf_i——信息窗内任一个散射粒子产生的多普勒频移，1/s；

k_i——产生多普勒频移 Δf_i 的粒子数。

由于事实上接收换能器所接收的信号是信息窗内平均的多普勒频移，所以流量方程式应变为

$$q_V = \frac{c_1 A}{2f_T \sin\beta} \overline{\Delta f} \tag{4-178}$$

4.10 容积式流量计

4.10.1 概述

容积式流量计（positive displacement flowmeter），亦称定（正）排量流量计，简称PD流量计，是一种具有悠久历史的流量仪表。广泛应用于测量石油类流体（如原油、汽油、柴油、液化石油气等）、饮料类流体（如酒类、食用油等）、气体（如空气、低压天然气及煤气等）以及水的流量。在流量计中是准确度最高的一类仪表之一。新修订的JJG667—2010《液体容积式流量计》已于2011年3月6日起颁布实施。

4.10.1.1 基本原理

容积式流量计的结构形式多种多样，但就其测量原理而言，都是通过机械测量元件把被测流体连续不断地分割成具有固定已知体积的单元流体，然后根据测量元件的动作次数给出流体的总量。即采取所谓容积分界法测量出流体的流量。它类似于人们日常生活中"勺子舀水"的原理，即用具有一定容积的小容器来反复不断地计量流体体积。

把流体分割成单元流体的固定体积空间，称为计量室。它是由流量计壳体的内壁和作为测量元件的活动壁形成的。当被测流体进入流量计并充满计量室后，在流体压力的作用下推动测量元件运动，将一份一份的流体排送到流量计的出口。同时，测量元件还把它的动作次数通过齿轮等机构传递到流量计的显示部分，指示出流量值。也就是说，知道计量室的体积和测量元件的动作次数，便可以由计数装置给出流量。常用来计量累积流量 Q_V，又称总量。从容积式流量计的工作原理可知，流过流量计的累积流量 Q_V 可由下式计算：

$$Q_V = kNV_0 \tag{4-179}$$

式中 N——测量元件的转速，1/s；

k——测量元件旋转一周所排出单元体积流体的个数；

V_0——计量室容积（单元体积），m^3。

4.10.1.2 特点

容积式流量计具有如下优点：

（1）测量准确度高。容积式流量计是所有流量仪表中测量准确度最高的一类仪表。其测量液体的基本误差一般可达0.1%，甚至更高。

（2）容积式流量计的特性一般不受流动状态的影响，也不受雷诺数大小的限制。除脏污介质和特别黏稠的流体外，它可用于各种液体和气体的流量测量。

（3）安装管道条件对流量计测量准确度没有影响，流量计前不需要直管段，而绝大部分其他流量计都要受管内流体流速分布的影响，这使得容积式流量计在现场使用有极重要的意义。

（4）量程比较宽，典型的为5∶1到10∶1，特殊的可达30∶1，高准确度测量时量程比有所降低。

（5）为直读式仪表，无需外部能源就可直接得到流体总量，使用方便。

容积式流量计的缺点如下：

（1）机械结构较复杂，体积庞大笨重，尤其是大口径仪表。因此，容积式流量计口径为10～500mm，一般只适用于中小口径流体的流量测量。

（2）被测介质工作状态等的适应范围不够宽。容积式流量计的适用范围为：工作压力最高可达10MPa，测量液体时工作温度可达300℃，测量气体时工作温度可达120℃。

（3）大部分容积式流量计只适用于洁净单相流体。测量含有颗粒、脏污物的流体时需安装过滤器，测量含有气体的液体时必须安装气体分离器。

（4）部分形式的仪表（如椭圆齿轮式、腰轮式、卵轮式、旋转活塞式、往复活塞式等）在测量过程中会给流动带来脉动，大口径仪表会产生较大噪声，甚至使管道产生振动。

（5）在流速变化频繁的场合使用，容易损坏转动部件。

4.10.1.3　分类

容积式流量计的结构形式很多，根据其测量元件的结构特点，主要有如下几种：

（1）转子型容积式流量计。它包括椭圆齿轮流量计、腰轮（罗茨）流量计、齿轮流量计、双转子（螺杆）流量计等。

（2）刮板型容积式流量计。它包括凸轮式刮板流量计、凹线式刮板流量计等多种结构形式。

（3）活塞型容积式流量计。它包括往复活塞流量计、旋转活塞流量计等。

还有其他结构如圆盘流量计、膜式气体流量计、湿式（又称转筒式）气体流量计等。

4.10.2　转子型容积式流量计

4.10.2.1　椭圆齿轮流量计

A　工作原理

椭圆齿轮流量计，又称奥巴尔流量计，其测量部分是由壳体和两个相互啮合的椭圆形齿轮组成，计量室是指在齿轮与壳体之间所形成的半月形空间。流体流过仪表时，因克服阻力而在仪表的入、出口之间形成压力差，在此压差的作用下推动椭圆齿轮旋转，不断地将充满半月形计量室中的流体排出，由齿轮的转数即可表示流体的体积总量，其结构和工作原理如图4-66所示。

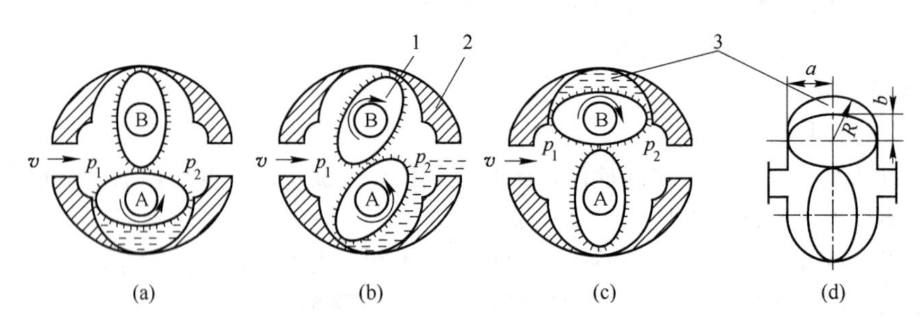

图4-66　椭圆齿轮流量计结构和工作原理示意图

1—椭圆齿轮；2—壳体；3—半月形计量室

流体在仪表的入口处压力为p_1、在出口处的压力为p_2，$p_1>p_2$。当两个椭圆齿轮处于图4-66（a）位置时，在p_1、p_2作用下所产生的合力矩推动轮A向逆时针方向转动，并把轮A下部计量室内的流体排至出口，与此同时带动轮B做顺时针方向转动，并将流体充入轮B上部的计量室内。这时轮A处于水平位置，为主动轮；轮B处于垂直位置，为从动轮。同样可以看出：在图4-66（b）位置时，A、B轮均为主动轮；在图4-66（c）位置时，B为主动轮，A为从动轮，在p_1、p_2的作用下轮B做顺时针方向转动，并把其上部计量室内的流体排至出口，与此同时带动轮A向逆时针方向转动，并将流体充入其下部的计量室内。由于轮A和轮B交替为主动轮或者均为主动轮，保证了两个椭圆齿轮不断地旋转，以至把流体连续地排至出口。从以上分析可知，椭圆齿轮每循环一次，即转动一周，就排出四个半月形单元体积的流体，因而从齿轮的转数便可以求出排出流体的总量，即待测流体的累积流量为

$$Q_V = 4NV_0 \tag{4-180}$$

式中　N——椭圆齿轮（测量元件）的转速，1/s。

如图4-66（d）所示，半月形计量室的容积为

$$V_0 = 2\pi(R^2 - ab)\delta \tag{4-181}$$

式中　V_0——半月形计量室的容积，m^3；

a，b——椭圆齿轮的长、短轴半径，m；

R——计量室的半径，m；

δ——椭圆齿轮的厚度，m。

注意：当通过流量计的流量恒定时，椭圆齿轮在一周的转速是变化的，但每周的平均角速度是不变的。由于角速度的脉动，测量瞬时转速并不能代表瞬时流量，而只能测量整数圈的平均转速来确定平均流量。

B　性能特点

椭圆齿轮流量计适用于石油、各种燃料油和气体的流量计量。除容积式流量计共有的特点外，它还具有如下特点：

（1）流体经流量计测量后，流量计出口管流有脉动，瞬时流量是变化的。

（2）作为容积式流量计对被测介质的黏度不敏感。

（3）齿轮啮合过程中存在困液现象，增加了流体的泄漏量。

（4）对被测介质的清洁度要求较高，如果被测介质过滤不净，齿轮易被固形物或异形物卡死，导致流量计不能正常工作。

（5）大口径流量计在流量较大时，噪声较大。

（6）在超负荷工作时，流量计的寿命将显著减少。

（7）可水平安装，亦可垂直安装。

与椭圆齿轮流量计类似的还有卵轮流量计，其测量原理与椭圆齿轮流量计一样。所不同的是在流量计测量室内以一对光滑的或互不啮合的短齿卵形转子代替椭圆齿轮，其主要目的是为了消除椭圆齿轮流量计在齿轮啮合过程中的困液现象。

4.10.2.2　腰轮流量计

腰轮流量计又称罗茨流量计，其测量原理、工作过程与椭圆齿轮流量计基本相同，如图4-67所示。二者之间所不同的只是结构，主要表现在：

（1）转子的形状不同。腰轮流量计的转子为腰轮形状，可相切旋转，且腰轮上不像椭圆齿轮那样带有小齿。腰轮的组成有两种：一种是只有一对腰轮，如图4-68（a）所示；另一种是由两对互呈45°角的组合腰轮构成，称为45°角组合式腰轮流量计，如图4-68（b）所示。普通腰轮流量计运行时产生的振动较大，组合式腰轮流量计振动小，适合于大流量测量。

（2）计量室由腰轮（转子）的外轮廓和流量计壳体的内壁面组成，不是半月形。

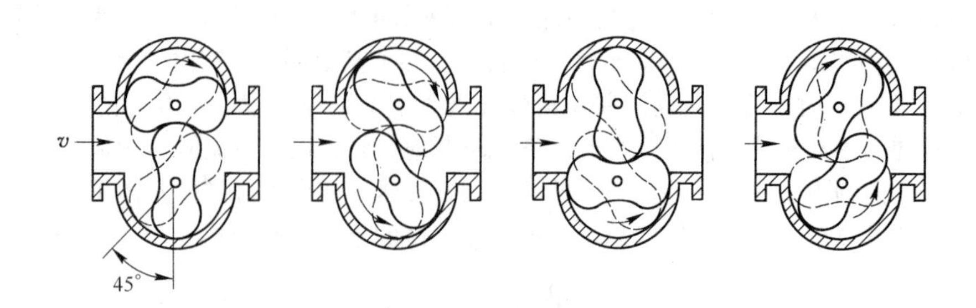

图4-67　45°角组合式腰轮流量计的工作原理示意图

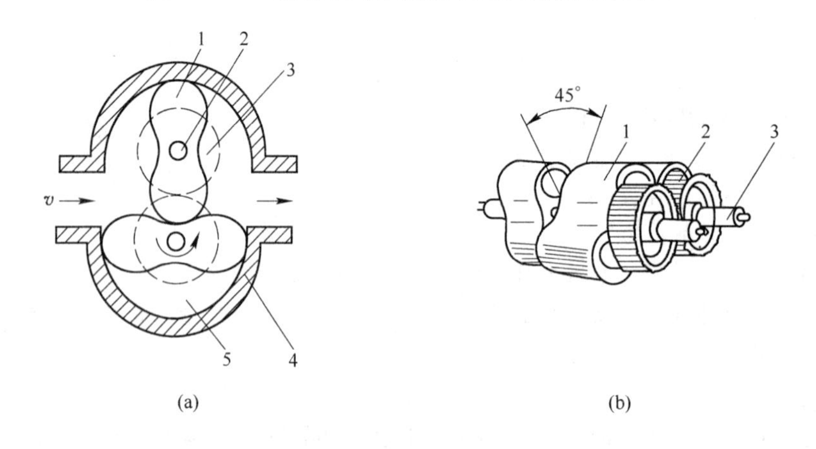

图4-68　腰轮流量计的结构

（a）一对腰轮：1—腰轮；2—转动轴；3—驱动齿轮；4—外壳；5—计量室

（b）两对互呈45°角的组合腰轮：1—腰轮；2—驱动齿轮；3—转动轴

（3）在流量计壳体外面与两个腰轮同轴安装了一对驱动齿轮，它们相互啮合使两个腰轮可以相互联动。

腰轮流量计可用于各种清洁液体的流量测量，尤其是用于油流量的准确测量。在高压力、大流量的气体流量测量中，也有大量应用。计量准确度高，可达0.1级，主要缺点是体积大、笨重、进行周期检定比较困难、压损较大、运行中有振动等。

4.10.2.3　齿轮流量计

齿轮流量计是一种较新的容积式流量计，亦称为福达流量计，其结构和工作原理如图4-69所示。在流量计的壳体内部有两个由特种工程塑料制成的齿轮状转子，内藏沿圆周分布的磁

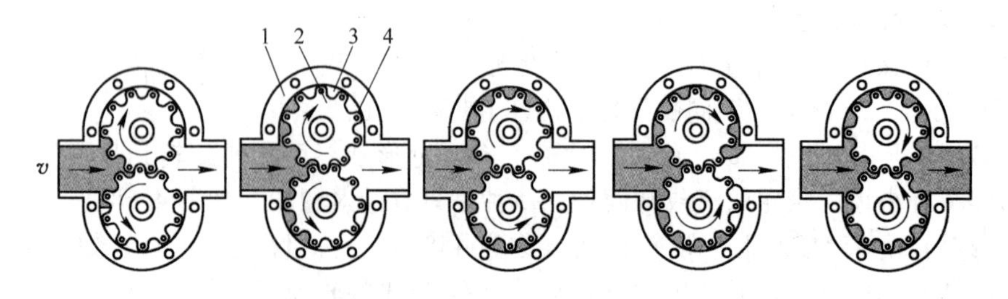

图4-69　齿轮流量计的结构和工作原理示意图

1—外壳；2—齿轮状转子；3—计量室；4—磁体

体。当被测流体进入流量计时，就推动转子和磁体转动，形成对应待测流量的磁脉冲信号，经安装在仪表壳体外的霍尔传感器检测，并转换成电脉冲信号后送到变送器进行线性化处理和显示。

齿轮流量计的优点包括：

（1）体积小、重量轻；

（2）运行时振动噪声小；

（3）可测量黏度高达10000Pa·s的流体；

（4）其测量准确度高，一般可达0.5级，加非线性补偿后可高达0.05级；

（5）量程比宽，最高可达1000∶1。

齿轮流量计主要包括通用型、高压型、食品卫生型和全塑型等，适用于各种清洁液体的流量测量。根据流量计的口径大小，也允许流体中存在一定的小颗粒杂质。

4.10.2.4 双转子流量计

双转子流量计的转子是由两个断面形状不同的螺旋转子构成的，它们的配合由一组精确的同步驱动齿轮控制。按照转子结构可分为标准型双转子和轴向流动双转子两种，前者的工作原理如图4-70所示。

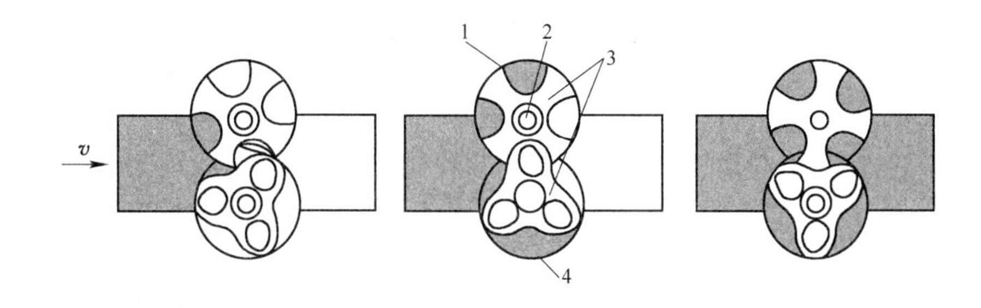

图4-70 双转子流量计的工作原理示意图

1—计量室1；2—同步驱动齿轮；3—螺旋转子；4—计量室2

双转子流量计的工作原理同上述各转子型流量计，也是靠流量计进出口间的流体压差推动转子转动，通过测量转子的转速实现流量测量。互不接触的螺旋转子的轴上固定有同步驱动齿轮，以实现互相驱动。由于转子轴向呈螺旋形，并且安装于两个转子轴上的机构使转子之间始终保持适当的间隙，所以运行平稳，主要用于液体流量测量。注意，计量室的容积应为计量室1和计量室2容积之和。

双转子流量计是采用双壳体，如图4-71所示。流体经入口法兰直接进入腔体，计量后的流体介质通过内壳的端盖孔进入外壳体内腔，然后经出口法兰流出。双壳体构造的优点是：管道应力不会传给测量元件；通过测量元件壁产生的差压小，消除了系统压力变化对测量元件尺寸变化的影响；运转平稳噪声小，经测量的流体在流量计出口无脉动，同一流量点任一时刻瞬时流量相同。其缺点是需要构造较复杂的同步齿轮才能保证两转子正确啮合。

双转子流量计适用于石油、化工及各种工业液体的测量，被测介质的温度范围可达－29～232℃，准确度等级有0.1、0.2、0.5级。

4.10.3 刮板型容积式流量计

刮板型容积式流量计由于结构的特点，能适用于不同黏度和带有细小颗粒杂质的液体流量

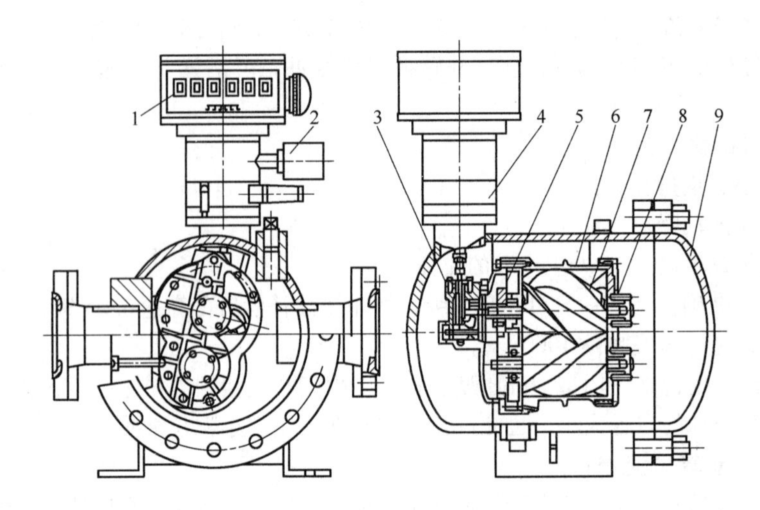

图4-71 双转子流量计的结构

1—计数器；2—发讯器；3—联轴器组件；4—准确度修正器；5—同步驱动齿轮；6—内壳体；7—异形螺旋双转子；8—轴承；9—外壳体

测量。其优点是性能稳定，准确度较高，一般可达0.2级；运行时振动和噪声小；压损小于椭圆齿轮和腰轮流量计，适合于中、大流量测量。但刮板型容积式流量计结构复杂，制造技术要求高，价格较高。

刮板型容积式流量计包括凸轮式和凹线式等多种结构形式，本书仅以前者为例加以介绍。

凸轮式刮板流量计主要由外壳、测量室、内转子圆筒、计量室、刮板和凸轮等组成，如图4-72所示。测量室是指外壳与内转子圆筒组成的圆环。转子是一个可以转动、有一定宽度的空心薄壁圆筒，筒壁上开了四个互成90°的槽。槽中安装A、B、C、D四块刮板，分别由两根连杆连接，相互垂直。径向连接的两个刮板A、C和B、D顶端之间的距离为一定值。刮板可随内转子圆筒转动，可在槽内径向自由滑动。每一刮板的一端装有一小滚轮。两对刮板的径向滑动由凸轮控制，即刮板与转子在运动过程中，要按凸轮外廓曲线形状从内转子圆筒中伸出或缩进。因为有连杆相连，若某一端刮板从内转子圆筒边槽口伸出，则另一端的刮板就缩进筒内。

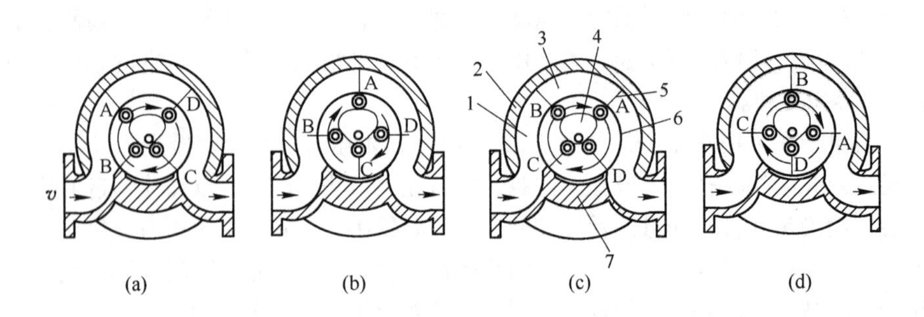

图4-72 凸轮式刮板流量计结构和工作原理示意图

1—测量室；2—外壳；3—计量室；4—凸轮；5—刮板；6—内转子圆筒；7—挡块

当有流体通过流量计时，在流量计进出口流体的压差作用下，推动刮板旋转，如图4-72（a）所示。此时刮板A和D由凸轮控制全部伸出内转子圆筒，与测量室内壁接触，形成密封的计量室，将进口的连续流体分隔出一个单元体积；刮板C和B则全部收缩到转子圆筒内。在流体差压的作用下，刮板和转子继续旋转到图4-72（b）的状态，此时刮板A仍为全部伸出状态，而刮板D则在凸轮的控制下开始收缩，将计量室中的流体排出。在刮板D开始收缩的同时，刮板B开始伸出。当继续旋转到图4-72（c）所示状态时，刮板D全部收缩到转子圆筒内，而刮板B由凸轮控制全部伸出内转子圆筒与测量室内壁接触，B、A之间形成密封空间，将进入的连续流体又分隔出一个单元体积。接着继续旋转到图4-72（d）所示状态，随着刮板A开始收缩，计量室内的流体又开始排向出口。接着依次是刮板C、B和刮板D、C形成计量室，然后回复到图4-72（a）所示状态。可见，在上述工作过程中，刮板和转子每旋转一周，共有4个单元体积的流体通过流量计。只要记录它们的转动次数，就可求得被测流量。

4.10.4 容积式流量计的误差分析

4.10.4.1 误差曲线

容积式流量计的实际相对误差δ与累积流量Q_V的关系曲线如图4-73所示，从中可见：

（1）在小流量时，误差急剧地向负方向倾斜；

（2）随着流量的增加，误差曲线逐渐向正向移动，并稳定在某一值上；

（3）当流量很大时，某些流量计的误差曲线又有向负方向倾斜的倾向。

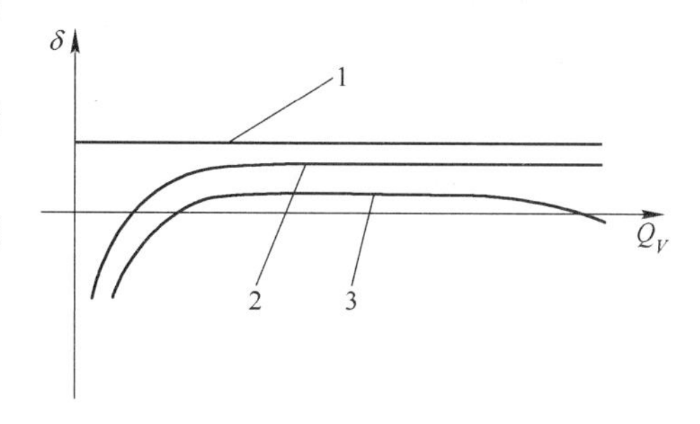

图4-73 容积式流量计的误差曲线
1—理想情况下容积式流量计的误差曲线；
2，3—实际应用时容积式流量计的误差曲线

流量的相对误差δ表达式为

$$\delta = 1 - \frac{V_0}{\alpha\left(1 - \frac{\Delta Q_V}{Q_V}\right)} \tag{4-182}$$

式中 V_0——计量室容积（单元体积），m^3；

ΔQ_V——漏流量，m^3/s；

α——容积流量计齿轮比常数，与齿轮传动和指示机构单位量值有关。

产生这种现象的原因是因为容积式流量计中除了湿式气体流量计外，都不可避免地存在漏流现象。漏流是通过流量计测量元件与壳体之间的间隙和测量元件之间的间隙直接从入口流向出口的流体，它未经“计量室”的计量，是造成容积式流量计测量误差的主要因素。这个漏流量ΔQ_V与间隙、黏度、前后压差以及流过的时间有关。

（1）当没有泄露时，式（4-182）变为$\delta = 1 - \frac{V_0}{\alpha}$。对于同一台流量计，$V_0$和$\alpha$为常数。此时，误差为0，其误差特性曲线为一水平直线，如图4-73中的曲线1所示。

（2）当流量很小时，测量元件还没动作，通过流量计的流量都是漏流造成的，其极限情况为$\Delta Q_V = Q_V$。此时，式（4-182）分母为0，误差δ趋向负无穷大。

（3）显然，被测流量越大，漏流量所占相对比例越小，此时误差曲线逐渐趋向于理想状态下的误差曲线，即基本为一常数，如图4-73中的曲线2所示。

（4）当流量很大时，实际相对误差δ也会略微减小，其成因是多方面的，如假设漏流量ΔQ_V为常数不够实际等。

为了减少误差，仪表有一个流量测量下限，即不宜在极小流量下工作，然而流量Q_V太大又将使运动的测量元件因运动速度提高而增加磨损，所以常根据磨损允许的转速决定允许的流量上限。综上所述，容积式流量计通常对所测流量有上、下限的限制，量程比经常选在5～10之间。

4.10.4.2　主要影响因素分析

图4-73中的曲线3当流量很大时，又有向负方向倾斜的趋势，这主要是由流量计的压力损失Δp和流体物性参数变化造成的。

A　压力损失

与其他流量计相比，容积式流量计的压力损失是比较大的，尤其是在测量高黏度流体时。它与流量的关系并非线性，一般呈二次曲线的规律变化。压力损失随流量的增加而增加；对于液体流量计，它还随黏度的增加而增加；对于气体流量计，压力越高，压力损失也越大。引起容积式流量计压力损失的原因主要有以下两个方面：

（1）由于容积式流量计的测量元件是靠被测流体的流动来推动的，所以为克服测量元件运动时的机械摩擦阻力，势必要消耗一定的能量，即形成压力损失。

（2）克服流体黏性造成的流动阻力而形成的压力损失。

a　层流模型

当流量计的间隙较小，被测流体黏度较大时，可认为通过流量计间隙的漏流是层流流动，其压力损失对流量计误差特性，即漏流量ΔQ的影响可表示为

$$\Delta Q = C_1 \frac{\Delta p}{\eta} \tag{4-183}$$

式中　ΔQ——漏流量，m^3/s；

C_1——与流量计结构有关的常数；

Δp——压力损失，Pa；

η——被测流体的动力黏度，Pa·s。

b　湍流模型

当流量计的间隙相对较大，被测流体黏度又较小时，可以认为通过流量计间隙的漏流是湍流流动。它几乎不受流体黏度的影响，其漏流量ΔQ与压力损失的关系为

$$\Delta Q = C_2 \sqrt{\frac{\Delta p}{\rho}} \tag{4-184}$$

式中　C_2——与流量计结构有关的常数；

ρ——被测流体的密度，kg/m^3。

实际情况可认为是处于式（4-183）和式（4-184）之间。由于目前容积式流量计的间隙都很小，故当被测流体为液体时，可按式（4-183）来考虑；当被测流体为气体时，因其黏度较小，可按式（4-184）计算。

随着通过流量计流量的增加，流量计前后的压力损失也增加，漏流也随着增加。有时漏流增加的速度甚至比流量还快，致使有的容积式流量计在流量很大时，其误差曲线向负方向倾斜，如图4-73中的曲线3所示。

B　物性参数

a　流体黏度

流体黏度对流量计误差的影响主要表现在以下两方面：

（1）当流体黏度增加时，流量计内流动阻力增加，这必将导致仪表进出口间压力损失的

增加，对于一定的漏流间隙，漏流量将增加。

（2）对于相同的漏流间隙，黏度越高的流体应该越不容易泄漏。因此，当流体黏度增加时，漏流量应减少。

显然，上述两方面的影响是相反的。经研究发现，流体黏度对流量计误差特性的影响不会太大。当测量准确度要求低于1.0级时，一般可以不考虑黏度的影响。

b 流体密度

当被测介质为气体时，主要考虑流体密度对误差的影响。当压力增加使气体密度增加时，流量计前后压力损失也随之增加，但实验表明，当气体密度增加时，容积式流量计的差压随之增加，但漏流量的增加却很小，基本可以忽略。

4.10.5 容积式流量计的选择与安装

4.10.5.1 容积式流量计的选择

容积式流量计的选择应从流量计类型、流量计性能和流量计配套设备3个方面考虑。其中，流量计类型的选择应根据实际工作条件和被测介质特性而定，并须考虑流量计的性能指标。在容积式流量计性能选择方面主要应考虑以下5个要素：流量范围、被测介质性质、测量准确度、耐压性能（工作压力）和压力损失，以及使用目的。本书仅介绍前两个方面。

A 流量范围

容积式流量计的流量范围与被测介质的种类（主要取决于流体黏度）、使用特点（连续工作还是间歇工作）、测量准确度等因素有关，选择时应具体考虑如下：（1）从介质种类方面考虑，测量较高黏度的流体时，由于下限流量可以扩展到较低的量值，故流量范围较大；（2）从使用特点方面考虑，用于间歇测量时，由于上限流量可以比连续工作时大，故其流量范围较大；（3）从测量准确度方面考虑，用于低准确度测量时，其流量范围较大，而用于高准确度测量时，流量范围较小。

为了保持仪表良好的性能和较长的使用寿命，使用时最大流量最好应选在仪表最大流量的70%～80%处。

由于一般的容积式流量计体积庞大，在大流量时会产生较大噪声，所以一般适合中小流量测量。在需要测量大流量时，可采用45°组合腰轮结构的流量计；在需要低噪声工作的场合，可选用双转子流量计。

B 被测介质性质

被测介质物性主要考虑流体的黏性和腐蚀性。例如，测量各种石油产品时，可选用铸钢、铸铁制造的流量计；测量腐蚀性轻微的化学液体以及冷、温水时，可选用铜合金制造的流量计；测量纯水、高温水、原油、沥青、高温液体、各种化学液体等应选用不锈钢制造的流量计。

4.10.5.2 容积式流量计的安装

容积式流量计是少数几种使用时仪表前不需要直管段的流量计之一。大多数容积式流量计要求在水平管道上安装，有部分口径较小的流量计（如椭圆齿轮流量计）允许在垂直管道上安装，这是因为大口径容积式流量计大都体积大而笨重，不宜安装在垂直管道上。

为了便于检修维护和不影响流通使用，流量计安装一般都要设置旁路管道。在水平管道上安装时，流量计一般应安装在主管道中；在垂直管道上安装时，流量计一般应安装在旁路管道中，以防止杂物沉积于流量计内。

4.11 质量流量计

4.11.1 概述

4.11.1.1 质量流量测量的意义

在工业生产过程参数检测和控制中，例如产品质量控制、物料配比、成本核算以及生产过程自动调节等，以及产品交易、储存等都需要直接知道被测流体的质量流量。前面所述的各种流量计均为测量体积流量的仪表，一般来说可以用体积流量乘以密度换算成质量流量。但是由于同样体积的流体，在不同温度、压力和成分的条件下，其密度是不同的，特别是气体更是这样，所以在温度、压力变化比较频繁的情况下，以及测量准确度要求较高时，不能采用上述办法，而须直接测出质量流量或进行温度、压力修正。如氧气顶吹转炉炼钢，判断冶炼终点的一个重要预测参数是吹氧量，因为吹入一定量的氧气就能降低一定量的碳。由于氧气厂供应的氧气，其压力、温度经常变化，所以只简单地给出氧气的体积流量是不能满足工艺要求的。即要求知道的不是吹入多少体积的氧气，而是吹入多少质量的氧气。

4.11.1.2 质量流量计的分类

质量流量计总的来说可分为两大类：直接式质量流量计和间接式质量流量计。

A 直接式质量流量计

直接式质量流量计是指流量计的输出信号能直接反映被测流体质量流量的仪表，它在原理上与介质所处的状态参数（温度、压力）和物性参数（黏度、密度）等无关，具有高准确度、高重复性和高稳定性的特点，在工业上得到了广泛应用。

直接式质量流量计按测量原理大致可分为：

（1）与能量的传递、转换有关的质量流量计，如热式质量流量计和差压式质量流量计。

（2）与力和加速度有关的质量流量计，如科里奥利质量流量计。

B 间接式质量流量计

间接式质量流量计可分成两类：一类是组合式质量流量计，也可以称推导式质量流量计；另一类是补偿式质量流量计。

组合式质量流量计是在分别测量两个参数的基础上，通过计算得到被测流体的质量流量。它通常分为两种：用一个体积流量计和一个密度计实现的组合测量；采用两个不同类型流量计实现的组合测量。

补偿式质量流量计同时检测被测流体的体积流量和其温度、压力值，再根据介质密度与温度、压力的关系，间接地确定质量流量。其实质是对被测流体作温度和压力的修正。如果被测流体的成分发生变化，这种方法就不能确定质量流量。

间接式质量流量计在工业上应用较早，目前主要应用于以下场合：

（1）温度、压力变化较小；

（2）被测气体可近似为理想气体；

（3）被测流体的温度与密度成线性关系。

4.11.2 直接式质量流量计

4.11.2.1 科里奥利质量流量计

科里奥利质量流量计（Coriolis mass flowmeter，简称 CMF）是利用流体在振动管中流动时能产生与流体质量流量成正比的科里奥利力这个原理制成的。

A 基本原理和科里奥利力

由力学理论可知，当一个位于旋转系内的质点做朝向或者离开旋转中心的运动时，质点要同时受到旋转角速度和直线速度的作用，即受到科里奥利力的作用。如图4-74所示，当质量为m的质点，以匀速v，在一个围绕旋转轴P以角速度ω旋转的管道内，轴向移动时，这个质点将获得两个加速度分量：

（1）法向加速度，即向心加速度a_r，其值等于$\omega^2 r$，方向指向P轴。

（2）切向加速度，即科里奥利加速度a_t，其值等于$2\omega v$，方向与a_r垂直，正方向符合右手定则，如图4-74所示。

为了使质点具有科里奥利加速度a_t，需在a_t的方向上加一个大小等于$2m\omega v$的力，该力来自于管道壁面。根据作用力与反作用力原则，质点也对管壁施加一个大小相等、方向相反的力。这个力就是质点施加在管道上的科里奥利力F_C，方向与a_t相反，其大小为

$$F_C = 2m\omega v \tag{4-185}$$

式中 F_C——质点所受科里奥利力，N；

m——质点的质量，kg；

ω——管道绕P轴旋转的角速度，1/s；

v——质点在管道内匀速运动速度，m/s。

同理，当密度为ρ的流体以恒定流速v，沿图4-74所示的旋转管道流动时，任何一段长度为Δx的管道都将受到一个大小为ΔF_C的切向科里奥利力，其大小为

$$\Delta F_C = 2\omega v\rho A\Delta x \tag{4-186}$$

式中 A——管道的内截面积，m^2。

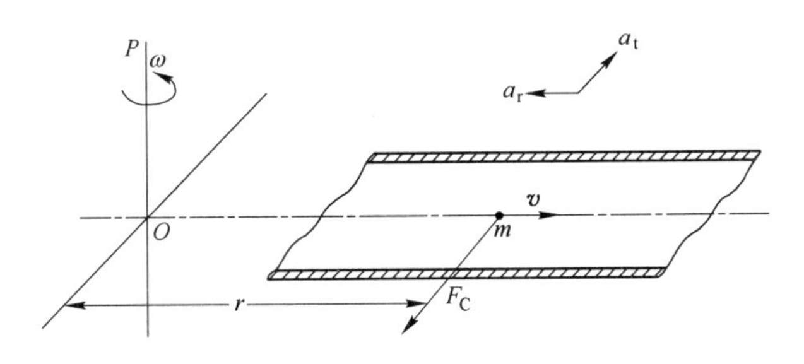

图4-74 科里奥利力的产生原理

由于质量流量$q_m = \rho vA$，因此从式（4-186）可得质量流量为

$$q_m = \frac{\Delta F_C}{2\omega\Delta x} \tag{4-187}$$

可见，只要能直接或者间接地测量出在旋转管道中流动的流体作用于管道的科里奥利力，就可以测得流体通过管道的质量流量。

在实际工业应用中，要使流体通过的管道围绕P轴以角速度ω旋转，显然是不切合实际的。这也是早期的科里奥利质量流量计始终未能走出实验室的根本原因。经过几十年的探索，人们终于发现，使管道绕P轴以一定频率上下振动，也能使管道受到科里奥利力的作用，而且，当充满流体的管道以等于或接近于其自振频率振动时，维持管道振动所需的驱动力是很小的。这样就从根本上解决了科里奥利质量流量计的结构问题。

B　组成与分类

科里奥利质量流量计主要由传感器和转换器两部分组成。转换器用于使传感器产生振动，检测时间差 Δt 的大小，并将其转换为质量流量。传感器用于产生科里奥利力，其核心是测量管（振动管）。科里奥利质量流量计按测量管形状可分为直管型和弯管型两种，按照测量管的数目又可分为单管型和多管型（一般为双管型）两类。

弯管型测量管具有管道刚度小、自振频率低的优点，可以采用较厚的管壁，仪表耐磨、耐腐蚀性能较好，但易存积气体和残渣而引起附加误差。相反，直管型测量管不易存积气体和残渣，且传感器尺寸小、重量轻，但自振频率高，为了使自振频率不至于太高，往往管壁做得较薄，易受磨损和腐蚀。单管型测量管不分流，测量管中流量处处相等，对稳定零点有好处，也便于清洗，但易受外界振动的干扰，仅见于早期的产品和一些小口径仪表。双管型测量管由于实现了两管相位差的测量，可降低外界振动干扰的影响。

实际应用中，测量管的形状多采用上述几种类型的组合，主要有：U 形、环行（双环、多环)、直管形（单直、双直）及螺旋形等几种。尽管科里奥利质量流量计的测量管结构千差万别，但基本原理相同。下面仅以 U 形管科里奥利质量流量计为例加以介绍。

C　U 形管科里奥利质量流量计

a　基本结构

U 形管科里奥利质量流量计的基本结构如图 4-75 所示。两根几何形状和尺寸完全相同的 U 形测量管（也可以是 1 根），平行地、牢固地焊接在支撑管上，构成一个音叉，以消除外界振动的影响。被测流体由支撑管进入测量管，流动方向与振动方向垂直。驱动 U 形管产生垂直于支撑管运动的驱动器是由激振线圈和永久磁铁组成的。位于 U 形管的两个直管管端的两个电磁位置检测器用于监控驱动器的振动情况，并以时间差的形式检测出测量管的扭转角，以便通过转换器给出流经传感器的质量流量。

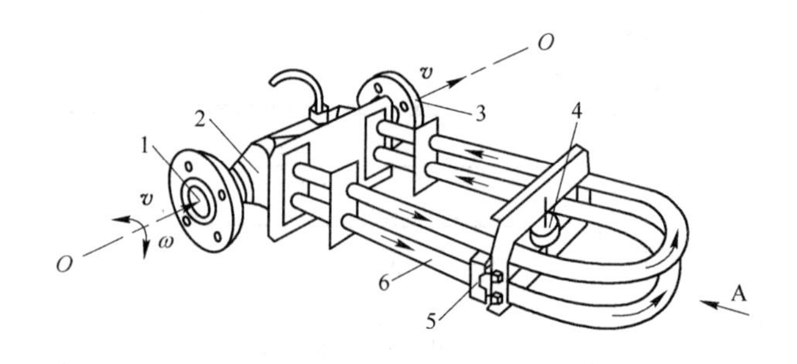

图 4-75　科里奥利质量流量计的结构示意图

1—流体入口；2—支撑管；3—流体出口；4—驱动器；
5—电磁位置检测器；6—测量管

b　测量原理

当 U 形管内充满流体而流速为零时，U 形测量管在驱动器的作用下，按其本身的性质和流体的质量所决定的固有频率，只绕 O—O 轴进行简单的上下振动而不受科里奥利力的作用，如图 4-76 所示。当有流速为 v 的流体通过 U 形测量管时，U 形测量管在上下振动的同时，还将受到科里奥利力的作用。

当 U 形测量管工作在振动的由下至上的半个周期时，由前面的分析可知，从入口到进入弯曲点的流体所受到的科里奥利加速度 a_t 方向向上。由于科里奥利力 F_1 的方向与 a_t 方向相反，故流体对U形管的作用力向下，如图4-77所示。同理，对于从弯曲点流向出口的流体，将对U形管产生向上的科里奥利力F_2。这样在流入侧和流出侧，流体所产生的两个作用力的方向是相反的。在这两个作用力的作用下，将使U形测量管发生扭曲，如从图4-75所示的A方向观察，U形测量管在振动时的扭转情况，可以表示为图4-77。图中，v_0为驱动器推动U形测量管上下振动的振动速度。

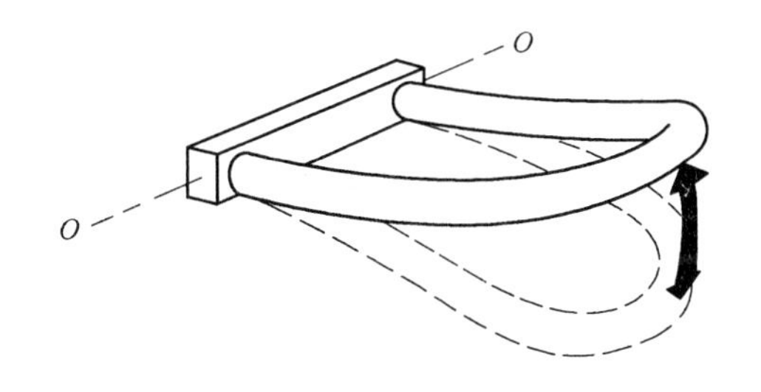

图4-76　U形测量管的振动

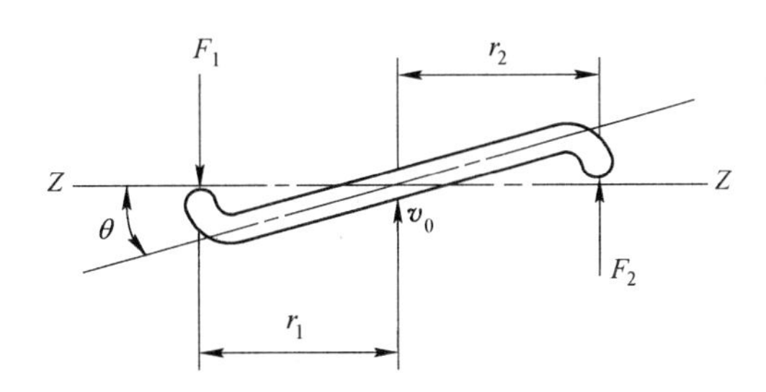

图4-77　U形测量管端面振动扭转示意图

U形测量管所受的扭转力矩M为

$$M = F_1 r_1 + F_2 r_2 \tag{4-188}$$

式中　r_1，r_2——U形测量管各臂到测量管中心线的垂直距离，m。

因结构完全对称，故有$F_1 = F_2 = F_C = 2m\omega v$，$r_1 = r_2 = r$，则扭转力矩$M$为

$$M = 2F_C r = 4m\omega v r \tag{4-189}$$

式中　m——被测流体的质量，kg。

又因质量流量$q_m = m/t$，流速$v = L/t$，t为时间，L为U形测量管的单侧管长度，则上式可写成

$$M = 4\omega r L q_m \tag{4-190}$$

设U形测量管的弹性模量为E_s，扭转角为θ，由U形测量管的刚性作用所形成的反作用力矩为

$$T = E_s \theta \tag{4-191}$$

平衡时$T = M$，则由式（4-190）和式（4-191）可得

$$q_m = \frac{E_s \theta}{4\omega r L} \tag{4-192}$$

c　扭转角的测量

在整个振动过程中，U形测量管的管端处于不同位置时，其管端轴线与Z—Z水平线间的夹角，即扭转角θ是在不断变化的。在U形测量管振动到其最大振幅点时，由于垂直方向的角速度为零，测量管所受科里奥利力也为零，因此扭转角θ为零。只有在振动行程的中间位置，振动管的振动角速度最大，相应地，科里奥利力和扭转角θ也最大。在稳定流动时，这个最大角θ是恒定的。因此，在此处设置一对电磁位置检测器，即可将扭转角θ的大小以时间的形式检测出来。

当测量管振动通过中心位置时，扭曲最大，此时的扭转角θ可表示为

$$\sin\theta = \frac{v_t}{2r}\Delta t \tag{4-193}$$

式中 v_t——管端在中心位置时的振动速度，m/s；

Δt——入口管端与出口管端越过中心位置的时间差，即两个电磁位置检测器所测得的时间差，s。

前面提到，当流体的流速为零时，即流体不流动时，U 形测量管只做简单的上、下振动，此时管端的扭曲角 θ 为零，入口管端和出口管端同时越过中心位置。随着流量的增大，扭转角 θ 也增大，而且入口管端先于出口管端越过中心位置的时间差 Δt 也增大。

由于 θ 很小，可近似看作 $\sin\theta \approx \theta$。又因为振动角很小，故测量管围绕振动轴线 $O—O$ 的振动速度（线速度）v_t 可近似为 $v_t = \omega L$，则可得

$$\theta = \frac{\omega L \Delta t}{2r} \tag{4-194}$$

将式（4-194）代入式（4-192）得被测流体的质量流量为

$$q_m = \frac{E_s}{8r^2}\Delta t \tag{4-195}$$

由于式（4-195）中的 E_s 和 r 是分别由 U 形测量管材质和几何尺寸所确定的常数，因而科里奥利质量流量计中的质量流量 q_m 仅与通过安装在 U 形管端部的两个电磁位置检测器所测出的时间差 Δt 成正比，而与被测流体的物性参数和测量条件（U 形测量管的角速度 ω 和振动速度 v_t）无关，这有利于去除各种干扰因素，提高测量准确度。

D 科里奥利质量流量计的特点

（1）科里奥利质量流量计的优点：

1）准确度高，一般为 0.25 级，最高可达 0.1 级。

2）可实现直接的质量流量测量，与被测流体的温度、压力、黏度和组分等参数无关。

3）不受管内流动状态的影响，无论是层流还是湍流都不影响测量准确度，对上游侧的流速分布不敏感，无前后直管段要求。

4）无阻碍流体流动的部件，无直接接触和活动部件，免维护。

5）量程比宽，最高可达 100∶1。

6）可进行各种液体（包括含气泡的液体、深冷液体）和高黏度（1Pa·s 以上）、非牛顿流体的测量。除可测原油、重油、成品油外，还可测果浆、纸浆、化妆品、涂料、乳浊液等，这是其他流量计不具备的特点。

7）动态特性好。

（2）科里奥利质量流量计的缺点：

1）由于测量密度较低的流体介质，灵敏度较低，所以不能用于测量低压、低密度的气体、含气量超过某一值的液体和气-液二相流。

2）对外界振动干扰较敏感，对流量计的安装固定有较高要求。

3）适合 DN150 ~ DN200mm 以下中小管径的流量测量，大管径的使用还受到一定的限制。

4）压力损失较大，大致与容积式流量计相当。

5）被测介质的温度不能太高，一般不超过 205℃。

6）大部分型号的 CMF 有较大的体积和重量。

7）测量管内壁磨损、腐蚀或沉积结垢会影响测量准确度，尤其对薄壁测量管的 CMF 更为

显著。

8）价格昂贵，约为同口径电磁流量计的 2 ~5 倍或更高。

9）零点稳定性较差，使用时存在零位漂移问题。

4.11.2.2 热式质量流量计

A 概述

热式质量流量计（thermal mass flowmeter，简称 TMF）在国内习惯上被称为量热式流量计，它可用以下两种方法来测量流体质量流量：利用流体流过外热源加热的管道时产生的温度场变化来测量；利用加热流体时，流体温度上升某一值所需的能量与流体质量之间的关系来测量。热式质量流量计一般用来测量气体的质量流量，具有压损低、量程比大、高准确度、高重复性和高可靠性、无可动部件以及可用于极低气体流量监测和控制等特点。

B 内热式质量流量计

目前，常用的热式流量计是利用气体吸收热量或放出热量与该气体的质量成正比的原理制成的，分内热式和外热式两种。内热式质量流量计的原理示意图如图 4-78 所示。在被测流体中放入一个加热电阻丝，在其上、下游各放一个热电阻，并保证两个热电阻的温度系数、阻值、结构等参数相同。若被测气体不流动则两个热电阻处的温度相等；若被测气体在管道内由左至右流动，则右方的温度高于左方，即被测气体被加热，此时通过测量加热电阻丝中的加热电流及上、下游的温差来测量质量流量。单位时间内被测气体吸收的热量与温差 Δt 的关系为

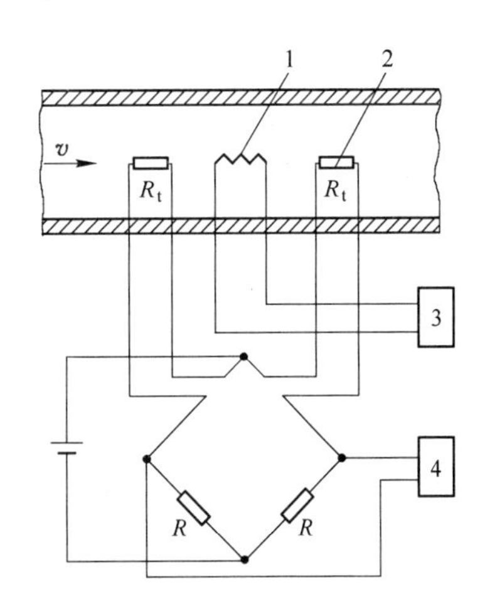

图 4-78 内热式质量流量计原理示意图

1—加热电阻丝；2—热电阻；3—加热电源；4—处理电路

$$\Delta Q = q_m c_p \Delta t \tag{4-196}$$

式中 ΔQ——被测气体吸收的热量，W；

Δt——被测气体的温升，℃；

q_m——被测气体的质量流量，kg/s；

c_p——被测气体的定压比热容，J/(kg · K)。

上、下游热电阻所测温差 Δt，随被测流体流速（流量）升高而变大。如果加热电阻丝只向被测气体加热，管道本身与外界很好地绝热，气体被加热时也不对外做功，则电阻丝放出的热量全部用来使被测气体温度升高，所以加热器的功率 P 为

$$P = q_m c_p \Delta t \tag{4-197}$$

由式（4-197）可知，求质量流量 q_m 可使用两种方法：

（1）恒功率法，即保持加热器功率 P 恒定，则质量流量与温差成反比。

（2）恒定温差法，即保持温差 Δt 恒定，则质量流量与加热功率 P 成正比。

无论从特性关系还是实现手段看，恒定温差法都比恒功率法简单，故得到广泛的应用。此时待求质量流量为

$$q_m = \frac{P}{c_p \Delta t} \tag{4-198}$$

C 外热式质量流量计

内热式质量流量计具有较好的动态特性，但是由于电加热丝和感温元件都直接与被测气体接触，易被气体脏污和腐蚀，影响仪表的灵敏度和使用寿命。由此，研制了非接触式（外加热式）的热式质量流量计，其结构如图4-79所示。加热丝和两个热电阻丝缠绕在测量导管的外部，并用保温外壳封闭，以减少与外界的热交换。为提高响应速度，测量导管均制成薄壁管，并选择导热性能良好的金属材料，如镍、不锈钢等。两只铂热电阻和另两只电阻组成测温电桥。当管内没有气体，或有气体但不流动时，电桥是平衡的；当有气体流经测量导管时，因带走热量，而使前后热电阻产生温差，引起热电阻阻值的变化，破坏了电桥平衡，通过测量电桥输出的不平衡电压就可测出被测流体的质量流量。

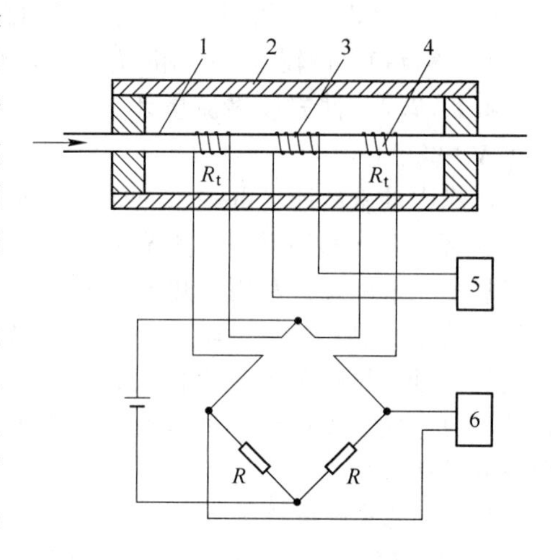

图4-79 外热式质量流量计原理示意图
1—测量导管；2—保温外壳；3—加热电阻丝；4—热电阻；5—加热电源；6—处理电路

外加热式质量流量计在小流量测量方面具有一定的优势，但只适用于小管径的流量测量，其最大的缺点就是热惯性大，响应速度慢。

D 刻度换算

由式（4-198）可以看出，只有当 c_p 为常数时，质量流量才与加热功率 P 成正比，与被测气体温升（上、下游温差）成反比。因为 c_p 与被测介质成分、温度和压力有关，所以仪表只能用在中、低压范围内，被测介质的温度也应与仪表标定时介质的温度差别不大。

当被测介质与仪表标定时所用介质的定压比热容 c_p 不同时，可以通过换算对仪表刻度进行如下修正：

$$q_m = q_{m_0} \frac{c_{p_0}}{c_p} \tag{4-199}$$

式中 q_{m_0}——仪表的刻度值，kg/s；

q_m——实际被测流体的质量流量，kg/s；

c_{p_0}——标定物质在标定状态下的定压比热容，J/(kg·K)；

c_p——实际被测流体在工作状态下的定压比热容，J/(kg·K)。

修正准确度与给出的实际气体的定压比热容 c_p 的准确度、仪表标定时所用介质定压比热容 c_{p_0} 的准确度有关。

4.11.2.3 差压式质量流量计

差压式质量流量计是以马格努斯效应为基础的流量计，实际应用中利用孔板和定量泵组合实现质量流量测量。常见的有双孔板和四孔板分别与定量泵组合两种结构。

差压式质量流量计压力损失较大，测量范围一般为0.5～250kg/h，量程比为20∶1，测量准确度可达0.5级。

A 双孔板差压式质量流量计

双孔板差压式质量流量计的结构如图4-80所示。在主管道上安装结构和尺寸完全相同的两个孔板A和B，在分流管道上安装两个流向相反、流量固定为 q 的流量泵，差压计连接在孔板A入口和孔板 B 出口处。设主管道体积流量为 q_V，设计时满足 $q>q_V$，于是孔板 A 的出口压力比入口压力大，即 $p_2>p_1$，换句话说，Δp_A 是负值。则由图可知，流经孔板 A 的体积流量为 q_V-q，流经孔板 B 的流量为 q_V+q，根据差压式流量计的原理，孔板 A 和 B 前后压差 Δp_A 和 Δp_B 分别为

$$\Delta p_A = p_1 - p_2 = -K\rho(q_V - q)^2 \tag{4-200}$$

$$\Delta p_B = p_2 - p_3 = K\rho(q_V + q)^2 \tag{4-201}$$

式中　K——常数；

　　ρ——被测流体的密度，kg/m³。

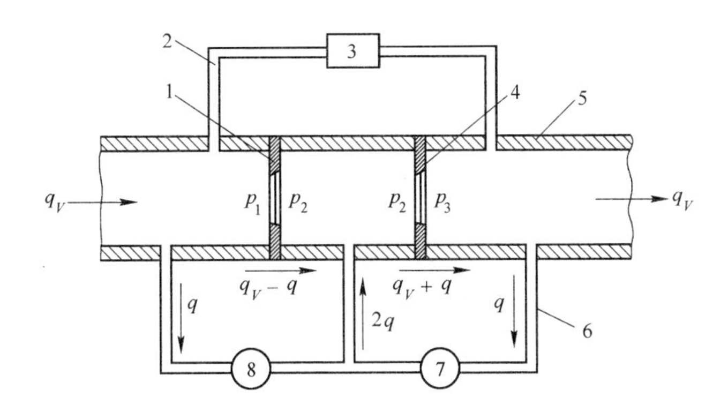

图 4-80　双孔板差压式质量流量计原理图
1—孔板 A；2—导压管；3—差压计；4—孔板 B；
5—主管道；6—分流管；7，8—流量泵

所以差压计所测得的整个装置的总差压是

$$\Delta p = p_1 - p_3 = \Delta p_A + \Delta p_B = 4Kq\rho q_V = 4Kqq_m \tag{4-202}$$

由式（4-202）可知，若 q 一定，孔板 A 和 B 的差压值与质量流量成正比关系。

B　四孔板差压式质量流量计

由于双孔板差压式质量流量计在设计时必须满足流量泵流量 q 大于主管道流量 q_V 的条件，并且要用两个流量泵，在主管道流量较大时比较困难。为解决这个问题，提出用一个流量泵和 4 个孔板组合的改进方案，如图 4-81 所示。分别在上、下两个支路安装结构和尺寸完全相同的孔板 A、C 和 B、D，两个支路间安装一个流量固定为 q 的流量泵。从主管道流入流量为 q_V 的流体分成两路，流过孔板 A、C 和 B、D 的体积流量如图 4-81 所示。用与上述计算相同的方法，当 $q>q_V$ 时，可求出如下关系：

$$p_2 - p_3 = 4Kqq_m \tag{4-203}$$

当 $q<q_V$ 时，则变成如下的关系：

$$p_1 - p_4 = 4Kqq_m \tag{4-204}$$

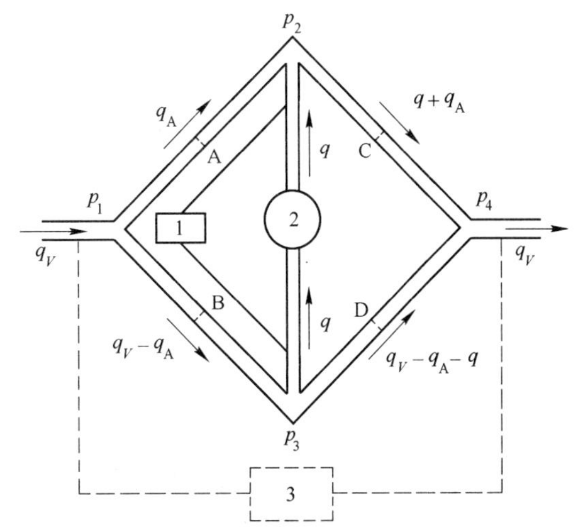

图 4-81　四孔板差压式质量流量计原理图
1，3—差压计；2—流量泵；A，B，C，D—孔板

可见，四孔板差压式质量流量计不必满足 $q>q_V$ 的要求，即不论 $q>q_V$，还是 $q<q_V$ 均可测量质量流量。

4.11.3　间接式质量流量计

4.11.3.1　组合式质量流量计

组合式质量流量计是在分别测量两个参数的基础上，通过运算器计算得到质量流量值。它通常分为两种：用一个体积流量计和一个密度计的组合；采用两个不同类型流量计的组合。两种不同类型的流量计分别指：测量 q_V 的流量计，如涡轮流量计、电磁流量计等；测量 ρq_V^2 的流量计，如差压式流量计。

A　体积流量计和密度计的组合

a　检测 ρq_V^2 的流量计和密度计的组合

检测 ρq_V^2 的流量计通常采用差压式流量计，将它与连续测量密度的密度计组合起来就成为能间接求出质量流量的检测系统。其测量原理如图 4-82 所示。孔板两侧测得的差压信号 Δp 与 ρq_V^2 成正比。设差压计的输出信号为 x，密度计测得的信号为 y，则有 $x \propto \rho q_V^2$，$y \propto \rho$，将信号 x 和 y 同时输入到流量计算器进行开方运算、流量显示和累积计算。其质量流量的表达式为

$$\sqrt{xy} = K\rho q_V = Kq_m \tag{4-205}$$

式中　K——比例常数。

b　检测 q_V 的流量计和密度计的组合

检测管内体积流量 q_V 的流量计有容积式流量计、电磁流量计、涡轮流量计、超声波流量计等。将这些流量计与检测流体密度 ρ 的密度计组合，可以测出流体的质量流量。其测量原理如图 4-83 所示，设流量计的输出信号为 x，密度计测得的信号为 y，则有 $x \propto q_V$，$y \propto \rho$，将信号 x 和 y 同时输入到流量计算器进行乘法运算可得

$$xy = K\rho q_V = Kq_m \tag{4-206}$$

式中　K——比例常数。

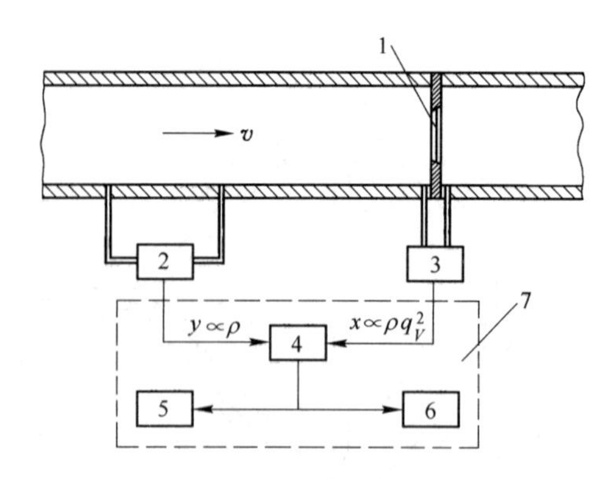

图 4-82　检测 ρq_V^2 的流量计和密度计的组合

1—孔板；2—密度计；3—差压计；4—运算器；5—流量累积器；6—显示器；7—流量计算器

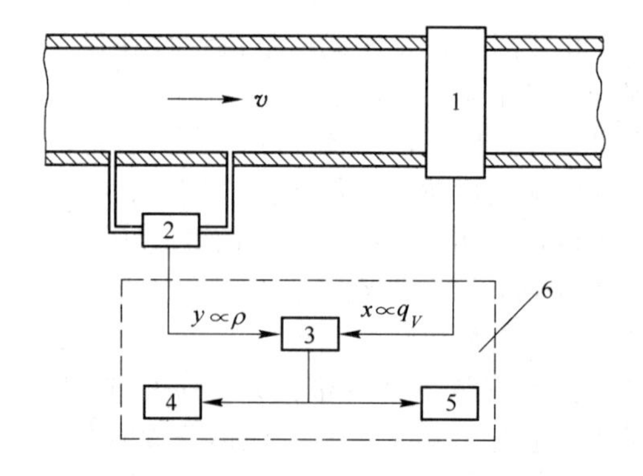

图 4-83　检测 q_V 的流量计和密度计的组合

1—检测 q_V 的流量计；2—密度计；3—运算器；4—流量累积器；5—显示器；6—流量计算器

B　两种不同类型流量计的组合

这种质量流量计是由两个不同类型的体积流量计组成的，如图 4-84 所示。通常一个是差

压式流量计，设其输出信号为 x，有 $x \propto \rho q_V^2$；另一个是体积流量计，如容积式流量计或涡轮流量计等，设其输出信号为 y，有 $y \propto q_V$。将信号 x 和 y 同时输入到流量计算器进行除法运算可得

$$\frac{x}{y} = K\rho q_V = Kq_m \tag{4-207}$$

式中 K——比例常数。

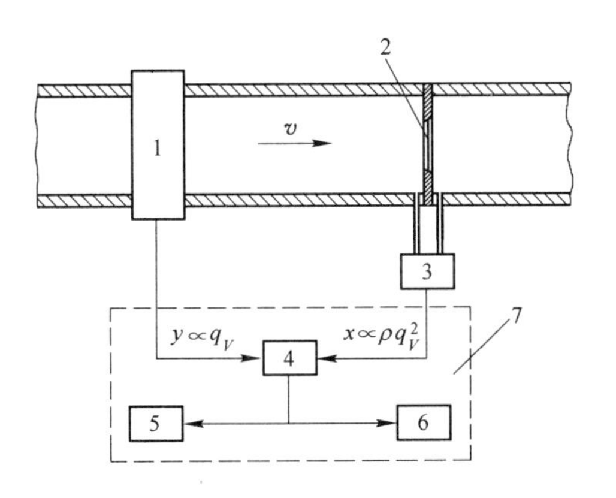

图 4-84 两种不同类型流量计的组合

1—检测 q_V 的流量计；2—孔板；3—差压计；4—运算器；
5—流量累积器；6—显示器；7—流量计算器

4.11.3.2 补偿式质量流量计

补偿式质量流量计在用体积流量计测量流体流量的同时，测量流体的温度和压力，然后利用流体密度 ρ 与温度 t 和压力 p 的关系 $\rho = f(t,p)$，求出该温度、压力状态下的流体密度 ρ，进而求得质量流量值。

对于测量 q_V 的流量仪表，如容积式流量计、涡轮流量计等，其质量流量为

$$q_m = \rho q_V = q_V f(t,p) \tag{4-208}$$

对于测量 ρq_V^2 的流量仪表，如差压式流量计，其质量流量为

$$q_m = K\sqrt{\rho \Delta p} = K\sqrt{\Delta p f(t,p)} \tag{4-209}$$

通常，对于液体介质，若工作压力不是特别大，则可以认为是不可压缩流体，可忽略压力变化引起的影响，此时密度仅是温度的函数；当温度变化范围较小时，可认为密度与温度之间有良好的线性关系；若温度在较大范围内变化时，则应考虑密度非线性的影响。

对于气体介质，在低压范围内，可利用理想气体状态方程来进行温度、压力补偿计算；但在高压时，必须考虑气体压缩性的影响；对于过热蒸汽，必须做实际气体处理。

4.12 流量仪表的选择

要正确和有效地选择流量测量方法和仪表，必须掌握各种流量仪表的原理和特点，熟悉介质特点、工艺要求和测量条件，还要考虑经济因素，归纳起来有 5 个方面因素，即性能要求、流体特性、安装要求、环境条件和费用。

表 4-20 列出了常用流量计的原理及其性能指标，供读者参考。

表 4-20 常用流量计比较

<table>
<tr><th colspan="2">类 别</th><th>工作原理</th><th colspan="2">仪表名称</th><th>可测流体种类</th><th>适用管径/mm</th><th>测量准确度</th><th>直管段要求</th><th>压力损失</th></tr>
<tr><td rowspan="14">体积流量计</td><td rowspan="5">差压式流量计</td><td rowspan="5">根据流体流过阻力件所产生的压力差与流量之间的关系确定流量</td><td rowspan="3">节流式</td><td>孔板</td><td rowspan="3">液、气、蒸汽</td><td>50 ~ 1000</td><td>1.0 ~ 2.0</td><td>高</td><td>大</td></tr>
<tr><td>喷嘴</td><td>50 ~ 500</td><td>1.0</td><td>高</td><td>中等</td></tr>
<tr><td>文丘里管</td><td>100 ~ 1200</td><td>1.0</td><td>高</td><td>小</td></tr>
<tr><td colspan="2">均速管</td><td>液、气、蒸汽</td><td>25 ~ 9000</td><td>1.0 ~ 4.0</td><td>高</td><td>小</td></tr>
<tr><td colspan="2">弯管流量计</td><td>液、气</td><td></td><td>2</td><td>高</td><td>无</td></tr>
<tr><td rowspan="2">流体阻力式流量计</td><td rowspan="2">根据流体流过阻力件所产生的作用力与流量之间的关系确定流量</td><td colspan="2">转子流量计</td><td>液、气</td><td>4 ~ 100</td><td>0.5 ~ 2.0</td><td>垂直安装</td><td>小且恒定</td></tr>
<tr><td colspan="2">靶式流量计</td><td>液、气、蒸汽</td><td>15 ~ 200</td><td>0.2 ~ 0.5</td><td>高</td><td>较小</td></tr>
<tr><td rowspan="3">容积式流量计</td><td rowspan="3">通过测量一段时间内被测流体填充的标准容积个数来确定流量</td><td colspan="2">椭圆齿轮流量计</td><td>液、气</td><td rowspan="3">10 ~ 500</td><td rowspan="2">0.1 ~ 1.0</td><td rowspan="2">无，需装过滤器</td><td rowspan="2">中等</td></tr>
<tr><td colspan="2">腰轮流量计</td><td>液、气</td></tr>
<tr><td colspan="2">刮板流量计</td><td>液</td><td>0.2</td><td>无</td><td>较小</td></tr>
<tr><td rowspan="4">速度式流量计</td><td rowspan="4">通过测量管道截面上流体的平均流速来确定流量</td><td colspan="2">涡轮流量计</td><td>液、气</td><td>4 ~ 600</td><td>0.1 ~ 0.5</td><td>高,需装过滤器</td><td>小</td></tr>
<tr><td colspan="2">涡街流量计</td><td>液、气、蒸汽和部分混相流</td><td>15 ~ 400</td><td>0.5 ~ 1.0</td><td>高</td><td>小</td></tr>
<tr><td colspan="2">电磁流量计</td><td>导电液体</td><td>2 ~ 2400</td><td>0.5 ~ 1.5</td><td>不高</td><td>无</td></tr>
<tr><td colspan="2">超声波流量计</td><td>液、气</td><td>>10</td><td>1.0</td><td>高</td><td>无</td></tr>
<tr><td rowspan="5">质量流量计</td><td rowspan="3">直接式</td><td rowspan="3">直接测量与质量流量成正比的物理量进而确定质量流量</td><td colspan="2">热式质量流量计</td><td>气</td><td></td><td>0.2 ~ 1.0</td><td></td><td>小</td></tr>
<tr><td colspan="2">冲量式质量流量计</td><td>固体粉料</td><td></td><td>0.2 ~ 2.0</td><td></td><td></td></tr>
<tr><td colspan="2">科里奥利质量流量计</td><td>液、气</td><td><200</td><td>0.1 ~ 0.5</td><td></td><td>中等</td></tr>
<tr><td rowspan="2">间接式</td><td>组合式</td><td colspan="2">体积流量计与密度计组合</td><td rowspan="2">液、气</td><td rowspan="2">依所选用仪表而定</td><td rowspan="2">0.5</td><td colspan="2" rowspan="2">根据所选用仪表而定</td></tr>
<tr><td>补偿式</td><td colspan="2">温度、压力补偿</td></tr>
</table>

思考题

4-1 分析速度法和容积法测量流量的异同点，并各举一例详加说明。

4-2 国家规定的标准节流装置有哪几种，标准孔板使用的极限条件是什么？

4-3 何谓标准节流装置，它对流体种类、流动条件、管道条件和安装等有何要求，为什么？

4-4 试述节流式差压流量计的测量原理。

4-5 何谓标准节流装置的流出系数，其物理意义是什么？何谓流量系数，它受何种因素影响？

4-6 试述浮子流量计的基本原理及工作特性。

4-7　浮子流量计在什么情况下对测量值要做修正，如何修正？

4-8　用某转子流量计测量二氧化碳气体的流量，测量时被测气体的温度是40℃，压力是49.03kPa（表压），二氧化碳气体的密度为2.58kg/m^3。如果流量计读数为120m^3/s，问二氧化碳气体的实际流量是多少？已知标定仪表时，绝对压力P=98.06kPa，温度为20℃，二氧化碳密度为1.84kg/m^3；空气的密度为1.21kg/m^3。

4-9　一浮子流量计，其浮子密度为ρ=6500kg/m^3，流量计测量上限为70m^3/h。出厂时用气体A标定，标定时温度为30℃，压力表测得的压力为25kPa，此时气体A的密度为ρ=1.413kg/m^3。现用来测量某化学容器内气体B的流量，已知现场仪表测得容器内的温度为85℃，压力为76kPa，气体B的密度为ρ=0.456kg/m^3。求：（1）流量计显示52m^3/h时，实际通过流量计的气体B的流量为多少？（2）若浮子材料改用铅，铅密度为ρ=11350kg/m^3，则测量气体B的最大流量又为多少？

4-10　请详细阐述节流式流量计和转子流量计在各方面的异同点。

4-11　试述靶式流量计的测量原理和特点。

4-12　涡轮流量计是如何工作的，它有什么特点？涡轮流量计如何消除轴向压力的影响？

4-13　试述电磁流量计的工作原理，并指出其应用特点。

4-14　电磁流量计有哪些激磁方式，各有何特点？采用正弦波激磁时，会产生什么干扰信号？如何克服之？

4-15　涡街流量计是如何工作的，它有什么特点？

4-16　速度差法超声波流量计和多普勒超声波流量计各自的工作原理是什么，二者有何不同？

4-17　容积式流量计测量的基本原理是什么？请任举一例详细分析其工作原理和结构。

4-18　试述容积式流量计的误差及造成误差的原因。为了减小误差，测量时应注意什么？

4-19　简述常用的各种质量流量测量方法。

4-20　简述科里奥利质量流量计的工作原理和特点。

5 物位测量仪表

5.1 概　　述

5.1.1 基本概念

物位是指储存在容器或工业生产设备里的物料的高度或相对于某一基准的位置，是液位、料位和相界面的总称。

（1）液位。它是指储存在各种容器中的液体液面的相对高度或自然界的江、河、湖、海以及水库中液体表面的相对高度。通常指气液界面。

（2）料位。它是指容器、堆场、仓库等所储存的块状、颗粒或粉末状固体物料的堆积高度或表面位置。

（3）相界面位置。它是指同一容器中储存的两种密度不同且互不相溶的介质之间的分界面位置，通常指液-液相界面、液-固相界面。

测量液位、料位、相界面位置的仪表称为物位测量仪表，其结果常用绝对长度单位或百分数表示。其中，测量固体料位的仪表称为料位计，测量液位的仪表称为液位计，测量相界面位置的仪表称界面计。根据我国生产的物位测量仪表系列和工厂实际应用情况，液位测量占有相当大的比例，故本书主要介绍工厂常用的液位测量仪表，其原理也适合其他物位测量。

5.1.2 物位测量的意义

物位测量在现代工业生产过程中具有重要地位，主要表现在：

（1）物位是物料耗量或产量计量的参数。通过物位测量可确定容器内的原料、半成品或产品的数量，以保证能连续供应生产中各个环节所需的物料，并为进行经济核算提供可靠依据。

（2）物位是保证连续生产和设备安全的重要参数。连续生产中，需要动态检测在釜、槽、罐、池、仓、塔、运输带、传输管道等容器中的物位是否满足生产工艺需求，这对保证生产正常连续运行，确保产品质量和产量，实现安全、高效生产具有重要的意义。

在工业生产过程中，需要在高温条件下测量钢水、铝水等熔融金属的液位，需要测量高炉的料位和锅炉内的水位，需要测量化工生产中反应塔溶液液位，需要测量油罐、水塔、各种储液罐的液位，需要测量煤仓的煤块堆积高度等。特别是现代大工业生产，由于具有规模大，速度快，且常使用高温、高压、强腐蚀性或易燃易爆物料等特点，其物位的监测和自动控制更是至关重要。例如，火力发电厂锅炉汽包水位的测量与控制，若水位过高，不仅可造成蒸汽带水，降低蒸汽品质；还可以加重管道和汽机的积垢，降低压力和效率；重则甚至使汽机发生事故。若水位过低，可引起水冷壁水循环恶化，造成水冷壁管局部过热甚至爆炸。

5.1.3 物位测量仪表的分类

由于各种物料的性质千差万别，生产中的工况各不相同，测量范围较广，可从几毫米到几十米，甚至更高，且生产工艺对物位测量的要求也各不相同，所以，工业上所采用的物位测量仪表种类繁多，可从不同方面进行分类。

5.1.3.1 按工作原理分类

物位测量仪表按工作原理可分为：

（1）静压式物位测量仪表。它是利用液柱或物料堆积对某定点产生压力，通过测量该点压力或测量该点与另一参考点的压差而间接测量物位的仪表。这类仪表共有压力计式物位计、差压式液位计和吹气式液位计 3 种。其安装和使用方便，容易实现远传和自动调节，性价比较高，工业上应用较多。

（2）浮力式物位测量仪表。这是一种依据力平衡原理，利用浮子一类悬浮物的位置随液面的变化而变化来直接或间接反映液位的仪表。它又分为浮子式、浮筒式和杠杆浮球式 3 种。它们均可测量液位，且后两种还可测量液-液相界面。

（3）电气式物位测量仪表。它是将物位的变化转换为电量的变化，进行间接测量物位的仪表。根据电量参数的不同，可分为电容式、电导式和电感式 3 种，其中电感式只能测量液位。这类仪表通常具有极高的抗干扰性和可靠性，解决了温度、湿度、压力及物质的导电性等因素对测量过程的影响。能够测量强腐蚀性的液体，如酸、碱、盐、污水等。

（4）声学式物位测量仪表。

该仪表利用超声波在介质中的传播、衰减、穿透能力和声阻抗不同以及在不同相界面之间的反射特性来检测物位。此类仪表为非接触测量，测量对象广、反应快、准确度高，但成本高、维护维修困难，常用于要求测量准确度较高的场合。

它可分为气介式、液介式和固介式 3 种，其中气介式可测液位和料位；液介式可测液位和液-液相界面；固介式只能测液位。

（5）微波式物位测量仪表。它可通过测量信号强度或反射波传播时间来测量物位，为非接触测量，不受温度、压力、气体等的影响，又称作雷达式物位测量仪表。

（6）光学式物位测量仪表。它是利用物位对光波的遮断和反射原理来测量物位的。主要有激光式物位计，可测液位和料位。

（7）核辐射式物位测量仪表。它是利用物位的高低对放射性同位素的射线吸收程度不同来测量物位的，即放射性同位素所放出的射线穿过被测介质时，因被吸收而减弱，其衰减的程度与被测介质的厚度（物位）有关。利用这种方法可实现液位和料位的非接触式检测。

（8）直读式物位测量仪表。它利用连通器原理，通过与被测容器连通的玻璃管或玻璃板来直接显示容器中的液位高度，是最原始、最简单直观的液位计。

除此以外，还有重锤式、音叉式和旋翼式 3 种机械式物位测量仪表，以及热电式、称重式、磁滞伸缩式、射流式等多种类型，且新原理、新品种仍在不断发展之中。

5.1.3.2 TOF 物位测量仪表

TOF（time of flight，行程时间或传播时间）测量技术，又称回波测距技术或渡越时间法，其原理是利用安装在料仓顶部的探头向仓内发射某种能量波，当传播到被测物料表面时，产生反射并返回到探头上被接收。波的来回传播时间就是距离的量度，据此可以计算出物位。近年来，以此为基础新发展的 TOF 物位测量仪表，可实现物位的非接触测量，是发展最快、应用最广的一种物位测量技术。

TOF 物位测量仪表可以利用的能量波有机械波（声波或超声波）、光波（通常为红外波段的激光）和电磁波（通常为 K 波段，C 波段或 X 波段的微波）。相应的物位计有：超声波物位计、激光物位计和微波物位计。

注意：上述3种物位测量仪表还有基于其他原理工作的方式，如衰减、反射波强度等，还可以组成物位开关等。

5.1.3.3 按功能分类

物位测量仪表按仪表的功能不同又可分为连续测量和位式测量两种。前者可提供物料位于容器内任何位置上的信息，实现物位连续测量、控制、指示、记录、远传、调节等，主要应用于连续控制和仓库管理等方面。后者是以点测为目的的物位开关，又称物位限位开关、点位开关、定点式物位计。其特点是结构简单、价格低廉，主要用于物料定点指示和报警、过程自动控制的门限、连锁控制、溢流和防止空转等场合。

5.1.4 物位测量存在的主要问题

5.1.4.1 共有问题

在正常情况下，对物位测量的要求可按常规进行。但在实际应用时，还需要结合物位测量特有的工艺特点，多加考虑，以提高测量的准确度。物位测量仪表共有的问题如下：

（1）测量存在盲区。测量仪表因测量原理、传感器结构、工作条件、容器几何形状和安装位置等所限，而无法探测到的区域，称为盲区。例如，用浮子式液位计测液位时，浮子的底部触及容器底面之后就不能再下降，浮子顶部触及容器顶面也不能再升高，因而有盲区。用声学式物位计测量物位时，受到距离太小无法分辨的限制，也存在盲区。

（2）可靠性要求。工业用的任何仪表都有可靠性要求，尤其是安全防爆问题不容忽视，但物位仪表更具有特殊性，如应用于高压容器、挥发性物料及有毒物料的物位仪表应特别注意防泄漏。接触式物位仪表往往还有防腐、防磨损、防粘附等要求。有挥发性易燃易爆气体的场合及大量粉尘的环境，还要注意防爆安全。

此外，3种物位测量仪表还有各自需要考虑的问题。

5.1.4.2 液位测量存在的主要问题

（1）液面不平。流动性好的液体，液面是水平的，所以除了利用器壁作为电极的电容式液位计之外，一般液位计只对安装高度有要求，可以在同一高度上选择任何安装地点。理想情况液面是一个规则的表面，但实际工况液面是不平的，会出现如下情况：1）当物料流进流出时，会有波浪；2）在生产过程中被测液体可能出现沸腾或起泡现象；3）被测介质表面有悬浮物。

（2）物性参数不均匀且变化。在大型容器中常会出现被测介质各处温度、密度和黏度等物理量不均匀的现象，而且可能随时间、温度等而变化，造成测量误差。例如，静压式物位测量仪表，只有当密度为常数时，压力才和物位具有正比关系。

（3）特殊情况。测量时常会有高温高压、液体黏度很大、内部含有大量杂质悬浮物和被测介质发生反应等情况，对测量造成不利影响。

5.1.4.3 料位测量存在的主要问题

（1）料面不平。

流动性较差的粉粒体物料，料面的局部高低与进出料口的位置有关，也和进出料的流量有关。例如，对于进出料口都处于轴线上的立式圆筒形容器而言，若进料流量大于出料，则料面呈中央凸起的圆锥状；若出料流量大于进料，则呈中央凹陷的漏斗形状。

为了使所测料位能代表平均料位，应将料位计安装在距容器内壁1/3半径处。因为根据立体几何计算，锥体的体积和同样底面积而高度等于其1/3高度的柱体体积完全相等，在距容器壁1/3半径处和锥体的1/3高度处是对应的。这样，无论料面凸起或凹陷，所测量出的料位都能正确地反映平均值。

（2）存在滞留区。

物料进出时，由于容器结构使物料不易流动的死角处，称为滞留区。粉粒体因流动性差，易存在滞留区。物料在自然堆积时，有不滑坡的最大堆积倾斜角，称为“安息角”。安息角的大小与颗粒形状、表面粗糙程度、潮湿程度、是否带静电、是否吸附气体等因素有关。

对于料位仪表，因为有安息角问题，其安装位置是否正确对测量至关重要，应给予足够重视。如自动卸货卡车的倾斜角必须大于所装货物的安息角才能卸净。皮带运输机的倾斜角应该小于所运货物的安息角才能把货物运到高处去。料仓的设计也要考虑这一特性，否则会有物料残留。

（3）物料间存在空隙。储仓或料斗中，块状物料内部可能存在较大的孔隙，粉粒体物料颗粒间存在较小的间隙。它们不仅影响对物料储量的计算，而且在振动、压力或湿度变化时使物位也随之变化，后者对粉粒体的料位测量影响尤其明显。为此应该区分密度和容重这两个不同的概念。密度是指不含空隙的物料每单位体积的质量，即通常的质量密度 ρ。如果乘以重力加速度 g，就成为重量密度 γ，简称重度。容重是包含空隙在内的每单位体积的重量 γ_V，也就是视在重度或宏观重度。它总是比颗粒物质本身的重度小，其差额取决于空隙率。而空隙率又取决于许多因素，例如颗粒形状尺寸的一致程度、是否受外力压实、是否受过振动、有无黏结性等等。因此，粉粒体物料的体积储量和质量储量（或重量储量）之间不易精确换算，使用时需要注意。

5.1.4.4　相界面测量存在的主要问题

相界面测量中最常见的问题是界面位置不明显或存在浑浊段。

以上是物位测量存在的主要问题，它给实现高准确度的物位测量带来了不少困难，在选择仪表或设计传感器时，应慎重考虑。因此，目前虽有种类繁多的物位仪表，但在实际工作中仍经常要针对特殊需要进行特殊的设计。

5.2　静压式物位测量仪表

堆积（或容器中）的物料由于具有一定的高度，必将对底部（或侧面）产生一定的压力。若物料是均匀的，且密度为常数，则该处的压力就仅由物料的多少，即物料的高度决定。因此，测量其压力的大小就可反映出物位的高低。

静压式物位测量仪表就是利用液柱或物料堆积对某定点产生压力，测量该点压力或测量该点与另一参考点的压差而间接测量物位的仪表。这类仪表共有压力计式物位计、差压式液位计和吹气式液位计 3 种。

由于将物位测量转换成了压力或压差测量，所以，在测量压力（或压差）时所采用的各种压力仪表均可作为测量物位的仪表。此时，根据所选压力（或压差）仪表的不同，所测物位信号可就地显示，也可进行远传。

5.2.1　压力计式物位计

压力计式物位计可用于测量液位和物位，对于液体物料，根据流体静力学原理，液体静压力与液柱高度成正比；而对于固体物料，实际上是个称重的问题。本节以测量液位为例加以介绍。

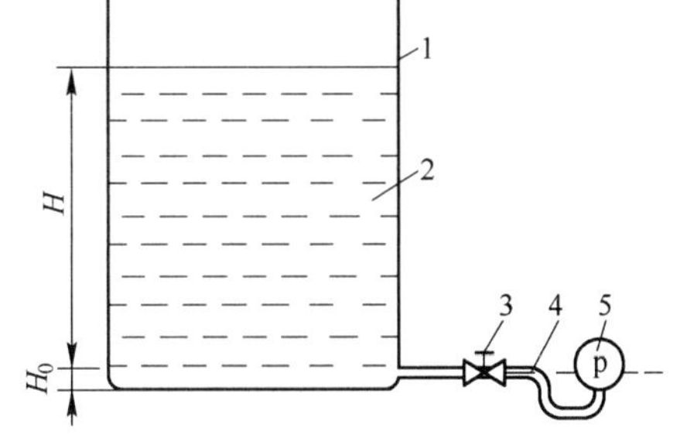

图 5-1　压力计式液位计

1—容器；2—被测液体；3—阀门；4—导压管；5—压力表

5.2.1.1　基本原理

压力计式液位计的结构如图 5-1 所示，它是利用

导压管将压力变化直接送入压力表中进行测量的，可用来测量敞口容器中的液位高度。根据流体静压力原理有

$$H = \frac{p}{\rho g} \tag{5-1}$$

式中　H——被测液体的液面到取压点（零液位）的距离，m；

p——被测液体对容器底部或侧壁的压力，Pa；

ρ——被测液体的密度，kg/m^3；

g——重力加速度，m/s^2。

注意：（1）压力表指示的压力是液面至压力仪表入口之间的静压力 H，而被测液体的液位实际应为 $H+H_0$，H_0 为图 5-1 所示取压点到容器底部的距离。由于一般 H_0 较小，在测量误差允许的情况下，往往将其忽略，近似用 H 表示被测液位高低。（2）H_0 以下的液位即为测量的盲区。（3）仅当液体密度 ρ 为常数时，压力才和液位成正比关系。（4）当压力表与取压点不在同一水平位置时，应对由于位置高度差引起的附加压力进行修正。

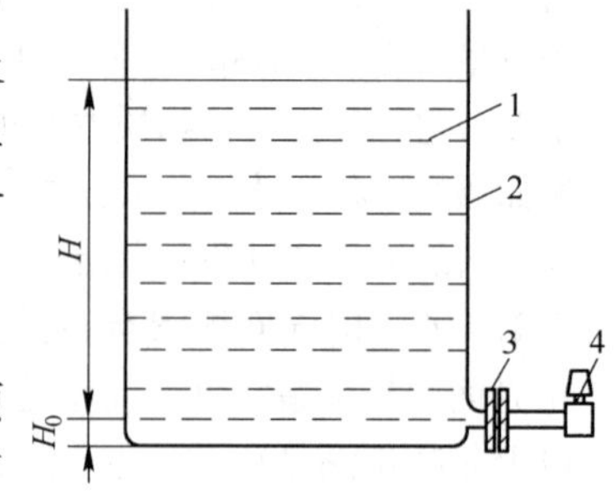

图 5-2　法兰式压力液位计
1—被测液体；2—容器；
3—法兰；4—压力变送器

5.2.1.2　法兰式压力液位计

压力计式液位计的使用范围较广，但要求被测液体必须洁净，且黏度不能太高，以免阻塞导压管。当测量液体具有腐蚀性，或有沉淀、悬浮颗粒，或易凝、易结晶，或黏度较大时，应选用法兰式压力液位计，如图 5-2 所示。压力表通过法兰安装在容器底部，作为敏感元件的金属膜盒（或隔离膜片）经导压管与变送器的测量室相连。导压管内封入沸点高、膨胀系数小的硅油，它既能使被测液体与测量仪表隔离，克服管路的阻塞或腐蚀问题，又能起传递压力的作用。液位信号可变成电信号或气动信号，用于液位的显示或控制调节。

利用隔离膜片和硅油，单法兰方式甚至可用来粗略地测量粉粒体料位。但是严格地说粉粒体底部的压力和料位并不完全成正比，这是因为颗粒间及颗粒与器壁间有摩擦阻力，在距料面一定深度以下，压力就保持常数，与料位无关了。因此，这种方法多半用在不很高的料位范围内作料位报警开关，即位式料位开关。

5.2.2　差压式液位计

5.2.2.1　普通型差压式液位计

当测量密闭容器的液位时，若可忽略液面上部气压及气压波动对测量的影响，可直接采用压力计式液位计；若不能忽略上述因素的影响，则应采用差压式液位计进行测量，此时，容器底部受到的压力除了与液位高度有关外，还与液面上的气体压力有关。

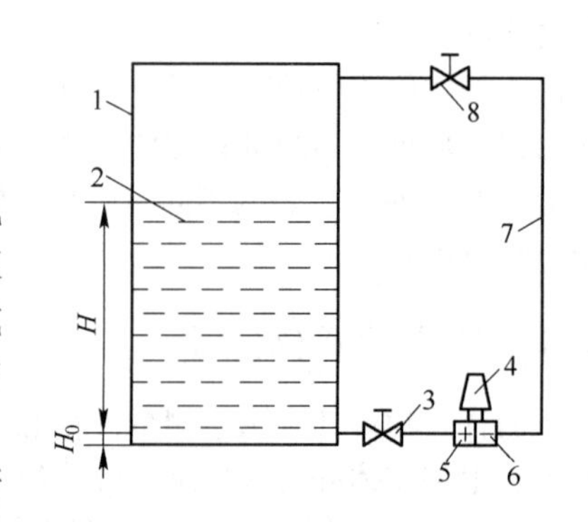

图 5-3　普通型差压式液位计原理示意图
1—容器；2—被测液体；3，8—阀门；
4—差压变送器；5—差压变送器正压室；
6—差压变送器负压室；7—导压管

差压式液位计采用差压变送器，其结构如图 5-3 所示。图中，差压变送器的正压室与容器底部取压点（零液位）相连，负压室与液面以上空间相连。若差压变送器与容器底部不位于同一水平线，则应根据它们之间的相对位置进行修正。差压变送器正压室的压力为

$$p_{+} = \rho gH + p_{a} \tag{5-2}$$

式中　p_{+}——差压变送器正压室的压力，Pa；

p_{a}——容器中液面上的气体压力，Pa。

差压变送器的负压室与气体取压口虽然不位于同一水平线上，但因为气体密度较小，二者由于高度差而造成的静压差也很小，可忽略不计，则负压室的压力为

$$p_{-} = p_{a} \tag{5-3}$$

式中　p_{-}——差压变送器负压室的压力，Pa。

两室的压差为

$$\Delta p = p_{+} - p_{-} = \rho gH \tag{5-4}$$

注意：同压力计式物位计一样，差压式液位计的示值除了与液位高度有关外，还与液体密度和差压仪表的安装位置有关。当这些因素影响较大时，必须进行修正。

5.2.2.2　带隔离罐的差压式液位计

在实际应用中，为了防止容器内液体或气体进入变送器的取压室造成管路堵塞或腐蚀，为了防止由于内外温差使气体导压管中的气体凝结成液体，以及为了保持低压室的液柱高度恒定，一般在变送器的负压室与气体取压口之间装有隔离罐，并填充隔离液，如图5-4所示。这时差压变送器正压室的压力未变，而负压室的压力为

$$p_{-} = p_{a} + \rho' gh \tag{5-5}$$

式中　ρ'——隔离液的密度，kg/m^3，一般取$\rho' > \rho$；

h——隔离液柱高度，m。

此时两室的压差为

$$\Delta p = p_{+} - p_{-} = \rho gH - \rho' gh \tag{5-6}$$

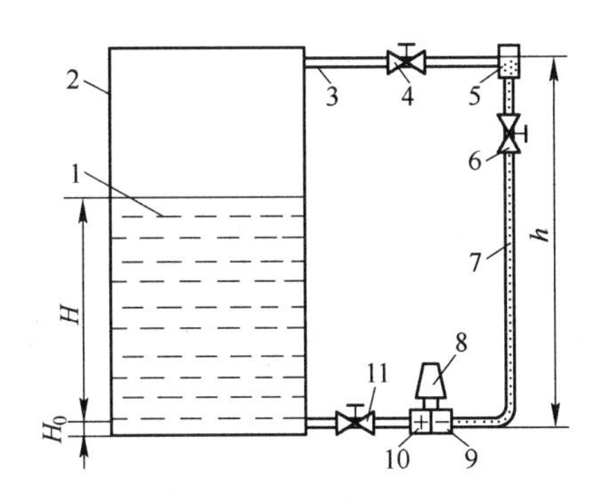

图5-4　带隔离罐的差压式液位计原理示意图

1—被测液体；2—容器；3—导压管；4，6，11—阀门；5—隔离罐；7—隔离液；
8—差压变送器；9—差压变送器负压室；10—差压变送器正压室

注意：（1）差压式液位计的回流现象。（2）隔离液应是与被测液体密度不同且不相溶的、不易挥发、无腐蚀、低黏度且易于流动的液体。常用的有水、甘油和变压器油等。（3）当测量液体具有腐蚀性，或有沉淀、悬浮颗粒，或易凝、易结晶，或黏度较大时，同压力计式液位计类似，应采用法兰式安装。

5.2.3　吹气式液位计

当测量具有腐蚀性、高黏度或含有悬浮颗粒的敞口容器液位，且准确度要求不很高时，常选用吹气式液位计。

5.2.3.1　结构

吹气式液位计的原理如图5-5所示，在敞口容器中插入一根导管，压缩空气作为气源首先经过滤器过滤，再通过减压阀使压力降至某一恒定值，并由气源压力计指示，该恒定压力的大小按被测液位高度而定。具有恒定压力的洁净压缩空气再流经起限流、恒流作用的节流阀，其流量大小由浮子流量计指示。最后恒流气体从导管下端敞口处逸出，鼓泡并通过液体进入大气。

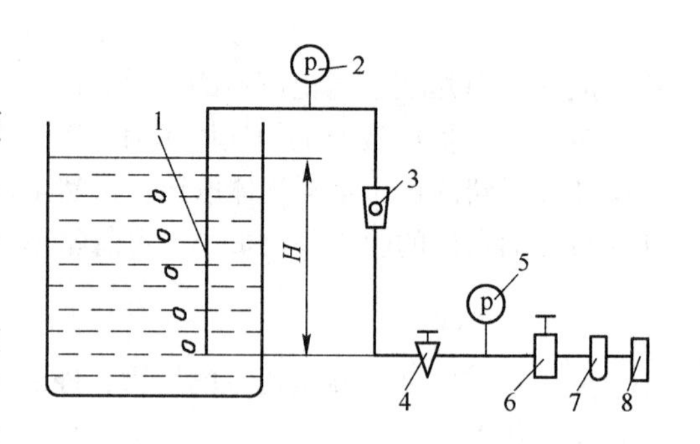

图5-5　吹气式液位计原理图
1—导管；2—液位指示压力表；3—浮子流量计；4—节流阀；5—气源压力计；6—减压阀；7—过滤器；8—气源

吹气式液位计正常工作时，气体流量应取一个合适的数值。一般以在最高液位时仍有气泡逸出为宜。流量过大，则流经导管的压降变大，会引起测量的误差；流量过小，又会造成较大的滞后。为此，在管路中安装浮子流量计用以观察流量的大小，安装节流阀控制流量。

5.2.3.2　工作原理

当导管下端有微量气泡（约每分钟150个）溢出时，因气泡微量且空气流速较低，则可忽略空气在导管中的沿程损失，这样导管内的气压几乎与液位静压相等，因此，由压力表指示的压力值即可反映出液位高度 H。当液位高度上升或下降时，液位静压也随之上升或下降，致使从导管排出的气体量也随着减小或增加。调节阀门使气泡量恢复原状，即调节气泡管压力与液体静压力平衡，从压力表的读数即可随时指示出液位的高低变化。

5.2.3.3　特点

（1）结构简单，价格低廉，使用方便，最适合于具有腐蚀性、高黏度或含有悬浮颗粒的敞口容器的液位测量，如地下储罐、深井等场合。

（2）不适于密闭容器的液位测量，如果不得已用于密闭容器，则要求容器上部有通气孔。

（3）缺点是需要气源，而且只能适用于静压不高、准确度要求不高的场合。

（4）若将压缩空气改为氮气或二氧化碳气体，则可测量易燃、易氧化液体的液位。

注意：任何一种静压式物位测量仪表，都与被测液体的密度有关，所以当液体的密度发生变化时，要对示值进行修正。

5.3　浮力式物位测量仪表

浮力式液位计结构简单，直观可靠，受外界温度、湿度和压力等因素影响较小，应用比较普遍。其主要缺点是使用机械结构，摩擦力较大。浮力式物位测量仪表按在测量过程中，浮力是否恒定分为恒浮力式液位计和变浮力式液位计。

恒浮力式液位计的基本原理是通过测量漂浮于被测液面上的浮子或浮标在液体中随液面变化而产生位移来检测液位，其特点是结构简单、价格较低，适于各种储罐的测量。

变浮力式液位计利用沉浸在被测液体中的浮筒所受的浮力与液面位置的关系来检测液位。因其典型的敏感元件为浮筒（也称沉筒），又被称为浮筒式或沉筒式液位计。

5.3.1 恒浮力式液位计

恒浮力式液位计主要有浮子式、浮球式和翻板式3种仪表，其中以浮子式应用最广。

5.3.1.1 浮子式液位计

A 浮子漂浮基本原理

浮子式液位计中的浮子始终漂浮在液面上，其所受浮力为恒定值。浮子的位置随液面的升降而变化，这样就把液位的测量转化为浮子位置或位移的测量。设浮子为扁圆柱形，如图5-6所示，浮子因受浮力漂浮在液面上，当它的浮力与本身的重量相等时，浮子平衡在某个位置，此时有

$$G = \frac{\pi D^2}{4}\Delta h\rho g \tag{5-7}$$

式中 G——浮子的重量，N；

D——浮子的等效直径，m；

ρ——被测液体的密度，kg/m^3；

Δh——浮子浸入液体中的深度，m。

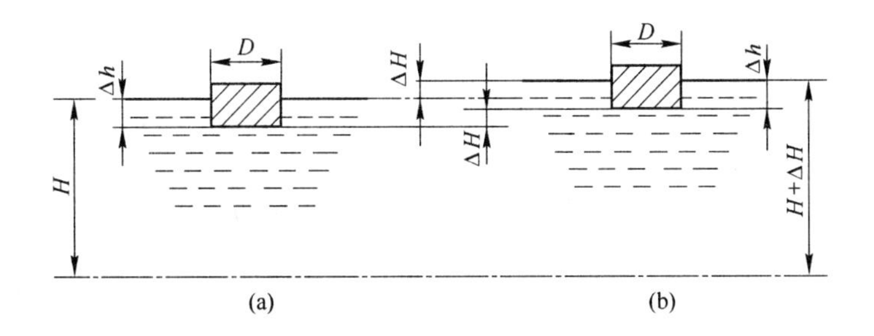

图5-6 浮子漂浮基本原理

（a）初始状态的浮子位置；（b）液位上升 ΔH 时的浮子位置

当液位上升一个 ΔH 时，浮子浸没在液体中的部分变大，所受浮力增加，原来的平衡关系被破坏，浮子要向上移动；随着浮子的上浮，浮子浸没在液体中的部分变小，所受浮力也变小，直至与本身重量相等为止，即达到新的平衡位置，反之亦然。浮子移动的距离就等于液位的变化量 ΔH。在每一个平衡位置，浮子所受的浮力都与它本身的重量相等，因此，将浮子式液位计又称为恒浮力式液位计，此时，浮子的位置即为被测液体的液位。该方法的实质是通过浮子把液位的变化转换成机械位移的变化。

吃水线移动 ΔH 所引起的浮力增量为 ΔF，而 $\Delta F = \rho g\Delta V$，则浮子定位力的表达式为

$$\frac{\Delta F}{\Delta H} = \frac{\rho g\Delta V}{\Delta H} = \rho g\frac{\pi}{4}D^2 \tag{5-8}$$

可见，采用大直径的浮子能显著地增大定位力。

B 浮子重锤液位计

a 用于常压或敞口容器的浮子重锤液位计

自由状态下的浮子能跟随液面升降，这是尽人皆知的水涨船高的道理。然而液位计里的浮子总要通过某种传动方式把位移传到容器外，即构成了如图5-7所示的浮子式液位计。液面上的浮子由绳索（钢丝绳）经滑轮与被测液体容器外的平衡重锤和指针相连。随着液位的上升

或下降，浮子带动指针上下移动，在标尺上指示出液位的高度。平衡时有

$$G = F + W \tag{5-9}$$

式中　F——浮子所受的浮力，N；

　　　W——绳索对浮子的拉力，N。

液位增加，浮子上移，重锤下移，即标尺下端代表液位高，与直观印象恰恰相反。若想使重锤指向与液位变化方向一致，则应增加滑轮数目，但这样会使摩擦阻力增大，进而增加测量误差。

注意：图 5-7 所示的浮子式液位计只适用于常压或敞口容器，通常只能就地指示。由于传动部分暴露在周围环境中，使用日久会增大摩擦。相应地，液位计的误差也会相应增大。因此，这种液位计只能用于不太重要的场合。

b　用于密闭容器的浮子重锤液位计

图 5-8 所示的浮子重锤液位计在密闭容器中设置一个非导磁管作为测量液位的通道。在通道的外侧装有浮子和磁铁，通道内侧装有铁芯。当浮子随液位上下移动时，磁铁随之移动，铁芯被磁铁吸引而同步移动，通过绳索带动指针指示液位的变化。

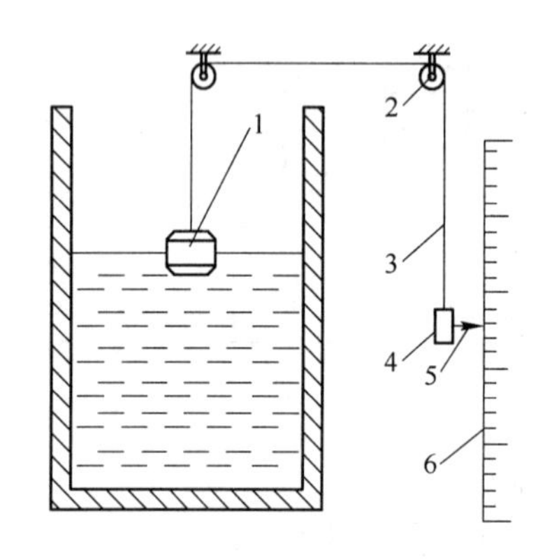

图 5-7　用于常压或敞口容器的浮子重锤液位计
1—浮子；2—滑轮；3—钢丝绳；
4—重锤；5—指针；6—标尺

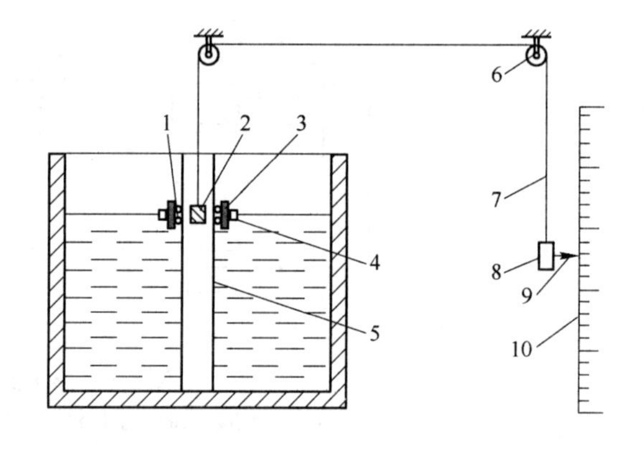

图 5-8　用于密闭容器的浮子重锤液位计
1—导轮；2—铁芯；3—磁铁；4—浮子；
5—非导磁管；6—滑轮；7—钢丝绳；
8—重锤；9—指针；10—标尺

c　误差分析

当液面 H 发生变化时，浮子随之升降，浮子浸入液体中的深度 Δh（或吃水线）应不变化才能实现准确测量，在实际应用中，液位测量受以下 4 个方面的影响：

（1）载荷变化。浮子所受的载荷 W，即绳索对浮子的拉力主要有：重锤的重力、绳索长度左右不等时绳索本身的重力、滑轮的摩擦力。载荷改变将使浮子吃水线相对于浮子上下移动，造成测量误差。

绳重对浮子施加的载荷随液位而变，相当于在恒定的浮子所受载荷 W 之上附加了一个变化因素，进而造成测量误差。但这种误差具有规律性，可在分度时予以修正。

摩擦阻力引起的误差最大，且与运动方向有关，无法修正。采用大直径的浮子能显著地增大定位力，这是减少摩擦阻力误差的最有效途径，尤其在被测介质密度小时，此点更为重要。

（2）被测液体密度变化。温度和成分的变化均能引起被测液体密度变化，由式（5-7）可

知，这将改变吃水线的 Δh 值，进而造成测量误差。

（3）浮子重量和直径的变化。由于黏性液体的粘附、腐蚀性液体的浸蚀均可改变浮子的重量 G 或直径 D，温度变化也能导致直径 D 的变化，这些原因都会引起测量误差。

（4）绳索长度的变化。温度和湿度均能引起绳索长度的变化，尤其对尼龙绳和有机纤维绳索影响较大。一般应采用钢丝绳传动，此时温度引起的变化基本上被支架的膨胀所抵消。

C　其他典型浮子液位计

在实际应用中，浮子位置的检测方法有很多，可以直接指示，也可采用各种各样的结构形式来实现液位-机械位移的转换，并通过机械传动机构带动指针对液位进行指示。如果需要远传，还可通过电转换器或气转换器把机械位移转换为电信号或气信号。

a　磁浮子式液位计

磁浮子式液位计是利用磁性转换方式来感知浮子位移的，其典型代表为舌簧管式液位计，如图 5-9 所示。

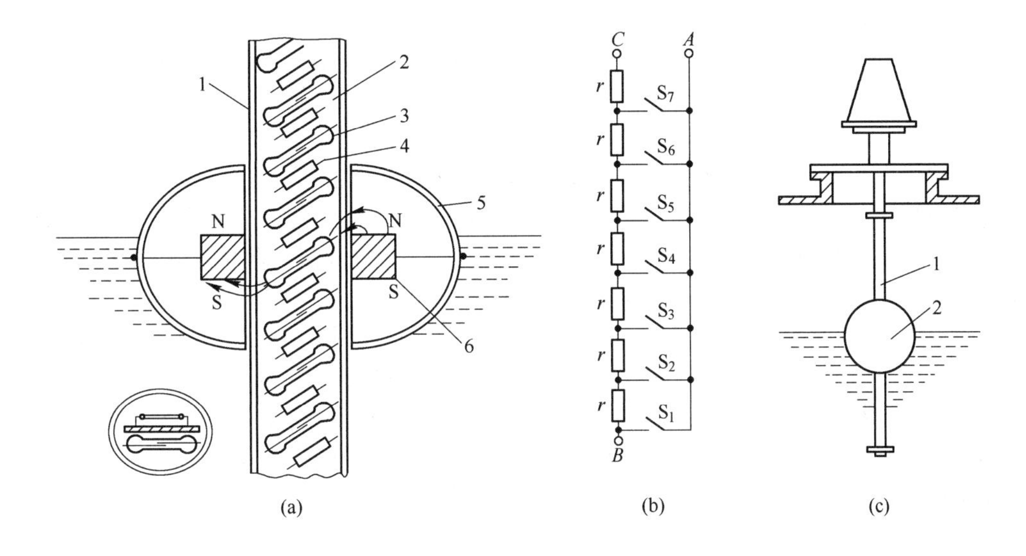

图 5-9　舌簧管式液位计

（a）传感器结构：1—导管；2—绝缘板；3—舌簧管；4—电阻；5—浮子；6—磁环；
（b）传感器等效电路；（c）安装示意图：1—导管；2—浮子

磁浮子式液位计传感器的结构如图 5-9（a）所示，其中导管多为不锈钢材质，其下端封闭，内部安有条形绝缘板。绝缘板上紧密排列着舌簧管和电阻。浮子里面装有环形永久磁铁，其两面为 N 和 S 极，其磁力线将沿管内的舌簧管闭合，即处于浮子中央位置的舌簧管将吸合导通，而其他舌簧管则为断开状态。

图 5-9（b）和图 5-9（c）分别给出了传感器的等效电路图和仪表的安装示意图。在容器内垂直插入导管，浮子套在导管外可以上下浮动。随着液位的变化，浮子停在不同的位置上，会使位于其中央的舌簧管导通，这样电路就可以输出与液位相对应的信号。

这种液位计结构简单，安装方便。若采用两个舌簧管同时吸合，可进一步提高可靠性。但是由于舌簧管尺寸及排列的限制，液位信号的连续性较差，且量程不能很大。

b　浮子钢带液位计

目前大型储罐多使用浮子钢带液位计，它是浮子重锤液位计的改进结果，原理如图 5-10 所示。

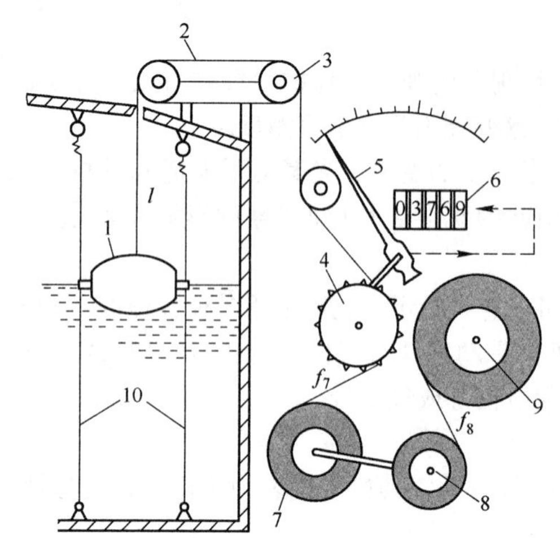

图 5-10　浮子钢带液位计
1—浮子；2—钢带；3—滑轮；4—钉轮；5—指针；6—滚轮计数器；7—收带轮；8，9—转轴；10—钢丝绳

为了结构紧凑便于读数，将重锤改用弹簧代替，浮子上的钢丝绳改用中间打孔的薄钢带代替。浮子经过钢带和滑轮，将升降动作传到钉轮。钉轮周边的钉状齿与钢带上的孔啮合，将钢带直线运动变为转动，由指针和滚轮计数器指示出液位。若在钉轮轴上再安装转角传感器或变送器，就不难实现液位的远传。目前，具有标准电流信号和数字通信的浮子钢带液位计已经应用在生产中。

为保证钢带张紧，绕过钉轮之后的钢带由收带轮收紧，其收紧力则由恒力弹簧提供。恒力弹簧外形与钟表发条相似，但特性大不一样。钟表发条在自由状态下是松弛的，卷紧之后其回松力矩与变形成正比，符合胡克定律。恒力弹簧在自由状态是卷紧在转轴 9 上的，受力反绕在转轴 8 上以后，其恢复力 f_8 始终保持常数，首端至尾端一样，因而有“恒力”之称。

从图中可以看出，由于恒力弹簧有厚度，虽然 f_8 恒定，但它对轴 8 形成的力矩并非常数，液位低时力矩大。同样，由于钢带厚度使液位低时收带轮的直径变小，于是在 f_8 恒定的情况下，钢带上的拉力 f_7 就和液位有关了。在液位低时 f_7 大，恰好和液位低时图中 l 段钢带的重力抵消，使浮子所受提升力几乎不变，从而减少了误差。

当拉力恒定，钉轮的周长、钉状齿间距及钢带的孔间距均制造得很精确时，可以得到较高的测量准确度。这种传动方式，密封比较困难，不适用于有压容器，因此，通常多用于常压储罐的液位测量。若可能，可将滑轮、钢带连同仪表壳体全都密封起来，既可有效地保护滑轮轴承的润滑，使摩擦阻力降到最小，又有利于减少罐内油品挥发和防止火灾。

浮子钢带式液位计的测量范围一般为 0～20m，测量准确度可以达到 0.03 级。信号可就地显示和远传。

为了加大定位力，浮子直径一般为 400mm 左右。再继续加大直径往往受罐顶开孔尺寸的限制。为此出现了多球组装式浮子，用多个直径较小的球形浮子在罐内组装成同一平面，使吃水线处的横截面加大。

c　浮顶罐

根据式（5-8），一切浮子式液位计为加大定位力、减少摩擦阻力误差都尽量加大浮子直径，极限情况就是整个储罐上全被浮子所掩盖，这就成了浮顶罐。

一般油罐多为拱顶形式，为了进出油时空气能够流通，拱顶上有通气孔，这使油品中宝贵的轻质成分挥发之后，随空气排出。这种“深呼吸”现象在进出油时尤为强烈，造成很大损失。浮顶罐则是将罐顶做成中空的大活塞，漂浮在油面上，将油品与空气隔绝，有效地防止了挥发。

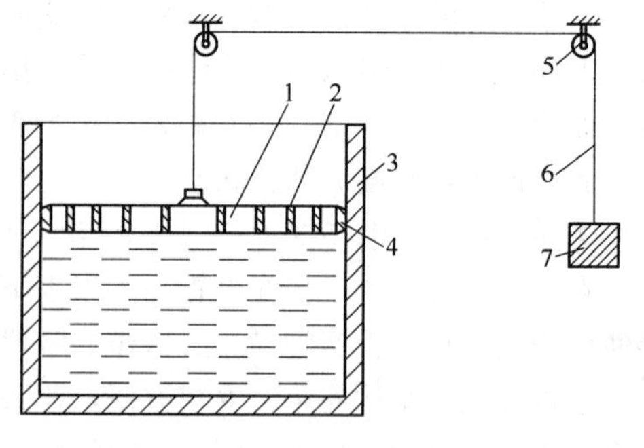

图 5-11　浮顶罐原理示意图
1—舱室；2—浮顶；3—罐壁；4—柔性密封；5—滑轮；6—钢丝绳；7—重锤

浮顶罐的原理示意图如图 5-11 所示。罐壁成

为敞开形式，敞开式浮顶罐的浮顶还应有排雨水的柔性管道，图中未画。浮顶内有隔板，形成多个独立舱室，以免个别舱室漏泄而沉没，周围有柔性密封，整个浮顶如同圆形船舶浮在油上，直径往往几十米。这一巨大浮子可用钢丝绳与重锤相连，或利用浮子钢带液位计指示传送液位信号。

d　伺服平衡式浮子液位计

图5-12所示为一种伺服平衡式浮子液位计。卷绕在鼓轮上的测量钢丝绳前端与浮子连接。当浮子静止在液面上时，对钢丝绳产生一定的张力。当液位变化时，浮子所受浮力改变，钢丝绳张力亦变化。这使传动轴的转矩改变，并引起平衡弹簧的伸缩。由张力检测磁铁和磁束感应传感器组成的张力传感器，测出钢丝绳张力，并与标准张力值比较而给出偏差信号，控制步进电机向减少偏差的方向转动。由传动皮带、蜗杆、蜗轮和磁耦合内外轮构成的机械传动机构，将步进电机的动力传给鼓轮使之旋转，进而带动浮子移动，直至浮力恢复到原来的数值。因此，鼓轮的旋转量即步进电机的驱动步数，就反映了液位的变化量。

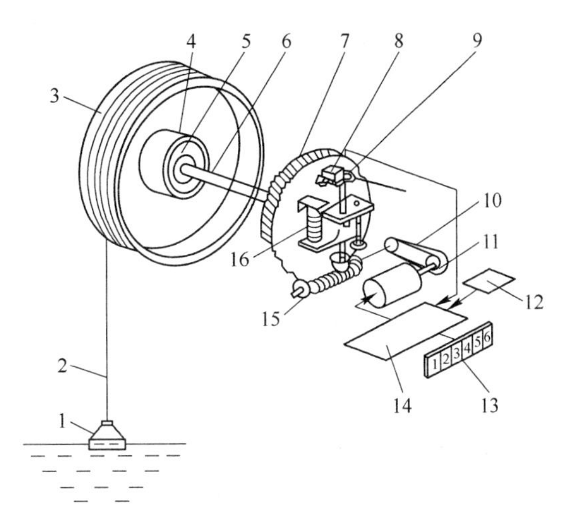

图5-12　伺服平衡式浮子液位计
1—浮子；2—钢丝绳；3—鼓轮；4—磁耦合外轮；5—磁耦合内轮；6—传动轴；7—蜗轮；8—磁束感应传感器；9—张力检测磁铁；10—同步皮带；11—步进电机；12—电源；13—显示器；14—电路板；15—蜗杆；16—平衡弹簧

这种连续控制使浮子可以跟踪液位变化，仪表配有微处理器，可以进行信号转换、运算和修正，可以现场显示，也可以将信号远传。在浮子式液位计中，它的准确度最高。只要有灵敏的力传感器，其准确度可以达到0.02级。

D　共性问题分析

a　浮子设计规则

从以上分析可知，在设计浮子时，适当地增大浮子直径，可显著增加浮子的定位力，有效地减小仪表的不灵敏区和摩擦阻力的影响，提高仪表的灵敏度，进而提高仪表的测量准确度。当被测介质密度较小时，此点尤为重要。

图5-13给出了常用的3种浮子，实际应用时应根据使用条件和使用要求来设计浮子的形状和结构。

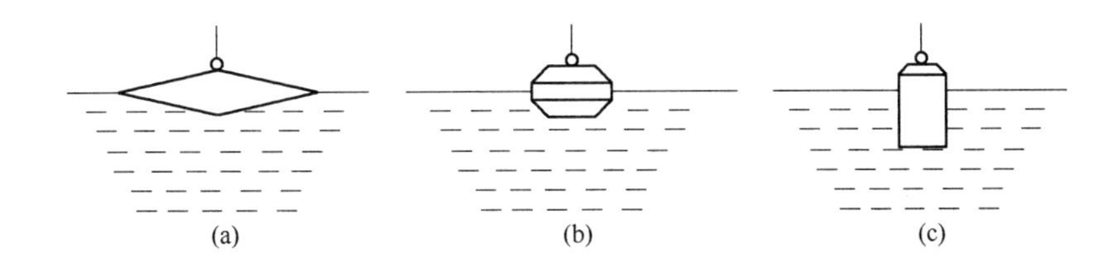

图5-13　浮子的形状
(a) 扁平形浮子；(b) 扁圆柱形浮子；(c) 高圆柱形浮子

扁平形浮子做成大直径空心扁圆盘形，不灵敏区较小，可小到十分之几毫米，测量准确度高。因为有此特性，它可以测量密度较小的介质的液位。对高频小变化的波浪，其抗波浪性高。但对液面的大波动则比较敏感，易随之漂动。

高圆柱形浮子的高度大、直径小，所以抗波浪性也好，但对液面变动不敏感，因此用它做成的液位计准确度差、不灵敏区较大。

扁圆柱形浮子的抗波浪性和不灵敏区在上述两者之间，由于其结构简单，易加工制作，在实际应用中被大量采用。

b　相界面测量

浮子液位计既可测量液位，也可测量密度不等的两种液体的相界面，但应保证两种液体的密度差足够大。

例如，以重油为例，其密度为0.95g/cm^3，而水的密度为1g/cm^3，两者密度相差0.05g/cm^3，浮子直径及摩擦阻力都一样时，比测水位的绝对误差要大20倍。但若用来测水和汞的相界面，由于二者密度差为12.6g/cm^3，准确度可提高近一倍。

必须注意的是，理论上两种互不相溶的液体相界面应该一清二楚，但实际界面往往并不是突变而有相当厚的过渡层。例如工业生产设备里的油和水，其相界面是乳化层，是油和水的混合物，密度是渐变的。此时，不宜采用浮子液位计。尽管这样，在单纯液体的液位测量仪表中，浮子液位计仍占主要地位。

c　测量盲区

浮子随液位变化而上下浮动的原因是浮力的变化ΔF，其值为

$$\Delta F = \frac{\pi D^2}{4}\rho g \Delta H \tag{5-10}$$

式中　ΔF——浮力的变化值，N；

ΔH——浮子移动的位移，m。

由于仪表各部分具有摩擦，所以只有当浮力变化ΔF达到一定数值$\Delta F'$时，浮子才能克服摩擦而开始移动，才能反映出液位的变化。此时所对应的浮子移动位移$\Delta H'$就是浮子液位计的不灵敏区。$\Delta F'$是浮子开始移动时的最小浮力，其值大小等于摩擦力之和。

5.3.1.2　浮球式液位计

（杠杆）浮球式液位计适用于温度、黏度较高，而压力不太高的密闭容器内的液位测量。它分为内浮式和外浮式两种，前者将浮球直接装在容器内部；后者在容器外侧另做一浮球室与容器相连通，如图5-14所示。浮球是不锈钢的空心球，通过连杆和转动轴连接，配合平衡重锤用来调节液位计的灵敏度，使浮球刚好一半浸没在液体中。此时杠杆处于平衡状态，则有

$$(W - F) \cdot OA = G \cdot OB \tag{5-11}$$

式中　W——浮球的重力，N；

F——浮球所受浮力，N；

G——重锤的重力，N；

OA——转轴到浮球中心的垂直距离，m；

OB——转轴到重锤中心的垂直距离，m。

当液位上升时，浮球被液体浸没的深度增加，则浮球所受的浮力变大，杠杆失去平衡。平衡重锤拉动杠杆做顺时针方向转动，使浮球升起，浮球被液体浸没的深度减小，直至平衡为止，此时浮球一半又浸没在液体中。这样，浮球随液位升降而带动转轴旋转，指针就在标尺上指示液位值。

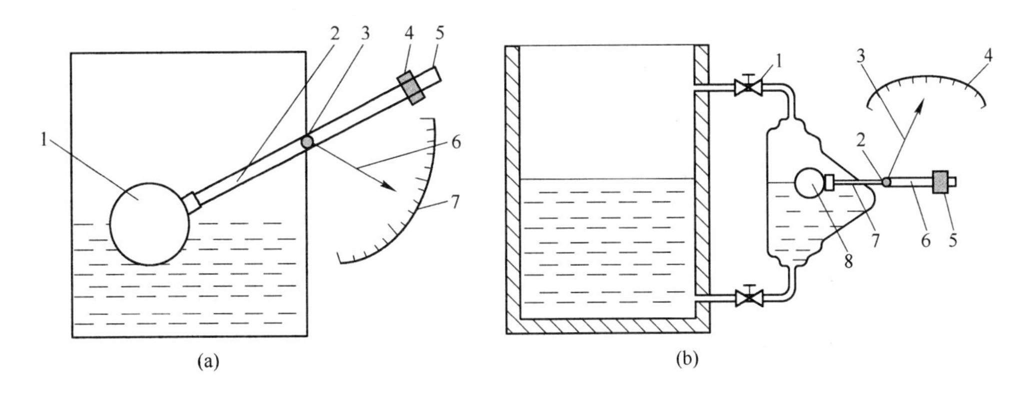

图 5-14　杠杆浮球式液位计

（a）内浮式浮球液位计：1—浮球；2—连杆；3—转动轴；
4—平衡重锤；5—杠杆；6—指针；7—标尺；
（b）外浮式浮球液位计：1—阀门；2—转动轴；3—指针；4—标尺；
5—平衡重锤；6—杠杆；7—连杆；8—浮球

5.3.1.3　磁翻转式液位计

磁翻转式液位计根据浮力原理和磁性耦合作用原理工作。它可替代玻璃板或玻璃管液位计，用来测量有压容器或敞口容器内的液位。它不仅可以就地指示，还可以实现远距离液位报警和监控。

磁翻板液位计从被测容器接出不锈钢管作为导管，管内有带磁铁的浮子，管外设置一排轻而薄的翻板，其结构如图 5-15（a）所示。每块翻板高约 10mm，都有水平轴，可灵活转动。翻

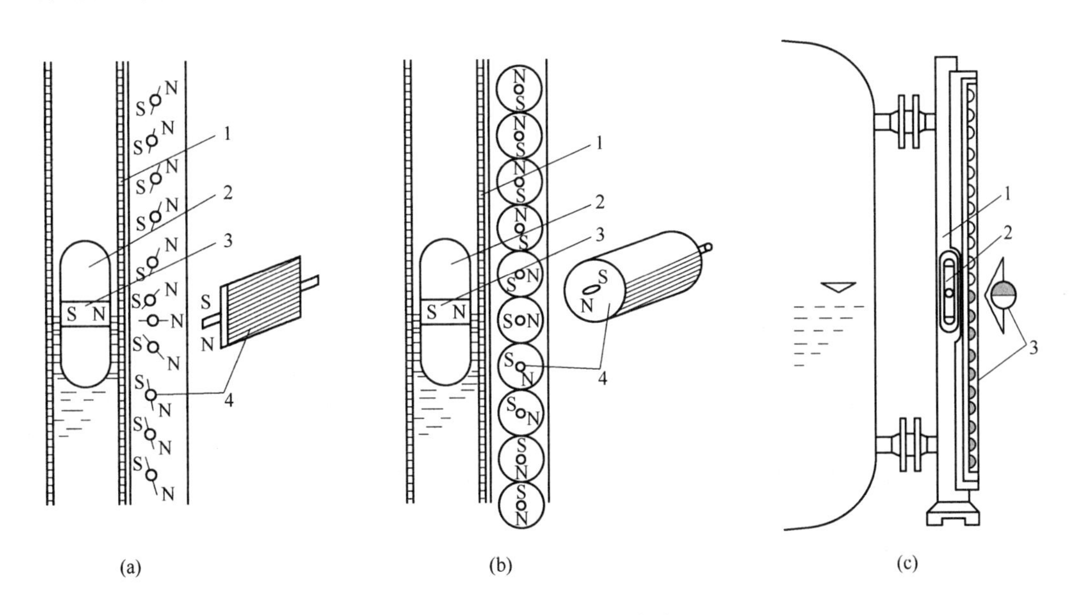

图 5-15　磁翻转式液位计

（a）磁翻板液位计：1—导管；2—浮子；3—磁铁；4—翻板；
（b）磁滚柱液位计：1—导管；2—浮子；3—磁铁；4—滚柱；
（c）磁滚柱液位计安装示意图：1—导管；2—浮子；3—滚柱

板一面涂红色，另一面涂白色。翻板上还附有小磁铁，小磁铁彼此吸引，使翻板始终保持红色朝外或白色朝外。当浮子在近旁经过时，浮子上的磁铁就会迫使翻板转向，以致液面下方的红色朝外，上方的白色朝外，观察起来和彩色柱效果一样。

磁滚柱液位计是将磁翻板液位计的磁翻板改为滚柱，其结构和安装示意图分别如图5-15（b）和（c）所示。滚柱又称翻柱，是有水平轴的小柱体，一侧涂红色，另一侧涂白色，也附有小磁铁，同样能显示液位。柱体可以是圆柱，也可以是六角柱，其直径为10mm。

磁翻转液位计通过翻板或翻柱颜色的转换，能清晰观察液位情况，直观、简单，其测量误差为±3mm；此外还具有安全性高、密封性好的特点。

5.3.2　变浮力式液位计

5.3.2.1　浮筒式液位计

浮筒式液位计不仅能检测液位，而且还能检测相界面，其原理示意图如图5-16所示。图中把一中空金属浮筒用弹簧悬挂在液体中，筒的重量大于同体积的被测液体的重量，因此，若不悬挂，浮筒就会下沉，故又称为“沉筒”。设计时，使浮筒的重心低于几何中心，这样无论液位高低，浮筒总能保持直立姿势。当液面变化时，它被浸没的体积也随之变化，浮筒受到的浮力就与原来的不同，所以可通过检测浮筒浮力变化来测定液位。

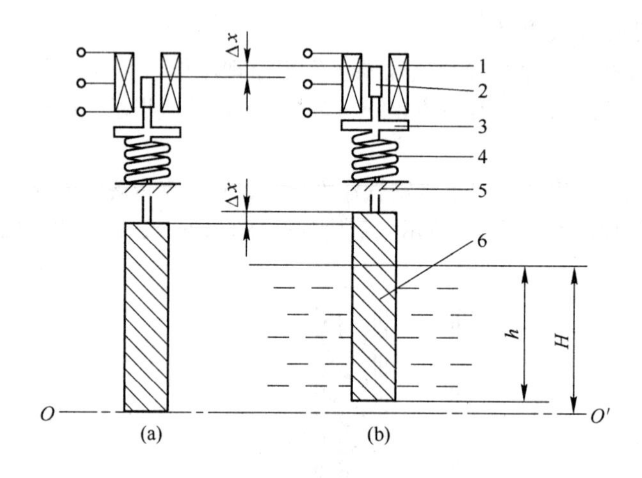

图5-16　浮筒式液位计原理图

（a）初始状态的浮筒；（b）液位为H时的浮筒

1—变压器；2—铁芯；3—连杆；4—弹簧；5—固定端；6—浮筒

浮筒与弹簧的连接方式有两种：一是通过连杆连至弹簧的上端，此时弹簧下端固定，弹簧由于浮筒的重力而处于压缩状态；二是通过连杆直接与弹簧下端相连，此时弹簧上端固定，弹簧处于拉伸状态。图5-16所示的浮筒式液位计，其浮筒与弹簧的连接方式为第一种情况。

当被测液体的液位尚未达到浮筒底面水平线OO'时，浮筒处于初始状态。此时，弹簧的初始弹力等于浮筒的重力，即有

$$G = Cx_0 \tag{5-12}$$

式中　G——浮筒的重量，N；

C——弹簧的刚度，N/m；

x_0——弹簧的初始压缩值（弹簧下端固定），m。

当浮筒的一部分被浸没时，浮筒受到液体对它的浮力作用而向上移动。当浮力与弹簧的弹力和浮筒的重力平衡时，浮筒停止移动，此时三力平衡，即有

$$G = C(x_0 - \Delta x) + \rho g A(H - \Delta x) \tag{5-13}$$

式中　H——被测液体相对于水平线OO'的液位高度，m；

Δx——弹簧的位移改变量（即浮筒移动的距离），m；

ρ——被测液体的密度，kg/m^3；

A——浮筒的横截面积，m^2。

注意：（1）浮筒实际浸没在液体中的长度h为液位高度H与浮筒向上移动量，即弹簧的位移改变量Δx之差，即$h = H - \Delta x$。（2）当浮筒处于初始状态时，弹簧受力最大；当液位升至浮筒全部被浸没及以上时，弹簧受力最小，且为恒定。

上述两式相减得被测液位

$$H = \left(1 + \frac{C}{\rho g A}\right)\Delta x \tag{5-14}$$

一般情况下，$H \gg \Delta x$，$H \approx h$，则上式简化为

$$H = \frac{C}{\rho g A}\Delta x \tag{5-15}$$

当液位发生变化，如液面升高ΔH，则浮筒所受浮力增加，弹簧被压缩量减小$\Delta x'$，同理可得

$$\Delta H = \left(1 + \frac{C}{\rho g A}\right)\Delta x' \tag{5-16}$$

可见，随着液位的变化，浮筒浸入液体的部分不同，所受的浮力发生变化，使浮筒产生位移。弹簧的位移改变量Δx与液位高度H（或$\Delta x'$与液位高度变化量ΔH）成正比关系。因此，变浮力液位检测方法实质上就是将液位转换成敏感元件浮筒的位移变化。

注意：（1）浮筒式液位计的量程取决于浮筒的长度，因此改变浮筒的尺寸（更换浮筒），就可以改变量程。（2）浮筒式液位计只能用于测量密度较小且较干净的介质液位，如柴油、汽油、水等。（3）由式（5-15）可知，浮筒式液位计的输出信号不仅与液位高度有关，还与被测对象的密度有关，当测量对象改变时，应进行密度的换算。

由于液位H与弹簧变形程度，即浮筒向上移动量Δx成比例，因此，在浮筒连杆上安装指针，即可就地显示液位；应用信号变换技术可进一步将位移转换成电信号，配上显示仪表在现场或控制室进行液位指示或控制。

转换方式不同，就构成了不同的变浮力式液位计。图5-16是在浮筒的连杆上安装一铁芯，使其随浮筒一起上下移动，通过差动变压器使输出电压与位移成正比关系，从而可测量并传送出液位信号。

5.3.2.2　扭力管式浮筒液位计

除此之外，还可以将浮筒所受的浮力转变成扭力管的角位移来实现测量，即构成扭力管式浮筒液位计，其传感器结构如图5-17所示。

作为液位检测元件的浮筒，垂直地悬挂在杠杆的一端。杠杆的另一端与扭力管、芯轴的一

端垂直地固结在一起，并由固定在外壳上的支点所支撑。扭力管的另一端，通过法兰固定在仪表外壳上。芯轴的另一端为自由端，用来输出角位移。

当液位上升时，浮筒所受浮力增大，作用在杠杆上的力减小。由力矩平衡原理可知，此时扭力管的扭角减小，反之亦然。因此，通过测量扭角的变化即可获得液位的变化。

5.3.2.3　位式变浮力液位计

用变浮力法构成位式液位计也很容易，如图 5-18 所示。将重物 4 和 5 串联悬挂在弹簧 1 所吊装的杠杆 2 上，液位正常时重物 5 在液面以下，重物 4 在液面以上，其总重力 F 恰使杠杆右端的电接点处于断开状态。若液位超过上限值，重物 4 的浮力使总重力 F 减小，接点 A 下移与 C 连通。若液位低于下限值，重物 5 的浮力消失使总重力 F 加大，接点 A 上移与 B 连通。改变重物 4 和 5 的高度即可调整上下限值。为使接点切换值准确，重物 4 和 5 的直径应尽量大。

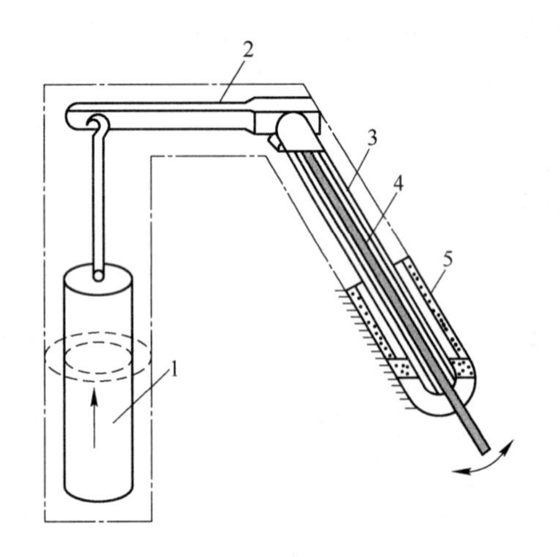

图 5-17　扭力管式浮筒液位计传感器结构

1—浮筒；2—杠杆；3—扭力管；4—芯轴；5—外壳

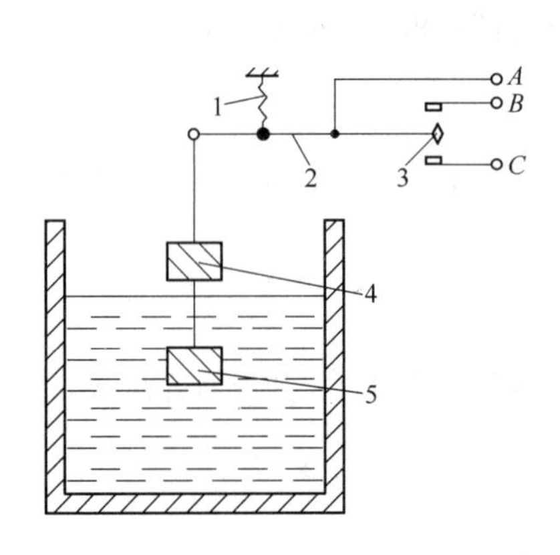

图 5-18　位式变浮力液位计

1—弹簧；2—杠杆；3—电接点；4，5—重物

5.4　电气式物位测量仪表

电气式物位测量仪表是将物位的变化转换为电量的变化，间接测量物位的仪表。根据电量参数的不同，它分为电容式、电阻式和电感式 3 种，其中电感式只能测量液位。

5.4.1　电容式物位测量仪表

电容式物位测量仪表是电气式物位测量仪表中常见的一种。它是利用物位升降变化导致电容器电容值变化的原理设计而成的。电容式物位测量仪表的结构形式很多，有平板式、同轴圆筒式等。它的适用范围非常广泛，不仅可作定点控制，还能用于连续测量。

5.4.1.1　基本测量原理

在电容物位计中，常采用如图 5-19 所示的由两个同轴圆筒极板组成的电容器。当两圆筒之间充以介电常数为 ε 的介质时，两圆筒间的电容量为

$$C = \frac{2\pi\varepsilon L}{\ln\dfrac{D}{d}} \tag{5-17}$$

式中　ε——电容极板之间介质的等效介电常数，F/m，$\varepsilon = \varepsilon_p \varepsilon_0 = 8.84 \times 10^{-12} \varepsilon_p$；

ε_p——介质的相对介电常数；

ε_0——真空介电常数，F/m，$\varepsilon_0 = 8.84 \times 10^{-12}$；

L——同轴圆筒电容器电极的长度，m；

d——同轴圆筒电容器内电极的外径，m；

D——同轴圆筒电容器外电极的内径，m。

可以看出，对于给定的圆筒电容器，即 D、d 一定时，电容量 C 与电极长度 L 和介电常数 ε 的乘积成正比。

5.4.1.2　用于导电介质的电容物位计

图 5-20 是测量导电介质液位的电容式液位计原理图。该液位计只用一根电极作为电容器的内电极，其材质一般为紫铜或不锈钢，其结构是直径为 d 的圆柱体。在内电极外安装聚四氟乙烯塑料套管或涂以搪瓷作为绝缘层。立式圆筒形容器由金属制成，作为无导电液体部分的外电极。

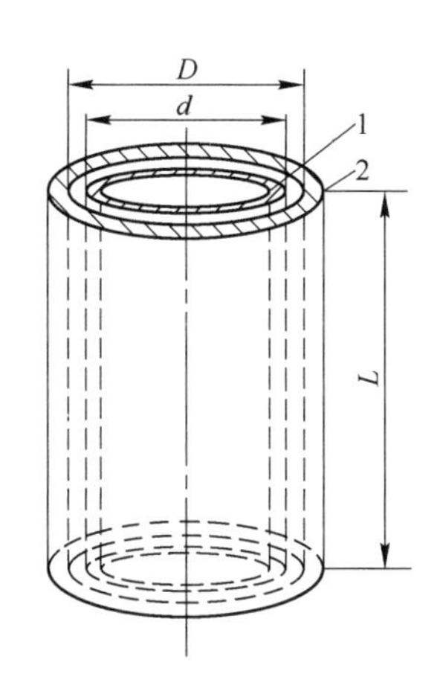

图 5-19　同轴圆筒电容器
1—内电极；2—外电极

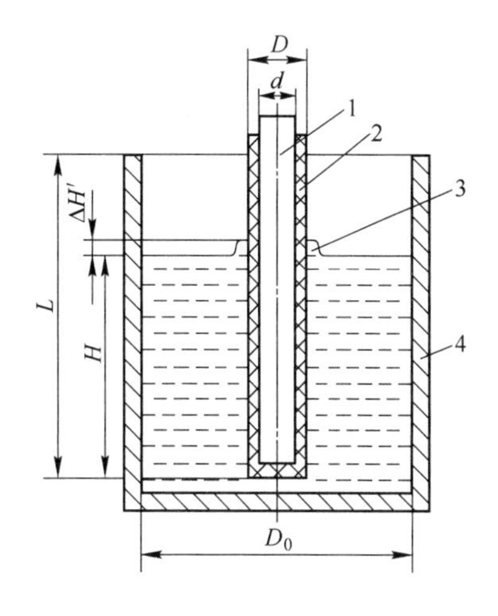

图 5-20　用于导电液体的电容液位计示意图
1—内电极；2—绝缘层；3—虚假液位；4—容器

当容器内没有液体时，容器为外电极，内电极与容器壁组成电容器，空气加塑料或搪瓷作为介电层，电极覆盖长度近似为整个容器的长度 L，则此时的电容为

$$C_0 = \frac{2\pi\varepsilon_0' L}{\ln \dfrac{D_0}{d}} \tag{5-18}$$

式中　ε_0'——电极绝缘层和容器内气体的等效介电常数，F/m；

D_0——容器的内径，m。

当容器内有高度为 H 的导电液体时，总电容由以下两个电容并联组成：

（1）在有液体的高度 H 范围内，导电液体作为电容器外电极，其内径为绝缘层的直径 D，介电层为绝缘塑料套管或搪瓷，该部分的电容为

$$C_1 = \frac{2\pi\varepsilon H}{\ln \dfrac{D}{d}} \tag{5-19}$$

式中　ε——绝缘层（绝缘塑料套管或搪瓷）的介电常数，F/m；

D——绝缘层的直径，m。

（2）无液体部分的电容与空容器的类似，只是电极覆盖长度仅为容器上部的气体部分长度 $L-H$，该部分的电容为

$$C_2 = \frac{2\pi\varepsilon_0'(L-H)}{\ln\frac{D_0}{d}} \tag{5-20}$$

此时整个电容相当于有液体部分 C_1 和无液体部分 C_2 两个电容的并联，因此整个系统的电容量为

$$C = C_1 + C_2 = \frac{2\pi\varepsilon H}{\ln\frac{D}{d}} + \frac{2\pi\varepsilon_0'(L-H)}{\ln\frac{D_0}{d}} \tag{5-21}$$

液位为 H 时电容的变化量为

$$C_x = C - C_0 = \left(\frac{2\pi\varepsilon}{\ln\frac{D}{d}} - \frac{2\pi\varepsilon_0'}{\ln\frac{D_0}{d}}\right)H \tag{5-22}$$

若 $D_0 \gg d$，且 $\varepsilon_0' \ll \varepsilon$，则上式变为

$$C_x = C - C_0 = \frac{2\pi\varepsilon}{\ln\frac{D}{d}}H \tag{5-23}$$

从上式看出，电容量的变化与液位高度成正比，测出电容量的变化，便可知道液位高度。因测量过程中，电容的变化都很小，因此准确地检测电容量是电容式物位测量仪表的关键。

该仪表的灵敏度 S 为

$$S = \frac{2\pi\varepsilon}{\ln\frac{D}{d}} \tag{5-24}$$

由此可见，绝缘层（绝缘塑料套管或搪瓷）的介电常数越大，D 与 d 的值越接近（绝缘层越薄），则仪表的灵敏度越高。

当导电介质黏性较大时，由于导电介质作为电容器的一个极板，绝缘层被导电介质沾染，相当于增加一段虚假的液位高度 $\Delta H'$，如图 5-20 所示。虚假液位严重影响了仪表的测量准确度，应采取措施减小其干扰，常用的方法是：（1）使绝缘层表面尽量光滑；（2）选用不沾染被测介质的绝缘层材料。

上述方法同样也可用于测量导电物料的料位，如块状、颗粒状、粉状等。所不同的是，由于固体摩擦力大，容易形成“滞留”，产生虚假料位现象会更严重。

5.4.1.3　用于非导电介质的电容物位计

当被测对象为非导电介质时，是以被测介质作为介电层，组成电容式物位测量仪表的。按结构又可分为同轴套筒电极式电容液位计和裸金属电极电容物位计两种。

A　同轴套筒电极式电容液位计

图 5-21 所示为同轴套筒电极式电容液位计示意图。在棒状内电极周围用绝缘支架套装同轴的金属套筒作为外电极。在外电极上均匀开设许多个孔，这样被测介质即可流进两个电极之

间，使电极内外液位相同。

当容器内没有液体时，介电层为绝缘支架和两极间空气，此时电容器的电容为

$$C_0 = \frac{2\pi\varepsilon_0' L}{\ln\frac{D}{d}} \tag{5-25}$$

式中 ε_0'——绝缘支架和两极间空气的等效介电常数，F/m。

当非导电液体液位高度为 H 时，在有液体的高度 H 范围内，非导电液体作为电容器的介电层，其介电常数为 ε；而被测液体上部与空容器时一样，是以绝缘支架和空气为介电层，则总电容量为

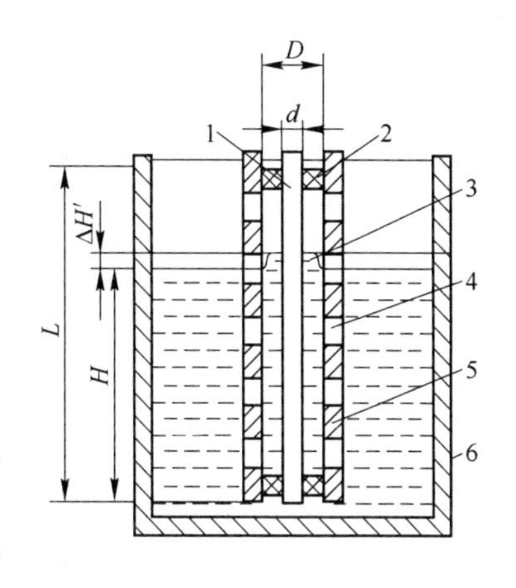

图 5-21 同轴套筒电极式电容液位计示意图

1—内电极；2—绝缘支架；3—虚假液位；4—开孔；5—外电极；6—容器

$$C = \frac{2\pi\varepsilon H}{\ln\frac{D}{d}} + \frac{2\pi\varepsilon_0'(L-H)}{\ln\frac{D}{d}} \tag{5-26}$$

电容量的变化量为

$$C_x = C - C_0 = \frac{2\pi(\varepsilon - \varepsilon_0')}{\ln\frac{D}{d}}H \tag{5-27}$$

由上式可见，电容量的变化与液位高度成正比，测出电容量的变化，便可知道液位高度。

该仪表的灵敏度 S 为

$$S = \frac{2\pi(\varepsilon - \varepsilon_0')}{\ln\frac{D}{d}} \tag{5-28}$$

可见，被测介质的介电常数与空气的介电常数差别越大，仪表的灵敏度越高；D 和 d 的比值越近于1，仪表的灵敏度也越高。

注意： (1) 由于在式 (5-27) 中含有被测对象介电常数 ε，该仪表同浮子流量计一样，需要对非标定物质和非标定状态进行刻度换算，即应考虑液体的介电常数随成分、温度及其杂质变化而产生的测量误差。(2) 因为粉粒体容易滞留在极间，故该仪表仅用于液位测量。又由于同轴套筒式电极之间距离不大，所以这种电极只适用于测量流动性较好的液体，如煤油、轻油及某些有机溶液、液态气体等。(3) 该仪表适用于非金属容器，或金属非立式圆筒形容器的液位测量。其电容值的大小和容器形状无关，只取决于液位。

B 裸金属电极电容物位计

裸金属电极电容物位计适用于金属立式圆筒形容器。它以裸露的金属棒作为内电极，容器作为电容的外电极。

a 测量原理

图 5-22 (a) 所示为裸金属电极电容液位计，图 5-22 (b) 所示为带辅助电极的裸金属电极电容料位计，二者测量原理相同。当容器内没有液体时，介电层为容器内的空气。当液位高度为 H 时，在有液体部分，被测介质作为中间填充介质。被测液体上部的介电层为容器内的空气，其电容和灵敏度计算公式可用式(5-25)~式(5-28)代替。所不同的只是将上述公式中的等

效介电常数 ε_0'替换为空气介电常数 ε_0，外电极内径 D 替换为容器内径 D_0。

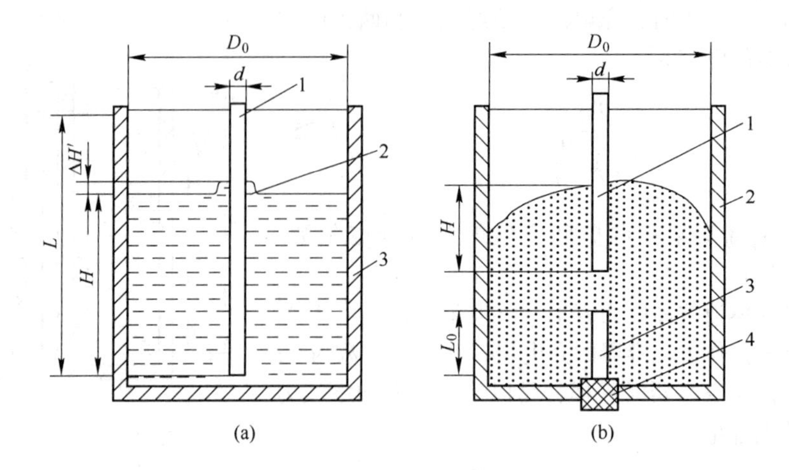

图 5-22　裸金属电极电容物位计原理示意图

（a）裸金属电极电容液位计：1—内电极；2—虚假液位；3—容器；

（b）裸金属电极电容料位计：1—测量电极；2—容器；3—辅助电极；4—绝缘支架

由于两电极间距离较大，当物位发生变化时引起的电容量变化值较小。为了提高测量灵敏度，安装时可将测量电极安装在容器壁或辅助电极的附近，以增加电容变化量。

由于电容的两电极间距较大，该类仪表可用于测量以下物质的料位：（1）黏度大的非导电介质；（2）干燥小颗粒或粉状的绝缘物质，如沥青、重油、干燥水泥、粮食等。

b　辅助电极作用

在测量过程中，若物料的温度、湿度、密度变化或掺有杂质，则会引起介电常数的变化，产生测量误差。为了消除该项测量误差，一般将一根辅助电极始终埋入被测物料中。辅助电极与测量电极（也称主电极）可以同轴，也可以不同轴。设辅助电极长为 L_0，它相对于料位为零时的电容变化量 C_{L_0} 为

$$C_{L_0} = \frac{2\pi(\varepsilon - \varepsilon_0)}{\ln \dfrac{D_0}{d}} L_0 \tag{5-29}$$

当非导电介质的物位高度为 H 时，测量电极的电容变化量为

$$C_x = \frac{2\pi(\varepsilon - \varepsilon_0)}{\ln \dfrac{D_0}{d}} H \tag{5-30}$$

将上两式相比可得

$$C_x = \frac{C_{L_0}}{L_0} H \tag{5-31}$$

由于 L_0 是常数，所以料位变化仅与两个电容变化量之比有关，而介质因素波动所引起的电容变化对主电极与辅助电极是相同的，相比时被抵消掉，从而起到减小误差的作用。

非导电介质电容物位测量仪表也同样存在虚假液位现象，其中，同轴套筒式电极电容液位计因两极间距离太小，虚假液位现象更明显。

由物位变化而引起的电容值变化一般都十分微小（几皮法至几十皮法），这样微小的电容

不便直接显示、记录，更不便于传输，必须借助测量电路将其转换成与其成正比的电压、电流或频率信号。常用的测量电路有：交流不平衡电桥、二极管环形检波电路、差动脉冲宽度调制电路以及由各种运算放大器组成的测量电路。

以上介绍的是电容式物位测量仪表的典型方法。用电容法也可构成物位开关，可用于液位、料位报警或位式调节系统，这种应用方式下，不要求电容与物位成正比，只希望在电极附近有很高的灵敏度，所以电极宜横向插入容器或用平板形电极。

5.4.1.4 电容式物位计特点

电容式物位测量仪表具有如下特点：

(1) 被测介质适用性广。电容式物位测量仪表几乎可以用于测量任何介质，包括液体、粉状固体、液-固浆体和相界面。对介质本身性质的要求不像其他物位计那样严格，对导电介质和非导电介质都能测量，此外还能测量有倾斜晃动及高速运动的容器的液位。

(2) 适于各种恶劣的工况条件，工作压力从真空到7MPa，工作温度从 -186 ~ 540℃。

(3) 测量结果与介质密度、化学成分等因素无关。

(4) 无可动部件，结构简单，性能可靠，造价低廉。

(5) 对非导电物位计，要求物料的介电常数与空气介电常数差别大，且需用高频电路。

(6) 使用时需注意分布电容的影响。

(7) 存在挂料问题。

当测量具有粘附性的导电物料时，物料会粘附在传感电极的外套绝缘罩上（挂料），影响测量准确度。

5.4.1.5 射频导纳物位计

射频导纳物位计是从电容物位计发展起来的新型物位测量仪表，可解决普通电容物位计的挂料问题，实现更可靠、更准确的测量。

A 测量原理

“射频导纳”中“导纳”的含义为电学中阻抗的倒数，它由阻抗成分、容性成分、感性成分综合而成。由于实际过程中很少有电感，因而这里的导纳实际上就是电容与电阻。而“射频（RF）”即高频无线电波谱，其频率范围一般为15 ~ 400kHz。因此，射频导纳技术可以理解为用高频无线电波测量导纳的方法。

仪表工作时，传感器与容器壁及被测介质间形成导纳值。物位变化时，导纳值相应变化。高频正弦振荡器输出一个稳定的测量信号源，利用电桥原理，以准确测量导纳数值。电路单元将测量导纳值转换成物位信号输出，实现物位测量。

对于一个装有强导电性被测介质的容器，由于被测介质是导电的，接地点可以被认为是在探头绝缘层的表面，对变送器来说仪表现为一个纯电容。随着容器排料，探杆上产生挂料，而挂料是具有阻抗的。这样以前的纯电容现在变成了由电容和电阻组成的复阻抗，从而引起以下两个问题：

(1) 对于导电被测介质，探头绝缘层表面的接地点覆盖了整个被测介质及挂料区，使有效测量电容扩展到挂料的顶端。这样便产生挂料误差，且导电性越强误差越大。但任何被测介质都不是完全导电的。从电学角度来看，挂料层相当于一个电阻。敏感元件被挂料覆盖的部分相当于一条由无数个无穷小的电容和电阻元件组成的传输线。从数学上可以证明，只要挂料足够长，则挂料的电容 $C_{挂料}$和电阻 R 具有相同的阻抗，这就是射频导纳定理。

根据对挂料阻抗所产生误差的研究，对原有电路进行改进，以分别测量电容和电阻 R。测量的总电容为 $C_{测量} = C_{物料} + C_{挂料}$，减去与 $C_{挂料}$ 相等的电阻 R，就可以获得物位真实值 $C_{物料}$，从而排除挂料的影响。

（2）由于导电物料的截面很大，可近似认为其电阻为零，即物料本身对探头相当于一个电容，它不消耗变送器的能量（纯电容不耗能）。但挂料等效为电容和电阻，会消耗能量，从而将振荡器电压拉下来，导致桥路输出改变，产生测量误差。为此在振荡器与电桥之间增加了一个驱动器，使消耗的能量得到补充，因而不会降低加在探头的振荡电压。

B 特点

（1）防挂料。独特的电路设计和传感器结构，使其测量可以不受传感器挂料影响，无须定期清洁，避免误测量。

（2）通用性强。可测量液位及料位，可满足不同温度、压力、介质的测量要求，并可应用于腐蚀、冲击等恶劣场合。

（3）准确可靠，稳定性高，使用寿命长。

（4）免维护。测量过程无可动部件，不存在机械部件损坏问题，无须维护。

（5）抗干扰。虽然是接触式测量，但抗干扰能力强，可克服蒸汽、泡沫及搅拌对测量的影响。

5.4.2 电导式物位测量仪表

对于导电性液体采用电导式液位计更为简单易行，尤其是输出开关信号的位式液位计，准确度和可靠性都比较高。此处所说导电性液体除各种液态金属及酸、碱、盐溶液外，也包括一般工业生产中的非纯水。例如高中压锅炉里的水，其电阻率约为十分之几到几十欧·米。为了防止极化腐蚀影响电极寿命，电导式所用电源一般都选用交流电源，其频率不宜太高，以免受电感电容作用的影响。

5.4.2.1 电导式电接点液位计

图 5-23 为最简单的位式液位计原理示意图。若容器本身是导电的，在容器上方垂直插入适当长度的导体电极 1（电极也可用带重锤的钢丝绳代替），它与容器壁 3 所构成电路的通断与否取决于液位的高低，如图 5-23（a）所示。同理，对于导电容器，长短不一的电极 1 和 2 可用于液位上下限报警，如图 5-23（b）所示。若分别装有长度不等的多根电极，则可分段显示液位值。若容器是绝缘的，可插入两个长度相等的电极 1 和 2，如图 5-23（c）所示。

这种液位计最主要的特点就是结构简单。但应注意，在高温高压锅炉上应用时，必须配有

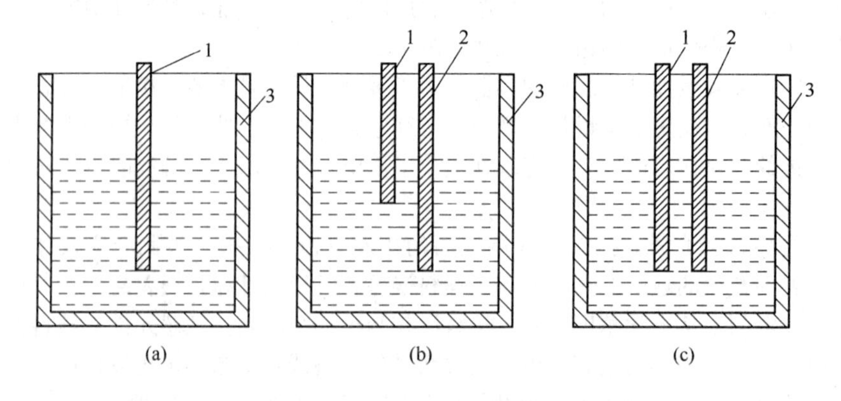

图 5-23 电导式电接点液位计

（a）导电容器液位报警；（b）导电容器液位上下限报警；（c）非导电容器液位报警

1，2—电极；3—容器壁

耐热且强度高的绝缘材料，还要能承受高温炉水的腐蚀。一般在高压锅炉上用氧化铝陶瓷绝缘，并且用可伐合金密封，制成专用的电极。可伐合金是指由铁、钴、镍组成的合金，其膨胀系数与氧化铝陶瓷相近。

5.4.2.2　简易电导液位计

将电极制成如图 5-24（a）所示的同心套筒状，就可根据电极 3 和电极 4 间的阻值连续反映液位。该液位计工作的前提是液体的电阻率已知且为恒定值，若液体导电性强，可采用图 5-24（b）所示的分段电阻法，使 AB 间的阻值近似反比于液位。也可采用如图 5-24（c）所示的氖灯显示法，液位越高发光的氖灯越多。

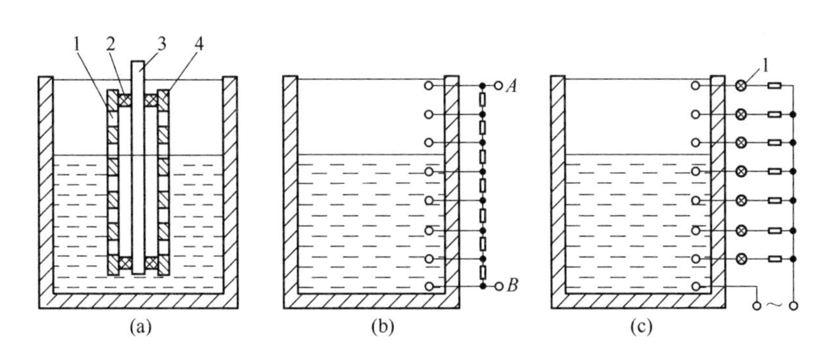

图 5-24　简易电导液位计

（a）同心套筒法：1—开孔；2—绝缘支架；3—内电极；4—外电极；
（b）分段电阻法；（c）氖灯显示法：1—氖灯

注意：上述 3 种液位计在使用时均应保证液体的电阻远小于器壁漏电阻。

5.4.2.3　电导跟踪式液位计

由电导原理构成的电导跟踪式液位计，由伺服系统构成，如图 5-25 所示。图中，滚筒上绕有细钢丝绳，绳端系一重锤。当被测液面触及重锤时，形成电的通路，使伺服放大器产生提升信号。此信号作用于伺服电动机，使之带动滚筒将重锤提离液面。一旦重锤与液面脱离接触，伺服放大器的输出信号改变，又使伺服电动机反转，重锤又将下降，重新接触液面。如此反复动作，重锤的平衡位置始终跟踪着液位升降，滚筒轴上所带的指示装置或电远传装置便可连续反映液位值。在该液位计中，重锤相当于探针。

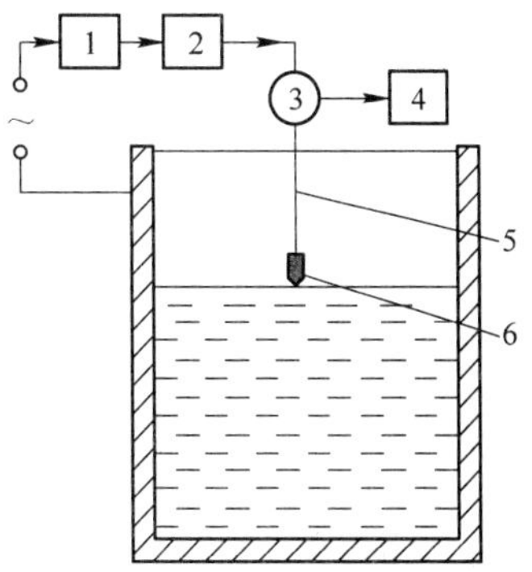

为了不致频繁正反转动，可采用高度不等的两个探针，都浸没时提升，都暴露时下降，只有高探针在液上而低探针在液下时电机停止。若两探针的高度差很小，也有足够的准确度。电导跟踪式液位计是准确度较高的一种电导式液位计（或液位变送器）。

图 5-25　电导跟踪式液位计

1—伺服放大器；2—伺服电动机；3—滚筒；4—指示装置（或电远传装置）；5—钢丝绳；6—重锤

5.4.2.4　超导液位计

低温液体的液位受容器保温要求的限制，不能采用普通液位的测量方法，而采用超导液位计，其原理如图 5-26 所示。这里并不是利用被测介质本身的电导或电阻，而是利用低温下某些金属的超导现象。例如钽的临界温度为 4.3K，而氦的沸点为 4.2K。因此，浸在液氦中的钽丝处于超导状态，其电阻为零，而液面以上的部分仍有电阻，这样便可根据阻值测出液位。图中锰铜丝上的电流起加热作用，使液面以上的钽丝处于非超导态。电压表和电流表的读数相除即为电阻值。

5.4.3 电感式液位计

电感式液位计是依靠被测液体内的涡流反映液位的，所用电源必须是交流。具体地说，在平面螺旋（蚊香形）线圈内通以交流电，当导电液体表面接近线圈时，液体出现涡流将使线圈的电感量改变。若线圈与电容并联，并联回路的谐振频率会有明显变化，利用这一原理可构成液位开关，但不适合连续测液位。

图 5-27 是根据线圈感抗连续测量导电液体液位的一种方法。用连通管将被测导电液体引至容器，此容器中央有铁芯穿过，铁芯上绕有线圈。交流电流通过线圈时有感抗作用，容器内无导电液体时感抗最大。液位升高，则涡流加大，相当于变压器副边接近短路，这时原边感抗就越来越小，原边电流就逐渐加大。只要在线圈上通以电压和频率恒定的交流电，便可根据电流的大小判断液位。必须指出，容器壁应为绝缘材料，否则容器壁的短路作用将使灵敏度下降。

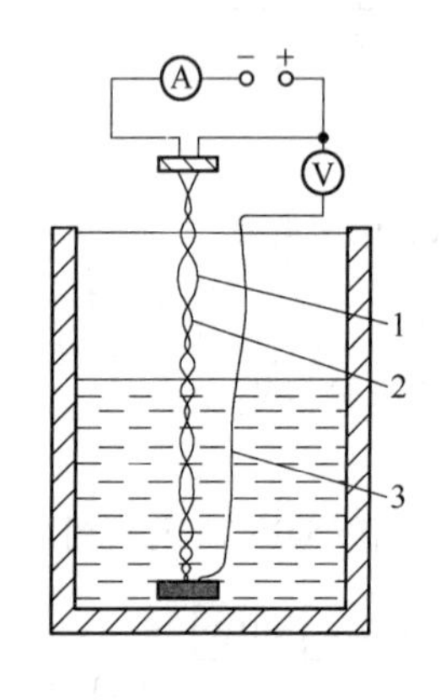

图 5-26 超导液位计

1—钽丝；2—锰铜丝；3—导线

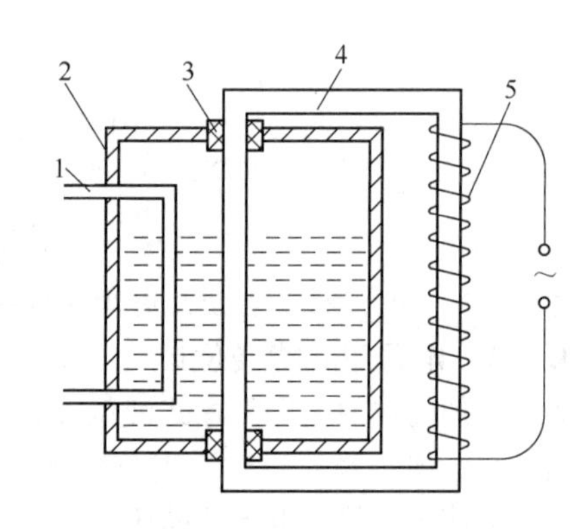

图 5-27 电感式液位计

1—连通管；2—容器；3—绝缘支架；4—铁芯；5—线圈

5.5 超声波物位测量仪表

5.5.1 概述

在物位测量中，越来越多地使用非接触式测量技术，超声波物位计是其典型代表。它不但成本低、易于维护，还可实现非接触、高可靠测量，解决了电容式、浮子式等测量方式带来的缠绕、泄露、接触介质、维护昂贵等麻烦，在固态物料（矿石、煤、谷类等）物位、水和废水液位测量方面彰显优势。

超声波物位测量仪表根据使用特点可分为连续式超声波物位计和定点式超声波物位计两大类。前者可连续测量液体液位、固体料位或液-液相界面位置；后者用来测量被测物位是否达到预定高度（通常是安装测量探头的位置），并发出相应的开关信号。

按探头构造方式又可分为自发自收的单探头方式和收发分开的双探头方式。单探头方式物位计使用一个换能器，由控制电路控制它分时交替作发射器与接收器。双探头方式则使用两个换能器分别作发射器和接收器。

5.5.2 连续式超声波物位计

根据不同应用场合所使用的传声介质不同，连续式超声波物位计可分为气介式、液介式和固介式3种，常用的是前两种。对于固介式，需要有两根金属棒或金属管分别作发射波与接收波的传输管道。

5.5.2.1 液介式超声液位计

A 工作原理

早期的超声波液位计是以被测液体为导声介质，构成如图5-28所示的液介式超声液位计。其探头既可以安装在液面的底部，也可以安装在容器底的外部。单片机时钟电路定时触发发射电路发出电脉冲，激励换能器发射超声脉冲。超声波从底部传入，经被测液体传播到液面，在被测液体表面上反射回来，被探头接收，由换能器转换成电信号，经接收电路处理后送至单片机进行存储、显示等。图5-28（a）为单探头方式，探头起着发射和接收双重作用，则液面高度 H 与超声波在被测液体中的声速 C 及来回传播时间 t 成正比关系，即

$$H = \frac{C}{2}t \tag{5-32}$$

图5-28（b）为双探头方式，其中一个探头T起发射作用，另一个探头R起着接收作用。设两探头之间距离的一半为 L，则超声波传播的距离为 $\sqrt{H^2 + L^2}$，此时被测液位为

$$H = \sqrt{\frac{C^2t^2}{4} - L^2} \tag{5-33}$$

实际应用时，发现这种液位计存在以下3个问题：(1) 各种被测介质不同，声速不同，并且难以知道；(2) 对同一被测介质，其成分和温度也经常变动，声速也会随之变化；(3) 在现场，底部安装往往有困难。为此，常采取以下措施：(1) 采取顶部安装，利用空气作为导声介质，构成气介式超声波物位计；(2) 进行声速的校正。

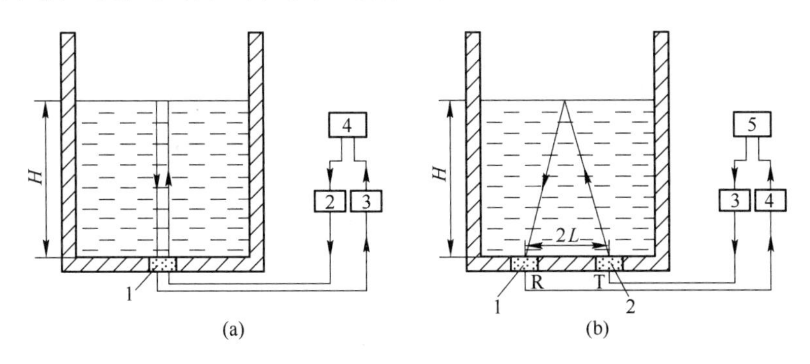

图5-28 液介式超声波液位计

（a）单探头方式：1—换能器；2—发射电路；3—接收电路；4—单片机；

（b）双探头方式：1—接收换能器；2—发射换能器；3—发射电路；4—接收电路；5—单片机

B 声速的校正

声速 C 值准确与否对于采用回波法测量液位来说是至关重要的。声速与介质的密度有关，而密度又随温度和压力而改变，因此实际声速是一个变化值。为了排除声速变化对测量的影响，应对声速进行校正。工程应用上常采用声速校正具，其具体结构如图 5-29 所示。

固定式声速校正具由一个校正超声波换能器（校正探头）和反射板组成，二者相距固定距离 L_0，如图 5-29（a）所示。对液介式液位计而言，校正具应安装在液体介质最底处以避免水面反射声波的影响。超声脉冲从探头发射，经反射板被反射回探头，在此期间超声波的传播时间为 t_0，则得实际声速 C_0 为

$$C_0 = \frac{2L_0}{t_0} \tag{5-34}$$

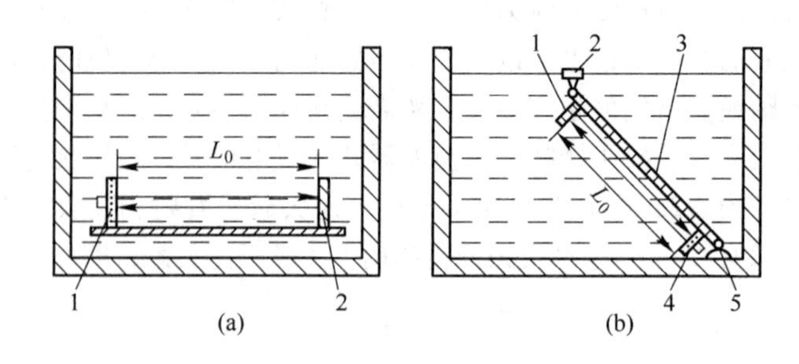

图 5-29 液介式超声波液位计声速校正具

（a）固定式声速校正具：1—校正超声波换能器；2—反射板；

（b）浮臂式声速校正具：1—反射板；2—浮子；3—摆杆；4—校正超声波换能器；5—旋转轴

一般满足 $C_0 = C$，对单探头方式，由式（5-32）和式（5-34）得

$$H = \frac{L_0}{t_0}t \tag{5-35}$$

从上式显然可见，测液位高度 H 变为测时间 t 和 t_0。

若在测量时，声速沿高度方向是不同的，如沿高度方向被测介质密度分布不均匀或有温度梯度时，可采用图 5-29（b）所示的浮臂式声速校正具。该校正具的上端连接一个浮子，下端装有转轴，使校正具的反射板位置随液面变化而升降，使校正探头与测量探头发射和接收的声波所经过的液体状态相近，以消除由于传播速度之差异而带来的误差。浮臂式与固定式相比，因摆杆倾斜，所测声速是液体上下层声速的平均值，更有利于减小因上下层温度不同造成密度不同而产生的测量误差。液介式超声波液位计不宜测量含有气泡、悬浮物的液位及很大波浪的液面，其测量误差在不加校正具时为 1%，加校正具后可达 0.1%。

5.5.2.2 气介式超声波物位计

A 工作原理

如换能器装在液面以上的气体介质中垂直向下发射和接收，则称为“气介式”。气介式超声波物位计的工作原理同液介式超声波液位计一样。所不同的是，超声波换能器置于液面的上方，与液面底部的距离为 H_0。它以空气作为介质，对于图 5-30（a）所示的单探头方式，液面高度 H 与超声波在空气介质中的传播速度 C 及来回传播时间 t 的关系如下

$$H = H_0 - \frac{C}{2}t \tag{5-36}$$

对于图 5-30（b）所示的双探头方式，液面高度为

$$H = H_0 - \sqrt{\frac{C^2t^2}{4} - L^2} \tag{5-37}$$

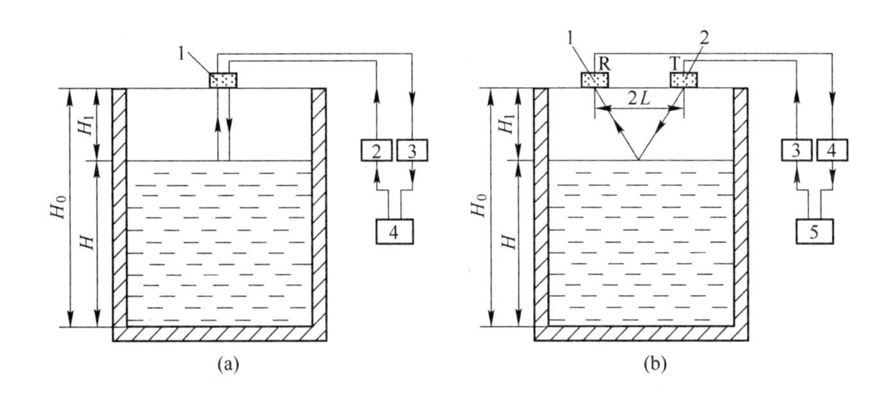

图 5-30　气介式超声波液位计

（a）单探头方式：1—换能器；2—发射电路；3—接收电路；4—单片机；

（b）双探头方式：1—接收换能器；2—发射换能器；3—发射电路；4—接收电路；5—单片机

B　声速的校正

声波在气体介质中的传播速度受温度和压力的影响，并非常数，给测量带来困难。为了避免声速变化引起误差，可采用图 5-31 所示的校正措施。

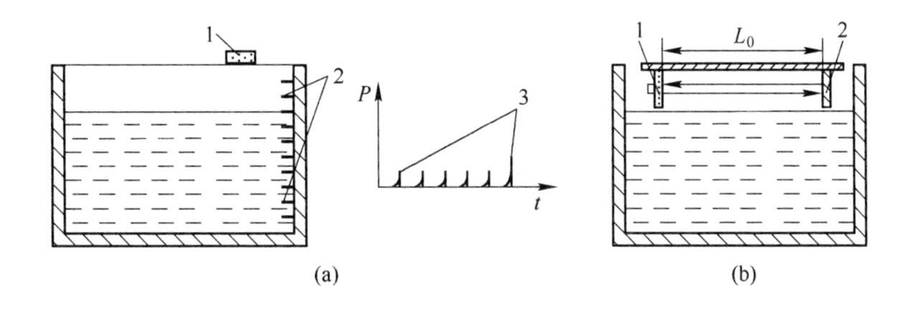

图 5-31　气介式超声波液位计声速校正具

（a）多反射板式声速校正具及其回波脉冲列；（b）单反射板式声速校正具

1—校正超声波换能器；2—反射板；3—回波脉冲列；

图 5-31（a）所示为多反射板式，图中，换能器发出的超声波束靠近容器壁，在壁上安装多个反射板，各板按等距排列，这些板对声波都有反射作用，使回波曲线中呈现若干小脉冲。最后出现的大脉冲是由液面反射造成的。由于各反射板等距安装，每个小脉冲所对应的距离已知，只要对该脉冲的数目计数，便可求得被测液位，以及消除声速变化造成的测量误差。

近几年出现的气介式超声波物位仪表采取了声速校正的有效措施，不再需要在容器壁上安装一系列反射板，安装使用更为方便。图 5-31（b）所示的单反射板式与图 5-29（a）所示的

固定式声速校正具类似，只是整个校正装置置于液体上方。

C　特点分析

由于气介式在防腐和维护方面比液介式优越得多，且可测黏性及含杂质的液体，所以气介式的应用更为广泛。

由以上的分析可知，气介式超声波物位计的工作原理实质是回波测距原理，又称脉冲回波法、声呐法。它是近几年来发展较快的TOF（time of flight，行程时间或传播时间）物位计的一种，其优点有：

（1）利用被测介质上方的气体导声，换能器不必和液体接触，便于防腐蚀和渗漏；

（2）使用维护方便；

（3）测量对象广，主要包括：1）高黏度液体和含有颗粒杂质或气泡的液体；2）各种密封、敞开容器中的液位；3）塑料粉粒、砂子、煤、矿石、岩石等固体；4）沥青、焦油等黏糊液体；5）纸浆和泥浆等脏污介质。

但在实际中，常会碰到如下情况：（1）料仓中会有人梯、横梁、机械构件甚至搅拌器等，它们会反射能量波；（2）空间会有烟雾、蒸汽；（3）如果被测物料是液体，液面有时会波动；如果是固态物料，料面会形成安息角。以上这些情况使声波散射严重，波的反射复杂化，即除了物料面反射回波外，还会有许多干扰回波存在。为了正确测量出物位，必须在这众多回波中识别出被测物料表面反射的真实回波。随着微电子及数字技术的发展，目前都采用回波曲线数字化等方法进行回波处理与识别。例如，对于固定物件的反射回波，可在空罐（或接近空罐）时，进行一次测量，记录下反射波，以后在每次测量时消去。

注意：（1）在实际测量时，有时液面会有气泡、悬浮物、波浪或沸腾，引起反射混乱，产生测量误差，因此，在上述复杂情况下宜采用固介式液位计，它不会因为上述原因产生反射混乱或声束偏转。（2）连续式超声物位计存在一定的盲区，例如德国E+H公司（Endress+Hauser）的DU212型最小盲区是0.7m，此范围以内不能使用。（3）测量最远距离受声功率的限制，一般都在5m以上，有的品种可测40m处的物位。（4）无论气介式或液介式，所用超声信号都是短暂的脉冲波，以便测定回波经历的时间。通常所采用的超声频率为20～46kHz。因而不能用连续振荡电路驱动换能器。这是和超声液位开关不同的。（5）换能器的Q值和电路的Q值（即振动环节的品质因数）都不宜太高，以免脉冲后沿出现余振，所以要有适当的阻尼，这和音叉也不一样。（6）为克服介质的温度、密度、压力、浓度等因素对超声波传播速度的影响，应采用温度补偿、声速校正等措施。

5.5.3　定点式超声物位计

定点式超声物位计常用的有声阻式、液介穿透式和气介穿透式3种。

5.5.3.1　声阻式超声液位开关

如图5-32所示，声阻式超声液位开关是利用气体和液体对超声振动的阻尼有显著差别这一特性来判断测量对象是液体还是气体，从而测定被测液位是否到达检测探头的安装高度。

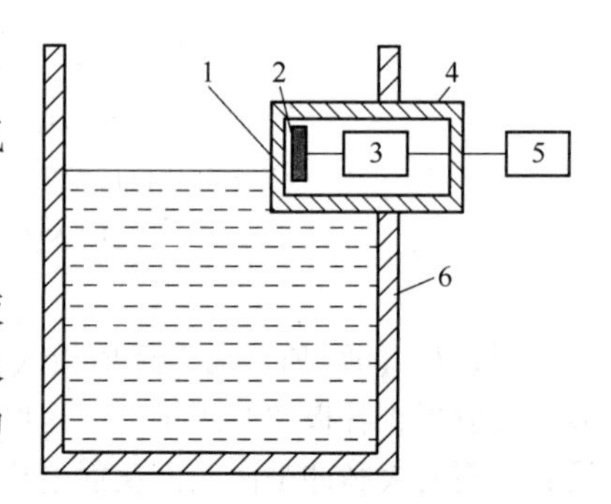

图5-32　声阻式超声液位开关
1—辐射面；2—压电陶瓷；3—放大器；4—不锈钢外壳；5—控制器；6—容器

由于气体对压电陶瓷前面的不锈钢辐射面振动的阻尼小，压电陶瓷振幅较大，足够大的正反馈使放大器处于振荡状态。当不锈钢辐射面和液体接触时，由于液体的阻尼较大，压电陶瓷 Q 值降低，反馈量减小，导致振荡停止，消耗电流增大。根据换能器消耗电流的大小判断被测液位是否上升到辐射面高度。控制器内含继电器，能根据所测信号触发继电器动作，发出相应控制信号。

声阻式超声液位开关结构简单，使用方便。换能器上有螺纹，使用时可从容器顶部将换能器安装在预定高度即可。它适用于化工、石油和食品等工业中的各种液面测量，也用于检测管道中有无液体存在。声阻式超声液位开关的工作频率约为40kHz，重复性可达1mm。

由于测量黏滞液体时，会有部分液体粘附在换能器上，不随液面下降而消失，因而容易产生误动作，所以声阻式超声液位开关不适用于黏滞液体。同时也不适用于测量溶有气体的液体。这是因为气泡易附在换能器上而形成辐射面上的一层空气隙，从而减小了液体对换能器的阻尼，并导致误动作。

5.5.3.2 液介穿透式超声液位开关

液介穿透式超声液位开关是由美国罗斯蒙特集团Kay-Ray/Sensall公司首创的，其工作原理是利用超声换能器在液体中和气体中发射系数的显著差别来判断被测液面是否达到换能器安装高度。液介穿透式超声液位开关的结构如图5-33所示。它由相隔一定距离平行放置的发射压电陶瓷与接收压电陶瓷组成，并被封装在不锈钢外壳中或用环氧树脂铸成一体，在发射与接收陶瓷片之间留有一定间隙(12mm)。控制器内有放大器和功率放大器，功率放大器用于驱动继电器动作。发射压电陶瓷与接收压电陶瓷分别通过发射电路和接收电路，被接到放大器的输出端和输入端，以形成闭环振荡。

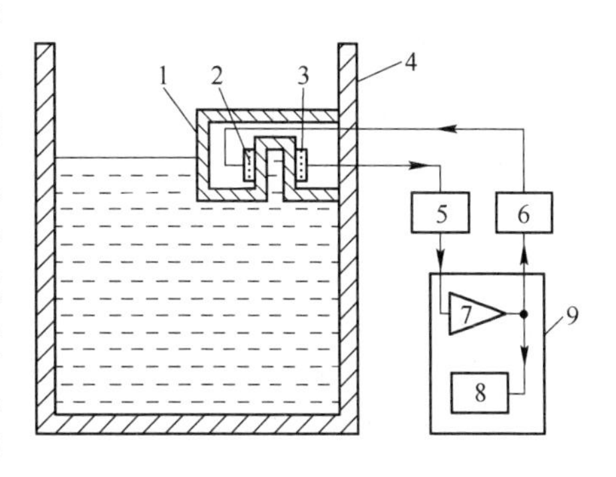

图5-33 液介穿透式超声液位开关
1—不锈钢外壳；2—发射压电陶瓷；3—接收压电陶瓷；4—容器；5—接收电路；6—发射电路；7—放大器；8—功率放大器；9—控制器

当间隙内充满液体时，由于固体与液体的声阻抗接近，超声波穿透时界面损耗较小，超声波能透过液体被接收换能器所接收。这样从发射到接收，放大器由于声反馈而连续振荡。当间隙内是气体时，由于固体与气体声阻抗差别极大，在固-气相界面上超声波大部分被反射，接收换能器所接收到的声能太少，所以声反馈中断，振荡停止。因此，可根据放大器振荡与否来判断换能器间隙是空气还是液体，从而判断液面是否到达预定高度。

该液位开关结构简单，不受被测介质物理性质的影响，工作安全可靠。由于在探头部分具有缝隙，故又被称为窄缝式超声液位开关。它既可自容器侧壁横向插入，又可自顶部竖向插入，只要窄缝处于所控制的液位高度上即可。

5.5.3.3 气介穿透式超声料位开关

发射换能器中压电陶瓷和放大器接成正反馈振荡回路，振荡在发射换能器的谐振频率上。接收换能器同发射换能器采用相同的结构。使用时，将两换能器相对安装在预定高度的一直线上，使其声路保持畅通。当被测料位升高遮断声路时，接收换能器收不到超声波，控制器内继电器动作，发出相应的控制信号。

由于超声波在空气中传播，故频率选择得较低（20~40kHz）。这种料位计适用于粉状、颗粒状、块状或其他固体料位的极限位置报警，还可用于密度小，介电常数小，电容式物位计难以测量的塑料粉末、羽毛等的物位测量。它具有结构简单、安全可靠、不受被测介质物理性质的影响、适用范围广等优点。

5.5.4　特点分析

超声波物位测量仪表具有以下6个优点：

（1）能定点及连续测量物位，并提供遥控信号。

（2）无机械可动部分，安装维修方便，换能器压电体振动振幅很小，寿命长。

（3）能实现非接触测量，适应性很强。超声波传播速度比较稳定，光线、介质黏度、湿度、介电常数、电导率、热导率等对检测几乎无影响，因此适用于有毒、腐蚀性、高黏度及密封容器内等特殊场合的物位测量。

（4）能测量高速运动或有倾斜晃动的液体液位，如置于汽车、飞机、轮船中的液体液位。能实现安全火花型防爆。

（5）量程大，可从毫米数量级到几十米以上。

（6）响应时间短，可以方便地实现无滞后的实时测量。

超声波物位测量仪表的缺点是：

（1）结构复杂、价格相对昂贵。

（2）超声波的传播速度受介质的温度、密度、压力、浓度等因素影响，要实现较高的准确度，应采用温度补偿等措施并对测量方法进行相对较复杂的改进，以排除超声波速度变化所带来的干扰。

（3）只能用于能充分反射声波且传播声波的对象，因而不能用于真空对象。

（4）在超声波传播通道中，若存在某些介质对超声波有强烈吸收作用，则会影响测量准确度。因此，选用测量方法和测量仪器时要充分考虑物位测量的具体情况和条件。

（5）存在较大盲区。由于发射的超声波脉冲有一定的宽度，使得距离换能器较近的小段区域内的反射波与发射波重迭，无法识别，这个区域称为测量盲区。盲区的大小与超声波物位计的型号有关，一般在确定量程时，应留出50cm的余量。

超声物位计，除了细粉料物位外，在固态物料（矿石、煤、谷物等）物位测量、常用量程（在15m以下）等领域具有优势，这是因为：

（1）超声波反射是基于声阻抗率（密度$\rho\times$声速c）的差别，空气和固态物料的声阻抗率相差极大，故超声波在块状及颗粒状固态物料上几乎是全反射；而微波的反射是基于介电率的差别，对于介电率低的被测物料，信号反射就会减少。

（2）由于固态物料料面都有一定安息角，测量固态料面基本上是利用波在粗糙表面的漫反射。形成漫反射的条件是表面粗糙度（近似于颗粒直径）满足$\gamma\geqslant(1/6)\lambda$。量程15m的超声物位计大都采用40kHz频率，声波波长为8.5mm，所以对2mm以上颗粒直径的物料都可形成良好的漫反射。而微波物位计，当采用X波段时，频率为5.8或6GHz，波长约为52mm，对于粒径较小的颗粒状物位，漫反射效果差。用K波段（24或26GHz）会改善很多，但价格较高。

5.6　微波式物位测量仪表

利用微波来检测物位是近年来发展最快的一种物位测量技术，因为它是雷达技术衍化而来，又称雷达物位计。

5.6.1　概述

5.6.1.1　微波及其特点

微波是波长为1mm～1m的电磁波，既具有电磁波的性质，又与普通的无线电波及光波不同。微波具有如下特点：

（1）遇到各种障碍物都能产生良好的反射，介质的导电性越好或介电常数越大，微波的反射效果越好。

（2）具有良好的定向辐射性能和传播特性，但在传播过程中，绕射能力差。

（3）在传输过程中受粉尘、烟雾、火焰及强光的影响小，具有很强的环境适应能力。

（4）空间辐射装置容易制造。

5.6.1.2 主要技术参数

微波物位计使用的微波频率有3个频段：C波段（5.8～6.3GHz）、X波段（9～10.5GHz）和K波段（24～26GHz）。

物位测量中的微波一般是定向发射的，通常用波束角，或称发射角，来定量表示微波发射和接收的方向性。波束角和天线类型有关，也和使用的微波频率（波长）有关。频率越高，波束角越小，即波束的聚焦性能越好；同时天线的喇叭尺寸也可以做得较小，便于开孔安装。

发射角小有以下优势：

（1）微波能量集中。即使测较远距离或较低介电常数的物料，也能有较强回波。

（2）由于波束范围小，干扰回波少，可以测量较狭的料仓和减少虚假回波。例如，低频微波物位计有较宽的波束，如果安装不得当，将会收到内部结构产生的较多的虚假回波。

5.6.1.3 微波物位计分类

A 按结构分

微波物位计按结构可分为以下两类。

a 天线式（非接触式）

微波通过天线发射与接收，为非接触测量方式，又称自由空间雷达式（free space radar）。为了使发射的微波具有良好的方向性，天线应具有特殊的结构和形状。常用的天线种类主要有：绝缘棒、圆锥喇叭、平面阵列、抛物面等。

（1）绝缘棒天线通常用聚四氟乙烯、聚丙烯等高分子材料制成，其优点为耐腐蚀性能较好，可用于强酸、碱等腐蚀性介质。但微波发射角较大，约为30°，并且边瓣较多。对于罐内结构较复杂的工况，干扰回波会较多，对回波处理技术要求较高，且调试较为复杂。

（2）锥形喇叭天线的发射角与喇叭直径及频率有关。喇叭直径越大，发射角越小。26GHz雷达的典型发射角为8°，而5.8GHz的典型发射角为17°。

（3）抛物面天线发射角最小，约为7°，但天线尺寸最大，直径达ϕ454mm，开孔尺寸要大于500mm，安装使用不大方便。

（4）平面天线采用平面阵列技术（PAT），即多点发射源。与单点发射源相比，由于其测量基于一个平面，而不是一个确定的点，配合相应电子线路，可使微波物位计的测量误差控制在±1mm之内，主要用于计量级微波物位计。

天线式微波物位计在以下场合的应用受到限制：（1）被测物料介电常数较低（$\varepsilon_r < 2$），反射信号弱，仪表工作不稳定；（2）测量狭小空间的物位；（3）测量安息角很陡的固态物位；（4）测量条件为高温、高压。

b 导波式（接触式）

导波式微波物位计是基于TDR（time domain reflectometry）时域反射原理工作的，俗称导波雷达式（guided wave radar），是非接触式雷达和导波天线相结合的产物。

与天线式微波物位计的不同点在于微波脉冲不是通过空间传播，而是通过一根（或两根）从罐顶伸入、直达罐底的导波杆传播。导波杆可以是金属硬杆或柔性金属缆绳，有单杆和双杆之分。微波沿导波杆外侧向下传播，在碰到物料面时由于介电常数 ε_r 与空气不同，就会在被测物料表面产生反射。回波被天线接收，由发射脉冲与回波脉冲的时间差即可计算出传播距离。

这种方式的特点为：(1) 虽然失去了非接触的优点，但它可以测量介电常数较低的物料，如液化气、轻质汽油等，只要满足 $\varepsilon_r>1.2$ 即可。(2) 由于微波沿导波杆外侧向下传播，可使微波能量集中而不会“扩散”，能够有效地避开容器内水蒸气等干扰物的影响。(3) 可以测量粉状或颗粒状物料物位，但是应注意在导波杆上的积料问题。(4) 同其他接触式物位计一样，易粘附和磨损，在大量程固态物料应用时，导波杆有时会被下降物料拉断。(5) 价格较低，耐高温高压。

B　按波形分

微波物位计按照使用微波的波形可分为：调频连续波（FMCW）、脉冲波及调频脉冲波3类。

(1) 早期的微波物位计都采用调频连续波方式。这是因为：1) 微波在空气中传播速度约为 3×10^8m/s，与超声速度340m/s相比高了6个数量级；2) 过程应用中物位量程一般为几米至几十米，微波的传播时间约为数十毫微秒数量级；3) 如直接测时间差，要求测时准确度约为微微秒数量级；4) 由于当时技术条件所限，难以低成本实现这么高的测时准确度。调频连续波方式的原理是测发射波与反射波的频差，易于实现，但线路结构较复杂，主要用于高准确度的高端产品中。

(2) 20世纪90年代后期，高准确度测时技术已很成熟，故这一阶段推出的微波物位计均采用脉冲法，直接测量时间差，结构简单，价格较低。

(3) 将上述两者结合起来设计出调频脉冲波方式。脉冲波的载波是连续调频的，回波则是通过频差的方式来测量距离，而不是直接测时间。这样准确度较高，主要用于精密型的液位测量。

依据测量准确度等级的不同，微波物位计又可分为控制级微波物位计和计量级微波物位计，前者测量误差一般在10mm左右；后者可用于贸易结算，测量误差为1mm。

此外，微波物位计根据用途不同，也可分为位式作用和连续作用两类。

5.6.2　典型微波物位计

5.6.2.1　位式微波物位计

位式微波物位计原理如图5-34所示。微波振荡器和微波天线是微波物位计的重要组成部分。微波振荡器是产生微波的装置。由于微波波长很短，振动频率很高（300MHz～300GHz），

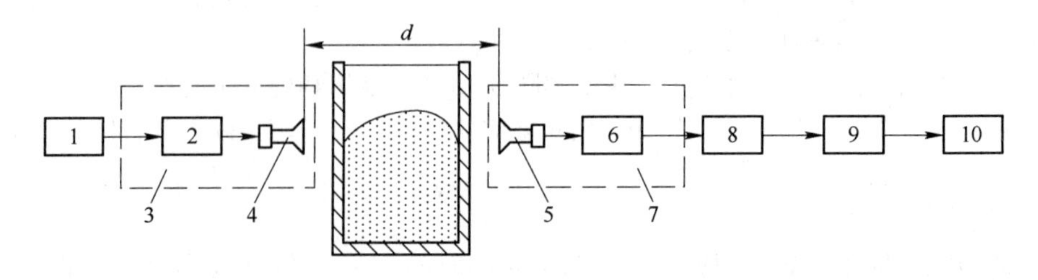

图5-34　位式微波物位计

1—电源；2—振荡器；3—微波发射器；4—发射天线；5—接收天线；6—前置放大器；7—微波接收器；8—检波器；9—放大器；10—电压比较器

因此对振荡回路的自振频率要求极高，即要求振荡电路有非常小的电感与电容。构成高频微波振荡器的器件不能用普通晶体管或电子管，目前常用的主要有速调管、磁控管或某些微波固体器件。小型的微波振荡器可用体效应管、微波砷化镓金属半导体场效应三极管、高迁移率场效应三极管等构成。

振荡器产生的微波电流，送给安装在容器一侧的发射天线向物料表面发射微波，并被安装在对面的接收天线接收。当被测物位较低时，发射天线发出的微波束无衰减地全部由接收天线接收，先经前置放大器放大到适当的电平，再经检波、放大与设定电压比较，发出正常工作信号，表示物位没有超过规定高度。此时接收天线接收到的功率 P_0 为

$$P_0 = \left(\frac{\lambda}{4\pi d}\right)^2 P_t G_t G_r \tag{5-38}$$

式中 P_t——发射天线的发射功率，W；

G_t——发射天线的增益；

G_r——接收天线的增益；

λ——微波的波长，m；

d——发射与接收天线的距离，m。

当被测物位升高到天线所在高度时，微波束部分被物体吸收，部分被反射。接收天线接收到的微波功率相应减弱，经检波、放大后与设定电压进行比较。由于其电位低于设定电压，使仪表发出被测物位高出设定物位的信号。此时接收天线接收到的功率 P_0 为

$$P_0 = \eta P_t \tag{5-39}$$

式中 η——衰减系数，取决于物料的电磁性能、被测物形状、材料特性、堆积形状及含水量等。

5.6.2.2 反射式微波液位计

反射式微波液位计是利用微波反射原理制成的，如图 5-35 所示。它可以连续检测液位和实现液位定点控制。通常微波发射天线倾斜一定的角度向液面发射微波束。波束遇到液面即发生反射，反射微波束被微波接收天线接收，从而测定液位。用热电阻、霍尔效应等敏感元件配以相应的线路，测量微波的功率，并将接收到的信号功率显示出来。也可以用微波检波管（如 2DV 二极检波管）检波成直流，再用微安表来指示。

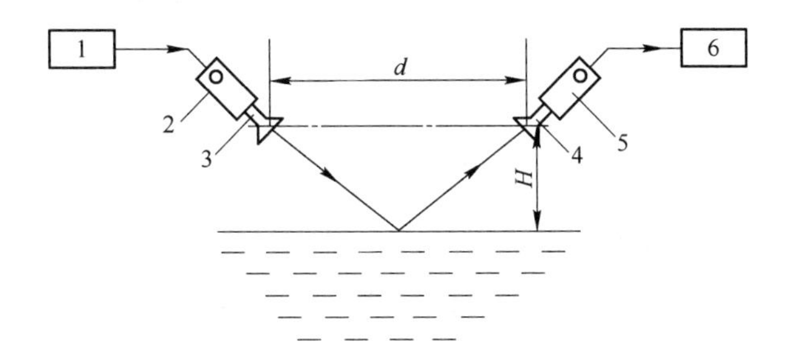

图 5-35 反射式微波液位计原理图

1—电源；2—体效应管；3—发射天线；4—接收天线；5—微波检波管；6—微安表

微波接收天线接收到的微波功率 P_r 为

$$P_{\mathrm{r}} = \left(\frac{\lambda}{4\pi}\right)^2 \frac{P_{\mathrm{t}} G_{\mathrm{t}} G_{\mathrm{r}}}{d^2 + 4H^2} \tag{5-40}$$

式中　H——两天线距液面的垂直距离，m。

一旦仪表设计完毕，发射功率 P_{t}、波长 λ、天线增益 G_{t} 和 G_{r} 都为常数，故上式可简化为

$$P_{\mathrm{r}} = \left(\frac{\lambda}{4\pi}\right)^2 \frac{P_{\mathrm{t}} G_{\mathrm{t}} G_{\mathrm{r}}}{4} \frac{1}{\frac{d^2}{4} + H^2} = \frac{K_1}{K_2 + H^2} \tag{5-41}$$

式中　K_1——增益常数，取决于微波波长、发射功率及天线的增益数；

K_2——距离常数，取决于天线安装的方法与位置，主要是发射与接收天线的距离。

可见，只要测定了天线接收到的微波功率，被测液位 H 就测得了，即

$$H = \sqrt{\frac{K_1}{P_{\mathrm{r}}} - K_2} \tag{5-42}$$

注意：当物料含水、周围气氛多水蒸气或物料湿度变化较大时，水分会大量吸收微波，造成测量误差。当微波频率在3000MHz以上，即波长在10cm以下时，这个影响是严重的。在这种情况下，应认真考虑微波波长的选择。

5.6.2.3　测时间反射式微波物位计

此微波物位计根据脉冲-回波方式工作，其工作原理类似于气介式超声料位计。天线向被测对象发射出较短波段的微波脉冲，一部分微波穿过介质，另外一部分在被测物料的表面产生反射后，由发射器接收。也就是说，发射器同时还起着接收器的作用，它置于物料的上方，与物位底部的距离为 H_0。发射天线到物料表面的距离正比于微波脉冲的运行时间。物料高度 H 与光速 C 及来回传播时间 t 的关系如下：

$$H = H_0 - \frac{C}{2}t \tag{5-43}$$

这种测量原理不适合于近距离的高准确度测量。例如，1个40m高的空罐，微波往返的时间大约是 1.33×10^{-7}s。而当逐渐满罐时，往返时间还会逐渐减少，在如此小的测量范围内，要想达到高准确度（测量误差小于1mm），用测量时间的方法来计算准确的距离是十分困难的。如果希望高准确度测量，则需要应用频差原理，于是复合脉冲雷达技术应运而生。应用这种技术，一段经调制的脉冲被同一天线发射和接收，由被测介质表面返回的脉冲信号不断地与天线发射的一个固定频段的脉冲信号作比较，其频差代表了所测距离，从而测得物位高度。

5.6.3　特点分析

（1）微波物位计可以解决许多超声波技术难以胜任的工况，主要有：1）和超声波（机械波）相比，微波（电磁波）的传播不依赖介质，故可使用于有挥发、高温及压力的工况；2）传播损耗小，量程大小对价格的影响不大；3）波速不受环境影响，故测量准确度较超声物位计高，一般产品可达0.1级，精密级产品绝对误差仅为1mm。

（2）从原理上来看，微波测量与温度、灰尘及气态物料无关，因此适用于高温条件下的测量，但此时为了保证系统工作的安全可靠，应采取特殊的法兰对天线部分进行空气冷却。

（3）微波传输不需要空气介质，所以在真空或受压条件下也能进行测量。如E+H公司的产品最高工作压力可达64bar。

（4）被测物料的介电常数有最低限制。微波在物料表面被反射时，信号强度会衰减，当介电常数过小时，信号会衰减过大，导致无法测量。因此要求被测物料的介电常数不得

低于某个值，其具体大小取决于量程大小。对具体某种型号的产品而言，被测介质的介电常数越低，则测量范围就越小。而对导电物料进行测量时，测量过程与相应的介电常数无关。

通过以上原理和特点的分析可知，微波物位计具有无盲区、非接触测量、测量速度快、测量范围较大、灵敏度高、抗干扰能力强、不受被测介质物性参数变化影响等优点，近年来在石化、冶金、化工等领域得到了广泛的应用，特别是在温度较高、蒸汽较大的场合，在高黏度或含颗粒的物位测量上能够发挥其优越性。

5.7 激光式物位测量仪表

光学式物位测量仪表的代表是激光式物位计。激光是一种单色性、方向性极好且亮度极高的相干光。与普通光一样，激光也具有光的反射、透射、折射、干涉等特性。

激光用于液位测量，克服了普通光源亮度差、方向性差、传输距离近、单色性差、易受干扰等缺点，使测量准确度大为提高。其优点主要有：

（1）可实现远距离、大量程的非接触测量。由于激光能量集中，光强度大，所以物位测量范围大，目前已达20m。

（2）适合恶劣工况测量。由于激光单色性强，不易受外界光线干扰，系统信噪比高，抗干扰能力强，安全防爆。既可广泛用于测量腐蚀性、侵蚀性和性质易变对象的物位，还能用于强烈阳光及火焰照射条件下的物位测量，甚至在1500℃的熔融物表面（如熔融玻璃）上亦能正常工作。

（3）能准确判定目标方位，保证测量精度。由于激光光束散射小，方向性好，所以定点控制准确度高。

（4）无活动部件，安装维护较方便简单，价格相对较低。

激光式物位计的不足之处在于其光学镜头容易受到污染，影响测量结果。

目前常用的激光发射器有气体激光器（以气体作为工作介质，如氦 - 氖激光器）、固体激光器（以红宝石作为工作介质）和半导体激光器（以半导体材料作为工作介质，如砷化镓等）。激光的接收可由光敏电阻、光电二极管、光电池、光电倍增管等多种光电元件来实现。在选定某种激光发射器后，再据此来选择接收元件，并与合适的线路配合，组成物位计。

利用激光除了基于回波测距技术构成 TOF 物位测量仪表外，还可搭建如下两个测量系统。

5.7.1 激光液位计

激光液位计由激光发射器、接收器及测量控制电路组成。工作方式有反射式和遮断式，在液位测量中两种方式都可使用，但一般只用作定点检测控制，不易进行连续测量。

图 5-36 所示为反射式激光液位计原理示意图。发射器采用氦-氖激光器，其发射的激光束波长为 6.328×10^{-7}m。激光束以一定角度照射到被测液面上，再经液面反射到接收器的光敏检测元件上。测量控制电路由 3 个硅光电池、3 个放大器、报警灯和控制电路组成。

当液位在正常范围时，上、下液位接收器光敏元件均无法接收到激光反射信号，只有对应正常液位的硅光电池接收到信号，此时正常液位灯亮。当液面上升或下降到上、下限位置，光点反射像升高或降低，相应位置的光敏检测元件产生信号，相对应的硅光电池接收到光电信号后，点亮相应报警灯并发出不同信号进行控制。

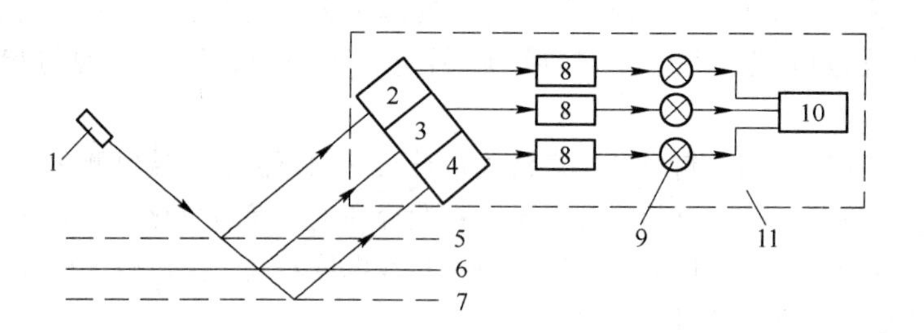

图 5-36 反射式激光液位计原理图

1—激光发射器；2—上限液位接收器；3—正常液位接收器；4—下限液位接收器；5—液位上限；6—正常液位；7—液位下限；8—放大器；9—报警灯；10—控制电路；11—测量控制电路

硅光电池相互位置可调节，以适应光点的大小和满足测量准确度的要求。如工作温度降低、有杂质或气泡、表面有凝固膜等时，光斑将产生形变、散射，原小圆形光斑会变为大的光斑（正常时光斑应为1mm直径，实际工作中由于火焰、炉温等的影响而为4mm）。这种光斑可能同时照射在3个硅光电池上，3个放大器同时有输出，易造成测量误差。可通过适当设计控制电路去除其影响。

5.7.2 激光料位计

光学式物位计是一种比较古老的料位控制方法。一般只用来进行定点控制，工作方式采用遮断式。这类物位仪表最简单的模式是：发光光源（如灯泡）放在容器的一侧，另一侧相对光源处安装接收器。当料位未达到控制位置时，接收器能够正常接收到光信号，而当料值上升至控制位置时，光路被遮断，接收器接收的信号迅速减小，电子线路检测到信号变化后转化成报警信号或控制信号。

图5-37给出激光料位计原理示意图，其工作方式为遮断方式。激光器采用砷化镓半导体为工作介质，经电流激发，调制发出8.4×10^{-7}m波长的红外光束。光束经过透镜后到达接收器，接收器由硅光敏三极管组成，当接收到激光照射时，光敏元件产生光电流。当有物料挡住光束时，在接收器上形成突变，线路终端输出脉冲信号，经信号处理电路放大滤波后控制可控硅导通，继电器工作，并发出报警信号。

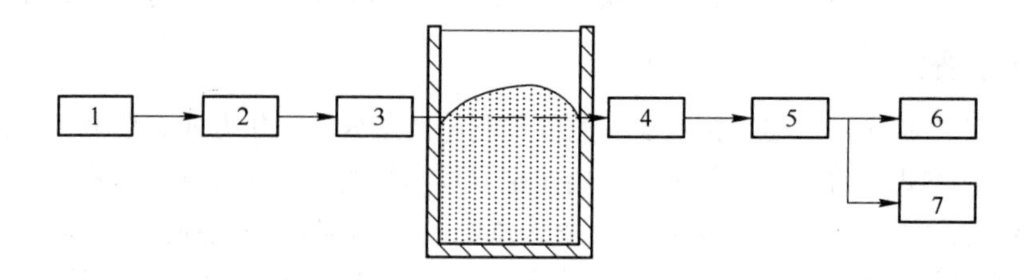

图 5-37 激光料位计原理框图

1—电源；2—振荡器；3—激光器；4—接收器；5—信号处理电路；6—继电器；7—报警电路

注意：激光料位计通常不宜测量黏性大的料位，因为这样的物料在不断升降过程中会对透光孔和接收器光敏元件造成粘附和堵塞。

5.8　核辐射式物位计

5.8.1　概述

放射性同位素在衰变过程中放出一种特殊的、带有一定能量的粒子或射线，这种现象称为放射性或核辐射。根据其性质的不同，放出的粒子或射线有：α 粒子、β 粒子、γ 射线等。γ 射线是一种从原子核内发射出来的电磁辐射，与 α 和 β 射线相比受物质吸收较小，在物质中的穿透能力比较强，不仅能穿过数百米的气体，而且能穿过几十厘米厚的固体物质，所以 γ 射线物位计应用较多。虽然 γ 射线法对人体存在有害作用，但在有限剂量内和妥善防护下，可以安全地使用。

5.8.2　基本原理

当具有一定强度的射线穿过介质时，会被物质的原子散射或吸收，其辐射强度随之减弱。介质厚度不同，衰减也不同，二者为指数规律，即

$$I = I_0^{-\mu H} \tag{5-44}$$

式中　I——射线通过介质后的辐射强度，W/sr；

I_0——射线的入射强度，W/sr；

μ——介质对射线的吸收系数，m^{-1}；

H——射线穿过的介质厚度，m。

辐射源选定后，其辐射强度 I_0 确定。被测介质确定后，则 μ 为已知，上式可写成

$$H = \frac{1}{\mu}(\ln I_0 - \ln I) \tag{5-45}$$

因此，测量物位可通过测量射线穿过液面时强度的变化量来实现。不同介质吸收射线的能力不同，实验证明，物质的密度越大，吸收能力越强，所以固体吸收能力较强，液体次之，气体最弱。

根据是否有衰减可构成位式开关，根据衰减程度可构成连续作用的物位计。

5.8.3　基本结构

核辐射式物位计主要由放射源、接收器和显示仪表组成，如图 5-38 所示。

目前，用于物位检测仪表中的主要放射源有钴 Co^{60} 及铯 Cs^{137}。它们被封装在灌铅的钢保护罩内，设有能开闭的窗口，不用时闭锁，以免辐射危害。这两种同位素能发射出很强的 γ 射

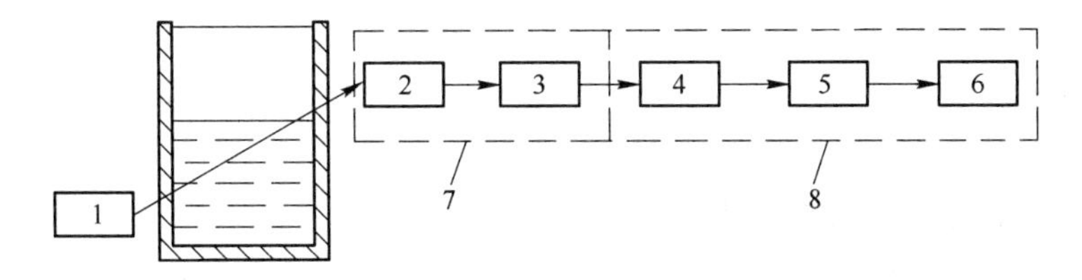

图 5-38　核辐射式物位计原理框图

1—放射源；2—探测器；3—前置放大器；4—整形；5—计数；6—显示；7—接收器；8—显示仪表

线，而且半衰期较长。放射源辐射的活度通常以MBg计量，射线辐射强度减低到原来的一半所需要的时间称为半衰期，如Co^{60}的半衰期为5.26年，Cs^{137}的半衰期为32.2年。

接收器由探测器与前置放大器组成，安装在被测容器另一侧，射线由盖革计数管吸收，每接收到一个粒子，就输出一个脉冲电流。射线越强，电流脉冲数越多。该脉冲信号既可直接经整形后，由计数器计数并显示，如图5-38所示；又可经积分电路变成与脉冲数成正比的积分电压，再经电流放大和电桥电路，最终得到与物位相关的电流输出。

5.8.4　γ射线物位计的几种类型

由于γ射线比α和β射线在物质中的穿透力强，所以γ射线物位计应用较多，主要有定点监视型、跟踪型和多线源型等。应当根据生产要求和介质情况以及容器的具体条件合理选用。

5.8.4.1　定点监视型γ射线物位计

定点监视型γ射线物位计，可水平、垂直、倾斜安装，如图5-39所示。在图5-39（a）中，将放射源和探测器对置安装在容器的同一水平面上。当料位（或液位）低于此平面时，射线就穿过空间气体送至探测器。当料位超过此平面时，射线就穿过固体。由于固体吸收射线的能力远比气体强，因而当料位超过和低于此平面时，接收器吸收到的射线强度发生急剧变化，从而显示仪表就可显示料位值或发出上下限报警信号。

在图5-39（b）中，放射源装于容器底部，探测器装于容器的顶部，射线穿过被测液体，可连续检测液位。

放射源安装在容器底部适当的位置，探测器安装在容器外侧一定高度上，它只能接收到一定射角范围的射线，如图5-39（c）所示。随着内盛物料位置的变化，γ射线衰减程度也发生变化。它实质上是测量容器内所盛物料厚度的物位计。

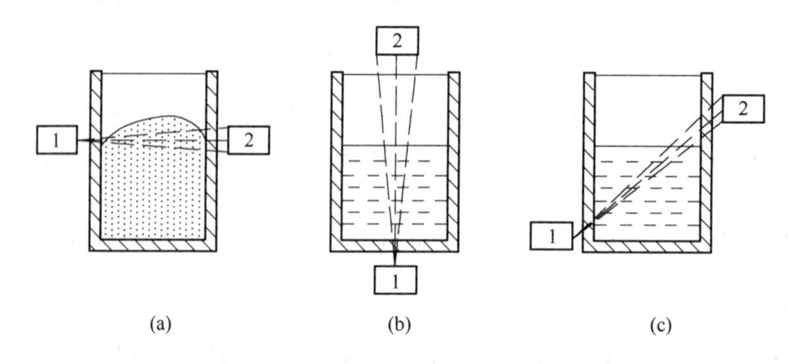

图5-39　定点监视型γ射线物位计原理图
（a）水平安装；（b）垂直安装；（c）倾斜安装
1—放射源；2—探测器

这种方式不像跟踪型那样有运动部件，仅适用于检测大容器内物位的变化或作超限报警器。

5.8.4.2　跟踪型γ射线物位计

如图5-40所示，自动跟踪型γ射线物位计将放射源和探测器分别装在容器两侧的导轨上。当放射源、探测器和液面（或料面）处于同一平面上时，系统处于平衡状态。当液面发生波动时，透过液面的射线强度相应改变，探测器接收到的射线强度与平衡状态时不同。此信号经放大处理后，输出一个不平衡电压信号，驱动伺服电机动作，使放射源和探测器沿导轨升降，并向平衡位置运动，这样可实现对物位的自动跟踪，被测液位的变化经显示仪表指示。

这种测量方式既有定点监视型的优点又可实现连续测量，测量范围宽，测量高度可达5m以上，甚至10m。缺点是由于有运动部件，结构复杂。

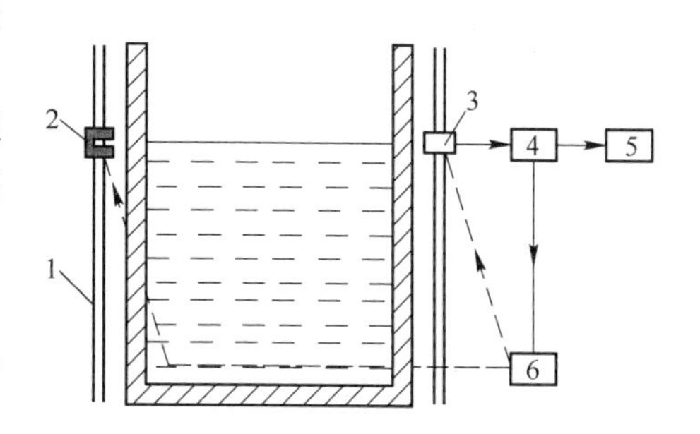

图5-40 跟踪型γ射线物位计原理
1—导轨；2—放射源；3—探测器；
4—放大器；5—显示仪表；6—伺服电机

5.8.4.3 多线源型γ射线物位计

为了测量变化范围较大的液位，可以采用放射源多点组合或探测器多点组合或两者并用的方式，分别如图5-41(a)~(c)所示。这几种方案都可以实现连续测量，而且可以使物位计的输出与物位成线性关系。

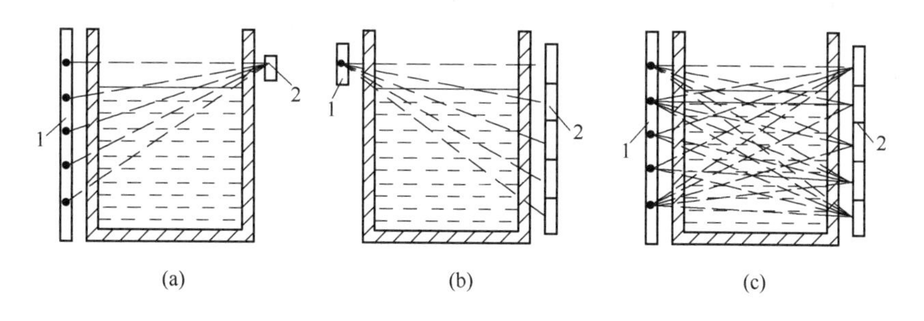

图5-41 多线源型γ射线物位计
(a) 放射源多点；(b) 探测器多点；(c) 放射源和探测器多点组合
1—放射源；2—探测器

5.8.5 核辐射式物位计的特点

核辐射式物位计目前已广泛应用于冶金、化工和玻璃工业，它具有以下一些特点：

(1) 不受温度、压力、湿度、黏度和流速等被测介质性质和状态的影响。

(2) 既可进行连续测量，也可进行定点检测。

(3) 不仅能测液体，也可以测量粉粒体和块状等介质的物位；还可以测量相对密度差很小的两层介质的相界面位置。

(4) 可以从容器、罐等密封装置的外部以非接触的方式进行测量，可以穿透各种介质，包括固体，所以受外界条件和内盛物料性质、形状以及内壁附着物的影响小，工作稳定可靠。

(5) 适合于特殊场合或恶劣环境下不常有人之处的物位测量，如高温、高压、强腐蚀、剧毒、有爆炸性、易结晶、强黏滞性、沸腾状态介质、高温熔融体等。

(6) 在使用时要注意控制剂量，做好防护，以防射线泄漏对人体造成伤害。

5.9 机械式物位测量仪表

机械式物位测量仪表是利用物料对机械运动所呈现的阻挡力来进行测量的，故又被称为阻力式物位测量仪表。粉末颗粒状物料比液态物质流动性差，对运动物体有更明显的阻力。机械式物位测量仪表可分为重锤式、音叉式和旋翼式3种。

5.9.1　重锤式料位计

图5-42是重锤式料位计的原理示意图，它是利用失重原理测量物位的，具体过程如下：

（1）当接到探测命令时，在容器顶部安装的控制单元控制步进电机正转，缓缓释放悬有重锤的钢丝绳。

（2）重锤下降到与料面接触时，会使和重锤相连的钢丝绳产生失重，促使力传感器发出脉冲。此脉冲改变门电路的状态，使步进电机改变转向将重锤提升，同时启动控制单元中的计数器开始脉冲计数。

（3）待重锤升至顶部，触及行程开关，步进电机停止转动，同时计数器也停止计数。所计脉冲数即代表重锤行程 H_1，用行程开关距容器底部的距离 H_0 减去重锤行程 H_1 即可获得料位 H，此为一次探索。

（4）本次探索所获得的料位值一直保持到下次探索后刷新为另一值。开始探索的触发信号可由控制单元周期性地供给，也可以人为地启动。

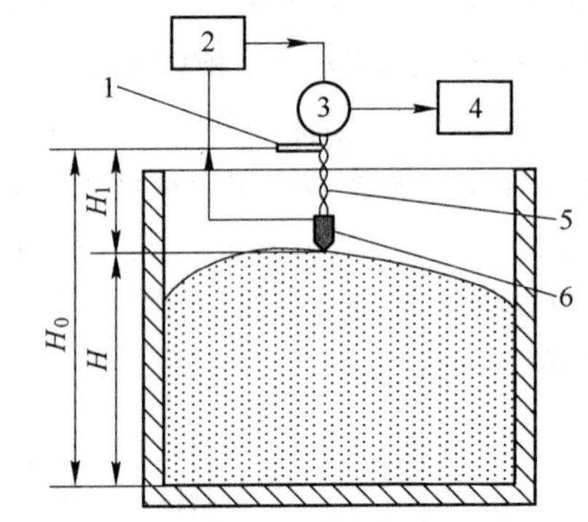

图5-42　重锤式料位计
1—行程开关；2—控制单元；3—步进电机；4—断索报警；5—钢丝绳；6—重锤（含力传感器）

注意：重锤式料位计对时间而言，料位值是不连续的。

如果重锤被物料埋没，排放物料时产生的强大拉力就可能拉断钢丝绳，使重锤随物料一起进入后一设备，这将引起事故。因此，为防万一，采取断索报警措施及安装出料过滤栅，且在不进行探索时，重锤保持在容器顶部，以免物料将重锤掩埋。

重锤式料位计特别适用于其他料位计因为灰尘、蒸汽、温度等影响不能工作的，要求苛刻的测量场合，可用来测量粉状、颗粒状及块状固体物料料仓的料位。

5.9.2　旋翼式料位开关

在容器壁的某一高度处安装一个小功率电动机，其轴伸入容器内，其末端带有桨状叶片。叶片不接触物料时，自由旋转的电动机处于空载状态，其电流很小。一旦料位上升到与叶片接触，转动阻力增加，甚至成堵转状态，电流显著加大。根据电流的大小使继电器的接点动作，发出料位报警或位式控制信号。所用电动机应能在长时间堵转状态下或离合器打滑状态下工作，不致过热而损坏。

旋翼式料位开关不一定都是靠电机电流的大小使继电器接点动作，也可以利用离合器或连杆上的传动机构，在叶片负载增大时将电接点的通断状态改变。该料位开关，只能安装在容器壁上，其安装高度决定了开关动作所对应的料位值。

如电机轴经过曲柄连杆机构变为往复运动，则可带动活塞或平板在容器中推拉动作，即成推板法。

5.9.3　音叉式料位计

音叉式料位计是根据音叉振动频率的变化来检测料位的，如图5-43所示。该料位计不需要大幅度的机械运动，驱动功率小，机械结构简单。

音叉（振动片）由弹性良好的金属制成，本身具有确定的固有频率。如外加交变力的频率与其固有频率一致，则叉体处于共振状态。为了给音叉提供交变的驱动力，利用放大电路对

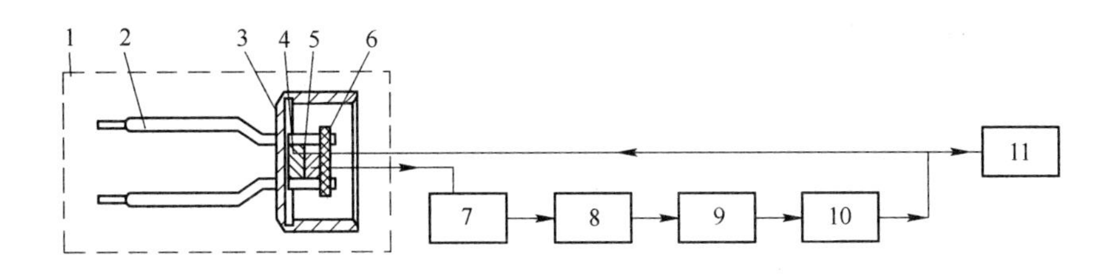

图 5-43　音叉式料位计

1—音叉叉体；2—叉股；3—膜片；4—驱动元件；5—检振元件；6—压板；
7—前置放大器；8—滤波器；9—移相器；10—放大器；11—微机

压电元件施加交变电场，靠逆压电效应产生机械力作用在叉体上。用另外一组压电元件的正压电效应检测振动，并把振动力转变为微弱的交变电信号。该信号再经电子放大器放大和移相电路移相，最后施加到驱动元件上去，构成闭环振荡器。在这个闭环中，既有机械能也有电能。为了保护压电元件免受物料损伤和粉尘污染，将驱动和检振元件装在叉体内部，经金属膜片传递振动。

由于周围空气对振动的阻尼微弱，金属内部的能量损耗又很少，所以只需微小的驱动功率就能维持较强的振动。当粉粒体物料触及叉体之后，能量消耗在物料颗粒间的摩擦上，迫使振幅急剧衰减而停振。

5.10　其他物位测量仪表

5.10.1　直读式液位计

直读式液位计是基于连通器工作原理，通过与被测容器连通的玻璃管或玻璃板来直接显示容器中的液位高度，其结构如图 5-44 所示。图中，观察管 4 多为玻璃管，其上刻有对应的液位值。实际应用中，也可外包金属或其他材料制成的保护管，但需露出标尺或刻度。

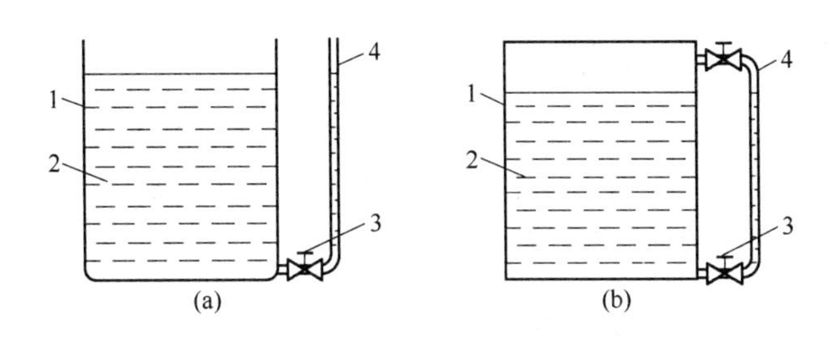

图 5-44　直读式液位计

（a）开口容器液位测量；（b）密闭容器液位测量

1—容器；2—被测液体；3—阀门；4—玻璃管

直读式液位计是最原始的一种液位计，其优点是：简单、经济，只能就地指示，无需外加能源，防爆安全，主要用于液位检测和压力较低的场合，现已广泛应用于电厂和化工厂。其缺点是：受玻璃管强度的限制，被测容器内的温度、压力不能太高；信号只能就地显示，不能用于远传控制；不能测量高黏度液体，以免沾污玻璃，降低测量准确度。

5.10.2　热电式液位计

在冶金行业中常遇到高温熔融金属液位的测量。由于测量条件的特殊性，目前除使用核辐射式液位计外，还常用热电式液位计进行检测。它利用了高温熔融液体本身的特性，即在空气和高温液体的相界面处温度场出现突变的特点，用测量温度的方法间接获得高温熔融金属液位。

图5-45（a）为测量高温熔融金属液位的热电式液位计原理图。在容器壁上选定一系列测量点，装上热电偶，并将各测点上热电偶的输出记录下来，得到如图5-45（b）所示的温度-热电势分布曲线。曲线上反映出第7个和第8个测点之间产生了温度突变，因此液面就在第7与第8测点之间。

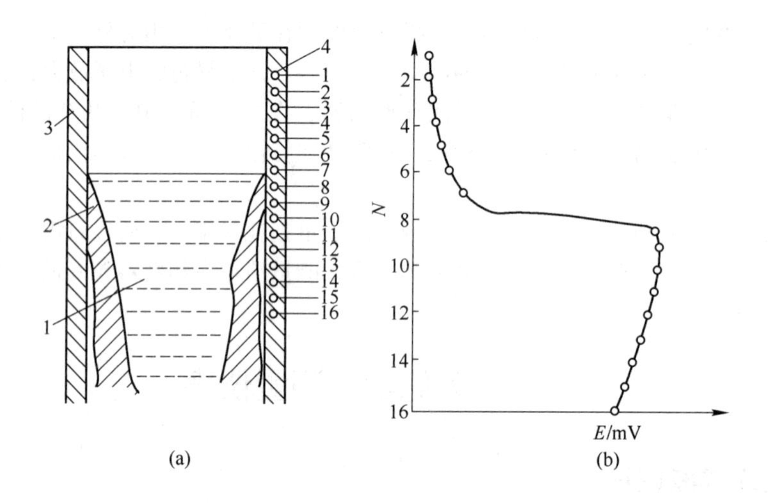

图5-45　热电式液位计原理示意图及温度-热电势分布曲线

（a）原理示意图；（b）温度-热电势分布曲线

1—高温金属熔液；2—凝固金属；3—容器；4—热电偶

热电偶测液位只是一个较为粗略的测量方法，准确度一般不高，且准确度与热电偶分布、安装情况有关。适当减小各热电偶的间距、增加测量点，则可提高金属液位测量的分辨力和测量准确度。另外，热电偶工作端与容器的接触点要细而牢固，为此可将热电偶丝焊在容器壁上，由容器壁充当热电偶的另一极。这种测量方法虽然准确度不高，但很可靠。在连铸机结晶过程等应用场合中，仍是一种很实用的结晶器液位检测方法。

5.11　物位测量仪表的使用

5.11.1　静压式物位测量仪表的量程迁移

无论是压力计式物位计，还是差压式液位计都要求取压口（零物位）与压力（或差压）测量仪表的入口在同一水平高度，否则会产生附加静压误差。但是，在实际安装时，不一定能满足这个要求。例如：（1）地下储槽，为了读数和维护的方便，压力表不能安装在所谓零物位的地方；（2）采用法兰式差压变送器时，由于从膜盒至变送器的毛细管充以硅油，无论差压变送器在什么高度，一般均会产生附加静压。在这种情况下，可通过计算进行校正，更多的是对压力计式物位计或差压式液位计进行零点调整，使它在只受附加静压（或静压差）时输出为“0”，这种方法称为“量程迁移”。迁移时，可以调整迁移弹簧。

注意：量程迁移实质是零点调整，量程并未改变。

5.11.1.1 无量程迁移

无量程迁移主要指以下两种情况：

（1）对压力计式物位计，压力表与取压点（零物位）处于同一水平位置，如图5-1所示。

（2）对差压式液位计，如图5-3所示，将差压变送器的正、负压室分别与容器下部（零液位）和上部的气体取压口相连通。虽然负压室与气体取压口不处于同一水平线上，但因为气体密度较小，二者由于高度差而造成的静压差也很小，可忽略不计。

此时，可将输入4～20mA的二次仪表调整如下：

$$I_0 \big|_{H=0} = 4\text{mA}, \quad I_0 \big|_{H=H_{max}} = 20\text{mA} \tag{5-46}$$

5.11.1.2 负量程迁移

在实际应用中，常遇到以下3种“负量程迁移”情况：

（1）对差压式液位计，既在变送器正、负压室与取压口之间分别装有隔离罐，压力表又比容器底（零物位）低，如图5-46所示。正、负压室的压力分别为

$$p_+ = p_0 + H\rho_1 g + h_1\rho_2 g \tag{5-47}$$

$$p_- = p_0 + h_2\rho_2 g \tag{5-48}$$

式中 p_+——差压变送器正压室的压力，Pa；

p_0——容器中液面上的气体压力，Pa；

H——被测液位高度，m；

ρ_1——被测对象密度，kg/m³；

h_1——正压室与气体取压口的高度差，m；

p_-——差压变送器负压室的压力，Pa；

ρ_2——隔离液的密度，kg/m³，一般取$\rho_2 > \rho_1$；

h_2——与负压室相连的隔离液柱高度，m。

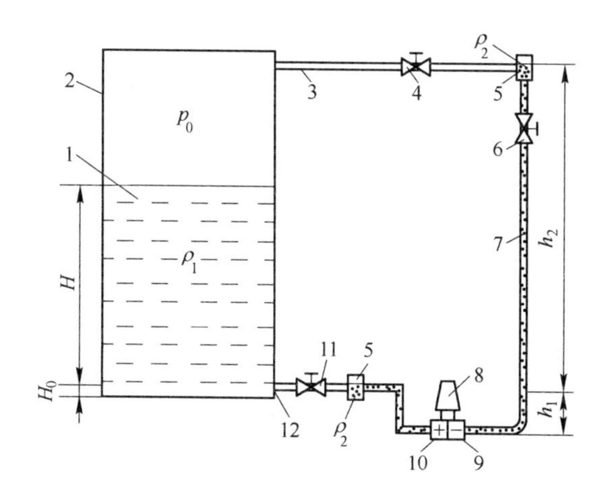

图5-46 负量程迁移差压式物位计

1—被测液体；2—容器；3—导压管；4，6，11—阀门；5—隔离罐；7—隔离液；8—差压变送器；9—差压变送器负压室；10—差压变送器正压室；12—取压口

则所测得的压差信号为

$$\Delta p = p_{+} - p_{-} = H\rho_1 g - (h_2 - h_1)\rho_2 g \tag{5-49}$$

此时，即使容器中液位为零，仪表的读数也不为零。差压计测量的上、下限分别为：$\Delta p|_{H=0} = -(h_2 - h_1)\rho_2 g$，$I_0|_{H=0} \leqslant 4\text{mA}$；$\Delta p|_{H_{max}} = H_{max}\rho_1 g - (h_2 - h_1)\rho_2 g$，$I_0|_{H=H_{max}} \leqslant 20\text{mA}$。可见，差压计测量的起始位置，即零点发生了变化（迁移），差压计测量范围的上、下限也随之变化，但差压计的量程 $\Delta p|_{H_{max}} - \Delta p|_{H=0} = H_{max}\rho_1 g$，始终不变，相当于测量范围的平移。

对于这种情况，一般是在仪表上加一迁移装置，用变送器内部反馈调整方式抵消掉负零点迁移量 $-(h_2 - h_1)\rho_2 g$ 的作用。其实质就是改变差压计测量范围的上、下限。

若采用计算校正法，则须对所测液位高度进行修正如下：

$$H = \frac{\Delta p}{\rho_1 g} + \frac{(h_2 - h_1)\rho_2}{\rho_1} \tag{5-50}$$

（2）同理，对图5-4所示的带隔离罐的差压式液位计，负零点迁移量为

$$\Delta p = -\rho' g h \tag{5-51}$$

（3）对压力计式物位计，由于现场条件的限制，压力表比容器底（零物位）高 h，如图5-47所示，则负零点迁移量为

$$p = -\rho g h \tag{5-52}$$

5.11.1.3　正量程迁移

正量程迁移与负量程迁移相反，但分析方法相同，故仅介绍压力计式物位计。如图5-48所示，压力表比容器底（零物位）低 h，则压力计示值为

$$p = \rho g(H + h) \tag{5-53}$$

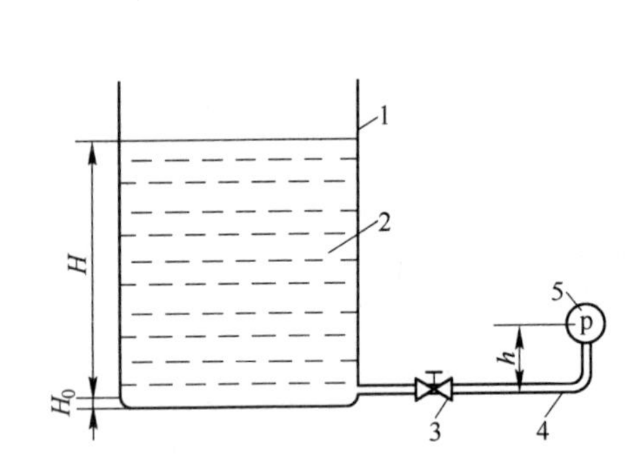

图5-47　负量程迁移压力计式物位计
1—容器；2—被测液体；3—阀门；
4—导压管；5—压力计

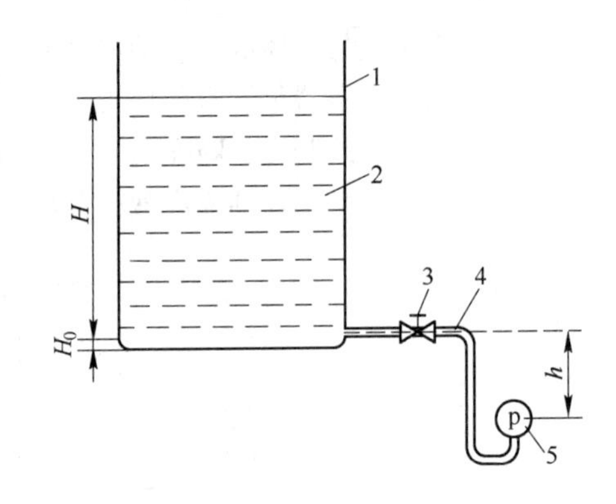

图5-48　正量程迁移压力计式物位计
1—容器；2—被测液体；3—阀门；
4—导压管；5—压力计

此时即使容器中液位为零，即 $H=0$，压力表的读数也不为零，而是等于 $p=\rho g h$，该值即为正零点迁移量。

若采用计算校正法，则应对液位进行修正如下：

$$H = \frac{p}{\rho g} - h \tag{5-54}$$

5.11.1.4 零点迁移特性曲线

针对上述3种情况，如果选用的差压变送器测量范围为0～5kPa，且零点通过迁移功能抵消的固定静压分别为+2kPa和 -2kPa，则这台差压变送器零点迁移特性曲线如图5-49所示。

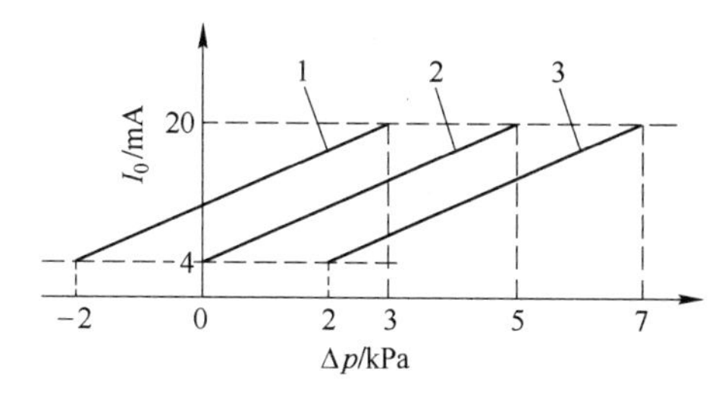

图5-49 零点迁移特性曲线

1—负量程迁移；2—无量程迁移；3—正量程迁移

5.11.2 物位测量仪表的选型

目前，常用的各种物位测量仪表的主要性能对比列于表5-1中，仅供读者参考。

表5-1 常用物位测量仪表主要特性

<table>
<tr><th colspan="2" rowspan="3">仪表种类</th><th colspan="10">技术性能指标</th></tr>
<tr><th rowspan="2">物位测量类型</th><th rowspan="2">量程/m</th><th rowspan="2">误差</th><th rowspan="2">工作压力/Pa</th><th rowspan="2">工作温度/℃</th><th colspan="2">被测介质种类</th><th rowspan="2">与介质的接触状态</th><th rowspan="2">可动部件</th><th rowspan="2">输出</th></tr>
<tr><th>对黏性介质</th><th>对有泡沫沸腾介质</th></tr>
<tr><td rowspan="3">静压式</td><td>压力计式</td><td>液位
料位</td><td>50</td><td>±2%</td><td>常压</td><td><200</td><td>法兰式适用</td><td>适用</td><td>均可</td><td>无</td><td>依压力表而定</td></tr>
<tr><td>差压式</td><td>液位
液-液相界面</td><td>20</td><td>±1%</td><td>$<40\times10^6$</td><td>-20～200</td><td>法兰式适用</td><td>适用</td><td>接触</td><td>无</td><td>依差压计而定</td></tr>
<tr><td>吹气式</td><td>液位</td><td>16</td><td>±2%</td><td>常压</td><td><200</td><td>不适用</td><td>适用</td><td>接触</td><td>无</td><td>就地目视</td></tr>
<tr><td rowspan="4">浮力式</td><td>浮子式</td><td>液位</td><td>20</td><td rowspan="3">±1.5%</td><td rowspan="3">$<6.4\times10^6$</td><td><120</td><td>不适用</td><td>不适用</td><td>接触</td><td>有</td><td>计数、远传</td></tr>
<tr><td>杠杆浮球式</td><td>液位
液-液相界面</td><td>2.2</td><td><150</td><td>不适用</td><td>适用</td><td>接触</td><td>有</td><td>显示、记录、调节</td></tr>
<tr><td>翻板式</td><td>液位</td><td>2.4</td><td>-20～120</td><td>不适用</td><td>不适用</td><td>接触</td><td>有</td><td>报警、控制</td></tr>
<tr><td>浮筒式</td><td>液位
液-液相界面</td><td>2.5</td><td>±1%</td><td>$<32\times10^6$</td><td><200</td><td>不适用</td><td>适用</td><td>接触</td><td>有</td><td>报警、控制</td></tr>
<tr><td rowspan="3">电气式</td><td>电容式</td><td>液位
料位
相界面</td><td>50</td><td>±2%</td><td>$<3.2\times10^6$</td><td>-200～400</td><td>不适用</td><td>不适用</td><td>接触</td><td>无</td><td>显示、记录、调节</td></tr>
<tr><td>电导式</td><td>液位
料位
相界面</td><td>依安装位置定</td><td>±10mm</td><td>$<1\times10^6$</td><td><200</td><td>不适用</td><td>不适用</td><td>接触</td><td>无</td><td>报警、控制</td></tr>
<tr><td>电感式</td><td>液位</td><td>20</td><td>±0.5%</td><td>$<16\times10^6$</td><td>-30～160</td><td>适用</td><td>不适用</td><td>均可</td><td>无</td><td>报警、控制</td></tr>
</table>

续表 5-1

仪表种类		技术性能指标									
		物位测量类型	量程/m	误差	工作压力/Pa	工作温度/℃	被测介质种类：对黏性介质	被测介质种类：对有泡沫沸腾介质	与介质的接触状态	可动部件	输出
声学式	气介式	液位 料位	30	±3%	$<0.8\times10^6$	<200	不适用	适用	不接触	无	显示
	液介式	液位 液-液相界面	10	±5mm	$<0.8\times10^6$	<150	适用	不适用	不接触	无	显示
	固介式	液位	50	±1%	$<1.6\times10^6$	高温	适用	适用	接触	无	显示
微波式	雷达式	液位 料位	60	±0.5%	$<1\times10^6$	<150	适用	适用	不接触	无	记录、调节
光学式	激光式	液位 料位	20	±0.5%	常压	<1500	适用	适用	不接触	无	报警、控制
辐射式	核辐射式	液位 料位 相界面	20	±2%	依容器定	无要求	适用	适用	不接触	无	需防护、远传、显示
机械式	重锤式	液位 液-固相界面	50	±2%	常压	<500	不适用	不适用	接触	有	报警、控制
	音叉式	液位 料位	依安装位置定	±1%	$<4\times10^6$	<150	不适用	不适用	均可	有	报警、控制
	旋翼式	料位	依安装位置定	±1%	常压	<80	不适用	不适用	均可	有	报警、控制
直读式	玻璃管液位计	液位	1.5	±3%	$<1.6\times10^6$	100~150	不适用	不适用	接触	无	就地目视
	玻璃板式		3		$<6.4\times10^6$						
其他	磁滞伸缩式	液位 液-液相界面	18	±0.05%	依容器定	-40~70	适用	不适用	接触	无	远传、显示、控制
	称重式	液位 料位	20	±0.5%	常压	常温	适用	适用	接触	有	报警、控制

5.11.3 物位测量仪表使用注意事项

各种物位测量仪表，应根据测量原理和结构特点，合理使用。由于电容式物位测量仪表作为最典型的电气式物位测量仪表，在物位测量中占有重要地位，本书以此为例进行介绍。在实际应用时，电容式物位计应注意以下内容：

（1）减小虚假液位对测量准确度的影响和提高灵敏度所采取措施是彼此矛盾的，应在他们之间折中考虑。如测量非导电液体时，内外极之间越靠近，灵敏度越高，虚假液位现象越严重。

（2）测量两种液体间的相界面时，如均为不导电液体，可在用于非导电介质的电容物位测量仪表中任选一种。使用时应注意：其灵敏度与两种液体的介电常数之差成正比，这和浮力式物位测量仪表要求的密度差大相对应。如果两种液体密度相近而介电常数差别大，电容法便可大显身手。如其中一种（只限一种）为导电液体，就必须用包有绝缘层的电极。

（3）当测量粉粒体料位时，应注意物料中所含水分对测量结果的影响。例如干燥的土壤介电常数约为1.9，而含水19%时达到8。此外水分还会造成漏电，即使采用带绝缘层的电极，效果也不佳。因此，电容式物位测量仪表只适用于干燥粉粒体或水分含量恒定不变的粉粒体。

（4）稍有黏着性的不导电液体仍可用裸露电极方式测量。若黏性液体有导电性，即使采用绝缘层电极也不能工作，因为粘附在电极上的导电液体不易脱落会造成虚假液位。这种情况下只能借助隔离膜将压力传到非黏性液体上，再用电容式物位测量仪表测量。

（5）在测量非导电性介质时，应尽量选用带有绝缘层的探头，以防介质中混进腐蚀性物质，腐蚀测量探头。对于绝缘式探头，应考虑介质的温度与压力影响。对水泥性、塑料性或衬胶设备而言，选择探头时应选双杆或带有接地管参考电极的探头。

（6）利用射频导纳技术解决挂料问题。

（7）电容式、射频式液位计易受电磁干扰和分布电容的影响，使用时应采取抗电磁干扰措施和合理布线接地。

（8）用电容法构成物位开关，可用于液位、料位报警或位式调节系统。这种应用方式下，不要求电容与物位成正比，只希望在电极附近有很高的灵敏度，宜采用水平安装，电极宜横向插入容器或用平板形电极。用于连续测量的电容物位计，宜采用垂直安装型。

（9）对测量非导电液体的电容液位计，要求物料的介电常数与空气介电常数差别大，需要用高频电路，还应注意刻度换算问题。

（10）根据特殊场合的工艺需求，构建特殊形式的电容物位测量仪表。

如测量大型容器内料位或非导电容器内非导电介质料位时，可用两根不同轴的圆筒电极平行安装构成电容。在直径很大的非导电介质容器中，可以选用带辅助电极的探头以提高测量的准确度，或者尽量安装在容器的边缘，以提高测量灵敏度。在测极低温度下的液态气体时，由于 ε 接近 ε_0，一个电容灵敏度太低，可取同轴多层电极结构。设计时，把奇数层和偶数层的圆筒分别连接在一起组成两组电极，这相当于多个电容并联，有利于提高灵敏度。

思 考 题

5-1 在物位测量中应着重考虑哪些影响测量的因素？

5-2 料位测量仪表的种类有哪些，各自基本原理是什么？

5-3 静压式物位测量仪表如何考虑量程迁移问题？

5-4 浮子式液位计与浮筒式液位计都是利用浮力工作的，原理上究竟有什么不同？

5-5 浮力式液位计受不受气体压力的影响，为什么？

5-6 用电容式液位计测量导电物质与非导电物质液位时，在原理和结构等方面有何异同点？

5-7 射频导纳物位计如何解决电容式液位计的挂料问题？

5-8 简述液介式和气介式超声物位计的工作原理和声速校正方法。

5-9 非接触式物位仪表有哪些，有什么特点？

5-10 何谓 TOF 技术，代表仪表有哪些，各有何特点？

5-11 如何选择物位测量仪表？

5-12 请任选 3 种物位计，分析各自测量盲区所在。

附　　录

附录 A　标准化热电偶分度表

表 A-1　铂铑 30-铂铑 6 热电偶分度表

分度号：B　　　　参考端温度：0℃　　　　单位：mV

温度/℃	0	100	200	300	400	500	600	700	800	900	1000	1100	1200	1300	1400	1500	1600	1700	1800	温度/℃
0	0.000	0.033	0.178	0.431	0.786	1.241	1.791	2.430	3.154	3.957	4.833	5.777	6.783	7.845	8.952	10.094	11.257	12.426	13.585	0
10	-0.002	0.043	0.199	0.462	0.827	1.292	1.851	2.499	3.231	4.041	4.924	5.875	6.887	7.953	9.065	10.210	11.374	12.543	13.699	10
20	-0.003	0.053	0.220	0.494	0.870	1.344	1.912	2.569	3.308	4.126	5.016	5.973	6.991	8.063	9.178	10.325	11.491	12.659	13.814	20
30	-0.002	0.065	0.243	0.527	0.913	1.397	1.974	2.639	3.387	4.212	5.109	6.073	7.096	8.172	9.291	10.441	11.608	12.776		30
40	0.000	0.078	0.266	0.561	0.957	1.450	2.036	2.710	3.466	4.298	5.202	6.172	7.202	8.283	9.405	10.558	11.725	12.892		40
50	0.002	0.092	0.291	0.596	1.002	1.505	2.100	2.782	3.546	4.386	5.297	6.273	7.308	8.393	9.519	10.674	11.842	13.008		50
60	0.006	0.107	0.317	0.632	1.048	1.560	2.164	2.855	3.626	4.474	5.391	6.374	7.414	8.504	9.634	10.790	11.959	13.124		60
70	0.011	0.123	0.344	0.669	1.095	1.617	2.230	2.928	3.708	4.562	5.487	6.475	7.521	8.616	9.748	10.907	12.076	13.239		70
80	0.017	0.140	0.372	0.707	1.143	1.674	2.296	3.003	3.790	4.652	5.583	6.577	7.628	8.727	9.863	11.024	12.193	13.354		80
90	0.025	0.159	0.401	0.746	1.192	1.732	2.363	3.078	3.873	4.742	5.680	6.680	7.736	8.839	9.979	11.141	12.310	13.470		90
100	0.033	0.178	0.431	0.786	1.241	1.791	2.430	3.154	3.957	4.833	5.777	6.783	7.845	8.952	10.094	11.257	12.426	13.585		100
温度/℃	0	100	200	300	400	500	600	700	800	900	1000	1100	1200	1300	1400	1500	1600	1700	1800	温度/℃

表 A-2　铂铑 10-铂热电偶分度表

分度号：S　　参考端温度：0℃　　单位：mV

温度/℃	0	100	200	300	400	500	600	700	800	900	1000	1100	1200	1300	1400	1500	1600	1700	温度/℃
0	0. 000	0. 645	1. 440	2. 323	3. 260	4. 234	5. 237	6. 274	7. 345	8. 448	9. 585	10. 754	11. 947	13. 155	14. 368	15. 576	16. 771	17. 942	0
10	0. 055	0. 719	1. 525	2. 414	3. 356	4. 333	5. 339	6. 380	7. 454	8. 560	9. 700	10. 872	12. 067	13. 276	14. 489	15. 697	16. 890	18. 056	10
20	0. 113	0. 795	1. 611	2. 506	3. 452	4. 432	5. 442	6. 486	7. 563	8. 673	9. 816	10. 991	12. 188	13. 397	14. 610	15. 817	17. 008	18. 170	20
30	0. 173	0. 872	1. 698	2. 599	3. 549	4. 532	5. 544	6. 592	7. 672	8. 786	9. 932	11. 110	12. 308	13. 519	14. 731	15. 937	17. 125	18. 282	30
40	0. 235	0. 950	1. 785	2. 692	3. 645	4. 632	5. 648	6. 699	7. 782	8. 899	10. 048	11. 220	12. 429	13. 640	14. 852	16. 057	17. 243	18. 394	40
50	0. 299	1. 029	1. 873	2. 786	3. 743	4. 732	5. 751	6. 805	7. 892	9. 012	10. 165	11. 348	12. 550	13. 761	14. 973	16. 176	17. 360	18. 504	50
60	0. 365	1. 109	1. 962	2. 880	3. 840	4. 832	5. 855	6. 913	8. 003	9. 126	10. 282	11. 467	12. 671	13. 883	15. 094	16. 296	17. 477	18. 612	60
70	0. 432	1. 190	2. 051	2. 974	3. 938	4. 933	5. 960	7. 020	8. 114	9. 240	10. 400	11. 587	12. 792	14. 004	15. 215	16. 415	17. 594		70
80	0. 502	1. 273	2. 141	3. 069	4. 036	5. 034	6. 064	7. 128	8. 225	9. 355	10. 517	11. 707	12. 913	14. 125	15. 336	16. 534	17. 711		80
90	0. 573	1. 356	2. 232	3. 164	4. 135	5. 136	6. 169	7. 236	8. 336	9. 470	10. 635	11. 827	13. 034	14. 247	15. 456	16. 653	17. 825		90
100	0. 645	1. 440	2. 323	3. 260	4. 234	5. 237	6. 274	7. 345	8. 448	9. 585	10. 754	11. 947	13. 155	14. 368	15. 576	16. 771	17. 942		100
温度/℃	0	100	200	300	400	500	600	700	800	900	1000	1100	1200	1300	1400	1500	1600	1700	温度/℃

表 A-3　铂铑 13-铂热电偶分度表

分度号：R　　参考端温度：0℃　　单位：mV

温度/℃	0	100	200	300	400	500	600	700	800	900	1000	1100	1200	1300	1400	1500	1600	1700	温度/℃
0	0. 000	0. 647	1. 468	2. 400	3. 407	4. 471	5. 582	6. 741	7. 949	9. 203	10. 503	11. 846	13. 224	14. 624	16. 035	17. 445	18. 842	20. 215	0
10	0. 054	0. 723	1. 557	2. 498	3. 511	4. 580	5. 696	6. 860	8. 072	9. 331	10. 636	11. 983	13. 363	14. 765	16. 176	17. 585	18. 981	20. 350	10
20	0. 111	0. 800	1. 647	2. 596	3. 616	4. 689	5. 810	6. 979	8. 196	9. 460	10. 768	12. 119	13. 502	15. 006	16. 317	17. 726	19. 119	20. 483	20
30	0. 171	0. 879	1. 738	2. 695	3. 721	4. 799	5. 925	7. 089	8. 320	9. 589	10. 902	12. 257	13. 642	15. 047	16. 458	17. 866	19. 257	20. 616	30
40	0. 232	0. 959	1. 830	2. 795	3. 826	4. 910	6. 040	7. 218	8. 445	9. 718	11. 035	12. 394	13. 782	15. 188	16. 599	18. 006	19. 395	20. 748	40
50	0. 296	1. 041	1. 923	2. 896	3. 933	5. 021	6. 155	7. 339	8. 570	9. 848	11. 170	12. 532	13. 922	15. 329	16. 741	18. 146	19. 533	20. 878	50
60	0. 363	1. 124	2. 017	2. 997	4. 039	5. 132	6. 272	7. 460	8. 696	9. 978	11. 304	12. 669	14. 062	15. 470	16. 882	18. 286	19. 670	21. 006	60
70	0. 431	1. 208	2. 111	3. 099	4. 146	5. 244	6. 388	7. 582	8. 822	10. 109	11. 439	12. 808	14. 202	15. 611	17. 022	18. 425	19. 807		70
80	0. 501	1. 294	2. 207	3. 201	4. 254	5. 356	6. 505	7. 703	8. 949	10. 240	11. 574	12. 946	14. 343	15. 752	17. 163	18. 564	19. 944		80
90	0. 573	1. 380	2. 303	3. 304	4. 362	5. 469	6. 623	7. 826	9. 076	10. 371	11. 710	13. 085	14. 483	15. 893	17. 304	18. 703	20. 080		90
100	0. 647	1. 468	2. 400	3. 407	4. 471	5. 582	6. 741	7. 949	9. 203	10. 503	11. 846	13. 224	14. 624	16. 035	17. 445	18. 842	20. 215		100
温度/℃	0	100	200	300	400	500	600	700	800	900	1000	1100	1200	1300	1400	1500	1600	1700	温度/℃

表 A-4 镍铬-镍硅热电偶分度表

分度号：K　　参考端温度：0℃　　单位：mV

温度/℃	-100	-0	温度/℃	0	100	200	300	400	500	600	700	800	900	1000	1100	1200	1300	温度/℃
-0	-3. 533	0. 000	0	0. 000	4. 095	8. 137	12. 207	16. 395	20. 640	24. 902	29. 128	33. 277	37. 325	41. 269	45. 108	48. 828	52. 393	0
-10	-3. 822	-0. 392	10	0. 397	4. 508	8. 537	12. 623	16. 818	21. 066	25. 327	29. 547	33. 686	37. 724	41. 657	45. 486	49. 192	52. 747	10
-20	-4. 138	-0. 777	20	0. 798	4. 919	8. 938	13. 039	17. 241	21. 493	25. 751	29. 965	34. 095	38. 122	42. 045	45. 863	49. 555	53. 093	20
-30	-4. 410	-1. 156	30	1. 203	5. 327	9. 341	13. 456	17. 664	21. 919	26. 176	30. 383	34. 502	38. 519	42. 432	46. 238	49. 916	53. 439	30
-40	-4. 669	-1. 527	40	1. 611	5. 733	9. 745	13. 874	18. 088	22. 346	26. 599	30. 799	34. 909	38. 915	42. 817	46. 612	50. 276	53. 782	40
-50	-4. 912	-1. 889	50	2. 022	6. 137	10. 151	14. 292	18. 513	22. 772	27. 022	31. 214	35. 314	39. 310	43. 202	46. 985	50. 633	54. 125	50
-60	-5. 141	-2. 243	60	2. 436	6. 530	10. 560	14. 712	18. 938	23. 198	27. 445	31. 629	35. 718	39. 703	43. 585	47. 356	50. 990	54. 466	60
-70	-5. 354	-2. 586	70	2. 850	6. 939	10. 969	15. 132	19. 363	23. 624	27. 867	32. 042	36. 121	40. 096	43. 968	47. 726	51. 344	54. 807	70
-80	-5. 550	-2. 920	80	3. 266	7. 338	11. 381	15. 552	19. 788	24. 050	28. 288	32. 455	36. 524	40. 488	44. 349	48. 095	51. 697		80
-90	-5. 730	-3. 242	90	3. 681	7. 737	11. 793	15. 974	20. 214	24. 476	28. 700	32. 866	36. 925	40. 879	44. 729	48. 462	52. 049		90
-100	-5. 891	-3. 553	100	4. 095	8. 137	12. 207	16. 395	20. 640	24. 902	29. 128	33. 277	37. 325	41. 269	45. 108	48. 828	52. 398		100
温度/℃	-100	-0	温度/℃	0	100	200	300	400	500	600	700	800	900	1000	1100	1200	1300	温度/℃

表 A-5 镍铬-康铜热电偶分度表

分度号：E　　参考端温度：0℃　　单位：mV

温度/℃	-100	-0	温度/℃	0	100	200	300	400	500	600	700	800	900	温度/℃
-0	-5. 237	0. 000	0	0. 000	6. 317	13. 419	21. 033	28. 943	36. 999	45. 085	53. 110	61. 022	68. 783	0
-10	-5. 680	-0. 581	10	0. 591	6. 996	14. 161	21. 814	29. 744	37. 808	45. 891	53. 907	61. 806	69. 549	10
-20	-6. 107	-1. 151	20	1. 192	7. 683	14. 909	22. 597	30. 546	38. 617	46. 697	54. 703	62. 588	70. 313	20
-30	-6. 516	-1. 709	30	1. 801	8. 377	15. 661	23. 383	31. 350	69. 426	47. 502	55. 498	63. 368	71. 075	30
-40	-6. 907	-2. 254	40	2. 419	9. 078	16. 417	24. 171	32. 155	40. 236	48. 306	56. 291	64. 147	71. 835	40
-50	-7. 279	-2. 787	50	3. 047	9. 787	17. 178	24. 961	32. 960	41. 045	49. 109	57. 083	64. 924	72. 593	50
-60	-7. 631	-3. 306	60	3. 683	10. 501	17. 942	25. 754	33. 767	41. 853	49. 911	57. 873	65. 700	73. 350	60
-70	-7. 963	-3. 811	70	4. 329	11. 222	18. 710	26. 549	34. 574	42. 662	50. 713	58. 663	66. 473	74. 104	70
-80	-8. 273	-4. 301	80	4. 983	11. 949	19. 481	27. 345	35. 382	43. 470	51. 513	59. 451	67. 245	74. 857	80
-90	-8. 561	-4. 777	90	5. 646	12. 681	20. 256	28. 143	36. 190	44. 278	52. 312	60. 237	68. 015	75. 608	90
-100	-8. 824	-5. 237	100	6. 317	13. 419	21. 033	28. 943	36. 999	45. 085	53. 110	61. 022	68. 783	76. 358	100
温度/℃	-100	-0	温度/℃	0	100	200	300	400	500	600	700	800	900	温度/℃

表 A-6 铁-康铜热电偶分度表

分度号：J　　参考端温度：0℃　　单位：mV

温度/℃	-100	-0	温度/℃	0	100	200	300	400	500	600	700	800	900	1000	1100	温度/℃
-0	-4. 632	0. 000	0	0. 000	5. 268	10. 777	16. 325	21. 846	27. 388	33. 096	39. 310	45. 498	51. 875	57. 942	63. 777	0
-10	-5. 036	-0. 501	10	0. 507	5. 812	11. 332	16. 879	22. 397	27. 949	33. 683	39. 754	46. 144	52. 496	58. 533	64. 355	10
-20	-5. 426	-0. 995	20	1. 019	6. 359	11. 887	17. 432	22. 949	28. 511	34. 273	40. 382	46. 790	53. 115	59. 121	64. 933	20
-30	-5. 801	-1. 481	30	1. 536	6. 907	12. 442	17. 984	23. 501	29. 075	34. 867	41. 013	47. 434	53. 729	59. 708	65. 510	30
-40	-6. 159	-1. 960	40	2. 058	7. 457	12. 998	18. 537	24. 054	29. 642	35. 464	41. 647	48. 076	54. 431	60. 293	66. 087	40
-50	-6. 499	-2. 431	50	2. 585	8. 008	13. 553	19. 089	24. 607	30. 210	36. 066	42. 283	48. 716	54. 948	60. 876	66. 664	50
-60	-6. 821	-2. 892	60	3. 115	8. 560	14. 108	19. 640	25. 161	30. 782	36. 671	42. 922	49. 354	55. 553	61. 459	67. 240	60
-70	-7. 122	-3. 344	70	3. 649	9. 113	14. 663	20. 192	25. 716	31. 356	37. 280	43. 563	49. 989	56. 155	62. 039	67. 815	70
-80	-7. 402	-3. 785	80	4. 186	9. 667	15. 217	20. 743	26. 272	31. 933	37. 893	44. 207	50. 621	56. 753	62. 619	68. 390	80
-90	-7. 659	-4. 215	90	4. 725	10. 222	15. 771	21. 295	26. 829	32. 513	38. 510	44. 852	51. 249	57. 349	63. 199	68. 964	90
-100	-7. 890	-4. 632	100	5. 268	10. 777	16. 325	21. 846	27. 388	33. 096	39. 130	45. 498	51. 875	57. 942	63. 777	69. 586	100
温度/℃	-100	-0	温度/℃	0	100	200	300	400	500	600	700	800	900	1000	1100	温度/℃

表 A-7 镍铬硅-镍硅热电偶分度表

分度号：N　　参考端温度：0℃　　单位：mV

温度/℃	-100	-0	温度/℃	0	100	200	300	400	500	600	700	800	900	1000	1100	1200	温度/℃
-0	-2. 407	0. 000	0	0. 000	2. 774	5. 912	9. 340	12. 972	16. 744	20. 609	24. 526	28. 456	32. 370	36. 248	40. 076	43. 836	0
-10	-2. 612	-0. 200	10	0. 261	3. 072	6. 243	9. 695	13. 344	17. 127	20. 999	24. 919	28. 849	32. 760	36. 633	40. 456	44. 207	10
-20	-2. 807	-0. 518	20	0. 525	3. 374	6. 577	10. 053	13. 717	17. 511	21. 390	25. 312	29. 241	33. 149	37. 018	40. 835	44. 577	20
-30	-2. 994	-0. 772	30	0. 793	3. 679	6. 914	10. 412	14. 091	17. 896	21. 781	25. 705	29. 633	33. 538	37. 402	41. 213	44. 947	30
-40	-3. 170	-1. 023	40	1. 064	3. 988	7. 254	10. 772	14. 467	18. 282	22. 172	26. 098	30. 025	33. 926	37. 786	41. 590	45. 315	40
-50	-3. 336	-1. 263	50	1. 339	4. 301	7. 596	11. 135	14. 844	18. 668	22. 564	26. 491	30. 417	34. 315	38. 169	41. 966	45. 682	50
-60	-3. 491	-1. 509	60	1. 619	4. 617	7. 940	11. 499	15. 222	19. 055	22. 956	26. 885	30. 808	34. 702	38. 552	42. 342	46. 048	60
-70	-3. 634	-1. 744	70	1. 902	4. 936	8. 287	11. 865	15. 601	19. 443	23. 348	27. 278	31. 199	35. 089	38. 934	42. 717	46. 413	70
-80	-3. 766	-1. 972	80	2. 188	5. 258	8. 636	12. 233	15. 981	19. 831	23. 740	27. 671	31. 590	35. 476	39. 315	43. 091	46. 777	80
-90	-3. 884	-2. 193	90	2. 479	5. 584	8. 987	12. 602	16. 362	20. 220	24. 133	28. 063	31. 980	35. 862	39. 696	43. 464	47. 140	90
-100	-3. 990	-2. 407	100	2. 774	5. 912	9. 340	12. 972	16. 744	20. 609	24. 526	28. 456	32. 370	36. 248	40. 076	43. 836	47. 502	100
温度/℃	-100	-0	温度/℃	0	100	200	300	400	500	600	700	800	900	1000	1100	1200	温度/℃

表 A-8　铜-康铜热电偶分度表

分度号：T　　　　参考端温度：0℃　　　　单位：mV

温度/℃	-200	-100	-0	温度/℃	0	100	200	300	温度/℃
-0	-5. 603	-3. 378	0. 000	0	0. 000	4. 277	9. 286	14. 860	0
-10	-5. 753	-3. 656	-0. 383	10	0. 391	4. 749	9. 820	15. 443	10
-20	-5. 889	-3. 923	-0. 757	20	0. 789	5. 227	10. 360	16. 030	20
-30	-6. 007	-4. 177	-1. 121	30	1. 196	5. 712	10. 905	16. 621	30
-40	-6. 105	-4. 419	-1. 475	40	1. 611	6. 204	11. 456	17. 217	40
-50	-6. 181	-4. 648	-1. 819	50	2. 035	6. 702	12. 011	17. 816	50
-60	-6. 232	-4. 865	-2. 152	60	2. 467	7. 207	12. 572	18. 420	60
-70	-6. 258	-5. 069	-2. 475	70	2. 908	7. 718	13. 137	19. 027	70
-80		-5. 261	-2. 788	80	3. 357	8. 235	13. 707	19. 638	80
-90		-5. 439	-3. 089	90	3. 813	8. 757	14. 281	20. 252	90
-100		-5. 603	-3. 378	100	4. 277	9. 286	14. 860	20. 869	100
温度/℃	-200	-100	-0	温度/℃	0	100	200	300	温度/℃

附录 B　主要热电偶的参考函数和逆函数

（1）S 型、B 型、E 型热电偶的参考函数为

$$E = \sum_{i=0}^{n} C_i T_{90}^{i}$$

式中　E——热电势，mV；

T_{90}^{i}——IST-90 的摄氏度,℃；

C_i——热电偶参考函数的系数，由表 B-1 ~ 表 B-3 给出。

（2）K 型热电偶的参考函数为

$$E = \sum_{i=0}^{n} C_i T_{90}^{i} + \alpha_0 e^{\alpha_1 (T_{90}^{i} - 126.9686)^2}$$

式中　α_0，α_1——K 型热电偶参考函数系数，由表 B-4 给出。

当 $T_{90}^{i} \leqslant 0$℃时，$\alpha_0 = \alpha_1 = 0$；在 0 ~ 1372℃温区内，$\alpha_0 = 1.185976 \times 10^{-1}$，$\alpha_1 = 1.183432 \times 10^{-4}$。

表 B-1　S 型热电偶参考函数的系数

温度范围/℃	-50 ~ 1064. 18	1064. 18 ~ 1664. 5	1664. 5 ~ 1768. 1
C_0	0. 00000000000	1. 32900444085	$1.46628232636 \times 10^{2}$
C_1	$5.40313308631 \times 10^{-3}$	$3.34509311344 \times 10^{-3}$	$-2.58430516752 \times 10^{-1}$
C_2	$1.25934289740 \times 10^{-5}$	$6.54805192818 \times 10^{-6}$	$1.63693574641 \times 10^{-4}$
C_3	$-2.32477968689 \times 10^{-8}$	$-1.64856259209 \times 10^{-9}$	$-3.30439046987 \times 10^{-8}$
C_4	$3.22028823036 \times 10^{-11}$	$1.29989605174 \times 10^{-14}$	$-9.43223690612 \times 10^{-15}$
C_5	$-3.31465196389 \times 10^{-14}$		
C_6	$2.55744251786 \times 10^{-17}$		
C_7	$-1.25068871393 \times 10^{-20}$		
C_8	$2.71443176145 \times 10^{-24}$		

表 B-2　E 型热电偶参考函数的系数

温度范围/℃	−270 ~ 0	0 ~ 1000	温度范围/℃	−270 ~ 0	0 ~ 1000
C_0	0.00000000000	0.0000000000	C_7	$-1.0287605534\times10^{-13}$	$-1.2536600497\times10^{-18}$
C_1	$5.8665508708\times10^{-2}$	$5.8665508710\times10^{-2}$	C_8	$-8.0370123621\times10^{-16}$	$2.1489217569\times10^{-21}$
C_2	$4.5410977124\times10^{-5}$	$4.5032275582\times10^{-5}$	C_9	$-4.3979497391\times10^{-17}$	$-1.4388041782\times10^{-24}$
C_3	$-7.7998048686\times10^{-7}$	$2.8908407212\times10^{-8}$	C_{10}	$-1.6414776355\times10^{-20}$	$3.5960899481\times10^{-28}$
C_4	$-2.5800160843\times10^{-8}$	$-3.3056896652\times10^{-10}$	C_{11}	$-3.9673619516\times10^{-23}$	
C_5	$-5.9452583057\times10^{-10}$	$6.5024403270\times10^{-13}$	C_{12}	$-5.5827328721\times10^{-26}$	
C_6	$-9.3214058667\times10^{-12}$	$-1.9197495504\times10^{-16}$	C_{13}	$-3.4657842013\times10^{-29}$	

表 B-3　B 型热电偶参考函数的系数

温度范围/℃	0 ~ 630.615	630.615 ~ 1820	温度范围/℃	0 ~ 630.615	630.615 ~ 1820
C_0	0.00000000000	−3.8938168621	C_5	$-1.6944529240\times10^{-15}$	$1.1109794013\times10^{-13}$
C_1	$-2.4650818346\times10^{-4}$	$2.8571747470\times10^{-2}$	C_6	$6.2990347094\times10^{-19}$	$-4.4515431033\times10^{-17}$
C_2	$5.9040421171\times10^{-4}$	$-8.4885104785\times10^{-5}$	C_7		$9.8975640821\times10^{-21}$
C_3	$-1.3257931636\times10^{-9}$	$1.5785280164\times10^{-7}$	C_8		$-9.3791330289\times10^{-25}$
C_4	$1.5668291901\times10^{-12}$	$-1.6835344864\times10^{-10}$			

表 B-4　K 型热电偶参考函数的系数

温度范围/℃	−270 ~ 0	0 ~ 1372	0 ~ 1372（指数项）
C_0	0.00000000000	$-1.7600413686\times10^{-2}$	$\alpha_0=-1.185976\times10^{-1}$
C_1	$3.9450128025\times10^{-2}$	$3.8921204975\times10^{-2}$	$\alpha_1=-1.183432\times10^{-4}$
C_2	$2.3622373589\times10^{-5}$	$1.8558770032\times10^{-5}$	
C_3	$-3.2858906784\times10^{-7}$	$-9.9457592874\times10^{-8}$	
C_4	$-4.9904828777\times10^{-9}$	$3.1840945719\times10^{-10}$	
C_5	$-6.7509059173\times10^{-11}$	$-5.6072844889\times10^{-13}$	
C_6	$-5.7410327428\times10^{-13}$	$5.6075059059\times10^{-16}$	
C_7	$-3.1088872894\times10^{-15}$	$-3.2020720003\times10^{-19}$	
C_8	$-1.0451609365\times10^{-17}$	$9.7151147152\times10^{-23}$	
C_9	$-1.9889266878\times10^{-20}$	$-1.2104721275\times10^{-26}$	
C_{10}	$-1.6322697486\times10^{-23}$		

附录 C　黑体的辐射函数表

λT/μm·K	$\varphi(\lambda T)$/%	λT/μm·K	$\varphi(\lambda T)$/%	λT/μm·K	$\varphi(\lambda T)$/%	λT/μm·K	$\varphi(\lambda T)$/%
1000	0.0323	1400	0.782	1800	3.946	2400	14.05
1100	0.0916	1500	1.290	1900	5.225	2600	18.34
1200	0.214	1600	1.979	2000	6.690	2800	22.82
1300	0.434	1700	2.862	2200	10.11	3000	27.36

续附录 C

λT/μm·K	$\varphi(\lambda T)$/%	λT/μm·K	$\varphi(\lambda T)$/%	λT/μm·K	$\varphi(\lambda T)$/%	λT/μm·K	$\varphi(\lambda T)$/%
3200	31.85	5500	69.12	12000	94.51	35000	99.70
3400	36.21	6000	73.81	14000	96.29	40000	99.79
3600	40.40	6500	77.66	16000	97.38	45000	99.85
3800	44.38	7000	80.83	18000	98.08	50000	99.89
4000	48.13	7500	83.46	20000	98.56	55000	99.92
4200	51.64	8000	85.64	22000	98.89	60000	99.94
4400	54.92	8500	87.47	24000	99.12	70000	99.96
4600	57.96	9000	89.07	26000	99.30	80000	99.97
4800	60.79	9500	90.32	28000	99.43	90000	99.98
5000	63.41	10000	91.43	30000	99.53	100000	99.99

附录 D　亮度温度修正值

表 D-1　亮度温度修正值（λ_c = 0.66μm）

亮度温度/℃	在各种 ε_λ 下的修正值								
	0.90	0.80	0.70	0.60	0.50	0.40	0.30	0.20	0.10
800	5.6	11.9	19.2	27.7	37.9	50.7	67.6	92.3	137.2
900	6.7	14.3	23.0	33.2	45.4	60.8	81.3	111.2	165.9
1000	7.9	16.8	27.1	39.1	53.7	72.0	96.3	132.1	197.8
1100	9.2	19.6	31.6	45.6	62.7	84.1	112.7	154.9	232.9
1200	10.6	22.5	36.4	52.7	72.4	97.2	130.4	179.7	271.4
1300	12.1	25.7	41.6	60.2	82.8	111.4	149.7	206.7	315.4
1400	13.6	29.1	47.1	68.3	94.0	126.5	170.3	235.8	359.1
1500	15.3	32.8	53.0	76.9	105.9	142.8	192.5	267.0	408.5
1600	17.1	36.6	59.2	86.0	118.6	160.1	216.1	300.6	461.9
1700	19.0	40.7	65.8	95.6	132.1	178.4	241.3	336.4	519.4
1800	21.0	44.9	72.8	105.8	146.3	197.9	268.0	374.6	581.1
1900	23.1	49.4	80.1	116.6	161.3	218.4	296.3	415.2	647.3
2000	25	54	88	128	177	240	326	458	718
2200	30	64	104	152	211	287	391	552	874
2400	35	75	122	179	248	338	463	657	1052
2600	40	87	142	207	289	395	542	773	1252
2800	46	100	163	238	333	456	628	902	1477
3000	53	113	185	272	380	522	722	1043	1729

表 D-2　亮度温度修正值（λ_c = 0.9μm）

亮度温度/℃	在各种 ε_λ 下的修正值								
	0.90	0.80	0.70	0.60	0.50	0.40	0.30	0.20	0.10
400	3.0	6.4	10.3	14.8	20.2	27.0	35.9	48.9	72.2
500	4.0	8.4	13.6	19.6	26.8	35.8	47.8	65.2	96.8
600	5.1	10.8	17.3	25.1	34.3	46.0	61.4	84.1	125.6

续表 D-2

亮度温度/℃	在各种 ε_λ 下的修正值								
	0.90	0.80	0.70	0.60	0.50	0.40	0.30	0.20	0.10
700	6.3	13.4	21.6	31.2	42.9	57.5	76.9	105.7	158.6
800	7.6	16.3	26.3	38.1	52.4	70.3	94.3	129.9	196.1
900	9.1	19.5	31.5	45.7	62.9	84.5	113.7	157.1	238.5
1000	10.8	23.0	37.2	54.0	74.4	100.2	135.0	187.1	285.8
1100	12.5	26.8	43.4	63.0	86.9	117.3	158.3	220.2	338.4
1200	14.4	30.9	50.1	72.8	100.5	135.8	183.8	256.5	396.7
1300	16.5	35.3	57.2	83.2	115.1	155.9	211.4	296.0	460.8
1400	18.7	40.0	64.9	94.5	130.8	177.4	241.2	338.9	531.1
1500	21.0	45.0	73.0	106.5	147.6	200.6	273.2	385.2	608.0
1600	23.4	50.3	81.7	119.2	165.5	225.3	307.6	435.2	691.9
1700	26.0	55.9	90.8	132.8	184.6	251.6	344.3	489.0	783.3
1800	28.7	61.8	100.5	147.1	204.7	279.5	383.5	546.7	882.4
1900	31.6	68.0	110.7	162.1	226.0	309.1	425.2	608.5	989.9
2000	34.6	74.5	121.4	178.0	248.5	340.5	469.5	674.5	1106.3

附录E　辐射温度的修正值

辐射温度/℃	在各种 ε 下的修正值								
	0.90	0.80	0.70	0.60	0.50	0.40	0.30	0.20	0.10
400	18.0	38.6	62.8	91.7	127.3	173.3	236.4	333.4	523.8
500	20.6	44.3	72.1	105.3	146.3	199.0	271.5	382.9	601.6
600	23.3	50.1	81.4	118.9	165.2	224.7	306.6	432.4	679.4
700	26.0	55.8	90.7	132.5	184.1	250.5	341.7	482.0	757.3
800	28.6	61.6	100.1	146.2	203.0	276.2	376.8	531.5	835.1
900	31.3	67.3	109.4	159.8	221.9	302.0	412.0	581.0	912.9
1000	34.0	73.0	118.7	173.4	240.9	327.7	447.1	630.6	990.8
1100	36.6	78.8	128.1	187.0	259.8	353.5	482.2	680.1	1068.6
1200	39.3	84.5	137.4	200.7	278.7	379.2	517.3	729.6	1146.4
1300	42.0	90.2	146.7	214.3	297.6	404.9	552.4	779.2	1224.2
1400	44.7	96.0	156.0	227.9	316.5	430.7	587.6	828.7	1302.1
1500	47.3	101.7	165.4	241.5	335.5	456.4	622.7	878.3	1380.0
1600	50.0	107.5	174.7	255.1	354.4	482.2	657.8	927.8	1457.7
1700	52.7	113.2	184.0	268.8	373.3	507.9	692.9	977.3	1535.5
1800	55.3	118.9	193.3	282.4	392.2	533.7	728.0	1026.9	1613.4
1900	58.0	124.7	202.7	296.0	411.1	559.4	763.2	1076.4	1691.2
2000	60.7	130.4	212.0	309.6	430.1	585.1	798.3	1125.9	1769.0

附录 F 常用材料的表观温度和真实温度对比表

材料名称	碳		钨			铂			镍		钼			钽			铁		
T	T_s	T_c	T_s	T_c	T_p	T_s	T_c	T_p	T_s	T_c	T_s	T_c	T_p	T_s	T_c	T_p	T_s	T_c	T_p
1000	995		966	1006	581	950	1011	565	956	1020	958	1004	557	966			958	1008	
1100	1092		1058	1108	659	1037	1116	632	1047	1125	1049	1105	633	1058					
1200	1189		1149	1210	738	1124	1222	704	1137	1231	1139	1207	708	1149					
1300	1286	1300	1240	1312	819	1211	1328	775	1226	1336	1228	1309	786	1239			1222	1317	
1400	1382	1396	1330	1414	905	1296	1435	849	1315	1442	1316	1411	864	1329					
1500	1478	1492	1420	1517	991	1381	1542	922	1403	1546	1403	1513	945	1418	1532		1412	1523	1092
1600	1574	1590	1509	1619	1080	1466	1649	995			1489	1616	1024	1506	1642	1062	1499		1163
1700	1670	1687	1597	1722	1167	1551	1757	1070			1574	1720	1106	1592	1751		1588		1235
1800	1766	1785	1684	1825	1254	1634	1868	1146			1658	1823	1187	1680	1859	1222	1673	1833	1307
1900	1862	1884	1771	1929	1342	1717	1974	1222			1741	1929	1272	1766	1967		1759		1382
2000	1958	1984	1857	2033	1428	1800	2083	1297			1824	2032	1354	1851	2075	1390	1844	2041	1456
2100	2054	2086	1943	2137	1514						1905	2138		1935	2182		1923		
2200	2150	2187	2026	2242	1601						1986	2244	1523	2018	2288	1556	2016		
2300	2245	2288	2109	2347	1688						2065	2350		2099	2393				
2400	2340		2192	2452	1775						2143	2456	1693	2180	2497	1730			
2500			2274	2557	1859						2220	2563		2260	2601				
2600			2356	2663	1945						2297	2672	1866	2339	2705	1901			
2700			2437	2770	2031						2373			2417					
2800			2516	2878	2116						2448	2891	2039	2495	2911	2080			
2900			2595	2986	2206						2523			2571					
3000			2673	3094	2286										2647				

参考文献

[1] 张华，赵文柱．热工测量仪表[M]．北京：冶金工业出版社，2006.
[2] 李新光，张华，孙岩．过程检测技术[M]．北京：机械工业出版社，2004.
[3] 费业泰．误差理论与数据处理[M].6 版．北京：机械工业出版社，2010.
[4] 王森．仪表常用数据手册[M].2 版．北京：化学工业出版社，2006.
[5] 孙宏军，张涛，王超．智能仪器仪表[M]．北京：清华大学出版社，2007.
[6] 李洁．热工测量及控制[M]．上海：上海交通大学出版社，2010.
[7] 张惠荣，王国贞．热工仪表及其维护[M]．北京：冶金工业出版社，2012.
[8] 陈平，罗晶．现代检测技术[M]．北京：电子工业出版社，2004.
[9] 周详才，朱兆武．检测技术及应用[M]．北京：中国计量出版社，2009.
[10] 周杏鹏，仇国富．现代检测技术[M].2 版．北京：高等教育出版社，2010.
[11] 沙占友．智能传感器系统设计与应用[M]．北京：电子工业出版社，2004.
[12] 张朝晖．检测技术及应用[M].2 版．北京：中国质检出版社，2011.
[13] 杜维，张宏建，王会芹．过程检测技术及仪表[M].2 版．北京：化学工业出版社，2010.
[14] 丁炜，于秀丽，刘慧敏，等．过程检测及仪表[M]．北京：北京理工大学出版社，2010.
[15] 厉玉鸣．化工仪表及自动化[M].5 版．北京：化学工业出版社，2011.
[16] 王魁汉．温度测量实用技术[M]．北京：机械工业出版社，2007.
[17] 石镇山，宋彦彦．温度测量常用数据手册[M]．北京：机械工业出版社，2008.
[18] 张华．动态温度测量的理论研究与应用[D]．沈阳：东北大学，2007.
[19] 郑华耀．检测技术[M]．北京：机械工业出版社，2010.
[20] 张华，谢植．钢水连续测温传感器动态测温的仿真研究 [J]．仪器仪表学报，2007.
[21] 潘炼．传感器原理及应用[M]．北京：电子工业出版社，2012.
[22] 孟华，刘娜，厉玉鸣．化工仪表及自动化[M]．北京：化学工业出版社，2009.
[23] 张华，赵文柱，王国栋．基于传热正反模型的动态测温方法研究 [J]．仪器仪表学报，2011.
[24] 顾波，张海平．检测技术基础及应用[M]．北京：中国电力出版社，2011.
[25] 施文康，余晓芬．检测技术[M].2 版．北京：机械工业出版社，2010.
[26] 张华，谢植．钢水连续测温传感器的准确度提高和结构优化 [J]．计量学报，2008.
[27] 戴孝华，宫风顺，何欣．压力表的检定、校准与测量不确定度评定[M]．北京：中国计量出版社，2007.
[28] 王雪文，张志勇．传感器原理及应用[M]．北京：北京航空航天大学出版社，2004.
[29] 苏彦勋，梁国伟，盛健．流量计计量与测试[M].2 版．北京：中国计量出版社，2007.
[30] 徐英华，杨有涛．流量及分析仪表[M]．北京：中国计量出版社，2008.
[31] 苏彦勋，杨有涛．流量检测技术[M]．北京：中国质检出版社，2012.
[32] 纪纲．流量测量仪表应用技巧[M].2 版．北京：化学工业出版社，2009.
[33] 王池，王自和，张宝珠．流量测量技术全书[M]．北京：化学工业出版社，2012.
[34] 王肖芬．流量传感器信号建模、信号处理及系统研究[M]．合肥：合肥工业大学出版社，2012.
[35] 徐英华．流量计量[M]．北京：中国质检出版社，2012.
[36] 纪纲．流量测量仪表应用技巧[M]．北京：化学工业出版社，2009.
[37] 柏逢明．过程检测及仪表技术[M]．北京：国防工业出版社，2010.
[38] 王化祥．自动检测技术[M].2 版．北京：化学工业出版社，2009.
[39] 张宏建，黄志尧，周洪亮，等．自动检测技术与装置[M].2 版．北京：化学工业出版社，2010.
[40] 吴用生，方可人．热工测量及仪表[M].2 版．北京：中国电力出版社，2009.

[41] 黄永杰，卢勇威，高宇．检测与过程控制技术[M]．北京：北京理工大学出版社，2010.
[42] 罗桂娥．检测技术与智能仪表[M]．长沙：中南大学出版社，2009.
[43] 杜清府，刘海．检测原理与传感技术[M]．济南：山东大学出版社，2008.
[44] 姜晨光．测量技术与方法[M]．北京：化学工业出版社，2009.
[45] 何希才，薛永毅．传感器及其应用实例[M]．北京：机械工业出版社，2004.
[46] 宋文绪，杨帆．传感器与检测技术[M].2 版．北京：高等教育出版社，2009.
[47] 李现明，陈振学，胡冠山．现代检测技术及应用[M]．北京：高等教育出版社，2012.